以 M.V.Lomonosov 名字命名
莫斯科国立大学
Lomonosov Moscow State University

伏尔加格勒国立建筑大学
Volgograd State University of Architecture and Civil Engineering

国防工厂促进协会
Association League to Support Defense Industry

俄罗斯国立南方科技大学
（新切尔卡斯克理工大学）
Federal State Budget Educational Instution“South Russian State Technical University（Novocherkassk Polytechnic Institute）”

莫斯科国立建设大学
Moscow State University of Civil Engineering

俄罗斯原子能协会
Rosatom Nuclear Energy State Corporation

全俄资源合理利用与环境保护
企业联盟《生态圈》业主协会
All-Russia Trade Association of Employers EKOSFERA

国外高等院校环境类专业教材
本教材经俄罗斯联邦教育与科学部审定

工业生态学

INDUSTRIAL ECOLOGY

古捷涅夫·弗拉季米尔·弗拉季米罗维奇　主编
胡孟春　译
Under the Editorship of V.V. Gutenev
Translated by Hu Mengchun

中国环境出版社·北京

图书版权登记号：01-2014-3475
图书在版编目（CIP）数据

工业生态学/（俄罗斯）弗拉季米罗维奇主编；胡孟春译. —北京：中国环境出版社，2014.9
国外高等院校环境类专业教材
ISBN 978-7-5111-1802-8

Ⅰ. ①工… Ⅱ. ①弗…②胡… Ⅲ. ①工业—环境生态学—高等学校—教材 Ⅳ. ①X171

中国版本图书馆 CIP 数据核字（2014）第 068208 号

ПромышлЕннАя экология（ISBN：978-5-98424-108-3），ПриТерра

出 版 人　王新程
责任编辑　葛　莉　沈　建
文字加工　董蓓蓓　安子莹
责任校对　尹　芳
封面设计　彭　杉

出版发行　中国环境出版社
（100062　北京市东城区广渠门内大街 16 号）
网　　址：http://www.cesp.com.cn
电子邮箱：bjgl@cesp.com.cn
联系电话：010-67112765（编辑管理部）
010-67113412（教材图书出版中心）
发行热线：010-67125803，010-67113405（传真）
印　　刷　北京中科印刷有限公司
经　　销　各地新华书店
版　　次　2014 年 9 月第 1 版
印　　次　2014 年 9 月第 1 次印刷
开　　本　787×1092　1/16
印　　张　26.75
字　　数　650 千字
定　　价　59.00 元

主 审

N.E.Baumana 名字命名的莫斯科国立技术大学生态与工业安全教研室

伏尔加格勒国立技术大学工业生态与生命活动安全教研室主任科学技术博士、教授 A.B. Golovanchikov

Department of ecology and industrial security of Bauman Moscow State Technical University；the head of department of industrial ecology and life safety of Volgograd State Technical University professor A.B. Golovanchikov，doctor of technical sciences

总 编

政府津贴及国家奖获得者 科学技术博士 教授古捷涅夫·弗拉季米尔·弗拉季米罗维奇

V.V. Gutenev，doctor of technical sciences， Laureate of the State Prize of the Russian Federation and Russian Federation Government Award

编 辑

A.I. Azhgirevich，V.N. Azarov，V.A. Grachev，V.V. Denisov

作 者

V.N. Azarov，A.I. Azhgirevich，V.A. Grachev，V.V. Gutenev，
V.V. Denisov，N.V. Mezelintseva，M.V. Slipenchuk，
V.A. Tverdislov，V.I. Telichenko

工业生态学：高等院校教科书

俄罗斯联邦科学与教育部审/古捷涅夫· 弗拉季米尔· 弗拉季米罗维奇总编—莫斯科-伏尔加格勒：出版社 PrinTerra，2009. - 840 页. ISBN 978-5-98424-108-3

Industrial ecology：textbook for higher education establishments of the Ministry of Education and Science of the Russian Federation/under the general editorship of V.V. Gutenev. - M.-Volgograd：PrinTerra，2009. - 840 p. ISBN 978-5-98424-108-3

ББК 20.1

莫斯科国立大学推荐为高等院校 656500 生命活动安全 656600 环境保护专业教学参考书

Recommended by GOU VPO "Moscow State University of Civil Engineering" as a textbook for university students of majoring in：656500 *Life safety*，656600 *Environmental protection*

ISBN 978-5-98424-108-3

ПРЕДИСЛОВИЕ

С человеком несомненно, появилась новая огромная геологическая сила на поверхности нашей планеты.

В. И. Вернадский

Человечество, в своем активном развитии, в условиях быстрого социально-политического и экономического роста общества способствует возникновению сильных, часто необратимых изменения в окружающей среде, которые приводят к деградации и разрушению естественных экосистем. В условиях глобального экологического кризиса, на фоне усиленного процесса хозяйственной деятельности людей, промышленых катастроф и частых аварий на предприятиях все острее становится необходимость формирования нового подхода к взаимодействию экономики и окружающей среды. О подобном взаимодействии, цель которого планомерный, стабильный экономический рост страны с учетом рационального использования природных ресурсов, говорил академик В. И. Вернадский подчеркивая, что техногенная деятельность, создающая современную цивилизацию, становится важнейшим фактором жизнедеятельности человечества.

Задача по формированию современного экологического мировозрения будущих специалистов возложена на промышленную экологию. Данная книга является одной из составляющих общепрофессиональной подготовки как для студентов, так и для экологов, занимающихся данной проблемой. В учебном пособии изложены материалы о современном экологическом состояним Российской Федерации во взаимосвязи с вовлечением ее в мировое экологическое пространство, показаны возможные последствия негативного воздействия промышленности на окружающую среду. Материал представляет экологические проблемы энергетики и пути из решения, экологические проблемы транспорта и отдельных отраслей промышленности, вопросы инженерной защиты среды обирания методы экологической экспертизы и противодействия угрозам природного и техногенного характера. Кроме того, книга проиллюстрирована подробными схемами аппаратов очистки, приведены статистически данные и методы расчета токсичных выбросов, нормативов образования отходов и другие показатели. Материал учебного пособия изложен на основе действующих законодательных и нормативных документов по охране окружающей среды и рациональному природопользованию.

Авторы выражают благодарность рецензентам рукописи Ge Li，Dong beibei уделившим подготовке книги большое внимание и сделавшим ценные предложения по ее улучшению.Авторы выражают благодарность господину Андрей.Тенькаев за сердечные связи и горячии помощи.Авторы также выражают глубокую признательность и благодарность переводчику Hu Mengchun за внимательный подробный разбор и качественный перевод рукописи，текст которой содержит большого количества специфической терминологии и сложных технических конструкций.

V.V. Gutenev

序

人类，毫无疑问，是地球表面新的巨大的地质力。

——В. И. 维尔纳茨基

人类社会，在其充满活力的发展中，由于社会—政治变化与经济的快速增长，促使环境强烈而常常是不可逆地变化，导致自然生态系统退化与破坏。在人类经济活动、频发的企业事故加剧全球生态危机的背景下，人们尖锐地提出必须形成经济与环境相互关系的新观念。俄罗斯科学院院士 В. И. 维尔纳茨基曾经论述过类似的相互关系，考虑资源合理利用及国家经济平稳发展。强调技术活动创造现代文明，是人类生命活动最重要的因素。

工业生态学对未来专家提出了形成现代生态世界观的问题。这本书是通用专业教育教材之一，不仅适用于大学生，亦可用于对这一问题感兴趣的生态工作者。在这本教材中，论述了俄罗斯联邦现代生态状况，指出了工业对环境不可逆影响的可能后果，提出了能源工业生态问题及解决途径，交通及其他工业部门生态问题，环境工程保护、生态鉴定，预防自然及技术灾害等问题。此外，书中说明了净化设备原理，引用了统计资料、有毒排放物排放的计算方法、废弃物排放标准及其他指标。教学参考的资料，以现行的有关环境保护与资源合理利用的法律、标准为基础。

作者感谢编辑葛莉、董蓓蓓对本书手稿译文进行的认真编辑以及提出的宝贵改进建议，感谢安德列 · 捷恩卡耶夫先生的热心联系与热情帮助，也对翻译者胡孟春深表谢忱与致意，感谢其选择并高质量地翻译本书，书中包含大量专业术语及复杂的技术结构。

古捷涅夫· 弗拉季米尔· 弗拉季米罗维奇

目 录

第四部分 工业生态学理论基础

第五部分 自然危机与技术危机的防治

绪 论

1 生物圈——生命的环境与条件

生物圈——在漫长的地质历史时期有机物作用形成的地球一些圈层的综合。生物圈由生命物质（有机物）、生物成因物质以及生物宇宙物质组成。生物成因物质即由有机物、有机矿物、有机产物（煤、石油、泥炭、土壤腐殖质等）形成的物质。生物宇宙物质是在非生命自然物质（近地大气圈、沉积岩、黏土、水及其他物质）参与下形成的有机物。

生物圈包括大气圈一部分、岩石圈及在岩石圈生长的植物与繁育的动物。生物圈的下部由陆地向下 2～3 km，由海底向下 1～2 km。生物圈的上界（高 20 km）是臭氧层。应当强调的是，地球活物质集中在 200～400 m 的薄层：地表以上 100～200 m，地球表面以下深 2～3 m，海平面以下 100～200 m。

俄罗斯著名科学家 B.И.维尔纳茨基创建与发展了作为完整世界观的生物圈学说。他写道："在地球表面，没有任何化学力大于活有机体的力量，它逐渐发展、繁育，最终占据整个地表。"

地球生物圈的主要功能是：

（1）活有机物及其转化为无生命物质的过程，产生二氧化碳；地表植物与水下植物的光合作用，产生氧气。

（2）太阳能蓄积与转化。

（3）提供动物与人类所需物质与能量。

（4）有机物残体不断转化为大量简单化学物质（大约占生物物质的 10%）。

（5）土壤的形成与恢复。

（6）大气与水体的净化。

（7）全球（陆地、海洋、河流）大量化学元素及物质再分配。

（8）形成有机岩（灰岩、黏土等）及有机矿（煤、石油）。

从热力学的观点，生物圈可以看做是一个开放系统，在系统内部不断进行的过程使熵增加。从有机界演替的观点，生物圈与外界不断进行物质、能量、信息交换。生物圈作为全球的生态系统，具有自调节功能。正如 И.P.普里戈任所指出的，在生物圈，热力学第二定律与开放系统自调节功能时刻在作用着。

2 生存环境的技术污染

在对人类生存环境影响方面，研究最多的是环境污染。环境污染与科技进步相关，并反映在一定科技进步水平下人类活动对自然的负面影响。

现代人为因素的主要危险，是引入自然界所不具备的物质转换、循环链断裂或者变态的物质循环。有害的作用，不仅是引入自然循环所没有的物质（杀死腐生生物的有毒物质，对生产者产生有害影响物质，破坏生物链物质等），而且引入了与整体或局部自然循环数量不协调的能量。

环境污染 是任何引入原有生态系统（陆地生物群落）生命与非生命要素不具有的物理或结构变化，损坏或破坏物质流、能量流及信息流的循环与转换过程，引起该生态系统的破坏或生产力下降。

在生物圈，将人类干扰自然过程的各种形态，划分为下列污染类：

- 成分污染 或者称化学物质的介入，其量或质对陆地生物群落产生危害；
- 要素（物理）污染 由于环境要素质变所引起的污染（热、声、噪声、放射性、光、电磁）；
- 生物群落污染 包括对陆地生物群落中活有机物的种群成分、结构的影响；
- 生境退化污染 由于人类利用自然的强度大，使景观与生态系统变化。

向环境的排放物可按照聚集态或排放量分类。按照聚集态可分为气体、液体、固体、混合排放物。按照排放量分为 6 组，以 t/d 为单位：小于 0.01；0.01～0.1；0.1～1.0；1.0～10；10～100；大于 100。

按照成因，工业污染可以分为：机械污染、化学污染、物理污染、生物污染。

机械污染 空气粉尘、土壤及水体中固体颗粒及各种物质。

化学污染 进入大气、水体以及进入环境的各种气体、液体、固体化合物与化学元素。

生物污染 由于人的活动出现一些危害人类及自然的生物种类。

环境污染源分为集中污染源（点源）与分散污染源。烟雾、垂直烟筒、矿山等为集中污染源。车间的天窗、排列很近的成排管道、露天堆场等为分散污染源。污染源也可分为连续性的与周期性的。

污染对环境有负面影响，同时也受到环境的一定作用。按照生态学的观点，根据这一特征，在自然生物化学影响下，污染可以划分为稳定性（无破坏性）污染与破坏性污染。

按照控制论的思想，对生态系统的综合影响，可以看做是物质流、能量流、信息流作用于生物链。这样，不同于自然过程的人为影响是最大的，会导致有机物的大量死亡。

人与自然的不和谐性 大规模的人为活动不仅破坏生物圈的过程，而且使人类与自然不和谐。无论从生物群落或从生境来看，它们已经不是有序的统一体。实际上，人类作为外部因素，把自己利益强加于自然。大部分人类活动超越了自然规律，强调自身发展。人类活动与自然的冲突，形成了独特的生存与生命活动的环境——技术圈。

技术圈（H.Φ.列伊迈尔斯，1990）为满足人类社会经济需求，人类直接或间接的技术作用所形成的生物圈的一部分。

技术圈是人类活动所建立的人为实体与人为活动所改变的自然实体的总和。

在地壳、水圈、大气圈、近地空间，工程技术过程总和及科学技术成就，使人类利用自然资源改变生存环境，生物圈也发生变化，形成新的地球圈层（技术圈）。在这一圈层，人类的活动作为一种地质力，起主导作用，即一切都与人类生产活动有关，被称为技术成因。在包括上述所提到的技术成因过程所建立的或发生的人为（技术）作用的产物，被称为技术成因产物。

3 人类影响生存环境的全球性后果

20世纪是社会巨大变革、经济发展与生态变化惊人的世纪。在这100年内，人口增加了6倍，经济增长了300倍（表1）。

表1 经济活动与生态系统全球变化

指 标	20世纪初	20世纪末
世界生产总量/10亿美元	60	20 000
人口/10亿人	1.0	6.0
淡水需求/10亿 m^3	360	4 000
生物生产量需求变化/%	1	40
物种减少/%	—	20
经济活动破坏面积变化/%	20	60
能源需求	1	增加12倍（每25年翻一番）

应当指出，如此极度发展，基本唯一的源泉是消耗地球的自然资源、生物资源。其中很多是不可恢复与不可再生的。这方面资料如下：

- 每年燃烧100亿～110亿t煤，排放15 000万t二氧化硫及300亿t二氧化碳，增强温室气体效应。工厂、能源与交通部门每年向大气排放气溶胶、烟灰10亿t。
- 每年向海洋排放1 000万t石油产品，向水域排放工业与生活污水5 000亿t以上。
- 每年采自地球内部矿石4 000 km^3，破坏水文地质环境，形成深达1 km的矿坑。
- 水污染增加，每年增加700 km^3。而1 m^3污水可污染50～60 m^3清洁水。
- 原料加工的排放率达97%～99%，也就是说，利用率只有1%～3%。
- 出现了空间污染的新领域。

应当强调的是，在人居环境总污染中，工业发达国家（美国、德国、法国等）占80%～85%，尽管这些国家人口仅占世界人口的20%。

人类经济活动的后果，是破坏了陆地部分自然生态系统。在破坏的区域（表2），稳定状态不能恢复，有机物质持续下降，破坏正常的生物物质循环。不得不花费大量能源维护清洁环境。

表2 被破坏的生态系统面积

大陆	（大约）总面积/100万 km^2	区域/%		
		未破坏	局部破坏	完全破坏
欧洲	9	15	20	65
亚洲	53	43	27	30
非洲	34	50	35	15
北美洲	26	56	18	25
南美洲	20	62.5	22.5	15
大洋洲	8.5	62	26	12
总计	162			

在地球上剩下 5 000 万 km^2（冰川与裸岩不计算在内）未遭受破坏。据预测，自然系统面积每年减少 0.5%～0.1%。如果不采取措施，这种趋势可持续到 2030 年。

生物圈生物物种减少 近百年人类消耗了几亿年形成的有机产物。人类大约消耗了 30%的光合作用产物，使生物量减少、耗竭。人类如此强度地开发，使野生动物食物减少，野生植物分布空间缩小。根据已有的资料，生态空间缩小了 50%，物种减少了 10%。

地球上存在 500 万～3 000 万生物物种，科学记载的有 150 万种。根据 20 世纪末的各种评估，每年消失 5 000～150 000 种。种的减少降低了环境稳定性及与之相关的生物多样性。生物物种减少最明显的例子，是农业开发区中森林、自然植被的消失。

自然资源消耗 人类生存所需的自然资源，如大家所知，分为可枯竭的与不枯竭的。源于宇宙的资源，例如太阳能及其派生的能（风能、水能），是不枯竭的。植物与动物、矿物是可枯竭的资源。按照人类未来发展趋势，再过 100 年将耗尽淡水资源、氧气（由于砍伐森林每年氧气量减少 100 亿～120 亿 t）、木材、矿（煤、石油、天然气、铁等）、土地（仅在 20 世纪，由于侵蚀消失大约 20 亿 hm^2）。

地球化学中毒 植物有机体死亡，向大气排放大量二氧化碳，农业耕作的土地残留大量化学物质（薄膜、化肥）。现在大量生产近 5 000 种合成物质，其中大约 80%没有做对环境毒性的影响评价。

人类向环境排放大量废弃物：塑料、重金属，其数量已经超过自然转化能力（铅、铁），在生物圈将持久存在，自然界不能将其降解或降解困难。大量的废弃物与能源生产和交通有关。公交车产生大量的一氧化碳、氮氧化物、二氧化硫、碳氢化合物。

大气污染具有多样性。基本类型有：有害物技术污染、人类大规模二氧化碳排放、酸雨、臭氧层破坏、放射污染。大气主要污染物是：固体颗粒（尘、烟）、一氧化碳、氮氧化物、碳氢化合物。向大气排放的有害物的量特别大，每年大约排放 15 000 万 t 固体颗粒、40 000 万 t 一氧化碳、10 000 万 t 氮氧化物。

公交车消耗的燃料占全部消耗的 25%，一辆公交车在报废前共排放 10 t 二氧化碳（全世界公交车 70 000 万辆）。

工业区污染最严重：排放的有害物 90%来自全球陆地 10%的区域（北美、欧洲、东亚）。城市特别严重，许多有害物的排放量已经超过允许排放限值。大约 20% 的居民呼吸有害物含量超过阈值的空气。

跨境污染是大气圈有害物质转移的特点，污染相邻国家或整个大陆，跨境污染已经引发过冲突。

危险固体废弃物 到 20 世纪末，全球每年燃烧石油 35 亿 t、煤 55 亿 t，开采矿石 25 亿 t，采伐木材 30 亿 m^3。主要需求者是发达国家，这些国家 10 亿人口消耗 50%的能源、70%的金属，世界总量 75%的废弃物留在原料生产国家。许多生产（铁、铝冶炼）转移到欠发达国家。全世界人均废弃物排量 50 t/a、法国 10 t/a、日本 4 t/a。在欧洲废弃物排放量很大，平铺于其地表厚 10 cm。

化学废弃物方面，每年形成 5 亿 t 危险废弃物，美国占 50%居第一，俄罗斯第二，印度第三。有害废弃物含重金属（铅、镉、汞），在人体内（肝、肾）积累，会引起中毒、疾病、降低生育能力。

放射性废物最危险，1945 年第一颗原子弹爆炸，从那时到现在，全世界大约有 2 000

次原子弹爆炸，地球放射线背景值提高 2%。

原子能电站、核动力船等放射性废物消除问题还未解决。最初放射性废物装入 10 万 t 密封容器，埋于海底。现在在陆地上储存 1 000 万 m^3 放射性废弃物（美国、俄罗斯、加拿大、法国等）。埋藏放射性废弃物是非常危险、非常昂贵的措施，不是最安全的措施。

水污染 在生物圈，淡水资源占水资源总量的 2%，其中 99%来自冰川。河流与湖泊的淡水总量为 90 000 km^3，人类每年需求 4 000 km^3（70%用于农业，30%用于工业与公益事业），再过几十年，淡水将被用尽。

淡水受到污染，污染量每年 150 亿 t，最危险的污染是重金属、苯酚、杀虫剂、表面活性物质、石油产品。水污染引发癌症、骨病、流行病等。

全球气候变化 从 20 世纪初开始，观测到大气温室气体含量在增加，主要是二氧化碳。根据各种资料，它对温室效应的贡献率为 50%～65%。其他的温室气体是：甲烷（20%）、氮氧化物（5%）、臭氧、氟利昂及其他气体（10%～25%）。大家知道，温室气体大约 30 种，它们的增温效果不仅取决于其在大气中含量，而且与气体分子活性有关。如果将二氧化碳增温效果取作 1，那么甲烷效果则为 25，氮氧化物效果为 165，氟利昂效果为 11 000。

从 19 世纪中期开始的 100 多年间，大气二氧化碳含量①变化：1859 年（265～290）$\times10^{-6}$；1958 年 313×10^{-6}；1978 年 330×10^{-6}；1990 年 350×10^{-6}。即增加了 12%～15%。

含碳燃料（煤、石油、重油、甲烷）燃烧，是进入大气的二氧化碳主要的来源。仅由于热能使用进入大气的碳，每年人均大约 1 t。根据预测，21 世纪前半期排放碳可达 100 亿 t。一些国家在全球二氧化碳排放总量占的比例为：美国 22%；俄罗斯与中国 11%；德国与日本 5%。其余的国家约占 46%。

由于温室效应，近一个世纪年平均温度上升了 0.2～0.6℃。现在二氧化碳的含量，以每年 0.3%～0.5%的速度增加，甲烷增加速度为 1%，氧化氮增加速度为 0.2%。各种温室气体增加了 1 倍，21 世纪后半期地球平均温度将提高 1～3.5℃。

许多学者认为，全球气候变暖以及由此引起的海平面上升，不仅对各种生态系统而且对整个生物圈，都是很大的灾难。

（1）海平面每升高 1.5～2 m，淹没大约 500 万 km^2 土地，而且都是最肥沃、人口密集的土地。这些区域居住 10 亿人口，农作物收获量占全球的 1/3。人口被迫向大陆内部迁徙。引发社会动荡与战争冲突。

（2）随着海平面上升、气候变暖，导致天气不稳定性增加，自然带界限移动，暴风、海啸、洪水数量增加，动物、植物死亡加速。很明显，由此引发了自然利用的尖锐问题。

（3）极地与赤道的温差减小（因极地变暖），永冻土融化产生大量甲烷，增强温室效应。

（4）气候变化，或由于南部区温差变大，或由于疾病流行，对人类健康产生不利影响。

上述现象成为由于气候变化引发国际争端的根由（陀罗恩多，1979），由此看出温室效应的最终后果可以与全球核战争相比。

因此，正如科学家所认为的，应当重视不断增长的人为热能对气候的影响。根据 M.M. 布德科的研究，地球表面热辐射与人为热能的平衡比例是 49∶0.02，这不影响全球温度。

① 占空气的体积分数百万分之几，或一百万空气分子含的二氧化碳分子数。

可是按照现在人类生产热能的增长速度（每年 10%），21 世纪人类生产热能将接近地表热辐射，完全可能出现热动力危机或热危机。

酸雨 最近 15～20 年出现了酸雨（pH < 5.0）生态问题。各种燃料燃烧，以及企业向大气排放大量硫氧化物、氮氧化物。它们与大气水相互作用，形成硝酸、硫酸。有机酸及化合物与其混合，形成酸性溶液。

据测算，二氧化硫形成的酸雨占 70%。CO_2 也促进酸雨形成，因为它进入大气，降雨 pH 一般为 5.6。

酸以酸雨或其他大气降水的形式降落到地表或水域。发现有些酸雨的 pH 为 2.2～2.3，与食醋的酸度相当。

全世界每年 SO_2、NO_2 的总排放量 25 000 万 t。人均排放量（kg/a）：丹麦 4、前苏联 18、英国 32、波兰 55、澳大利亚 8、德国 160、意大利 20、挪威 6（Г.В. 沃伊特盖维奇，В.А.伏罗恩斯基，1996）。

酸雨污染较典型的国家和地区有：英国、独联体国家、丹麦、波兰、加拿大、美国北部。

俄罗斯酸雨发生在：科拉半岛、诺里尔斯克、车里雅宾斯克、克拉斯诺亚斯克等地区。圣彼得堡酸雨 pH 3.3～4.8，克拉斯诺亚斯克 pH 4.9～3.8，卡赞尼 pH 4.8～3.3。70%～90%的城市空气污染，促进酸雨形成，成为第二污染源（Ю.В.罗维阔夫，1998）。

酸雨进入土壤，增大离子淋洗量，降低土壤活性物质、氮素及其他有机物含量。当土壤溶液 pH≤5，强烈溶解土壤中的矿物质，释放出有毒性的铝。一些地方酸雨及其他产物（铝、重金属、硝酸盐等）进入水体，进入地下水，然后进入储水池及管网，铝及其他有害物质通过管道传输，降低饮用水的质量。

酸雨降落到水源地，提高水的酸度与硬度。当 pH 低于 6 时，酶、激素及其他活性物质活性增大，有机物大量生长。对卵细胞及幼体负面影响最大。现在世界上许多湖泊被认为丧失栖息地功能。在瑞典、挪威、加拿大，20%的湖泊有机物质减少了一半。瑞典 14 000 个湖泊消失了最珍稀的物种，2 200 个湖泊无生物生存。美国 1 000 个湖泊明显酸化，不适宜许多栖息者。

酸雨与大气污染对森林的影响，是促进植物元素（特别是钙、锰、钾）、糖分、蛋白质、氨基酸的淋洗。酸雨破坏保护组织，增加细菌、病毒侵入的机会，昆虫死亡数量增加。最终降低植物群落生产量，植物大量死亡。许多资料表明，酸雨通过土壤对植物产生影响，主要是增加铝、重金属的活性。

臭氧层衰减 近年观测到大气最上层臭氧含量持续减少。北半球中纬度、高纬度减少 2%～10%。

南极上空臭氧层衰减最严重，仅 30 年南极上空臭氧层臭氧含量减少了 40%～50%。臭氧含量明显减少的空间被称为“臭氧空洞”，现在大陆上空的臭氧空洞面积（1 000 万 km^2）大于美国领土面积。

在南极圈上空发现稍小的臭氧空洞。其他区域发现 10 000～100 000 km^2 的“磁暴洞”，比正常臭氧浓度（0.06 mg/m^3）小 20%～40%。无论从减少程度或从分布面积，在俄罗斯上空都发现了不正常臭氧层。根据水文委员会 1995 年 2 月观测，在北半球上空，特别是东西伯利亚一些地区，直到乌拉尔，在 25 天内臭氧含量减少 40%。到 5 月中旬个别地区减少量达 50%。7 月与 12 月低于气候标准 15%。

臭氧层衰减对于人类及动物非常危险，增加皮肤癌及眼白内障发病率。根据联合国的数据，臭氧含量减少 1%，地球表面紫外射线将增加 15%，新增 100 000 例白内障眼病患者与 10 000 例皮肤癌病患者，人与动物的生殖能力降低。

除了影响人的健康，臭氧层衰减会进一步强化温室效应，使产量下降、土壤退化、环境污染。根据 Ю.В.罗维阔夫（1988）的研究，穿过臭氧层的伦琴射线、紫外线，其光能超过正常可见光 50～100 倍，增加森林火灾发生的概率。

氟利昂是破坏臭氧层的主要人为因素。它广泛应用于各种气溶胶收集器、制冷设备。

氟利昂在大气中能保持 70～100 年，因此它们总是能够到达臭氧层、破坏臭氧层。每个氯原子作为催化剂，能破坏 100 000 个臭氧原子。目前全世界生产了 130 万 t 对臭氧有破坏作用的物质。大约 35%产自美国，40% 产自欧盟国家，10%～12%产自日本，7%～10%产自俄罗斯。

砍伐森林是引起破坏臭氧层的另一技术原因，森林是大气中氧的主要来源。空中核爆炸、大火，以及产生氮氧化物、碳氢化合物能到达大气上层，是破坏臭氧层的技术原因。在同温层飞行的超音速飞机，火箭发射，都破坏臭氧。仅一次航天飞机发射，就破坏 1 000 万 t 臭氧。一年 300 次这样的发射，所有的臭氧将被破坏殆尽。

自然灾害 专家指出灾害频繁发生的首要原因，是人类对生物圈的强大作用引起全球气候变暖。图 1 表明了所有国家的自然灾害趋势特征（B.弗拉基米尔，H. 托尔盖赫，B.马凯耶夫，2000）。

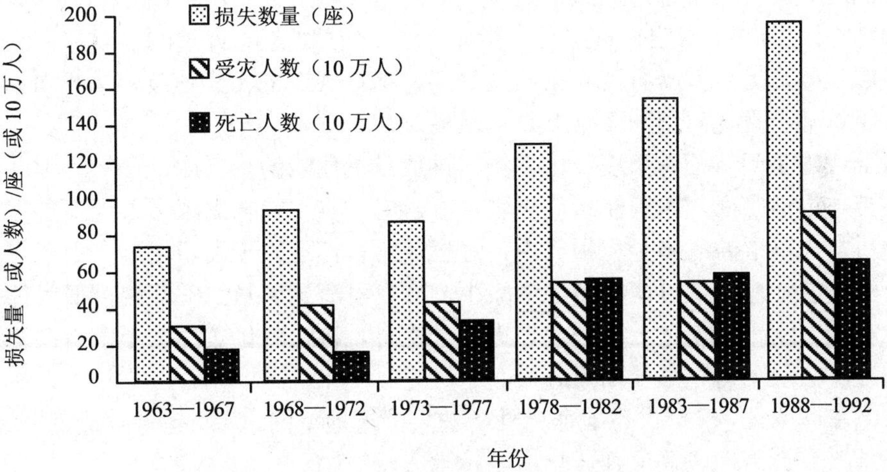

图 1 1963—1992 年地球上的自然灾害

很明显，造成很大经济损失的灾害快速增加，30 年增加 4.1 倍。同期受灾人数增加 3.5 倍，死亡增加 2.1 倍。

根据美国调查资料，重大灾害使 3%～5%的人口丧命，物质损失占国民经济生产总值的 1%。1995—1997 年，消除灾害后果每年花费 500 亿美元，或者每星期 10 亿美元。中国 1991 年、1994—1995 年、1998 年洪水，损失 200 亿～300 亿美元。2002 年俄罗斯北高加索洪水，损失 10 亿卢布，夺走数十人生命。

洪水、地震、台风灾害的经济损失最大，干旱、饥饿也是大量人口死亡的原因。饥饿死亡人口占灾害死亡人口的42%。1999年经济损失达1 000亿美元。这一年发生707次大灾害，前两年发生530～600次。非常典型的是，与20世纪60年代相比，近10年灾害数增加3倍。这期间经济损失增加9倍。

自然灾害之间相互联系，一次灾害可能是下一次的原因。这就是自然连锁反应：一种现象发生会引发与之有关的另一种现象（H.Φ.列伊梅尔斯，1990）。

我们也应指出，自然灾害也常是技术原因引起的：矿山爆破、燃烧与爆炸、化学污染等，自然会增加经济损失。

很多学者得出结论，特别重大灾害、灾难数量增加，说明人类进入发展的不稳定阶段，称为分叉点。这里指出的是人类发展走进了死胡同——脱离生态原则去找“市场需求文明”。

人类对近地空间影响 在决定地球上生存环境的太阳与地球相互复杂关系中，近地空间起重要作用。

人类对近地空间作用，始于空间时代的初期。与其他自然环境，如大气圈（对流圈）相比，人类对其作用强度大、影响时期长。近地空间环境比较脆弱，因为在近地空间物质稀少，与大气圈相比能量过程弱得多，比水圈、岩石圈更弱。

人类对近地空间的作用可以分下列几类：①火箭发动机排放化学物质；②火箭飞行产生动能扰动；③固体碎块、太空垃圾；④无线电传输系统的电磁辐射；⑤用于太空飞行器的核能装置的强烈辐射与放射性污染；⑥近地大气圈坠落的污染物。

无控制地利用空间，带来大量空间垃圾（3 000 t以上）（M.H.弗拉索夫，1998）。碎片集中在400 km的高度，对它们都进行了登记，进行长期监测。大量的小碎片（小于10 cm）是最危险的。碎片流超过陨石流。据有关资料，保持现在的污染速度，大于1 cm的碎片数量100年将翻一番，对空间飞行器是危险的。

从改变近地空间特征的角度，化学物质排放是最危险的。例如，火箭将100 t水、90 t二氧化碳带入近地空间。美国航天飞机将470 t水、110 t二氧化碳带入近地宇宙空间。这些化学物质与电离层的氧离子积极作用，过程非常快，不同于自然环境。由于电离层等离子再复合的速度加快，带电荷粒子含量减少，形成电离层风暴。破坏规模最大的是美国发射土星-5火箭，水平风暴达上千公里。火箭升空时，将二氧化碳扩散至上百公里高，二氧化碳对同温层热量平衡起重要作用。

正如专家认为的，保护作为地球最外防护层的近地空间，只能是有限地进行火箭发射，根本方法是改变火箭运载卫星到达轨道的技术方法。

生态苦果 20世纪人口快速增加，被称作人口爆炸。20世纪与21世纪初，人口增加75%，不应对此麻木不仁。应当关注人的健康问题。

人类的健康，取决于很多生态要素，其中有：水（特别是饮用水）、空气、土壤、食品质量、人为物理场（人为活动引起的噪声、震动、超声波、电磁波）。现代国家文明水平不是首先取决于技术与交通，而是首先取决于生活质量。人的寿命是主要指标（表3）。

表3 各个国家人的平均寿命

国家	平均寿命/岁
日本	80
法国、德国	74～78
美国	72
俄罗斯	65
中国	64
印度	44
安哥拉	41

正如所看到的，经济发达国家人的寿命长，这似乎是利用技术发展文明的证据，但也有相反的例子。

人口爆炸（由于老龄化）这样复杂的世界人口问题，增加了对环境的负载，增加了对生产、能源、住房、工业品的需求。显而易见，不解决人口问题，没有稳定的人口，不可能遏制地球危机的生态过程。荒漠化、无林化生态问题及引发的农耕地退化、减少问题，提出了尖锐的世界自然利用问题。由于全球 20%的人口经常挨饿，导致每 24 小时死亡 35 000 人，其中 3/4 是 5 岁以下的儿童。

众所周知，人类健康与环境质量是密切相关的。在都市化、工业化的时代，人们大部分时间是在室内。人处于封闭、半封闭的室内小气候，肌体与外部气候要素不直接接触，时间越长，对天气变化反应能力越低，其中包括对温度的调节能力变弱。由于肌体与外部环境的动态平衡受损，引发人体复杂的心血管病、心肌梗死、脑中风等。

4 现代生态危机的特征

生态危机的概念 1972 年第一次出现在研究世界问题的国际协会的报告第一页（罗马俱乐部）。这一报告加上“增长极限”的题目。作者团体在美国著名控制论专家丹尼斯·梅多斯领导下，利用人口、资本、人均占用土地、资源利用程度、生物圈污染等参数，建立世界预测模型。报告的结论是，保持现有经济发展趋势与速度，到 2100 年人类将走向灾难与毁灭。到那时大部分居民因饥饿、贫困死亡。自然资源不能满足生产需求，因为污染的环境不利于人类生存。

生态危机（И.И.捷吉，1989）是由于人为因素作用（大气圈、水圈、土圈污染，自然生态系统、自然综合体破坏，森林火灾，河流迁徙，森林砍伐）下，或者在强大的自然现象作用下，生态系统平衡被破坏所产生的现象。广义的生态危机，是活物质进行自然更替的生物圈发展的危机相。

在史前及人类历史时期，科学家划分生态危机系列见表 4（根据 Н.Ф.列伊梅尔斯，1992，作了修改）。

现代危机常被称作“退化危机”。因为自然恢复已经来不及清除人为废弃物，或者不能清除被抛弃的人工合成物质。换句话说，生物圈失去了自恢复能力。

与“退化危机”几乎同时出现的生态压力名词：热动力危机（热危机），导致生态稳定性降低。它们都与对流层下部能量生产（温室效应、热电站、核电站）所引起的生态后果有关，以及与生态平衡破坏有关。如果能达到能量平衡、生态平衡，上述的生态危机就可以解决。首先，如科学家所认为的，能源将最大地加以经济利用，但不给近地对流层增加热量。其次在社会—自然系统中，可以调节演化。

表 4 在生物圈及文明发展中的生态危机

编号	危机名称	时间	危机原因	走出危机的途径
1	人类史前期干旱化	300 万年前	干旱期到来（气候干旱化）	类人猿出现
2	人类采集资源贫乏化	3 万～5 万年前	人类采集资源不足	栽培植物的生物建设措施出现
3	过度狩猎大型动物	1 万～5 万年前	人类狩猎，大型动物减少	向原始农业、畜牧业转变
4	灌溉土地荒废	1 500～2 000 年前	粗放灌溉导致土地资源减少与土壤盐渍化	转变为非灌溉土地
5	植物资源与植物产品不足	150～250 年前	土地资源减少，技术落后	工业革命，农业使用新技术
6	全球性环境污染与资源枯竭	30～50 年前	过度资源利用，多种技术排放	能源供给技术，清洁生产，生态化措施
7	全球性热动力（热）污染	已经开始，预测未来发展趋势	全球气候变化，特别是温室效应	限制能源利用，预防温室效应，寻找生态化解决途径
8	全球生态系统稳定性遭受破坏	重要特征，预测未来趋势	全球生态系统平衡遭受破坏	生态价值优先，寻找解决途决途径

现在越来越明显地开始感觉到，世界经济和人口发展的速度与规模，与满足发展的自然环境可能性的不协调。经济活动已经发展到地球自然潜力的阈值，即所谓的承载容量，它是地球上生命生存可能性的评价依据。世界生态资源分布是不均衡的。工业国家的人口占世界人口 1/5，利用了不少于 2/3 的世界自然资源，排放污染物与废弃物占世界生产所产生总量的 4/5。我们也指出，世界上一些区域，生态危险源自发达国家拼命生产，同时利用其他国家的空间改善自己的生态状况，例如，危险生产的转移。

显而易见：全人类危机的共同出路，是减少人口数量、社会需求，在一些情形下，以社会制度变革遏制危机。

5 考虑生态制约的世界发展观

在不大的地球上，生态—经济过程相互联系性、资源的枯竭、对经济发展的灾难性后果的认识，是开始研究世界发展观的原因。在西方发达国家已开始了特别活跃的研究工作。这些国家在 20 世纪 70 年代生产发展已经受到资源限制。罗马俱乐部的报告提出全球人口必须增长缓慢、数量稳定，对于世界认识的生态化起了重要作用。尽管有完全否定的指责，但所作的结论反映了现代生态经济现实：在现代经济发展水平下，地球自然资源的限制，不能供给与保障快速增长人口的正常需求。

近些年出现了变更性生态—经济理念，必须根本改变经济与环境关系，提出了生态乌托邦的概念①。

① 生态乌托邦，俄语 экотопия，英语 ecotopia，即生态乌托邦或生态主义，译者注。

这一思想的要点：尽可能快地偿还自然；生物与文化的多样性；拒绝破坏环境的科技进步；应当重视人类现代化的道德完善及社会、宗教、精神观点。这些成为许多国家“绿色”党纲的基础。

1992 年 6 月在里约热内卢召开了联合国环境与发展大会，通过了必须改变全球发展方针的历史性决定。基于全球生态状态恶化及 21 世纪可能出现全球生态灾难的预测，179 个国家的政府首脑与国家元首，做出这样无先例的决定。

根据不久前出版的联合国环境规划署报告《全球生态前景》（内罗毕，2002），21 世纪主要生态特征为：温室气体排放引起气候变化；淡水不足与污染；森林消失与荒漠化；生物多样性减少；人口增加（以及人口迁徙）；废弃物排放；空气污染；土壤与生态系统退化；化学污染；臭氧层衰减；城市化；自然资源枯竭；栖息地破坏；疾病流行等。这每一个生态问题，如果继续发展，都将会导致生物圈退化甚或人类的毁灭。

联合国环境报告提出了彻底改变传统发展道路的理念。传统发展是不可持续的模式，特点是：落后、危险、危机、灾祸、毁灭性。应转变到被称为可持续发展的新发展模式，力图长久稳定发展。这是全世界的必然选择。

1983 年成立的以挪威首相布伦特兰为主席的环境与发展委员会，为联合国专门起草了《我们共同的未来》报告，1987 年报告公布后，“持续发展”广为流传。俄语将英语“sustainable development”翻译为“устойчивое развитие”。还有其他的译法：继续的、长期的、不间断的、稳固的、自持的、稳定的发展等。

持续发展应当理解为人类以这样的形式发展，既满足当代人的需求，也不牺牲子孙的利益。这样管理社会，不破坏自然基础，保障文明不间断进步。这就是人—社会—自然系统的演化（协同）发展。

遗憾的是现代人类社会发展道路，不能保障生态持续性。2002 年 8—9 月，即《我们共同的未来》报告发布 10 年后，在约翰内斯堡召开会议，号召全世界可持续发展，肯定了向持续发展转变的必要性。这一结论写进正式文件《约翰内斯堡可持续发展宣言》“高水平实施计划”。

这一实施计划区别于环境报告的类似文件《21 世纪议程》，它是第一个世界范围可持续发展行动计划。它强调从 2005 年开始，实施向全人类持续发展转变。从这时起加入联合国的国家，都应准备实施新文明行动的概念战略与组织管理计划，也就是建立概念、行动计划、战略、规划、组织，以实施新的社会经济方针。10 年（2005—2015 年）实现向持续发展社会转变。实施这一计划的标志性与急迫工作，是到 2015 年减少一半不具备卫生条件及清洁饮用水的人口，恢复持续渔业，到 2010 年降低生物多样性减少速度。

在可持续发展宣言中指出，人类处于十字路口，重要的是在共同愿望下联合起来，采取有力措施，准备实施旨在首先消除贫困、发展人类潜力的行动计划。

6 工业生态学研究对象

工业企业、能源、交通是城市不可少的要素，对自然环境危害最大。这就需要用新方式整体组织工业生产与经济系统。工业生态学应当对形成与实施这一新方式作应有贡献。

按照 Н.Ф.列伊梅尔斯（1990）的观点，工业（工程）生态学是“‘大’生态学的分支，研究工业（有时是整个经济系统的工业、交通与农业），从独立的企业到技术生物圈，对自然的影响。同时相反，研究自然环境对企业及其综合体的影响。”

“工业生态学”的概念出现于20世纪80年代初。早在1983年，以Д.И.门捷列夫名字命名的俄罗斯门捷列夫化工大学，就组建了工业生态学教研室，为培养化学及生态学专业的大学生专门开设了这一课程。

按照B.A.扎伊采夫（1990）的观点，工业生态学研究物质，首先是工业生产、人与其他活有机体与生存环境的相互关系（或联系），即工业生态学的研究对象是工业—经济系统。

研究物质流在自然界循环的“零排放技术”，是工业生态学的基础。

零排放技术的完整概念，形成于欧共体关于环境保护合作的会议（Женева，1979），会议通过《关于少排放、零排放技术与废弃物利用的宣言》。其中写道“零排放技术实际应用意义、方法、手段，目的是在人类需求框架下最合理利用自然资源、能源，保护环境”。

在欧共体零排放技术的研讨会（塔什干，1984）上，给出了比较具体的概念：“零排放技术是在企业、区域工业综合体生产过程中，在原料资源—生产—需求—原料资源二次利用的循环中，最大限度合理、综合地利用原料、能源，不破坏环境正常基本循环的一种产品生产方式。”

少排放可以这样理解，“在企业、区域工业综合体生产过程中，对环境的有害影响不超过卫生标准允许的阈值。由于技术、管理、经济或其他原因，部分原料与物质转变为废弃物，进行埋藏或长期埋藏的产品生产方式。”

现在，特别是国外，经常使用清洁生产的术语，“……企业从生产过程到产品，不间断地、完全地采用自然保护战略，预防环境污染，降低对人与环境的危害”。与这一过程相对应的是合理利用原料与能源，不采用有毒原料，减少生产过程产生有毒废弃物的数量与毒性。

从产品来看，清洁生产是在整个生命周期（产品），从原料采集到产品使用后做到资源化（或者无害化），对环境的影响最小化。

在市场经济条件下，实施零排放生产，采取税收优惠、贷款优惠等经济激励措施，以激励清洁生产、实行少排放或零排放、清洁生产工艺或生产。相反，应对有害生态的产品及相应生产过程征税。

综上所述，工业生态学的主要任务，是寻找一条合理利用自然资源，防止其枯竭、退化、污染环境的新途径，最终使生产技术的物质循环与生物化学的物质循环相融合。因此工业生态学的发展，不与其他相应的自然科学紧密结合是没有意义的。

第一部分

俄罗斯及各经济部门的生态问题

1　俄罗斯生态状况及变化趋势

1.1　俄罗斯生态的绝无仅有性

俄罗斯联邦领土面积为 1 710 万 km^2，占地球总面积的 3.3%，陆地面积（除去北极）占 12%，在欧洲区域面积占 32%。通常分为三大区域：欧洲区（350 万 km^2）；乌拉尔区（200 万 km^2）；西伯利亚与远东区（1 160 万 km^2）。

世界面积最大的国家俄罗斯，居民 1.43 亿人。人口不断减少。有 13 个城市人口超过 100 万。

俄罗斯农业用土地非常广阔，人均约 11 hm^2，同期世界人均为 3 hm^2。然而必须指出，俄罗斯 60%的领土位于寒冷气候与永冻区，这些地区光合作用非常弱。也就是说，自然空间很大但生态空间不足。因此所谓的有效面积，从年平均–2℃等温线向南，却不到领土面积的 1/3。

人口密度是自然领土最重要的指标，全世界平均每平方公里 55 人，俄罗斯每平方公里 8 人（接近 20 世纪初全球平均）。人口分布不均衡：大部分居民集中在欧洲部分（人口密度每平方公里 27 人）；乌拉尔区每平方公里 11 人；西伯利亚与远东区每平方公里 3 人；北部区每平方公里不到 1 人。邻国人口密度比俄罗斯高：法国 16 人；立陶宛 42 人；白俄罗斯 80 人；中国 120 人。

俄罗斯的气候，首先取决于北极的强烈影响，北极使境内的气候普遍寒冷。冬季月平均温度低于 0℃，有稳定的雪被。在西伯利亚大部分是多年冻土——永冻土。

气候划分为 7 个带，反映气候环境地带性与水热状况（图 1-1）。根据俄罗斯科学院地质研究所的资料（2000），生活在 I 带的人口 224.6 万人，II 带的人口 361.2 万人，III带的人口 467.8 万人，IV带的人口 2 321.4 万人，V 带的人口 7 296.4 万人。

俄罗斯的西部与西南部适宜人居，这些区域的温度、湿度保障了森林、草原的生长需要。一年大多数时间太阳明媚，适合人在户外活动，特别是黑海与里海沿岸。

近 30～35 年，俄罗斯欧洲部分的温度升高 0.6～0.8℃，北西伯利亚升高 1.6℃，雅库特升高 1.4℃。根据冻土资料，西西伯利亚 10 m 深多年冻土温度提高，预计 2020 年升高 1℃，2050 年升高 1.5～2.0℃。这将使冻土北界到 2020 年推进 50～80 m，到 2050 年推进 150～200 m。

冻土温度提高与退化，将促发危险的灾害过程，例如热卡斯特、冰融化引发的下陷、崩塌、滑坡等。

在俄罗斯保存着广阔区域，生态系统未遭人类活动破坏：东西伯利亚泰加林（面积 600 万 km^2）；北部区（280 万 km^2）。将近 60%的土地未进行经济活动（只有加拿大保持这样高的比例），像全世界一样，肥沃土地占 40%。欧洲部分资源需求占 40%，乌拉尔区占 20%，西伯利亚与远东占 10%。

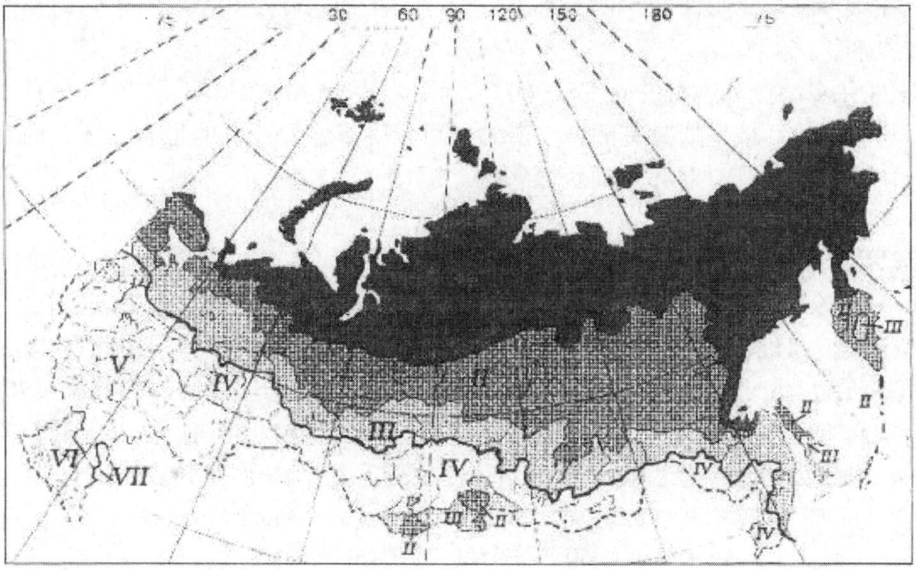

图 1-1　俄罗斯人居自然—气候区划

（Б.И.卡丘罗夫，А.В.安吉波娃雅，С.К.科斯托夫斯卡）

Ⅰ—绝对的不舒适；Ⅱ—极不舒适；Ⅲ—温度不舒适；Ⅳ—相对不舒适；

Ⅴ—相对舒适；Ⅵ—舒适；Ⅶ—温度、湿度不舒适

俄罗斯自然生态系统——森林、沼泽、未耕种的土地，起重要的调节作用，实际上完全吸收人为活动排放的二氧化碳，不仅有俄罗斯本土的，而且还有接壤邻国的二氧化碳。

俄罗斯森林占世界森林面积 26%，成熟林及林产品比温带的国家都多。每年吸收 6 亿 t 二氧化碳，值得强调的是俄罗斯 70%的二氧化碳来自境外。

世界很多湿地集中在俄罗斯（有 10 900 万 hm^2）。它能在地球碳循环中形成 5 000 万 t 有机碳，能降低温室效应。

俄罗斯领土 77%有土壤覆盖，土壤层是生态潜力的最主要部分。世界冻土 1/3 分布在俄罗斯，冻土面积占世界的 64%。令人惊奇的是，冻土有巨大的调节功能，它是数十亿吨一氧化碳、甲烷的贮体，本身能阻止大量温室气体进入大气。

俄罗斯是巨大的氧气生产“工厂”。自然群落（首先是森林）光合作用生产 53 亿 t 氧气，大于经济需求量。工业发达国家生产消耗大量氧气，要知道，同样在境内生产氧气的国家，其生产量为：美国 12.6 亿 t，日本 10.45 亿 t。因此，俄罗斯（巴西、加拿大并列）是世界氧气的供给国家。

由于国土面积大，存在大面积森林、沼泽化土地与沼泽，同时以西风为主（西伯利亚不一定），因此在俄罗斯境内酸雨几乎全部被中和。俄罗斯全境降雪，可以净化空气中人为的气溶胶。山与丘陵包围西伯利亚许多大城市，阻挡来自国内外的污染空气。

俄罗斯河流（10 km 以上的河流 12 万条）具有保持区域良好生态环境的功能。最大的一些河流向北汇入北冰洋。因此沿岸城市与企业用水源，沿上述河流延伸上百、上千公里。所以是相对安全的。

俄罗斯是世界最大的基因库。在境内有最大的动物群（白熊、鹿、马鹿）。北半球 9%

的鸟栖息在俄罗斯，北半球50%的候鸟经过这里。贝加尔湖及其植物群落、动物群是世界上绝无仅有的。

根据 H.H.罗德捷列维奇的研究（2003），俄罗斯与工业发达国家不同，具有生态自调节能力。这就是说，俄罗斯具有的自然潜力，可以弥补资源开发的生态破坏。而且，俄罗斯还在抗御外部（国外）对环境的负面影响。

1.2 俄罗斯技术污染

大气污染 《俄罗斯联邦自然环境国家报告》，介绍了全国大气污染物总排放与各工业部门排放状况。工业企业每年排放大气污染总量 2 000 万 t，交通部门排放 1 700 万 t。对空气污染具有主要贡献的行业是：黑色与有色金属、煤炭、化工、石油、建筑、能源、交通等。污染量大的是特有物质：苯并[*a*]芘，甲醛，氨，硫化氢等（表 1-1）。

表 1-1 前苏联各经济部门大气排放状况

部门	排放总量/万 t	排放占比/%				
		粉尘	二氧化硫	一氧化碳	氮氧化物	碳氢化合物
能源	27.5	23.9	52.8	4.0	70.0	—
黑色金属	19.1	14.9	9.7	41.7	13.7	0.3
有色金属	7.6	7.0	16.5	3.0	—	—
建筑	12.9	28.7	2.6	11.2	3.2	—
石油	5.1	0.4	2.0	8.2	0.5	31.1
煤炭	5.1	4.1	3.7	10.4	2.0	4.0
化工	3.5	1.4	1.2	3.0	1.9	1.3
其他	11.5	16.7	10.4	11.5	7.4	1.2

注：C.B.雅阔夫列夫，A.K.斯德列尔科夫，A.A.马果，1988。

由于生产缩减，俄罗斯 CO_2 排放量在减少：俄罗斯 CO_2 排放量占世界总排放量的 7%，少于美国（22%）、中国（12%）、欧洲（24%）。同时，俄罗斯在相邻国家中，是唯一的经济活动排放 CO_2 完全被自然生态系统吸收的国家（这样的国家还有加拿大）。

近些年俄罗斯二氧化硫排放量减少（减少了 40%），是发达国家排放量的 10%。SO_2 向东远距离输送，被西伯利亚的空间吸收。同时来自欧洲的 SO_2 远距离输送到俄罗斯本土。

应当强调的是，从其他国家输送到俄罗斯的污染物特别多。根据《欧洲空气污染物远距离监测及评价合作计划》监测资料，每年输送到俄罗斯欧洲部分的硫氧化物、氮氧化物分别为 210 万 t、280 万 t。硫氧化物的降落量为 1～3 t/km^2。在一些工业区，大气降水的 pH 为 3.1～3.2（1995）。源自国外的铅、锌大约是俄罗斯境内污染总量的 30%，西部更多。

CO 的排放量很大，对人的眼睛有害，其来源主要是公交车，也来自工业。尽管俄罗斯 CO 排放量减少了 18%，但仍占世界总量的 12%，这是由于公共汽车未装催化净化器。

在大城市与工业中心，空气污染特别严重。俄罗斯 200 多个城市居民共超过 6 300 万人（占国家人口的 42%），空气污染物平均含量超过标准阈值。表 1-2 列出了大气污染最严重的城市及其污染物。

表 1-2　俄罗斯联邦空气污染最严重的城市

城市	物质	城市	物质
阿巴坎	苯并[a]芘，甲醛	新罗西斯克	甲醛，氮氧化物
阿尔汉格尔斯克	硫化物，甲醛，甲硫醇	新切尔卡斯克	苯酚，甲醛，氮氧化物
布拉戈维申卡	甲醛，悬浮物，一氧化碳	鄂木斯克	甲醛，乙醛
比斯克	甲醛，悬浮物，氮氧化物	顿河畔罗斯托夫	氮氧化物，甲醛，悬浮物
加里宁格勒	苯并[a]芘，硫化物，氮氧化物	萨马拉	甲醛，氨，氮氧化物
克麦罗夫	苯并[a]芘，硫化物，氨，甲醛	圣彼得堡	悬浮物，甲醛，苯酚，氮氧化物
克拉斯诺亚尔斯克	苯并[a]芘，甲醛，悬浮物	萨拉托夫	氮氧化物，甲醛
克拉斯克达尔	苯酚，甲醛，悬浮物	色木罗金斯克	甲醛，苯酚，硫化物
克孜勒	苯并[a]芘，甲醛，悬浮物	索利卡姆斯克	甲醛，氨
利佩茨克	苯酚，氨，甲醛	斯塔夫罗波尔	甲醛，氮氧化物
马加丹	苯酚，甲醛，氮氧化物	瑟兹兰	苯并[a]芘，甲醛，氮氧化物
马格尼托哥尔斯克	苯并[a]芘，硫化物，氮氧化物	陶里亚蒂	氟化氢，甲醛，悬浮物
莫斯科	苯酚，二氧化碳，氮氧化物，甲醛	乌里杨诺夫	苯酚，甲醛，氮氧化物
下塔吉尔	苯酚，氨，甲醛，乙基醋酸丁酯	哈巴罗夫	苯并[a]芘，硫化物，氮氧化物，甲醛
诺夫哥罗德	悬浮物，氨，氮氧化物	赤塔	苯并[a]芘，甲醛，悬浮物，氮氧化物
新库兹涅茨克	苯并[a]芘，甲醛，悬浮物，氟化氢	南萨哈林	苯并[a]芘，烟粒，悬浮物，氮氧化物
诺里尔斯克	甲醛，硫化物		

来源：俄罗斯水文委员会，1977 年资料。

俄罗斯人口超过 10 万人的城市，空气含有的污染物质都超标。有 4 000 万居民的居住区，空气中有害混合物的含量超标大约 10 倍。

特有的物质特别是持久性有机化合物，引起对空气污染增加的恐慌。在安加尔卡、乌拉尔地区卡缅斯克、诺里尔斯克、鄂木斯克、萨拉托夫、斯塔夫罗波尔、西伯利亚地区乌索利耶等城市观察到这样的趋势。这些城市 97%的居民居住在空气污染超过安全标准的区域。在个别天，空气苯并[a]芘超标 115～308 倍。

根据 M.Ч.扎利哈诺夫（2000）的研究，空气污染导致的儿童的发病率占总发病率平均为 17%，成年人为 10%。污染空气引起呼吸系统疾病占 41%，内分泌系统病变占 16%，30～34 岁成年人癌症发病率占总数的 2.5%，55～59 岁的老年人癌症发病率占总数的 11%。

水资源及其污染　俄罗斯水资源非常丰富：占世界淡水资源量的 20%，也就是占全球河流水量的 9%。按照“人均用水量”指标，俄罗斯在欧洲国家居中间位置，为 700 m^3/a，俄罗斯联邦人均河水保障量 29 200 m^3/a（每天为 80 m^3），这两项指标分别比世界平均值低 8.2%和 22.5%（M.Г. 胡布拉扬，1999）。

按照欧洲水资源利用程度，俄罗斯达到 50%。俄罗斯污染水量 10 km^3，被净化的水不足 3 km^3（欧洲很多国家污水 100%被净化）。

俄罗斯水资源可能不像欧洲其他国家那样保护得很好。自然水生态系统遭受人为强烈影响。俄罗斯欧洲部分的主要流域被经济活动所改变。伏尔加河、顿河、北第伯聂河由于生物物质，特别是氮和磷的进入，发生富营养化。在西伯利亚和远东，水系被强烈破坏，特别是鄂毕河上游、叶尼塞河、阿穆尔河流域。

水工建筑与河流调节也会引起自然生态系统的变化，增加富营养化程度。水体的毒性污染是危险的。

由于工业生产的萎缩，污水及向水体排放的污染物减少。石油产品、悬浮物、苯酚、铜、铁、锌的排放量，1992 年为 125.2 万 t，1994 年为 100.2 万 t，1995 年为 784 t。

由于大量开采，地下水储量减少，俄罗斯欧洲部分（蒙切戈尔斯克、切列波韦茨、巴拉科沃、卡缅斯克-沙赫京斯基、安加尔斯克等城市）1 400 口井地下水受污染，占 80%。有很危险的化学物质进入地下水，特别是杀虫剂。

俄罗斯污水大部分流入本土，只有少部分进入白俄罗斯、乌克兰、哈萨克斯坦。而这些国家进入俄罗斯的污水是俄罗斯输出量的 1.5 倍。

俄罗斯大量污水排入伏尔加河、卡马河，占总量的 40%。经污水处理设施处理后净化的水仅占污染水的 8%。主要河流，例如伏尔加河、顿河、库班河、鄂毕河、叶尼塞河，被评价为“污染”河流，它们的支流（例如卡梅河、托姆河、额尔齐斯河、托博尔河、米阿斯河、伊谢季河、图尔卡河等）被评价为“强污染”河流。

根据俄罗斯水文委员会网的资料，相当多的水体的生态系统处于退化状态，仅 11%～13%的水体处于生态安全状态。

虽然俄罗斯淡水资源处于世界丰富地位，但是也存在饮用水供给危机。普里莫尔斯克区的饮用水长时间中断（2003 年）就是个例子。国家供水处于不稳定状态：40%的供水管网引用地表水源，供给 68%的城市及城镇需求。10%的农村没有必需的净化水的设施。许多地区饮用水水质不合格，有害健康，引发高发病率。在一些政府文件中指出，饮用水水质不好是死亡、平均寿命缩短的直接原因。

废弃物问题 这是俄罗斯最严重、最复杂的问题之一，要知道在垃圾堆场埋藏着 1 000 亿 t 固体废弃物，即人均 700 t。只有 5%进行了处理，其余都掩埋或堆在垃圾场。

根据 A.M.尼卡拉罗夫，T.A.赫鲁若亚（2001）的研究，1997 年年初不同工业部门已经堆积了 14 亿 t 有毒废弃物。从那以后每年有毒废弃物达到 9 000 万 t，其中一级危险物 16 万 t，而极危险物为 220 万 t，三级危险物为 870 万 t，四级危险物为 7 880 万 t。

俄罗斯堆积前苏联 70%有毒工业废弃物。堆放占用很大面积。仅统计到的废弃物放置（掩埋）地面积达 14 000 hm^2。特别尖锐的问题是销毁的存放在国防部军火库中的化学武器（40 000 t）。

乌拉尔的废弃物问题特别严重，在斯维尔德诺夫堆积的废弃物有 350 亿 t。每年形成废弃物 16 000 万 t，其中 1 100 万 t 是有毒的。无害化处理只有 1/5。

遗忘的废弃物堆积场是很危险的，在这些堆积场现在在建设住房或其他建筑。遗憾的是这些堆场的登记还未进行。

还应提起注意的是含二噁英的废弃物。大家知道，二噁英是含塑料、合成物、汽油的工业垃圾与生活垃圾燃烧时产生的，杀虫剂生产时也会产生，对人的毒性危害最大。

在美国 20 世纪 30—40 年代首先发现二噁英问题。俄罗斯 1991 年在乌发河水发现二噁英污染，含量超过允许含量的 50 倍（B.B.果鲁布齐克）。原因是乌发市工业垃圾、生活垃圾堆场渗滤液污染水体。其后果是在乌发市、斯捷尔斯塔马克市，二噁英进入动物的血液、器官以及居民食用的牛奶中，比允许含量高4～10倍。

现在俄罗斯全国每天报废 20 000 万只日光灯管、二极管灯泡，每只含有 89～120 μg 汞，含汞 300 μg 的电池危害很大。仅莫斯科及其近郊，每年就产生500万个废电池，由此进入堆场的汞数十吨。特别危险的是汽车蓄电池，每只含铅9.5 kg（В.И.库茨涅佐夫，2000）。

特别应强调的是有毒废弃物非法过境转移。

现在在北美（首先是美国）、欧洲及亚洲工业发达国家，在不同的工业生产中，产生了许多污染物含量高的固体与液体废弃物（表1-3）。

表1-3 1994年一些国家和地区危险废弃物跨境输移

国家（地区）	生产废弃物年排量/10^3 t	年跨境输移量（出口）/10^3 t
美国	180 000	118.4
加拿大	6 080	137.8
德国	6 000	522.1
法国	3 858	10.6
意大利	3 246	20.0
英国	2 940	0.9
西班牙	1 708	20.2
葡萄牙	1 043	2.0
荷兰	1 040	195.4
瑞士	736	126.6
日本	666	40.0
澳大利亚	620	82.1
瑞典	500	42.6
希腊	450	0.3
奥地利	316	91.0
芬兰	314	19.2
挪威	200	16.5
俄罗斯新地岛	110	0.2
丹麦	106	9.2
冰岛	5	0.2
总计	237 088	1 870.8

来源：B.H.巴什金，B.B.斯纳金，2001年。

根据表1-3，从发达国家向第三世界国家每年转移的危险废弃物1994年接近200万t。可是根据别的资料（《区域生态问题》No3，2001），非法贸易或非法转移量，远大于现在的5 000万～10 000万t。

应该强调的是，有些进口的无毒废弃物，在加工时会产生毒性很大的物质。例如，燃烧相对无害的含氯塑料，形成高毒性的联苯、二噁英、呋喃等。

针对上述情况，应制定严格的规定，禁止危险的含有机氯、重金属的液体与固体废弃物，以及似乎对于居民无害的低等燃料，转移到俄罗斯境内。如果不采取切实措施，俄罗斯会变成“排泄场”，对当代人与子孙造成严重生态后果。

放射性污染 俄罗斯联邦放射性污染现状，有下列成因：①放射性背景值高；②由于“切尔诺贝利”事故（1986年）及“马雅克”事故（1957年，1967年），发生大面积放射性污染；③使用核燃料的企业、船上核能装置、放射性废料埋场。

进行核试验会形成高的放射性背景。根据联合国资料，1945—1991年，全球进行了1 946次核爆炸，其中美国958次，欧共体599次，法国150次。苏联467次试验在塞米巴拉金斯克试验场（哈萨克斯坦），132次在新地岛。此外，和平利用的核爆炸在西西伯利亚、雅库特、顿巴斯、克拉斯诺达尔边疆区及其他地方大量进行过。

由于进行核试验，在生物圈排放了12.5 t核燃料产物。由于核爆炸大气圈中^{14}C放射性核素增加2.6%，氚放射性同位素增加100倍，地球表面放射性背景值提高2%。

放射性废弃物是最危险的废弃物种类之一。分布广泛的液体废弃物，形成于核电站、放射性化学工厂、研究中心。固体放射性废弃物形成于核电站。

俄罗斯境内分布有11座核电站，提供国家16.7% 的电能。核电站距离最大的城市（圣彼得堡、沃罗涅日、库尔斯克、叶卡捷林、斯摩棱斯克、顿河畔罗斯托夫）50～200 km。在核电站，辐射源是反应堆、核燃料池、废弃物埋场。

根据俄罗斯紧急情况部的资料（2005），在俄罗斯有39座研究性反应堆、39座临界试验装置、15座次临界试验装置。在运行的有24座研究性反应堆、29座临界试验装置、7座次临界试验装置。

现在靠近核电站的潜在危险区，生活着400万人。俄罗斯紧急情况部认为，直接的危险是无防护设施。俄罗斯反应堆事故防护设施的启动时间指标，低于世界许多核电站同类指标。尽管有庞大的近距、远距防护综合体，意外事故的危险依然存在，其中包括不断增加的放射性废弃物。

由于切尔诺贝利事故（1986年4月26日），1995年进行了放射性污染区域资料系统化工作，涉及乌克兰、白俄罗斯、俄罗斯及其他20个国家，仅俄罗斯生活在放射性污染区的人口就达1 700万。

根据俄罗斯19个共和国、州的准确资料（A.M.尼卡诺罗夫，T.A.霍鲁佳雅，2001），铯-137放射强度1～5 Bq/km^2的面积49 509 km^2，放射强度5～15 Bq/km^2的面积5 326 km^2，放射强度15～40 Bq/km^2的面积1 900 km^2，放射强度大于40 Bq/km^2的面积310 km^2。

被放射性污染的森林留下复杂的情景。事故后经过10年，森林污染的背景变化不显著，因为森林的自净化主要依靠放射性衰变。观测到放射性污染土壤深度15～20 cm。污染强度最大的是泥炭土和耕作土，在深处发现钾离子、氨离子交换。

1957年车里雅宾斯克州的“马雅克”发生辐射物质泄漏事故。涉及三个州（车里雅宾斯克、斯维尔德洛夫斯克、秋明）30万人。在卡拉恰湖底形成了放射性盐“透镜体”，每年以80 m的速度移动。这些进入水体，首先是河流，能够污染西西伯利亚以及大面积结冰的海洋。由于西伯利亚化学综合体的生产，在托木斯克的鄂毕河流域，发生过类似情形。

1954—1980年地面核试验的产物，被风从地面携带到空中，在大气层缓慢输移，在1996—1998年成为大范围放射性污染自然环境的污染源。

在俄罗斯境内，未掩埋的放射性废弃物累积，据评估超过40亿Bq。俄罗斯有15个放射性废弃物埋场和一些处理中心（车里雅宾斯克、克拉斯诺亚尔斯克）。这些地方的生态安全问题非常严重。对于环境与居民有很大的危险性，特别是液体放射性物质与废弃的核燃料埋场，对居民身体与精神造成损害。

遗憾的是，尽管公众抗议，2001 年还是签订了“世纪协定”，从国外核电站反应堆运输核废料到俄罗斯（20 000 t），进行长期掩埋与处理。

1.3 生态系统变化与生物多样性减少

很遗憾，俄罗斯生态恶化趋势严重。一方面，俄罗斯拥有采掘、矿产加工、煤矿等相当发达的工业基地，形成一些环境污染源。另一方面，俄罗斯像发展中国家一样，环境在被破坏：耕地退化与减少、砍伐森林、自然资源枯竭。单位国民生产值的资源、能源消耗，高于西欧与美国 2～3 倍，高于日本 5～6 倍。这使俄罗斯的生态系统，一方面，16%的国土被污染，自然生态系统被毁灭，另一方面，65%的国土，即北欧部分、西西伯利亚大部分、几乎整个东西伯利亚、远东，是经济活动很低的区域。剩下的 19%国土是中度污染与自然生态系统受损区域，这可以用许多地区不利的气候环境解释，以及由于采矿、原料加工远离需求区的原因。

俄罗斯经济危机状况严重影响生态状况，主要有：

- 俄罗斯的工业化，包括资源、能源及危险的生产；
- 俄罗斯技术水平停留在 20 世纪 70 年代水平，相应的是工业“污染”时期；
- 在工业化中，虽引进先进技术设备，但清除污染水平低，增加了事故发生的概率；
- 没有有效利用区域。

尽管 20 世纪 90 年代生产下降了 50%，但自然环境的污染仅仅降低了 12%，污染持续加重。

与全世界一样，俄罗斯的农业环境不稳定。在农业活动背景下的土地持续退化。保护土壤、土地资源的措施减弱，不合理地土地利用导致大规模的土地退化。一些专家认为，这已经威胁到国家安全。

根据国家土地普查资料，俄罗斯土地 1995—1996 年为 17 098 万 hm^2。农业用地近 5 年减少 2 700 万 hm^2，耕地减少 950 万 hm^2。土壤改良面积减少。

土壤酸化，腐殖质层退化，土壤板结，盐碱化及其他退化过程严重。

土壤污染是土地退化的因素之一。工业企业及交通的大气污染、污水灌溉，采矿、加工所需土地毁损，石油产品的利用，事故等，这些都会引起土壤有害物质的累积，使土壤物理—化学特性与生物特性变坏。

在欧洲部分，生物自恢复能力被破坏，自然群落稳定性消失。排放的污染物有：二氧化碳、甲烷、磷酸盐、硝酸盐。俄罗斯欧洲部分、乌拉尔与西伯利亚的一些区域，处于严重的生态危机状态，生态系统的自恢复能力丧失，生物生产量急剧下降，土地退化与荒漠化，森林面积缩减。俄罗斯联邦的植被状态令人担忧。

城市区保持人类活动的稳定性及生态平衡，至今还未超出区域生态容量。最近确定了自然环境要素的自净能力与自恢复能力。莫斯科及莫斯科区、乌拉尔区的大部分、波沃尔季雅、西西伯利亚、东西伯利亚的大城市、远东的自恢复能力都超出了生态容量。

现在的生态状况，不仅是20世纪90年代国家经济危机与生产衰落的结果，而且是几十年经济结构性破坏的累积后果。经济以资源、能源工业为主，以原料出口为目标，生产集中在不多的工业中心与区域。环境污染绝对指标总体下降：每单位国民生产值向大气排放量增加1.3倍，向水体排放量增加1.7倍，水的污染物含量增加1.6倍。

2000年俄罗斯国家生态委员会对自然保护活动进行了清理，每年的俄罗斯联邦自然环境状态国家报告，都会对国家生态状况予以说明。

1995年2月俄罗斯批准了《关于生物多样性》公约，编制了《保护生物多样性》国家报告。报告显示，俄罗斯的景观多样性与生物多样性，与中欧相比保持得比较好，而且不少是受人为影响的生态系统。

大家知道，俄罗斯有344.8万hm^2未开发的森林，这些森林砍伐（每年200万hm^2），会加速珍稀物种灭绝的过程。未开发的森林主要危险是矿产开发与森林火灾（每年100万hm^2）。

在森林砍伐的同时，景观发生变化。大多数情形是在有病害的地方开始砍伐。因为主要砍伐的是松树，经常砍伐的是云杉——最有价值的树木，因此森林覆盖率普遍下降，在森林中阔叶林比较多。

滥采浆果、蘑菇、有价值的药用植物，破坏了它们的保存、自恢复能力。森林的不断采伐、病虫害、退化，造成很大的经济损失。由此每年减少森林面积20万hm^2，需要大量资金恢复。

现在是6 500万年以来动物、植物种消失速度最快的时期，是地球自然演化物种消失速度的5 000倍（В.И.阔罗布基，Л.В.比列得利斯基，2000）。

俄罗斯也是如此，海狸、麝鼠、骞驴、驼鹿、野猪、棕熊以及小哺乳动物种大量减少，偷猎是其中原因之一，已查明每年超过5万次。近些年，珍稀动物的狩猎、植物采集买卖大量增加。

由于水环境污染及强度捕捞，最珍贵的鱼类减少。2005年在里海禁止捕鲟鱼作鱼子酱。

俄罗斯与联邦政府部门发布（俄罗斯联邦1996年2月19日No158文）红皮书，是生物多样性保护最重要的措施。每10年至少出版一次。在红皮书中，动物与植物保护是重要内容。

俄罗斯联邦编制了一些生物多样性保护规划：《保护生物多样性》规划；保护生物多样性国家战略规划；保护生物多样性行动计划（俄罗斯联邦国家生态委员会，1999）。

一些有关生物多样性的联邦法与政府文件是国家政策的重要基础：

- 关于特殊自然保护区（No33-Ф3，13 .02.95）；
- 关于动物界（No52-Ф3，24.04.95）；
- 关于生态开发（No174-Ф3，23.11.95）；
- 关于执行生物多样性保护公约的措施（政府文件No699 01 .07.95）。

1.4 生物与基因污染

生物污染是比较新的概念（1982年在生态实践中出现）。指的是：①引入环境及在生物繁育中产生的对人体不利的物质；②用这种或那种方法，特别是由于人为作用，引入生态系统或技术设施中的有机物种，与该生态系统不相协调。

生物污染的种类之一，是微生物合成企业的排放物。例如，制药厂通过微生物合成的方法生产抗生素、疫苗。工厂废弃物排放到水源中。

这种污染规模很大，对人体产生负面影响。例如，20 世纪七八十年代大吨位生产人造蛋白质（蛋白质—维生素浓缩物，年产 150 万 t），引起工厂所在区严重污染，哮喘病大量增加，儿童免疫力下降。

在有这样工厂的其他城市，类似的情形也发生过。例如，安加尔斯克、乌发、圣彼得堡、戈尔斯克等城市。由于苏联很多群众抗议，以及欧洲国家的经验，1988 年这些工厂被迫关闭。根据伦敦《窗口》报的评论，在基里希发生的污染，其规模是切尔诺贝利核事故之后最大的生态灾难。

利用石油中碳、氢成分生产人造蛋白已经被禁止。现在主要用天然植物原料生产，特别是大豆。应特别指出的是，生物污染的后果还未深入研究。只是在前不久，制定了一个在环境中收集微生物合成产品的章程。

20 世纪末，由于基因工程所引发的基因污染问题，被尖锐地提出。问题在于，人工培养的微生物，由实验室进入环境，引起未知的难以确定的疾病，可能会破坏自然生态系统的平衡。

1996 年俄罗斯联邦通过了《关于基因工程国家管理法》。1998 年成立专门委员会，由俄罗斯科学院人类研究所、生物工程中心、生物工程标准中心的实验室与专家组成。目标是对基因工程进行引导、干预、规范化。

应指出的是，对于俄罗斯居民，基因污染是紧迫的问题。

近 10～15 年，俄罗斯的农业生产与畜牧业生产急剧下降。谷物生产量低于 1985 年。大牲畜、猪减少 2 倍，绵羊与山羊减少 3.5 倍。因此，20 世纪末进口量为需求量的 30%，按照很多专家的意见，提高了生态安全准入门槛。个别区，例如莫斯科，从国外进口量是需求量的 50%。这样，俄罗斯陷入粮食生产依赖其他国家的状态，有发生突发事件的极大可能性，特别是在不稳定区域。这种情形将对俄罗斯产生政治、经济压力的不利影响，特别严重的问题是保障居民的肉食品供应。

近些年，由于食品生产下降，各种转基因产品蜂拥而至。很多本国的商人积极引进相应的生物技术。很多科学家表示担忧，长期食用这类产品会影响后代健康。

1.5　俄罗斯境内主要生态危险状况

根据《异常事件监测报告（2005）》，2004 年俄罗斯境内发生 1 134 件异常事件。其中局部性的 750 件，地方性的 292 件，区域性的 81 件，大区性的 8 件，全国性的 3 件。在异常事件中死亡 3 504 人，受灾 23 182 人。

遭受自然异常事件死亡 27 人，受灾 16 475 人。2004 年发生生物异常事件 28 件，死亡 6 人，受灾 2 331 人。发生技术性异常事件 863 件，死亡 1 930 人，受灾 3 504 人。下面将列举一些资料。

自然危险　每年俄罗斯发生 230～250 次自然灾害与异常事件。其中 35%是洪水，19%是暴风、尘暴、暴风雪、龙卷风，14%是强降雨、连阴雨，8%是地震，21%是土溜、崩塌、雪崩。近 15 年自然灾害使 3 500 人丧生，270 000 人受灾。国民生产总值损失 6%～7%。

如果将战争冲突、火灾计算在内，50 000 人死亡，250 000 人伤残。

根据多年观测，专家认为俄罗斯最危险的是：洪水（遭水淹 746 个城市）、崩塌与滑坡（725 处）、地震（103 次）、龙卷风（500 次）。列举的灾害的损失在几百万美元到几亿美元之间（洪水、崩塌、滑坡、地震）。主要经济损失：洪水（30%）；崩塌与滑坡（14%）。总经济损失 5 000 亿～5 700 亿卢布（1990 年）。自然环境中灾害对于人类的作用损失评估表明，每年人均损失为 100 000 卢布。

技术性突发事件 20 世纪 90 年代俄罗斯发生的社会经济危机，引起突发事件数量增加，特别是技术性突发事件，20 世纪后十年数量最多：

- 交通事故 25% ~ 32%;
- 技术设备爆炸与燃烧 8% ~ 39%;
- 民房与生活设施火灾 21% ~ 39%;
- 有毒物质泄漏事故 8% ~ 12%;
- 生活保障综合系统事故 4% ~ 8%（B.B.弗拉基米尔等，居民社会保障报告，No2，2001）。

显然，如果不保障居民免受各种成因的突发事件危害，无论如何也不能说俄罗斯是生态持续发展的。表 1-4 数据（H.H.拉达耶夫，1999）说明这一结论，表中列出了潜在危险实体的数量。

表 1-4 俄罗斯各行政区潜在危险实体的数量

区域	放射危险体*	化学危险体	爆炸危险体
西北区	13	350	2 350
中部区	35	800	990
北高加索区	6	700	1 400
普里沃尔日耶区	11	500	500
乌拉尔区	19	350	800
西西伯利亚区	4	284	400
东西伯利亚区	5	100	186
外贝加尔区	9	76	200
远东区	7	320	270
俄罗斯总计	115	3 480	7 096

注：* 列的仅是大的危险体（原子能电站、核设施）。

俄罗斯有 3 500 个化学危险设施，1 500 个核与不同放射水平的辐射危险设施，8 000 个有爆炸燃烧危险的设施，30 000 个水工设施。

在工业生产与民用保障等很多部门，磨损与老化设备达 70%。由于经济原因，继续使用陈旧、磨损的设备。专家强调，主要设备超标准磨损，将会累积形成非常严重的异常事件。

俄罗斯各行政区技术危机每人每年 0.7×10^{-3}～1.88×10^{-5} 次（B.B.弗拉基米尔，2001）。全俄平均 0.9×10^{-5} 次。在具有特别潜在危险的设施中发生的重大异常事件：核反应每年 1×10^{-3} 次；综合反应系统每年 5×10^{-3} 次；管道每年 3×10^{-3} 次；飞机每年 5×10^{-3} 次；管道

（每 1 000 km）每年 0.5×10^{-2} 次。

遗憾的是，俄罗斯有特别潜在危险的设施中发生的重大异常事件，高于发达国家 2～3 个数量级。

到 2010 年，危险生产设施危险程度最高的区，专家评估为：雅库特、克拉斯诺亚尔斯克边疆区、伊尔库茨克、堪察加、克麦罗沃、圣彼得堡、马加丹、莫斯科、彼尔姆、斯维尔德诺夫、赤塔。对这期间化学危险物质的运输、加工、保存，出现重大异常事件的概率进行了预测。石油储存、炼油设施发生火灾的概率非常大。

由于缺乏对水电技术设施的监管，也因维修措施不到位，水库的坝体爆裂、有害物质进入库区的概率非常高。

石油及石油产品污染土壤、地表水、地下水，是发生最多的异常事件。在北方的行政区——科米共和国、秋明州、托米斯克州，问题最严重。大家知道，俄罗斯北部是主要的石油产地，高强度石油开发产生的后果是可以想象的。石油开发引起巴伦支海东部、新地岛西岸、冻原生态系统受损：河流湖泊污染、生物资源枯竭。

人口发展的异常事件，近十年出现并继续下列趋势：①人口持续下降与老龄化；②低生育率不能保障人口正常增长；③有劳动能力年龄段人口死亡率高，幼龄儿童死亡率高；④平均寿命与健康指数出现不利的变化；⑤由于俄罗斯内部与国际不合理的人口流动，人口迁徙出现复杂情形。

到 1980 年年底前，人口持续下降，1992 年有所变化，这一年俄罗斯人口达到最多为 1.487 04 亿人。根据统计，现在人口 1.428 亿人，到 2004 年将减少 68 万人。

人口减少的主要原因，是从 1950 年开始的出生率下降。这一年无论城市或乡村都开始了出生率下降。

出现上述现象，是由于教育水平提高、生活状况改变、培养小孩需要付出更多等。1980 年年底，由于育龄青年的上一辈出生率下降，以及社会处于变革时期，开始出现又一轮出生率下降。

人口减少的另一重要原因，是俄罗斯比其他国家死亡率高，特别是小孩。1990 年死亡率，俄罗斯 17.6 人、德国 6.7 人、葡萄牙 10.9 人（A.维什涅夫斯基，1998）。

1960 年开始出现平均寿命减小趋势：如果 1987 年俄罗斯男性平均寿命 65 岁，女性 74.6 岁，2002 年统计，男性 58 岁 11 个月，女性 72 岁。这样悲惨的结果使我们不得不看看其他国家男性寿命：日本 77 岁；美国 73 岁；智利 72.4 岁；亚美尼亚 70.5 岁；伊朗 68 岁；埃及 65 岁。俄罗斯与津巴布韦在同一水平。

从源头上，俄罗斯居民死亡的原因是：血管疾病占 55.8%；肿瘤占 12.7%；普通疾病（消化、呼吸系统）占 9.1%；中毒、外伤占 14%；交通事故占 1.7%；自杀占 2.5%；谋杀占 1.9%。可怕的情景是每年俄罗斯死亡 4 万人，相当于近 20 年战争冲突死亡人数。

现在发达国家男性健康生活寿命 60～65 岁，寿命 70～75 岁。女性分别是 63 岁、68 岁。到 20 世纪 80 年代都高于俄罗斯。

1997 年国家编制了到 2010 年四套人口发展规划。按照这些方案，俄罗斯人口缩减：最适宜的数字是 350 万；最糟糕的数字是 1 250 万。俄罗斯联邦总统坚决地说，经过 15 年人口减少数字能控制在 220 万，“如果保持现在的趋势，我们的国家将处于危机状态”。根据预测，到 2040 年，俄罗斯不计算流动人口将减少 8 340 万人，如果计算每年新增流动人口 50 万，人口可达到 1.077 亿（С.П.伊尔马科夫，1996）。

1.6 俄罗斯生态经济区划

俄罗斯不利生态状态的区域占总面积的 15%，而这些区域正是主要人口聚居区。

生态诊断是区域生态评价的信息基础。它是调查与研究环境现状与期望状态的特征、生态系统、景观，以及研究修复、预测、消除不利生态现象与过程的方法与手段。

生态制图是生态诊断的方向之一。生态制图可以得到客观、可信的研究区域环境信息，生态问题空间分异及组合的信息。

第一张俄罗斯生态图是 1989 年编制的《苏联最严重的生态状态图（1∶8000000)》，后来进行了修正与完善（图 1-2)。俄罗斯科学院地理研究所接着又编绘了一些生态图，其中包括俄罗斯与相邻国家社会生态图。也编绘了一些区域图，例如，俄罗斯北部图、俄罗斯欧洲中部图、阿穆尔与阿斯特拉罕州图。

上述图中，按照生态状况严重程度（生态负载）区划图有重要意义。生态区划的基础是划分不同级别的自然—人为形成体（生态区)，在其范围人类作用于自然综合体，产生相应的变化与后果。

生态区的分级考虑：生态负载、不利自然环境（地震、永冻土等)、自然环境对人的生活适宜性、城市化程度、居民健康状况等。俄罗斯总共划分 56 个生态区，生态负载都超过 7 级。

在Ⅰ、Ⅱ、Ⅲ级生态区（图 1-3、表 1-5)，按照传统的理解，不存在生态问题。在Ⅳ级生态区，大部分为不太严重的生态问题。在Ⅴ级生态区，有严重生态问题的面积比例增加。在Ⅵ级生态区，有严重生态问题与有较小生态问题面积均等。在Ⅶ级生态区，生态问题严重或特别严重。

高生态负载区是：西科拉区、普里拉多区、北高加索区、里海沿岸区、贝加尔湖沿岸区（Ⅵ级)。

中俄罗斯区、波沃尔日斯基区、西库斯克、北高加索区、北乌拉尔区、中乌拉尔区、南乌拉尔区、普列德萨扬斯基区、诺里尔斯克区，是生态负载很高的区域（Ⅶ级)。

在生态负载很高的区域中，特别指出的是俄罗斯中部，生态状况特别严重，在俄罗斯中部经济开发强度大、人口密集，强大的工业对环境产生强烈影响（特别是莫斯科区、图利斯克区)、农业开发强度大。主要生态问题是水源污染（地表水磷含量达到 5～10 mg/L)、土壤污染、森林退化。这一区域集中了大量的加工与再加工企业。对水源的污染除工业外，还有交通、农业、公共服务业。在波沃季耶市，石油加工、石油部化工企业集中。在大的工业枢纽城市伏尔加、克里木，污染严重。建了卡斯卡大水库，对河流有调节作用。伏尔加河水作为供水（饮用水）水源，又接纳污水排放。伏尔加中游所有城市，空气污染都很严重。

乌拉尔区以严重的空气污染、水污染为特征，其中包括车里雅宾斯克区的辐射污染。南乌拉尔的生态状况特别不利。在强酸雨的作用下，森林大面积死亡，草原区严重退化。其直接后果是中乌拉尔、南乌拉尔所有城市居民发病率升高。

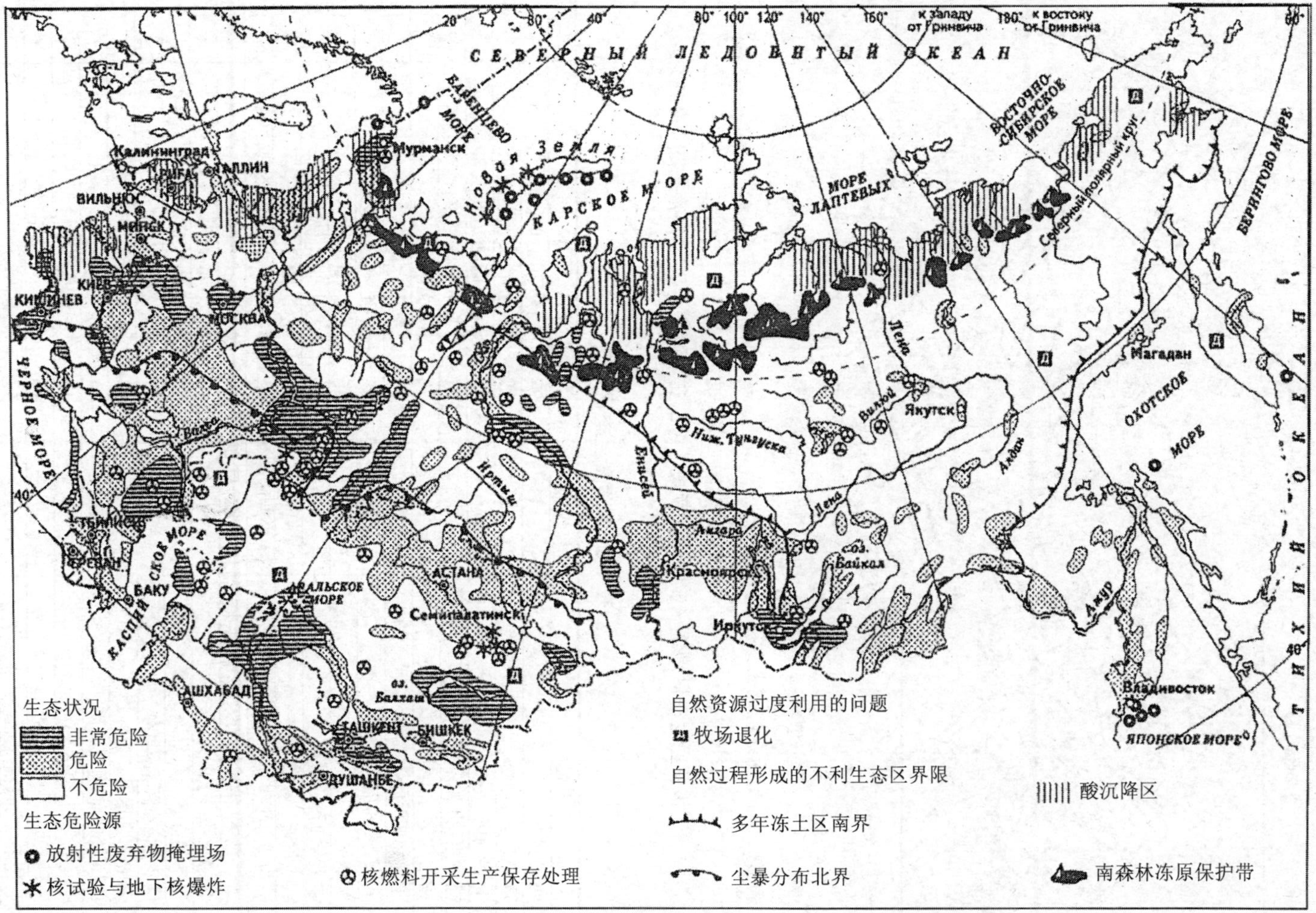

图 1-2　俄罗斯最严重的生态状态图（Б.И.卡秋罗夫，1997）

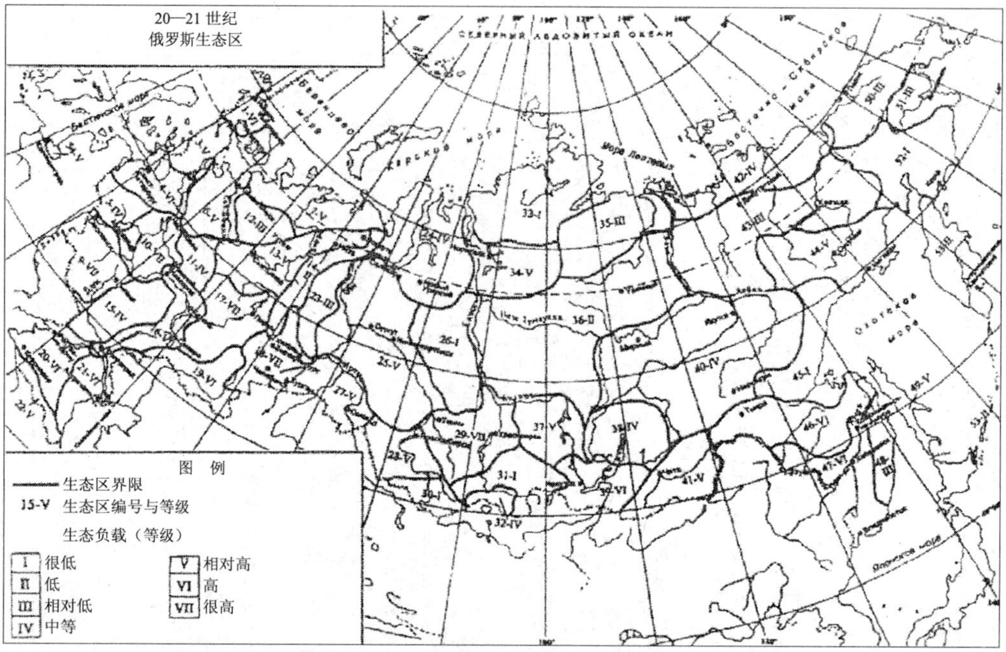

图 1-3 俄罗斯生态区划图（Б.И.卡秋罗夫，А.В.安基波夫，С.К.阔斯托夫，2005）

表 1-5 俄罗斯生态区划表

区名		等级	区名		等级
1	西科拉区	Ⅵ	28	阿尔泰山前区	Ⅴ
2	东科拉区	Ⅱ	29	萨彦岭山前区	Ⅶ
3	卡雷利区	Ⅴ	30	戈尔诺阿尔泰区	Ⅰ
4	巴尔泰-贝加尔湖沿岸区	Ⅵ	31	戈尔诺萨彦区	Ⅰ
5	瓦尔代区	Ⅳ	32	图瓦区	Ⅳ
6	北德温斯科区	Ⅴ	33	泰梅尔区	Ⅰ
7	卡宁-佩琴加区	Ⅳ	34	诺里尔斯克区	Ⅴ
8	新地区	Ⅰ	35	北西伯利亚区	Ⅲ
9	中俄罗斯平原区	Ⅶ	36	中西伯利亚区	Ⅱ
10	欧洲区	Ⅶ	37	安加尔斯克区	Ⅴ
11	温仁斯克区	Ⅳ	38	北巴尔干区	Ⅳ
12	品仁纳区	Ⅲ	39	南巴尔干区	Ⅵ
13	伯朝拉-维切戈茨克区	Ⅴ	40	中雅库梯区	Ⅳ
14	北乌拉尔区	Ⅲ	41	外贝加尔区	Ⅴ
15	伏尔加-顿河沿岸区	Ⅳ	42	亚诺泽罗区	Ⅳ
16	中伏尔加区	Ⅶ	43	上扬斯基-科雷马区	Ⅲ
17	乌拉尔斯基区	Ⅶ	44	马加丹区	Ⅴ
18	中乌拉尔山前区	Ⅶ	45	朱格朱尔区	Ⅰ
19	南乌拉尔区	Ⅵ	46	阿穆尔-结雅区	Ⅴ
20	亚速尔-黑海沿岸区	Ⅵ	47	阿穆尔-乌苏里区	Ⅵ
21	伏尔加河口-里海沿岸区	Ⅵ	48	锡霍特区	Ⅲ
22	北高加索（山）区	Ⅴ	49	萨哈林区	Ⅴ
23	外乌拉尔斯基区	Ⅲ	50	楚科奇区	Ⅲ
24	亚马尔-塔佐夫斯基区	Ⅳ	51	阿拉德尔区	Ⅲ
25	西西伯利亚	Ⅴ	52	科雷马-科里亚克区	Ⅰ
26	叶尼塞河沿岸区	Ⅰ	53	库里洛-堪察加区	Ⅱ
27	额尔齐斯基区	Ⅴ	54	波罗的海沿岸区	Ⅴ

库茨巴斯的自然环境破坏很严重，这里大的采矿与加工企业非常集中，也与当地自然环境特点有关。受反气旋控制（高压区），冷空气向山间盆地的近地大气层带来高浓度的污染物。这里的河流及汇入的支流被工业废水、公用设施废水污染。

在顿河下游区，生态问题是由于土地化学化，造成土壤、地表水污染，土壤中淋失肥力下降 5%～10%。所有河流蜿蜒、淤积、填塞。由于顿河、库班河水量减少及污染物排放量增加，亚速海的危机状态加深了区域生态负载。

在Ⅶ级生态区，大部分面积超过了生态系统的经济容量阈值。生态负载很高的地方，容量暂时已经没有了。在现有的技术水平与经济结构下，生产进一步增加负载，导致自然综合体完全退化，资源枯竭，成为居民疾病发源地。

在生态负载相对高的区，生态系统的经济容量大部分消失。必须局部改变经济结构，引进新的生态修复技术，加速净化设施的建设，恢复与调节景观。

在中等生态系统负载的区，生态系统相对保持经济容量。因此在这些区保持现存的经济结构，引进新的生态保护技术，建设净化设施。

在生态负载相对低的区，可以增加一些生产，在新区进行经济开发（特殊保护生态系统范围除外）。

在生态负载低或者很低的区，生态系统的经济容量保存完整。根据俄罗斯联邦向持续发展过渡纲要，有目标地进行资源保护型生态开发，保障生物圈恢复的资源储备。

1.7 俄罗斯转向生态持续发展的可能性

1996 年审定了《俄罗斯联邦向持续发展转变的决定》（1996 年 4 月 1 日总统令 No440）。持续发展战略思想：保障社会—经济和谐结合，现在与将来社会发展生态优先；社会持续发展应在自然资源潜力确定的生态安全框架内；经济发展水平与生活质量指标是这种发展模式的表征。

我国生活质量指标中，最重要的是：人的寿命、知识水平或形成的习惯、收入、人均国民生产总值、就业水平。

经济发展的定向，出发点应是保障满足公民需求，同时减少资源、能源消耗，减少废弃物。

建议俄罗斯向持续发展过渡分三个阶段。第一阶段 5～7 年，在这期间应当解决社会—经济发展的稳定化任务，在极端生态状况区，建立生态经济活动与环境健康的法律—标准基础。第二阶段（大约 20 年），应当实施主要要素向持续发展过渡，在此基础上达到环境状况标准水平。远景是实现社会与自然和谐发展。

2 能源的生态问题及解决的途径

俄罗斯继前苏联之后，是世界上最大的燃料、能源生产综合体之一。境内天然气是世界蕴藏量的45%，石油12%，煤23%，铀14%。燃料—能源工业在俄罗斯现代经济中起巨大作用：占工业生产的30%；占出口的50%；占税收的40%。俄罗斯440座发电站总发电量19 700万kW·h，装机容量21 430万kW（俄罗斯统计年鉴，2000）。

2.1 天然燃料

燃料 是燃烧物质，在氧化（燃烧）过程释放热能，直接用于生产过程或转变成其他能。

燃料分类：①按照集合状态分为：固体（煤、有机岩、泥炭），液体（煤、石油、油页岩的加工制品），气体（天然气，工业碳氢气）；②按照成因分为天然的与人工的。

固体燃料主要用于供热与发电。液体燃料主要用于内燃发动机、船舶、锅炉（船舶用重油、锅炉用重油）。液体燃料用于工业与生活。

煤炭、泥炭、石油、薪柴、天然气是天然燃料。煤是树木、植物的残体形成的，越古老的煤含碳量越高（表2-1）。

表2-1 天然燃料的化学成分与热值

燃料种类	构成/%（质量分数）				平均热值/（kJ/kg）
	C	H	O+N	S	
无烟煤	96～96	1～2	1～2	0.5～7	33 890
石煤	75～90	4.5～5.5	4～15	0.6～6	35 146
褐煤	62～72	4.4～6.2	18～27	0.5～6	28 030
石油	83～86	11～13	1～3	0.2～4	43 930
干泥炭	53～62	5.2～6.2	32～37	0.1～0.3	22 590
薪柴	50	6	44	～0	18 750
天然气	75	25		～0	50 000

煤分为三种主要类型。

无烟煤 是最古老的煤，含碳量高，密度大，有金属光泽。大部分采掘的是石煤。褐煤形成时间比较短，保存着树木、草的化石，灰分含量高，主要用作地方性燃料以及化工原料。

泥炭 是煤炭形成的初级阶段。是沼泽中苔藓植物残体沉积水底形成的。用作燃料，泥炭主要缺陷是灰分高。因此只能作为地方性燃料。

薪柴 在燃料使用中占次要地位。

石油　唯一的自然液体燃料。是沥青与芳香族碳氢物的混合物。石油不直接用作燃料，而是用石油加工的方法加工成产品，例如分馏、裂化。

气体燃料　主要有甲烷（CH_4）与其他碳氢物（通用分子式 C_nH_{2n+2}），与固体燃料相比，甲烷有一系列优点：①开采、运输经济；②无须燃烧装置，用管道向炉中输送，节省劳动力；③燃烧过程无须管理，工作环境卫生；④燃烧充分；⑤几乎对环境无污染。因此，气体燃料广泛用于工业、民用、交通。此外，天然气是有机合成工业部门特别有价值而经济的原料。

同样数量的燃料燃烧方式不同，释放热能不一样。因此我们用热值——1 kg 燃料充分燃烧放出的热量，来评定燃料的质量。通常将不同品种、不同含量的能源按各自不同的热值换算成每千克热值为 30 000 kJ 或 8.12 kW·h（7 000 kCal）的标准煤。

2.2　人工燃料

人工燃料有：焦炭、人工煤气、发动机用燃料等。

焦炭　是各种燃料（煤、泥炭、有机物）在密封条件下加温到 950～1 050℃，形成的固体碳氢块体。碳氢含量达 96%～98%。热量值达 29 300 kJ/kg。残余物为氢、硫、氮、二氧化碳。

焦炭可用于炼铁（炼铁焦），是高质量的无烟燃料，同时也是铁矿石还原剂。

人工燃气　在专门的设备中，燃料被加工（气化）生成的气体混合物。主要由碳酸气、氢气、甲烷及其他碳氢物组成，也含有不可燃烧气体（二氧化碳、氮气）。人工煤气可分为：发生炉煤气、焦化煤气、固体燃料气化形成的气体（混合煤气、水煤气）。

发生炉煤气　高温条件下固体燃料中含的碳被氧化而成，这一过程称为气化，是在专门的设备——气体发生炉中进行。在这一过程，取决于吹入汽化剂成分，可形成空气煤气、水煤气、混合煤气及其他气化气体。

空气瓦斯　是在吹入空气的条件下形成的。在气化炉下部进行这样的反应：

$$C + O_2 = CO_2,\quad \Delta H = -393.5\ \text{kJ}$$

因为过程的高放热性，温度达到 1 400～1 600℃，使上层的煤滚烫，煤与 CO_2 相互作用：

$$C + CO_2 = 2CO\uparrow,\quad \Delta H = 172\ \text{kJ}$$

形成的气体主要是一氧化碳与甲烷。

水煤气　是给滚烫的煤加水蒸气形成的。

$$C + H_2O = CO + H_2,\quad \Delta H = 131.4\ \text{kJ}$$

水煤气含 86%的 CO 与 H_2，不仅用作燃料，而且用于化学产品的合成。

混合燃气　是吹入空气与水蒸气的混合气体形成的。在这一过程中同时进行上述三种反应，形成混合气体。除了 CO 与 N_2 外，还有 H_2，提高热值。

焦炉煤气　是在煤的焦化过程形成的，是各种可燃气体的混合物。成分取决于原料，一般组成如下：

氢 H_2 59%；一氧化碳 CO 6%；甲烷 CH_4 25%；无用的混合物（CO_2、N_2、O_2）7%；其他碳氢物 3%。

煤的地下气化 固体燃料（煤、油页岩）在地壳蕴藏，可直接转化成可燃气体，用管道输到地表。Д.И. 门捷列夫 1888 年首先提出这一过程可能实现的思想。

煤的地下气化是在高温高压（1 000～2 000℃）条件下，添加各种汽化剂（通常为空气、氧气、水蒸气）。

可燃气体的成分与热量，取决于煤的质量与成分，也与地质环境有关。例如，用上述方法从莫斯科近郊煤矿获得的气体，成分如下：

CO 5%～7%; H_2 15%～17%; CH_4 1.0%～1.5%; C_nH_n 0.2%; H_2S 1.0%～2.0%; CO_2 17%～18%; O_2 0.3%～0.5%;

热值 3 000～3 300 kJ/m^3。

吹进空气所得到的气化气，仅次于天然气技术性能。地下气化必须保障地下管道对人的安全，改善气田状况，不破坏肥沃土层。

发动机用燃料 这是用于内燃机的液体或气体燃料。用石油或碳氢气制备。

通常发动机用燃料由基本燃料与添加物组成（例如防爆剂、抗氧化剂）。基本燃料用石油产品或石油二次加工产品。

内燃机用燃料应具有均质性，保证燃烧充分。具有快速启动的挥发性，能达到无爆压缩。

发动机燃料的抗爆性能，用辛烷值表示。辛烷值的测定，用正庚烷（C_7H_{16}）作易震爆的标样，用它的异构体异辛烷作为震爆最小的标样：

$CH_3—CH_2—CH_2—CH_2—CH_2—CH_2—CH_3$ （正庚烷）

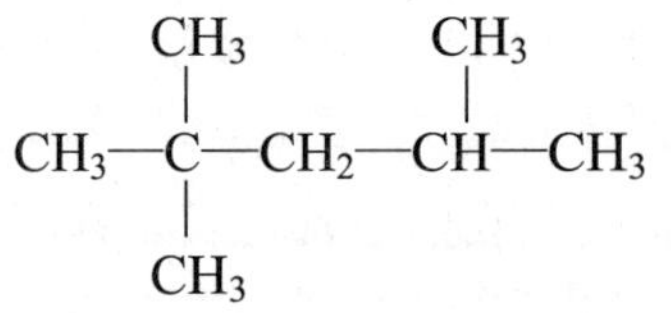

（异辛烷）

正庚烷的辛烷值通常为零，异辛烷的辛烷值为 100。如果燃料的辛烷值等于 76，即该种燃料与空气混合（以及压缩）相当于 76%的异辛烷与 24%的正庚烷混合体的震爆性。

辛烷值在汽油标号中表示，例如，A-72。国产汽油标号：A-66、A-72、A-76、AN-98、AN-98（分子表示汽油的辛烷值）。航空汽油 Б-100/130、Б-95/130、Б-91/115（分子是汽油的辛烷值，分母是表示汽油的等级）。

为了提高汽车与飞机用汽油的辛烷值，保证在发动机中无震爆，要在汽油中添加抗爆剂。一般是金属有机化合物与有机化合物。

最普遍的金属有机抗爆剂是四乙基铅 Pb（C_2H_5），每千克汽油加 1 mg。

应当指出，添加抗爆剂的发动机用燃料有毒性，污染人居环境。有时在汽油中加专门物质（抗氧化剂），预防胶化、汽缸壁升温。

柴油燃料 在常压或真空条件下石油分馏，然后加氢精制、脱蜡，生产柴油。有些等级的柴油，是添加 20%的瓦斯油催化裂化制备的柴油。

快速的柴油发动机（坦克、汽车），用轻质黏性小的煤油—柴油燃料，机动性小的发动机，使用重黏组分的柴油燃料。

用于不同气候区和工作环境的柴油分三类：极地的、冬季的、夏季的。它们的区别是凝固温度、组分及其他指标。普通柴油特点是点火快、燃烧充分。这些特征用十六烷值表示。纯正的十六烷最容易燃烧（十六烷值 56～103），燃烧最难的是甲基萘（十六烷值 5～30）。

十六烷值为 45～60 的柴油燃料适合发动机工作。十六烷值低于 45，增加燃烧预热期（从点火到燃烧之间时间）。十六烷值高于 60，燃烧不充分，浪费燃料。

喷气发动机燃料 与内燃发动机不同，混合燃气的爆炸压是推动因素。喷气发动机的工作是依靠强大的气流，气流以很大的速度在发动机出口形成反推力。在专门的燃烧室形成喷气气流。

喷气燃料的任何缺点，都会使喷气发动机产生严重后果，所以对喷气燃料提出刚性要求：在–50～–60℃不应凝固；在燃料中不能含低熔点成分的气体、形成气泡；当温度 120～200℃时不能形成不溶解固体残物；不能在零件上残留脏物；不能在燃烧室及发动机其他部分延缓燃烧；不能造成零件的溶蚀；在与空气不同比例条件下燃烧室工作正常，不同空气供给状态下发动机启动平稳。

喷气燃料取自石油，成分由碳氢组成，包括石蜡碳氢物、环烷碳氢物、芳香族碳氢物、不饱和碳氢物等。石油类型不同，这些碳氢物的比例在一定的幅度变动。例如用于喷气式飞机与直升机发动机，混合比：石蜡碳氢物（20%～60%），环烷碳氢物（20%～60%），芳香族碳氢物（18.5%～22.0%），不饱和碳氢物（0.3%～1.0%）。燃烧热值不小于 4 300 kJ/kg。由钢、铜、青铜制造的发动机枢纽及零件上，溶蚀的钒、钴、钼，不应超过总量的 $1\times10^{-5}\%$。

喷气发动机的燃料，是温度控制在 65～350℃的石油馏分，也就是汽油、粗汽油、煤油。对于超音速飞机燃料具有相应特征的柴油。根据不同飞行器，喷气燃料划分为一些等级。大部分喷气发动机都能用煤油与石油馏分宽的燃料。这些宽馏分的燃料广泛用于喷气式飞机。因为飞机远程飞行，重要的是单位容积的燃料含能量要高。对于飞行高度高、速度接近音速或超音速的飞机，需要专门组分的燃料，具备气体张力小、热氧化稳定性高的特点。

为了提高一些喷气燃料的使用性能，在燃料中添加抗氧化剂、抗老化剂、防冻剂、防腐蚀剂、灭菌的（灭微生物）以及其他添加剂。

2.3 代用的碳氢燃料

因为煤炭与石油的储量逐渐减少，加之燃烧会使有害产物严重污染生存环境，所以要开展寻找与使用代用的碳氢燃料。代用的碳氢燃料，是以石油为原料制备的。采用代用的碳氢燃料的目的，是减少石油与石油产品的使用，例如汽油。

代用的碳氢燃料主要种类：①压缩燃气；②酒精、酒精加工产品与汽油混合物；③混合燃料；④人工液体燃料；⑤氢。

压缩燃气 首先是碳氢气体 C_3 和 C_4（石油副产品、天然气加工的丁烷-丙烷馏分），以及固体燃料气化产物（甲烷）。

上述的气体是高燃烧热值的气体，燃烧产物相对无害化。缺点是需要专门的设备用于压缩、储存、输送。

酒精、酒精加工产品 是目前有前景的燃料种类，特别是对汽车。是用低等酒精：甲

烷 CH_3OH、乙醇 C_2H_5OH。由于辛烷值高，排放废气对自然环境污染不大，直接或与汽油混合作为汽车燃料。

甲醇或甲醇酒精 碳氧化物与氢在有催化剂作用的高温（400℃）高压（20～30MPa）条件下生成。催化剂含有 90%的 ZnO，10%的 Cr_2O_3。

$$CO + 2H_2 \rightleftarrows CH_3OH$$

木材干馏也可以得到甲醇，因此也称为木酒精。过程为：

$$2CH_3OH + 3O_2 = 2CO_2\uparrow + 4H_2O$$

释放出相对多的热量。

甲醇的缺点是有毒性，小剂量可以使人失明，大剂量使人致死。

乙醇酒精或乙醇 C_2H_5OH 是各种糖类（例如葡萄糖）在酵母菌作用下发酵而成。过程为：

$$C_6H_{12}O_6 \longrightarrow 2C_2H_5OH + 2CO_2\uparrow$$

现在已有木纤维素水解为单糖，单糖发酵成乙醇的生产方法。用这种方法生产酒精，可以经济地生产大量饮用产品：5 500 t 干木屑能生产 790 t 酒精，可以节约 3 000 t 谷物或 10 t 土豆。

乙醇酒精还可以通过乙烯合成（在催化剂作用下）：

$$CH_2{=}CH_2{+}H_2O \longrightarrow CH_3\text{-}CH_2\text{-}OH$$

这样，甲醇与乙醇是很有前景的燃料，有丰富的生产原料。特别是南美的一些国家，乙醇逐渐代替汽油用作汽车燃料。

酒精与汽油混合物 为了提高燃料的起爆性能，增加发动机功率，采用纯的甲醇或乙醇与汽油（3%～15%）混合。使用的主要问题，是在低温条件下预防混合物分层现象。

混合燃料 对于交通用柴油发动机，可以使用水—燃料混合体，即 80%～85%的柴油，其余是水。对于用液体的锅炉燃料（重油）和煤（热电站用燃料），可采用煤矸石—煤、重油—煤、水—煤、水—重油—煤等混合燃料。

上述燃料的优点是：容易点火、热量高、管道输送相对容易、不结块。

人工液体燃料 经过加工的燃料，例如固体可燃矿——煤、油页岩、泥炭，进行氢化生成燃料。

煤的氢化是在 400～500℃高温条件下，液体或气态氢作用下，不同物质（有机溶剂、催化剂）参与下，煤的高分子有机物转化而成。

用褐煤和煤矸石进行氢化，褐煤与煤矸石碳含量只有 5%～6%，C∶H=16（质量比），氢化后产品的含碳量 35%。褐煤、煤矸石氢化，可以生产汽油、柴油、石蜡、润滑油。

坎斯克—阿其斯煤矿的褐煤，氢化液体产品成分：C 为 86.4%；H 为 11.43%；S 为 0.63%；N 为 0.22%；O 为 1.25%；C∶H=8。是由于氢化过程中添加了氢。

固体燃料特别是煤，转化为液体产品是项急迫的工作。这是由于目前全世界石油需求量大规模增加（40 亿 t/a），21 世纪前半期已经开始石油枯竭。

2.4 能源生产中不同能源比重

现在能源主要是用自然碳氢燃料合成与加工获得（表 2-2）。当然，各个国家积极开发本国资源。这就容易看出各种能源开发利用比重。

表 2-2 世界能源资源利用 单位：%

国家（地区）	煤	石油	天然气	核能	水电能	风能	太阳能
加拿大	15	3	6	18	61	3	3
瑞典	2	2	—	43	51	1	1
瑞士	—	2	—	39	59	—	—
美国	54	3	13	19	8	3	3
德国	57	2	7	29	4	1	1
英国	52	7	11	28	2	2	2
中国	74	8	—	—	18	—	—
俄罗斯	16	8	46	13*	17	0.003	0.001
法国	5	1	1	79	14	—	—
意大利	9	52	18	—	19	2	2
韩国	17	27	9	43	4	—	—
台湾地区	23	21	3	34	9	—	—
日本	12	22	23	32	9	2	2
全世界	42	10	14	17	17	1	1

注：* 2005 年 16.7%；

资料来源：А.Г. 阔罗诺夫，2001 年。

有人认为，生活质量直接与人均能源消耗有关。现在地球上居民人均耗能 2 kW·h/d，标准为 10 kW·h/d。工业发达国家比发展中国家高 14 倍。例如，挪威每年人均需要 25 000 kW·h，意大利 3 000 kW·h，孟加拉国 46 kW·h。

俄罗斯是世界上最大的燃料能源生产国，占世界开采量：石油 17%；煤 25%；石炭 15%（Э.В.格鲁索夫，2000）。同时出口量也在不断增加（石油、天然气）。

美国煤的份额不断增长（1970 年 12.5%），石油份额下降（下降 45%），天然气份额下降缓慢（1970 年下降 35%）。俄罗斯是另一种趋势，尽管煤储量丰富（世界储量最大），煤的份额从 40%降到 16%，天然气从 22%增加到 46%，石油份额同样也增加。由此看来，俄罗斯较快枯竭的资源种类，是储量减少较快的（表 2-2）。石油、天然气是最主要的合成能源的原料，对国家的经济发展有重要作用。

2.5 燃料能源及其对自然环境的影响

在矿产储量减少的同时，不可再生能源有负面生态后果，主要为：

- 有害物质污染自然环境；
- 交通与能源设施提高大气圈氧气的消耗量；

➢ 人居环境的热污染；

➢ 技术事故发生的危险性。

环境的化学污染

碳氢燃料（煤、石油、天然气）燃烧时，化学污染是不可避免的。各种燃料燃烧，我们会看到有害物质进入环境。

煤 煤矸石燃烧排放的氮氧化物（NO_x）是其他燃料的5～15倍（表2-3，例如，是褐煤的6倍）。而二氧化硫排放量比重油燃烧产生的少。只有质量差的褐煤含硫量高于重油。含硫量最高的是：莫斯科近郊煤矿与乌克兰煤矿的褐煤，顿涅茨基、基泽罗夫斯基、因金斯基的煤矸石、立陶宛的油页岩。西伯利亚煤含硫量一般不高，1‰甚或$\frac{1}{1\,000}$。

表2-3 燃料燃烧的污染排放物 单位：g/（kW·h）

污染物	燃料种类			
	煤矸石	褐煤	重油	天然气
SO_2	6	7.7	7.4	0.002
固体颗粒	1.4	2.4	0.7	0
NO_x	21	3.45	2.45	1.9

褐煤燃烧固体颗粒排放量超过煤矸石燃烧固体颗粒排放量的2倍，而煤矸石燃烧固体颗粒排放量是重油燃烧固体颗粒排放量的3倍。天然气燃烧时实际上不排放固体颗粒物。

煤灰的放射性物质会通过烟囱扩散，煤灰堆场会扩散放射性尘。库兹巴斯、顿巴斯、埃基巴斯图兹的煤有放射性。这些产地的煤在火电站燃烧，排放物含镭-226、铅-210，而且铅在煤灰中累积。煤燃烧后煤灰中铅-210含量增加5～10倍，镭-226在煤灰中含量增加3～6倍。

生产1 kW·h电能耗煤300～400 g。大电站每年耗煤上百万吨。图2-1是2 400 MW火力电站的物料平衡。

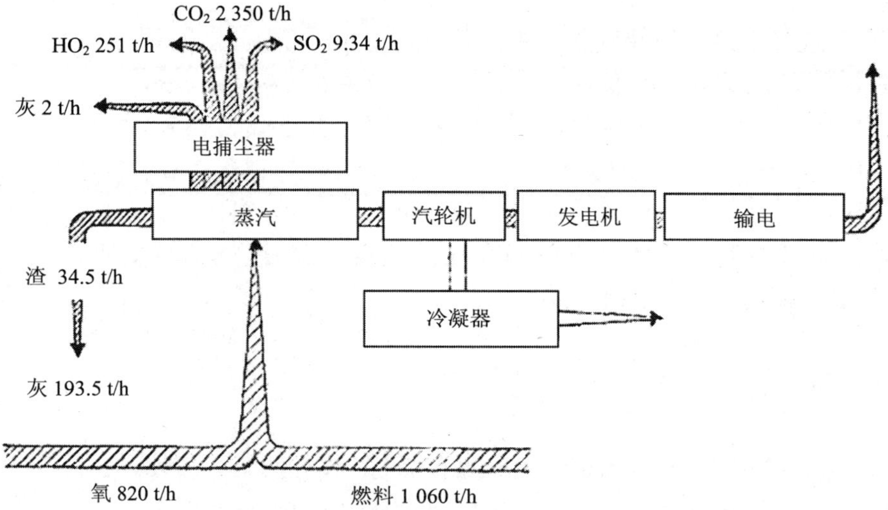

图2-1 2 400 MW火力电站的物料平衡

石油（重油）在石油加工工业中心附近的热电站，利用重油燃料。有些分布于采油区附近的火电站也是这样（伯朝拉与西西伯利亚石油天然气区）。重油在火电站作辅助燃料，通过铁路运输。

石油燃烧会产生大量二氧化硫。伏尔加—乌拉尔采油区的重油含硫量特别高。用西伯利亚石油生产的重油含硫量低。重油燃烧排放氧化氮，比天然气高，比煤低。

石油（重油）燃烧产生的固体颗粒物比煤少。但是重油燃烧会产生不同元素的氧化物：V_2O_5、NiO、MnO_2、Al_2O_3、Fe_2O_3、SiO_2、MgO，其中一些是Ⅰ级、Ⅱ级危险物，含量相对比较高的苯并[a]芘是特别危险的物质（表 2-4）。

表 2-4　重油燃烧形成的飘尘成分

物质	含量/%	危险等级
V_2O_5	30～36	Ⅰ
NiO	8～10	Ⅰ
MnO_2	1	Ⅱ
PbO_2	0.5	Ⅰ
Cr_2O_3	0.5～1	Ⅰ
ZnO	0.5～2.5	Ⅱ
Al_2O_3	10	Ⅳ
Fe_2O_3	3～10	Ⅳ
MgO	1～3	Ⅲ
SiO_2	10	Ⅳ

利用液体燃料实际上节省了堆场。用煤作燃料的电站煤灰堆场占很大面积，煤灰被风吹扬，是电站所在区的大气污染源。

然而近些年重油价格猛涨，此外，正如 Д.И. 门捷列夫所说，烧石油等于烧卢布。液体燃料广泛应用于交通与化工工业，特别是塑料、润滑油生产，日用化工生产。

火电站用液体燃料，仅仅是在这些情况，如电厂位于石油化工厂附近，或直接建在采油区（主要在冻原带与泰加林带）。

天然气　天然气在国家的能源构成中平均占 48%，在俄罗斯的欧洲部分能源构成中占 80%，在能源生产中天然气占 60%。

天然气是传统能源中最干净的，燃烧时一般不排放固体物质，二氧化硫零排放（只有阿斯特拉罕、奥伦堡产的天然气含硫量高）。氮氧化物排放量比煤少 10 倍，比重油少 1.3 倍。正因为如此，从 20 世纪 80 年代开始，许多位于生态敏感区运营 100 多年的火力电站，燃料改煤为天然气。

除上边列举的，主要燃料燃烧时还会产生其他特别有害的物质（表 2-5）。

俄罗斯经济发展中，能源是最重要的领域，同时也带来严重污染。火电站排放有害物质几乎占总量的一半。电力工业大气污染在所有工业部门中名列第一，达到温室气体总量的 70%。在此强调的是，位于城市或近郊的火力发电站，加重了城市排放物的负面影响。

表 2-5 燃料在锅炉燃烧排放的有害物质

有害物质	有害物排量/（kg/t 标煤）		
	石油，重油，Q=10 000 kcal/kg	煤，Q=7 000 kcal/kg	天然气或工业生产气，Q=9 000 kcal/kg
SO_2	14	20	0.39
SO_3	0.7	1	0.031
H_2S	<0.7	<1	0.08
NO_x	4.9	4	6.55
HCN	<0.7	<1	0
NH_3	0.7	1	0.28
HCl	<0.7	1	0.28
甲醛	0.7	1	0.85
有机物	3.5	10	1.37
混有醋酸的酸	10.5	15	1.25
灰	0.7	100	0.08
氟化物	0	0.2	0

注：①根据 H.C. 卡西莫夫，A.C. 库尔巴托夫，B.H.巴什金，2004。
②1kcal=4.186 8 kJ。

近 10 年能源工业的排放量逐渐减少。1991—1995 年工业生产下降，相应地电能生产减少，有害物质总排量减少（年平均 600 000～800 000 t）。现在降低到一半（年平均 300 000 t），其原因，一是工业生产逐步走出困境，二是燃料构成改变，首先是改用天然气。这样减少了大气污染排放总量与各分量。例如，2000 年电力工业生产增长 2.3%（2001 年统计年鉴），排放物减少到 385 270 t（降 9.4%）。

A.M. 阿尔巴托夫（1983）反复思考，饶有兴趣地对燃料燃烧排出的金属进行了计算，结果列于表 2-6。可以看出，能源工业排放物中的一些毒性金属（砷、铀、钴、镉）排量，超过了世界生产量。

表 2-6 碳氢燃料燃烧排出的金属

金属	世界生产量/（10^3 t/a）	燃料燃烧进入大气/（10^3 t/a）
砷	40	255
铀	30	204
镍	400	357
钴	13	153
铅	2 800	51
镉	13	2.6
银	8	1.0

火电站与温室气体效应 根据科学院院士 Л.А.门林基耶夫关于供给国家 3/4 电能的火电站效率的资料，平均转换率不超过 36%，用户最终使用的能量转化率不小于 25%。因此，今天我们有效利用的能，仅为自然能的 1/5 左右。这样，我们得到 1 J 的热，将有 3～4 J 的热通过电站的冷却设施与水、气体，扩散到大气中。例如，仅从烟囱中就排走 10%燃料的能量。因此，电站燃料的一部分热能，对地球的热污染作了显著贡献。根据俄罗斯与美

国地球物理学家的计算，增添到环境中的热能，其极限安全值是太阳照（辐）射到地球上能的 0.1%。这就是传统工业发展，增添到环境中能量的生态阈值。

很早就已指出，二氧化碳是重要的温室气体之一。燃烧 1 t 煤进入大气的二氧化碳为 3.7 t。19 世纪末，大气二氧化碳含量占 0.029%，近百年燃料燃烧进入大气的 CO_2 超过 4 000 亿 t，燃料燃烧产生的与森林吸收的 CO_2 平衡。综合所有这些，可以得出结论，进入大气中二氧化碳超过了植物需求。近百年间，大气二氧化碳含量增加 15%。近 10 年平均增加 1.3%，或者说每年增加 30 000 万 t。大城市二氧化碳含量增加特别快。

地球氧气减少　燃料燃烧消耗大量氧气。到 19 世纪中期，大气含氧量出现或多或少的不稳定。在自然氧化过程氧气的消耗，靠光合作用补给。从空气中吸收氧气 550 亿 t，世界海洋提供大气圈 610 亿 t，大气循环每年从海洋输氧 60 亿 t。现在氧平衡为工业燃料燃烧所破坏，特别是工业发达国家的氧气需求量特别大。美国人口为世界人口的 5%，能源需求超过世界能源生产总量的 30%，因此，美国氧的消耗超过植物生产量。这样要保持氧的总体平衡，很大程度上取自于美国境外。在整个人类活动期间，燃烧消耗 2 730 亿 t 氧气，包括近 50 年消耗氧气 2 460 亿 t。然而这还未引起大气圈氧含量明显减少。如果主要能源还是以矿石燃料为主，到 21 世纪中期，氧匮乏问题就将变得尖锐起来。

酸性气体与气溶胶排放　含硫氧化物与空气中的水会形成硫酸或亚硫酸。它们以漂浮状雾滴在大气中保持很长时间，或随雨雪降落（表 2-7）。

表 2-7　矿石燃料燃烧所排放的二氧化硫/硫酸　单位：10^6t

区域	1980 年	1990 年	1995 年	2000 年	2010 年（预测）
欧洲	59/88	42/63	31/51	26/39	18/27
美国	24/36	20/30	16/24	15/22	14/21
亚洲	15/22	34/51	40/60	53/79	79/118

酸雨降落使水体、土壤酸化，导致水生有机物死亡、土壤和动物退化、森林状态恶化、森林资源枯竭。由于土壤退化，作物产量下降、农产品质量下降。酸雨腐蚀金属、油漆、合成物、布料、缩短饮料保存期。工业发达国家的酸雨问题最严重。可以跨界输移到邻国。

酸雨从欧洲，特别是从波兰、捷克、德国、乌克兰，借助西风降落在俄罗斯境内，特别是在卡累利阿及俄罗斯西北，酸雨非常频繁。

与此同时，按照专家观点，进入大气圈的二氧化硫，是决定温室气体效应的独特的世界性因素。二氧化硫经化学变化后转化为凝结核，使云的上界密度与反射性能增加，减弱进入大气圈的太阳光，相应地降低温度。由此可得结论：防止酸性气体（SO_2、NO_x）进入大气圈，相应地减少酸雨，反倒可以增强温室效应。

严重的问题是煤灰排放。溶胶体是煤中沉积岩（砂岩、页岩），燃烧时产生的酸性尘状颗粒，含有金属元素与放射性物质。煤燃烧时溶胶体含的金属元素比原煤含量高。例如，镁 1.5 倍，钼 3 倍，铀、钛 10 倍，铝、锆 15 倍，汞 50 倍，钒、锶、锌 100 倍，镓、锗 1 000 倍。甚至比较清洁的燃料——重油，燃烧产生的灰也含大量危险性最高的物质。

火力电站的煤灰堆场和污水源地，成为最大的污染源。俄罗斯火电站煤灰、煤渣排放超过 10 000 万 t，煤灰堆场占用土地 300 km^2，大部分是肥沃土地。在堆场堆积 12 亿 t 煤渣。很多堆场成为地下水污染源。

因为不同燃料燃烧的指标，例如，灰分、二氧化硫与氮氧化物排量，差别很大，污染指数之和（单位级）可以表示排到大气中有害物质对人体危害性程度。例如，莫斯科近郊煤矿煤 2.02，埃基巴斯图兹煤矿煤 1.85，别廖佐夫斯基煤矿煤 0.5，有机岩 3.16，天然气 0.04。

水体的化学污染与热污染 电力工业耗水量占工业总耗水量的 70%，占全国总用水量的 20%。从发电厂排出的废水向水体排放污染物、石油产品、氯化物、硫酸盐、重金属及特有物质（硫化氢、己内酰胺、甲醛）。电厂废水向外排放量 94 600 万 m^3，其中包括 130 万 m^3 污水（2000 年）。必须指出，近些年水净化处理状况很不乐观，只有 12%处理达标。2000 年排放最严重的是下列电站：火电中心-2（符拉迪沃斯托克），别济米扬斯克火电中心（萨马儿），火电中心-1（雅罗斯拉夫尔），克拉斯诺亚尔斯克火电中心-2，安加尔斯克火电中心-10，托姆—乌辛斯克水力—火力电站（克麦罗沃州），火电中心-15 和五一火电中心（圣彼得堡），尼热戈罗茨卡亚洲捷尔任斯克火电中心城。

除了化学污染外，发电设备对水体有热污染。火力发电站发电，用管道输送热蒸汽。火力发电站燃料所含能量的 60%用于汽轮机冷却。因此从电站向水体不间断地排 8～12℃的热水。

大火电站需要大量冷却水，排热水量 80～90 m^3/s。这就是说，向水体排放大量热水，相当于把莫斯科河的水，夏天水温从 20℃提高到 30℃。

有些地方，热“河”在水体中形成增温区，面积可达几十平方千米。在高纬与中纬地区，在水体形成融冰区。夏季增温区的温度取决于自然水体的温度，例如，如果水体温度为 20℃，增温区的水温则为 28～32℃。

由于水体的水温提高，破坏了自然的水热特征，加速了水“色化”过程（深蓝绿色）。降低溶解氧（对鱼类很危险），改变了水体的物理特性，加速了水体的生物化学过程。在水体增温区，透明度降低，pH 增大，氧化物容易分解。这样使水体中光合作用速度降低。有机物对毒性物的适应能力随着水温提高而增大。

大型火力发电中心占用很大面积，通常为 2～3 km^2。另外，很大面积用作煤渣的堆场（大约 10 km^2）。在这些土地上，改变了土壤—植被层，破坏了地表径流及其表层结构。对靠近电厂的农产品品质，有很大的负面影响。

根据俄罗斯联邦紧急情况部的报告（2005），2004 年电力工业发生了 5 次事故。其中大风引起的 2 次，尽管是局部性的，死亡 144 人，1 229 人受灾。电力工业事故的主要原因：电力需求量增大；缺乏资金建新电站；电站的燃料保障不足；设施分布于不利的自然环境（地震带、北部区）；电力生产集中在有限的面积，靠近城市与居民点；规划新建项目，忽视质量，建设开工不足等。

2.6 降低火电站排放物对空气污染的措施

减少火电站排入大气圈的有害物，有两种途径：用新技术方法控制有害物的生成；安装尘—气净化设备。

生产技术生态化　大家知道，NO_x的形成强度，主要取决于温度以及火焰中氧气供给量。燃料形成NO_x的强度，主要取决于火舌燃烧区氧气供给量，而温度作用是第二位的。对锅炉炉膛进行专门设计，可以改变燃烧过程中氮氧化物的生成量。

降低炉膛温度　在炉膛烧不含氮的天然气很有效。方法是在炉膛不同高度分层设置燃烧器。

烟气循环　适用火焰中心温度高的燃气-重油锅炉。效果取决于循环气体的数量与温度，以及进炉膛的方式。

炉膛加水或蒸汽　是简单、容易控制、成本低的减少NO_x排放的措施（在燃烧气-重油的锅炉，能降低NO_x排放量20%～30%）。

分级添料　两级燃烧情形下，供给炉膛的燃料空气量不足，这样在形成NO_x的过程氧气不足，燃烧不充分。再次向火焰导入空气使燃烧充分。在三级燃烧情形下，在煤粉燃烧器上方设置辅助燃烧器，供给一部分氧气不足的循环烟气，形成一个还原区，更高处再设燃烧器，第三次鼓风保障燃烬。

减少炉膛多余空气　这种方法适用任何种类的燃料，都可以减少NO_x的排放。当炉膛出现燃烧不充分的产物（CO，C_xH_y，H_2）、可燃成分增加、炉膛隔板因高温强度降低的情形，宜采用这种方法。

燃料预热到700℃　当达到700℃时燃料会逸出大量挥发物，其所含的气体成分变成单分子N_2，可降低NO_x排放2.5倍。

沸腾层技术　固体燃料在其颗粒沸腾层中燃烧是这样进行的：将燃料与吸附SO_2的吸附剂（石灰岩$CaCO_3$）粉碎，添加到沸腾炉，燃料在灰分与石英砂颗粒形成的沸腾层内燃烧，温度800～900℃。灰分、吸附剂、燃料颗粒被吸入旋风器。可以进行“炉膛—旋风器—炉膛”多次循环。在低温条件下，不会形成灰分、炉渣，甚至不会形成NO_x。添加到沸腾层中的石灰岩分解（$CaCO_3 \longrightarrow CaO \longrightarrow CO_2\uparrow$）成为多孔体。透过二氧化硫气，与CaO结合。

采用沸腾层技术的目标，是保障质量低灰分含量高的广泛使用的燃料的燃烧效果，最大限度地削减二氧化硫、氮及飞灰的排放。日本用这种方法，有效地削减了燃煤火电站的排放量。

火电站除尘器　为了预防灰分进入大气、防止锅炉烟筒形成悬浮物，在火电站用除尘器净化气体：机械过滤器，电子束过滤器。工作原理及使用指南参看第8章。

火电站排放气体净化方法　排放有毒气体的湿法净化与干法净化是不同的方法，无论是湿法净化还是干法净化，都可以是循环的也可以是不循环的，都可以进行催化也可以不进行催化。

湿法净化　净化的吸附剂是液体：水、水溶液及别的液体。干法净化是气体与固体-吸附体相互作用。湿法与干法净化详见第6章，其中列举了一些例子。

湿石灰净化法　在美国、日本、法国及独联体一些国家，深入研究并广泛应用。用石灰$CaCO_3$或石膏$Ca(OH)_2$作为SO_2的吸附介质：

$$Ca(OH)_2 + SO_2 \xrightarrow{[H_2O]} CaSO_3 + H_2O$$

或

$$CaCO_3 + SO_2 \xrightarrow{[H_2O]} CaSO_3 + CO_2\uparrow$$

形成的亚硫酸钙$CaSO_3$再氧化，形成$CaSO_4$，经热处理后用作建筑材料：

$$CaSO_3 \xrightarrow{[O_2]} CaSO_4 \xrightarrow{t,°C} CaSO_4\text{（石膏）}$$

图 2-2 是湿石灰净化法的一种方案的工艺图。烟气先进入捕灰装置 1，然后进入清洗塔 3 清洗 SO_2，清洗塔喷淋含有细粒 $CaSO_3$ 的水。净化的气体从喷淋溶液释放，进入收集器 4，通过加热器 5，从烟筒向大气排放。悬浮 $CaSO_3$ 通向喷淋塔。当喷淋溶液中固体颗粒含量达到 10%～15%时，一部分形成产品——石膏。

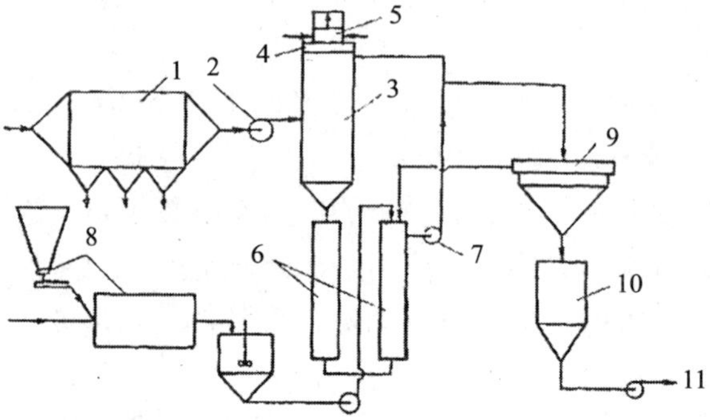

图 2-2 湿石灰法烟气脱硫原理图

1—捕灰装置；2—烟气泵；3—清洗塔；4—收集器；5—加热器；6—容器；
7—循环泵；8—制备悬浮 $CaSO_3$ 装置；9—喷淋空塔；10—废渣容器；11—废渣排场

这种方法的缺点是：排出的气体温度从 130℃降到 50℃（为了保障从烟囱排出后扩散，必须加温）；生成废水。

臭氧法烟气脱氮脱硫 苏联研发了这种方法，在摩尔达维亚的国家级电站进行了试验。发电机组的烟气用除尘器湿法除尘，在除尘器中同时供给液体与臭氧 O_3。由于氧化作用，氧化物 NO 与 NO_2 转化为 N_2O_5，同时 SO_2 氧化为 SO_3。与水结合形成硝酸、硫酸的混合物，用氨水中和。最终形成硫酸铵、硝酸铵，用作化肥：

$$\left.\begin{matrix} NO+NO_2 \\ SO_2 \end{matrix}\right\} \xrightarrow{+O_3} \left.\begin{matrix} N_2O_5 \\ SO_3 \end{matrix}\right\} \xrightarrow{+H_2O} \left.\begin{matrix} HNO_3 \\ H_2SO_4 \end{matrix}\right\} \xrightarrow{+NH_3+H_2O} \left|\begin{matrix} \to NH_4NO_3 \\ \to (NH_4)_2SO_4 \end{matrix}\right\} \longrightarrow \text{农业}$$

这些化肥同时含有微量元素（铜、硼、锰），可以促进植物生长。

臭氧法的主要缺点是，臭氧生产耗能高，消耗发电机组 6%～10%的电力，而且硫酸、硝酸混合物有腐蚀性。

需强调的是，发电厂烟气净化的任何一种方法，都是有条件的，需要一定费用。臭氧法费用取决于净化技术与使用费用，比其他方法费用高 10%～30%。它的前景在于在净化的同时，生产有价值的产品，被其他部门所利用。无疑，排放的灰渣可以得到有价值的金属：锰、铝、钼、铀、钛等。目前还没有这些“矿”的回收技术。

其他国家非常重视煤的预（燃烧前）处理。首先是对含硫量大于 3%的高含硫煤进行脱硫处理。美国 50%的煤用于火电站，都经过预处理。挪威 1978 年立法，只能用含硫量低于 1%的煤。

2.7　降低火电站污水对水体污染的措施

降低火电站对水体负面影响的途径有：废水净化后排入水体前进行监测；减少废水量，直到建立无排放（远景）的火力电站；废水在电厂循环再利用；电厂热水综合利用。

用于不同能源设施、电站、供热中心的废水净化方法，可分为：机械的、物理化学的、生物的。第 9 章将予以论述。

为了减少化学清洗的排放物，可采用以气洗或水—气体混合清洗代替水洗。采用一些仪器去除弥散、溶胶混合物（电磁过滤器）及溶液中的金属（离子过滤器），用专门方法防止对加热表面的腐蚀。

减少煤灰堆场废水排放的主要方法，是在循环系统中设置收集系统，将收集水返回电站二次利用（B.B.偌伯，1992）。现在 120 个燃气—重油的装机容量 100 MW 的电站中，有 111 个电站，安装了发电机组空气加热器清洗水的中和系统。196 个电站安装含石油废水的净化设施。然而，上述设施不是满负荷运行。

很有前景的措施，是综合利用火电站的巨大热资源。很多国家建立了大型电力工业综合体来实现这一目标（图 2-3）。

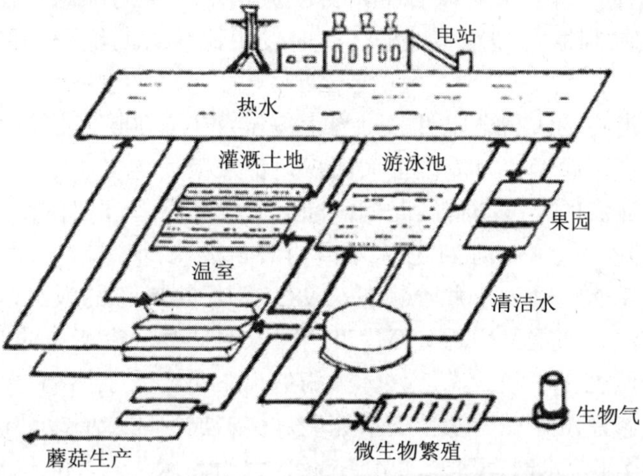

图 2-3　以火电站为基础的电力工业综合体

2.8　水电站及其对自然环境的影响

水力发电成就与生态问题　俄罗斯及独联体国家的水电资源非常丰富，评估为 3.94×10^{12} kW·h/a，其中有经济潜力的 1.09×10^{12} kW·h/a。目前开发的仅为 20%。

为了提高水电站的效率，进行了水电站分级。40 个 100 MW 以上的电站是国家电力工业的基础。俄罗斯有 12 个世界最大的水电站：叶尼塞河的萨彦-舒申斯克水电站（6 400 MW）与克拉斯诺亚尔斯克水电站（6 000 MW），安加拉河的布拉茨克水电站（4 500 MW）和乌斯季伊利姆斯克水电站（3 840 MW）。在欧洲部分，伏尔加河上建的大水电站有：伏尔加格勒水电站（2 540 MW）、伏尔加斯克水电站（2 300 MW）、切博克萨雷水电站（1 370 MW）、萨拉托夫（1 360 MW）。至今建设的水电站发电量占俄总发电量 17%。

水电站在电能生产中起的作用很大，发电成本相对低。水电站不会对自然环境产生化学污染。水电站的水库可用于灌溉、水产养殖、航运、供水、休闲等。水电枢纽可以消除许多区域的春汛的危险。据计算（H.H.洛得捷维奇，2003），伏尔加河上的水电站，发电量与俄罗斯欧洲部分的火电站发电量相当，欧洲部分火电站每年向大气排放二氧化碳 3 800 万 t、氮氧化物 2 万 t、煤灰 22 万 t。

水电站运行会引发很多复杂的生态问题。

（1）水电站水库占用大片农用土地。俄罗斯 88%的电站水库建在平原，落差 15～25 m，回水面积达几万平方公里，这样，水电站每发 1 000 kW 电淹没 5～15 km^2 土地。新建电站水库库容的准备，会引起生态破坏。因为完全砍掉库容区的森林，要延迟蓄水几年，这样是不合乎目标，也不能进行的。建乌斯季伊利姆斯克水电站时，2 000 万 m^3 木材被淹水下。电站使用多年才还清这笔账，在山区建水电站，会减少土地淹没。

（2）大水库对局部气候环境有明显影响。例如，在叶尼塞河谷，克拉斯诺亚尔斯克以下 100 km，冬季常有寒冷浓雾，通过电站涡轮机水库库底温度相对高的水交换，驱散浓雾。在宽阔的水面经常有大风，使船运与捕鱼作业困难。

（3）在山区河流，落差大、峡谷窄，蓄积大量水产生的冲蚀，使地壳的板块平衡失稳。其后果是在大水利枢纽频发小地震。有时发生比较大的地震，例如，意大利、印度的山区。

大的水电站有潜在的灾害危险性。世界上每年发生 3 000 多起各种溃坝事故，独联体国家每年 7 次。溃坝引起涌流，淹没很大面积，带来极大物资与生态损失。损失的规模与严重程度，取决于涌流的高度与持续时间，涌流最大高度超过坝体。在那些建成大水电站的河流，有潜在危险（伏尔加河 11 级、第聂伯河 6 级）。

萨彦—舒申斯基水电站处于危险状态。1985 年与 1988 年的大水，破坏了坝基与坝体，加上错误的维修方法，加重了坝的破坏程度。国家的一些研究所作的结论，是萨彦—舒申斯基水电站目前仍然处在事故状态。坝体失稳的后果是会发生惨祸。

（4）在平原上修建水库减慢水体交换速度。伏尔加河建水库以前，河流全部换水需要 30～40 d，建库后全部换水时间延长了 4～5 倍。因为高水位与平水位反差减小，河水的卫生状况变差。

（5）水电站的大坝阻断鱼道。因为降低流速，增加淤积，不适宜鱼类产卵。后果是有经济价值的鱼类急剧减少。许多观察表明，在水电站的入库河口减少的鱼类数量，远远超过国家渔业部门投放量。根据里海水产研究所的资料，仅在阿尔罕州入海河口，每年死亡鱼苗 1 440 万条。为了解决上述问题，现代大坝都修建了鱼道与洄游通道，建立人工产卵场。

小水电的前景 所有的论证都认为，在平原上建大水电站没有前景，与其不同的是所谓的小水电站。这些电站曾对恢复卫国战争中被破坏的经济起了重要作用。小水电发电量 1 MW·h，可以保障农区 500 户用电（Д.П. 尼克基恩，Ю.В.罗维科夫，1986）。

小水电站实际上不改变自然环境，不占用大面积土地，延缓洪峰，改善水体交换与水蚀。专家认为，小水电是工业企业可靠而机动的后备能源。图 2-4 是装有垂直涡轮机的小水电站示意图。水头高度 10 m，流量 10 m^3/s。

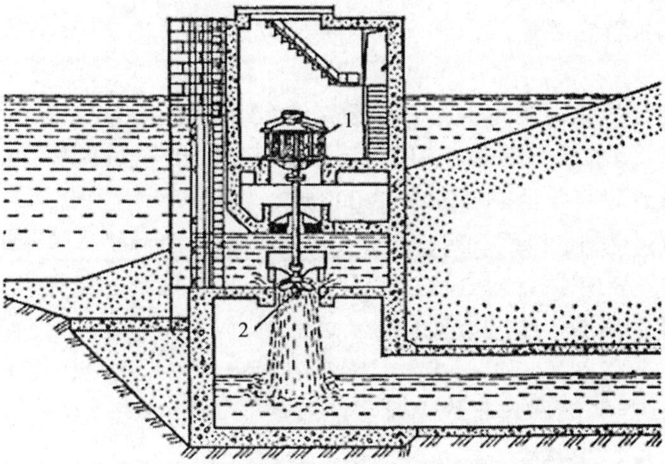

图 2-4 装有垂直涡轮机的小水电站示意图

1—发电机；2—水轮机

河流上不大的水坝，不仅不破坏而且有益于河流流域相邻区域的水生态状况。小水电站可以看做是生态化自然利用、减缓影响自然过程的例子。建在小河上的水库，一般不超过河床范围。它能调节水位，将地水位稳定在河漫滩高度水平，这无论对水生态系统或对河漫滩生态系统，都是很有利的。

据计算，俄罗斯中小河流 15 000 条，可以得到不少于欧洲部分现代大型火电站的电能。不建坝利用自然流，安装涡轮机可以发电。这样的涡轮机容易维修、移动方便。虽然这样得到的电能的价格，明显高于大水电站、火电站、核电站，但是高生态性是小水电站的目标。

2.9 核能及其对自然环境的影响

核能的成就

大家知道，原子能是通过两种方式获得能的：①重元素的原子核裂变（核能）；②轻元素的核聚变（热核能）。如表 2-2 所示，核能在许多发达国家的能源构成中占很大比重：法国（79%）、瑞典（43%）、韩国（43%）、日本（32%）。这些国家传统能源资源贫乏。俄罗斯目前有 31 座反应堆运行，装机总容量 2 200 万 kW。

实际上，核能给人留下深刻印象：1 000 t 煤或 530 t 重油的能，与原子能电站 0.33 kg 铀、热核反应堆 45 g 氘的能量相当。发 1kW·h 电需要 43.8×10^{-6} g 铀-235、0.3～0.4 kg 煤。现在全世界运行 400 个核电站，装机总容量 50 000 万 kW。

全世界（特别是 20 世纪 60—80 年代）原子能发展的重要原因，是传统能源（石油、煤、天然气）的勘探、开采、运输成本越来越高。一些国家包括俄罗斯，这些费用已经接近能源开发总费用的 50%。广泛采用核能节约不可再生资源，使不可再生能源利用更合理。生产 1×10^{12}kW·h 的电能（俄罗斯年发电量稍多于这一数字），在火电站要燃烧 28 000 万 t 燃料（H.H.罗德捷维奇，2002）。这会严重污染环境，燃料不充分燃烧，产生灰、二氧化硫、氮等。

与公众的意见相反，核电站对环境的影响相对较小：少量漂浮物与气溶胶（在严格的标准范围内）进入大气主要是氘、氙、氪、碘、核裂变碎片。进入大气的气体都预先经过净化处理。

核电站的液体排放物，压力管式石墨慢化沸水反应堆-1000 的发电机组，液体排放物达到 100 000 m^3/a，压水反应堆-400、压水反应堆-1000 的发电机组，达到 40 000 m^3/a，核电站排放的固体废弃物每年达到 2 000～3 000 m^3。固体废弃物主要是用过的乏核燃料，每年大约更换 1/3 的新燃料。按照规定，固体与液体放射性废弃物，用专用设施埋在掩埋场。在科拉核电站与别洛亚尔斯克核电站，83.5%固体、液体废弃物被掩埋。

核电站总是建在离城市或城市型农村不远的地方，对居民直接影响是有限的。对核电站工作人员的平均辐射剂量是 4.4 mSv/a，对住在核电厂附近的居民是 0.02 mSv/a。平均环境背景值是 2 mSv/a，X-射线年平均辐射剂量是 0.5～1.0 mSv/a（H.C.卡西莫夫，A.C.古尔巴托夫，B.H.巴什肯，2004）。

核能的经济与水生态指标，不低于煤、石油、天然气等能源（表 2-8）。

表 2-8 不同能源的经济、生态指标

指标	煤	石油	天然气	核能	水能	风能	太阳能
投入/[美元/（kW·h）]	1 200～1 400	1 000～1 300	1 200～1 500	1 300～2 000	2 000	1 800	2 500
成本/[美分/（kW·h）]	2.5～4.0	2.6～3.0	≈2.6～3.0	≈2.2～3.0	1.2	4.8～7.0	412.0
电站每吉瓦对居民辐射累积量/（人·Sv/a）	4	0.5	0.03	1.3	—	—	—
CO_x 排放量（温室效应）/[g/（kW·h）]	251/10	192/6	180/33	0/7	0/6	0/20	0/52
SO_x 排放量/[mg/（kW·h）]	288/38	26/3.5	0/7	0/32		0/15	0/104
NO_x 排放量/[mg/（kW·h）]	516/44	24/21	208/69	0/70		0/19	0/99
死亡人数/[人/（GW·h）]							
突发性危机	8	3	1	0.7	4	4	4
延迟性危机	9	—	—	0.7	—	—	—

注：A.B.科诺诺夫，2001。

核电生产不向大气排放二氧化碳，因此不会加重温室气体效应。核电站氧气需要量也是最小的。核电站向大气排放污染物在标准范围内，比同样装机容量的常规燃料电站的排放量小 1 000 倍。

核能的生态问题

有一些原因包括客观的原因，使我们看到核能的一些问题。反应堆使用的经验表明，核能本身存在一些不足。

对附近居民、植物、动物连续的小剂量辐射及放射性核素污染环境 小剂量辐射危害性至今还在争论。进而，放射性核素通过食物链进入人体，在人体累积产生体内辐射危险。

如果有机物适应了自然放射核素（实际上植物、动物体内还没有发现放射性核素），那么长衰变期的放射性核素锶-90、铯-137，其化学性质与钙、钾相似，会被植物、动物吸收，这对人是非常危险的。作为直接后果，它们在农作物植株内累积，超过土壤本底辐射剂量1～2个量级。

必须在核电站长期储存核燃料，需要对高毒性的放射性废弃物加工处理、掩埋 放射性废弃物及废渣年年增加。它们的放射性保持几百年。问题是核燃料利用效率不到3%～5%，其余留在废弃物中。2000年全世界反应堆用过的核燃料10 000 t，其中100 t特别危险，包括在俄罗斯境内的8 t（Н.И.伊万诺夫，И.М.法得因，2002）。

很多专家认为，高毒性放射废弃物埋在深海海底，危险性较小。因为那里的环境有利于放射性核素扩散。由于海水冲刷被水生有机物掩埋的可能性小。然而深海沟（深于7 km）详细研究表明，深海海水的更新期为100年，在很多情形下，深海海水上升1 km，需要3～4年。由此看来，超深海沟也不是放射性废弃物掩埋的可靠场所。

现在研发了放射性废弃物掩埋的一些技术方法：①大量的高放射性的废弃物，密封掩埋（钢或混凝土密封堆于深矿井）；②量小的高放射性废弃物，运走之前去除长衰变期的有毒性的同位素；③放射性中等的废弃物，按照衰变期掩埋（例如，在专门的水下盆地），然后扩散到不同环境中；④相对量小放射性弱的废弃物，稀释（例如，用水），扩散到海洋中。不用说，后一种方法对生态环境是危险的。

还有其他放射性废弃物掩埋的方法（例如，将放射性废弃物洒向太空）。它们技术复杂而费用高。任何一种方法，都应该与生物圈的生物化学循环隔离。

核电站对环境有强烈的热影响（生物圈的热污染），特别是对自然水体。从核电站向环境排放的热量是火电站的1.5～1.8倍。冷却水平均占总用水量的30%～40%。科纳科沃大型火电站冷却水用量70～90 m^3/s（相当于南布格河的流量），对于大的核电站冷却水用量180 m^3/s。核电站冷却水最大的危险性，是排出水水温40～45℃。这样的温度会改变河、湖的水温，后果是使一些有机物死亡。

按照热污染的规模，美国火电站、核电站的冷却水，需要全国河流1/3的水量。因此核电站的热水都排向大海。

除上述核电站的不足外，还应指出三种情形。一是现在运行的核电站靠近城市，在大河附近，一些河流沿地壳断裂发育，这是非常危险的。二是核电站建设费用，是核电站运行期间所有发电总量价值的25%。三是核电站使用寿命40～45年，到期后要对机组、建筑、设施进行维修。维修费用和新建核电站相当。对于俄罗斯这是紧迫工作，大部分核电站已经超期运行。

上述生态问题，是核电站“正常”功能引起的。与核电站重大事故后果无任何可比性。从经济观点，仅三哩岛核电站（美国）及切尔诺贝利核电站事故，直接经济损失就达1 000万美元，间接损失10 000万美元。

对类似惨祸的恐惧，改变了人们对核电的看法，失去了对核电站安全的信赖感。美国、日本、英国放慢了新建核电站。其他国家（瑞典、澳大利亚）拒绝建设核电站，甚至封闭了已经运行的核电站。很明显，放射恐惧症已经首先在俄罗斯居民中产生。

提高核电站安全性的措施 切尔诺贝利事件后，俄罗斯提出了国家核电站核安全技术完善的问题，这些技术使安全指数高于世界平均核安全指数（表 2-9，表 2-10）。

表 2-9 核电站安全指数

国家	安全指数	国家	安全指数
美国	0.9	英国	1.0
德国	0.2	法国	0.9
日本	0.02	韩国	0.9
俄罗斯	0.5	全世界平均	1.0
乌克兰	1.1		

表 2-10 安全指数动态

年份	世界平均	俄罗斯
1992	1.6	1.8
1993	2.0	1.1
1994	1.1	0.5
1995	1.0	0.7
1996	1.0	0.5

注：核电站安全指数是核电站运行 7 000 h（1 年）期间防护屏障发生事故次数。

目前紧迫的问题是，着力提高核电站使用安全性。

保障核电站安全的主要任务，不论正常运行还是由于管理不当、操作失误、技术故障造成失事，一定要对裂变产生的放射性物质设可靠的屏障。为了保障万无一失，通常设置几道屏障。一般设置 4 道（图 2-5，Д.П.尼可金，Ю.В.罗维阔夫，1986）。

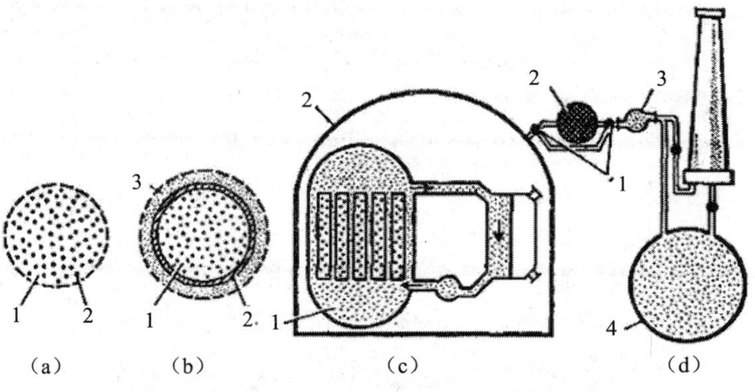

图 2-5 防止核电站放射性物质外逸的屏障

（a）核燃料芯块（1—核燃料芯块陶瓷壳，2—核燃料）；

（b）核燃料安全壳（1—燃料组件，2—燃料组件安全壳，3—热导体）；

（c）核电站蒸汽发生器（1—第一热导体外廓，2 安全壳）；

（d）气体排放物净化系统（1—抗压钢筋，2—过滤器，3—循环泵，4—气罐）

第一道屏障是核燃料芯块陶瓷壳。第二道屏障是燃料组件包壳。第三道屏障是由反应堆压力壳和热循环导体外廓实现，防止核燃料泄漏扩散到外界。第四道屏障是用专门的安全壳，反应堆、热循环导体发生泄漏时，阻止放射性污染逸散到大气圈。安全壳是用钢筋混凝土或金属材料构建的。设计最大事故发生时安全壳存储放射性气体、降低压力（图 2-6）。在核电站外围，用密封的块体建隔离设施，防止放射性物质进入环境。实际上，块体与安全壳起到同样的作用。

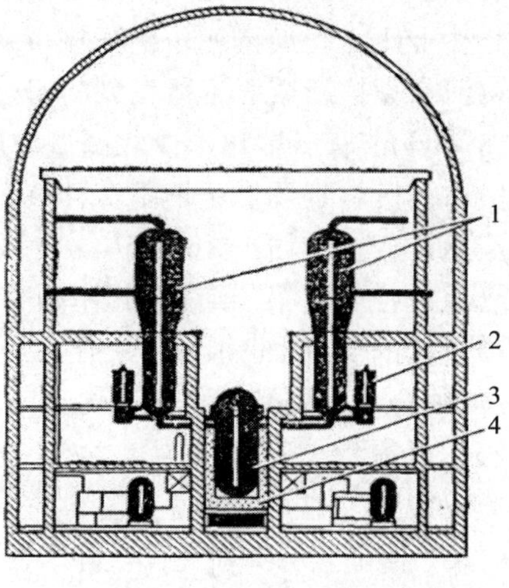

图 2-6 安全壳内核电站的配置

1—蒸汽发生器；2—回路循环泵；3—反应堆；4—环形生物防护箱

解决运行安全问题还应强调核电站主体建筑的分区结构。

严格状态区 对于工作人员有电离辐射作用，甚至空气、地表都有辐射性。

自由状态区 完全没有辐射影响。自由状态区之间相通，从自由状态区向严格状态区运送仪器、材料、设备，要经过专门通道。人只能通过卫生通道进出严格状态区。

在严格状态区，将工作人员分为半操作人员（反应堆运行期间周期性地值班）与非操作人员（反应堆运行期间不允许进入）。对于人员工作环境制定放射性卫生标准。在核电站进行的研究表明，保障核电站放射安全，需要建立稳定的环境和相应的卫生标准与规范。在别洛亚尔斯基核电站，工作人员受到的辐射量比标准低一倍。还有更低的新沃罗涅日斯基核电站，工作人员受到的辐射量不到标准的 10%。

为了降低核电站排放物放射水平，采用现代过滤技术。放射性气体进入装有气溶胶、碳过滤器及气罐的净化系统，净化系统过滤后排入大气。在气体排出的地方进行排放量及放射性监测。核电站周围 60 km 范围所有监测点都进行，此外，还采土样、水样、植物样。

核电站采取措施，最大限度地去除被放射性物质污染的排放水。只有严格地确定净化水的放射性指标不超过饮用水标准，才能排入水体。由于冷却消耗大量水，特别关注冷却水闭路循环，采用新方法散热。

然而不能认为核电站对环境的影响与核燃料的其他生产过程无关。核燃料的生产包括下列的相互联系的过程：采集铀矿；铀及铀的浓缩；铀同位素分离；核燃料制备；用过的核燃料在放射性化工厂的再生、保存，放射性废料的掩埋；各个相关企业之间核燃料及废料的运输。

废弃核燃料的再加工是核生产链中最危险的部分，因为90%是高放射性废弃物（10^6～10^{13} Bq/L）。所以，放射性化工厂是核燃料生产链中最危险的一环。

放射性化工厂分布在乌拉洛—奥泽尔斯克（车里雅宾斯克-40），南西伯利亚—热列兹诺戈尔斯克（克拉斯诺亚尔斯克-26），谢韦尔斯克（托木斯克-7）。

遗憾的是，这些工厂的选址没有考虑爆炸事故发生的可能性，以及事故能给周围区域与居民产生很大的影响。所有的工厂都靠近大城市，其中两个位于最大的莫斯科河上游。克拉斯诺亚尔斯克核化学综合企业距克拉斯诺亚尔斯克城市 40～50 km，设在地下 250 m 深处。这一工厂决定了叶尼塞河从克拉斯诺亚尔斯克到河口的放射性状态。在叶尼塞河右岸从克拉斯诺亚尔斯克向下游 60 km 有一多角形“北部”中放射性液体废料埋场。15 km 的管道向废料埋场输送工业废水。废料埋场位于地下深 400～500 m 及 130～220 m，自建成以来接纳了百万立方米的废水，放射性钴 1×10^8 Bq/L。

西伯利亚放射性化工综合企业位于谢韦尔斯克（托木斯克-7），距托木斯克 15～20 km。综合企业包括 5 个带有石墨减速器的反应堆与化工厂。化工厂有完整的加工生产链（选矿、钚加工），钚从高放射性衰变产物分离，利用氟化工艺废弃钚的二次加工。

综合企业利用现代最新技术，得到高质量的铀。

有一些城市遭受事故影响。1957 年在“马雅克”燃料库发生了一起液体放射性核燃料爆炸，形成东乌拉尔放射性后果，使车里雅宾斯克州、叶卡捷琳格勒州、秋明州遭受污染，排放物含有锶-90、铈-144、铈-137。

为了提高核电站的经济效益，也为了降低能量向环境的扩散，积极建议在核电站建立大型综合体，其中包括收集电站热能，发展植物种植、鱼塘等热产业。

在热中子反应堆，由于核燃料利用水平低而用过的乏核燃料体积大，这种反应堆已经不再使用。使用的是快中子增殖堆型。在这种反应堆中进行着核燃料的扩大生产，形成新燃料钚。这使含量不到 0.7%的自然铀可用作核燃料，而不光是铀-235。我们以自己的核工业发展成就而自豪。在以 И.В. 库尔恰托名字命名的夫别洛亚尔斯基核电站，新建世界上最大的快中子-600 反应堆。它的热容量可以达到 1 470 MW，发电能力 600 MW。燃耗深度提高一倍。快中子反应堆的前景是 100%利用开采的铀。这种反应堆与热中子反应堆结合，铀的产能量大为增加。

研究核能的前景，应当客观评价所引用的能源储量（表 2-11）。

表 2-11　一些能源开发的与潜在能源的储量

能源	储量/10^{18}J	包括的潜在储量/10^{18}J	保障年限/a
煤	18 000	11 000	250
石油	1 400	3 500	45
天然气	2 300	11 000	60
核能	2 000	8 000	55
潜在的核燃料	300 000	600 000	3 300

来源：信息技术、经济学及核科学技术研究所通讯，1998 年 12 期。

如表 2-11 所示，所有传统能源中，人类可以认为只有煤与核燃料具有长期远景。大规模利用核电，只有在消除生态限制时才可能，前文已经讨论过。情况相似，逐渐消除切尔诺贝利综合征，未来大力发展核能。因此，2001—2010 年提议完成 5 座反应堆，新建 5 座反应堆，增加核电站发电能力 10 GW，最低应当增加到 35 GW，最大应达到 52.6 GW（增加 2.5 倍）。这就是说，核电的份额增加 20%。采用封闭燃料循环是俄罗斯发展核能的战略。实施这一战略时，乏燃料加工工厂模式，是建在奥泽尔斯克的放射性燃料工厂-1，在热列兹诺戈尔斯克完成放射性燃料工厂-2 的建设，年产 1 500 t 新的铀-钚混合燃料，用于快中子反应堆。

在一些国家保障核电站主要方向，是将核电站建在地下，替代坚固的防护壳。一些国家在这方面积累了经验。已经在地下建了下列核电站：克拉斯克亚尔斯克-26，丘泽（法国）、哈尔接涅（挪威）、阿盖斯捷（瑞典）、卢塞尔涅（瑞士）、甘博尔德捷（美国）。此外，超高压输电技术开辟了将核电站建在人烟稀少的地区的前景。

3 替代性天然能源

3.1 替代能源

在广泛利用不可再生能源（煤、石油、天然气、核能）的同时，积极研究、利用替代（非传统）能源，例如风能、太阳能、地热能、潮汐能及其他能源。这些是不枯竭的、可再生的、清洁的能源（图 3-1）。

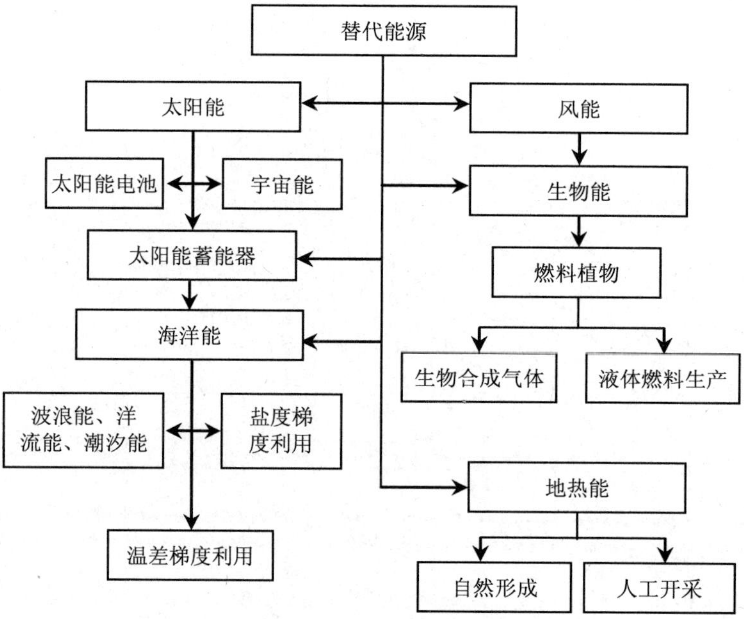

图 3-1 替代能源分类

替代能源在人类所利用的地球能源中，目前占的比例还不大。为了不破坏生物圈物质与能量的自然循环，人类必须减少对能源的需求，限制能源生产，制定世界各国能源生产限额。这样不可避免地会引起政治、经济、生态冲突。

3.2 太阳能利用

到达地球表面上的太阳能估算为 200 亿 kW·h，相当于每年燃烧 1.2×10^{14} t 燃料。世界有机燃料储量，按照最乐观的估算为 6×10^{12} t，是太阳能的 1/20。

太阳辐射毫无疑问，是最丰富的取之不尽的能源。据计算，只要利用太阳能的 0.1%，就可以完全满足全世界的能源需求。

太阳能与传统能源和核能相比，具有毫无疑问的优势。首先，这是一种最清洁的能源，不污染环境，自身对于生物系统不产生有害影响。其次，大规模地利用太阳能，不破坏地球能源演替过程中的复杂平衡。据计算，利用达到地球的 3%的太阳能，对生物圈无任何危害。

太阳能可以直接利用，这是宇宙太阳能。也可以间接利用，经过光合作用、水循环、空气运动及其他过程，它们是在太阳作用下产生的能（地表太阳能）。

太阳能供热　据计算，美国暖气与热水供应，消耗国家能源生产总量的 25%。俄罗斯气候寒冷，占的份额更多。利用太阳能解决上述问题，简单实用。

最普遍的方法是通过各种集热器收集太阳能，在集热器中太阳能转化为热能，或加热各种介质。集热器的表面是黑色的，有利于热的储存与保持。

在现代日光聚集器中（图 3-2），太阳能通过反射镜，聚焦于采热器表面，然后通过热介质（例如，水）输送到居民或工业楼，或进入汽轮机。集热器安放在透明容器（玻璃）中，起温室作用。在南方气候带，太阳能热水器用于取暖与热水供应（图 3-3）。

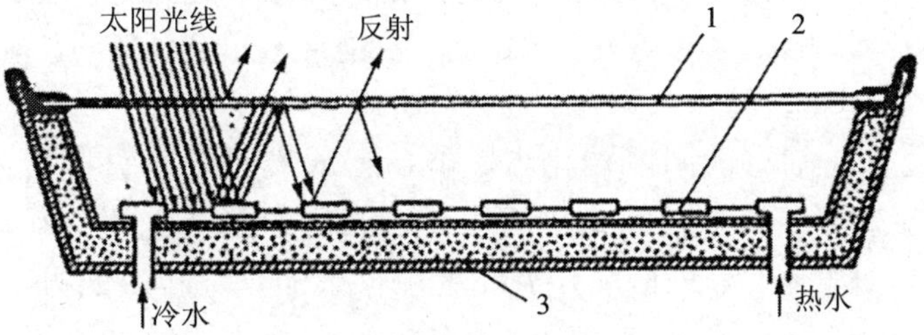

图 3-2　卧式太阳能集热器

1—玻璃；2—吸热镀膜；3—保温层

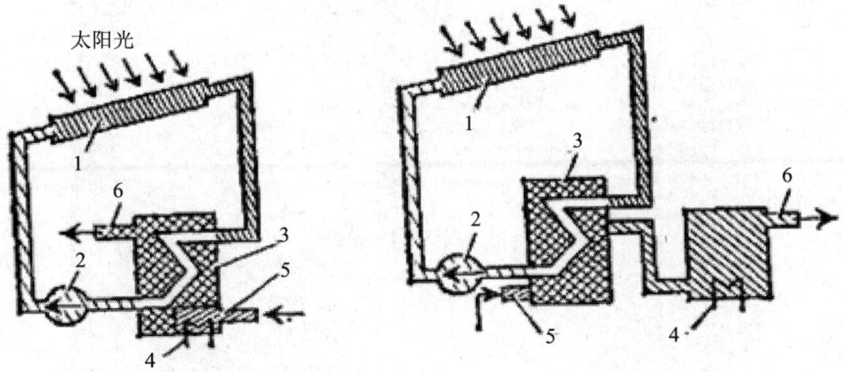

（a）一体式蓄能器与增压系统　（b）分体式蓄能器与增压系统

图 3-3　综合体（居民楼）太阳能供热示意图

1—太阳能热水器；2—泵、蓄能器；3—增压系统；4—冷水；5—热水；6—出口

前苏联 1977 年建设的第一个油脂工厂，安装了太阳能增热器。1980 年法国居民楼供热系统投入使用，是综合利用卧式太阳能集热器与地下蓄热器供热。在屋顶安装 60 个太

阳能集热器，总面积 90 m^2，下部安装塑料管，通过塑料管与地下蓄热器进行热交换，供给用户。来自太阳的热量保障护板升温。这一系统为住户供热 418 m^3，面积 170 m^2。比电供热节能 65%。

关于高生态性的太阳能装置的使用规模，有这样的数据：早在 1982 年，美国在 300 000 座楼顶安装太阳能装置。日本在 113 000 座楼顶安装太阳能装置。俄罗斯毫无疑问应该效仿这种做法。

太阳能发电站 太阳能发电站原理，是用专门的反射镜将太阳能聚集在蒸汽发生器。几百个或几千个反射镜连接成整体，保障任何物质可以达到高温（4 000℃），可使一些金属熔化。

1986 年在克里木建成第一座发电能力 5 000 W 的太阳能发电站-5，修建了 70 m 高塔，塔上安装了高直径 7 m 的蒸汽发生器。在塔周围，安装 1 600 个大型反射镜，总面积 40 000 m^2，自动跟踪系统保障发射光强度不受太阳在天空位置影响，任何时刻蒸汽发生器都有强光照射。与一般电站不同的是，太阳能电站-5 安装了蓄能器。这是隔热容器，在容器中有高温高压的水。当有云或太阳落下时，容器中蒸汽通过管道供给汽轮机。在克里木，日照时数长，太阳能发电站运行 5 年 1 920 h，发电量 600 万 kW·h，相当于 2 000 t 煤发电量。

光电组件是最有前景将太阳能转化为电能单元的，它可以直接将光能转化为电能，无需任何补充设施（图 3-4）。目前光电组件还不大，但是由于不移动，无缓慢磨损。大规模采用光电组件，困难在于价格高，需要占用很大面积。解决的办法，可以利用屋顶、墙壁安装。在美国，108 个安装在墙壁上的硅电池组组成的发电站投入使用，年发电能力 1 MW。

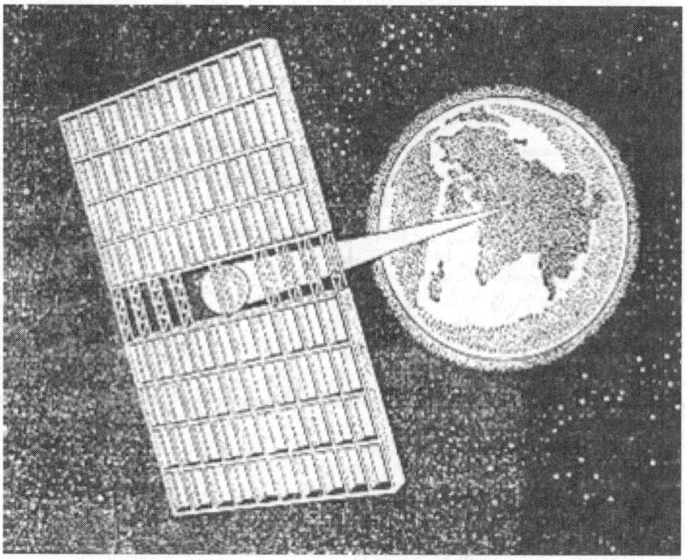

图 3-4 装有光电转换器的空间太阳能电站

在加利福尼亚，太阳能发电解决了夏天空调高峰时用电负载问题。在西班牙、意大利、以色列、日本都有太阳能发电站。

按照专家意见，在世界荒漠区，以及南半球的国家，太阳能装置在解决区域问题中起重要作用。但是必须解决费用高、占地面积大的问题。反射镜占太阳能发电站总面积的 10%，它可以改变地球表面的反射率，甚或破坏区域热量平衡。现在全世界反射镜总面积 60 亿 m^2，其中美国 19 亿 m^2、日本 13 亿 m^2。

当用电量不大时，用光电组件发电比较经济。例如，传真机、电视机、空调、信号灯。

空间太阳能电站　大家知道，太阳不仅平均辐射强度不大（每平方米只能得到热量几百瓦），而且随纬度变化，有年、昼夜变幅，取决于吸收环境。可是在太空，太阳的辐射强度是不变的。在近地空间建设发电站的思想，К.Э.奇奥勒科夫斯基早就提出。1973 年科学家 П.Э.格列捷罗木获得专利，它提出将空间太阳能电站建在对地静止轨道上。

人造地球卫星位于大约 36 000 km 的轨道上，叫做对地静止轨道，与地球同步转动，就好像悬挂在地球某一点的上空。地轴相对黄道—天穹大圆平面的倾斜角大约 23.5°。如果卫星以同样倾斜角位于对地静止轨道上，则 90%以上的时间被太阳照射。能量流密度达到 1.4 kW/m^2，比地球表面大 7.5～15 倍。只有春分、秋分日（短时间，不超过 72 min/昼夜）卫星在地球阴影中。显然，对地静止轨道最适合建设空间太阳能电站（图 3-4）。

太阳能可以直接通过光电转换器转换为电能，蓄电池组储存电能。硅或镓光伏器件用作光能直接光电转换（图 3-5）。目前主要用硅光电转换器，转换效率 13%～15%。

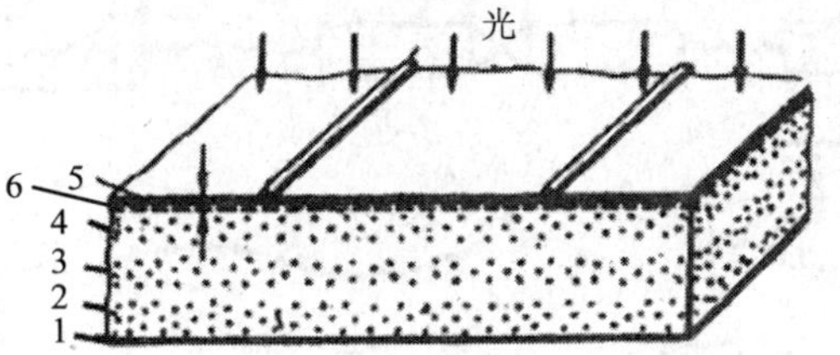

图 3-5　硅光电转换器

1—正极；2—含溴层；3—厚度 0.03 cm 硅层；4—含磷层；5—反射覆盖层；6—负极

在卫星及飞船上，光电电池将太阳能转换为电能，供给仪器与发动机，功率一般不超过 20～25 kW。问题是功率要提高到工业规模（这需要提高几万倍），而且要将生产的能量传输到地球。正如前文所述，实验与工程详细研究，都已经进行过。大规模采用空间电站，目前未解决能量向地球表面传输问题。

空间电站的电能传输，建议利用微波传输，它不受大气层与云的影响。半导体研究的成就，使将来可以直接将太阳光转化为微波。根据这一方案，微波可以通过直径 1 km 的天线，将强大的聚集光传输到地球。采用的天线应明显大于传输要求。取决于纬度，天线或者是直径 8～12 km（在赤道上空）的圆形，或者是椭圆。接收天线不仅接收微波，而且用上百个二极管元件将其转换成电流，输入高压电网或转换为常规交流电。

整流天线面积 250～270 km^2，建议天线安装在塔、公园上空，栅格能够密集接收微波，透过 80%的阳光，不影响降雨。可以建能源接收企业，最大限度自动化。格栅可以设在海上、珊瑚岛或人造岛、浮体上。

建造空间电站，应进行生态危险性评价。特别是强大的微波不能影响大气圈与其上的电离层。大家知道微波能够吸收水分子与氧气，引起局部空气增温，耗散雹、雪、雨，扩大到所经过的空间。此外，非常重要的是在微波经过的空间，不能有航线和鸟迁徙。

还不清楚微波与电离层离子相互作用的规模，这会不会影响无线电波，进而影响整个通讯系统？

现在研究激光传输光能方法。由于激光的特性，特别是发散性很小，激光输能的设施只占直径几米的范围。同时激光是窄幅频率的光辐射线，在这样频幅内强大的激光高效发射，与电站生成的光能不相干。此外，激光可以穿透云，接收设施提供电能不受天气影响。

我们指出，在地球轨道上建或不建空间电站，只是时间问题。任务是复杂的，首先是生态问题，包括科学、工程、经济、社会政治问题在内的综合性问题。没有广泛的国际合作，解决这一问题是不可能的。

3.3 海洋能

利用海洋生态清洁能源可以建设波能电站、洋流电站、潮汐流电站。它们可以把水的机械能转换为电能。此外，还有能转换设施，将利用海洋表层与底层温度差（梯度），以及利用海水不同层的密度进行转换，称为海水温差电站。

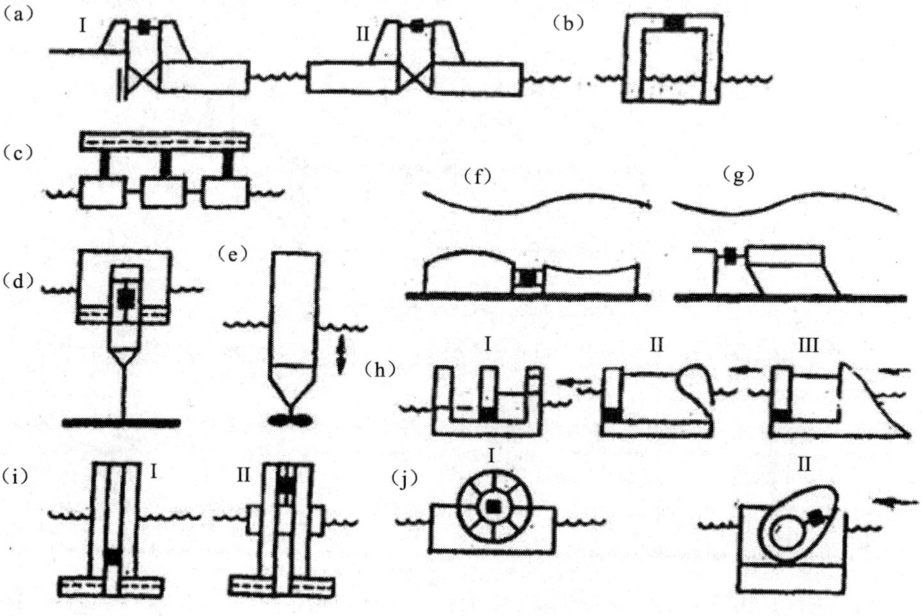

图 3-6 波浪转换器分类

（a）木筏，相对固定支柱摆动（I）或两者相对摆动（II）；（b）垂直水面升降的压缩气室；（c）小船相对总构架垂直升降；（d）锚固在深水平台的浮标；（e）装有工作轮的共振浮标，推动浮标与水相对运动；（f）伸缩气囊；（g）水体中震荡悬挂体；（h）液体斜面，百叶帘式墙（I），弹式墙（II），斜式墙（III）；（i）漂浮式震荡水柱（I）与震荡水面（II）转换器；（j）轮—波传动器（I）、在平台上半固定的漂子（II）

波能 海洋波能估算为 27 亿 kW·h，占世界能源需求量的 1/3。在近岸带，3 m 高的波浪 1 m^2 可获得 90 kW·h 的电能。在选择波能电站地址时，根据波能密度确定，即单位长度波峰数。例如，日本的近岸带，这一指标达到 40 kW·h。在赫布里底岛（大不列颠）80 kW·h。

波能电站发电的原理，是将波浪潜能转变为脉动的动能，然后将脉动的动能转变为同方向的力推动发电机。图 3-6 是波浪转换器示意图（Н.И.伊万诺夫，И.М. 法金，2002）。

波能电站可以直接建在岸上，也可以建在离海岸不同距离的开阔海面。1978 年日本建设了一座海上漂浮电站。电站将波浪能在一个压缩室内转化为压缩空气能。进入水轮机推动发电机组。产能设施安装在一个排水量 500 t 的船上，发电量 2 kW·h。一般都认为这类产能设施与其他相比，对岸上小居民点更有效。但在岸上运输支出增加了燃料成本。

波能电站的优势在于高水平的生态性。波能存在很多缺点：能值比较低，波的变化幅度大，时间与空间变化不稳定。

洋流能　利用洋流（特别是像墨西哥湾暖洋流、黑潮暖流）建设水电站，是海洋能发展有前景的方向。这样的水电站的重要组成部分是转换器，转换器分为水力泵与容积泵。水力泵是普通的叶轮带动的泵。容积泵是文丘里管型的转换器，在最窄截面与扩散段，有管道与空气相通。水流经过最窄处，流速增加而静压变小，空气被吸入。然后压缩空气从扩散段进入压力水轮机。

美国计划在洋流相对强的区安装轮机直径 170 m、叶轮 80 m 的水轮机。下一步是制造使用 30 年的浮体。水流推动水轮机叶片，经过加速系统增加转速，转动水轮机上方的发电机。最大的问题是水下生产的电能要用电缆输送到岸上。水轮机锚固的深度，根据检修方便程度而定。洋流电站的电能生产成本，比火电站低 1.8 倍，比核电站低 1.4 倍。

潮汐能　大家知道，海面有周期性的变化——涨潮与落潮。每昼夜涨潮与落潮的变化周期是 6 小时 12 分。潮汐的形成是由于地球、月球、太阳相互引力所形成的引潮力。

潮汐是清洁能源，是巨大的，取之不尽的，与矿物储量无关，不受天气影响。只有一部分涨潮能消耗于摩擦与涡流，大约 10 亿 kW·h，相当于世界所有河流的能。

1967 年法国建成世界上第一座潮汐电站。稍后前苏联在基斯洛湾建了潮汐电站（图 3-7），与法国有些不同。位于距乌拉尔河口摩尔曼斯克以西 60 km 处，这里涨潮高度 1.1～3.9 m。

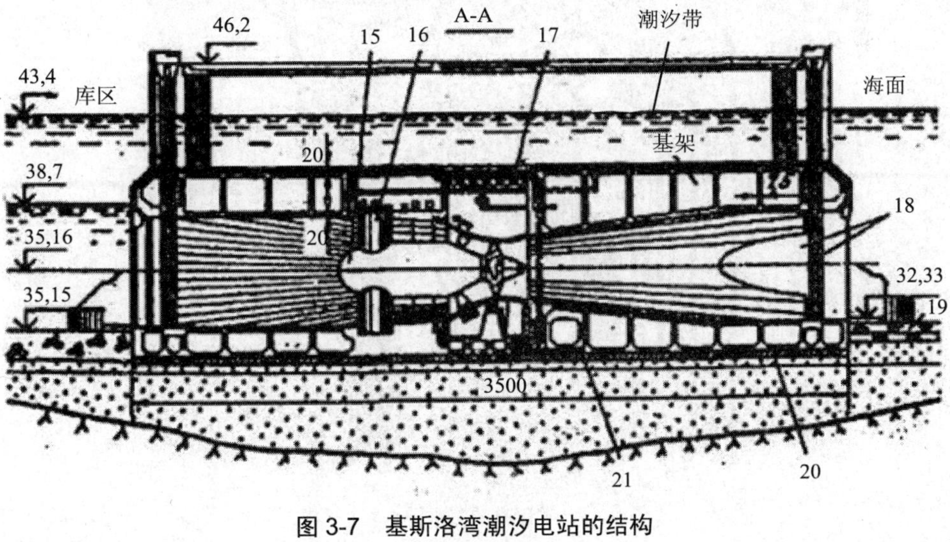

图 3-7　基斯洛湾潮汐电站的结构

1—潮汐电站大楼；2—锚；3—燃料仓库；4—生活楼与设施；5—备用柴油发电站；6—水下工作站；7—外通道；8—水轮机；9—仓库；10—内锚；11—接地保护；12—阴极保护站；13—水库；14—坝；15—淹没式机组；16—竖井通道；17—气密盖；18—防水层；19—砌石支架；20—底板；21—反向收缩段支撑板

基斯洛湾潮汐电站及其辅助设施采用浮运结构。用拖船拖到海湾安装到选定地点。浮运结构安装时采用围堰方法（法国方案）。

俄罗斯不断地建更大的潮汐发电站。特别是叶轮直径 10 m 的封闭式结构。计划在不同地方建设潮汐电站。例如在梅津湾，以长 90 km 的坝截湾建 800 个浮运潮汐发电机组，总发电量 1 500 万 kW·h。将在国家西北形成潮汐发电电力中心（每年 500 亿 kW·h）。在鄂霍茨克海，建 36 km 的坝截图古尔湾，建设 670 万 kW 潮汐电站，每年可发电 160 亿 kW·h。这相当于一个大火电站或核电站。

海水温差利用 海洋表面与 400 m 深的水温差 12℃。从能量转换的形式看，温差能利用有两种方式：①按照开放原则及同体结构，用海水作为工质；②按照封闭原则及双体结构，利用中间工质（氟利昂、氨、丙烷）。

采用第二原则（封闭）能生产设施的原理如下：低沸点的工质（例如，在制冷技术中常用的氟利昂、氨），利用海洋表面的热量，在热量交换器中蒸发。低沸点工质的气体温度提高、压力增大，进入汽轮机，进行热能与机械能的转换，推动汽轮机。工质从汽轮机进入冷凝器。在来自深层冷水作用下成液态。然后工质重新被泵入热交换—蒸发器，通过热动力循环，热能转换为电能。

有意义的是开放的能生产设施，无须利用低沸点工质，在获得电能的同时获得淡水。能生产设施的动力源是海水温差。在开放的能转换设施，海水取代氨。水在低温低压下沸腾，在不完全真空（压力降到海平面压力 1/15）、温度 27℃条件下水沸腾，形成推动汽轮机的蒸汽。然后利用海底冷水冷却蒸汽，获得淡水。图 3-8 是能转换—脱盐设施。

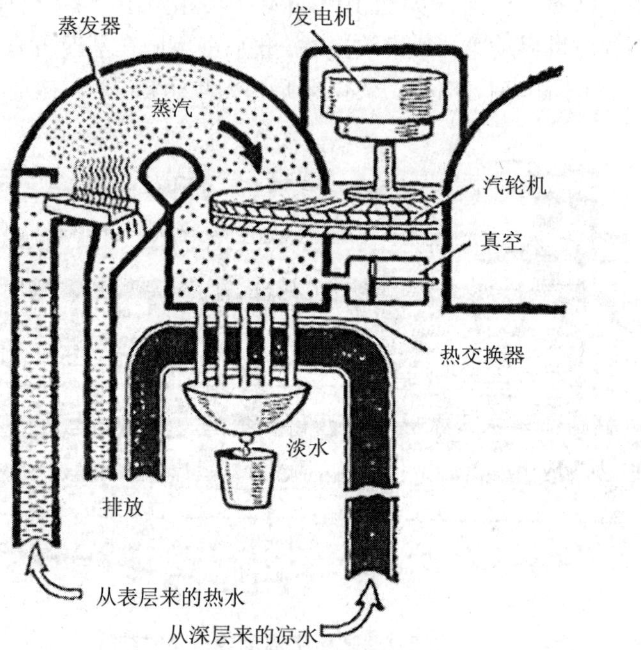

图 3-8 海水温差发电—脱盐设施示意图

来源：Д.П. 尼克金，Ю.В. 诺维科夫，1986。

开放循环避免了氨、氟利昂转换的所有问题。淡水是附加产品。

上述设施的主要缺点，是由于表面热水与深层冷水转换破坏热平衡。可能对喜暖动物有负面影响。此外，海洋深水含二氧化碳多于表面层，释放会影响局域气候。

海水盐度梯度利用 理论研究与设施循环实验证明，海水盐度梯度可以产能。图 3-9 是包括利用太阳能在内的增热过程原理示意图。现在大规模利用这一技术，是有前景、有生态化效果的。

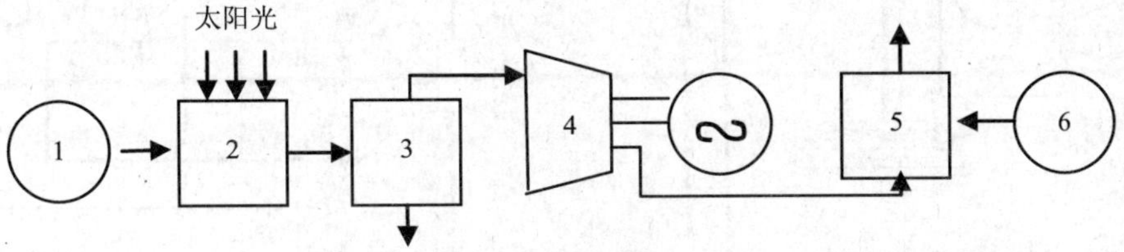

图 3-9 无膜制盐及蒸汽回收示意图

1—淡水泵与海水泵；2—太阳能加热器；3—蒸发器；
4—涡轮机与发电机；5—蒸汽收集冷凝器；6—浓水泵

3.4 地热能

据计算，在地球 5 km 深蕴藏的能，超过地球所有矿物能很多倍。例如，堪察加半岛、冰岛形成地热湖。

现在认为源自地球内部的地热能，是所有能源中最有前景和生态安全的能源。

世界很多国家（美国、俄罗斯、冰岛等）研究利用地热发电、楼房供暖、温室供热。冰岛首都雷克雅未克，从 1930 年开始基本利用地热供暖。需强调的是，地热发电站与传统发电站相比，在结构、设备、使用方面差别不大。

俄国的地热能很有前景。预测热水储量 2 000 万～2 200 万 m^3/d，水温 50～250℃。如果利用保持地层压力的地热资源，每年可节约 14 000 万～15 000 万 t 标准煤（Д.П.尼维金，Ю.В.罗维科夫，1986）。堪察加半岛地热水温度达 257℃，深 1 200 m。

地热与其他自然或人工热源不同，在设备（图 3-10，根据 Н.И. 伊万诺夫，И.М.法金，2002）中要通过热水或天然水汽混合物进行能转换。在堪察加半岛的保任特卡河，是以地下热水为水源，建设并投入使用地热电站，发电量 5MW·h。

类似的地热电站在日本、冰岛、墨西哥、美国、新地岛运行。21 世纪初，全世界地热总发电量 17 600 万 kW·h。

地热水主要利用埋深浅温度 50～100℃的水。每日出热水（60℃）量 1 500 m^3 的地热井，能保障 14 000 居民的小镇热水需求。在北部区域，地下热水可用于供暖、疗养、培育蔬菜、水果。

人为地热源，需要将水、气流经厚而高温的岩层进行循环。例如，美国进行过将冷水注入通向高温带的钻井试验，3/5 的水从另一钻井到达地表，已经成为蒸汽，不仅可以驱动汽轮机发电，还可以供暖。类似的试验在其他国家也进行过，包括俄罗斯。

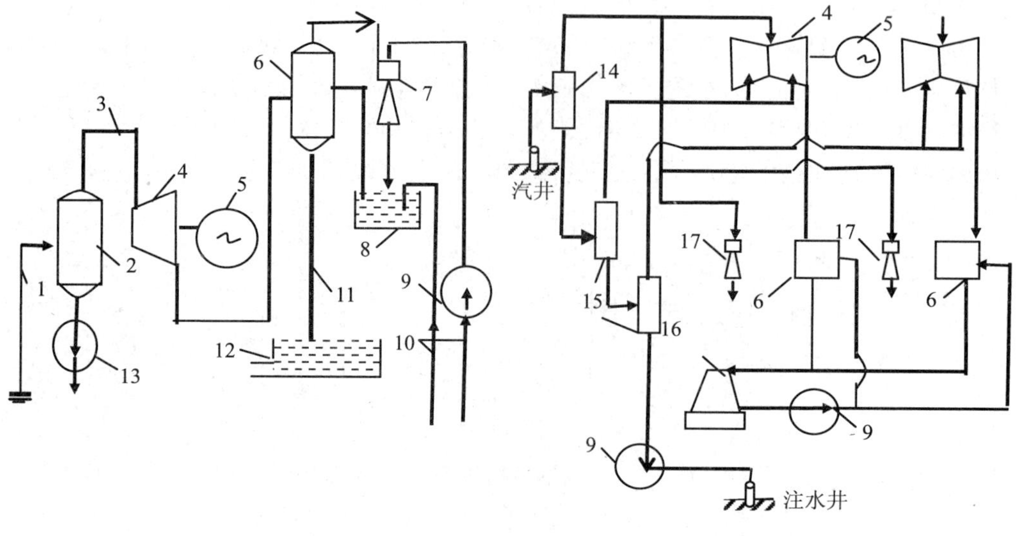

图 3-10 地热电站示意图

1—通向地热井管道；2—蒸汽分离器；3—输汽管；4—汽轮机；5—发电机；6—冷凝器；7—排水器；8—冷水池；9—喷射泵；10—冷水管；11—计量管；12—排水井；13—热水泵；14—钻井热水扩散器；15—热水逐级扩散；16—冷却塔；17—排汽

有火山活动的地区很有利用前景。大家知道，火山不仅在喷发期而且在休眠期，是最大的热水、热气源。因此日本编制了硫黄岛地热发电站建设规划，来利用活火山的热能。

在不久的将来，建立超深井网是有效利用地球深部热能的新步伐。这样的深井网，可以提供无限的来自地球内部的热能，而且不污染地球表面。

利用地热的经济效益是明显的。地热发电站利用不枯竭的能源，可以运行几十年甚或上百年。

3.5 风能

风能实际上是地球大气层热过程的结果。气团移动的原因是热空气、冷空气的密度差。这样，风能最直接的源，是太阳辐射能，是它的一种转化形式。

地球上的风能资源特别丰富，据评估，超过 80×10^{12} kW·h，超过人类总需求量。在俄罗斯境内，集中了世界风能的很大部分。风能最有前景的是北方：波沃尔季耶、罗斯托夫、伏尔加格勒州。

在很多国家，风车曾经是风景要素。俄罗斯 19 世纪建了 250 000 个风车，总发电量 150 万 kW·h。然而，后来风车被矿物燃料动力的产能设施取代。

近年来风能利用受到关注。可以断定，在空气运动强烈的地区，风力设施完全可以满足当地对能的需求。俄罗斯 1931 年建成世界第一个风力发电站，风机叶轮直径 30 m，发电能力 100 kW。国外风力发电也取得很大成就，特别是美国。早在 1941 年美国就建了发电能力 1 250 kW 的风力发电站，现在美国风力总发电量 130 万 kW·h。其中最大的风力发电站发电能力 4 000 kW。

现代风力机把风能转换为叶轮转动（图 3-11），不稳定。被压电转换器感应，或者被风力发动机带动，风能的转换效率相对高，可达到 0.2～0.5。

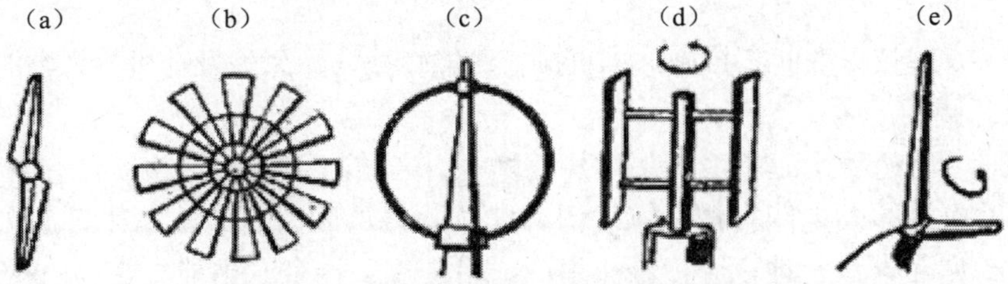

图 3-11　有前景的风力设施的翼

（a）快速转动双翼式；（b）多翼式；（c）垂直轴式垂直翼；（d）风力发动机；（e）倾斜翼

图 3-12 是另一种类型的风力发电机。高 140 m，发电能力 20 kW，年发电量 3 500 万 kW·h。

图 3-13 所示的风力发电站，两个叶轮沿水平环形轨道转动。这种风力发电站发电能力 8 MW，是垂直翼相互牵引的系统，沿大直径封闭的轨道旋转。这种风力发电站发电能力是很大的。

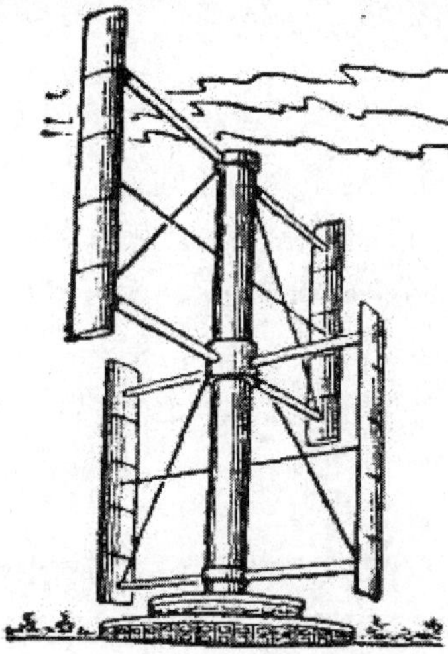

图 3-12　外翼式风力发电机

图 3-13　双翼式风力发电机

因为风速是阵发性的，应研究风力发电站运行稳定性，特别是与柴油发电结合的问题。在采利诺格勒州建了一个发电能力 400 kW 的风力发电站。在无风时两台 200 kW 的柴油发电机供电。这一综合系统在运行期间发电 1 200 万 kW·h。其中风力发电占 55%，柴油发电占 45%。这一地区平均风速 5 m/s。

根据风力发电站的发电能力分为三级：①5 kW 以下，用作饮用水供水、供暖；②5～100 kW，设在有行政区供电中心，不同发电设施为供电中心输电，包括风力发电；③100 kW 以上，风力发电站与非风力发电站并行运行。

尽管风力发电被认为是生态安全的，但并非如此，运行中也有一些不足。

第一，在发电时发出低于 16 Hz 的低声波，使人处于压抑状态，感觉不舒服。对动物与鸟类产生负面影响。这样，在风力发电站所在区域，人居环境不安全。

第二，大规模建风力发电站的区域，由于改变了地表热传输环境，部分改变热量平衡。

第三，由于风力发电机叶片发出的低声波与超声波，影响飞机导航仪器正常工作，影响电视信号传播。

对上述不足建议采取两条措施：①直接将风能转换（无风力发动机）为电能；②将风力发电站建在开阔的海上。

研究表明，风速随距海岸线距离增加而增大。这样，距海岸线 40 km，风速增大 20%～25%，风力发电站的发电能力按相应比例增大。此外，风力发电站建在海上，以海上平台为保障，节约岸上大量土地，进行农业生产。瑞典建了一个发电能力 200 kW 的海上电站，距离海岸 250 m，电能通过电缆输送到岸上。在瑞典制定了 20 年建 300 个风力发电机组的规划。可以保障现代电能需求的 20%。塔高 90 m，叶轮 80 m。与此同时，也提出一些问题：可能会对渔业、船舶航运、水工建筑有负面影响。

3.6 生物能

生物能是以生物物质为基础，直接用作燃料或加工成燃料。分为三种方式：①生物物质直接燃烧；②生物物质发酵，释放出热量；③利用生物物质生产能载体，例如，酒精、生物燃气。

第一种方式被人类使用几十万年（植物燃烧）。现在很多国家近 25 亿人每天用木材取暖、做饭。甚至在发达国家，例如美国，现在木材大量燃烧，而不光用于建设、造纸。

现在薪柴来源的特征是，不仅仅是砍伐森林，而专门营造速生薪炭林，例如，杨、柳、赤杨、山杨。在瑞典，逐步减少核电，近些年每年营造薪炭林 10 000 hm^2。木质燃料有不可避免的缺点（体积大、水分多），要进行加工，例如，压块。

第二种方式是将有机废料发酵，利用热能。可以利用于温室及其他设施增温。

第三种方式是从生物物质（植物生产加工、牲畜粪便生产加工）中提取，获得能载体，例如酒精、生物燃气。

以前人们认为，从牲畜粪便及其他排泄物制取的燃气，不能与天然气、石油相比。近些年改变了这样的看法，不仅从经济角度，而且从生态角度。

全世界上千个大型牲畜与禽类加工综合体，其中上百个在俄罗斯。它们生产的同时产生大量的粪便与排泄物。例如，圈养 108 000 头猪养殖综合体，每天排出粪水 100 万 m^3，相当于 250 000 人的城镇排放的污水。因为养殖场离城市不远，加重了对城市环境的负面影响。

对养殖综合体废水加工，常采用厌氧发酵的方法，加速了甲烷（CH_4）排放速度。从 1 t 的粪便干物质中，可以得到 450～430 kg 的生物燃气，热值相当于 320～430 kg 的标准煤（Д.П. 尼克金，Ю.В. 罗维科夫，1986）。此外，俄罗斯每年有数百万吨未利用的秸秆。1 t 麦秆可产生 350～500 m^3 生物燃气，而 1 m^3 生物燃气等量于 1L 液体燃料。而麦秆与其他植物残体至今仍然是燃烧，不产生负面生态后果。需强调的是，全世界农业生产的废弃物 40 亿 t，加工生产成甲烷，能满足全世界 10%的能源需求。

工业、农业、生活有机废弃物加工（生物转化），是复杂的微生物过程。一些相互作用的细菌参与生物转化过程：①菌群Ⅰ（水解菌群），水解碳、类蛋白、类脂体等，形成H_2、CO_2、酒精；②菌群Ⅱ（酸化菌群），在完全缺氧条件下，分解脂肪酸及一些中性物，形成乙酸、H_2、CO_2；③菌群Ⅲ（类酸化菌群），由OH_2+C_2、甲醇和其他含碳物合成乙酸；④菌群Ⅳ（甲烷形成菌群），利用OH_2+C_2、乙酸盐、含碳物合成甲烷。

最重要的是复杂的原料——纤维素的分解。根据分解过程的温度，将分解细菌分为两类：中温的与喜温的。中温细菌的适宜温度是30～40℃，喜温细菌的适宜温度是50～60℃。

细菌的活动与甲烷的体积，取决于许多因素：温度、环境酸度、碳氮比（C/N）、挥发酸的存在、营养物、毒性物质。发酵可以在低温（低于30℃）、中温（30～40℃）、高温（50～60℃）下进行，温度越高发酵过程越快，产气量越大，残留细菌、病毒、致病有机物越少。生产能力（生物气体）最强的喜温细菌过程，需要增添能量。

自然，对于细菌的功能还必须保障营养物质（氮、磷、硫及各种矿物质）。发酵产生的生物燃气中50%～70%是甲烷，其余是碳氧化物。含CO_2会降低生物燃气的发热量，增加废气排放量。

图3-14是生物燃气生产设备的原理图。有机废弃物从原料库1进入储存器2，在储存器有注入的热水，为了使有机废弃物达到适宜浓度及C/N，热的有机废弃物进入加温器3达到所需要的温度，再进入甲烷发生器4。在甲烷发生器形成生物燃气。残留物经过泵9进入废弃物库。生物气经过净化设施6、压缩设施7，进入储气罐8。一部分气体进入炉膛5供热。因为从甲烷发生器排出的残余物温度50～55℃，可以将余热引入热交换器10，为原料预热。

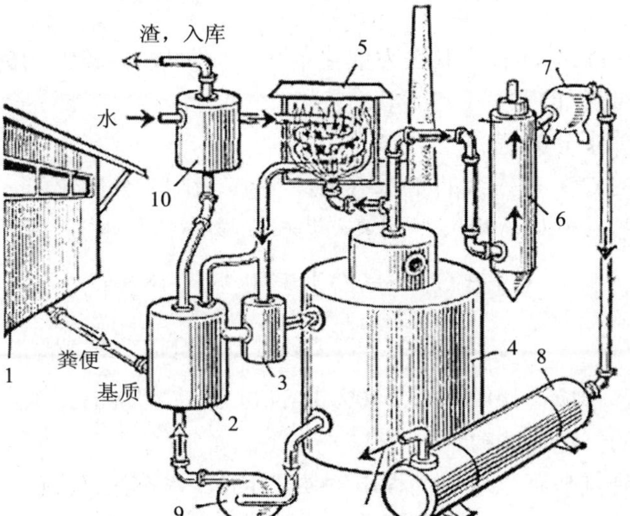

图3-14 生物能生产设施及工艺

1—原料库；2—储存器；3—加温器；4—甲烷发生器；5—炉膛；6—净化设施；7—压缩设施；8—储气罐；9—泵；10—热交换器

生物转化的另一产物是高效肥料，特性接近硝酸磷酸钾：1 t干有机废料（营养物）等于3～4 t硝酸磷酸钾。有机废料厌氧发酵制备的有机肥，农业生产使用效果很好，要知道这是利用非常平常的综合利用方法获得的。

广泛进行有机废料的生物转化，解决了一些重要的问题：保护环境、提供能、降低牲畜流行病发生的风险。

3.7 氢能

对未来有前景的燃料——氢兴趣极大，是因为其有下列优势：①生态安全性，与其他燃料不同，燃烧时排放的是水蒸气；②热值高（比煤高 4 倍）；③温度高；④低黏度，这对于运输特别是远距离运输很重要；⑤原料无限制，以水做原料；⑥应用广，可以用于化工、冶金、航空、交通运输的燃料，也可用作发动机燃料的添加剂。

上述很少涉及建立氢能概念，在氢能概念中氢作为能的载体。氢能概念包括：从不同原料制取氢；以气体压缩态或以化合物保存；运往用户。

氢的制取 工业生产氢气是以天然气、液体与固体矿物、水为原料。现在是用天然气经过蒸汽转化得到大量氢。包括下列过程：

（1）甲烷与水蒸气催化转化

$$CH_4 + H_2O \longrightarrow CO + 3H_2 - 206\ \text{kJ}$$

反应是在 750～780℃，催化剂 Ni 参与下进行的。

（2）CO 与水蒸气的转化

$$CO + H_2O \longrightarrow CO_2 + H_2 + 41\ \text{kJ}$$

反应是在 370～440℃，氧化亚铁为催化剂（第一阶段），230～260℃，锌-铜为催化剂（第二阶段）参与下进行的。

（3）从混合气体中分解氢

将混合气体中的 CO_2 与残余的 CO、CH_4、H_2O 清除，分解出氢。

从固体矿物燃料（例如，煤）得到氢，包括矿物燃料与水蒸气、空气或氧气的转化。

$$C + H_2O \longrightarrow CO\uparrow + H_2\uparrow - 118.9\ \text{kJ}$$

$$2C + O_2 \longrightarrow CO_2\uparrow + 230\ \text{kJ}$$

在这一过程中，形成含 40% CO、50% H_2，以及 CO_2、CH_4、N_2、硫化合物的混合气体。然后把不需要的气体清洗掉。

电解水可以得到氢与氧。这一过程电解质是 KOH 水溶液（350～400 g/L）。电解质压力为一个大气压到 4 MPa（40 个大气压）。生产 1 m^3 的氢耗电 5.1～5.6 kW·h（理论计算，当 25℃时耗电 2.98 kW·h）。

规模性生产氢，上述传统方法不合算，首先是能源消耗。因此，对于氢能需求，建议既要完善传统方法，又要研发新技术。包括优先利用核能、太阳能。

可以用完善传统方法——甲烷与水蒸气催化转化法生产氢，利用高温核反应保障催化剂的沸腾。这样能降低费用 20%～25%。

生产氢的另一方案，是利用火电站夜间用电负载低谷便宜电能，碱性水水解生产氢。生产 1 m^3 氢耗电 4.3～4.7 kW·h，节约费用 15%～20%。

研究一下新提出的非传统制氢方法。

以碱金属熔融体、固体聚合物、含 ZrO_2 的陶瓷为电解质的水电解，可以得到氢。制氢过程需要消耗的电能比传统方法少 30%～40%。在使用碱金属熔融体电解质时，水在其中只占 0.5%～2.0%。利用核电进行高温电解，被认为最有前景。电解质是增添金属氧化物（CaO、ScO_3）的含 ZrO_2 的陶瓷。温度达到 800～1 200℃。1 m^3 氢的耗电量 2.5 kW·h。

近些年很有兴趣地研究利用低温（10^3～10^5K）等离子体化学方法制氢。其中最有前景的是两阶段的二氧化碳循环：①在等离子器中利用电弧产生等离子体，进行热分解（$2CO_2 \longrightarrow 2CO + O_2$）；②CO 与水蒸气转化，形成的二氧化碳返回等离子器，为下一循环准备。

有前景的是热化学循环法从水中得到氢。大家知道，在 2 483℃水热分解程度可达 11.1%。在热化学循环中各个水解化学反应，都是在比水解需要的温度低的温度下进行的。在这些循环中，系统的各个要素，除含水原料（水）都是可再生的。下面举一个以硫酸为基础的热化学循环：

$$SO_2 + 2H_2O \xrightarrow[\text{电解}]{30\sim80℃} H_2SO_4 + H_2\uparrow$$

$$H_2SO_4 \xrightarrow[\text{催化剂}]{880℃} H_2O + SO_2\uparrow + \frac{1}{2}O_2\uparrow$$

对水及 H_2SO_4、HCl、HBr、H_2S、AgCl 溶液，在核辐射下，进行了辐射分解研究。最强的辐射源是核反应。

在其他的制氢方法中，光电解与生物光解法应予以关注。

光电解 在太阳能作用下将水分解为氢气、氧气。这一过程目前只能达到 3%～4%，要是达到 10%～12%就有实用意义。

生物光解 原理是一些微生物，在太阳作用下能分解水形成氢。这些微生物利用 8% 的太阳光能。

氢的运输与储存 氢保存在专门的储气罐，以及高压气罐。在废弃油气田、废弃矿井、人工开凿的洞穴，实施建设大型地下储氢库的计划。液体氢保存与运输，用密封、隔热罐。专用氢储存库的容积 3 000 m^3，铁路储罐容积 100～125 m^3，汽车储罐容积 25～75 m^3。最终，要研究固体氢与冰凌状的氢的生产与保存方法。

采用固体化合物——金属氢化物，运输氢最有前景。在金属氢化物中最有意义的是金属离子氢化物，如碱、碱土金属离子氢化物。以锂金属氢化物为例，它是在压力作用下氢与锂熔融体相互作用形成的。

$$Li + \frac{1}{2}H_2 \longrightarrow LiH$$

1 g 锂金属氢化物在加温条件下能放出 1.6 L 氢。因此，碱金属氢化物被认为是有前景的燃料。

特别有意义的是类金属氢化物与金属氢化物，它们可以在常温、不高的温度下，金属与氢相互作用生成（表 3-1）。

表 3-1 一些氢化物特性

化合物	密度/（g/cm^3）	氢含量/%	分解温度/℃
MgH_2	1.42	7.6	250～300
TiH_2	3.78	4.0	600～700
ZrH_2	5.62	2.1	850
$LaH_{2.9}$	5.26	2.1	600～800
$CeH_{2.9}$	5.5	2.0	600～800

金属氢化物中最有前景的是以下列金属为基础的化合物：Ti、Fe、Mg、Ni、Li、La。它们每克氢化物含 400 cm^3 H_2。是在比较低温度（150～200℃）释放氢，比较便宜。

一些氢化物特别是金属氢化物，可以用于汽车运输。氢化物“燃料”罐装在汽车上，可以加温。因为氢化合物加温可以释放氢，氢可以作为汽车发动机添加剂。

此外，氢化物可以用于水上事故救急，特别是快速驱动救生木筏。这是因为金属氢化物与水快速作用。例如：

$$MgH_2 + H_2O \longrightarrow Mg(OH)_2 + 2H_2\uparrow$$

在这一过程中，释放大量氢。每千克这种金属氢化物释放 1.7 m^3 氢。

3.8 俄罗斯向节能型经济转变的紧迫性

有根据地认为，所有研究过的代用能源种类，在生态方面没有一个是不安全的，在未来，没有一种能与传统能源首先是水电、火电能相竞争。原因只有一个，纯粹的经济原因，代用能源比传统能源贵（表 3-2）。

表 3-2 不同方式获得的能的特性比较

电站类型	占用土地单位面积产能/（W/m^2）	投资（相对单位）
风力电站	0.4	4.5
太阳能电站	30	3
地热电站	0.4	3
核电站	1 300	1

资料来源：B.A. 别依林，A.C. 波罗维克，B.C.马雷舍夫斯基，2001。

当然，按照生态问题尖锐化程度与社会意识生态化程度，代用能源占比重小。但这是方向。而现在能源资源的生态问题是第一重要的，遗憾的是对它关注太少。俄国能源资源现状，无可靠方式改变不单纯增加石油、天然气、煤开采，逐步增加电能生产，经济就不能持续发展。

现代能源危机首先是由于不合理利用能源资源以及能源不够用。

第一，从生态经济的目标出发，改变国家经济、能源结构，尽快地替换陈旧的“吞食能源”的工艺。据专家计算，独联体冶金企业节能设备，能节约 12%的电能生产，相当于所有火电站发电量。

第二，应当在生活—社会公益用电，制定最高合理用电限额。例如，地下设施、楼房、房间，大量地将热能排向环境。1/3 的公共设施处于危险状态。别的国家经验表明，节约楼房的取暖、照明用电，可以节省15%的电能。

保守的估计，结构调整可以节约电能25%～30%。

第三，为增加潜力，应当依靠技术完善增加能源资源开采量。现在很多采矿技术落后，例如，由于一些公司只考虑尽快赚取利润，70%的石油加工工业技术落后。只有利用国内外先进的技术，才能增加上万吨能源资源产量。巨大的潜力还在于矿产的深加工。

第四，应指出的是，能源危机的形成，也与目光短浅的出口政策有关。

4 交通的生态问题及解决的途径

4.1 概况

以货物与旅客输送为主要任务的交通运输业，在将物质生产部门联系成统一的经济活动体系中，起着极其重要的作用。没有各种类型的交通运输，任何一个产业部门都不能发展。

众所周知，货物运输、公共汽车、农业运输（拖拉机、康拜因）、铁路运输、水运（河、海）、空运、管道运输是不相同的。

现代交通运输的作用，可以与自然物质流相提并论。例如，伏尔加河年平均泥沙输移量 1 800 万 t，而货物运输量 20 世纪末达到 300 000 万 t（H.H.罗德捷维奇，2003）。

地球被稠密的交通运输网覆盖。世界汽车运输干线达到 1 200 万 km，航线达到 560 万 km，铁路 150 万 km，管道运输达到 110 万 km，内陆水运达到 60 万 km，海运航线达到几百万公里（H.И. 伊万诺夫 И.M.法德因，2002）。作为比较：地球赤道长 40 000 km，地球与月球距离大约 380 000 km。

交通运输网对于保障社会发展，是毫无疑问，是无可比拟的。但是其后果，对环境的负面作用，与功能一并明显表现出来，首先是交通运输对生命要素的负面影响，自然包括人类。

根据专家评价，各种交通运输类型对污染的平均贡献，例如对大气污染如下：公共汽车为 85%，海运与河运为 5.3%，航空运输为 3.7%，铁路运输为 3.5%，农业运输为 2.5%。

各种交通运输的发展，特别是公共交通，汽车广泛使用，对人类的直接与间接影响不断增大。由于交通运输的功能，不利的生态因素（有害气体、噪声、震动等）不仅影响旅客，而且影响靠近交通运输线的居民。

现代交通运输对自然环境影响的同时，由于自然要素的强烈变化，也直接或间接地影响交通运输的功能。例如，空气污染增加浓雾，影响机场工作，公交车减速，以及鸟类频飞使飞行器坠毁。

交通运输对自然环境产生多种多样影响，可以归为两大类：①交通综合体（公路、铁路、机场、管道），其环境影响是直接的、长期的；②交通工具（汽车、飞机、船舶），其环境影响是短期的，引起的生态后果随时间会消失，但时间较长。

4.2 交通综合体对自然环境及人类的负面影响

征用土地 自然而然地，建设交通综合体需要大面积土地、水体、空气。据计算（H.H.罗德捷维奇，2003），美国建设公路干线，占用土地 1 010 万 hm^2（101 000 km^2），而城市占地面积 1 090 万 hm^2（109 000 km^2）。英国公路占国土面积 2%，日本占 6%，俄罗斯公路长 50 万 km，铁路占地面积 10 000 km^2。

破坏土壤自然生态系统退化　道路、管道、机场在建设与使用的过程中，产生土壤破坏过程——滑坡、塌陷、侵蚀。经常产生特殊类型的后果——道路侵蚀，是由于面状侵蚀与土壤破坏形成的。作为其后果是在路基上发育冲沟群。为了预防冲沟群，必须构建草被，甚或建混凝土排水沟。

通过冻原区的道路是最危险的，大家知道，受损后植被很难恢复。夏天车辙积水，在有坡度的情形发生面状侵蚀，最终转化为冲沟。这种侵蚀称为道路车辙侵蚀。

分布在铁路、公路附近的自然综合体，会逐渐发生变化与退化。例如，沿道路形成沼泽地段，宽几百米。在有的季节沼泽地会发育致病的微生物，成为传染病源。

土壤耕作层及近地空气层变坏　大家知道，沿公路干线、铁路、石油-天然气管线的大面积土地，被沉降的铅、硫、石油产品及其他物质污染。沿道路两侧 200 m 宽污染最严重。例如，在莫斯科周围的环形公路干线两侧，看到栽的树木逐渐死亡，禁止种植农作物，禁止采集蘑菇、浆果，禁止放牧（沿公路旁放牧奶牛使儿童中毒事件众所周知）。

近公路的地表空气层被粉尘污染，其中含有沥青、汽油、金属、铅及其他物质，这些物质中有些具有致癌与诱变作用。喜爱沿道路两旁散步或跑步者，对自身产生不好的影响。特别提醒带小孩散步者（例如，乘坐低的摇篮车，因为地表 1 m 的近地空气层有害物质含量最高）。

动物死亡　许多野兽，包括大型野兽，穿越公路被撞死。特别是当公路穿越动物迁徙路径时。这样的情形经常发生在夜间，所以在人口稠密的地方，沿公路设专门反射镜，反射汽车前灯光，防止野兽在黑暗背景（例如，森林）靠近。

物理辐射　铁路与公路的噪声是降低人居环境质量的因素，特别是高密度行车情况。例如，在一些公路干线，行车密度达到每小时几千个运输单位，噪声可以达到 80～85 dB，而标准是 55 dB。因此，在世界许多国家，包括俄罗斯（莫斯科环形公路），会在沿运输繁忙的干线建设防护设施，或营造防护林带。

对于人类及其他生命体最不利的影响，是沿交通干线高压线产生的电磁场。引起人头痛、疲乏、记忆减退、刺激神经、心血管系统活动变坏。许多在公路干线边筑巢的鸟，会失去空间定位功能，停在高压线上死亡。为了保护人类免受高压线电磁场作用，设置了防护带。例如，330 kV 的高压线，两旁设 20 m 宽的防护带，500 kV 设 60 m 防护带。鸟喜欢食用的农作物，在高压线两旁限制种植。

4.3　汽车对自然环境及人类的负面影响

全世界汽车停车场超过 8 亿个，快速发展已接近 10 亿个。停车场增加是社会文明标志之一，反映居民消费与能源消费的增长。据计算，汽车从保险杠接保险杠排列（平均 5 m 长，2 m 宽），总长度 400 万 km（相当于地球到月球距离的 10 倍）。占用面积超过 8 000 km^2。据预测，汽车增长保持这样的速度，到 2015 年将增加到 15 亿辆。

全世界汽车内燃发动机每年燃烧的石油燃料为 20 亿 t。其中有效利用 23%。其余 77% 排放到大气环境（Ю.В. 罗维科夫，1998）。

在汽车工业最发达的美国，消耗钢占全国钢产量的 1/5。这样，汽车工业是最大的资源消耗部门之一。汽车消耗了大气中对有机生命最有价值的氧气，排出有毒的尾气，以及一氧化碳。这样，现代汽车燃烧 1 kg 汽油消耗 12 m^3 的空气（2.5 m^3 氧气）。作为比较：一个人一昼夜需要空气 15 m^3（3 m^3 氧气）。据计算，美国汽车吸收的氧气超过境内植物生产的氧气。在城市，特别是大城市，交通壅塞，汽车消耗氧气超过居民氧需要量。

在有汽车的地方，空气中进入大量有害物质。根据科学研究所的研究，在莫斯科，汽车产生的空气污染占 92%～96%，而经济活动排放仅占 7%，据估算，俄罗斯有 150 多个城市，交通运输对空气污染占优势。这些城市中多数是疗养与休闲城市：索奇、阿纳帕、叶先图基、基斯洛沃茨克、纳利奇克、皮雅季戈尔斯克、矿水城，还有人数超过 50 000 人的大城市（莫斯科、圣彼得堡、顿河畔罗斯托夫、沃罗涅日、克拉斯诺达尔、奔萨、秋明等）。克斯塔基、秋明州公共交通排放的有害物质超过 195 万 t。

内燃发动机（特别是油气混合）排出气体中含有大量的有毒化合物——苯并[*a*]芘、乙醛、氮氧化物、一氧化碳以及特别危险的铅化合物。

无燃料调节系统的汽车，排放的气体中含有大量的有害物质。正确的调节，可以降低有害物质 1.5 倍。

污染物的成分与排放量取决于燃料的种类（表 4-1）。

表 4-1 汽车排放主要混合物的成分 单位：kg/t

排放物成分	发动机	
	汽油发动机	柴油发动机
氧化物：		
碳	395.0	9.0
氮	20.0	33.0
硫	1.6	6.0
碳氢物	34.0	20.0
醛、有机酸	1.4	6.0
固体颗粒（烟黑）	2.0	16.0

从表 4-1 可以看出，生态危险比较小的是柴油发动机。虽然大量排放氮氧化物、硫，但是排放到大气中的污染物，对人体危险等级相对小 2.5 倍。

汽车向大气排放的不仅是燃料气体所含的有毒成分，还有轮胎磨损、制动系统的产物。燃料与机油洗车脏水会进入城市水体及土壤。直接靠近居民楼的汽车，对人体健康危害最大。

有害物质进入环境的数量，取决于停车场的数量、结构，也取决于汽车性能，特别是发动机。内燃汽油发动机无燃料调节系统，一氧化碳排放量增加 4～5 倍。

在城市环境下，汽车的工作状态对有害物排放有很大影响。低速运行、频繁刹车将促使有害物质排放量增加。

实际上，汽车会影响整个生物圈：大气圈、水圈、岩石圈、人类。通过汽车资源—能源转换生命周期，即从矿石能源开采到生产到废弃物排放，生态危险性评价表明，1 t 汽车的生态价值，等于置放在环境中的 15～18 t 固体废弃物或 7～8 t 液体废弃物。

汽车沿街置放影响临街住户居民通行，影响植物生长。研究表明，氮氧化物与一氧化碳超标区，占城市面积的 90%。

汽车排放物影响光化学过程，其形成主要是痕量气体氧化，其结果使有机化合物如甲烷、碳氢化合物转化为二氧化碳与水。在这一过程中，形成一些中间产物污染大气。光化学烟雾是其中问题之一。光化学烟雾的发展是由于近地氮氧化物含量增加。

汽车排放的气体、燃料蒸发形成的气体、机油，含有近200种化学化合物，根据其对人体作用的特性，上述化合物可以分7类。

第一类，包括含有大气自然成分的化合物：水（水汽）、氧、氮、氢、二氧化碳。在欧洲及俄罗斯的欧洲部分，汽车大量排放这类气体，超过水面的蒸发量。它使云量增加，晴天数明显减少，有利病毒生长，降低农作物产量。

第二类，一氧化碳（标准 20 mg/m^3，危险度 4 级）。这是一种无色无味气体，被人吸进体内，与血液中的血红素结合，降低血液的供氧能力。由于肌体氧吸收量减少，影响中枢神经系统活动。后果取决于空气中的一氧化碳含量，含量 0.05%，1 h 后反应迟钝。含量 1%，呼吸几次后失去知觉。还有，一氧化碳是许多公路事故的间接原因。在封闭环境一氧化碳作用于司机，使司机困乏。在车距、隧道以及长途行驶中，一氧化碳含量达到对人产生毒性的水平。

第三类，氮氧化物，NO（标准 5 mg/m^3，危险度 3 级）是无色气体，NO_2（标准 2 mg/m^3，危险性 3 级）是棕红色气体，有气味。上述气体是混合物，能产生烟。进入人的肌体，与水分作用形成氮酸（标准 2 mg/m^3，3 级危险性）。作用的后果取决于其在空气中的含量，含量 0.0013%，引起视力下降、嗅觉变差。含量 0.002%，血红素发生变化。含量 0.008%，导致肺气肿。

第四类，碳氢化合物，其中最危险的是苯并[*a*]芘（标准 0.000 15%，危险度 1 级），是强致癌物。

第五类，醛。丙烯醛、甲醛对人类最危险。丙烯醛—丙烯酸醛（标准 0.2 mg/m^3，危险度 2 级）。含量 0.000 16%，是人能接受的气味的阈值；含量 0.002%，人接受气味困难；含量 0.005%，人不能接受气味；含量 0.014%，10 min 人致死。甲醛（标准 0.5 mg/m^3，2 级危险性）——有强烈气味的无色气体。含量 0.007%，视觉、嗅觉变差；含量 0.018%，呼吸急促。

第六类，烟灰（标准 4 mg/m^3，危险度 3 级）。刺激人的呼吸器官。烟灰颗粒表面吸附苯并[*a*]芘，因此对人体健康很不利，引起呼吸系统疾病（莫斯科发病率比俄罗斯平均发病率高 48%）、面部疾病、呼吸道炎症等。据美国调查，每年 5 万～6 万人死于烟灰对空气的污染。

第七类，铅及含铅化合物。在抗爆汽油中加四乙基铅（标准 0.005 mg/m^3，危险度 1 级）。因此，在使用的抗爆汽油中，所含 80%铅及化合物会污染空气。铅及其化合物，会降低人体活性，破坏人体内物质交换，具有累积作用，也就是能在人体内累积。因此，铅对人的智力危害很大。

应当特别注意光化学烟雾现象，汽车排出的气体，对光化学烟雾的形成起了重要作用。

光化学烟雾　太阳光照下城市上空形成的黄-褐色烟雾，使能见度降低，所含的化学物质刺激呼吸道，催人泪下。上述颜色是因为二氧化氮参与，二氧化氮光分解生成臭氧、乙醛、硝酸盐。

光化学烟雾是下列因素结合形成的：①太阳光；②氮氧化物；③碳氢化合物；④温度高于 18℃。

首次发现光化学烟雾是美国加利福尼亚州的洛杉矶市，城市汽车很多，经常出现逆温现象，每年 260 d 有逆温现象。逆温层高度不大，太阳辐射最强。因此在这里每年 60 d 可以看到光化学烟雾。

晴天在太阳光照射下，二氧化氮分子分解，形成氧化氮和氧原子，氧原子与氧分子形成臭氧。

由于不断光解作用，大量的二氧化氮分解成大量臭氧，形成反应链。在大气中逐渐聚积了很多臭氧。夜间臭氧聚积过程停止。臭氧与链烯烃反应，形成不同的过氧化物。它们具有光化学烟雾的特征。

光化学烟雾形成的四个条件都应当满足。所以光化学烟雾形成的时间、地点，是可以预测的。因为正是汽车交通排放氮氧化物、碳氢化合物，所以光化学烟雾发生在汽车壅塞的城市，特别是位于低纬度及位于盆地的城市。这样的城市有：纽约、芝加哥、波士顿、东京、莫斯科等。

应当强调的是，在人口稠密的北美、欧洲，污染物发生跨境转移。例如，在多伦多（加拿大）光化学烟雾是美国中西部城市汽车排放物造成的。

光化学烟雾出现，有难以接受的气味，降低能见度，使人们眼睛、鼻子与喉咙黏膜发炎，发生窒息和呼吸系统疾病。光化学烟雾危害植物，直到其很快枯萎。

光化学烟雾腐蚀金属，橡胶与合成部件喷漆脱落，损坏衣物，破坏运输工作。

据美国专家估算，在加利福尼亚，居民健康损失、个人财产损失、农业损失每年总计 130 亿美元。美国仅农业损失近 30 亿美元。加拿大的安大略区，专家估算大豆减产每年损失 2 000 万加元。令人惊奇的是，生长在田间的小麦、苜蓿都残留臭氧。

汽车给人们健康与生命带来直接危害，全世界每年交通事故死亡 300 000 人，俄罗斯超过 30 000 人。司机很少运动，汽车是各种疾病的原因。长时间手握方向盘，引起肩痛、颈痛、血压高、胃病、十二指肠疾病。

汽车对于水域造成很大的生态损失：经常在开阔水域洗车，使水中增加石油产品（汽油、机油等）。虽然量不大，但是会降低或完全丧失水的自净能力。如果量大，水体失去饮用水水源或经济利用的功能。噪声是交通运输最危险的环境污染源之一。居民区 60%～80%的噪声来自交通运输车流。表 4-2 引用的交通噪声的数据，说明了汽车的环境噪声贡献率。

表 4-2　交通运输噪声源

交通运输噪声源		噪声水平/dB
公共汽车	载重车	85～96
	轿车	82～88
	公共汽车	80～95
	摩托车	86～108
飞机	直升机	106
	运输机	105～115
	客机	110～122
轨道交通	电车	75～96
	地铁	89～83
	铁路	80～100

4.4　削减用碳氢燃料的汽车排放物

汽车发动机向城市大气排放 95%的一氧化碳、65%的碳氢化合物、30%的氮氧化物。这些会影响人们的健康，不论是车主还是行人。

遗憾的是，在俄罗斯汽车无节制增加的背景下，进口车比例越来越高。2001 年的状况是：国外品牌轿车占 28%，载重车占 12.2%，公交车占 46%。

保护人居环境免受汽车排放物的污染方面，俄罗斯落后于西方发达国家，而且指标也很落后。甚至刚出厂的新国产车，行驶 1 km 排放的有害物质是国外车的 3～5 倍。监测表明，每 5 辆车中有 1 辆是高毒性排放或排烟的。很多城市汽车排放量超过标准 10～12 倍。根据医生和生态学家的评价，汽车交通会缩减居民的平均寿命。

所以，非常有必要采取措施，减少汽车排放，减少对人居环境的不利影响（表 4-3）。

表 4-3　降低汽车对大气污染的系统措施

规划-都市建设措施	技术措施	卫生-技术措施	行政-技术措施
划出快车道及公交车专用道	车辆更新，用更经济、排量小的车	充分燃烧、减少尾气	制定燃料标准
	更换燃料	固体颗粒物过滤	设定正常排放区
不同层面街道交叉	改进发动机	尾气三级过滤	设出城通道
限制地面、地下人行横道	扩大电动交通工具使用（地铁、电车、有轨电车）		
交通干线绿化			

资料来源：H.C.卡西莫夫，A.C.库尔巴托瓦，B.H.巴什金，2004。

规划-都市建设措施 包括公路建设、绿化，按照带性原则建设居民楼（距离公路第一高度层—低层楼房，然后是高层楼房，地下建设儿童与健身设施，临街建设生活、商贸、公寓楼，街道栽植林-灌结合的不同行驶方向的隔离带）。立体交叉建筑、环形线路、用以安置旅客与车辆的地下建筑有重要意义。

研究表明，在城市公交车 30%的时间处于空载状态，30%～40%的时间满载，20%～25%的时间处于加速状态，10%～15%的时间处于制动状态。在空载时间公交车排出一氧化碳占总量 5%～7%，而在满载时间仅占 1%～2.5%。这样，废气排放最多的地方是：信号灯汽车滞留；等绿灯发动机关闭；启动与加速。为了达到减排的目的，在车流畅通的道路上消除障碍，特别是不要建设与行驶车辆及行人平面交叉的主干道。在车辆拥挤的地点建设专门的人行通道。在交叉车辆多的地方，建设立交桥或隧道。

现在越来越多的城市，采用交通自动管理系统。例如，莫斯科的花园环，实施自动控制系统“START”（“开始”，译者注）。这一系统具有动态管理功能：交通—探头—计算机—信号灯—交通。

这一自动管理系统设几千个探头，覆盖交叉路段街道，收集车流密度、速度信息，经过电子传输系统传输到计算机中心。在计算中心这些数据加工整理，做出解决方案，方案通过信号灯、标志系统实施。

由于实施上述部分措施，莫斯科交通运输排放总量，2000 年减少 7.7%，2001 年减少 14.5%。此外，据计算三环交通线总长 16.1 km，实施这套系统后，平均运输速度提高了 2～3 倍。

还有重要的情况是，如果运输工具输送更多的乘客，这种运输工具被认为是经济的。实际上，满足这一要求的只有自行车与摩托车。在生态环境严重的城市中，公交汽车运输效率低，简直是无效果的（表 4-4）。

表 4-4 不同交通工具运输效率

交通工具	运输效率/%	
	额定的	莫斯科统计的
柴油载重车	50	10
汽油载重车	50	15
公共汽车	30	20
小公共汽车	30	10
摩托车	40	40
自行车	80	80

显然，提高交通工具的运输效率，改善生态环境，可以从降低燃料的燃烧量做起。

技术措施

表 4-3 列举了一些技术措施，评述如下。

改进内燃发动机使燃料充分燃烧 大家知道，内燃发动机的供油与燃烧系统，对排放气体的毒性影响极大。这一系统决定了油气混合燃料的引燃与燃烧过程。

20 世纪 80 年代曾对生态可接受的汽车进行了大规模的研究，现在国外公司生产的汽车向大气排放有害物降低 10～16 倍。这促进了很多技术改进，例如，发动机多路进油阀分配系统、电打火、喷油取代了油气混合。当发动机发动时，气化混合器自动启动、加热。当发动机熄火时，节油器自动停止供油。

特别关注定量气化调节器的选用。在有喷油装置的发动机，电点火系统与燃油成分、气温等因素有关。

努力增加发动机燃料直接点火的汽车。这样，保障汽车性能完美的结合：节省燃料像柴油车；速度像燃烧汽油的运动车。著名的三菱汽车株式会社，多年来生产新型的直列式 4 缸发动机汽车，排量 1.8 L，无预混合室，压缩比 40∶1，是一般发动机压缩比 20∶1 的 2 倍。这样，在城市环境燃油经济性提高 25%，与车速 120 km/h 的同类汽油车比，降低耗油量 8%，与同类柴油车比，功率增加 85%（Ю.В.罗维科夫，1998）。

奥迪“AZ-2”型汽车是用铝合金制造的三缸发动机，耗油量低（3L/100 km），燃料直接点火。

美国研制的汽化器，混合后送往专门点火燃烧室。这样燃烧充分，氧化碳、碳氢化合物排量减少。安装汽化器后，可以使用低辛烷值的汽油。这一装置由热交换器、混合器、反应器组成，汽油不仅可以雾化，而且借助催化剂裂化为普通气体，例如甲烷。

世界许多国家研制了新的更完善的发动机，安装在系列品牌汽车中。特别指出的是旋转活塞的汪克尔发动机，体积小 30%，重量轻 11%。

斯特林发动机是原始创新发动机，被“菲利普斯”公司进一步完善。可以用酒精、汽油、柴油、重油、原油、燃气。发动机工作很平稳。噪声与电动机相同。排放气体的毒性低于允许排放限值。发动机排放物不含未燃尽物（CO_2、C_nH_m），无不舒适的气味。这是因为混合物的质量好，燃烧过程稳定。

如果部分废气循环利用，最终排放物中含有少量氮氧化物。如果装置微电脑管理系统，不但管理发动机，而且管理其他部分工作，汽车生态化程度会提高。

在俄罗斯也在组织相关研究。我国科学家已经研发出活塞往复式汽车发动机新生产工艺，在全世界无类似的。是以科学院通讯院士Ю.瓦西里耶夫、教授Ю.瓦西里多夫为首的团队完成的。进入发动机的是干燥的气体混合物（气化汽油），燃烧充分且速度快。发动机排放洁净。

能源消耗明显减少，也就是空气污染减少。这样节约燃料 27%～40%，排放气体减少 39%～49%。

改进柴油发动机 大家知道，汽油发动机外源点火（电火花塞）混合油气做功，而柴油发动机是在压缩混合气提高温度做功。因此，第一，柴油发动机燃油消耗量少 20%～30%。第二，排放的废气比汽油发动机少 1/3。

但是柴油发动机不是没有生态问题。做功的过程排放固体颗粒物与气体物质：未燃尽燃料、烟灰、气溶胶、二氧化硫等。因此在柴油发动机氧化中和器前装烟灰过滤器。后边装多层板（蜂窝陶瓷、泡沫金属），有平行的有孔板通道。

成功地制作抗热压（温度约 1 400℃）及冲击压燃烧室，排气管也用这样性能材料，因此，被称为绝热柴油发动机。燃烧室热容量很大，可以用水冷却。冷却热可以利用提高发动机热能利用率 30%～35%，提高发动机的生态性。

美国伊凯洛斯巴士公司，提出在公共汽车采用柴油与天然气混用，排放量降低 1/4，动力增大 10%，修理时间间隔增加 1.5 倍，同时开支减少一半。

日本科学家提出采用“厨房”油，废气排放正常。技术工艺分两个阶段：第一阶段去除油中的食用成分，第二阶段添加金属与添加剂。排放物平均达到排放标准。

瑞典增大对生态柴油需求量，这种柴油是用菜籽油生产的。

为了减少大气污染，必须对汽车状态进行技术监督。所有汽车进行生产线跟踪监督。低水平对汽车系统及关键部分监督，使排放量增大。由于加强汽车工业发动机完善保障生态要求的工作还未开展。因此，今天特别重要问题，不仅完善汽车结构减少排放，而且完善汽车技术状态监督（图 4-1）。

在全俄罗斯推行“清洁空气”活动，结果表明，由于没有改进或不正确使用供油调节器，25%～30%的发动机燃烧系统不符合生态标准。有害气体的排放，国产车高于德国同类车 2 倍。原因多方面：汽车与公路不可靠的技术状态，交通部门不能促进爱惜能源、不能保障生态安全等。

提高燃油质量 现在俄罗斯大多数汽油含有抗爆剂四乙基铅 $Pb(C_2H_5)_4$，含量 0.41～0.82 g/L。这可以使汽油在汽缸中压缩燃烧，取得最好的效果。然而，这种抗爆剂会使公路经过的地方 60%以上土壤铅污染。因此，禁止这种抗爆汽油有重要生态意义。大多数欧洲国家已经不用这种汽油。在莫斯科的卡堡得恩炼油厂，生产乙基化汽油（无铅），在其他企业也在生产。

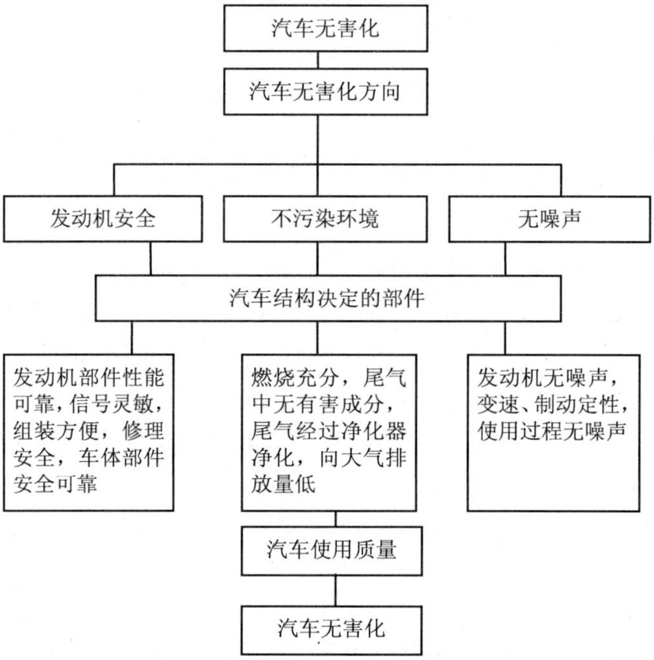

图 4-1　汽车无害化取决于结构与使用

资料来源：B.B.安巴尔楚米扬，“生态与生活”No2，1999。

同时也发现，在燃料中添加适量抗爆剂，能增强碳氢燃料的氧化反应过程，减少一些毒性成分：

在芬兰研制一种汽油添加剂“未来”，不含铅。汽油添加了“未来”添加剂，辛烷值达 95，有效清洁发动机，减少污染，保护汽缸不被腐蚀。燃烧均匀，排放量小。

俄罗斯科学家研究发现，含锰的抗爆剂比含四乙基铅抗爆剂的毒性小 50 倍。俄罗斯科学家与尼日利亚液化气天然气公司合作研发新的汽油添加剂，叫做“фетерол”，是生态的，几乎无任何环境影响，完全符合国内与国外的标准，在俄罗斯许多工厂生产。

鄂木斯克橡胶股份有限公司生产甲基叔丁基醚——石油添加剂，它可以降低碳氧化物 10%～20%，减少未燃尽碳氢化合物 5%～10%，减少有害的飞灰 13%～17%。更重要的是它具有高辛烷值 110 单位。

已经研制了大量的汽油添加剂，最有效的是含钡的添加剂。试验表明，汽油添加 1%（按照体积计算），添加剂 A2（前苏联研制）能降低排放量 70%～90%，减少致癌物 60%～80%。添加剂用于柴油发动机效果更好。ИХП-706 添加剂减少烟灰含量 85%～90%，强烈致癌物含量，与汽油酒精同在较低水平。

高级汽油生产备受关注，从 1996 年开始，在自动加油站可加新品牌汽油“欧洲超级-95”，是新乌发炼油厂生产的。与其他品牌将比，不仅是辛烷值高，而且硫化氢含量极少。不含四乙基铅及其他含有害成分的添加剂。西比利亚科学分院研制出利用不同碳氢原料提取高辛烷值汽油的设备。该设备可以生产出不用任何添加剂的汽油。

西西伯利亚冶金公司研究出回收大气中炼焦废气，加工成高辛烷值汽油的方法。也可以将炼铁厂、热电中心燃气成分转化成汽油。

俄罗斯研究出生产粉末状汽油的方法，质量与 Аи-92、Аи-76 号汽油相当，在排放物中氧化碳含量很低。

汽车改用天然气　天然气容易与空气混合，在发动机中燃烧充分，不含硫、铅及其他成分。不破坏零件表面镀膜。重要的是无须添加剂。辛烷值可达到 110，相当于高品质的 96 号汽油。Ю.В.罗维科夫（1998 年）认为，汽车改用天然气，排放物降低 100 倍，每 1 000 辆货车节约石油产品 120 000 t，每 1 000 辆客车节约 300 000 t。保护环境的费用大为降低。如果考虑天然气比汽油便宜，汽车改用天然气优越性更明显。

现在全世界 80 000 万辆汽车中 1 000 万辆使用天然气。在加拿大、意大利、美国改用天然气汽车最多。结果表明，烟尘、碳氧化物及其他有害物排放量大为降低。

俄罗斯天然气储量丰富，汽车全面改用天然气，不仅有害排放减少（最少减少 10%～20%），而且更经济。据专家推算，如果汽车改用天然气，燃料费用将减少 1/2。

天然气作为汽车燃料，也有缺点：①必须在汽车上安装压缩泵，压缩燃气达到 1.6 MPa；②气体混合物有弥散（比空气重）到有人地方（车库）的危险，可能引起爆炸；③必须建设供气站网，每辆车加气需要 10～15 min。

显然，上述缺点被生态优势所湮没，保障广泛使用燃气汽车。

卫生—技术措施　卫生—技术措施首推催化器。催化器是利用催化剂通过化学方法转化废气中有害物质。

催化器结构组成见图 4-2。

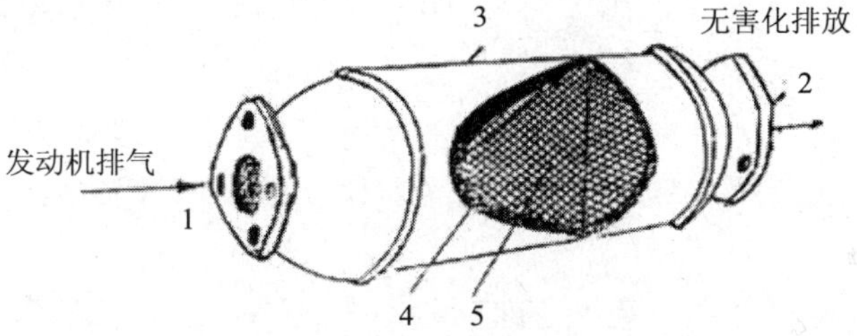

图 4-2　催化器

1—进气口；2—出气口；3—壳体；4—壳体中安装的反应器；5—反应器中一层颗粒状或孔状的反应剂

孔状反应剂一般由硅或金属制作筛状结构体。反应剂尽管很小，可是比表面很大，达到 3 m^2。在反应剂的表面涂有一层铑或钯，筛状孔呈纵向方向。

在转化器中进行 3 种反应：氧化反应；还原反应；氧化还原反应。氧化反应在 250～800℃进行，其反应结果是未充分燃烧的碳氧化物、碳氢化合物：

$$2CO + O_2 = 2CO_2$$

$$C_nH_m + (n + m/4)\ O_m = nCO_m + (m/2)\ H_mO$$

在还原反应器（1981 年开始生产）中，氮氧化物还原成氮和二氧化碳。反应如下：

$$2NO + 2CO = N_2 + 2CO_2$$

除了 CO，氢也是还原组分，它是水汽与碳氢化合物反应形成的。反应如下：

$$2H_2O + 4CH_4 \longrightarrow 2CO + C_2H_2 + 9H_2$$

$$2xH_2 + 2NO_x \longrightarrow N_2 + 2xH_2O$$

最完善的是氧化还原反应，反应过程有一定的油气比，必须有：①还原剂；②空气；③氧化剂。

俄罗斯产的催化剂试验表明，CO 排放减少 80%，C_nH_m 减少 70%，NO 减少 50%。毒性降低 10 倍。企业在寻找更便宜的催化剂。

俄罗斯生产的催化器中，常用铝氧化物作催化剂。因为在热反应中 CO、C_nH_m 的氧化过程需要补充空气，而在氮氧化物（NO_x）的恢复过程不需要空气。现代催化器氧化与还原过程分开进行，第一个室进行氧化反应，第二个室进行还原反应。这种类型转化器用于汽油发动机，也用于柴油发动机。存在一个问题是：柴油发动机排放气中含有氧（10%左右），由于氧存在，氮氧化物还原不能进行，而对 CO 的氧化过程氧不够用。因为一般柴油发动机没有补充设施，所以转化不彻底。

在俄罗斯莫斯科市，催化器用的最多。2001 年年初，装备了 18 500 家城市运输企业，缩减排放 40 000 t。

根据全世界使用情况看，发现一些问题：第一是价格高，汽车明显贵；第二是用含铅汽油时，在催化剂表面堵塞微孔，上面落的烟尘、硫需要尽快清除。因此汽油要先去除铅。

现在研发出烟灰过滤器，可以减低固体颗粒物 80%～90%。正在研制国产的三元催化转化器，能保障废气排放要求。

严格有毒气体排放标准 从迅速发展汽车交通运输带来全球危险性考虑，联合国 1958 年 3 月 20 日在日内瓦通过了国际协议《关于采用统一条件批准机动车辆装备和部件并相互承认此批准的协定书》。伴随这个协议书，提出汽车尾气排放生态安全标准及生产者责任。

汽车允许排放世界标准有三个：

- 欧洲国际标准（1993 年制定），欧洲所有国家执行，是世界标准。陆续制定欧洲一号标准，欧洲二号标准，欧洲三号标准，欧洲四号标准。是毒性排放物的刚性标准；
- 比较严格的美国标准，最近与欧洲标准合并，用于产品监督管理；
- 最严格的日本标准，也在全世界执行。

上述标准是建立世界交通运输标准体系的基础。

俄罗斯综合上述国际标准，提出汽车工业相应标准，尽管国家汽车工业技术水平与联合国标准不相对应。俄罗斯关于汽车尾气毒性比欧洲一号标准“软”得多。这是由于，一方面，缺乏严格长期的国家政策，对汽车尾气大气污染的监督。另一方面，国产汽车制造业的技术水平现状。

由于上述原因，俄罗斯生态安全标准与现在的世界要求不相吻合，落后了很多年。2008 年欧盟提出了有害物排放的新标准——欧洲五号标准。固体颗粒物排放和欧洲四号标准相比较，严格得多。俄罗斯生产的自动挡的“BA3”试验轿车，达到欧洲四号标准。很难作结论，欧盟、美国、日本用上述要求，为俄罗斯轿车在通往世界市场道路上设置障碍。

而且，我国执行的是多少年前的标准。这些标准是：ГОСТ17.03—02.03 87《保护自然 大气 汽油发动机排放气体中碳氧化物、碳氢化合物测定方法与标准》；ГОСТ17.02—02.01 84《保护自然 大气 柴油发动机 排放物中烟气测定方法与标准》；ГОСТ17.03 202.03 87《汽车对环境的生态性的影响标准》。从执行第一标准开始，汽车有害物质累积排放量减低 2 倍，其中碳氧化物降低 4 倍，碳氢化合物降低 2.5～3 倍。

问题不仅这些。为了不落后世界汽车制造业，做强市场，要以引进先进的自然保护技术为基础。

4.5　代用燃料

代用燃料通常是各种酒精（甲醇，乙醇）和氢。

酒精　很多国家大面积种植甘蔗，尽量用含酒精燃料替代汽油。例如，在巴西，系列生产、广泛使用以酒精为燃料的汽车。使用表明，排放的气体中氮氧化物与一氧化碳含量大为减少。

分析一下采用酒精燃料的特点。甲醇的密度比汽油密度大，它的动力耗能是汽油的1/2，同样油箱用甲醇是用汽油跑的里程两倍。甲醇的重要特性，是排放的有毒气体比汽油燃料少 2～3 倍。乙醇的动力能耗比甲醇高 20%～30%，油箱比用汽油小相同比例。乙醇的生态特征与甲醇相近。

20 世纪 90 年代初，斯德哥尔摩公交车大规模使用甲醇燃料，不仅有害废气排放减少 5 倍，而且毒性物质含量非常低。

越来越广泛地使用汽油-酒精混合汽车燃料。汽油中含 10%的酒精，不需要改变内燃发动机结构。较多增加酒精含量，辛烷值可提高到 88～94，同时氮氧化物与一氧化碳排放量减少。

氢　氢是最有前景的汽车代用燃料。发动机用液态氢，无任何气味，不排放铅、氮氧化物、一氧化碳等物质。氢比汽油轻 10 倍。用氢燃料的发动机，通常比汽油发动机工作效率高 50%，因为氢燃料压缩程度比较高，点火容易燃烧充分。排放的是水汽。

早在 1979 年，在日本冈山市举办的车展，展出两冲程发动机的轿车，使用氢燃料，时速 120 km。稍后在国际汽车大赛中，“фольксваген”型车获第一名，用的是氢-氧混合燃料。奇怪的是排放的气体比城市空气还要干净。

使用液态氢，必须装比较贵的专门隔热油箱，保存固态氢。也可在以一定条件下将氢与稀有金属形成金属氢化物。在科学院金属研究所，用镍和稀有金属镧研发成功金属氢化物。因为这种金属氢化物能吸收、保持气体，燃烧温度达到 150℃可以分解它们。这种金属氢化物吸收保持的气体是自身体积的 500 倍。

在氢能与等离子技术研究所，研发氢汽车模型，氧化不在内燃发动机中进行，而是在电化学动力装置中。在这一装置中，氢的化学能转化为电能，在水沸腾温度条件下，消除了来自空气的氮氧化物的合成，最终排放出干净的水。

科学家研发了氢安全系统，当氢少量泄漏，给司机信号，系统自动中和氢。

装有化学反应器的汽车最有前景，在化学反应器中碳氢化合物变成氢。计算表明，汽车上装这样反应器比较经济。但燃料要装在专门的罐中。

汽车发动机广泛使用氢燃料的障碍，是大量生产氢技术复杂，氢燃烧必须保障高度的安全性。

液态氮　美国生产了使用液态氮的发动机。储存箱装有低温液态氮，储存箱外有空气循环蒸发器。液态氮进入蒸发器，由于温度提高迅速转变为气体。高压气体推动发电机，为装在轮子上的电动机供电。这种汽车排放的是干净的氮气，自然不会污染环境。

4.6 替代型汽车的研发

电动汽车、太阳能汽车、混合发动机汽车是替代型汽车。

电动汽车 最有前景的规划，是汽油、柴油汽车向在充电站充电的电动汽车转变。电动汽车无烟、无声，不排放有毒气体，管理方便、使用经济，特别是在城市。在城市建设充电站网，促进电动汽车发展。电动汽车是城市理想的交通工具。

电动汽车研发的历史是很有意思的。1837 年制造了第一台化学电能供电的电动汽车。1880 年生产了世界第一台充电电动汽车，28 个铅蓄电池保障 13 km/h 的速度。第二年，法国五辆电动汽车商业运行。1888 年英国出现电动汽车，以 12 km/h 的速度行驶 9 000 km。1900 年德国出现实验性公共汽车。1902 年在 12 个地方有行程 140 km 的小公共汽车，速度 36 km/h。大家知道，到 1912 年全世界共有 3 万辆电动汽车，由于使用性能低和结构缺陷，被内燃发动机汽车迅速排挤。

现代电动汽车，特别是铅酸蓄电池供电，主要缺点是速度低、太重、蓄电池寿命短、价格高。

与现代燃油汽车相当的电动汽车，发动机功率必须达到 15kW，需要 300 kg 重的蓄电池保障供电。它能达到最高速度 80 km/h，平均 40～60 km/h。内燃发动机汽车 40 kg 汽油，速度 80～100 km/h 可以跑 500 km。这是由于汽油的动力耗量等于 11 kW·h/kg，而铅酸蓄电池的动力耗量等于 35～50 W·h/kg。这样，电动汽车的价格取决于电池的动力耗量、价格、寿命。此外，装满汽油的油箱重量占汽车重量 3%，而铅酸蓄电池占电动汽车重量 20%～40%。最终，电动汽车充电时间比内燃发动机汽车长 100 倍。

1973 年严重的世界能源危机过后，世界很多国家重新研究有前景的电池类型，其动力耗量与普遍使用的铅酸蓄电池非常相近。也研发出新的蓄能设施。

表 4-5 蓄电池性能比较

蓄能设施	比能量/（W·h/kg）	比功率/（W/kg）	资源/充电次数
蓄电池：			
铅酸蓄电池	35～50	250～400	500
镍-镉蓄电池	50～65	200	1 000
镍-金属氧化物蓄电池	70～90	200	1 000
钠/镍-氯蓄电池	90～100	130	1 000
锂-离子蓄电池	100～150	300	1 200
钠-银蓄电池	100	120	800
超级电容器	4	8 000	＞100 000

对上述化学电能供电要求，根据电动汽车的类型、应用前景评价而定。美国能源局制定了电动汽车电池评价参数，在城市环境速度 100 英里（161 km），在 8 s 内速度从零增加到 48 km/h。最近 5 年这些基本参数是这样的：①效率 50%，使用 3～10 年；②放电 2～4 h，充电 1～6 h；③比能 140 kW·h/kg；④比功率 200 W/kg；⑤单位体积能 200 W·h/L；⑥每千瓦时的价格 50 美元。在此，比能决定行程，比功率决定行驶时间与制动次数。显然服

务期限越长，汽车使用的费用越低。

除了上述的要求，下列参数也很有意义：结构简单，安全可靠，自放电低，放电变换快，工作性能适应大的环境温差，安装电源容易。

在很多情形，利用电化学发生器及燃料电池很有前景，燃料电池通过氢的氧化转变成电能，但无燃烧。两者都不排放有害物质，而且重量都不大。

还有一点，允许排放量高对用燃料电池的发动机是有利的。汽油与柴油发动机允许排放量是 25%～45%，而对用燃料电池的发动机是 70%。

根据专家意见，采用燃料电池发动机的电动汽车，比能高、使用期限长，但存在的不足是行驶里程短（图 4-3）。

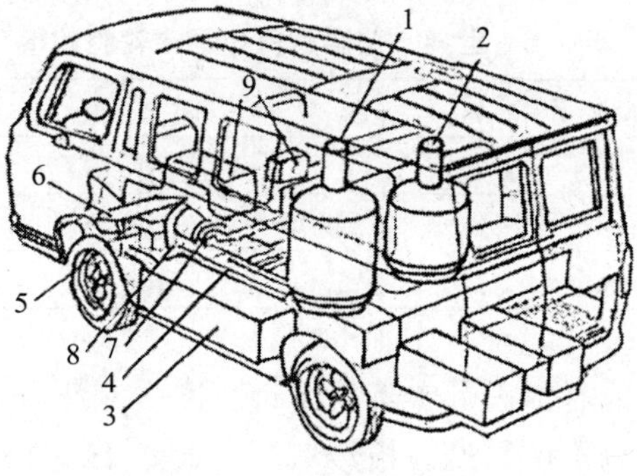

图 4-3 电动公共汽车

1—储液态氢罐；2—储液态氧罐；3—燃料电池（或电化学发生器）；4—储电解溶液罐；5—热交换器；6—控制器；7—转换器；8、9—电流可调控的电动机

20 世纪 60 年代广泛研究碱性、酸性、固体混合电解液的电化学发生器，引起对其特性的深入研究。尽管以电化学发生器为基础，生产了系列交通工具，但应用于交通遇到一系列问题。一方面，需要制造储存氢的工具，以及电动汽车直接得到氢的工具，也需要研究相应地结构。另一方面，价格高。电动汽车理想的价格，小批量生产价格比一般汽车高 40%，大批量生产会高 6%。

对于利用丙烷工业化生产氢所进行的技术—经济评价，表明现代电动公共汽车、电动汽车，以电化学发生器为基础。以伏里克斯瓦盖公司生产的两座电动轿车为例，以电化学发生器为基础，功率 15 kW，最大功率 25 kW，速度 88.5 km/h。与电化学发生器平行安装了 3 kW·h 的蓄电池，用以峰值负载及制动时用。

至今各国电动汽车已有几万辆。俄罗斯电动汽车用于食品、邮电、载重量小的运输。十几种运送旅客公共汽车，在英国、法国、美国，及其他国家运营。

电动汽车发展的前景，取决于这些问题的解决：行程（两次充电之间运行距离），降低价格，提高经济性，建立服务体系。还要指出，必须大量增加充电站，要足够将来几万辆电动汽车每天的充电。

太阳能汽车 包括电力系统与太阳能收集器。太阳能收集器保障蓄电池在汽车行驶或停车时反复充电。这种汽车在不断完善，一些模式不同于常规结构及工作特征。太阳能收集器吸收太阳光转化为电能。电动机暂时不需要时电能保存在蓄电池中。

现在太阳能汽车的性能完全满足需求。“萨拉捷尔”牌太阳能汽车（大不列颠，加的夫城），总重 90 kg，速度 30 km/h，300 个太阳能收集器供电。

4.7 报废汽车的回收利用

交通工具废弃物广泛而多样。主要是报废汽车（“老年”或事故）、轮胎、蓄能器、零件等。它们也具有价值，黑色金属与有色金属分别占 71%、3.4%，合成物 8.7%，橡胶 4.3%，玻璃 4%，纸与纸板 0.5%，其他 7.8%（Н.И.伊万诺夫，И.М.法金）。表 4.6 列举了不同国家每年磨损汽车轮胎数量。

表 4-6 世界一些国家每年磨损轮胎数量 单位：10^3t

国家	磨损轮胎数量	国家	磨损轮胎数量
美国	2 300	法国	425
日本	750	英国	400
德国	450	俄罗斯	1 000

遍地报废汽车与零件，对地表危害不用多说。许多发达国家不把报废汽车看做无用废物，而是看做重复利用的有价值资源。报废汽车（通常 10～15 年）的专用材料、零部件，或卖或重新使用（图 4-4）。重新锻压或磁分拣，黑色金属与有色金属重新熔化。

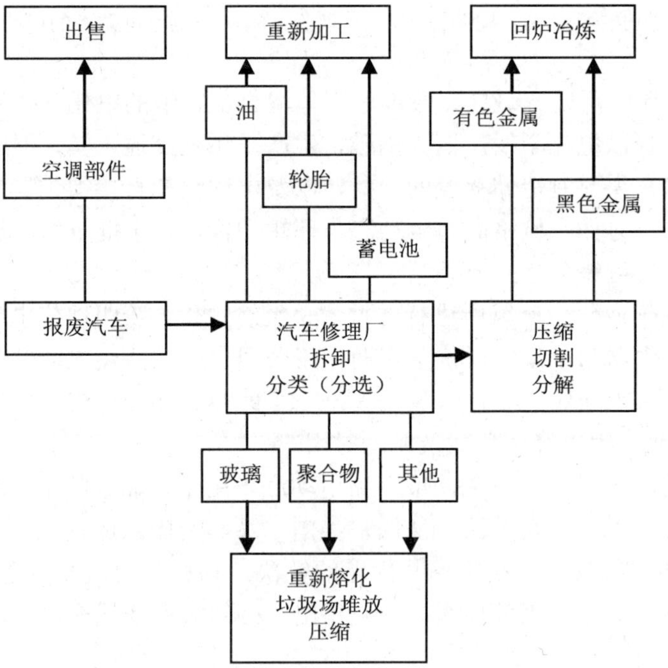

图 4-4 瑞士实施报废汽车再利用的结构图

资料来源：Н.И. 伊万诺夫，И.М.法金，2002。

报废汽车或堆放城外或燃烧。然而，正如大家所知，在废渣中含有重金属以及塑料（特别是含氯），要去除或用各种方法中和。在生产过程中贴的商标（含氯、不含氯）很有用。

汽车回收满足了瑞士15%的金属需求量。欧盟回收报废车满足生产轿车用锌的15%，生产载重车锌的50%。回收锌比生产锌便宜20%。

研磨的锌，对于桥梁、水利设施建设，防止土壤与河岸侵蚀，建设隔音设施，加固工程基础，有很好的使用前景。

欧盟国家采取重要措施，汽车回收与金属再利用达总量80%。这样广泛发展了各种报废物的再加工业。

4.8 海运对自然环境的影响

海运不仅促进人的迁徙，而且促进动物的迁徙。动物迁徙常常会有不利的影响，例如，对人类有害的动物种传播。灰鼠就是这样的动物，借助海运传播到所有大陆。软体动物掉进海底，从日本海传播到黑海、亚速尔海。扩散后对其食物带来很大影响。

船只在海洋行驶，燃料废弃物与生活废弃物污染水体。石油卸载后，用水冲洗储油仓，大量石油产品进入水体。油船事故大量石油进入水域。

海上开采的石油，一半通过油轮运输。油轮限载6 000 t，有些超载原油达到50万t。

石油污染源　进入到海洋中石油产品评估，可信的数字是300万～350万t。表4-7列举了海水石油污染的主要污染源。

表4-7　进入海水中的石油产品

污染源	排泄量	
	100万t	占比/%
油轮	1.46	48.3
油轮冲洗	0.25	18.2
装卸过程	0.42	13.9
油轮生活服务，发动机，擦洗	0.19	6.2
油轮事故	0.30	10.0
停船	0.50	16.5
加油	0.05	1.7
来自大陆大气输移物	0.30	10.0
河流	0.04	1.3
未净化的工业用水	0.20	6.6
岸上炼油工业	0.10	3.3
来自城市的雨水	0.12	4.0
油轮底自然泄漏	0.25	8.3
总计	3.02	100

资料来源：B.H.普舍尼，1995。

从表4-7可以看出，进入海洋的石油产品几乎一半与油轮有关。这不奇怪，因为全世界开采的石油58%是通过海洋运输。由于油轮的事故，进入海洋的石油占总量的10%。局部的石油泄漏，会成为生态灾难。

1989 年 3 月，由于“艾克索瓦捷尔”油轮失事，37 000 t 原油倾倒阿拉斯加海岸，成为北美最大的生态灾难，丧失了生态最安全的区域之一。黑色油斑分布在 2 000 km^2 的海面，黑色毒药覆盖 700 km。只成功清除 4%的倾泻石油。根据专家意见，死亡 3 000 只海狸，10 万只鸟，百万条鱼，无数软体动物与水草。其他种类动物受到危害，例如，熊、鹰、鹿等。消除事故后果花费 20 亿美元。

1967 年发生比较大的事故，“拓里卡诺”油轮失事，在英国近海岸泄漏石油 119 000 t。经济损失 1 000 万美元，生态后果是不可恢复的。

石油污染水域的后果 根据各种资料，进入世界海洋与陆地水面的石油与石油产品，不同年 300 万 t 到 1 500 万～1 700 万 t，1 t 石油可以覆盖 12 km^2 的水面。最危险的后果是油膜，减少水透光性、热传导、表层水热容量、蒸发速度。例如，在平静水面，由于存在薄层石油，蒸发减少 1.5 倍，当风速达到 6～8 m/s 减少 6%。从 1 km^2 的水面，有石油膜存在水面蒸发量 400 t 水，无石油膜水面蒸发 880 t。由于蒸发速度降低，海面上气流水汽含量减少。

甚或多层石油膜，气体通量降低一半，阻断大气圈、水圈正常的水热交换。其后果，可能促使地球气候不可控的变化，以及可使产生大量氧气的生物大量死亡。后一种情形能够引起地球氧平衡的严重破坏。

在石油膜下太阳光强度，是石油膜表面的 1%，最好的情形是 5%～10%。白天黑色石油膜吸收太阳能，提高水温，降低溶解氧含量，提高了植物、动物的呼吸速度，使动植物的状况变坏。

石油的重组分，在海水中既不分解又不下沉，形成乳液层，促进有机悬浮物颗粒、细菌、浮游生物在水体中富集。

石油产品对水生生物影响的结果是（Д.С. 奥尔洛夫，Л.К.萨多夫尼科夫，И.Н.罗扎洛夫斯基）：①直接致死；②严重破坏水生生物生理活性；③石油产品直接涂覆鸟与动物；④一氧化碳进入水生植物体内，引起病变；⑤生存环境的化学、生物与生物化学特征发生变化。

据统计，在北海及北太平洋，每年因石油污染死亡 150 000～450 000 只鸟。在石油污染情形下，随着缓慢的水体交换（海湾，河口），水生生物群落与动物群几乎全部死亡。有些地方因油轮失事、输油管爆炸，泄漏石油在河道形成鱼类不可通过的障碍，它们对碳氢物非常敏感。

多环芳香族碳氢化合物随石油与石油产品进入水生生物体内，不仅使其味道变坏，而且人食用后有直接危险，因为多环芳香族碳氢化合物是致癌物质。例如，进入到水生生物体内的多环芳香族碳氢致癌物质含量，在法国土伦港，达到 1.3～1.4 mg/kg。

进入自然环境中的石油，由于细菌、水生生物、高等植物作用发生变化，最终被水净化。但是这一过程很长。例如，石油加工厂净化后的水，经过 6～9 个月对水生生物仍然有毒性。

石油产品进入水体，引起自然水成分变化：细菌数量增加、种的变化，水生生物的状态恶化，毒性物质含量增加，表面活性物质、水泡增加，生物含量增加，动物与藻类发展。由于石油产品污染水质下降，居民饮用水质严重下降。由于氯促进氯化物形成，对人体非常危险。

大部分石油污染在船只密度高的半封闭海域。地中海面积是世界海洋面积 0.7%，但是接纳的石油污染占世界海洋石油污染的 17%。在高纬度，例如，北冰洋，自净的自然过程非常缓慢。冰封闭石油，石油随冰缓慢移动。春天石油从冰中解冻出来，在水体中大量散失。应当看到，北极的大部分有机物，生存在冰下层，这里聚集很多石油。

石油污染的增加，不仅对海洋生物群落、动物群是灾难，而且使海洋与大气圈之间水热交换破坏。由于苏伊士运河开通，印度洋油膜减少 1/3 的蒸发量。这引起海洋上空云量减少，相邻区的干旱化。

防止水体石油污染　运输与储存石油时，防止泄漏地表与地下水。为此，利用专门的材料、设备，进行石油泄漏区的监测。

在发现石油泄漏的水体，用石油捕获设备，围封并收集漏油，快速应急处理。

当石油泄到地下水时，应采取切实措施，阻止继续扩散：抽空污染水，截断地下水流。

在经济—饮用水水源保护区、水库近岸带，以及自然保护区，石油库是禁止建的。在运输、储存石油前，应研究防止可能发生事故及漏油的计划。计划应包括列举特别保护的对象与区域（水体、海边等）。计划应通知相应机构与组织，列举清理泄漏区的程序与措施，及清除泄漏石油的方法。

为了减少石油产品对海水污染，采取各种措施：在船运密集的地方，工程护岸，制造双层底结构完善的油轮。

苏联油轮“克里木”，排水量 182 000 t，是世界第一。完全符合 1973 年国际公约所设定的国际标准。是双底的，能够将石油污染的水存起来。

为了系统的清理港口水面石油泄漏与污染，采用漂浮式收集器与油栏。石油收集器能清除沿岸的漂浮石油产品与垃圾，在 3 级海浪与 4 级风情形下作业。油栏能隔离码头与开阔水面偶然的石油泄漏，是用玻璃塑料做成，在大风与海流情形很稳定。

有时候用物理化学方法防止石油扩散，沿泄漏石油分布区周边，或沿背风面抽吸表面活性物质。

现在研发了利用植物材料、矿物质与合成物质收集石油。其中都含有药剂，能收集 90% 的泄漏石油。日本利用米糠研发了一种特别的药剂，撒在油斑上吸收石油，经过半小时变为稠密物质，然后用普通筛从水表面过滤掉。

现在采用生物方法清除石油比较可靠，利用微生物消灭石油。这是一种石油酸性菌，用专门过滤器从海水中分离出，放在含石油的专门环境，大量繁殖。形成的群体在专门发酵器中继续繁殖。根据需要获得足够数量的细菌。然后这些细菌做成块状，放置于冰箱，可以保存多年。海上发现石油泄漏，用飞机或气球，将预先准备好的细菌粉剂喷洒。撒到石油污染水面后，细菌复活开始活跃的清除工作。俄罗斯大部分石油开采在北部区，重要的是防止北部海域的石油污染，因此，需要在低温环境能清除石油的细菌。

4.9　空运对自然环境的影响

与海运、公路运输相比，空运货物与旅客少，但对环境的影响很大。大客机起飞与降落噪声很大，不仅影响城市居民、机场附近的村民，而且影响居住在噪声背景区所有人及动物。80～135 dB 噪声长期（超过一昼夜）作用于人的肌体，使听力下降，甚至人的劳动能力下降 10%～30%。超过 135 dB 噪声是 3 级，对人比较危险，飞机在低空飞行及降落时产生这样的噪声，因此，对机场与航空技术提出生态要求（军事生态学，2005）：

- 飞机（直升机）起飞、降落、低空飞行的航线，不应经过居民点上空；
- 发动机停放的场地应当这样布置，飞机发动机试验时，飞机头部朝向居民建筑；
- 应当设置固定的或移动的吸声设施；
- 在噪声声源与城市之间设置 2～3 道乔木、灌木结合的防护带；
- 在医疗单位、学校、幼儿园及其他公共建筑，使用隔音材料。

航空不会促使流行病、传染病的传播，因为在短期飞行中，传染病来不及在乘客中传播，疾病携带者会分布在世界各地。

高空（10～15 km）载重飞行综合体，排出的气体破坏大量臭氧，波音-747、图-160 这样的飞机，飞行 50～100 年会毁掉保护地球生命的臭氧层。

喷气飞机排出大量气体作用于鸟群，在空中碰撞不少发生，经常发生惨祸，人死鸟亡。显然，驱鸟的技术设施还少。空中航线应远离鸟迁徙路线，即所谓的危险航向。

尽管保护飞行安全的措施很多，但遗憾的是还不能免除飞行惨祸，每年牺牲上千人，相应地造成重大物质损失。

航空煤油含有大量的多环化合物，其中包括芳香族化合物，因此毒性很大。航空汽油是主要的自然环境污染源。飞机飞行供油及飞机修理时泄漏，燃料运输与保存时损失，甚或航空事故燃料泄流。喷气飞机在起飞与降落时喷烟，燃烧不充分。因此，航空燃料燃烧产物对环境影响最大的是在机场周围。

现代飞机消耗大量燃料，因此需要在机场建设航空燃料库。燃料库的生态问题与其稳固性丧失有关，它们建于 20 世纪五六十年代。自然，稳固性随着时间变化在降低，地下航空煤油出现漏油，其后果，在莫斯科及其他地方，出现了所谓的“煤油透镜体”，透镜体部分煤油流入地下水层，在军城及附近的居民点，饮用水被污染（图 4-5）。为了消除“煤油透镜体”，采取了一定措施，但是地下航空燃料潜在危险依然存在。

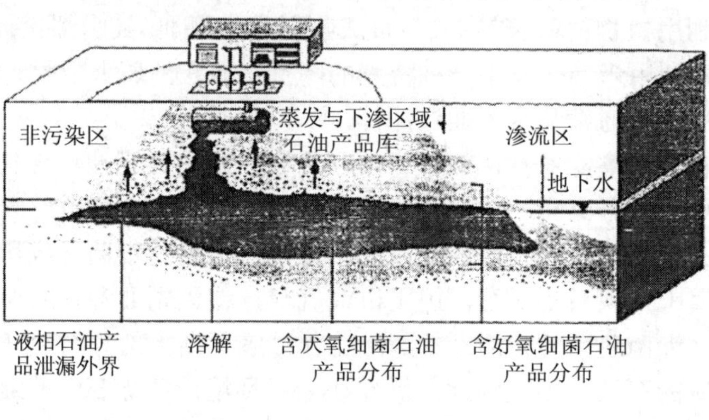

图 4-5 石油产品地下泄漏“透镜体”示意图

现代大型客机燃烧大量燃料，污染近地表层，向大气层排放气体与固体颗粒物。后者促进水汽的凝结，形成雾。所以在大机场，每天飞机起飞、降落会吏云量增加，雾天增加。湿润气候明显增强了飞机对天气的影响。可以看到，在鹿特丹市区，航空客机活动引起机场上空云大量增加。经常出现雾天，转变为淡云。由于这一原因，北美与西欧上空淡云增加 5%～10%。

5 空间开发的生态问题

5.1 空间活动是影响环境的新生态因素

宇宙一词源自拉丁语 *kosmos* ——世界、宇宙。考虑到生态学的现代含义，是人类与自然环境相互作用的科学与实践问题的综合，宇宙生态学是有关火箭—航天技术及其对环境影响的科学与实践问题的综合。继水域及大气圈开发，不可避免地开始宇宙空间开发。其必要性出自两方面原因：获得新空间，认识、研究宇宙；寻找新能源，满足地球居民对能源需求。其意义在于解决全球生态问题。

首先，空间技术开拓了研究地球的新视野，包括生态问题。第一颗人造地球卫星准确地确定了地球的形状，而用地面研究手段，需要多年时间。利用空间探测器，研究大气层及大气圈与太阳黑子活动的关系，有重要意义。

借助地球卫星及发往月球及金星、水星等太阳系其他行星的探测器，进行测量，发现地球大陆界限似乎随宇宙空间运动在移动。第一次获得在太阳风作用下地球磁场的磁力线图。

开发宇宙空间是地球科学、宇宙科学研究的新方向。以最古老的学科——天文学为例，在人类文明史中，天文学对世界观的发展有很大影响，同时满足人类许多实际需求，促进准确定时等。

波长小于 300 nm 的电磁波不能穿透云层，被云完全吸收，不可能从地球上进行探测。火箭可以穿透地球稀薄气层，将探测器送到地球大气圈、电磁圈之外。在我们视野，诞生了古老学科新方向——伦琴天文学、伽马天文学，可以探测来自宇宙的任何射线。这些新方向与下列生态问题密切相关。

空间地理学——根据空间测量（照相、摄像等）数据，研究地球大气圈、水圈、岩石圈、人文圈的结构、构造、节律、动态。服务于自然资源研究、开发及环境保护。

航空伽马测量——用带有伽马测量仪的飞行器，研究岩体的自然伽马射线能谱特征，与其他方法配合，进行地质图、放射性化学图的编制，进行放射元素勘察及其他矿的勘察。

空间化学——研究宇宙体成分、宇宙体化学元素及同位素分布，宇宙物质形成过程中，原子相互作用及动态过程。由于航天技术的发展，自 20 世纪后半期，空间科学迅速发展。地化学是空间化学的组成部分。

空间测量学——是大地测量科学的分支，根据地球卫星观测数据解决科学与实践问题。空间测量学主要任务是：确定控制点在大地测量经纬网体系中的位置；地球椭球体的中心；地球质量中心；在相对地球质量中心绝对体系中，控制点的经纬度，建立全世界统一的大地测量经纬网体系；地球形状与重力场研究。

空间医学——包括医学、生物学及其他学科的综合学科。保障飞往太空及返回安全，建立适宜的生命活动环境。空间医学的分支——研究空间飞行环境要素对人体的影响，确定不利影响，研究预防措施。论证空间生活保障系统的医学要求。空间站管理系统结构合理的医学依据。宇航员训练医学方法。

空间生物学——研究空间及空间飞行中有机体生命活性的综合学科。宇宙飞船生命保障系统构建原则，外星生命形态。

空间监测——用人造地球卫星及观测仪器，观测环境状态。

空间科学开辟了现代物理学研究新的可能性。加速器是复杂而贵重的设备，目前还不能得到能量几百亿电子伏的粒子，在宇宙空间有能量比这大几十万、百万倍的粒子。利用火箭运载器，可以得到这样的粒子，研究它们与任何原子核的相互作用。对高能物理学发展，利用空间技术比建加速器是更有利。正如已经看到的，空间研究与地球能源研究不可分割。

现代能源主要是利用不可再生的有机燃料（石油、天然气、煤），满足 80%的需求。可以断定，按照现在的需求，这些不可再生能源，在近百年将会耗尽。地球能源问题的解决与建立所谓的三维能源相关，即在太空设太阳能转换站，传递能源到地球。建立三维能源具体过程，涉及以下问题研究：

- 建立空间电站，供给地球电能，保障近地空间的传输；
- 借助空间站进行地球区域开发，例如，借助和平空间站，开发俄罗斯北部。在宇宙中地球开发变为现实；
- 实施空间远距离能源传输；
- 地球区域光热状况管理。

没有航天科学，现代社会就没意义，准确地说，卫星保障全球航空系统准确性，空间系统能保障卫星电视、天气预报、找矿的实施。卫星能够提前发现原子能爆炸及其他技术灾害，能够得到现实信息。

但是，宇宙空间强度开发，对环境产生不利影响，其后果很难说。使用火箭-空间综合体，出现许多生态问题，其中主要的有下列：

- 火箭燃料燃烧对地球产生有害影响；
- 破坏臭氧层与大气圈综合体；
- 散布空间的发射系统残体；
- 火箭残体坠落，需要征用大面积土地。

5.2 火箭发射对环境的技术影响

火箭推进剂的成分与特性 火箭推进剂是提供火箭动力源的物质或物质综合。火箭推进剂应具有特性：比冲高，密度大、稳定性高，毒性与燃烧危险性低，与通用材料相容性好，有好的原料基地，价格低。门捷列夫元素周期表中几乎所有元素，都可以用作燃料。而实际上用作燃料或有应用前景的，只是相当有限的元素。

火箭的主要推进剂是进行化学氧化反应，形成高温产物，使火箭发动机产生反冲力。

火箭推进剂分为：液体的——供液体燃料发动机；固体的——供固体燃料发动机；混合燃料。现在广泛研究的是凝胶燃料的与触变推进剂。火箭发动机燃料特点列于表 5-1。

表 5-1　液体火箭推进剂技术经济特点

推进剂		推进剂质量比	允许含量限值/(mg/m^3)
氧化剂	燃料		
液氧	液氢	5.56	—
	煤油	2.73	300
	偏二甲肼	1.92	0.1
	联氨	1.0	0.1
四氧化二氮（允许含量限值，5 mg/m^3）	偏二甲肼	2.92	0.1
	航空肼 50	2.13	0.1
	联氨	1.44	0.1

液氧、四氧化二氮作为液体火箭推进剂的氧化剂，燃料是：偏二甲肼，二甲肼与煤油、碳氢燃料混合物。

液氧燃料　早期液体燃料发动机，用液体氧燃料-甲烷酒精。以后被气-液态氧所代替。氧-煤油是最便宜、最可靠的燃料，用这种燃料通常产生很大冲力。运载火箭“能源”、“东方”（俄罗斯）、“德尔塔”、“宇宙神”（美国）、N 系列（日本）都用过这种燃料。

四氧化二氮燃料　当燃料必须长期保存时，采用四氧化二氮燃料，即二甲肼与四氧化二氮以 1∶1 混合。这种燃料在俄罗斯火箭“质子号”、独联体火箭“伟大征途”、美国火箭“德尔塔”使用过。

固体推进剂　属于混合类型燃料，即燃料与氧化剂混合物。通常以高氯酸铵作为氧化剂，以聚丁二烯为主要成分黏合剂，与燃料聚合。为了增强燃料的动能指标，可添加金属粉末，通常是铝。

现代固体推进剂火箭发动机，广泛使用非均相混合固体推进剂，将固体氧化剂小颗粒和金属或金属氢化物粉末，与有机合成物机械混合。有机合成物既是燃烧物，也是固体元素及辅助元素的黏合剂。富含氧气的氧化剂通常用硝酸盐，高氯酸盐以及有机合成物：

高氯酸铵 NH_4ClO_4（氧化剂）（69.60%）、铝粉（16.00%）、合成橡胶 PBAN（聚丁二烯，丙烯腈和丙烯酸共聚物）（12.04%）、氧化铁（燃速催化剂）（0.40%）、环氧树脂（聚合剂）（1.96%）。

火箭推进剂燃烧产物成分与特点　燃烧产物的成分取决于：燃料成分，氧化剂，及两者的比例，燃烧室压力与喷嘴扩散程度。燃烧产物是温度为 3 000～4 000 K 时各种气体混合物。

燃烧室燃烧产物的成分，取决于参与物质的量。按照推进剂组分化学计算比，根据燃料成分，可以计算燃烧产物。例如，在燃烧室液体火箭推进剂，燃烧产物由 CO_2、H_2O、CO、NO、OH、N_2、H_2、N、H、O 组成。在燃烧室固体火箭推进剂，燃烧产物由 Al_2O_3、N_2、H_2、HCl、CO_2、H_2O 组成。温度 1 100～2 200 K。

在燃烧室燃烧产物的成分，由于燃料成分不同差别很大。在喷管的喉部，燃烧产物根据喷管结构重新组合。从能的观点，均匀扩散过程最适宜。在扩散过程中，燃烧产物的压力、温度，随着化学平衡条件变化，燃烧产物成分发生变化。这时在喷管燃烧产物成分仅取决于扩张比。

在火箭发射准备阶段，可靠的方案是将推进剂与压缩空气混合。混合过程自动进行。产生不利情形的概率及相应的对环境污染，由自动控制系统稳定地控制。推进剂与氧化剂出库、在主库保存，都会有溢出。

在运载火箭准备阶段，液体或气体推进剂都对环境有影响。

运载火箭运动活跃地段称作发射地段，在发射地段火箭保持发射状态。运载火箭与宇宙观测仪器噪声对环境影响大。很多实验数据与计算表明，形成噪声场消耗 1%的动能，噪声频谱从几赫兹到几十千赫兹。

现在有一假说，超重运载火箭发射，是地球物理系统大规模波动的触发因素，而且系统波动的能，超过火箭燃烧放出的能。这是地壳形变波，在火箭发射影响强烈的区域引发地震。

利用可见光与红外光谱为主的光流，可以从喷管处消除燃料燃烧产物。清除固体燃料产物的光流特别大，黑度达到 0.8。

不论是火箭发动机点火喷射地段，还是火箭发射影响区，对环境产生影响的因素是燃烧产物排放。依据燃烧产物成分、质量资料，用所建立的大气扩散模型计算，排放速度与人为排放物相同。

运载火箭沿轨道继续飞行，穿过对流层、平流层、电离层的下部。除了上述因素影响外，在飞行活动区域，还有一些专门的大气影响因素作用。运载火箭发射时产生冲击波和密度跃变，达到跨音速、超音速。后果是：大气圈大气扰动；对流圈臭氧层破坏；电离圈粒子减少；运载火箭分离体降落地表。

在运载火箭飞行中，启动加速器、燃料用完的火箭助推器、整流罩、其他组件按时序离体，沿发射轨道降落地表。它们的运行时间、重量、运动参数都不相同。这些分离体落在地表，相互距离很远。例如，两级火箭离体降落地距离起点 800 km，三级运载火箭离体降落地，距离发射地 2 500 km，形成的落区面积 1 500～5 000 km^2（表 5-2）。

表 5-2 运载火箭分级离体落区面积

运载火箭	级	扩散椭圆参数（轴长）/km	降落地面积/km^2	在推进剂容器中毒性残留物，燃料或氧化剂/mg
能源	1	30×60	565.9	—
	2	1 700×100	53 407.0	—
质子	1	50×30	4 712.3	1.56/0.68
	2	110×100	20 734.5	0.48/0.21
宇宙神	1	—	—	0.3/0.1
	2	—	—	0.3/0.1
旋风	1	50×30	4 712.3	0.5/0.2
	2	240×80	60 318.6	0.15/0.05
台风	1	50×20	3 140.0	0.5/0.2
	2	200×100	62 800.0	0.15/0.05
天顶	1	60×20	3 769.9	—
	2	120×40	15 079.6	—
联盟电闪	1	44×12	1 659.7	—
	2	60×10	1 885.0	—

考虑到液体运载火箭有1%～2%的燃料安全储量，分级离体落区会残留有毒液体燃料，对区域环境产生有害影响。目前受影响的地表面积达百万平方公里。

火箭燃料燃烧产物中含的大量水蒸气，在火箭发动机高温作用下，空气中的一氧化碳与氮形成的氮氧化物，两者会破坏臭氧。实际上任何运载火箭穿过臭氧层，都会形成窗口。在火箭排放物作用下，臭氧层变化可以用光化学模型定量评价。

“能源”号运载火箭一昼夜破坏臭氧层模式是这样的，在火箭的尾迹，直径几百米的臭氧层完全被破坏，在柱状弥散作用下，排放物在几百公里的圆柱范围缓慢移动几小时。经过两小时在高度16～24 km的柱状体中，臭氧含量减少15%～20%。然后臭氧含量恢复。经过一星期，在大气层火箭排放物扩散几百公里。运载火箭发射24 d后，在高度24～30 km范围臭氧破坏最严重。同时在对流层与电离层形成臭氧。在“能源”号运载火箭发射区（垂直柱体直径550 km），经过24 d臭氧含量减少1.7%，或减少27 000 t。表5-3、表5-4列出了臭氧层破坏的一些数据。

表5-3　火箭破坏的臭氧洞直径　　单位：km

运载火箭	高度20	高度30	高度40	高度50
土星-4	0.9	1.0	2.6	9.2
质子	1.2	1.4	3.5～2.7	9.7
飞马座	1.5	1.7	4.3	15.3
大力神	4.6	5.4	13.5～1.7	6.0
联盟	3.6	4.3	10.7～0	0
能源	3.2	3.8	9.5～0	0
德尔塔	2.9～1.8	1.3	3.2～0.8	2.8
侦察兵	1.2～0.9	1.0	2.5～1.2	4.3

表5-4　由于H_2O光解作用不同运载火箭对臭氧层局部破坏的面积及时间

运载火箭	高度40 km		高度45 km		高度50 km	
	半径/km	时间/h	半径/km	时间/h	半径/km	时间/h
能源	5.60	2.50	16.00	5.5	34.0	9.00
土星-4	1.30	0.80	5.00	2.2	10.0	3.70
大力神	0.77	0.50	2.90	1.4	5.0	2.40
质子	0.24	0.22	0.92	0.6	1.8	1.00
德尔塔	0.19	0.17	0.74	0.5	1.5	0.83

以氢氧化物为燃料的重型运载火箭飞到电离层，燃烧主要产物是水。在这样的高度是无水的，水在电离层出现，成为环境污染因素，是破坏自然平衡的潜在危险。

在70～90 km的高度，温度最低，水分子通常形成冰结晶。能形成人造云，像大气层上界的蓝灰色云。在电离层更高高度，水蒸气与电离层等离子气体相互作用。结果形成低密度电子区，它改变不同频率的无线电传播特征，破坏通信，也可看到不正常的光。

与运载火箭发射到电离层相关的后果，会产生电离层洞。用氧—氢燃料发射大型宇宙飞船，随之向电离层喷射 10^{31} 个 H_2 和 H_2O 分子，形成面积 20 000 万 km^2 的电离层洞。取决于地球物理环境，电离层洞能存在 1～16 h。如果将中纬度的发射场调整到北半球，在电离层能形成宽几千公里的带，电子数量减少 10%。1973 年在美国空间试验室第一次发现电离层洞，是当撤出近地轨道时发现的。“土星-5”运载火箭发射到 300～500 km 高度，正是在电离层高度，离子化作用最大。在运载火箭经过的地方，电子数量减少一半。磁扰动面积达到 100 万 km^2。1979 年运载火箭“人马座”形成的电离层洞面积 100 万 km^2。而且当运载火箭经过电离层时，80%的电子、离子消失 2 min。

有关运载火箭对于电离层影响的问题，处于对电离层洞形成机理的研究阶段，如何降低对电离层技术影响，有待深入研究。

5.3 近地空间及太空污染

每一次向空间发射飞行器，随之在轨道上产生几十块卫星、火箭残片。由于卫星轨道上卫星与末级火箭发生的事故与爆炸，碎片间的碰撞及发动机排放物等，在近地空间集聚了很多人造物体，称为太空垃圾。人类探索宇宙以来，近地轨道分布 2 万个以上大于 10 cm 的人造物。根据美国宇航局的观测资料，1992 年年初，近地轨道与星际空间已有 7 200 个人造飞行物。其中只有 5%还具有人造卫星功能，23%丧失人造卫星功能，10%是与飞行器脱离的运载火箭残体，其余 62%是发射系统碎片。在 7 200 个人造飞行物中有 58 颗卫星（运行的、失效的），在其轨道上的能源装置、发动机装置具有放射性。

太空垃圾不仅限于已登记的，利用数学模型外推，直径 40 mm 以上的碎片超过 18 000 块。此外，1～2 mm 的颗粒物 50 000～70 000 个，更小的颗粒估计几千万个。

太空垃圾的危险在于以宇宙速度与空间探测器碰撞。例如，直径 0.5 mm 的颗粒物能够穿透多层材料做成的飞行服。太空垃圾密度最大的是在 300～1 600 km 高度带，在这一高度带，探测器与碎片碰撞的概率，接近同样大小的陨石的碰撞概率。随着太空垃圾的增加，“和平”站与 10 mm 的碎片碰撞的概率，预测到 2000 年前是 17 年一次，到 2010 年前是 7 年一次，到 2020 年前是 2 年一次。根据评估，17 年间（1978—1995 年）碰撞概率增加 2 倍。

预防与太空垃圾碎块（大于 40 mm）碰撞的方法之一，是用无线电、光学仪器跟踪，早期预防。

自然因素也能够解决太空垃圾问题。如果太空垃圾出现，在大气阻力、光压力作用下，宇宙自净功能永远都在对其作用。

大家知道，太空自净的物理与数学模型研究，已经列入太空垃圾清理的可能措施研究计划中。而且现在太空垃圾自清理途径是唯一的。

要实施对小块太空垃圾跟踪，必须对在轨道上运行的碎片及太空客体进行模拟。在轨道上相互碰撞的碎片，密度、形状、大小各不相同。根据模拟，在地面试验站进行相似试验，使小碎片的速度接近实际碰撞的速度。研究结果用于在有沿轨道飞行的太空垃圾碰撞环境下，用于飞行器破坏的理论与工程方法。

太空观测是评估轨道运行垃圾碎片数量、验证模拟结果的另一种方法。现代对太空垃圾及陨石，研究小颗粒太空垃圾对空间站结构的影响，对运行的飞船的影响。采用以下方法：

➢ 安装在太空站的高灵敏度的探测器（遥测传递信息）；
➢ 飞回地球保持原结构的飞行器；
➢ 观察空间站（宇航员出舱），宇宙飞船“联盟”（返回地球后）的金属外表。

在实验室用显微镜、质谱仪研究样品。用电镜扫描分辨是陨石撞击，还是人造物体颗粒的印痕。

样品遭受撞击强度增加，证明技术作用形成小颗粒状的太空垃圾数量增加。根据“礼炮-6”、“礼炮-7”外露的铝金属板残片上的空洞数量，可以断定，直径 0.001～0.003 mm 的高速颗粒流，在高度 350 km 的轨道上近 5 年增加 33%。

美国航天飞机可以提供技术会形成空间垃圾及从飞行轨道返回地球的卫星的信息。它在空间轨道停留 6 年，返回地球停放在美国空间环境科技档案馆。发现被 0.01 cm 的颗粒撞击 500 处。

载有系列空间探测器的专用小卫星，可以有效监测小颗粒状的空间垃圾。它可扩展进行陨石近地空间垃圾监测，节省费用。陨石或小颗粒状的空间垃圾，击穿卫星上薄壳-薄膜状传感器，撞击的事实都有记录。这些小颗粒的质量与速度被薄膜传感器所确定，通过卫星可视波段第一时间传输到地面。

空间垃圾的监测与综合模拟，可以进行空间探测器与空间垃圾碰撞危险度的预报，采取相应措施。措施之一是当空间探测器与轨道碎片撞击时，防护栅发挥作用。使用较多的方法，是空间探测器设屏蔽构造并设有备用系统，可有效防护陨石颗粒。然而，人造空间垃圾颗粒比陨石颗粒大得多，需要更可靠、更稳固防护。

大多数情形下，普通防护栅用于防护小碎片碰撞，小碎片对空间探测器有损伤，但不能破坏它。对于灵敏的探测器的防护，应该用更可靠的方式。例如，防护栅系统或百叶窗，当碰撞的危险时刻，紧紧关闭。有一种太空探测器甲壳体的概念，这是具有坚固壳体的太空探测器，传感器与天线可伸缩。当碰撞时传感器与天线缩回壳体。比较宽的内层表面，可以破坏驱散 80%的碎片。剩下的 20%碎片，由于防护栅反作用力，不能保持自己原来的形状。当人造太空垃圾碰撞时，保障太空探测器的正常工作，具有重要意义，需要开展相应的研究工作，包括研制新设备进行人造颗粒物与太空探测器碰撞试验，碰撞过程模拟，研究空间探测器防护的新材料。

对于预防太空垃圾非常有前景的措施，是建立绝无仅有的空间工作平台。每一空间平台能取代许多专用卫星。另一促进削减卫星数量的重要措施，是延长卫星服务期限扩大服务范围。“能源”号运载火箭为向这一方向转变开辟了广阔前景。重 16～18 t 的重型通信卫星为基础的空间工作平台的研发及在 2005—2010 年建成由三颗重型卫星构成地球同步通信系统成为现实，这一通信系统服务于很多国家。用非重型卫星实现这一目标，需要 24～30 颗。

为减少太空垃圾数量，也需要进行结构研究，减少从遗弃火箭和空间探测器分离出的碎块及部件。为了防止在轨道正常运行空间探测器产生小颗粒状垃圾，必须采用能经受空间作用的结构与覆盖物。与此同时，对发动机燃料提出不含金属及其他添加物要求，燃烧时不形成固体氧化颗粒。

正如我们已发现的，大部分太空垃圾，是空间探测器和遗弃的多级火箭爆炸后形成的碎块。从 1961 年太空首次出现毁坏的客体开始，在轨道上已经有 130 个客体，主要是不可预测事故所产生的。有时造成意外的破坏，例如，太空未燃尽部分物体落在居民区，甚至落在他国境内。

俄罗斯空间探测器发生爆炸的最可信的原因，是化学电池充电过时密封壳爆炸。这一研究结论可信性，被后来空间探测器正常使用所证实。太空物体爆炸的另一原因，美国专家对“德尔塔”运载火箭最末一级与航天器分离后毁坏过程进行了分析，确定是机械故障引起的。推进器停止工作后阀门关闭，燃料箱内压力增大，一个燃料箱爆炸。爆炸形成碎片毁坏第二燃料箱，燃料相互混合，发生连锁爆炸。关闭推进器后改变了工作程序，使燃料箱出口不被阻断，成功地排除了故障。

在运送探测器到空间轨道的“质子”号运载火箭，专家预先设置了探测器分离后排除残片及增压的燃烧室，使其飞离探测器的飞行轨道，避免在轨道飞行中遭受破坏。

排出残余燃料可以使末级火箭获得制动信号，缩短在运行轨道的时间。编制计划，使末级火箭与探测器分离后，有控制地离开飞行轨道，这是减少太空垃圾最有效的方法。这一方法将在“能源”号运载火箭上使用。准备在未来运载火箭上应用。

至于探测器本身，在对地静止轨道上终止探测任务后，机载发动机将其推向对地静止轨道的外侧。对于低轨道的探测器，脱离轨道坠入海洋。这里要强调的是，主要清除运载火箭以前对近地轨道的污染，因为清除污染要比预防污染困难得多。

在轨道上残留的 7 200 块碎片，其中 35%是探测器与末级火箭残体。也就是说在近地空间有 2 500 块大碎片，它们可能会生成上万或 10 万个新的小碎片。至于发现与捕获碎片，可以从不同轨道的“风暴”“大力神”宇宙飞船观测，可以用装有机械手的轨道转移飞行器。利用轨道转移飞行器的货仓将收集的碎片运往地球，或用其制动碎片，坠入地球预定地区。这一方法非常昂贵，只在大的飞行器难以控制到达地面预定地点，或者价值很高的仪器需要返回的情形使用。

在近地空间减少垃圾运输、清理垃圾最有前景的方法，是将空间站设计成往返可变轨的。

比较复杂的问题是收集与清除空间小颗粒垃圾。已经有了解决这一问题的很多方案。其中一个方法，是在小颗粒的垃圾分布轨道上设置致密的球吸引，然后它们一起坠入致密大气层。但这一方法对探测器摩擦产生有害影响。相应地提出另一方法，用激光、离子束使小碎片垃圾从轨道上逃逸。

用上述将垃圾碎片从轨道上移走的方法，因为能量与费用问题不合目的，近期正在改进。目前空间垃圾清理，经常用的只有自然方法——太阳活动作用下大气上层垃圾制动，在其作用下，地球大气圈遭受震荡，作用于轨道上的垃圾。

利用大气的阻滞性能，再加上其他专门设备，可以缩减探测器及末级火箭在运行轨道上的运行期限。

5.4 降低火箭发射对环境技术影响的途径

任何航天发射场都是高危险区。因为可燃性材料，有自燃成分的火箭推进剂，电火花与摩擦火花形成火源、有爆炸危险的材料，都离这里比较近。发射场区地下深部有输送火箭推进剂原料的高压管网，其中一些是高毒性的。因此，不正确的技术决定或使用过程安全措施不当，会引起惨重后果。

在航天发射场，安全保障措施分两类：

- 技术措施。地面设备、设施及发射场整体设计，应预先考虑技安全术措施；
- 组织措施。保障遵守安全措施，严格执行操作规范。

技术安全措施包括：根据俄罗斯航天发射场技术工作要求，楼房与设施布置要考虑安全距离，防火安全性，工作人员的应急安全措施。楼房与设施根据功能、危险程度、技术工作顺序分区布局。与其他区距离设置，应考虑运载火箭可能发生爆炸时，避免危害其他区。维修站、固体燃料发动机储存区、总装测试生产区、推进剂原料库，按照安全距离布局。

从设备启动的场景出发，分析冲击力、空气压力、噪声的环境影响。冲击力对环境影响产生于事故发生时关闭发动机。空气压力环境影响发生于发射设施事故爆炸，用 TNT 炸药当量表示。噪声发生是由于动力装置进入工作状态。例如，“土星-v-阿波罗”综合体，在发射区、技术准备区、公共设施区、试验协作区，空气压力、噪声达到允许限值。

在发射区，空气压达到 0.002 8 MPa（当运载火箭可能发生爆炸时），噪声达到 135 dB。在发射区分布发射台、直接保障起飞设施、自动管理与显示系统。每一区与发射台距离 2 670 m，以保障运载火箭爆炸时人员安全与设备安全，不遭受高气压影响。

在技术准备区，位于噪声线 120～135 dB。分布有垂直总装厂房，控制中心及其他设施。控制中心及其他设施，分布于运载火箭爆炸影响范围之外。

在公共设施区，噪声 120 dB，比试验协作相对安全。

在试验协作区，分布有安装维修设施、实验室、仓库、行政楼。

为了安全，发射场的一些设施建在地下。

为了防止操作员误操作，对于产生噪声、高气压的设施，甚至所有设施，尽可能自动操作。在有毒环境的工作人员，必须配个人防护装备。特别关注火箭启动操作人员的安全。

当事故发生时，对于人员进行紧急撤离。预留地下撤离通道。事故发生时启用事故应急系统。

组织安全措施，首先是严格操作规范与劳动安全标准。此外，要求上岗的人员必须研究设备，并熟练操作。不符合条件的人员不能上岗。

与发射准备有关的所有工作中，危害比较大的是加注火箭燃料（特别是液体燃料）及压缩气体。一般是自动作业。当取消发射时，燃料加注半自动化（自动系统关闭）。燃料库存、恒温、从管道输出，全是操作员按指令手动操作。

液体燃料是有毒性（庚炔，肼的允许限值 0.1 mg/m^3，煤油的允许限值 300 mg/m^3）、有燃烧危险性、挥发性。因此，当维修与加注燃料时，应考虑燃料的中和与清洗。

气体与液体氧化剂用吸附剂吸收，而气体氧化剂与气体燃料，在专门的设备中烧尽。清洗的水或中和的吸附剂，收集在专门的设施中。污染的水在专门的设备中处理。

主动飞行段是指运载空间探测器的火箭，从发射点到达空间预定轨道的过程（飞行段时间，是指火箭发动机做功时间）。这是最关键的飞行段，虽然时间很短。在这段时间必须保障运载火箭没有任何因素的影响，例如，风负载。保障各个火箭发动机状态的协调性。

上述因素对于发射场环境的影响，在发射场建设设计时，应考虑设计距离保护技术设施。

建设林带削减噪声。对于发射场区域的居民点，噪声水平设定为 115 dB。

在技术设计方面，降低发射场对于环境的影响，采用日本“泰森”设计理念。可以保障发射，增加运载能力，降低费用。日本专家提出建设外形像锥体的结构（高 2 100 m），及电力发动机，发射宇宙飞船。在近三年日本航天中心计划完成“泰森”计划。不用燃料，电力发动机驱动宇宙飞船起飞。

火箭发动机点火发动后，对于无任何燃烧产物进入大气，目前还没有好的方法。

地球大气臭氧层的问题被十分关注。然而，到目前为止，防止运载火箭破坏臭氧层的保护措施还没有。设想在运载火箭安装臭氧发生器，解决臭氧层浓度降低的问题。

研究新的运载火箭，使其使用时间变长，研究新技术方法，使火箭残体坠落数量减少与坠落区域面积缩小。对传统的运载火箭结构要做很多的改进：

第一，改为两级火箭，尽可能缩减抛离次数。例如，一级火箭被抛离后，继续飞行，与下一级被抛离火箭，并行或连体坠落。

第二，沿发射路线缩小坠落区范围，利用减少坠落距离的技术手段，研究专门运载器控制系统，保障分离火箭残体的收集，在指定地点集中降落。

第三，减少坠落区数目，火箭离体后利用专门的控制技术，使其返回指定区域。

上述措施能减弱坠落区的问题，但是还不能解决这一问题。为了解决这一问题，需要新的技术方案。对于二级运载火箭，显然，一级火箭的抛离体能返回发射地。一级返回火箭结构与飞行原理，方案如下：

（1）返回的火箭体垂直飞行，借助离体火箭动力操纵系统，返回降落。

（2）翼式返回火箭，垂直发射后，当完成离体动作，借助离体火箭动力操纵系统，利用气动发动机返回，或滑翔降落。

（3）返回的航天飞机水平启动，装备气动发动机，按第二种方案返回。

然而，二级运载火箭残体的返回，比一级抛离火箭返回要困难，主要原因是：任何轨道负载直接影响运载器的有效负载，影响二级运载火箭残体的返回的因素多，需要解决很多问题，如燃料防止过热的隔离结构，准确落地，飞行控制。

从上述可以得出结论，完全可能建成返回运载器，无须划出火箭残体坠落区，只需要在这一有前景领域的技术支撑。美国已经实施了航天飞机计划，采用新材料、新结构、冷却及其他技术。

将航天器运载到轨道上，运载火箭残体沿发射路线缩小落区的问题，另一种解决方案是建立浮运式航天发射场。这样的航天发射场已经建成并投入使用。浮运式航天发射场奥德修斯由巨大的半漂浮平台（长 133 m，高 58 m，重 65 000 t）、海上发射场管理船、保障船组成。综合体用于卫星发射。建设费用 20 亿美元。采用国际财团股份制，股份分配：能源为 25%；卡瓦纳公司为 20%；南方机械厂为 15%。

综合体漂浮在太平洋阿森松岛附近。

6 工业部门的生态问题

俄罗斯工业由两大部门组成——采矿业与加工业。采矿业包括下列矿产开采企业：化工原料矿，黑色金属、有色金属及冶金辅料矿，非金属矿，石油，天然气，煤矿，油页岩，盐矿，建筑材料矿，轻质自然填料及石灰岩矿。

加工业包括下列企业：黑色金属、有色金属生产，石油化工生产，机器制造与加工，木材加工，造纸业，食品与轻工业，建筑业（综合技术词典，1980）。

6.1 俄罗斯的矿产——原料基地

矿产资源是不可再生资源。矿床是可枯竭的。已经勘探的矿床是采掘工业的矿产原料基地，其发展取决于生产力水平、原料需求、新矿床开发规模。

全世界每年从矿山开采几百亿吨各种矿物原料与燃料。燃料占总开采量 50%。从矿石中分选出精矿：煤 60%～70%；石油与天然气 40%～45%；黑色与有色金属 70%～75%。

根据成分与用途通常分为：可燃性矿；矿石矿；非矿物材料。也可分为两大类：

- 金属矿。黑色金属矿（铁，锰，铬，钒），有色金属矿（铜，铝，锡，锌，钨，钼，铅，钴，镍），贵金属矿（金，铂金，银，），放射性矿（镭，铀，钍）。
- 非金属矿。建筑材料（沙，卵石，黏土，白垩，石灰石，大理石），化工原料（硫，磷灰石，磷钙土，钾盐，食盐），冶金原料（石棉，石英，耐火黏土），珠宝与工艺矿石（钻石，红宝石，碧玉，孔雀石，水晶等）。

俄罗斯是世界上矿石原料最有保障的国家。矿藏储量价值为 30×10^{12} 美元，预测资源价值 130×10^{12} 美元。人均矿产资源是美国 2～2.5 倍，是德国 6 倍，是日本 22 倍。煤与油页岩占世界储量 23.3%，天然气占 32.2%，石油占 15.7%，非矿物材料占 14.7%。

在俄罗斯境内分布许多矿，无论质量或储量都是世界绝无仅有的，例如，萨莫特洛尔湖的石油与天然气，库兹涅茨克的煤，库尔斯克的铁矿，乌多坎、乌拉尔斯克的铜，诺里尔斯克的镍、铜、钴。与此同时，俄罗斯缺乏工业所需要的高质量的铝土矿、铬铁矿、锰矿。因为本土没有这些矿产，主要来自独联体国家。

俄罗斯采矿工业从业人数仅占总人口的 3%（不到 200 万人），而产值不低于国民经济总产值 1/4。采矿业纳税占国家财税收入的 16%。整个矿产-原料生产占国家生产基金的 40%，占固定资产的 13%（B.H.霍林，2005）。

俄罗斯是最大的矿产原料生产与出口国。2004 年矿产与原料生产值超过 1 500 亿美元，收入达到 3.5×10^{12} 卢布（1 200 亿美元）。其中 1.8×10^{12} 卢布收入来自采矿业。

俄罗斯矿产与原料出口占国家出口总量 70%。在矿产与原料出口中碳氢燃料占 77%，其余是固体矿，其中占比例大的是铝矿石、镍土矿、铀矿、铂金矿、铁矿。

6.2 采矿工业自然利用的特点

在采矿工业区，自然利用的特征是：第一，在矿产地建立相应的企业，企业生产能力与服务期限，取决于矿产储量；第二，采矿部门生产规模化、专业化，因此总是隶属于采掘综合体；第三，矿业生产对自然资源需求量很大，相应地对自然环境影响也很大。

在采矿工业区影响范围内，农耕地被污染，土地与水域被破坏，地表、流域水源与空气被污染，最终形成新景观，许多不适合人类正常生活。

俄罗斯矿产—原料地分布在高纬度区，冻原区，海洋底，也就是自然环境脆弱的区域。

随着经济发展，对矿物原料需求量不断增长。矿石开采量增大，但矿的品位相对较低、矿石质量下降。

根据专家意见，将来要增大勘探、采掘的深度。现在，固体矿产资源采掘深度 500～600 m，很少 1 000～1 500 m，个别矿井深度超过 3 000 m。在大多数油田，油井深 2 000～4 000 m，个别油田有超过 5 000 m 的深井。在大陆架与海底勘探、采矿快速发展。这使利用现代的最新的采掘技术有了可能。(C.П.戈尔什阔夫，地质学基础；斯莫列涅茨，国家矿业大学出版社，1998)。

还应当指出非常重要的一点，俄罗斯采矿工业利用自然特点。大多数人口及能源需求分布在西部，而矿物燃料资源分布在东部，大量煤从东向西运输，无水路运输，尽管煤储量丰富。有的地方加紧石油、天然气开采，石油、天然气枯竭为期不远。

6.3 采矿对自然环境的影响

采矿的排放物 通常是固体（像荒漠一样的废矿石，矿尘），液体（矿井废水、采矿场废水、水源水）和气体（堆场排出的气体）。

矿物开采、加工时，自然材料与人工材料磨碎、挤压过程，会污染空气，2%的加工物质进入大气。主要排放物是尘。当燃料加工时有气体排放。矿物开挖、打钻与爆破，废石的去除与堆积，都会产生大量的尘。选矿时形成的废弃物，主要是废石及颗粒物。

在煤矿及选煤场，煤矸石堆场燃烧污染空气。煤矸石燃烧的气化物与氧化物，主要是 CO_2、CO、SO_2、H_2S、H_2、CH_4 等。这些气体从地下大量排放到大气，成为矿区空气组分。据计算，每年从地下矿井排放到大气中尘 20 万 t，甲烷 2 700 万 m^3、二氧化碳 160 亿 m^3。顿涅茨克煤田 364 个煤矿井，排向大气甲烷 $3\,870\times10^2$ 万 m^3/a，二氧化碳 $1\,200\times10^2$ 万 m^3/a。全国 701 个矿井排出甲烷 $6\,240\times10^7\ m^3/a$，二氧化碳 $33\,000\times10^7\ m^3/a$。现在部分矿井被关闭。

露天开采矿，有害物质对大气的污染强度更大。频繁爆炸与运输过程产生的尘与气态物质（CO、CO_2、NO_x、SO_2）。在克里沃罗格铁矿，每年从矿井排出 11 000 t 有毒气体（换算为 CO）。

选矿排放大量废石，在地表堆积。一般矿石都需要选矿，例如铁矿石含 30%的铁，其余 70%是废石。经过精选后含铁量达到 60%，进行冶炼，冶炼后仍然有排放物。排放物堆积，在地表形成技术成因产物。在煤炭、黑色金属、有色金属企业，产生大量的排放堆积。

在俄罗斯境内，矿业产生废弃物估算超过 800 亿 t，每年 37 亿 t。这些废弃物 80%是采矿时产生的，15%是选矿时产生的，5%是冶炼时产生的。

部分废弃物是生态灾害形成的。堆场与尾矿库的比面积分别是自然比面积的 3～10 倍和 1～100 倍，而渗透系数分别是自然渗透系数 10^2～10^3 倍和 10^4～10^5 倍，形成废石堆积和有毒元素的析出，例如，在埃利奥特莱克（加拿大），有毒元素析出量 100 年不减少，专家估计，再过 200 年也不会减少。

占用农田破坏自然景观　矿产开采面积的扩大，加上工程与运输，破坏土壤与地形面积增加。

在俄罗斯及近邻的国家破坏的土地达 200 万 hm^2，其中泥炭开采破坏土地 900 000 hm^2，有色金属 520 000 hm^2，非金属矿 280 000 hm^2，煤矿 110 000 hm^2，化学原料 60 000 hm^2，铁矿与磁铁矿 60 000 hm^2。而且，根据评估，矿产开采对于大气、水、土壤、植物的有害影响，大约是矿区面积几倍。

在北方广泛采用无道路运输，引起冻原植被、土被大规模破坏。在荒漠与半荒漠区，石油的无道路运输及地质勘探，引起同样情形。

众所周知，露天开采是最经济的采矿方法。露天开采与地下开采相比较，产量提高 5～6 倍，开采成本低 2～3 倍。但是露天开采会大规模破坏区域景观、水文状况，破坏或完全消失土被（表 6-1）。

表 6-1　开矿引起自然环境破坏分类

类	型	组
景观破坏	采矿场及塌陷	①矿井 ②露天采场 ③矿山排水沟
	堆场	①矿渣堆场 ②尾矿库、坝体
	工业实体占用土地	①楼房、建筑 ②工程网点与交通
生态破坏	区域水文环境改变	①区域排水 ②地表水、地下水枯竭
	邻近区空气、水污染	①侵蚀、风蚀、冲蚀 ②起尘 ③堆场自燃 ④粉尘污染 ⑤钻探、运输及其他活动的污染
	地震破坏	矿山爆破产生断裂与位移

资料来源：A.M.尼卡诺罗夫，T.A.霍鲁日亚，1999。

可以作结论，在现有技术条件下，采掘业扩大，矿产开采量增加，会引起土地生物生产量减少，破坏生态平衡。为了强调上述破坏的规模性，提出一个新术语“技术成因非自然地形”。

划分两个基本类型：正向（堆积）与负向（挖掘）作用。矸石场、废石场、地表堆积物属于前者，矿井、露天采场、坑道属于后者。人为地形高度可达 50～89 m，长 1.5～2.5 km。露天采场的深度，在现代技术条件下可达 400～500 m，宽度可达 100～200 m。采场的矿石堆积，需要压占上千公顷的肥沃土地。这样的深度不可避免地对水文产生严重破坏，使地表水、地下水枯竭。

报废的矿（井）场，常常引起地面下沉 6～7 m，有时下沉面积很大，引起楼房、公共设施破坏，迫使居民点搬迁。这样的情形在顿巴斯、库兹巴斯很典型，在国外的上西里西亚煤田、捷克、英国中部也有发生。

采矿不是土地破坏的唯一原因。管道对自然综合体的影响逐年增大。现在俄罗斯石油、天然气管道长 200 000 km，工业管道 350 000 km。大部分管道是用于石油与天然气输送。俄罗斯最大的石油、天然气产地位于北部地区。因此，大部分油气管道通过冻原景观、森林-冻原景观、泰加林景观、多年冻土区（И.Н.罗泽维奇，2003）。

在铺设管道过程中，砍伐幼林、森林、破坏灌丛与苔藓-草被。北部地区这些植物恢复相当缓慢。因此，在输油气管线沿线植被毁灭，引起多年冻土退化、冻土喀斯特过程发生。

由于冬季气温低，只有当温度升高时才能进行油气输送，为了避免冻土上层的退化，油气管道必须铺设在地表。这样形成动物季节性迁徙障碍。在北方，鹿不能越过输油管线致死。

石油-天然气管道经常漏失，引起土壤、地表水、地下水的油气污染。管道穿过上千条河流与水体。当事故发生时，污染物沿河流、水体很快扩散到很大范围，这样的情形经常发生过。管道通过海底、海湾也发生类似灾害。

俄罗斯现在编制能源资源出口规划，石油、天然气占很大比重。为了输送石油、天然气，准备在西伯利亚、波罗的海与北海的海底、黑海的海底，铺设输油气干线。显然，实施这一庞大规划，前景是诱人的，但应进行生态后果评价，特别是发生事故时。

采矿的生态后果 通常把地壳中能开采有用矿的部分称为矿藏。矿藏的生态功能与其他功能比较多。矿藏是：①矿物与自然能源地源地；②生产废弃物及有害物质的掩埋地；③石油、天然气及其他物质的储存库；④特殊的保护区（自然遗迹——喀斯特溶洞）；⑤为地下设施提供环境。

另一方面，采矿对所有的自然要素及其质量产生有害影响（图 6-1）。没有任何一个经济部门，对自然生态系统产生的负面影响，可与矿产开采相比。在矿物开采、运输、企业建设、地下设施建设方面，自然环境经受着巨大的负面影响。

6.4 矿产的合理利用及毁损区的修复①

根据俄罗斯联邦《矿产法》（1992），要消除矿产开采对于生态、经济产生有害影响，必须：①对矿产进行全面综合地质研究；②遵守所制定的矿产开发的章程，不允许私自开矿；③矿物完全提取，合理利用矿石；④保护后备矿藏，不允许矿产利用所产生有害影响；⑤保护矿产地免受水淹、滑坡、火灾危害；⑥防止盲目地无根据地矿场建设；⑦建地下石

① 引自 В.И.科罗布金，Л.В.佩列杰利斯基，《生态学》，Феникс 出版社，2000。

油、天然气库，掩埋生产废弃物、有害物质时，预防产生污染。

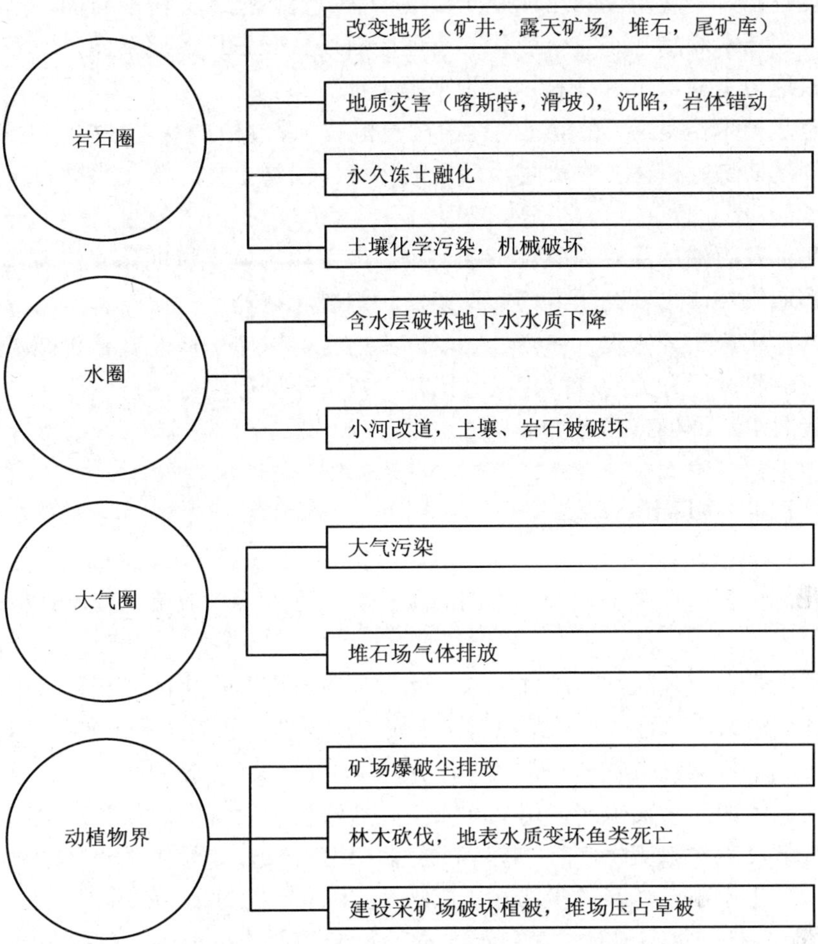

图 6-1 采矿的生态后果

资料来源：В.И.科罗布金，Л.В.佩列杰利斯基，2000。

在保护与合理利用矿产方面，综合利用是最重要的问题。在大型采矿场，废矿石中含有很多有用金属元素。仅俄罗斯有色金属废矿石中含有铜 779 万 t，铅 100 万 t，锌 990 万 t，锡 54 万 t，镍 248 万 t，钨 13 万 t，锂 10 万 t。全世界对锂的需求量只有 1.3 万 t。在废矿石中铁总量为 17 000 万 t。是俄国铁生产量的几倍（В.А.霍林，2005）。

在一些国家，废弃矿石的利用具有工业生产规模。例如，美国 1996 年废矿利用得到铜需求量的 53.9%，钨 21%，镍 21%，钴 8%。在南非有很多企业从事废矿石的综合利用，一个企业设计年处理废矿石 1 800 万 t。而俄罗斯废矿的利用仅用于建筑材料。每年废矿石加工只能满足建筑行业需要量的 10%。

毁损土地的修复 土地，确切地说是土壤，在这些矿区失去自身价值，对环境产生负面影响。因此，提出了毁损土地恢复的综合性工作，称为修复。

修复的对象：①建设破坏的土地；②废弃物（石油及石油产品）污染的土地；③矿坑、沉陷、矿场等；④固体废物堆场。

修复分为技术修复、生物修复、工程修复。

技术修复包括：平整地面；运输肥沃土壤覆盖。上述技术方法的目的，是为完全利用作前期准备。在技术修复中，完全或局部清理废石场、矸石场、尾矿库，填平矿坑及凹陷地，深矿井改造为水塘。用这些技术措施平整土地。

生物修复是技术修复后，在整理的地段构建植被，通过植被恢复被破坏土地的生产力，形成景观，创建动物、植物、生命物质活动的环境。固结土体，防止水蚀、风蚀，培育肥力。

考虑到石油及石油产品对自然环境的污染，应关注污染土壤的修复。为此，进行土壤的翻耕、增加通气性，可以利用专门的细菌，种绿肥等措施。

在有些情形实施工程修复。在已经修复的土地上可以建房屋及其他设施。毁损土地修复的管理，应遵照执行有关的标准指南及国标，特别要执行国标《自然保护　土地　对修复土地的一般要求》(ГОСТ17.5.3.04—83)。

6.5 加工工业的环境污染源

所有工业部门都对环境有影响，不同的是种类、程度、排放量，以及固体毒性物质的数量。

液体污染物是在气体凝结、液体泄漏、化学反应过程中产生的。气体污染物是由于化学反应产生的，例如，矿石、非矿物原料（金属冶炼辅料、水泥生产原料）的烧结、氧化。燃料燃烧产生大量气体混合物——硫化物、氮、碳、重金属、放射性物质。还原反应也产生气体污染物，例如，焦炭生产，用氯和氢生产盐酸，用大气中的氮和氧生产氨。企业所进行的化学分解反应（磷肥生产），电化学过程（铝生产），是强大的气体混合物污染源。

工业粉尘产生于不同材料的机械加工、燃烧过程及运输过程。所有进入大气的污染物，90%为气体，10%是固体与液体。大气的主要污染源是：①火电站、供热中心、有机燃料的燃烧；②运输；③黑色与有色金属冶炼；④机械制造业；⑤化工生产；⑥采矿与矿石加工；⑦开放的污染源（农耕，建筑）（表 6-2）。

表 6-2　大气污染中主要人为污染源的份额

人类活动	占全年累积污染总量的份额/%
各种交通	50～60
汽、热、电能生产	10～15
工业生产及燃烧过程	15～20
废弃物的燃烧	5

工业部门及其他部门排入大气的污染物见表 6-3。

根据专家评估，污染物主要来自采矿及加工过程，其构成：一氧化碳占排入大气污染物的 28%，二氧化碳占 16.3%，氮氧化物占 6.8%，氨占 37%，汽油占 3.3%，二硫化碳占 2.5%，硫化氢占 6.6%，甲苯占 1.2%，丙酮占 0.95%，苯占 0.7%，二氯乙烷占 0.6%，硫酸占 0.3%。

表 6-3 大气主要污染源

类	气溶胶	气体排放物
工业锅炉	溶胶，烟黑	NO_x，SO_2，有机酸，乙醛
炼油	尘，烟黑	SO_2，H_2S，NO_x，NH_3，CO，碳氢化合物，乙醛，酮，致癌物质
化工	尘，烟黑	取决于工艺过程（HS_2，CS_2，CO，NH_3，酸，有机物，可溶性物质，飞灰，硫化物）
冶金与焦化	尘，氧化铁	SO_2，CO，NH_3，NO_x，磷化物，锌化合物，有机物，汽油酒精
矿业	尘，烟黑	取决于生产过程（CO，磷化物，有机物）
食品工业	尘	NH_3，H_2S（多种有机化合物）
建材工业	尘	CO，有机化合物

来源：A.Φ.波里亚金，A.Д.霍万斯基，1996。

在此应强调的是，近年来工业企业向大气排放的污染物减少，这种趋势不是因为有效实施了自然保护措施，而是由于生产下降。

工业对水体污染，具有成分复杂污染物含量高的特点，由生产特点、供水、排水系统所决定的（表 6-4）。

表 6-4 工业污水主要污染物

污染物		企业									
		有色金属工业	黑色金属工业	焦化工业	机械制造工业	炼油工业	合成纤维工业	纺织工业	皮革工业	肉	奶
悬浮矿物		5～6	3～4	3～4	+	2	—	—	—	—	—
悬浮有机物		—	—	—	—	—	+	3	4～5	4	3
非有机物	氯	—	0～2	3～4	—	3	1～3	2～3	4	3～4	—
	硫	—	2～4	—	—	2～3	3	—	3～4	—	—
	磷	—	—	—	—	—	—	—	—	—	1～2
	氰化物	4	0～3	0～3	+	—	—	—	—	—	—
	铜	2	—	—	1～3	—	—	+	—	—	—
	锰	+	—	—	+	—	—	+	—	—	—
	铬	+	—	—	2～3	—	—	1	2	—	—
	铅	0～5	—	—	—	—	—	—	—	—	—
	锌	0～4	—	—	+	—	—	—	—	—	—
	镉	+	—	—	0～3	—	—	—	—	—	—
有机物	杀虫剂	—	—	—	—	—	0～2	2	0～2	—	—
	酚	—	0～1	3～4	—	—	0～2	—	0～2	—	—
	石油产品	—	—	—	+	3～5	—	—	3	3～4	2～3

来源：П.Р.塔乌别，А.Г.巴拉洛夫，1983 年。

注：符号+表示污染物可能排入不干净的水源；数字表示污染物含量 mg/L：1—表示 1 个单位值，2—表示 10 个单位值，3—表示 100 个单位值，4—表示 1 000 个单位值，5—表示 10 000 个单位值，6—表示 100 000 个单位值。

表 6-5 列出了生产 1 t 产品，污染自然水体到允许阈值的水量（C.B.雅科夫列夫，A.K.斯德列尔科夫，A.A.马佐，1998）。

表 6-5 生产 1 t 产品自然水体污染到允许排放限值的水量

产品名	污染到允许排放限值的水量/m^3
纯三氧化二铝，14% Al_2O_3	80
不纯三氧化二铝，9.5% Al_2O_3	40
硫酸铁，53% $FeSO_4$	120
石灰，100% CaO	110
氢氧化钠，100% NaOH	930
氯，100% Cl	1 050
硫酸，92% H_2SO_4	70
盐酸，32% HCl	120
硫酸钠，92% Na_2SO_3	3 500
钢板	1 800
铝板	4 400
碱，98% Na_2CO_3	3 550
电能（1 kW·h）	0.26
燃料（1 t 标煤）	600

从表 6-5 可知，生产 1 t 液体氯，在生产地污染 1 050 m^3 水体，污染程度达到允许排放限值。

工业污水增加了企业地表径流的污染含量，对人居环境带来污染物（表 6-6）。

表 6-6 一些企业地表径流特征

地表径流成分	径流中污染物含量/（mg/L）					
	煤矿矿井		炼油厂		冶金综合体	
	雨水	冰雪融水	雨水	冰雪融水	烧结	转炉
pH	6.5～9.4	—	—	—	7.8	8.4
悬浮物	42～2 890	263～1 300	260～3 730	310～3 800	1 250	3 230
石油产品	13～300	6～27	10～50	35～1 280	11	17.7
化学需氧量	8～44	5～12	250～1 000	220～910	6.2	8.6
生物需氧量	12～70	—	30～340	38～340	4.3	4.8
总含盐量	70～2 200	120～243	300～640	320～740	—	—
氯化物	26～1 129	3～13	15～75	19～90	6.5	3.0
硫酸盐	17～137	43～136	50～460	110～375	87.5	47.9

来源：В.И.谢德列茨基，А.Д. 霍万斯基，1992 年。

加工工业有数十个部门，每个都有自己的工艺特点，有自己的排放特征。下面列举对自然环境污染最大的部门。

6.6 黑色金属与有色金属工业

黑色冶金工业 在冶金综合体中，主要生产部门（备料，炼焦，炼铁、炼钢）及辅助生产部门（供能，运输，维修），组成完整的循环系统。在大型的企业，例如北方钢铁、新利佩茨克冶金综合体，生产量超过 700 万 t（设计能力 1 000 万～1 400 万 t）。

炼铁及炼钢过程，向大气排放大量有害物质。据计算，炼 1 t 生铁排放 4.5 kg 尘、二氧化硫 2.7 kg、锰 0.1～0.6 kg。此外，还有磷、硫、铅、锌、汞蒸气等进入大气。烧结厂是二氧化硫的污染源（表 6-7）。

表 6-7 冶金企业大气排放物特征

生产部门	排放物/%			
	尘	SO_2	CO	NO_x
烧结厂	34.3	82.5	62.5	25.0
炼焦车间	11.1	0.9	7.5	7.0
炼铁车间	1.7	1.6	2.7	—
转炉炼钢车间	8.3	0.6	0.4	—
平炉炼钢车间	4.0	0.6	0.2	15.0
轧钢车间	—	3.0	—	8.0
维修车间	1.1	0.2	4.3	—
运输	0.3	0.3	5.0	—
气体燃料供给	—	—	7.5	—
耐火材料车间	2.7	0.2	0.1	—
动力设备	36.9	7.5	—	40.0
其他	9.6	2.6	9.8	5.0

在粉碎的矿石烧结时，含硫的矿石（炉料）硫被烧尽。矿石含硫 10%，烧结后只含 0.2%～0.8%。SO_2 排放达到 190 kg/t。

烧结过程中，在排放的气体中尘含量从 2～7 g/m^3 到 15～20 g/m^3 变化。尘的主要成分：铁占 50%，二氧化硅、钙、铝各占 10%，二氧化碳、硫、约各占 2%。大量的尘在矿石运输、粉碎、配料时产生。

在洗煤及焦化过程，产生大量煤灰、烟灰。在焦化过程中，每吨煤排放 3～5 m^3 废气，含有沥青质 0.2～0.5 kg（А.Ф.鲍梁金，А.Д.霍万斯基，1996）。

最严重大气污染是当对出炉炽热焦炭喷水熄火，产生（kg/t）：0.01～0.04 硫酸盐；0.05 氨；0.006 氰化物；0.08～0.1 酚。当用高炉废气对炼焦炉加热时，排出气体含有 2 g/m^3 二氧化硫，0.2～1.0 g/m^3 氮氧化物，还发现有苯并[*a*]芘、硫化氢等。

图 6-2 是引用 1995—2004 年黑色冶金企业炼铁、炼钢大气排放物的资料（А.Д.杜穆诺夫，自然资源报告 No.30，2005）。

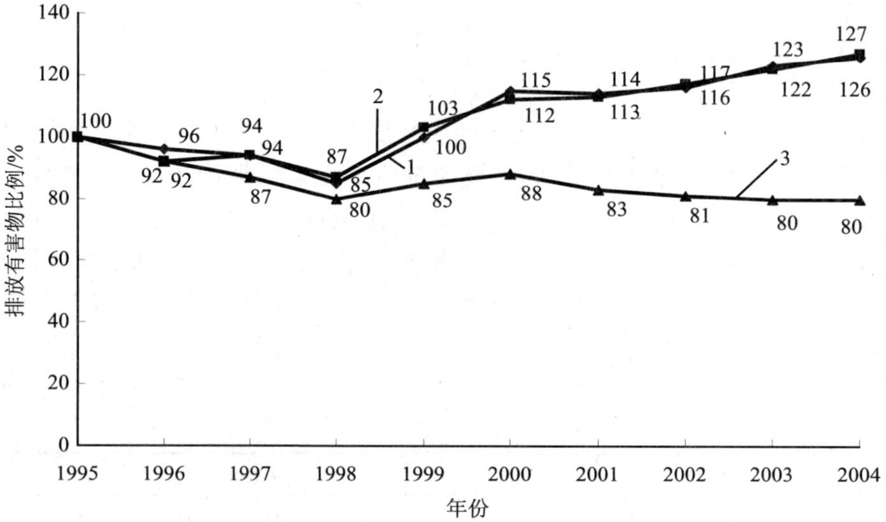

图 6-2　1995—2004 年铁与钢生产及向大气排放有害物

1—炼铁；2—炼钢；3—黑色冶金总排放

注：以 1995 年的排放量为 100%计。

图 6-2 分析表明，1995—1998 年，随着生铁与钢生产量降低，大气污染物排放量相应地减少。而 1998 年后，在生产量增加的背景下（与 1995 年相比，2004 年达 127%），2004 年排放量是 1995 年的 80%，这不合乎逻辑，解释是在全俄罗斯工业部门分类中，“黑色冶金”工业不仅包括炼铁、炼钢，而且还包括铁矿开采、选矿，炼焦，管材及其他钢材生产。这些部门排向大气的有害物，都计入总黑色冶金工业排放量。

炼焦排向水源中主要污染物是酚（2 g/L），此外，氰化物、硫氰化物、焦油、油也进入水体。

炼铁生产是最大的大气污染者，排放尘、二氧化硫、二氧化碳、氮氧化物、硫化氢。生产过程大量排放污水。污水中含有矿粒、焦炭、石灰，还有化合物——硫酸盐、氯盐。炼铁排出废渣。生产 1 t 废铁排出 0.4～0.65 t 废渣。废渣中含有 30 多种化学元素。主要是 SiO_2，Al_2O_3，CaO，MgO。冶金企业棘手的问题是掩埋废渣问题，占据很大面积，污染环境。在老冶金基地——乌拉尔，这一问题特别突出。

炼铁炉焦炭燃烧产生气体（高炉废气），由二氧化碳、氮气、一氧化碳、氢、甲烷组成，具有很高热值（4 MJ/m^3），可以用作燃料。输往用户应去除固体颗粒物。其成分与数量取决于原料。生产 1 t 生铁产高炉废气 20～300 kg，其中尘浓度 10～200 g/m^3。尘的成分主要是铁、燃料、熔剂、添加料。在转炉排出尘中，氧化铁占 80%～85%。

炼 1 t 钢排放 3 000～4 000 m^3 气体，气体含尘量 0.5 g/m^3。吹氧炉炼钢，排放大量尘，含尘量达 15～528 g/m^3，同时钢熔化产生大量一氧化碳、硫。吹氧炉炼 1 t 钢，排出 60 kg 一氧化碳，3 kg 二氧化硫。

从生铁熔化到炼成钢，是在吹氧炉中进行的。为了保障生铁中所含锰、磷、碳等杂质的去除，采用转炉吹氧的冶炼方法，所形成尘含有氧化硅、锰、磷颗粒。排放的烟中含有二氧化碳达 80%，尘含量 17 g/m^3。

炼钢对环境影响的范围及特点，取决于炼钢的方法。影响最大的是马丁炉，二氧化氮排放量达 30%，排出大量的尘，主要成分为氧化铁。马丁炉炼 1 t 钢排放 15 kg 尘。

制作翻砂模型产生大量尘，在浇铸 100 000 t 的铸造车间，开工率 70%～80%，每年排放 1 000 t 尘。

根据专门评估，生产 1 t 黑色或有色金属，排放的固体、液体、气体废弃物：矿渣 500～1 000 kg，矿泥 80～120 kg，尘 80～120 kg，铁渣 30～40 kg，废水 250～300 m^3，废气 8 000～10 000 m^3。排放总量大于黑色或有色金属生产量 2～4 倍。

最危险的是炼钢工业废水，水温达 80℃，含有硫酸、硫酸铁、硫酸盐、悬浮物。

在电镀车间，排放出含硫气体、含氯气体、含氮气体、含氟化物，含量达 30～500 mg/m^3。在进行氧化处理与磷酸盐处理过程中，产生有害气体。特别是含氰、铬酸、硝酸的溶液，具有很高毒性。企业发生事故，引起区域生态灾难。吸尘、通风设计不周密，设施经常性向大气排放有害物质。

冶金企业对城市生态的影响是显然的。例如，利佩茨克市，有一座新利佩茨克冶金综合体，大量污染排向大气，不论排放量还是污染物质种类，占全市总排放量的 90%。在综合体周围，污染土壤，污染地表水，植物不能生长。

有色金属 生产铝土、铝、铜、铅、锡、锌、镍时，冶炼炉、粉碎设备、堆场、矿坑，产生有害物质。有色金属企业对空气污染主要是：二氧化硫（占总量 75%），二氧化碳（占 10.5%），尘（占 10.4%）。

不同有色金属企业，在原料利用与生产流程方面，有一些共同特征。第一，它们是不同含量有害物质对大气污染源，特别是重金属。第二，产生的废渣，与黑色金属企业相比，种类多、数量大（生产 1 t 镍，产生废石 15 t，生产 1 t 铜，产生废石 10～30 t）。不同有色金属企业产生不同的污染物。

Al_2O_3 在 950℃电解得到铝，排放大量含氟化物的废气。磷酸氢盐、固体氟化物是这一过程中最危险的物质。炼 1 t 铝排放 15 kg 氟化物。大家知道，氟化物进入人的肌体，会淋溶骨头中的钙，吸入氟化物会损伤呼吸道。

生产铅时会产生氧化砷，生产铜、锑时也会产生氧化砷。氧化砷会使人失明。

许多城市，由于有色金属企业的影响，形成生态灾难。在对环境有影响的企业中，诺里市的采矿冶金综合体是最突出的。

6.7 石油化工工业

化工工业 化工工业的特点是产品系列化。有几千吨的大吨位产品（例如硫、氮、磷、盐酸及化肥等），也有几吨的小吨位产品，甚至还有几千克的产品（例如，化学反应药品）。所有这些都有有害物质进入大气（表 6-8）。

在无机化学产品生产中产生三类污染物：硫酸，氮，悬浮物。有危险性很大的 400 种非常规污染物，例如，氨，氯化氢，氟化氢。污染物量不大、品种多、清除困难。无机化工企业，造成严重的大气、地表水、土壤污染（A.C.库尔博诺夫，2005）。

表 6-8 化工生产的污染排放物

化工生产	污染物
硫酸	氧化硫，硫酸
氮酸	氮氧化物
氯，氢氧化钠	氯，含氯化合物
合成纤维	硫化氢，二硫化碳
过磷酸钙	含氟化合物
氢氟酸	含氟化合物
磷酸	含氟化合物
复合肥	氟
纸浆	亚硫酸氢盐，二氧化硫
石油精馏	一氧化碳，醛，碳氢化合物，有机酸，二氧化硫，氮氧化物

来源：Б.И.布列德什那捷尔，1989 年。

在有机化学产品生产中，主要污染物是碳氢化合物及碳氧化物，排量可达几千吨。也有排量小的有毒物，危险性很大，例如，多环芳香族化合物。

企业主要用机械设施物理方法解决生态问题（60%的企业使用 10 年以上，20%的企业使用 20 年以上，10%的企业使用 30 年以上）。近年来，乌发、斯捷尔利塔马克、托木斯克、安加尔斯克、萨拉瓦特、斯塔夫罗波尔等城市，化工企业发生生态灾难，不断发生爆炸，设备破坏，人员伤亡，环境污染，表明这些企业的危机情形。

炼油工业 炼油厂是大型企业，生产润滑油、沥青、芳香族碳氧化物。在生产过程中向大气排放有害物质（表 6-9）。此外，排放特有污染物：氟化合物，钒酐，甲硫醇。

表 6-9 石油炼油过程排放污染物

生产工艺	排放物成分
催化裂化	硫化物，NO_x，碳氢物，醛
催化重整	碳氢物，氨
加氢裂化	CO，NH_3，H_2S，
脱硫	H_2S，硫醇
真空蒸馏	酚

来源：A. C. 库尔巴托夫，2005 年。

生产过程产生污水，使大量的石油产品、硫酸、氯化物、氮化合物、苯酚、重金属盐进入地表水。生产过程有毒排泄物是突出问题，是在清洗设备时产生的。

类似冶金企业、炼油企业也是所在城市最大的污染源。炼油企业中规模最大的有：新古比雪夫斯克，安加尔斯克，鄂木斯克。在一些城市集中几个炼油厂，例如，雅罗斯拉夫尔，乌发。这些企业造成的生态问题是严重的。

6.8 机械制造工业

在任何城市以及工业中心，都有机械制造业。一方面这是通用产业，另一方面是不同机器制造业组合。像其他工业部门一样，机械制造业也向大气排放有害物质，向水体排放，甚或形成固体废弃物及放射性物质。

向大气排放的物质有：不同颗粒的尘，二氧化硫，碳氧化物，氮氧化物，硫化氢。此外还排放含有高温气溶胶，芳香族溶剂（苯，甲苯，二甲苯，丙酮），乙醚系列（汽油，油漆用汽油）。在电焊过程放出含氧化铁与锌的气体，含锰、硅、铜的气溶胶，以及氟化物、臭氧等。

在生产隔热消声材料过程排放石棉尘，对人体健康有危害。在喷漆过程向大气排放涂料有机溶剂，以及含颜料成分的气溶胶。

机床上使用的润滑-冷却液体（油，乳剂），大家知道，也会进入空气中。在干法加工（例如，磨床）过程，排放的尘对人体有危害。

机械制造业是水体的污染源，特别是电镀车间酸洗零件，排出的废水有毒性。酸洗溶液含有硫酸、盐酸，通常浓度15%～20%，酸洗后废液浓度4.5%。有色金属零件酸洗产生的废液，不但含有硫酸，还含有金属离子。大约40%的溶液含铬。

机械制造业不同材料加工，排放的固体废弃物不同，有黑色金属、有色金属、铁屑、翻砂混合物、木材、塑料、纸板。

通信、电视、计算机的发展，需要吸收熟练专家，在城市实现监控系统，特别是在大城市。这些生产企业对环境的影响，毫无疑问，比传统机械制造要小。因为生产清洁产品必须环境清洁，特别是生产环境。计算机元件、半导体、磁材料生产的废弃物，含有重金属硅、锗、砷等。排放到大气的物质、数量、特性还不清楚，这些对人体健康影响还需深入研究。

噪声与振动是人居环境污染的种类之一。是许多工艺过程产生的：通风设备、泵、压缩设备（表6-10）。

表6-10 机械制造企业不同生产工序声压水平

生产类别	声压水平/dB
炼钢	74～103
轧钢	118～122
铸造	105～115
冲压	115～130
切、钉、切等	110～115
焊接	100～105
金属切削	100～106
打磨	85～90

6.9 建筑材料工业

水泥厂、石灰窑、采沙场、沥青生产设施、砖厂是最大的污染源。

在水泥生产过程中，烧结炉产生大量的排放物，但是很少超过允许排放阈值。在砖生产过程，排放物含氟、二氧化硫。玻璃生产过程，排放物含有氟、氧化氮。

水泥生产排放的固体颗粒物含有 $CaCO_3$、CaO、矿渣、水泥、黏土、煤等。水泥厂固体颗粒排放量取决于干法或湿法生产工艺。常采用干法生产工艺，产量高、经济效益好。

砖厂产生的含氟排放物，主要是：氢氟化物，硅氟化物。一般排放量不大，氟含量也不高，影响仅限于附近。

根据专家评估，水泥生产及相关的玻璃、石棉、陶瓷、隔热消声材料的生产，排放到大气中排放物：尘与悬浮物（占总排量 57.1%），一氧化碳（占 21.4%），二氧化碳（占 10.8%），氮氧化物（占 9%）。此外，排放的硫化氢（占 0.03%），甲醛（占 0.02%），甲苯（占 0.02%），苯（占 0.01%），钒酐（占 0.01%），二甲苯（占 0.01%）。在水泥厂及其他建材生产厂附近空气，有一尘、水泥及其他有害物高含量带。

建材及装饰材料是构建生活环境健康生态安全的重要材料。从卫生的角度，建筑与装饰材料应达到下列要求：

- 用于民房及厂房的建材与装饰材料，不应造成不舒适感觉，不应对所在地的空气热状况产生有害影响。
- 建材及装饰材料在房屋交付使用后，不应产生特殊气味。来自建材与装饰材料以及家具的有害化学物质不应超标，能被居民楼、厂房中气流带走。
- 建材及装饰材料不应当有致病的微生物及霉菌滋生。
- 在建材及装饰材料表面静电场强度不应超过 15 kV/m（空气湿度 30% ~ 60%）。
- 建材及装饰材料不应使居室小气候恶化，地板热传导系数不超过 41.84 kJ/(m^2·h·℃)。
- 新建的楼房，建材的放射性不应超过 370 Bq/kg。
- 合成材料，废弃物二次利用生产的建材，必须经过卫生评价，作出专门评价结论。

6.10 木材加工与造纸工业

最大的企业集中在东西伯利亚、北部、西北、远东区，以及加里宁格勒。阿尔汉格尔斯克造纸联合企业是最大的污染大户（造纸行业排放量的 7.5%）。这些造纸企业主要污染物：固体物质（占大气排放量的 29.8%），碳氧化物（占 28.2%），二氧化硫（占 26.7%），氮氧化物（占 7.9%），甲苯（占 1%），硫化氢（占 0.9%），丙酮（占 0.5%），二甲苯（占 0.45%），乙酸丁酯（占 0.45），乙酸乙酯（占 0.4%），甲硫醇（占 0.2%）。

大家知道，造纸有两种方法——硫酸盐法与亚硫酸盐法。亚硫酸盐法造纸主要污染水源，硫酸盐法主要污染空气。用亚硫酸盐法生产纸浆的企业，主要在加里宁、圣彼得堡、北乌拉尔、伏尔加-维亚特卡。这种生产方法排放的污水，分为 5 种类型：含纤维素的废水、含毛发的废水、含高岭土废水、含碱废水、含氯废水。这些废水排入水体，使毒性污泥累积，生物需氧量提高，水体质量下降，生物死亡。

硫酸盐生产法的排放物，含有二氧化硫、甲硫醇、二甲硫，这些有气味的物质，只要有少量排泄，就会产生所谓“硫酸盐特殊气味”。

在亚硫酸盐纸浆生产中，二氧杂环己烷以及类二氧杂环己烷会严重污染水体，在造纸厂附近污染程度不断加重。二氧杂环己烷产生与氯漂白纸浆工艺过程有关。可以用新的工艺替代。最大的造纸企业乌斯季伊利木斯克、布拉茨克、科特拉斯，开始采用无氯漂白纸浆的生产工艺。

城市靠近造纸企业，不论采用哪种生产工艺，从生态学观点来看都是不利的。多年来，布拉茨克、色楞金斯克、新德维斯克、伏尔加斯克列入空气甲硫醇 10 级超标城市。在阿尔汉格尔斯克、贝加尔斯克、科里亚日马、塞克特夫卡尔这些城市，有空气甲硫醇含量最高纪录。科里亚日马、布拉茨克、新德维斯克市是区域水体最大的污染源，排放的污水分别相当于区域总量的 43.%，17.1%，29%（A.C.库尔巴托瓦，2005）。

6.11　农业综合体

在农业区，对水体污染的主要企业是：畜禽饲养业，肉类加工企业，技术服务业，供热、供能企业（表 6-11，表 6-12）。

表 6-11　每头牲畜的污染排放量　　单位：kg/d

牲畜种类	固体颗粒物	有机物	氮	磷
肉、奶牛	4.53	0.45	0.14～0.18	0.05
猪	0.40	0.11	0.03	0.01

资料来源：A.M.尼基福罗夫. 1989 年。

表 6-12　养殖综合体排放水的成分

排放水指标	污染物含量/（mg/L）				
	大型养猪场			大牲畜养殖场/10^3 头	
	108	12	24	10	20
pH	8.2	7.1	6.6	7.2	7.2
悬浮物	12 400	5 200	7 200	8 600	7 400
总氮	1 000	1 000	1 000	1 300	1 800
P_2O_5	400	100	500	300	700
K_2O	200	300	600	400	400
SO_4^{2-}	400	400	200	400	400
Ca^{2+}	200	400	400	300	600
Mg^{2+}	100	100	200	100	100
Na^+	100	200	200	100	100
化学需氧量	8 200	7 500	7 300	12 900	19 200

资料来源：A.M.尼基福罗夫，1989 年。

在牲畜养殖场所在的区域，空气中散发着强烈的氨、硫化氢及其他气味。

在水稻种植区被化肥、杀虫剂污染。从农田中析出的杀虫剂量，取决于用量、分解速度、迁移途径、水流速度、喷洒到沉淀的时间。对从农田析出的杀虫剂评估，结果是析出量增加，范围扩大。

表 6-13 农田杀虫剂析出量

自然地理带	六氯苯	甲基一六〇五杀虫剂	美曲膦酯（敌百虫）
草原	4.7/0.04	35.52/2.29	144.8/1.80
混交林	0.81/0.007	91.5/0.10	350.0/4.30

资料来源：A.Ф.波里亚金，A.Д.霍万斯基，1996 年。

从灌溉土地流失的易溶盐，主要是钠盐、硫酸盐、氯盐。排灌水的矿化度 1～15 g/L，主要是氯-硫-钠盐。

排灌水进入水域，使水体的矿化度增高，主要是 Na^+、SO_4^{2-}、Cl^-，其成分由硫酸盐-钾盐向氯-硫酸盐-钠盐变化。

6.12 工业环境污染的趋势

俄罗斯每年公布环境保护国家报告，反映人类对自然环境有害影响的数量特征。报告分析以及其他信息源，可反映经济对自然影响的动态趋势（图 6-3）。图中 1995 年作为基准年，排放指数为 100%。表 6-14 表明一些经济部门有害物排放动态（A.Д. 杜马诺夫，自然资源报告，NO.30.20）。

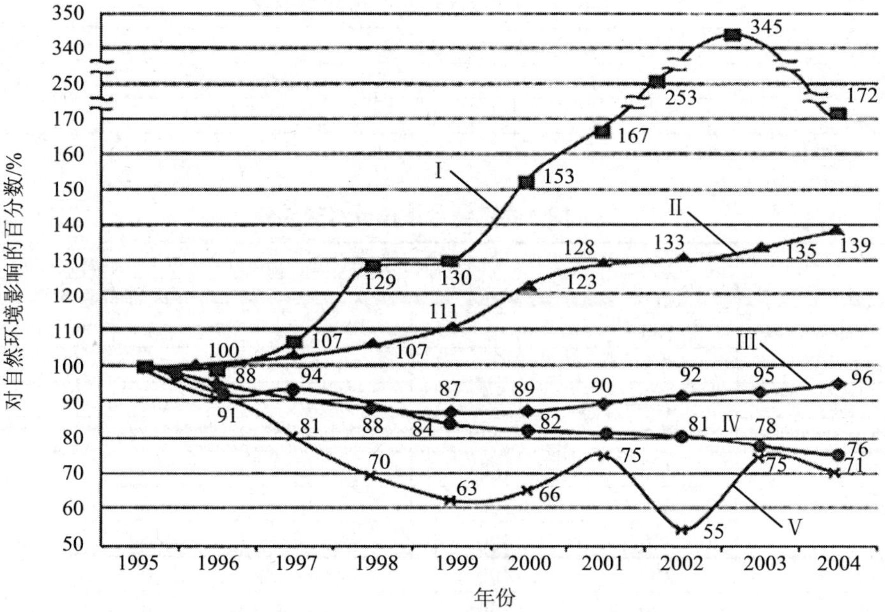

图 6-3 俄罗斯一些部门对自然环境影响的动态趋势

I—生产与生活形成的危险废弃物（I～IV级）；II—交通运输向大气排放有害物；

III—点源向大气排放有害物；IV—污水排放；V—每年畜牧业破坏的土地

图 6-3 与表 6-14 是 20 000 个工业企业及实体资料汇总的结果。

特别是图 6-3 表明，点源污染到 1999 年前是在减少，2000—2004 年增加。实际上，减少是由于燃料特别是石油供给减少。其他部门，有的是减少，有的是稳定，有的是少量增加。

根据表 6-14 石油开采部门向大气排放量，1995—2004 年几乎增加 2.5 倍（大约 200 万 t），从 2000 年开始增加。应指出的是，上述状态是由于天然气使用量增加。

表 6-14 经济部门点源向大气排放污染物动态

指标	1995 年	2000 年	2004 年	2004 年与 1995 年比较/%	2004 年与 2000 年比较/%
点源向大气总排量/10^6t	21.3	18.8	20.5	96	109
电力工业/10^6t	5.0	3.9	3.3	66	85
燃料工业/10^6t	3.7	3.5	6.2	168	177
黑色金属工业/10^6t	2.7	2.4	2.2	80	92
有色金属工业/10^6t	3.7	3.5	3.3	89	94
林业 森工 造纸/10^6t	0.5	0.4	0.3	60	75
化工 石油化工/10^6t	0.5	0.4	0.4	80	100
建材工业/10^6t	0.7	0.4	0.5	71	125
轻工业/10^6t	0.4	1.0	1.0	250	100

点源向大气排放总量降低（相对 1995 年降低到 96%，图 6-3 曲线Ⅲ）的原因，主要是：①燃料构成中天然气增加；②一些企业转产；③产品结构变化，排放减少。另一方面，出口增加，毫无疑问有害物的排放量大为减少，同时生产量增加（根据官方资料，1996—2004 年俄罗斯工业生产总量，按照可比价，增加 140%）。显然，这与专家所说生产、生活污染排放统计（俄国环境统计项目之一），是不相符合的。

6.13 21 世纪俄罗斯原料安全问题

已经探明的自然资源有效利用，是俄罗斯经济可持续发展的基础。世界其他已经探明矿产储量的国家，国家的矿产基地将成为世界矿产保障的基础。然而，根据俄罗斯经济咨询委员会意见，俄罗斯矿产基地发展远景，及所有矿产综合体，在保障俄罗斯矿产供应安全方面，令人担忧。

第一个问题是很多采矿企业矿产储量保障性，达到极低的水平。很多矿种的战略储备可靠性低。许多矿种勘探工作完全停止，地质普查范围大为缩小。许多矿区由于过度开采，开采环境恶化，矿的品位与经济价值下降。不是危言耸听，俄罗斯现今最尖锐的问题是建立战略储备。首先是用于特种冶炼、军事技术、新技术的有色金属、稀有金属和非金属。到 1990 年，石油、天然气的生产用量超过本土的开采量。1990—1999 年生产用量下降，导致地质勘探规模缩小。以后对原料基地生产实行税收优惠，情况有所稳定。但是从 2000 年开始，上述优惠取消，地质勘探工作明显下降。

另一重要问题，是加强对矿产合理利用的国家监管。2001 年年初，俄罗斯对 13 000 种矿产进行了使用权登记。实际上多年来，国家没有系统地监管，没有许可证制。而且，20 世纪 90 年代许可权无任何证据，导致乱采滥开。

俄罗斯在有效开采不可再生的石油资源方面，落后于发达国家。据计算，如果开采效率提高 5%，每年可以多采 2 000 万 t 石油（价值 70 亿～80 亿美元）。十多年来，一些大矿没有被国家掌握，财政收入减少。

第三个问题是与俄罗斯联邦法律基础修订有关。现行的矿产法（1992 年颁布），毫无疑问在自然资源利用方面发挥了重要作用，但是已不符合现代需求，不能促进矿产业的发展，不适应到来的转化，没有明确国家与商业界的关系。

据预测，俄罗斯要逐步走出经济危机，21 世纪矿产的保证性更差，原因是：

- 大部分矿不盈利，占 50%。
- 企业私有化进程加快，提出了国家要对采矿业有效监管，更有效地利用战略资源。
- 大多数企业经费削减，其后果是 70%的设备使用超过 10 年（比发达国家长 1 倍）。
- 矿产品出口与国家需求比例失调。

正在开采的矿产储量枯竭，以及国家对地质勘探经费削减，导致许多矿闲置。俄罗斯南部煤矿、库兹巴斯煤矿，20 世纪 90 年代至 21 世纪初，坍塌、关闭就是例子。

由于上述原因，俄罗斯每人对矿产的需求，低于发达国家 1.5～2.0 倍。矿产需求水平，不仅是经济发展的基础，而且是国家安全的基础。这预示着，俄罗斯在世界经济的作用持续下降。

根据上述情形，为保障俄罗斯经济持续发展的矿产需求，需要采取坚决措施。俄罗斯后辈，不应当接受野蛮对待自然资源，落后于其他国家的历史画页。

上边提到的咨询委员会，提出了表征国家矿产开发状况的阈值，超过阈值国家经济安全就出现危机。在燃料-矿产综合体，进行矿产开发状况的长期监测，也进行经济安全危机预测，研究对策。

2004 年俄罗斯联邦政府审定了，自然资源委员会关于 2000—2005 年矿产发展与研究的长期规划。

规划的主要目标，是稳定发展与合理利用矿产资源，勘探新矿，保障国家经济持续发展。

为了实施这一规划，到 2020 年，需要财政拨款 2 550 亿卢布，支持地质勘探。2005—2020 年，总拨款 2.5×10^{18} 亿卢布（合理利用自然资源论坛材料，2005）。

第二部分

生存环境的工程保护

7　环境污染及环境质量标准

7.1　环境质量的概念

人的生态权、生态鉴定、自然人与法人对污染的责任及刑事责任，所有这些概念都取决于环境总体状况，取决于环境污染程度标准。

目前使用的各种环境质量标准及其功能是不同的。这些标准给出环境评价的依据，消除对自然环境的影响。目标是共同的，所确定的不是社会质量，而是自然环境质量。

自然环境质量理解为生态系统是这样的状态，在这样状态下，保障自然与人类之间物质与能量稳定地交换，保障地球上生命繁衍。在人类干预下，保障自然通过自调节、自清洁非技术污染。

在自然循环中，进行的无排放过程原则，是以自调节、自清洁为基础的，即一种终端产物可以作为下一自然循环的原料。

例如，有机残体腐烂、固体物矿化或矿物溶解，是土壤肥力的保障条件。在下一循环中，水分、一定的空气为植物生长创造了条件，植物为动物提供食物。进入土壤中的植物、动物残体，是土壤中碳和有机质累积的源泉，促进土壤肥力的提高。源于细菌与真菌而终于动植物的世界生命繁衍，就是这样进行的。而且繁衍是稳定的，在气候与其他环境下自调节。

人类生产（农业、工业、科技）不同于自然，以技术进步为基础。人类依靠技术进步取得的最终产品，由于不合理使用，100%的产品，将近 90%或更多被人类抛弃为废弃物，没有成为自然过程（循环）的原料，成为地表面消极的或有害的堆积物。

在文明社会中，人类作用于自然环境及其负面影响，提出了保证环境质量的问题。人类可以通过调节经济利益满足程度和满足生态保护需求解决这一问题。这种方法称作环境质量管理。保护环境的实质，是调整生态与经济利益达到适应的关系，保证人的生活质量。也就是在持续经济发展的基础上，满足人类物质与精神需求，保护健康、有生产力、多样性的人类生存自然环境。

环境质量标准　这是科学论证过的以人类作用于自然的各项阈值指标为表达形式的法律准则。

标准　是作用程度。标准的阈值是法律确定的人类作用于自然环境允许程度。

人类活动理解为，有关实现人类经济、文化、休息的所有活动，在这些活动作用下，在自然环境中人类带来的生物、化学、物理变化，这些变化对地球上所有生命是有害的。对自然环境最普遍的负面作用是环境污染。

质量标准　是人类活动（经济的、文化的等）对自然环境作用允许限值。

相应于法律对标准的内容一般要求如下：

- 生存的生态安全；

- 保护基因资源；
- 保障自然资源合理利用与恢复。

这些要求是生态与经济结合的基础，是社会发展的基础。

允许限值标准　这是一种不得已的妥协，为了既发展经济又保护生命，有利人类。

质量标准按照三个指标评价：医学指标；工艺指标；科技指标。

医学指标是确定危害人类健康的指标名目及阈值水平。工艺指标是评价生产工艺对人居环境作用的限制水平。科学技术指标是评价遵守所有指标科学技术可能性。

关于质量标准的阈值问题，就是允许污染的极限，或对自然环境作用的极限。它是有争论的。

一些人认为，标准对于工业、农业生产是引导性的，在转向市场经济的环境下，不应成为经济发展的障碍。另一部分人认为，在国际水平上应制定刚性生态指标，在法律上应反映环境立场。不能以经济发展为理由，适应现今经济发展可能性。这样会加深经济危机，导致自然环境退化。然而，俄罗斯经济还没有准备加速实施发达国家执行的标准。自然，这样阻滞了在生态安全与环境保护领域折中的解决，折中的解决是可以通过经济的与行政的激励实现。

激励措施旨在于保障两个因素：环境保护的经济机制；自然环境质量标准。

质量标准不属于法律标准。这是技术的或技术经济的标准，不具有法律效力。这些标准，是以部委、行政机构、研究及实际工作单位的科学建议、研究成果等形式出现。它们帮助解决一些问题。

标准经过专门审定机关审定后，必须执行，具有法律效力。

法律对质量标准的基本要求，是质量标准的种类、审定机构、执行者责任。至于技术标准，不进入法律内容。是专门咨询及出版单位公布的。

所有环境环境质量标准分三类：卫生标准；对自然环境影响的限定标准；生态（综合）标准。

7.2　环境污染的基本特征

污染理解为进入环境或在环境中产生的，通常不是环境自身具有的，物理、化学、生物因素，或者是超过这些因素多年平均含量水平，引起不良后果。

污染有可能是自然过程引起的，通常为灾害（火山爆发、泥石流）。有可能是人为影响以外或人为间接影响下产生的。由经济活动引发的污染是人为污染。

污染分为原生污染与次生污染。原生污染是在自然过程、自然-人为过程或人为过程直接产生的污染。次生污染是在环境物理-化学过程中产生的危险污染物。次生污染比原生污染更危险。

污染物是污染的物质、任何（自然与人为的）物理的化学的因素、侵入生物种，在环境中产生的或进入环境的数量，超过自然变幅或研究期间环境背景。

所有污染物分为物质（尘、渣、气溶胶等）污染、物理污染及能污染（热能、噪声、振动等）。

物质污染分为机械的、化学的、生物的（图 7-1）。尘、气溶胶、固体颗粒物属于机械污染物。化学污染物是进入环境的所有气体、液体、固体化合物。生物污染物是人为产生的有机物，对人类产生危害（细菌、真菌等）。

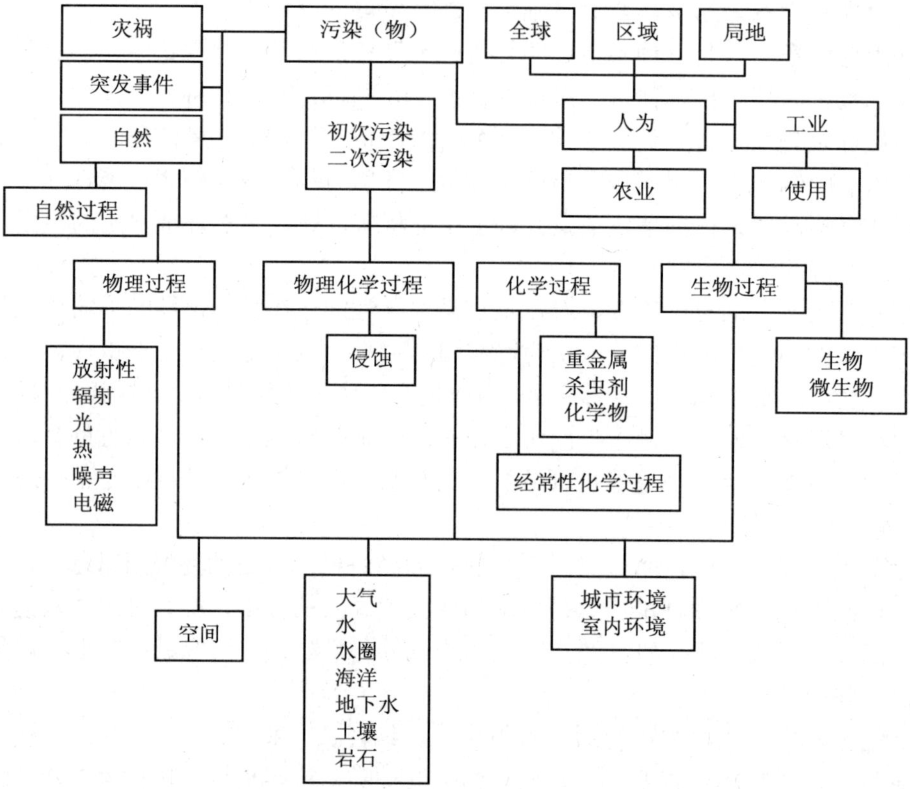

图 7-1 污染（污染物）形式示意图

能污染具有物理特征，以生产排放物形式出现的各种能。例如热能、机械能、离子辐射、电磁场、声波等。

任何企业对环境都产生负面影响，是向水体、大气排放的污染源。在技术过程产生的废弃物，必须清除或堆于排场（图 7-2）。

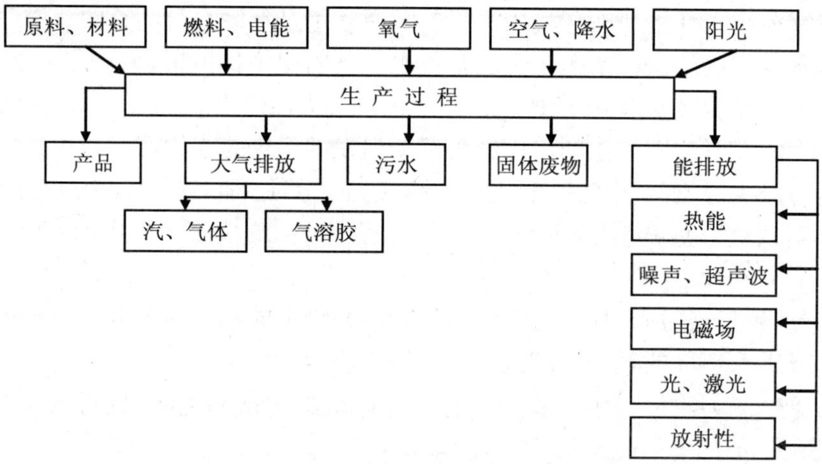

图 7-2 工业企业与环境的相互作用

冶金、化工、造纸、建材工业对环境的影响最大。

7.3 环境质量标准

俄罗斯联邦《环境保护法》，对人居环境质量标准及对环境影响程度提出要求。环境质量标准科学地确定了社会对环境刚性要求与自然利用者可能性结合的措施。

奠定质量标准基础的指标有三项：医学指标（威胁人的健康的阈值）；生产工艺指标（经济能够保障完成所设置的对人类影响的阈值及人类生命活动的环境）；科技指标（技术手段能保障控制、实施所有作用的阈值）。

环境标准确定了对有害污染源的要求，用阈值对其作了限定。有害的化学、物理、生物、放射性物质及其他物质允许排放限值构成环境标准。

标准限制有害作用的有效性，有下列保障：

- 相应于标准的现代科技水平，国际标准；
- 这些标准经过国家机构审定；
- 所有的经济实体、企业、机关、公民有执行的责任。

对所有经济部门提出的生态要求，是自然保护标准-方法论基础。它们是面对所有企业、机关，不论任何所有制形式和归属，以及每个公民。在经济活动对象中，开始关注投资的国外法人。在向市场经济转化的环境下，生态要求在三个层次上制定：

- 对经济实体的生态要求；
- 对经济过程各个阶段生态要求（选址、规划、建设、使用）；
- 对经济活动不同类型生态要求（农业、能源、城市建设等）。

实践表明，这些生态要求目的在于预防、制止各种经济活动的负面生态后果。没有得到国家生态鉴定的规划、项目，禁止拨款与实施。

生态要求是对所有的经济建设提出的。包括军事活动与国防设施，也包括自由经济区。

仅排除特别严格的生态要求。

自然保护规范与标准分方法研究与实际计算两个阶段形成。第一阶段是准备指标与说明，第二阶段是进行计算。

环境保护规范与标准包括保障自然生态系统的自然标准与价值标准。

自然的规范、标准与价值规范、标准配套，相互制约、相互联系，形成新的规范、标准体系（表 7-1）。

自然保护的自然标准 这是自然资源（水、空气、土地、土壤、矿产资源等）科学技术能达到的最有效利用量，从科学技术进步可能性计算的，是经济发展的基础。利用自然保护的自然标准，实施降低有害物向环境排放，引导技术综合与进步，为生产少排放的生态要求负责。

价值标准 这是在市场经济机制下，引导实施自然保护经济激励。由废弃物排放及矿渣堆放付费的一些标准组成。这些标准是自然利用经济原理基础。与自然标准有功能性联系。自然标准实际上高于价值标准。

自然保护标准体系的形成，包括解决了自然利用的方法问题，确定指标，规范与标准审定，标准实施，以及这些标准计算方法的完善。

表 7-1 标准与规范

环境保护领域	规范或标准	
	价值的	自然的
保护大气	在允许限值范围，排放 1 t 任何废弃物付费标准 不同交通工具燃料单位付费标准	含量允许限值 允许排放限值 在设定最小量范围排放 有害物质排放比率
保护与合理利用水资源	在不超过允许排放限值范围，排放 1 t 污染物付费标准	浓度允许限值 允许排放限值 在设定最小量范围排放
保护与合理利用矿产资源	矿产开发付费 矿业基地生产折旧费	矿产资源减少 贫矿化 回收

注：土壤、食品方面的自然保护活动，在此未涉及。

现在依据所形成的自然保护规范与标准，为激励自然保护活动积极性奠定相当好的基础。

无论是自然保护的自然标准还是价值标准，以资源利用先进标准为基础制定。根据相似计算并考虑实际因素制定标准。在形成所研究的标准时，应考虑下列影响因素。

- 提高技术水平，引进先进工艺；
- 提高尘、废气清理，废水净化，废弃物削减与无害化技术水平；
- 提高原料利用率；
- 企业活动的区域生态负载。

实际上，没有自然保护规范与标准，就不能合理利用自然。自然保护规范与标准在生态学中发挥最重要的作用，即实施环境保护措施的计划性。

自然保护规范与标准表征自然与社会关系 这些规范与标准反映了人类对生态系统负载及引起生态系统变化的客观界限。生态系统变化很大程度是经济过程引起的。自然保护规范与标准的生态实质，具有深刻的社会特征。因为生态系统变化引起自然与人类健康损失。

利用限制有害影响的自然保护规范与标准，可以进行环境质量评价。规范与标准的基础，是肌体自然适应性的总原则。有害物对肌体作用，开始是适应，然后是“病痛前期”，进而在持续作用下，产生各种消极病症，包括毒性的、致癌的、诱变的、潜在的、胚胎的病因，这些病因会引起疾病甚或致死。

环境质量规范与标准分为卫生的、生态的、限制环境影响的。

卫生标准 是进入大气、水、土的有害物质的允许限值，有害物理作用——震动、噪声、电磁辐射、放射性作用水平，不会对现代人体、后代产生任何有害作用。

如果有害物质对环境的有害作用小于人体所能接受的，那么这就是这种物质对环境作用的阈值。

毒理指标属于卫生标准，是有害物质含量或者物理因素引起人的一定反应。毒理指标全世界是统一的，在必要的情况下，有些区域可以制定更严格的标准。

生态标准 是确定人类对环境作用的界限，超过它会引起对人类适宜环境的威胁。生态标准包括生态-卫生标准、生态保护标准以及自然环境负载限值标准。

制定生态标准应当考虑，比人对污染物更敏感的活有机物，对它们制定生存标准，保障活有机物的正常生命活动。

生态保护标准 目标是保护地球基因库，恢复生态系统，保护自然遗迹与文化遗迹等。组织自然保护区、国家公园、生物圈保护、城市绿地等。

卫生保护标准 目标是保护人体健康免受污染源影响，保障饮用水水源相当清洁。卫生保护标准用于水源地卫生防护带，饮水点的卫生防护带。

环境负载的允许限值目标，是防止自然环境污染，防止生态链的破坏，保障资源合理利用。这些限值是以人类对一定的自然区域作用极限值的科学论证为基础。

限制对自然环境作用的标准（生产-经济标准）是从环境的生态保护目标出发，对具体的企业生产-经济活动进行限制。生产工艺标准、城市建设标准、休闲娱乐标准属于这一标准体系。

生产工艺标准 包括：向大气排放有害物允许阈值；向水体污染物排放的允许阈值；燃料燃烧量的允许阈值。这些对每种进入环境污染物制定的标准，与具体企业、车间、设备密切相关。因此，甚至同一企业都会不相同。这些允许排放的阈值涉及的领域很宽。因为在企业存在的是某一种污染，例如噪声污染、燃料排放物等，借助这些标准，可以将生产废弃物减少到最少。这些以进入环境污染允许阈值为特征的标准，不能用于评价净化系统本身。

城市建设标准 用于在城市规划、建设及其他居民点建设时，保障生态安全。

休闲娱乐标准 确定利用自然综合体规范，保障休闲、旅游环境。

由于客观原因不能制定卫生、生产工艺标准的情形，可以制定临时标准。随着认识深化，技术工艺的发展与完善，在严格性方面重新审定，使对自然影响降到最小。

大气环境质量评价 大气质量评价以下列指标为基础。

- 工作区大气有害物质允许含量限值，mg/m^3。每天 6 h、7 h、8 h（休息天除外），或其他每天工作时数，但每周不少于 41 h。在工作日期间，有害物质含量不应引起病态或偏离健康状态。在工作日或休息天这些状态都能用现代方法测定。
- 居民区主风向大气有害物质允许含量限值，mg/m^3。当呼吸 30 min，这种含量不会引起人的肌体的不良反应。
- 居民区大气日平均有害物质允许含量限值，mg/m^3。当长期呼吸（几年期间），不应引起当代及后代人偏离健康状态。
- 工作区临时性大气有害物质允许含量限值，mg/m^3。其规模能够确定，统计影响期限 3 年。
- 大气污染物允许排放量限值，kg/d（g/h）。当大气扩散最不利的情形，应当遵守居民区空气卫生标准。统计影响期限 5 年。
- 临时性大气污染物允许排放量限值，kg/d（g/h）。由于客观原因不能取得该居民点大气污染物允许排放量限值时，采用这一指标。统计影响期限 5 年。
- 固体燃料燃烧产物允许排放量限值，g/h。当大气扩散最不利的情形。应当遵守居民区空气卫生标准。统计影响期限 5 年。

水资源质量评价 水资源质量评价以下列标准为基础。

- 水体污染物允许含量限值，mg/L。不应当对人体（一生期间）及后代健康产生直接或间接不利影响。不应使水利用环境变坏。
- 渔业用水体污染物允许含量限值，mg/L。其含量不影响鱼类正常生命活动。这些指标应低于水体污染物允许含量限值，因为毒性物质在鱼体内会累积。
- 临时性水体污染物允许含量限值（指导性），mg/L。这些指标制定是根据水体 3 年监测数值计算。
- 制定的水源地污染物允许含量限值，g/h。污染物允许含量阈值的确定，是在被有关机构确定为水源保护区期间。之后，污染物应继续减少直到不含污染物。

土壤质量评价 根据以下标准。

- 耕作层污染物允许含量限值，mg/L。这样的含量，不会引起对土壤水分、透气性、人体健康、土壤自净能力的负面影响。
- 耕作层临时性污染物允许含量限值，mg/L。根据 3 年监测数据确定。

噪声污染评价 根据下列指标。

- 噪声排放限值，dB。多年噪声排放达到这样的水平。每天周期性的作用，不影响人的健康状况，不影响正常生活。
- 超声波影响限值，dB。在其作用下对人体不产生有害影响或影响很小。
- 次声波影响限值，dB。长期次声波影响，对人体健康无害。现代研究发现，次声波会使人疲劳。
- 机械与机器噪声排放限值，dB。必须遵守卫生标准。产生于不同类型的机器、机械。

放射性污染评价 利用三组指标进行评价：剂量限值指标；允许水平指标；控制指标。

剂量限值指标

- 有放射源工作地，一年期间放射性剂量限值，J/kg（Sv）。系统的等量作用 50 年，不会引起当代与后代人体健康状况的不利变化，这种变化用现代研究方法能发现。
- 居民点一年期间放射性剂量限值，J/kg。它的剂量限值小于放射性剂量限值标准。

允许水平指标

- 每年进入工作人员肌体内放射性剂量限值，kBq/a。50 年期间形成的累积剂量为 1。
- 每年进入公众肌体内放射性剂量限值，kBq/a。70 年期间形成的累积剂量为 1。
- 肌体中平均放射性剂量限值，kBq/a。或等于工作人员或公众肌体内放射性剂量限值。
- 表面允许污染（土壤，衣服，交通，住所等），粒/（$cm^2 \cdot min$）

控制指标 设置是为了采取措施防止超过污染剂量限值，主要有：

- 进入肌体放射物质控制剂量，kBq/a。
- 放射性物质在肌体含量，kBq。
- 在水中、空气中放射性物质含量，kBq/m^3。
- 在表面放射性污染含量，粒/（$cm^2 \cdot min$）。

7.4　卫生标准的基本原则

对于有不利影响的化学物质管理，有几种不同观点：完全禁止使用，禁止进入环境，禁止对人有任何影响；替代或少用有毒危险物；限制（限定）环境客体中含量，限制对工作人员及居民的影响水平。因为现代化学已经成为生产力系统中关键发展方向的决定因素，战略选择是复杂的、多目标的，要解决它需要分析近期发展的危机、对人的肌体不利影响，对后代及环境的影响，对社会、经济影响，以及禁止生产、使用化学合成物的后果。环境客体中化学物质含量的卫生标准制定示意图如图 7-3 所示。

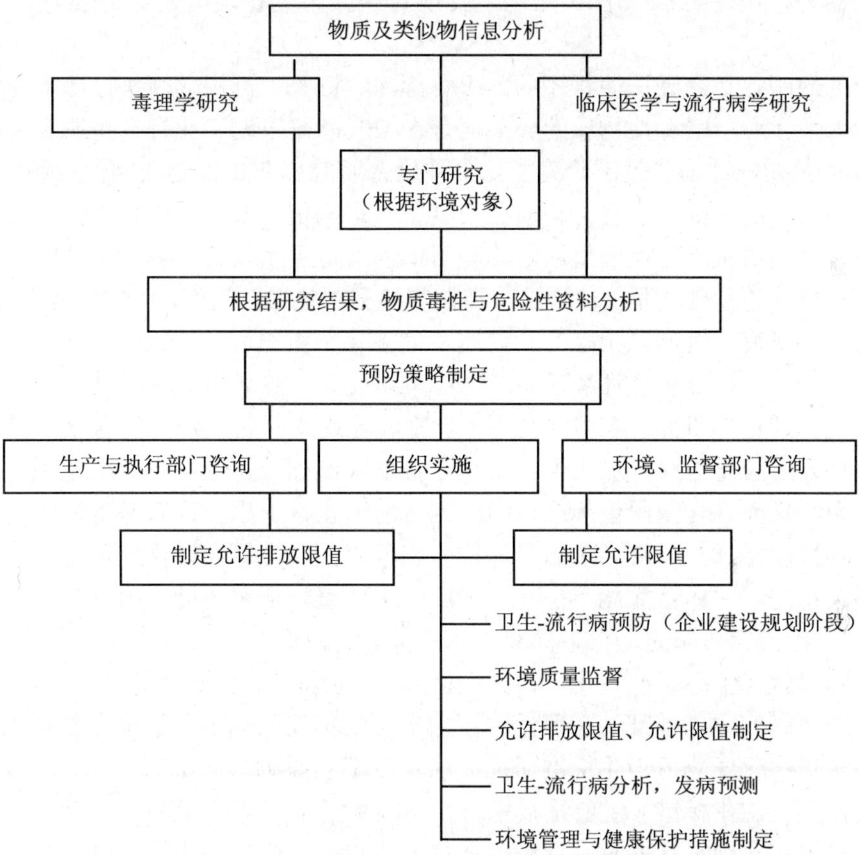

图 7-3　环境客体中化学物质含量的卫生标准制定示意图

在政治、社会、经济、医学-生物、技术、生态标准的综合体中，预防性标准是战略选择。在国内外，禁止生产、使用一些危险的工业致癌物与杀虫剂。禁止工作人员接触及向环境排放最有生物活性的化合物。例如，一些药物制品。在现代技术发展阶段，有机化合物是最危险的环境排放物。正如 B.A.列卡索夫所指出的，只有 1/5 的有机化合物进行过详细研究。90%以上的化工生产工艺是不适宜的，造成原料、能、劳动力浪费，降低产品质量。遗憾的是这种状态，年年如此，毫无改变。每年开发近 600 种新化学产品，只有 1/3 用合适的工艺生产的。采用的生产工艺，不论是对生产或对生态都是不完善的。许多对现代文明必需的化学物质的生产不能取消。因此必须坚定不移地遵守环境质量标准。没有标准，必然会使化合物对人类产生无控制的、潜在的危险。

显然，环境质量标准永远是具体的，有一定内涵的。包括：

- 保护对象（例如，人、植物、技术设备等）；
- 环境，有具体检测内容（例如，空气、水、土壤、人体等）；
- 危害程度（例如，疾病的出现、对后代潜在危险、设备损坏、生产量下降、植物价值丧失等）；
- 定时特征（例如，人的一生、工作期间、某短时间）；
- 价值标准，也就是后果，丧失或达到某一水平。

现在国内外，卫生标准（首先是化学物质对人类不利影响）对于环境管理有一定的意义。

卫生标准的制定是经过法律程序的。所有部门、机关、机构必须执行环境客体中化合物允许含量水平。对一些毒性物质的标准，是在 20 世纪根据工业有毒物质含量阈值资料制定的。20 世纪初，德国、美国研究了几十种最普通的工业毒性物质阈值。20 年代中期，前苏联首次在卫生法中确定了有害物质在空气中含量阈值。20 世纪 30 年代，德国、美国相继制定了有害物质空气含量阈值。前苏联后期，确定了水体、土壤、食品中含有化学物质卫生标准的方法论基础。现在发达国家都在实施卫生标准。此外，化学品允许含量标准，许多国际组织在研究，例如，国际劳动组织、世界和平组织。

长期以来，卫生标准成为环境质量统一标准。现在，除了卫生标准外，渔业用水水体允许含量限值标准正在研究。农田水利用水、畜牧业用水有害物质允许含量限值标准正在规范化。生物方法净化的水源水化学物质允许含量限值标准正在制定。已经制定了特殊保护区空气有害物质允许含量限值标准。然而到目前为止，卫生允许含量限值研究，暂时落后于执行的环境质量评价标准。落后于评价生态危险性、计算允许排放量、确定环境污染与居民健康关系需求。尽管如此，在一些环境（水环境、土壤环境）的有害化学品卫生标准中，医学-生物指标考虑的是生态标准。现在执行的允许含量限值，实质上是以人为本，不能保障生物变化（生态系统变化，种群变化）。然而这并不能表明卫生标准的可靠性小，只是强调了加快研究生态标准的必要性，在生态法中不仅包括卫生标准也包括生态标准。

生产与环境中化学物质卫生标准研究方法，以下列原则为基础。

无害化原则 卫生标准（主要是技术、经济领域医学-生物学指标，以及其他标准）的基础是，在确定有害因素标准时，首先确定对人体及卫生环境的作用。出于技术或经济的目的，单纯的防护措施，不能成为制定标准的基础。

超前性原则 从这种或那种有害物质开始作用时刻起，制定与实施专门措施，超前性措施是重要的。因为生产实践中，对人体有潜在危害的物质，研究得还不透彻。另外，破坏了超前原则，会导致重大经济损失。自然保护的代价是很大的。贯彻这一原则，还是因为卫生标准是以居民健康状况研究为依据的（有些疾病潜伏期 20～30 年）。

必须将卫生标准与临床医学、流行病学研究结合起来。

有害物质作用阈值的原则 这也是重要原则。与这一原则相应的是，物质作用的水平降低到这样的剂量（浓度），不会引起不利变化。有害物质作用的阈值确定，对大多数化学物质是不成问题的。早在 16 世纪，著名医生帕拉采利斯（Парацельс）发现："没有一种物质不具毒性，只是用剂量划分药与毒药”。

对于诱变因素与致癌因素，阈值问题目前还未解决。不论是有限值的还是无限值的，都存在许多变数。在国内外，这些物质的标准，以临床学与流行病学资料分析为依据。这些物质中有些是被禁止的（例如，苯酚，苯）。一些物质用癌症发病率表示（1 万人 1 例或 10 万人 1 例）。对人和实验动物症状不明显的物质含量，制定标准原则，一般是采用通用毒性物质限值。

H.C.波拉夫基夫是我国工业毒理学的奠基人之一，他认为毒品作用的阈值可能是很多个，列举的限制系统有多少个，阈值就有多少个。因此，显然不是与化合物作用有关的任何作用，而仅是对人类健康的危害。卫生学中，对有害物质作用的阈值理解为：物质在环境客体中最小含量，在其作用下会引起生理反应范围以外的变化，或潜在的病因（H.B.萨诺茨基）。

阈值作用原则与卫生标准的另一原则密不可分，即效果取决于剂量与作用的时间。剂量与作用时间不仅决定生物效果显示的时间，而且对其质量特征也有不小的影响。例如苯，在强烈作用下会影响中枢神经，而小剂量长期作用、累积，会使中枢神经崩溃。

确定卫生标准时，化学物质有害作用试验模拟的原则。是定量研究进入生产流程的化合物允许含量。在一些情形（确定持续作用限值，气味限值），可以用志愿者做实验。国内外，化学物质毒性及滞留性，是在实验室用动物做实验。当进入人体相似试验（途径，作用状况等）时，需考虑年龄、性别、敏感程度等因素。实验室动物试验确定的化学品有害作用阈值，低于所研究的化合物危险性指标及有害作用。

由于水、土、大气、动植物提供的食物的特征与物理-化学变化，卫生标准是对每一对象制定的。化合物的作用，众所周知，有直接的，还有间接的。因此，制定客体的化合物允许含量标准时，应考虑各种不利影响：对有机体的影响（外形、气味、味道等）；对公共卫生指标影响（腐生微生物群落数量及群落结构变化等）；从一种环境迁徙到另一环境的可能性（物质从土壤向水体、空气、植物体转移或代谢）。日常卫生（例如，大气透明度、日常生活环境变化等）。

在确定允许限值的具体值时，采用危害性指标最小的原则。即从各种标准确定的有害物含量限值中选最小的（短板原则）。

大家知道，对人居环境影响的不是一种物质，进入肌体的途径（水或空气），是复杂的、多渠道的。必须将多样性影响反映在综合性原则中。确定有害物质对环境作用的卫生标准时，必须考虑综合性原则。

最有前景的研究课题，是研究环境要素的总容量。毫无疑问，应该考虑由于气候环境形成的标准的差异性原则。在确定饮用水含氟量限值时，特别注意这一原则。

卫生标准的制定与实施，应以科研阶段性成果为基础。该原则反映战略研究课题，战略研究重要阶段成果，以及同期进入环境的新物质。

环境客体中执行的标准，分阶段形成。技术研究阶段与毒性评价阶段之间联系，总的形成序列链：技术流程理论设计；预先毒性评价；实验室研究—毒性试验；实验工厂—毒性登记、毒性评价；工厂生产计划—补充毒性研究；实际生产—实际的卫生、医学、流行病学研究。

上述研究流程反映了卫生标准的另一原则：试验与实际研究统一。该原则以重要的论点为基础：不同接触程度的居民健康状况调查，及流行病学研究结果，是卫生标准可靠性判断的依据。

表 7-2 毒理研究及毒性评价过程

技术评价阶段	毒性评价阶段	毒理研究内容
技术流程理论设计	毒性评价	原料、中间产品毒性分析。毒性参数计算
实验室研究	毒性试验	动物残留试验。产品毒性试验
实验工厂	毒性档案，完整毒性评价	对动物长时期试验。对于工厂工人提出医学—技术要求
工厂生产计划	补充毒性研究	机理研究，治疗方法研究
实际生产（应用）	实际研究	工作环境研究，工人健康状况，生产的医学—技术要求

资料来源：И.В.萨诺茨阔穆。

按照现在执行的外部环境中化学合成物允许含量限值，是这样的含量，在一定期限或一生作用于人的肌体，间接或直接通过生态系统，不会引起身体的或心理的疾病，或不引起超出生理反应的健康状况变化。这些变化用现代方法能够发现，或潜伏于当代、后代人体（И.В.萨诺斯基）。

所列举的化学物质卫生标准制定的原则，在一定程度上很接近其他环境要素（物理的，生物的）标准制定方法。而它们作用于人体的特征，取决于限值论证方法。

问题在于，卫生标准按照传统方法研究，需要大量费用与很长时间（1～3 年）。例如美国一种化学物质研究花费 50 万～60 万美元。而在美国工业化学品有 65 万种，允许对环境影响的 1 000 多种化合物。

新化合物不断出现，一方面详细登记所有生产化合物，另一方面加快研究卫生标准。

1992 年 12 月 12 日俄罗斯联邦政府颁布 No 869 文，提出由俄罗斯登记局执行对潜在危险化学、生物物质进行登记。这一措施，毫无疑问，能彻底清查俄罗斯所有化合物、生产与使用。最终能提高对人体和环境潜在危险性评价的可靠性。

8 大气圈保护

8.1 俄罗斯联邦法与大气保护

保护环境是俄罗斯每个公民的义务。俄罗斯联邦《大气保护法》(1989)，通过立法确立了采取预防与减少大气污染排放的系统措施，以保护人与自然环境免受有害影响，减少物质损失。《大气保护法》明确了企业领导、地方政府、法人对大气环境质量的责任。

俄罗斯政府必须：

- 在国内制定、实行统一政策，颁布联邦法及实施科学规划；
- 制定空气质量标准，污染物排放标准，以及特殊污染物的排放标准；
- 制定固定的及流动的污染源排放的付费标准；
- 国家实施大气质量监测，必要时停产、关闭企业，或要求企业进行技术改造，审查有害物收集、无害化处理、降低或消除大气污染排放的措施。所有这些，都应达到大气污染物排放浓度限值，即已建的或规划建设的企业排放总量，不应恶化大气质量。特别强调的是，无论俄罗斯的或国外的任何技术设施，交通或其他机动车辆，都应有符合生态标准的证书。

特别强调的是，大气污染及有潜在污染的物质，国家应进行登记。俄罗斯自然委员会是允许排放的大气污染物及潜在大气污染物的登记机构。允许排放大气污染物及潜在大气污染物，是由俄罗斯自然委员会确定，俄罗斯联邦政府审定。在上述允许排放条件下，应该保护大气环境。

俄罗斯自然委员会与俄罗斯联邦卫生部门、水文部门、环境监测部门及其他部门，协同进行大气环境保护。

俄罗斯自然委员会及地方机构，应制定区域的、地方性的大气环境保护规划。这些规划应包括减少排放、空气质量监测、控制污染措施等。

违反《大气保护法》，对居民健康造成危害的法人，应问责或追究刑事责任。

8.2 技术过程生态化与污染源合理分布

这是保护区域大气免遭有害物污染系统措施中最有效的。主要是采用封闭循环工艺，少排放或无排放。例如铁素体（磁氧化铁，用于计算机磁芯、电话与收音机生产）的生产，通过硫化铁冶炼而成：

$$Fe_2(SO_4)_3 \longrightarrow Fe_2O_3 + SO_2\uparrow$$

排放出大量的有害物二氧化硫。而用硅铁取代硫化铁，可以消除对人体有害的气体：

$$Fe_2(CO_3)_3 \longrightarrow Fe_2O_3 + 3CO_2 \uparrow$$

固体燃料（煤）、液体燃料（重油）进入火电站锅炉炉膛前，进行脱硫处理，可以减少烟气中含硫量。

在企业热动力设施的燃烧区，几乎可以完全消除烟气中 NO_x（分级燃烧，烟气循环）。建立连续的工艺过程（一种排放物是另一企业原料），用天然气取代煤与重油，是采取的自然保护措施。

同时，如实验所表明的，在大的能源设施（水电站、核电中心、核电站）及其他企业附近，尽管采用了气体净化措施、生态化生产工艺，但近地大气层含的有害物质，超过允许含量限值。这些设施用高烟囱排放烟气，烟囱越高扩散距离越远。一些企业烟囱高达 300 m，例如，萨德伯里市（加拿大）的铜-镍生产综合体，烟囱高达 407 m。核电站排风管道很高（100 m），以便扩散放射性物质。应当承认，烟气混合物向大气扩散，造成区域大气污染，这是还没有解决的问题。大气有害物质排放问题是复杂而综合的问题，合理布局污染源，对解决这一问题有效：

- 将企业从城市迁往城外或近郊农业区；
- 企业布局应考虑地形与风向；
- 在企业周围建卫生防护带；
- 合理规划城市建筑。

企业与居民点相互位置，应根据暖季风向玫瑰图确定。向环境排放有害物质的企业，应远离居民点，位于居民点的下风方向，以减少对居民点的影响。

企业的建筑物应根据生产流程布局。建筑物较近，污染排放物会在建筑物之间（作为空气动力带）聚集。污染排放量大的车间，应布置在生产区边缘，远离生活区。

8.3 大气圈的主要化学污染

混合物分为两类，一类是自然过程形成的自然混合物，一类是经济活动、战争形成的人为混合物。源于自然污染的大气污染水平，称为背景值。与多年平均值偏差很小。

人为污染的特点是混合物种类多、污染源多种多样。人为的高浓度污染区，恰是生命活动最活跃的区域。

进入大气圈的混合污染物，有固态、液态、气态。气态混合物与空气混合，而固态与液态微粒形成气溶胶（弥散系），它们分为尘（粒径大于 1 μm）、烟（粒径小于 1 μm）、雾（液体微粒粒径小于 10 μm）。尘可以分为大粒径（大于 50 μm）、中粒径（50～10 μm）、小粒径（小于 10 μm）。根据液体细粒大小，雾可以分为超细雾（小于 0.5 μm）、细雾（0.5～3 μm）、粗雾（3～10 μm）、雾点（大于 10 μm）。气溶胶常常是混合弥散系，即含有不同粒径颗粒。

污染大气的主要化学混合物如下述。

二氧化碳（CO_2） 数量最大的人为污染物。带酸气味的无色气体，碳充分氧化产物（煤、石油、天然气燃烧），部分 CO_2 进入大气，被光合作用吸收，其余部分参与温室效应形成。

一氧化碳（CO） 也叫煤气，是一种无色、无味气体。由于含碳燃料在较低温度下不充分燃烧（供氧不足）形成的。按照 Н.И.伊万诺夫，И.М.法金（2002），65%的一氧化碳来自交通，14%来自工业生产，21%来自生活。

二氧化硫（SO_2） 各种含硫燃料燃烧或在高温下硫矿加工（加氧）形成。全世界每年二氧化硫排放量 2 亿 t。在热电站、冶金企业、采矿企业排放量高。二氧化硫积极参与酸雨形成。二氧化硫对人体长期或过量作用，引起肺气肿，心律失常，破坏血液循环，甚至呼吸停止。二氧化硫一次性排放最大浓度限值为 0.5 $\mu g/m^3$，日平均最大浓度限值 0.05 $\mu g/m^3$。发现植物对二氧化硫敏感性不亚于人。

氮氧化物（NO，NO_2） 通常表示为 NO_x。在所有有空气参加的燃烧过程中，先产生一氧化氮，迅速氧化形成二氧化氮。

根据评价，每年进入大气氮氧化物 6 500 万～7 000 万 t，其中 55%来自交通，28%来自能源，14%来自工业。来自社会生活仅 3%。在大气中二氧化氮被太阳照射，很快转化为氮酸，形成酸雨。此外，在太阳照射下，氧化氮与汽油气及其他碳氢物反应，形成臭氧。这一过程产生红-褐色雾，经常出现在能源工业发达的城市。

氮氧化物一次性最大排放限值 0.085 $\mu g/m^3$，日平均排放限值 0.04 $\mu g/m^3$，超过 0.15 $\mu g/m^3$，会发生呼吸道疾病。二氧化氮会引起肺气肿。

臭氧（O_3） 有干草味的气体。O_3 是所有大气污染物毒性最大（1 级危险）的气体。臭氧是在 NO 及其他有机化合物参与下光化学作用形成的。

在工业中心臭氧含量最高，近些年，观察到在农村含量在增加。臭氧一次性最大排放限值 0.16 $\mu g/m^3$，日平均排放限值 0.03 $\mu g/m^3$。

碳氢化合物 在所有大气污染物中占比例最大的是碳氢化合物。大多数碳氢化合物对人是有危险的。例如，乙烷会引起神经系统严重损伤，苯会引起白血病，丁二烯是致癌物质。几种碳氢化合物共同作用，会产生不可知的后果。

氟利昂 人工合成的氯氟烷。价格不太贵，不燃烧，中性。广泛用作制冷剂。对臭氧严重破坏。

铅（Pb） 有毒性金属。全世界每年铅开采量 60%，几千万吨，用于铅酸电池生产。汽车尾气含铅混合物是大气主要污染源（占 80%）。

铅及其化合物会降低人体的酶活性，在人体代谢中有累积作用，也就是在人体组织中积累。例如小孩，铅的负面影响特别大，进入体内铅 40%残留。铅及其化合物日平均排放限值 0.000 3 $\mu g/m^3$，对于铅化合物无害化标准是 3×10^{-6} $\mu g/m^3$。

放射性尘 是人为的破坏大气质量最危险的因素。核电站事故或核爆炸，大部分是铀-235、铀-238、铀-239 裂变产生放射性核素。研究确定，爆炸后几十秒，形成 100 多种放射性核素，其中 29 种对大气污染最严重。经过两天 20 种对大气污染最严重。经过 100 年 3 种对大气污染最严重。锶-90 对人有潜在危险性，不仅衰变期长，而且像钙一样在骨头里能发现。

当核爆炸时，随温度降低放射性核素以气态含在气溶胶云中。最大微粒（直径 40μm）降落于地面。小微粒（直径 1～20 μm）不仅悬浮在对流层上部，而且分散在岩石圈。放射性核素飘落两半球，形成全球污染。

8.4 大气圈污染源与排放物分类

排放有害物质进入大气的实体，称为污染源。

工业生产区、生产过程、辅助生产过程产生的污染，称为工业污染源。产生污染或从中排放污染的实体（工艺设施，设备等），称为污染排放。从污染源排出污染物进入大气，称为大气污染排放。单位时间排放到大气中的污染物量称为排放量。

根据国标 ГОСТ17.2.1.01—76，有害物按照物态、机械成分、化学成分分类。

按照物态分为：液态，气态，固态，混合态。根据排放量（t/d）分为：小于 0.01 t/d；0.01～0.1 t/d；0.1～1 t/d；1～10 t/d；10～100 t/d；大于 100 t/d。

排放物根据化学成分分为 26 类，根据粒径分为亚类：小于 0.5 μm；0.5～3 μm；3～10 μm；10～50 μm；大于 50 μm。

现在还没有统一的污染源排放分类体系。根据高度分为：高污染源，高度 50 m；中污染源，高度 50～10 m；低污染源，高度 10～2 m；近地污染源，高度低于 2 m。

根据污染源的扩散形式，分为：点状；线状；面状。管道排放为点状，线状污染有很长距离，例如，换气扇排气。

根据排放状态分为连续排放、间歇排放、排射排放。排射排放是在短时间内，高浓度或大量排放。

根据污染源的移动性，分为固定的与移动的。根据排放状态分为低速的与高速的。也可根据污染源分为热排放物与常温排放物。如果排放物温度与周围环境温度相当，则为常温排放物。

根据污染气体排放方式，分为有序排放与无序排放。有序排放是用专门的设备向大气排放。无序排放是由于设备密封性被破坏，或净化无设施或净化设施工作不良，排放物向大气无固定方向排放。

根据污染排放源的位置，可以分为遮阴的与非遮阴的。如果污染排放源的高度高于 2.5 个楼层，属于非遮阴的，污染排放源位于该楼的气流绕流区。如果污染排放源的高度低于 1 个楼层，属于遮阴的，污染排放源位于该楼的风影区。

此外，污染源还可分为生产工艺排放及通风设备排放。

8.5 大气质量标准

大气质量是大气的物理、化学、生物因素对人、植物、动物以及材料、结构、整个环境作用特征的综合。空气质量标准是按照所设定的指标，对人类及环境作用的程度。

ПДК——允许排放浓度限值，是决定大气环境质量基本指标。ПДК（mg/m^3）是一定时间内大气混合物的最大浓度，在一定时期或长期作用于人类，不产生有害作用（包括潜在有害作用）。

对于居民点空气，应设立最大允许排放浓度限值 $ПДК_{M,p}$ 及日平均允许排放浓度限值 $ПДК_{c,c}$，设立最大允许排放浓度限值 $ПДК_{M,p}$ 是为了防止混合物对人短期（20 min）有害作用。日平均允许排放浓度限值 $ПДК_{c,c}$ 是为了防止一般的毒性作用、致癌作用、诱变作用对人的影响。居民点空气有害物质允许排放浓度限值，由卫生部拟定。

В.Я. 梁赞采夫为首的科学家，是大气混合物允许排放浓度限值的提出人。В.Я. 梁赞采夫的主要论点如下。

（1）允许排放浓度限值是有害物质含量直接或间接作用于肌体，不降低活动能力，不影响人的感觉与心情。

（2）有害物质已经达到不适应的时刻，表明这种物质已经达到不允许浓度。

（3）当有害物质已经开始对植物、局部气候、大气透明度、居民日常生活环境产生影响，其排放浓度是不允许的。

早在 1951 年已经确定对基民点影响最普遍的 10 种化学物质的允许排放浓度限值。1955 年出版的《大气污染物编码名目》，列出对人有短期危害的 36 种化学物质，同时对所列化学物质中有些设定最严格的安全阈值。现在已经对 1 400 种物质设定了最严格的安全阈值。

为了评价大气污染水平，将实际有害物质含量与允许排放浓度限值比较。近地层的实际有害物质含量不应超过 ПДК，即 $C \geqslant$ ПДК。对于疗养院、休养所，污染水平不应超过 0.8ПДК，即 $C \geqslant 0.8$ПДК。

同时有几种污染物排入大气，它们含量的无量纲累积值应当满足条件：

$$C_1/\text{ПДК}_1 + C_2/\text{ПДК}_2 + \cdots + C_n/\text{ПДК}_n \leqslant 1$$

式中，C_1，C_2，$\cdots C_n$——大气有害物质含量；

ПДК_1，ПДК_2，$\cdots\text{ПДК}_n$——大气有害物质允许排放浓度限值。

所有化学物质，根据对人体作用程度，分为 4 个危险级，单位为 mg/m^3：

特别危险（ПДК＜0.1）；

高度危险（0.1＜ПДК＜1）；

中度危险（1＜ПДК＜10）；

低度危险（ПДК≥10）。

在俄罗斯制定了潜在危险化学品与生物物质登记目录。潜在危险化学品与生物物质，是自然的或人工的物质（化合物），在生产、使用、运输、加工以及日常生活中，能对人健康与环境产生不利影响。

8.6　空气固体悬浮颗粒物浓度标准的特征

固体悬浮颗粒是由悬浮于空气中的颗粒混合物组成的污染物，可能是固体或液体，也可能是有机、无机混合物。固体悬浮颗粒物主要成分是硫酸盐、硝酸盐、氨、钠、碳、矿物尘、水。一些颗粒，像尘、泥、烟、雾，是肉眼可见的，一些颗粒如此之小，只在显微镜下能看到。固体悬浮颗粒物特性取决于空气动力学当量直径。粒径小于 10 μm 称为 ТВЧ-10 颗粒物，更细的粒径小于 2.5 μm，称为 ТВЧ-2.5 颗粒物。国外文献常可见到 PM_{10}，$PM_{2.5}$，分别相应于俄文文献 ТВЧ-10 与 ТВЧ-2.5。固体悬浮颗粒在大气中的含量，取决于粒径。由于沉淀与沉积作用，PM_{10} 颗粒物排放后在大气中悬浮几小时，$PM_{2.5}$ 颗粒物排放后，在大气中悬浮几天甚或几周。因此这些悬浮颗粒可以输移很远距离。

由于固体悬浮颗粒物的输移特性，各个国家的固体悬浮颗粒物大部分，源于本土而输移到其他国家。例如，德国，据计算 41%的 $PM_{2.5}$ 固体悬浮颗粒物影响本土，59%输移国外，其中 14%输移到法国。换句话说德国 $PM_{2.5}$ 悬浮颗粒物影响其他国家。例如，这种粒径悬浮颗粒物总量 21%影响丹麦，2%影响捷克。

固体悬浮颗粒物主要成分是：硫酸盐、硝酸盐、氨、钠、碳、矿物尘、水。取决于形成机理，可以分为初始的与次生的。初始的是人为或自然形成的直接排入大气。人为形成的颗粒主要来源是：汽车燃料；燃料（汽油、重油）；民用燃料（煤，生物燃料）；工业活动（建筑、开矿、水泥生产、砖生产、冶炼）；路面摩擦；车辆制动时轮胎摩擦。次生的是由于气体污染物的化学反应形成的。在交通或工业生产中，产生的氮氧化物，以及含硫燃料产生的二氧化硫。次生固体悬浮物以细粒为主。据观测，固体悬浮颗粒物含量是最高的，在发展中国家人口密集区，源于矿石燃料燃烧、交通运输及工业生产。

由于 PM_{10} 与 $PM_{2.5}$ 的输移特性，产生不可逆后果，例如，生态损失、视觉景观损失、人体健康危害。

细粒固体悬浮颗粒物被风远距离输移，沉降于水体与土壤，使湖泊水体酸化，改变近岸水体食物链，土壤营养物质减少，森林与农作物受害，生物多样性减少。细粒悬浮物使能见度降低。给城市带来生态损失、经济损失、文化损失。

人体吸进 PM_{10} 悬浮颗粒物，危害呼吸道。$PM_{2.5}$ 悬浮颗粒物更危险，可以吸入呼吸道深部，到达肺部。$PM_{2.5}$ 悬浮颗粒物含有细小的固体颗粒及细小的液滴，它们如此之小，可以深入呼吸道，引起严重疾病，特别是心脏病、呼吸道疾病，老人、小孩容易感染。由于空气颗粒污染物含量增加，人体短期产生不舒服感觉。

很多国家科学家研究表明，由于 PM_{10} 与 $PM_{2.5}$ 悬浮颗粒物作用，会引起一系列健康问题：呼吸道疾病增加，哮喘，支气管炎；肺功能降低；心动过速；心肌梗死；有心脏病及呼吸道疾病的人早逝。

据资料，2000 年固体悬浮颗粒物污染空气，欧盟国家居民平均寿命减少 8.6 个月，而德国达到 10.2 个月。

在柏林，欧洲区域联盟公布了空气污染对人体健康调查结果。高浓度的固体悬浮颗粒物短时间作用，也会增加心血管急诊病人及住院治疗的人数。

欧盟 99/30/EC 号令规定，固体悬浮颗粒物允许浓度限值日平均含量 50 $\mu g/m^3$，年平均 40 $\mu g/m^3$。降低大气污染的目标是：到 2010 年欧盟人均寿命减少 2.3 个月，德国 2.7 个月。指标转换，相当于欧盟国家早逝人数降到 80 000 人，欧盟保全了 100 万年的生命。对德国这两个数字分别是 17 000 人，240 000 年。图 8-1 是 $PM_{2.5}$ 悬浮颗粒物含量与日均死亡率关系。

长期暴露于固体悬浮颗粒物环境，对于人体特别危险，引起生育能力降低。降低悬浮颗粒物含量，减少暴露时间是首要任务，这需要财政支持。据计算，为减低悬浮颗粒物引起的死亡率，欧盟每天要支付 58 亿～161 亿美元，减少悬浮颗粒物引发的疾病，每天要支付 290 亿美元。德国这两项支出分别为 130 亿～340 亿美元，60 亿美元。

很多城市悬浮颗粒物污染水平，超过欧盟制定的标准。例如，德国 2005 年第一季度，超标天数达 30 d。悬浮颗粒物污染大部分集中在发展中国家人口稠密的城市。主要原因是交通与化石燃料燃烧。表 8-1 列出全世界悬浮颗粒物污染最严重的城市。对悬浮颗粒物贡献最大的是交通运输及居民燃烧矿石燃料，特别是汽油燃烧占悬浮颗粒物污染量的 1/3。2005 年德国对欧盟悬浮颗粒物污染贡献率为 14%，对细颗粒贡献率为 13%。看来德国是低于欧盟其他国家。

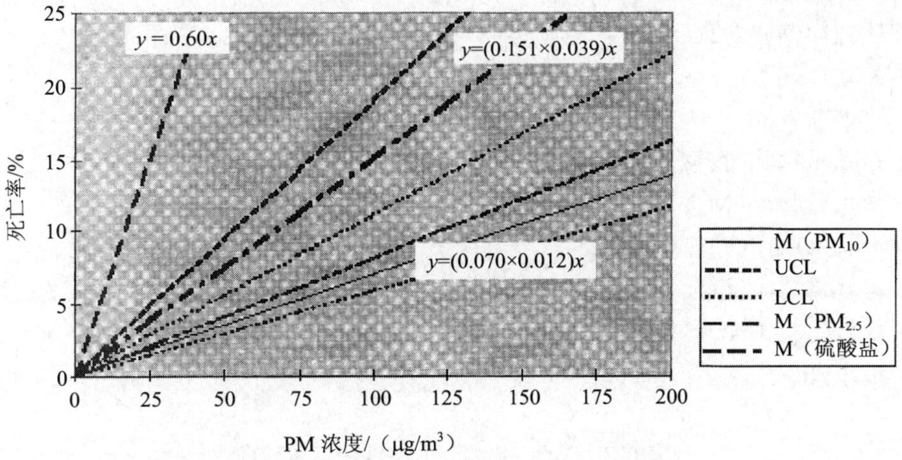

图 8-1 $PM_{2.5}$悬浮颗粒物浓度与日均死亡率函数关系

表 8-1 2004 年全世界悬浮颗粒物 PM_{10} 污染最严重的城市

悬浮颗粒物 PM_{10} 的含量/（μg/m³）	城市
169	埃及，开罗
150	印度，德里
128	印度，加尔各答
125	中国，天津
123	中国，重庆
109	印度，坎普尔
109	印度，拉科那尔
104	印度尼西亚，雅加达
101	中国，沈阳

美国现在执行的城市悬浮颗粒物 PM_{10}、$PM_{2.5}$ 污染标准，是美国环境保护局制定的《国家大气质量标准》。美国环境保护局调整了一些初始悬浮颗粒物与次生悬浮颗粒物（氮氧化物、硫、氨）限值。新的标准 2012 年 1 月 1 日执行。这是世界上最严格的标准。特别是氮氧化物几乎达到零排放，进入大气的碳颗粒物下降。也采取了预防悬浮颗粒物 $PM_{2.5}$ 污染排放的措施。Cummins Inc.公司正式宣布，准备实施新的环境保护标准，对在北美国家销售的载重汽车发动机排放尾气净化。3 月 19—21 日在美国肯塔基州路易斯维尔举办的“中美国家卡车展”，该公司展出了实施这一战略的发动机模型。实验表明这种发动机的柴油尾气的某些成分比空气干净。在发动机附加尾气收集系统，应作为新标准的补充要求。这一要求应在 6.5 t 以上载重车实现。大气质量国家标准，是美国环境保护局执行《清洁空气法》（42USC7401）的重要举措。

初始悬浮颗粒物浓度限值标准的目标，是保护人的健康，特别是儿童、老人敏感人群，远离流行病。次生悬浮颗粒物浓度限值标准的目标，是保护社会公共利益，免受污染物实际的及潜在的危害。

亚洲环境问题协会提出空气污染下列标准：

- 臭氧（O_3）
- 固体颗粒
- 悬浮颗粒物（PM_{10}）
- 细颗粒物（$PM_{2.5}$）
- 一氧化碳（CO）
- 二氧化硫（SO_2）
- 氮氧化物（NO_x）
- 铅（Pb）

表 8-2 美国 PM_{10}、$PM_{2.5}$ 大气质量标准

污染物	类型	标准/（μg/m^3）	影响时间
PM_{10}	初始，次生	150	24 h
$PM_{2.5}$	初始，次生	35	24 h
$PM_{2.5}$	初始，次生	15	年

欧盟 99/30/EC 号令规定，悬浮颗粒物 PM_{10} 日平均允许浓度限值 50 μg/m^3，年平均允许浓度限值 40 μg/m^3。

欧盟制定了《欧洲空气净化》长期规划。同时制定了保护人体健康与环境免受污染空气影响的综合性政策。也制定了污染空气远距离输移协议。这是降低大气污染国家战略的基础。

然而，这些措施没有得到全社会的支持，未取得预期效果。长期规划、财政支持、立法措施、社会宣传，是达到预期结果的必要措施。

专门测悬浮颗粒物 PM_{10}、$PM_{2.5}$ 浓度的仪器有：ИКП4 型粉尘浓度测定仪；ОМНП1.0 型半自动粉尘采集器；TSI 型气溶胶分析仪（0.000 1～100 000 mg/m^3）；“Junior”激光测尘仪（粒径 0.5～15 μm，0.001～10 mg/m^3）；MVS6.1 型小容量取样器。

MVS6.1 型采样器是用于测空气样中悬浮颗粒浓度，通过最大流量 5.5 m^3/h，流量是用过滤器与真空泵之间的流量计测定。技术参数如下：

流量 2.0～5.5 m^3/h

取样时间 5 min～1 000 h

电源 230 V，50/60 Hz

功率 300 W

过滤器直径 47～50 mm

工作面直径 41 mm

体积 300 mm×450 mm×250 mm

重量 19 kg

噪声＜35 dB

配套附件：真空泵 6 m^3/h，PM_{10}、$PM_{2.5}$ 悬浮颗粒物收集器。

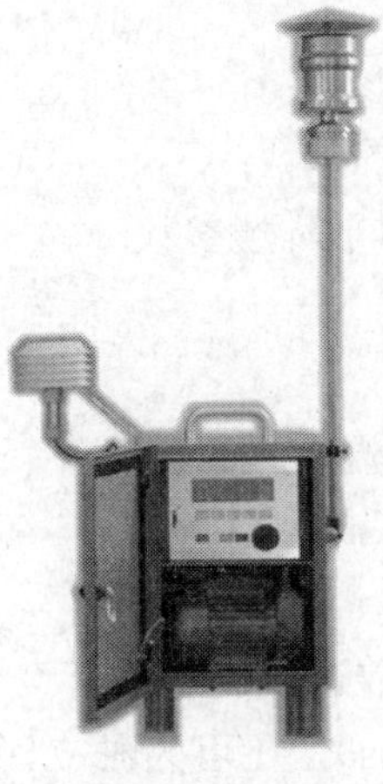

图 8-2　MVS6.1 型小容量采样器

8.7　大气污染物排放浓度限值标准的研究

污染物允许浓度限值 ПДК 是用于大气状态的卫生评价，它没有指出污染源的作用。这一功能由另一标准——允许排放限值（ПДВ）实现。

允许排放限值（ПДВ，g/s）是单位时间有害物质最高允许排放到大气中的量，目标是保障空气质量达标。

在制定居民点的 ПДВ 时，应满足下边关系式：

$$\frac{C}{\text{ПДК}}\leqslant 1$$

疗养院与休养所的 ПДВ，应满足下边关系式：

$$\frac{C}{\text{ПДК}}\leqslant 0.8$$

这样，为每一大气污染源制定标准，为了所研究污染源、企业、城市、居民地污染排放，考虑工业发展前景，有害物质扩散不在近地大气层形成一定浓度。

小污染源不制定 ПДВ，小污染源可以归入点源或面源，它们有统一的标准。

每一种物质的 ПДВ 是独立的，不相同的。是在生产设备或净化设备满负荷的情形下测定的。

对于一种热排放污染源，ПДВ 按照下式计算。

$$\text{ПДВ}=\frac{(\text{ПДК}-C_{\phi})H^{2}}{AFnm\eta}\sqrt[3]{V_{1}\Delta T}$$

对于一种冷排放污染源，ПДВ 按照下式计算。

$$\text{ПДВ}=\frac{(\text{ПДК}-C_{\phi})H^{\frac{4}{3}}}{AFnm\eta}\frac{8V_{1}}{D}$$

式中，C_ϕ——背景含量；

A——与大气圈温度层结有关的参数；

F——考虑有害物大气沉降速度的参数；

m，n——考虑从污染源排放口排放环境参数；

H——排放源高度；

η——考虑地形的参数；

ΔT——气体混合物与周围环境温度差；

V_1——气体混合物排量，$V_1=(\pi D^2/4)w_0$；

D——排放口直径；

w_0——气体混合物从排放口排放速度。

除了对一种污染源确定 ПДВ（g/s），还可为独立污染源或整个企业确定年 ПДВ$_r$（t/a）值。整个企业 ПДВ$_r$ 按照下式计算。

$$\text{ПДВ}_r=\sum_{i=1}^{N}\text{ПДВ}_{ri}$$

如果由于客观原因，不能马上确定 ПДВ，可以确定临时的，分阶段降低排放量。

8.8 企业执行污染物排放标准的监督

对制定的大气有害物质排放标准执行情况进行监督：该污染源单位时间有害物质排放量确定；与所制定的标准进行比较；检查达到标准的措施实施计划；检查净化及环境保护设施运行，以及影响达标的生产因素分析。

上述监督，或企业自查，或具有监督职能的区域技术监督部门监督。企业自查，应设专门的机构（环境保护处、工业生态实验室），或其他专门机构。

与地方自然保护机构一起，确定调查地点、采样频次、指标清单、采样方法、大气污染排放物信息整理、收集。

企业自然保护活动国家监督：相应计划完成，甚或在事故发生时计划完成；生态状况严重恶化；民众与组织信息。

废弃物监督主要进行：烟气流量测定，烟气所含物质浓度测定；根据测定数据确定单位时间大气污染物排放量；将单位时间大气污染物排放量与 ПДВ 标准值比较，确定环境变化。在落实达标措施计划期间，遵守所制定的有害物质允许排放限值，不予任何罚款。

在规定的期限没有完成达标措施计划，或者没有完成阶段计划，以及超过有害物质允许排放限值，按照有关文件，资质机构有权提出诉讼要求。

8.9 工业粉尘的捕集

工业尘 按照形成原理工业尘可以分为 4 类：机械尘——在机械加工过程中研磨形成的；升华物——气体经过设备、仪器或综合体，冷凝而成的聚集物；飞灰——烟气中悬浮态未燃尽燃料残留物；工业黑烟——工业排放物中高分散性固体碳，由于燃烧不充分或热分解形成。

悬浮颗粒主要特征是粒径的变化幅度很大，0.1～850 μm。其中 0.5～5 μm 微粒对人体最危险。

除尘器可以分为 4 类：①干式捕尘器——利用重力、惯性力、离心力除尘设备；②湿式捕尘器——或称水式捕尘器，在设备中利用水捕尘；③滤尘器——用细筛滤尘；④电除尘器——在气、尘的电离作用下，尘在其中沉降。

干式捕尘器 重力沉降室、惯性除尘器、旋风分离器是干式除尘。

重力沉降室是最简单的除尘设备，当截面增大含尘气流流速降低时，尘粒在重力作用下降落。重力沉降室（图 8-3）用于大颗粒尘清除，适用空气净化。除尘效果取决于气体在沉降室停留时间与在重力作用下尘粒通过的距离。停留时间取决于沉降室大小与气流速度。

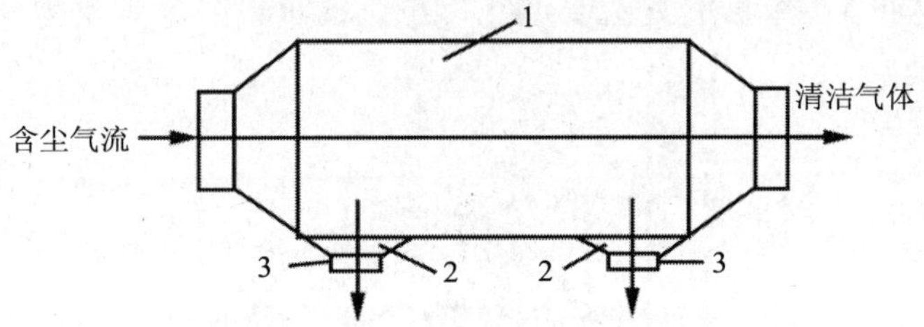

图 8-3 重力沉降室

1—外壳；2—集尘斗；3—排尘管接口

惯性除尘器除尘效果很好。在除尘器中设置障碍，使气流方向急剧变化，在惯性力作用下，尘粒与气流分离。广泛应用的是旋风除尘器。在旋风除尘器中，尘粒与旋转的气流一起运动，在离心力作用下流向器壁。旋风除尘器适用于气流流速 5～20 m/s、粒径 10 μm 粉尘的去除。旋风除尘器（图 8-4）由两个圆柱体构成：上部圆柱与管道 2 连接，1 为外涡旋；下部圆柱是灰斗 5，3 为内涡旋。悬浮于外涡旋的尘在离心力作用下移向器壁，沉降于灰斗。在上部圆柱体内，气流方向变化 180°，速度降低，因此尘粒从气流中分离。除尘后的气流形成内涡旋，从管道排出。

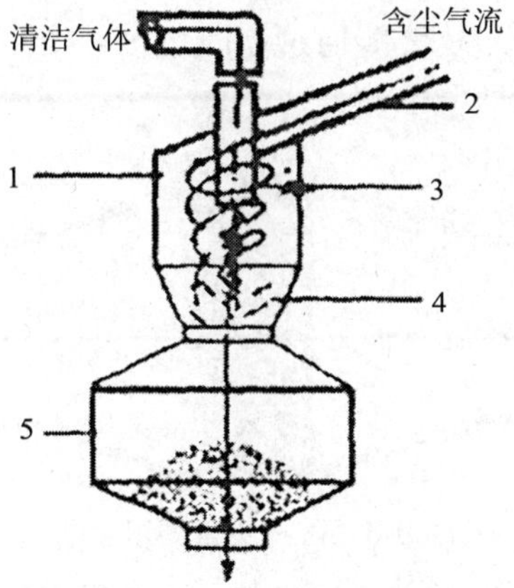

图 8-4 旋风除尘器

1—外涡旋；2—气管；3—内涡旋；4—圆柱体；5—灰斗

旋风除尘器的除尘效率与气流切向速度的 1/2 次方呈正比，与旋转直径的 1/2 次方呈反比。增加速度会强烈地增大阻力。因此，要提高旋风除尘器效率，用减少旋转直径而不是增加气流速度的方法。旋风除尘器的平均除尘率：粒径 30～40 μm，0.98；粒径 10 μm，0.8；粒径 4～5 μm，0.6。除尘量从每小时数百立方米到每小时数千立方米。旋风除尘器优点是结构简单、体积不大、无须驱动部分。缺点是吸尘泵能耗大。

大规模净化空气，采用旋风除尘器组合。这样不增大旋风除尘器直径，含尘气流先进入总管道，然后分别进入旋风体。

除了旋风除尘器外，还可采用其他类型的除尘器。例如，旋转式、涡流式、辐射式。其中最有效的是旋转除尘器（图 8-5）。尘在离心力作用下移向壳体内壁 2；尘积聚在壳体内壁沉降到集尘斗 3；清洁空气由管道 4 排出。这种设备除尘率为 95%～97%。

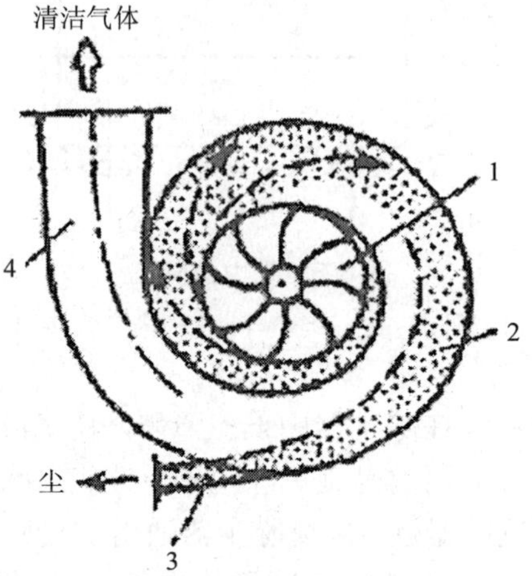

图 8-5　旋转除尘器

1—叶轮；2—内壁；3—集尘器；4—管道

微孔滤尘器　工作原理是气体经过微孔滤板，固体颗粒被截留，气体通过。图 8-6 是过滤过程示意图：在壳体 1 内，安装能通过空气的滤板 2，在滤板上积聚尘粒 3。

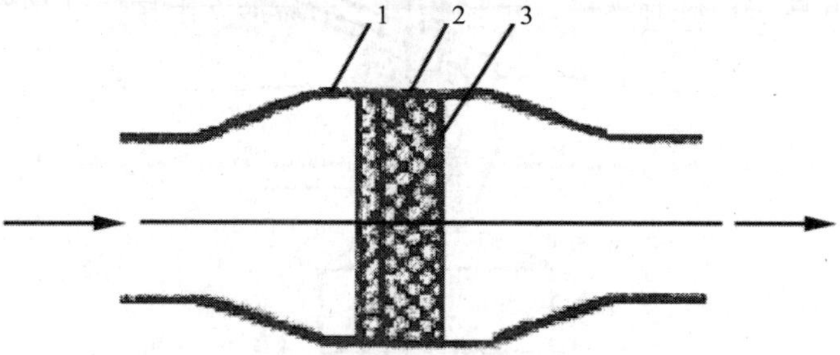

图 8-6　微孔滤尘器示意图

1—壳体；2—滤板；3—尘粒积聚

作为过滤器的微孔滤板，有各种形式。①颗粒状滤层，例如，碎砾石，简单便宜，去除效率为 99%。用于处理机械研磨成因的尘。②柔性微孔滤板（各种布料、毡等），广泛用于去除细粒尘，缺点是耐热性、强度差。③半刚性的微孔滤板（螺旋形、编织滤网），用钢、铜、镍等金属材料制作，用于高温、增热环境。④刚性的微孔滤板（陶瓷、金属），这种过滤器广泛应用于燃气、液体、烟、雾、酸的净化，材料坚固、耐高温（500℃）。

管式滤尘器　在微孔滤尘器中，管式过滤器用得最普遍。用了耐高温材料的新型织物，例如耐 250℃的玻璃丝织物。

管式滤尘器（图 8-7）外壳是金属箱体，内置垂直滤板单元，每一单元内装过滤管，过滤管上部悬挂于框架，框架与振动机械相连。下部有集尘斗排尘。

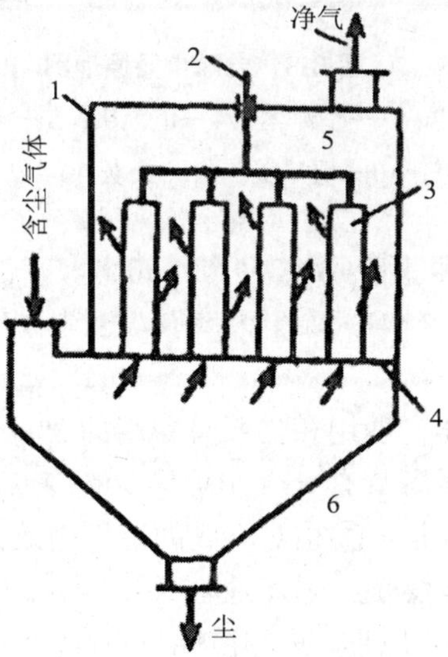

图 8-7　管式滤尘器

1—壳体；2—振动装置；3—过滤管；4—分流栅；5—分支管；6—灰斗

标准的过滤布孔径 100～200 μm。通过标准滤布后尘浓度 10～50 mg/m^3。用标准滤布做的过滤器，对粒径 0.5 μm 以上的尘去除效率为 99%。每 1 000 m^3 耗能 0.3～0.6 kW·h。

电除尘器　在电除尘器中，气体除尘是在电场力作用下进行的。气体分子离子化过程产生电晕放电，使气体中粉尘荷电。离子在尘屑表面吸附，在电场力作用下，尘屑沉降。在电晕场尘粒荷电是两种机制作用：电场作用（尘粒被在电场运动的离子轰击）；离子扩散作用。第一种机制作用于 0.5 μm 以上尘粒，第二种机制作用于 0.2 μm 以下尘粒。

电除尘器由两部分组成：辅助设施；除尘器本体（图 8-8）。辅助设施包括：电压调节器 1，变压器 2；整流器 3。除尘器本体包括：壳体 7；进口 13、出口 8；集灰斗 11、出灰管接口 12。在壳体上安装集尘极 9、电晕极 10。集尘极与整流器正极相接并且接地。电晕极以绝缘体 6 与地隔绝。通过电缆 5，高压直流电（50～80 kV）的负极与电晕极相接。

根据沉降极板上粉尘清除方式分为干式与湿式两类。干式电除尘器是靠集尘极振打除尘。干式电除尘器正常工作时，必须保障净化的空气温度高于露点温度，预防收集的尘含水分。如果在干式电除尘器中有湿度，从收尘极除尘时会发生故障。

湿式电除尘器是靠从电极表面淋水的方法洗尘。净化的空气温度应高于或接近露点温度。湿式电除尘器可以用于从气体中分离出雾或水滴。

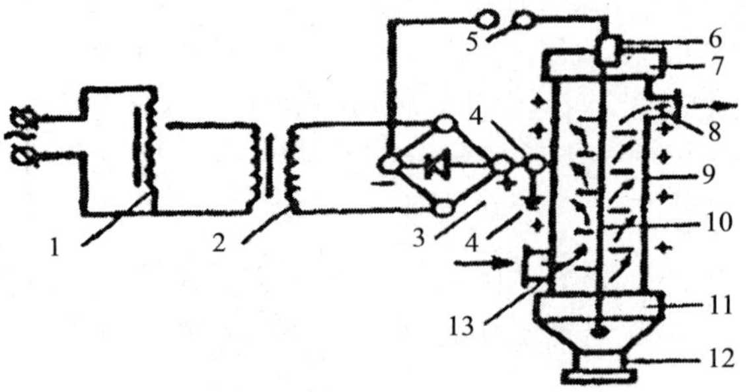

图 8-8 电除尘器原理图

1—电压调节器；2—变压器；3—整流器；4—正电极；5—电缆；6—绝缘体；7—壳体；

8—出口；9—集尘极；10—电晕极；11—集灰斗；12—出灰接口；13—进口

电除尘器能从气体中大量去除 0.01～100 μm 尘，气体温度可达 400～450℃。净化 1 000 m^3 气体耗电能 0.36～1.8 MJ。除尘效率取决于尘与气体的特性，以及在除尘器中的含尘气流的流速。

在电站安装使用电除尘器，费用相当于总费用的 3%。

湿式除尘器 湿式除尘设备具有一个非常重要的特点，高效去除小粒径（小于 1μm）的尘。与其他设备相比，优点是：①相对不高的造价高效去除悬浮颗粒物；②能净化温度相对高湿度大的气体，甚至有燃烧、爆炸危险的气与尘。唯一的缺点是，去除是矿渣形成的尘，必须加湿。上述系统工作原理，是在惯性与圆周运动力作用下，尘粒沉积在液滴（或尘屑）表面。

按照结构，湿式除尘器可以分为：喷嘴式除尘器；文丘里除尘器。也可分为惯性式、飞溅式等（图 8-9）。

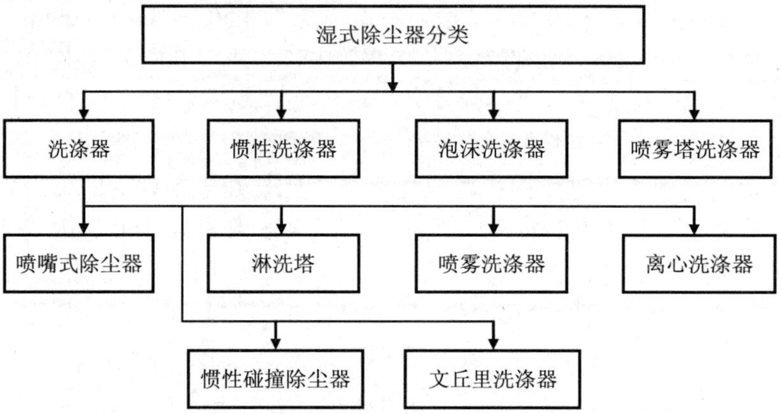

图 8-9 湿式除尘器分类

资料来源：Н.И.伊万诺夫，И.М.法金，2002 年。

喷嘴式除尘器（图 8-10）应用很广泛。圆柱体，含尘气流与水液体滴（主要是水）在其中接触。直径大约 2.5 m，每立方米气喷淋液体量 0.5～8 L。

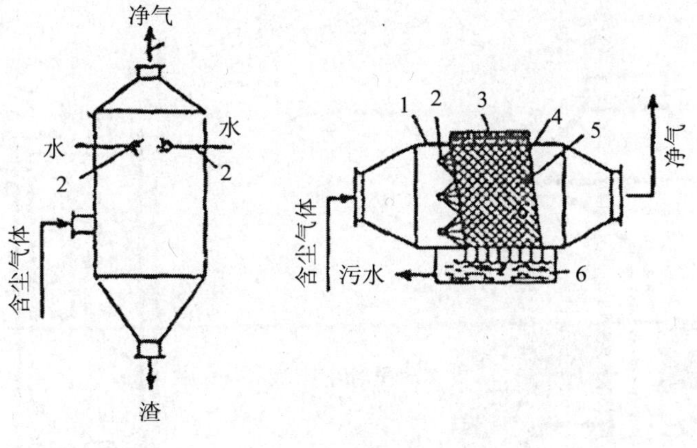

（A）　　　　　　　　　　　（B）

图 8-10　喷嘴式除尘器

（A）标准喷嘴式除尘器（1—壳体，2—喷嘴）；

（B）横式喷嘴除尘器（1—壳体，2—喷嘴，3—淋水设施，4—孔状栅，5—填料，6—收集器）

文氏管式除尘器效果比较好（图 8-11）。需要净化的气体经过管道 4，进入文丘里管 2。文丘里管收缩段安装喷嘴 1，进行喷水。当文氏管气流速度达到最大（从 10～20 m/s 到 100～150 m/s），尘粒聚集在水滴表面。当文氏管含尘气流流速降到 10～20 m/s，含尘气流进入主体 3，在这里尘粒在重力作用下沉降，清洁气体排出。

文氏管式除尘器去除率 97%～98%，1 m^3 气喷淋水量 0.4～0.6 L。标准喷嘴式除尘器横截面是圆形，内设 14～16 个喷头。横式喷嘴除尘器的喷头横向安装，去除率 90%。

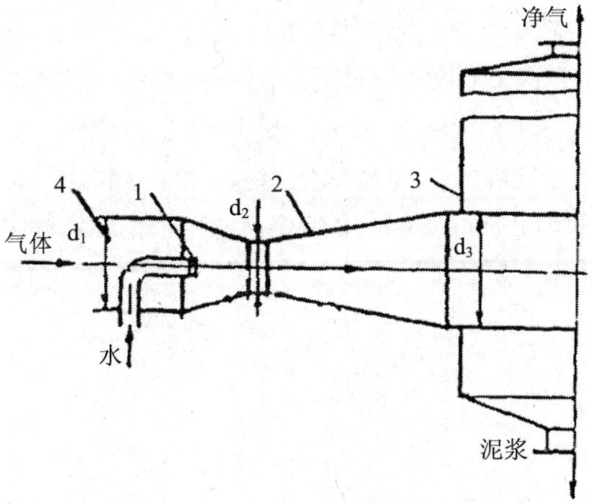

图 8-11　文丘里洗涤器

1—喷嘴；2—文丘里管；3—主体；4—管道

在湿式除尘器中，惯性碰撞作用除尘器的去除率也很高。在这种除尘器中，气体与液体接触是靠气流的冲击作用。液体表面与从喷嘴喷出的气—液悬浮物碰撞。这种除尘器结构见图 8-12。

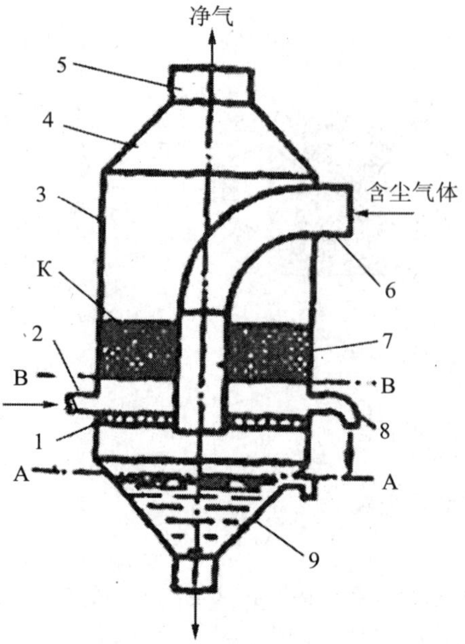

图 8-12 惯性碰撞除尘器

1—滤栅；2—管道；3—外壳；4—柱体；5—清洁气体排管；6—管道；7—竖管；8—出水管；9—收集仓

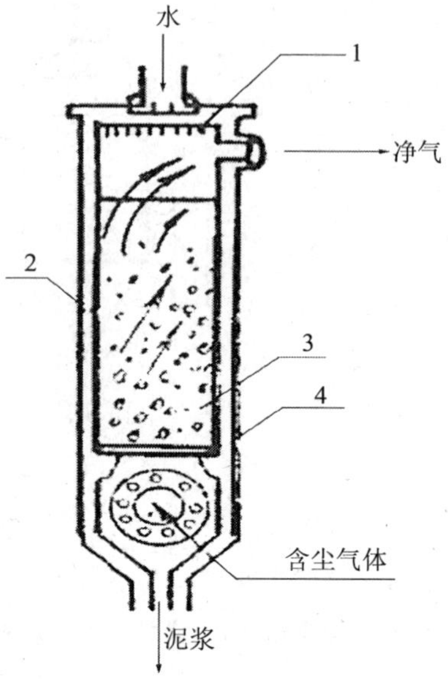

图 8-13 淋洗塔

1—喷嘴；2—外壳；3—滤料；4—内壳

含尘气体通过管道 6 进入竖管 7，旋转 180°，与水面 A-A 撞击，大颗粒尘被分离。气体经过垂直滤栅 1，管道 2 向滤栅供水，多余水经过管道 8 流出。在滤栅与 B-B 面之间形成泡沫，细粒尘被泡沫捕获。

淋洗塔是结构简单、坚固的除尘器（图 8-13）。含尘气体从下向上，水从上向下。尘的浸润性差，在水中添加表面活性物质。淋洗塔每 1 000 m^3 气耗 2 kW·h。

湿式除尘器的缺点：①有些气体净化时，发生酸蚀或碱蚀；②被净化空气通过工厂管道变凉，扩散能力（上升力）降低；③从除尘器排放的污水会污染水体。

综合法除尘是非常有效的。例如团聚的尘，联合使用旋风除尘器、文氏管式除尘器，必要时用电除尘器，效果非常好。

8.10 烟雾的捕集

净化空气及技术工艺产生废气，即从空气中去除烟雾、酸、碱、油及其他液体，采用纤维过滤器。原理是在气孔表面形成水滴，在重力作用下液体流动（图 8-14）。

在用两个圆柱形网 3 之间的空间，安置纤维过滤材料 4。经过过滤材料的液体，流经水闸门 6，进入接收器 7。与雾收集器外壳 1 通过法兰盘 2、5 连接。

毡、涤纶、合成材料及其他材料可作为过滤材料，厚度 5～15 cm。雾收集器对小于 0.3μm 的雾收集效率达 99%。

对于酸雾也可用干式电除尘器收集。

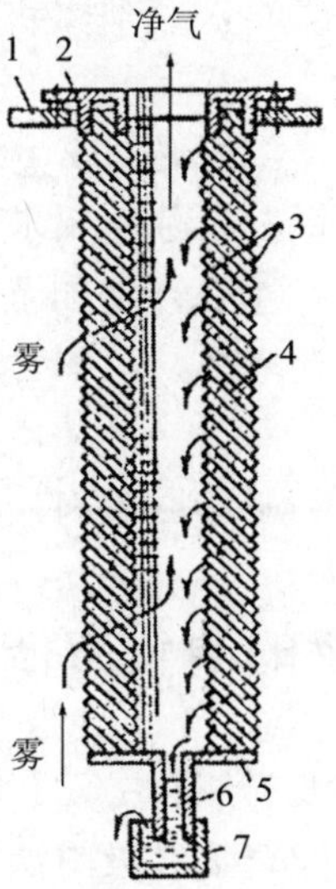

图 8-14　低速雾收集器过滤单元

1—外壳；2、5—法兰盘；3—圆柱形网；4—过滤的液体；6—闸门；7—接收器

8.11　去除气体排放物中固体颗粒物及气溶胶的方法、仪器选择的原则

为保障必需的去除效果，方法与设备的选择取决于很多参数，其中最主要的是对气流中主粒级的尘的去除率。表 8-3 中列举的信息，可以对不同除尘器进行评价。在选择设备的过程，必须考虑排放气体的不均匀性，因为偏离正常尘粒的粒级组构 10%，是企业常有现象。

表 8-3　不同设备去除气流中固体颗粒物与气溶胶效果与粒径组关系

除尘器类型	总净化效率/%	捕集效率/%				
		＜5 μm	5～10 μm	10～20 μm	20～40 μm	＞40 μm
重力沉降室	58.6	7.5	22	43	80	90
旋风除尘器	65.3	12	33	57	82	91
长管排气的旋风除尘器	84.2	40	79	92	95	97
电除尘器	97.0	72	94.5	97	99.5	99.99
喷嘴式除尘器	98.5	90	96	98	99.9	99.9
文丘里除尘器	99.5	99	99.5	100	99.9	99.9
管式滤尘器	99.7	99.5	100	100	99.9	99.9

来源：A.B.扎伊采夫，1999 年。

污染物的物理、化学特征及其在气体中浓度，决定除尘设备与材料的选择，如果浓度过高（230 g/m^3），一般要进行预处理。必须注意气流的温度、压力、湿度，以及日常维修停机等因素。

随着技术进步气体净化设备经常更新，详细比较各种设备时，应当注意产品介绍，但是设备选择的基本原则不会变。

旋风分离器一般用于粗粒尘去除，浓度超过 2 g/m^3，去除率要求不高。

喷嘴式除尘器一般用于：①小粒径，去除率要求相对高；②要求降温的气体，可以增加湿度的气体；③有燃烧危险的气体；④必须增加湿度的固体或气体。

滤尘器（管式）适用于要求去除效率高，尘中含有用物质必须干法回收，温度相对低的气体净化。

电除尘器由于小粒径、处理量大、必须回收有用产品的情形。

8.12 有毒气—汽混合排放物的净化方法

有毒气—汽混合排放物的净化主要有三种方法：①用含有混合物溶液淋洗（吸收法）；②用有超微结构的固体材料吸附气体混合物（吸附法）；③通过催化转化为毒性小的物质，进行无害化处理。

吸收法 气体混合物通过溶液吸收，分离出其组分。例如，用水溶液吸收，从气体排放物中分离 NH_3、HCl。用黏性油吸收，从炼焦废气中分离出芳香族碳氢化合物。

吸收既是物理过程也是化学过程，取决于吸收剂与被吸收成分是否相互作用，如果相互作用并产生新物质，则称为化学吸收。大多数反应式在吸收中放热、还原。在这一过程中溶液温度升高并分离出组分。例如，为分离出二氧化硫采用了氨循环法，NH_3 与 SO_2 在水溶液中形成硫酸盐。

$$SO_2 + 2NH_3 + H_2O \rightleftharpoons (NH_4)_2SO_3$$

$$(NH_4)_2SO_3 + SO_2 + H_2O \rightleftharpoons 2NH_4HSO_3$$

随着亚硫酸氨在水溶液累积，发生还原放热，温度可达到 90～95℃，结果分离出二氧化硫。

$$2NH_4HSO_3 \rightleftharpoons (NH_4)_2SO_3 + SO_2\uparrow + H_2O$$

硫酸铵溶液重新吸收 SO_2。

二氧化硫对硫酸-亚硫酸溶液压力随着温度降低而降低，因此必须逐步降低温度到 30～35℃。这样可以得到 95%的 SO_2，作为生产硫酸的原料。

类似的原理应用于氮氧化物吸收（吸收剂是 $FeSO_4$）反应如下。

$$FeSO_4 + NO \rightleftharpoons Fe(NO)SO_4$$

温度升高到 95～100℃，这一综合体分解，纯净 NO 被分离出。当温度降到 20～25℃，$FeSO_4$ 溶液重新进行还原反应。

吸附剂还原反应的工艺很简单。例如，二氧化硫被 $CaCO_3$ 悬浮液吸附，反应如下。

$$SO_2 + H_2O \rightleftharpoons H_2SO_3$$

$$H_2SO_3+CaCO_3 = CaSO_3+H_2O+CO_2\uparrow$$

硫酸钙被氧化形成石膏 $CaSO_4\cdot 2H_2O$，是有价值的建筑材料。

$$2CaSO_3+O_2 = 2CaSO_4$$

$$CaSO_4+2H_2O = CaSO_4\cdot 2H_2O$$

类似的反应如图 8-15 所示。在设备中，硫酸钙悬浮液周期性循环。完成结晶过程的液体，储于收集箱中。石膏在离心机或过滤器中被分离。

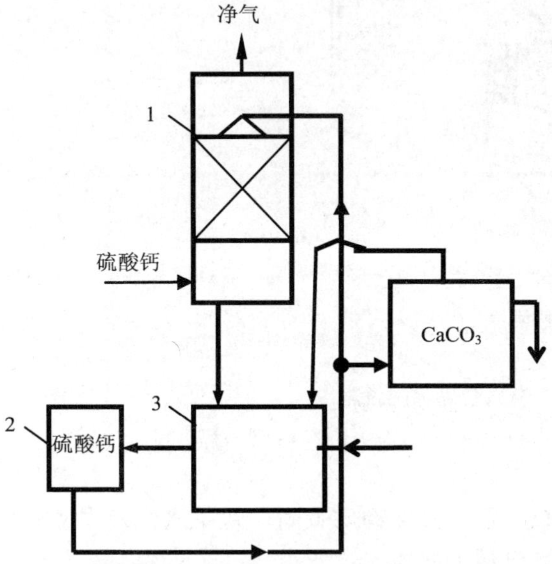

图 8-15 吸收二氧化硫生产石膏设备示意图

1—吸收器；2，3—收集箱

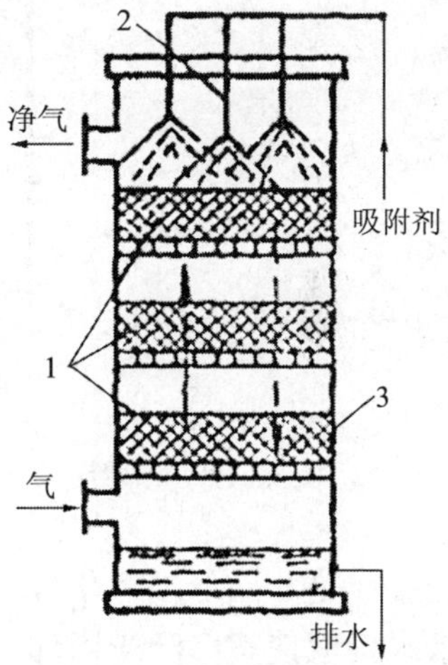

图 8-16 喷淋-吸收塔

1—吸收器；2—喷雾器；3—塔身

在工业生产中，为了与气体充分接触，吸收液被分割成细小液滴。在喷淋-吸收器中（图 8-16），嵌套体 1 与柱体 3 垂直安装，嵌套体装填稳定性很高的有孔材料。用喷雾器 2 喷洒吸收剂，污染气体从下向上连续净化。压力越大、温度越低，吸收效果越好。

吸附法 用吸附剂去除工业废气中的有害成分。吸附剂是有超微结构的固体物质，具有很大的比表面（10～100 m^2/g）。例如，活性炭、氧化铝、硅胶、沸石等吸附剂。

吸附法用于净化有害物质含量不高的气体混合物。与吸收法不同，吸附法能在高温环境下应用。

吸附分为物理吸附与化学吸附。在物理吸附中，气体与水汽分子是靠范德华力维持的，化学吸附是靠化学力。

在吸附设施中，填充吸附剂的容器垂直或水平安装，进行吸附净化。

活性炭是亲水的，用于湿气净化。活性炭对碳氢化合物及其产品吸附效果好，对酒精吸附性差一些。

图 8-17 是从炽热（100～150℃）燃气去除二氧化硫的设备示意图。燃气经过热交换器 2（预热），进入吸附器 1。吸附剂（活性炭）吸足二氧化硫后，流向解吸器 5，在解吸器

中加热器 3 加热，温度 300～600℃。吸附剂再生后进入收集斗，从收集斗又进入循环。

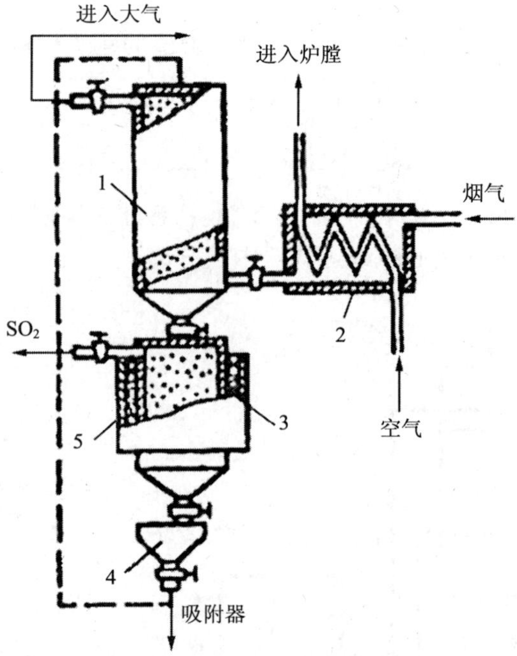

图 8-17 燃气脱硫吸附设施

1—吸附器；2—热交换器；3—加热器；4—收料斗；5—解吸器

硅胶 是非晶形二氧化硅 $SiO_2 \cdot nH_2O$，用于极性物质吸附，包括水汽及很多有机化合物。亲水特性使其广泛应用作个各种干燥气体的吸水剂。

铝胶（铝氧化物 $Al_2O_3 \cdot nH_2O$，$0<n<0.6$）各种氢氧化铝烧结而成。作为吸附剂，用于极性有机化合物与干燥气体吸附。

沸石 是含碱金属的铝硅酸盐，多孔结构，在分子水平上可以筛分物质，也叫做“分子筛”。不同品种的沸石都是自然矿加工而成。一些沸石可以吸附硫化氢、硫化碳、氨，另一些可以吸附有机化合物，硫、氮化合物，还有一些沸石可以吸附酒精。

气体净化是在低温环境下的循环过程。在温度 100～400℃环境下，饱和吸附剂可以再生。

吸附法在生产中广泛应用，吸附剂可用各种各样的。活性炭是亲水性吸附剂，净化气体的水分含量要达到 50%，这也不影响气体中有机化合物吸附。

化学吸收清洗 这种方法是各种固体物质与被清洗成分发生化合反应。例如，从热能设施排放烟气中去除二氧化硫。在炉膛中添加细石灰 $CaCO_3$ 或者白云岩粉末 $CaCO_3 \cdot MgCO_3$，碳酸盐开始分解：

$$CaCO_3 \longrightarrow CaO + CO_2 \uparrow$$

然后形成硫酸钙：

$$CaO + SO_2 \longrightarrow CaSO_3$$

全部或部分转化为硫酸盐：

$$2CaSO_3 + O_2 \longrightarrow 2CaSO_4$$

硫酸盐尘粒与飞灰一起从清洗设施的排灰管排出。这样净化方法不需要预热，不需要吸附剂再生回用。工艺非常简单。

气体催化净化的实质，是在催化剂作用下，毒性混合物转化为其他产物（无毒或毒性小）。分为均质催化净化与非均质催化净化。在均质催化净化过程，催化剂及反应物形成同一相（气体或液相），在非均质催化净化过程，催化剂是独立相。催化剂实际使用中，催化剂都受到不同程度的活性退化或结构破坏。这些是物理（机械清洗）因素与化学（毒害）因素所致，因此，对催化剂提出了更换要求。

在 Fe^{2+}、Mn^{2+}参与下，二氧化硫的液相氧化是均质催化净化的例子。供能设施排出的烟气，通到铁、锰盐溶液喷洒的催化-吸收床，喷洒的溶液吸收 SO_2 及空气中氧，它们之间相互作用，包括下列阶段：

$$SO_2 + H_2O \rightleftharpoons H_2SO_3$$

$$H_2SO_3 \rightleftharpoons H^+ + HSO_3^-$$

$$2HSO_3^- + O_2 \xrightarrow{Fe^{2+},\ Mn^{2+}} H^+ + 2HSO_4^-$$

这一过程形成浓度 20%含铁、锰的硫酸，可以作为盐碱地的土壤改良剂。

排放的含 SO_2 的气体，在固体催化剂（氧化钒、氧化铁、氧化铬）作用下，气体温度升高到 400～450℃，反应如下：

$$2SO_2 + O_2 \xrightarrow{V_2O_5} 2SO_3$$

三氧化硫吸水形成硫酸。

工业废弃物的催化净化，应用于多种毒性组分无害化处理。例如，氮氧化物、碳氧化物、含硫有机物等。催化剂可用含铂金的金属，也可用比较便宜的效果稍微差一些的金属，例如，镍、钒、钴、锰、铈等。为了增加接触面，可以做成有孔材料或无孔材料的筛状、格状。

图 8-18 是利用非均质氧化剂，去除固体混合物净化气体的工业设施示意图（Н.И.伊万诺夫，И.М.法金，2002）。

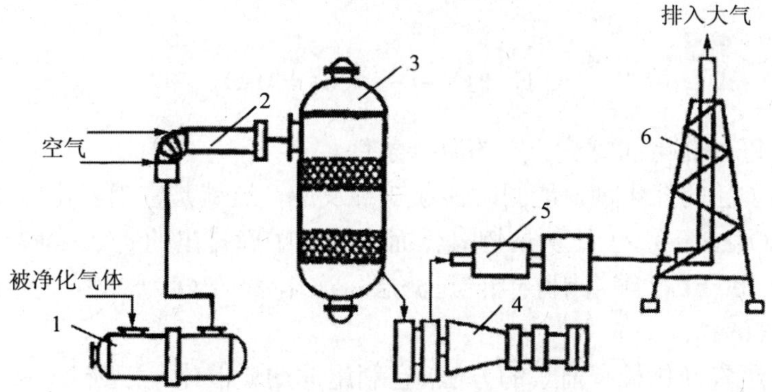

图 8-18　催化净化气体设施示意图

1—尾气预热器；2—燃烧室；3—催化净化反应器；4—气体管道综合体；5—锅炉清洗器；6—排放管道

设施将气体预热到适合催化净化的温度，可以利用反应器 3 中未排放到大气的热量。

非均质的催化剂可以广泛应用于汽车尾气净化，如碳氧化物、氮氧化物、碳氢燃料（图 8-19）。

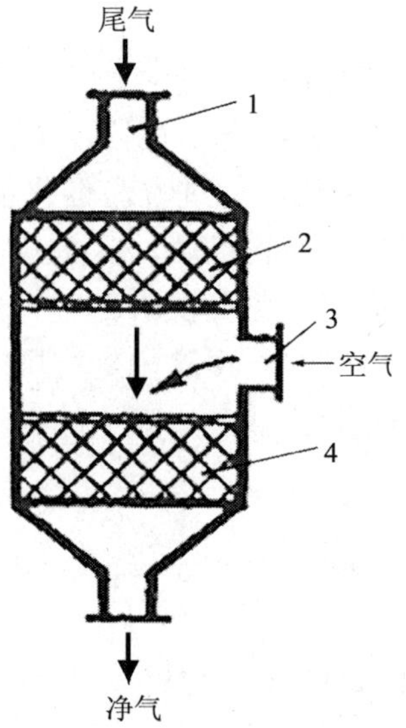

图 8-19 两级催化净化器

1、3—管道；2—辅助催化器；4—催化器

尾气经过管道 1 进入辅助催化器 2，在这里中和氮氧化物（形成氮分子），然后从管道 3 进空气到尾气中，创造氧化环境。在催化器 4 中和 CO（形成 CO_2）与未燃尽碳氢燃料。结果碳氧化物与碳氢燃料分别降低 10 倍、8 倍。

催化净化剂的特点是高选择性，即可以适应某一种化学反应。这就是说，脱 CO 的催化剂不能分解 NO。但有些情形需要多种催化剂。例如，在碳石墨电极的生产中，车间排放气体含 CO、NO、多环芳香族碳氢物、碳氢合成物 C_xH_y，每一种组分无毒化过程：

$$2CO + O_2 \longrightarrow 2CO_2$$

$$2NO \longrightarrow N_2 + O_2$$

$$C_xH_y + O_2 \longrightarrow CO_2 + H_2O$$

大家知道，每一催化剂要求一定的温度条件。

后来，找到了新的催化剂，能同时加速 3 种反应，这就是富铝氧化硅 $3Al_2O_3 \cdot 2SiO_2$。它是 Al_2O_3 与 SiO_2 按照 1∶1 比例熔炼氧化而成。从炉膛排出的 450～480℃气体进入反应器，反应器内置 100 m^2 平铺富铝氧化硅过滤层，净化率：CO 为 96%，多环芳香族碳氢物为 80%，NO 为 60%。

光催化法是尾气净化最有前景的方法。它利用非均质催化，主要针对多种有机物、CO、氨。气体流经紫外灯光照射氧化钛 TiO_2 被净化。催化剂比表面 250～300 m^2/g。有机混合物可以被氧化成 CO_2 和水，CO 被氧化为 CO_2，NH_3 被氧化成氮分子与水。在被净化的气体中含少量尘，也可用光催化法。

高温无害化 或者高温焚烧，是针对容易氧化的毒性物，以及有气味的毒性物。它的优势在于：结构简单、应用广泛、热中和对废气成分不产生影响。这种方法广泛运用于油漆生产、化学品生产、电子与电器生产、食品工业、零部件喷漆等。高温焚烧应用于各种气体、蒸汽的无害化处理，焚烧的产物毒性小得多。有机物焚烧的产物是二氧化碳与水蒸气。

当排放物的含量已经达到限值，采用直接燃烧处理方法。焚烧是在工业炉及完善的民用炉中进行，甚或露天焚烧。

中和器的结构，应保障废气在焚烧炉中停留时间，达到无害化处理的要求。停留时间通常 0.1～0.5 s，温度应定在大多数工业废气体能自燃的温度（表 8-4），变幅 100～150℃。

表 8-4 最普遍的工业排放污染物自燃温度

污染物	自燃温度/℃	污染物	自燃温度/℃
酮	538	甲酚	559
苯	579	甲烷	472
丁二烯	449	甲苯酰基	552
甘油	303	酚	715

然而，一般废气中含的可燃混合物低于自燃值，必须添加燃料，费用增加。可以利用无害化燃烧过程的热量，以降低费用。这种利用余热的装置如图 8-20 所示，这是专门的热交换利废装置。

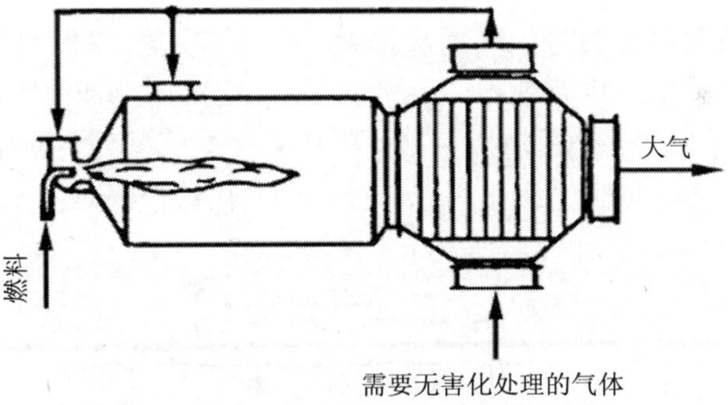

图 8-20 具有热交换功能的热中和器

如此简单的工艺图，组装设备如此庞大，尽管作了简化。因为涉及持久性有机污染物无害化处理部分。包括多氯联苯的无害化。这些都在斯德哥尔摩生物圈持久性有机污染协议（2004 年 5 月）范围内，应当无害化处理。由于持久性有机污染物高度化学、热力学耐性，电力技术设备制造、使用费用高，对其进行热力无害化有困难。氯有机化合物燃烧过程，产生氯化氢（HCl）、氯（Cl_2）、碳酰氯（$COCl_2$）、二噁英，这些都是高毒性的。因此，持久性有机污染物的无害化是复杂的。

如图 8-21 所示，持久性有机污染物气体进入反应器 1，在 1 250℃高温下进行裂解。气体在这里停留时间 2 s。在这样的条件下，碳酰氯生成，所有氯转化为 HCl。为了防止二氧己环的中间合成物产生，在持久有机污染物脱氯前，提前对 HCl 和残留氯吸附。这一过程在吸附器 2 中进行。此外，还必须迅速达到去除反应控制温度（指的是碳酰氯合成的适宜温度）。为此喷雾喷嘴喷水，气体迅速降温到 250～300℃。净化气体进入大气，残留的气体含有二氧化碳、水汽、氮氧化物。

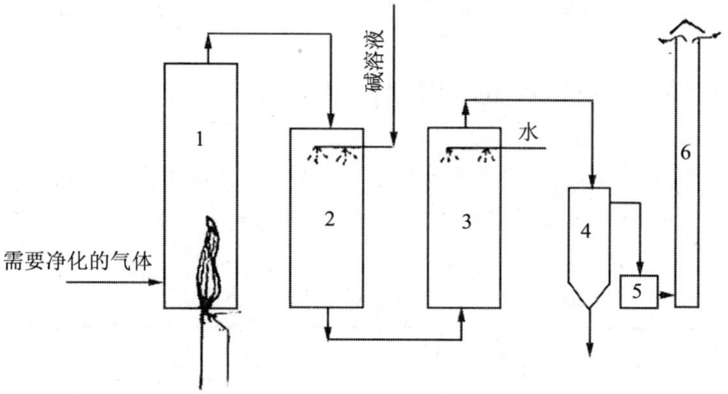

图 8-21　持久性有机污染物热无害化处理原理图

1—热反应器；2—HCl、Cl_2 化学吸附器；3—烟气降温喷嘴；4—过滤器；5—烟气泵；6—烟气管

生物（生物化学）净化　原理是利用微生物破坏自然的、人为的化合物。被污染烟气通过生物床过滤，生物床上铺各种有机物质，喷洒营养液。近期研发出在酶（天然生成催化剂）作用下，微生物分解方法。通常这些物质消耗于生物量增加。释放出的能量供微生物生长。

微生物生长最重要的元素是：氧、水、碳、氮、硫、磷、钾、锰、铁。这些元素的一部分靠消耗被净化气体中有机物获得，另一部分取自浸润生物床的营养液。例如，在净化含苯酚、甲醛、呋喃基甲醇废气时，在营养液中含有硝酸铵（NH_4NO_3）、磷酸二氢钾（KH_2PO_4）、硫酸镁（$MgSO_4$）、氯化钙（$CaCl_2$）、氯化铁（$FeCl_3$）以及木素磺酸盐。

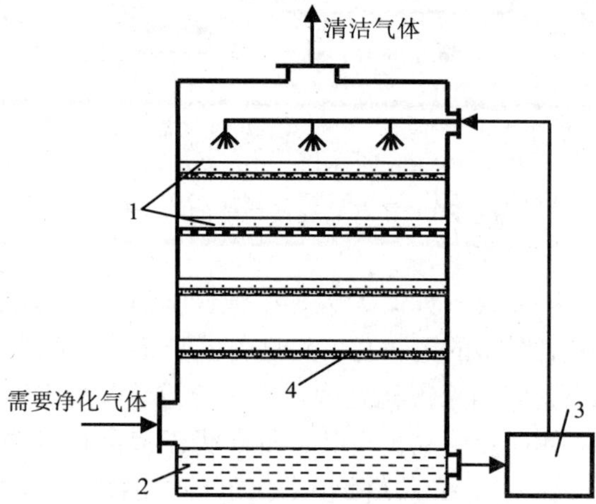

图 8-22　生物滴滤示意图

1—生物床；2—营养液；3—泵；4—格栅

生物过滤 设备高 3.5 m，横截面边长 2 m 正方形（图 8-22），净化能力 10 000～14 000 m^3/h，有毒物质最大浓度 1.5 g/m^3。生物滤料是专门培育的微生物，能将有机化合物分解为 CO_2、H_2O，无限期繁育。生物床可用各种天然材料：树皮、麦秆、禾本科植物。营养液喷洒置于水平格栅上的生物床。重要的是正常运行温度严格控制在 20～35℃。

生物净化法是很有用的，它无害化处理的废弃物中很多有机化合物（固醇、二甲苯、甲苯、苯、乙烯醇、乙烯乙酯、酚、甲醛、呋喃基甲醇等），来自不同部门：工业企业、造纸、家具、皮革、肉制品、鱼类加工等企业。

8.13 卫生防护带

根据卫生标准与规范《企业、设施及其他建筑卫生防护带及其分类》(2.2.1.5/2.1.1.567-6)，任何对自然环境有污染的建筑，以及噪声、震动、超声波、电磁波、放射性、供电站等污染源，都必须建卫生防护带与居民区隔离。因此，卫生防护带是那些对人的健康有化学、物理、生物、生理危害的企业、建筑物的必须组成部分。卫生防护带是绿地带或植物带，专门用于分离企业与居民区。

卫生防护带构建，考虑下列因素：所在区域的建筑结构，使用环境，大气排放物的数量，毒性特征等。对企业与其他建筑物，设置卫生防护带按照下列最低标准：1 级危险为 2 000 m，2 级危险为 1 000 m，3 级危险为 500 m，4 级危险为 300 m，5 级危险为 100 m。企业、食品工业、公共饮水、绿地、文化景观点卫生防护带允许极限宽度 50 m。

生活区卫生防护带是隔离厂区与生活区的空间带。在生活区禁止建企业、交通及对环境污染的建筑。

卫生防护带不能看做是工业区的扩展。在卫生防护带可以设置少量污染的生产实体，但是要设防护带。也可设防火通道、仓库、办公楼、商店、食堂、研究实验室、卫生所、供水站、公交站、电线、供油、气站。在卫生防护带不能建幼儿园、托儿所、运动场、保健中心、居民楼。

绿地有多种功能，增加氧气、形成适宜的小气候、有利于有害气体扩散、吸收。

企业内部、防护带、行道绿化，通常根据气候选乔木、灌木、花草品种，所选品种具有净化空气、消除有害气体功能。有价值的树种：金合欢、槭树等。

下列资料说明绿地功能：1 hm^2 云杉去除 32 t 尘，1 hm^2 山毛榉去除 68 t 尘。在距离企业 500 m 无绿地区，二氧化硫、硫化氢、氮氧化物比污染源区低 2 倍，在有绿地区降低 3～4 倍。

8.14 有害物质的大气扩散

有害混合物从污染源排出就开始污染大气。从烟囱排出烟流是变化的，开始垂直上升，然后随风向逐渐变化，直到轴线变成水平的。开始阶段烟流受排放速度与温度影响，后来受风影响成为水平状态。

烟流从烟囱喷出后逐渐扩散，展开一定角度。随着烟流与空气的混合，烟流不断增大。影响烟流增大的因素：下垫面粗糙度形成的机械紊流；地面增温形成的逆温紊流；漂浮力形成的紊流。

随着与污染源距离增加，烟气扩散，到一定距离与地面相切，这个切点称为后烟气带起点。起点的污染物含量，来自降沉的污染气体，也有原来早到达地面的气体。污染物含量随与污染源距离增加，达到数值 C_M（含量中位数），然后逐渐下降。而且发现最大含量在烟流中线的中心点。

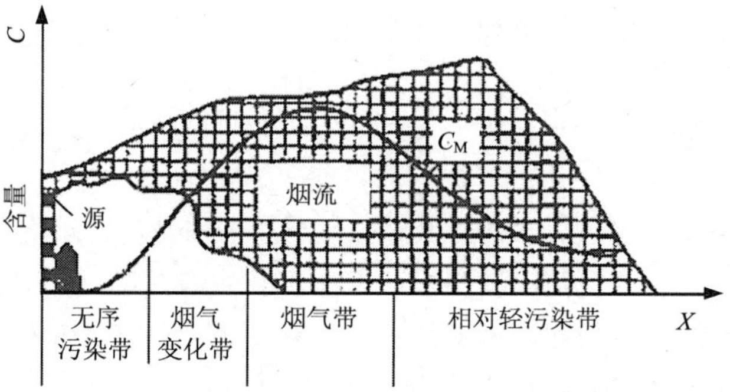

图 8-23 从高污染源向大气排放有害物质含量分布

分析有害物质轴线浓度随与污染源距离变化（图 8-23），可以划分下列带：烟气变化带（无序污染带），特征是污染物浓度相对不高；污染带（烟气带），污染物浓度最高；污染降低带。

8.15 影响扩散的主要因素

下垫面影响 气温取决于地理纬度，在近地层取决于地表特征。地球表面温度分布不均匀形成气压分差。气团水平运动产生气流，决定风速。因为风速、风向不断变化，所研究的地点的大气污染程度在变化。不流动的气体最危险，因为会使有害气体在大气圈累积。这种情形发生于风速 0～3 m/s（蒲福风级 0～2 级）。

气流流速垂向变化，小于水平方向变化，由温度随高度分布所决定。在大气层底层，温度随高度升高而降低，这被称为温度分层现象。在大气层每升高 100 m，温度变化叫做温度梯度。当某一高度温度不变化，则是等温的。因大气结构变化而不与环境交换热量，称为绝热或干绝热。据计算温度梯度每升高 100 m，温度降低 1℃。如果大气温度随高度增加降低的速度快，则大气是不稳定的，所有垂直运动加快。如果大气温度随高度增加而增加，则气团垂直运动最小。气象学称之为逆温。

地表逆温是由于地表热辐射及其逐渐降温所致。是辐射热交换与热传导滞后于近地表层空气。逆温层下表面由于密度大形成屏障，排放污染物部分或全部返回地表。

地表摩擦影响 近地层气流通过粗糙地表，形成摩擦力，不同流速的气团之间也会产生摩擦力。风速廓线是表示风速风向随高度变化。地表摩擦力使风速廓线发生变化。湍流的理论风速廓线如下式：

$$\overline{U}(z)/U^* = K^{-1}\ln 2Z + C$$

式中，K——卡尔曼常数；

Z——高度；

U^*——摩擦速度或动力速度，$U^*=\tau/\rho$，ρ 为气体密度，τ 为切应力。

在近地表有黏滞性，这层很薄。地表黏滞性与湍流影响剪切力。在一定的高度，湍流决定剪切力。

当风速增加或下垫面粗糙度增加风速不变，气流的空气动力状态受粗糙度影响。在这种情形下，黏滞性不影响风速廓线，主要是下垫面粗糙度的影响。

$$U(z)/U^* = K^{-1}\ln\left[(Z+Z_0)/Z_0\right]+C$$

式中，Z_0——粗糙度参数。

这样，由于地球表面粗糙度影响，风速降低。风速随着离地表高度升高而增加，影响污染物在大气圈分布特征。

在城市，由于下垫面不平，风速减低而紊流性增强。即便是层流的环境下，也会发生层流被破坏情形。此外，由于楼房与建筑物影响，在城市里风速与风向经常变化。特别是沿街道会发生所谓的狭管效应。

地形与城市建筑影响　在起伏地形影响下，改变气团运动特征与紊流性，引起污染源分布变化。

在平缓的地形，气流完全可以绕流地形的起伏。大家知道，气流绕过局域性障碍有 4 种类型：层流，微风时所看到的；紊流，中等强度风所产生的；气流波状运动，大风所产生的；旋转气流，特大风时产生的。

在山谷，当风沿着山谷轴线吹时，在其边缘混合物浓度增加。在山体或城市的背风坡会产生涡流，涡流发生时，会产生与主风向相向的回流。空气这样循环，引起污染物含量的增加。

城市经常会发生热岛效应，即出现高于周围地区的温度平面。这促进地表空气上升运动，引起城市内部污染输移，减弱气流向城市中心运动及污染气体向城外扩散。气流总流向使地表层污染浓度比所期望的高。城市边缘的清洁空气到达城市中心，能够降低污染浓度。但是清洁空气在向城市中心移动过程受到污染，混合气体被上升气流带到大气圈上层。

水体也影响污染物分布。水体能吸收污染物，因此水体上空污染浓度低。陆地与水体之间温度差会形成风——海风。污染物会被这种循环带到陆地，增加污染含量。此外，不断向陆地输移的空气，由于来自水、陆不同下垫面气流交汇，增强污染扩散。自然，这也引起近地层污染含量增加。

工业区建筑物的影响　工业区的建筑与楼房使气流变形，改变流速与流向。在风洞中布置正方形楼房模型，其中一面与风向垂直，可以分为下列区（图 8-24）：Ⅰ—非气流作用区；Ⅱ—前缘涡流区；Ⅲ—空气动力阴影涡流区；Ⅳ—分离区；Ⅴ—侧绕流形成空气动力阴影涡流区。

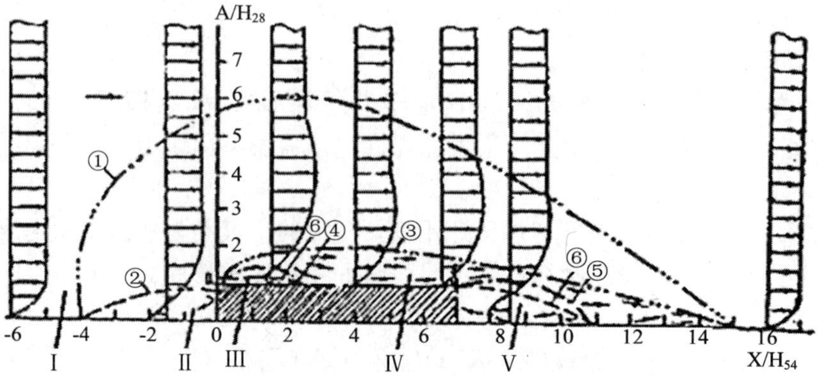

图 8-24 独立大楼绕流的气流结构

（译注：A/H_{28}，X/H_{54}是风洞中楼房模型的风速剖面和沿风向变化）

Ⅰ—非气流作用区；Ⅱ—前缘涡流区；Ⅲ—空气动力阴影涡流区；Ⅳ—分离区；

Ⅴ—侧绕流形成空气动力阴影涡流区。1—气流作用区界限，2—冲撞区界限，3—分离区界限，

4—空气动力阴影涡流区迎风界限，5—空气动力阴影涡流区背风界限，6—空气动力阴影区风速为零的等值线

在非气流作用区，由于地表粗糙度，风速剖面呈对数曲线型。在冲撞区，产生气流涡旋，地表气流流向与风向相反。在空气动力阴影区，空气与区外空气交换，以及区内污染空气外输，都是与风向垂直的环流所致。进入空气动力阴影区的污染空气，难以扩散而累积，在3～5个楼高的距离处浓度最高。

污染排放特征的影响 大气中有害物质的浓度，在均匀稳定的环境下，取决于排放烟囱的高度。烟囱越高，近地层人气污染物浓度越低。而低烟囱烟流轴线浓度在近地面最大。烟囱越高，烟流截面越大，并与地面有一切点。

为了防止空气动力阴影区的楼房空气污染浓度增大，为了有效向大气扩散，预防近地层污染物浓度增大，烟囱高度有重要意义，特别是从烟囱排放下沉气流情形。

低烟囱会使污染物在背风向沉降。为了改善扩散环境，提高污染排放高度，只有在充分利用现代减少排放物（包括有机污染物）技术措施的条件下，才会有效。能源工业的烟囱高于50 m，其他企业高于200 m。达到这样的高度，只有在国家生态委员会进行提高污染排放高度论证后，在污染源影响区测定近地层污染浓度的基础上。

污染源排放物的温度，对于污染气流形成有重要意义。温度越高，烟流上升高度越高。轻风或逆温情形，烟流能上升很高的高度。

应当注意烟囱排口排放气体的流速。烟囱排口排放气体的流速与风速比值越高，烟流上升高度越高。

排放气流特征 从排放源流出的烟流的形态取决于许多因素，最重要的是温度梯度。分为下列基本类型：波浪型、锥型、扇型（爬升型、熏蒸型）。

波浪型是在上部绝热的条件下形成的，大气圈温度很不稳定，污染混合物很容易扩散（图8-25）。锥型是在这样的条件下形成的：高度每升高100 m温度降低小于1℃，大气状态稳定。

扇型是在温度倒置或温度梯度条件下形成的。扇型爬升烟流，是在污染源位于温度倒置层上界。扇型熏蒸烟流是当污染排口以上温度倒置层很厚，是有害物扩散的障碍，有害

物质留在近地层，浓度很高。

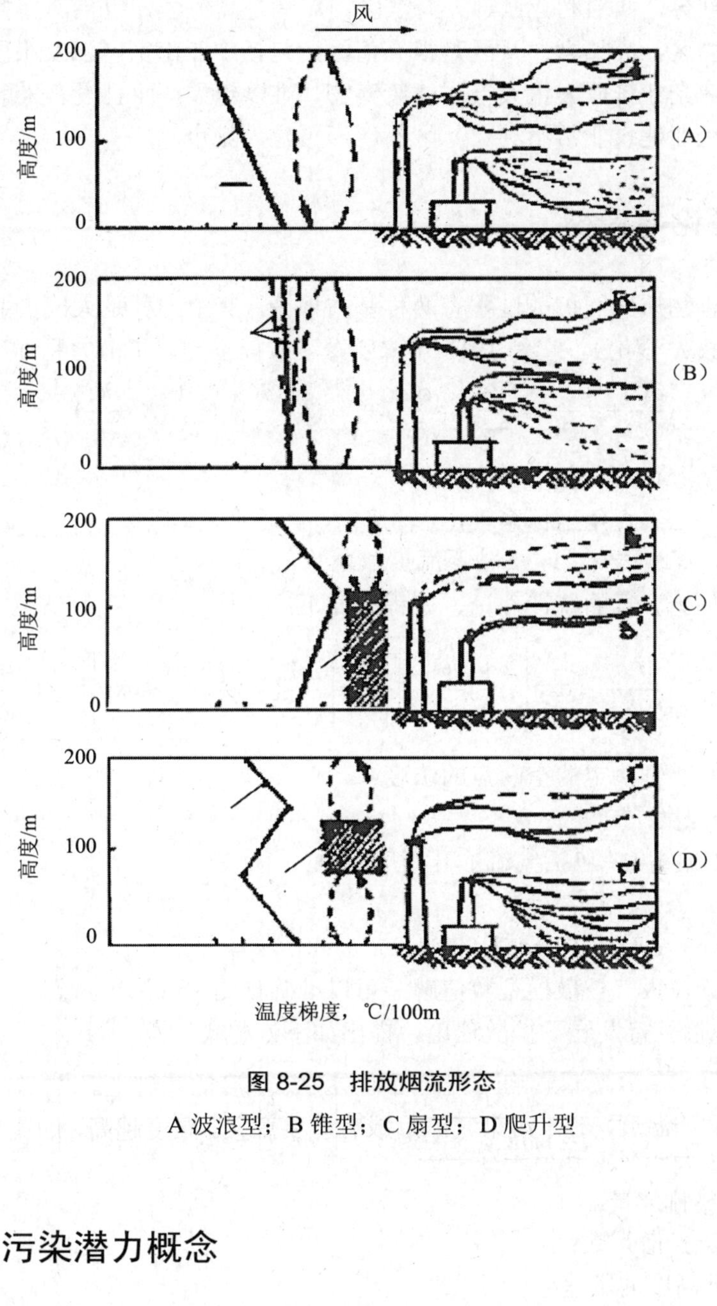

图 8-25　排放烟流形态

A 波浪型；B 锥型；C 扇型；D 爬升型

8.16　大气污染潜力概念

为了表征影响大气污染的环境因子的多样性，提出表示大气扩散能力的综合指标——大气污染气象潜力（ПЗА）。

大气污染气象潜力用相对单位表示，是某一具体区域大气平均污染水平 q_i 与标准区域大气平均污染水平 q_0 的比值。

$$ПЗА = q_i / q_0$$

俄罗斯大气污染气象潜力，在 2.1～4.0 变化。根据气候环境，可以划分 5 个区：Ⅰ区是低值区，包括俄罗斯欧洲部分的西北部、北冰洋沿岸；II区是中值区，包括俄罗斯欧洲部分的西南部、东北部，西西伯利亚；III区较高值区，包括乌克兰，伏尔加河下游，北高加索，乌拉尔大部分，西伯利亚西部，海滨区；IV区是高值区，包括南乌拉尔，中亚克拉斯诺亚尔斯克边疆区，高加索；V区是很高值区，包括中亚南部区以及山区。

在III区，工业企业排放大量大气固体废弃物，难以想象，而且没有采取有效的净化措施。IV区对工业企业建设非常不利。V区不应当再建大城市。

8.17 扩散理论与模型

现在描述有害物质大气扩散过程有两种基本理论，其中一种是大气扩散理论（梯度输送理论，扩散系数 K 理论）。它是 1915 年 Г.И.泰洛尔提出的，扩散方程如下：

$$\frac{\partial C}{\partial t}+u\frac{\partial C}{\partial x}=\frac{\partial}{\partial x}(K_x\frac{\partial C}{\partial x})+\frac{\partial}{\partial y}(K_y\frac{\partial C}{\partial y})+\frac{\partial}{\partial z}(K_z\frac{\partial C}{\partial z})$$

式中，C——混合物最大浓度；

x，y，z——三维直角坐标系轴，x 轴风向，z 垂直，u 风速。

Kx，Ky，Kz——x，y，z 轴紊流扩散系数。

与大气扩散理论并行的统计理论，方程式如下：

$$C(x,y,z)=\frac{Q}{2\pi\delta_y\delta_z u}-\exp\left[-\frac{1}{2}(\frac{y}{\delta_y})^2\right]\left\{\exp\left[-\frac{1}{2}(\frac{z-H}{\delta_z})^2\right]+\exp\left[-\frac{1}{2}(\frac{z+H}{\delta_z})^2\right]\right\}$$

式中，C——x，y，z 轴决定的空间点的浓度；

Q——排放强度；

H——排放点高度，包括气流上升高度；

u——风速；

δ_y，δ_z——y，z 轴浓度分布标准差。

根据扩散理论，大气扩散模型数值解，可以准确预测大气污染状态。

1963 年 M.E.伯兰特发展了扩散理论，提出如下方程式：

$$C_{x,y,0}=\frac{M}{(i+m)K_1\phi_0^n x^2\sqrt{2\pi}}\exp\left[-\frac{u_1 H^{1=m}}{K_1(1+m)^2 x}-\frac{y^2}{2\phi_0^2 x^2}\right]$$

式中，M——污染排放量；

K_1——紊流扩散系数；

u_1——标准高度的风速；

ϕ_0——风向的扩散率；

n——风速剖面确定的从 0 到 1 数字；$m=n$（2−n）。

该方程式是以大气污染计算方法（ОНД-86）为基础建立的扩散模型。

对单一点源排放时近地最大污染浓度，热排放按照下式计算：

$$C_M=\frac{AMFmn\eta}{H^2\sqrt[3]{V_1\Delta T}}$$

冷排放按照下式计算：

$$C_M = \frac{AMFm\eta}{H^{4/3}}K,\ K = \frac{Д}{8V_1} = \frac{1}{7.1\sqrt{W_0 V_1}}$$

距离排放源距离 X_M 处，扩散浓度按照下式计算：

$$X_{34} = \frac{5-F}{4}dH$$

式中，d——量纲为 1 的系数，按照大气污染计算方法（ОНД-86）计算。

当危险风速 U_M 情形，与排放源距离 X 处，近地表烟流轴线的污染物浓度 C，按照下式计算：

$$C = S_1 C_M$$

式中，S_1——量纲为 1 的系数，其值取决于比值 X/X_M 及按照大气污染计算方法（ОНД-86）确定的系数 F。

点源排放量调查，为有害物质扩散量计算、有害物质允许排浓度限值确定、除尘净化设备的评价，提供第一手资料。

污染源调查，提供有关工业区污染源分布、有害污染物的成分、数量的综合信息。污染源调查采用直接测量的方法，数据处理按照统一标准方法。所得数据系统分析，建立专门数据库。

8.18　大气环境保护的国家监督与控制

俄罗斯水文委员会主管实施大气质量国家监测，设立 661 个监测站（分布 236 个城市与村庄）、107 个化学分析实验室、53 个综合实验室。在莫斯科就有 36 个监测站，其中 30 个站进行大气监测、评价。在大气污染监测中，经常使用流动实验室。例如，“大气圈”号的流动实验室，每年能够分析 5 000 个样品。

研制出移动式激光综合体，用于监测距污染源较远区域大气质量。为了监测有害物质的输移（特别是来自与俄罗斯接壤国家），在西部边界建立了监测网，对二氧化硫、氮氧化物等有害物质，进行详细监测。

在大气圈保护区，俄罗斯设立了监测站，组成背景监测系统。监测系统收集了对于人类及生物圈所有大气要素有价值的数据，例如，臭氧、二氧化碳、酸雨、大气电离特征、气溶胶等。

收集的大气污染数据整理后，传输给专门机构，以这些数据为基础进行预测，制定降低有害物质含量措施，预防在不利气象条件下居民遭受空气污染危害。

俄罗斯自然保护部以及下属单位，实施大气保护的国家监督。监督程序由俄罗斯联邦政府制定。

俄罗斯国家监督应当保障：执行已经制定的大气污染物允许排放条款；大气环境质量标准、规范及其他要求；检查卫生防护带、固定大气点源污染状态；提高国家、地方大气保护规划以及其他相关规划的执行效果；执行联邦政府大气保护法的其他要求。

9　水圈保护

保护水资源免受污染物与污染源危害，应采取综合措施：①制定相应的法律法规；②实施水体监测；③保护地表水、地下水，包括工业、生活污水净化；④净化饮用水、生产用水；⑤对水资源利用与保护实施国家监督。

9.1　俄罗斯联邦法与水体保护

有关水的立法包括俄罗斯联邦水法以及与其相关的联邦法规、标准，以及地方政府（共和国，州，区）法令、标准。

有关水的立法目标，是调节水体保护与利用的关系。优先保障饮用水与经济-生活用水的供给。对上述供水类型，必须保护地表水、地下水免受污染。

在法律条文中，所有的水资源利用者，负有节约用水责任，不允许污染水源与水体。具有疗养功能、位于人口稠密及疗养地的水体，以及珍贵鱼类产卵、越冬水体，禁止向水体排放污水。

地表水、地下水资源国家调查，对水资源保护非常重要。其目标在于水资源合理利用远景规划，水资源恢复与保护。基础数据源自国家监测，以及水资源使用者提供的数据。系统汇总水体、水资源、水质、水利用以及水用户等方面数据，登记于水档案中。

俄罗斯联邦水法中，对下列情形禁止使用：

- 不安装预防水体污染的净化设施的水体；
- 无鱼类保护设施的给排水工程及水利工程；
- 未完成预防水体污染措施的灌溉系统、排水系统、水库、大坝、运河。

水资源利用及污水排放许可证，在水资源保护中发挥重要作用。水资源利用许可证制度已列入俄罗斯联邦水法，也在俄罗斯联邦政府《关于批准国家所有的水体利用定额确定、审查及发给许可证制度》文件中确立。

经济实体及其他实体，不遵守水体保护与合理利用的要求，对水体造成负面影响，应限制、停止甚或禁止使用。水资源利用与保护国家专门机构、环境保护国家专门机构、卫生-流行病国家监督机构，预先提出提案，俄罗斯联邦政府或执行机关处理这些问题。

9.2　水体监测

国家水体监测是国家环境监测系统的组成部分。包括陆地水体监测、海洋监测、地下水监测、水经济系统及设施监测。

水体监测主要进行：①长期观测地表水与地下水状态、质量、数量；②收集、保存、整理观测资料；③建立、运行数据库；④水体状态变化、预测、评价，给政府机构及下属实体报告相应的信息。

自然资源部、水文气象与环境监测部门及其他环境保护专业部门，实施水体监测。

自然资源部负责在水域建立台站网络，负责国家水体自动监测信息系统研发，在水经济系统及设施建设观测系统。国家水文委员会进行陆地地表水污染观测，包括 154 个水体、1 172 条河流，进行水化学指标监测。

卫生-流行病管理部门负责水体的卫生防护。全国分布 2 600 个卫生-流行病管理机构，35 个研究机构。此外，还有一个设在企业的测试网络，进行水体水质、水源水成分研究。

现在特别关注自动监测网络建设，自动监测站能测数十种水质指标，而且速度很快。

9.3 地表水保护

地表水是陆地表面永久性或临时性水体。河水、季节性河流、湖泊、水库、水塘、沼泽、冰川、雪被是地表水。

前苏联国家自然委员会 1991 年 2 月 21 日审定的地表水保护规范，提出地表水保护措施。其中特别强调有污水排放的水体防护。

保护地表水防止倾倒垃圾、水体枯竭与污染。预防水体污染措施是禁止向水体倾倒垃圾、固体废弃物及其他物体，这些对水体质量及生物生境有负面影响。严格控制污水流入水体，限制不合理利用，预防水源枯竭。

保护地表水不受污染是重要而复杂的问题。从这一目标出发，应采取系列措施，特别是：水体监测；建立水体保护带；发展无排放生产工艺、封闭的循环用水系统；净化污染水（工业、公共-生活用水）；净化地表、地下水，保障饮用水。

9.4 水体保护带的营建

为了保持水体符合生态要求，应防止地表水的过度消耗与污染，保护动物、植物的生存环境，建立水体保护带。水体保护带是沿河、水库及其他水体设立区域，在区域内制定自然资源保护、利用专门的管理规范，采取必要的措施。在上述区域设立沿岸保护带，在沿岸保护带不允许开垦、砍伐。保护带的宽度，从湖泊多年平均夏季水位、水库正常蓄水位起算，岸线长 2 km 以下 300 m，岸线 2 km 以上保护带宽度为 500 m。

对于河流类似的指标是：河流长 10～15 m；11～50 km 及 50～100 m；51～100 km 及 100～200 m；201～300 km 及 300～400 m；500 km 以上保护带宽度为 500 m。

在自然水体与人工水体周围，建设防护林对于保护水体免受污染有重要意义。防护林可防风、防径流汇入，减少蒸发。防护林可以改善水体状况、沿岸卫生条件与景观、水质，减少淤积、浪蚀引起土地毁损。作为饮用水水源的水库防护林，应当满足饮用水水源的卫生要求。饮用水水源防护林的构成，针叶林应占 50%，阔叶林应具有抑制杂草生长功能（椴树、杨树等）。

除了水体防护林外，对于饮用水水源、生活用水水源以及休闲娱乐水水源，还应设卫生防护带。

9.5 污水的一般特征

根据水源的用途可以划分：①经济-生活用水；②工业用水；③供给企业与居民点地表水；④农业用水；⑤工矿用水。每一类都有不同的水质，含有一定的污染物质（A.Φ.波里亚金，A.Д.霍万斯基，1996）。

经济-生活用水含有大量溶解或悬浮的有机物及矿物质。这些物质是居民楼、公用设施、事业单位在煮饭、清扫、洗涤过程形成的。应强调的是每一居民每天向环境排放污染物：悬浮物 65 g，不能分解的有机物 70 g，可分解的有机物 40 g，氨氮 8 g，磷 3.3 g，洗涤剂 1.6 g，氯 9 g，表面活性剂 2.5 g。工业污水是所有水体污染源中最危险的。图 9-1 是工业污水形成示意图。这一示意图的编绘者（C.B.雅科夫列夫，A.K.斯德列尔阔夫，A.A.马佐，1998）强调，整个生产过程需要能量，现代热能、电能的生产原则上是不可能无排放。

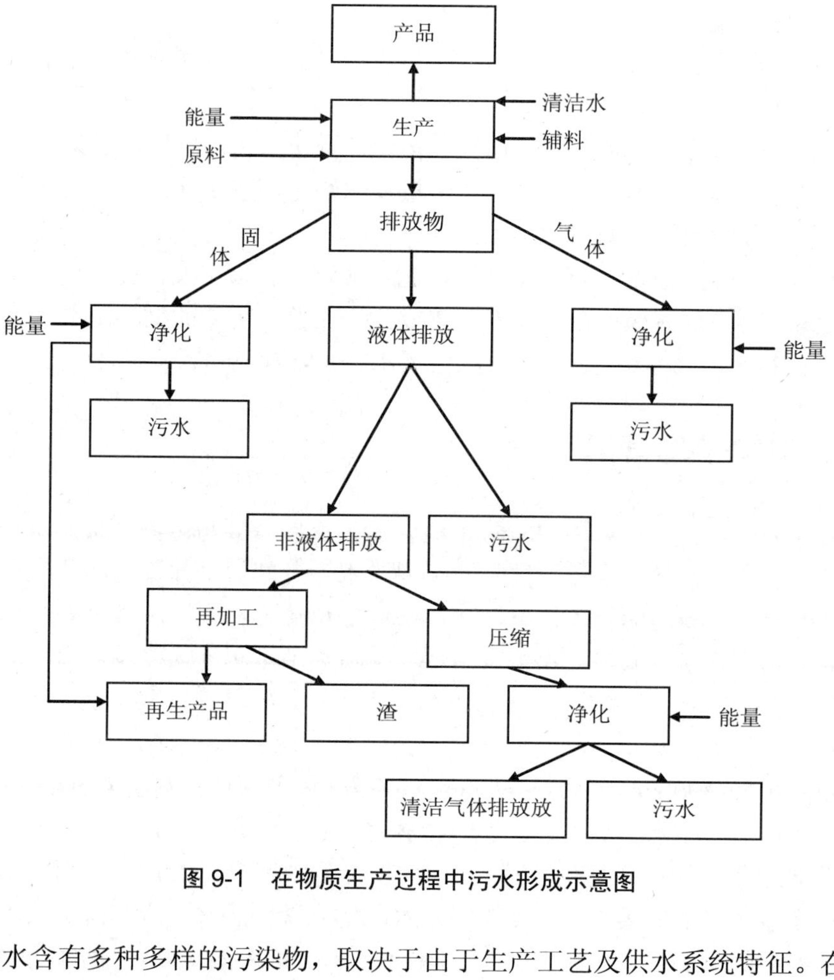

图 9-1 在物质生产过程中污水形成示意图

工业污水含有多种多样的污染物，取决于由于生产工艺及供水系统特征。在工业生产中，90%的水用于产品与部件的冷却，水仅是热污染（Ⅰ类）。Ⅱ类污染是水作为吸收与输送非溶解性弥散物介质，水受到污染。Ⅲ类污染类似Ⅱ类污染，增加加热过程，Ⅳ类污染水是受到生产全过程污染。

企业污水按照成分划分为 3 种：

- ➢ 生产污水，生产工艺过程或参与生产工艺过程产生的污水。生产污水可分为污染的及清洁的。
- ➢ 生活污水，从卫生及饮水设施、洗澡设施排放的水。
- ➢ 大气污染的水，降雨与融雪，流淌后可形成地表径流。

工业污水的特征，取决于企业的性质、加工材料成分、原料、产品种类。复杂多样的工业污水可分为3类：含矿物混合物；含有机混合物；含有机矿物混合物。

在企业、居民点形成的地表径流，是由降雨、融雪、汇流水形成的。地形、建筑特征、面积是主要影响因子。

地表径流污染物含量，取决于工业部门，主要为悬浮物（130～11 300 mg/L）、有机物、重金属。

被有机物污染的水，一般用3个指标表征污染特征。

BOD——生物化学需氧量，是表示有机物含量的间接指标，是指微生物分解氧化有机物所消耗的溶解氧量。根据进行生物氧化的时间，分为BOD_5，BOD_{10}，BOD_{20}。

COD——化学需氧量，也是间接指标，是指有机物及还原性无机物被强氧化剂氧化，所需要的氧当量。

TOC——总有机碳含量，表示有机物总量。

如果测同一样品，上述指标排序为：COD＞TOC＞BOD。

可生化性用指数$Б$表示，含义是$Б$=BOD/COD。按照这一指数，可以划分4类。

（1）$Б>0.2$ 生活污水、石油化工污水及其他工业污水属于这一类。这些污水的有机污染物不会对微生物产生毒害，适应于生化处理。

（2）$0.2 \leqslant Б \leqslant 0.1$ 橡胶工业、氮肥生产及其他工业部门生产污水，经过机械过滤预处理后可以进行生物化学净化。

（3）$0.1 \leqslant Б \leqslant 0.01$ 硫、磷、油脂、杀虫剂、黑色金属、重工业生产废水，属于这一类。经过预净化处理后，可以进行生物化学净化。

（4）$Б<0.01$ 这一类主要是矿物质（弥散物）污染，主要用物理法净化。

9.6 水体的水质标准

依据《地表水保护法》（1991）、《地表水污染防护标准与卫生规范》（1988），制定河、湖、水库的水质标准。2006年颁布了《俄罗斯联邦水法》。

地表水污染防护标准与卫生规范划分了两大类水体：Ⅰ饮用水与生活用水；Ⅱ渔业用水。渔业用水也划分两类：第一类是含氧量高的保护、生产珍贵鱼类的水体；第二类是其他渔业生产水体。

第一类的水体，在用水地点上游方向1 km处的断面，在不流动水体周围1 km范围，水质应符合标准。第二类其他渔业生产水体，在有扩散性（流动水体）排放地点，应符合水质标准。在无扩散排放地点的500 m范围内，应符合水质标准。

水质指标包括：悬浮物含量、气味、味道、pH、矿物质含量、溶解氧、生物化学需氧量、有毒有害物质含量限值、细菌指标。

有害物质允许含量限值，是指物质在水体含量，超过它会不适用于一种或几种水利用类型。

对于第Ⅰ类水体，设定 1 117 种物质允许含量限值。对于第Ⅱ类水体，设定 952 种物质允许含量限值。

有害物质的成分复杂多样，因此，它们的标准是按照危害性极限指标的原则确定，也就是每一种物质最不利的影响。在饮用水水源与生活用水的水源，水质标准按照三类危害性极限指标制定：卫生-毒性指标；公共卫生指标；感官指标。对于渔业水体水质，除了上述危害性极限指标外，还采用了毒性极限指标与渔业危害性极限指标。上述危害性极限指标，应当与允许含量限值指标一起表征水质（表 9-1，表 9-2）。

表 9-1 生活-饮用水水源与景观-生活用水体有害物质允许含量限值

组分	危害性极限值	允许含量限值/（mg/L）
石油产品	感官危害性极限值	0.1
铁	危害性极限值	0.3
铜	危害性极限值	1.0
杀虫剂	危害性极限值	0.5
锰	危害性极限值	0.1
钴	卫生-毒性极限值	0.1
镍	危害性极限值	0.1
硝态氮	危害性极限值	3.3
铅	危害性极限值	0.03
甲醛	危害性极限值	0.03
氨氮	危害性极限值	2.0
甲醇	危害性极限值	3.0
铬	危害性极限值	0.5

表 9-2 渔业用水体有害物质允许含量限值

组分	危害性极限值	允许含量限值/（mg/L）
氨氮	危害性极限值	0.05
硝态氮	危害性极限值	0.08
钴	危害性极限值	0.01
铁	危害性极限值	0.1
镍	危害性极限值	0.01
锌	危害性极限值	0.01
甲醛	危害性极限值	0.1
锰	危害性极限值	0.01
甲醇	危害性极限值	0.1
铅	危害性极限值	0.1
石油产品	渔业危害性极限值	0.05

当多种有害物质进入水体同时作用时，制定卫生标准的原则，是将每一物质的危害性极限值指标叠加。即用一个包含几个允许含量限值的综合指数。在地表水保护规范中，水体含有同一危害性极限值的几种物质，这些物质的含量（C_1，C_2，…，C_n）与其相应的允

许含量限值的比值之和，不大于 1，有如下表达式：

$$\frac{C_1}{\text{ПДК}_1}+\frac{C_2}{\text{ПДК}_2}+\cdots+\frac{C_n}{\text{ПДК}_n}\leqslant 1 \tag{9-1}$$

满足下面表达式，水体卫生状况符合标准。

$$\sum_{i=1}^{S(3)} C_m^i/\text{ПДК}\leqslant 1 \tag{9-2}$$

式中，C_m^i——i 种物质危害性极限含量；

ПДК$_i$ ——i 种物质允许含量限值。

此外，污染指标还可以用临时允许含量限值，表示安全水平。

9.7　允许排放浓度限值的研究

污水排入水体的规范　污水排入水体应当符合地表水污染防护规范。污水经过净化处理后排入水体，对其水质的一般要求列于表 9-3。

表 9-3　污水净化处理后排放对水质一般要求

污水排入水体后水质指标	对水体水质一般要求			
	经济-饮用水，娱乐-生活水		渔业用水	
	类		类	
	I	II	I	II
悬浮物/（mg/L）	不超过			
	0.25	0.75	0.25	0.75
溶解氧/（mg/L）	≥4		≥6	
生化需氧量/（mg/L）	不应高于			
	3	6	3	3

污水排入水体的稀释　稀释是排入水体污水无害化的主要过程，虽然进入水体污染物数量没有变化，但无害化是毫无疑问的。对于溶解性物质及非溶解性物质，稀释作用都有效。当溶解性物质进入水体时，稀释作用可以使其浓度低于污染源浓度。某一汇流的稀释，例如，排泄流，在河流中污染的流束与相邻比较清洁的流束，在紊流作用下混合。

将进入水体的汇流的流量表示为 q，m^3/s；稀释的河水流量表示为 $Q_{\text{см}}$，m^3/s。

稀释系数 n，是被稀释水流量 q 与稀释水流量 $Q_{\text{см}}$ 之和，与被稀释水流量的比值：

$$n=(q+Q_{\text{см}})/q \tag{9-3}$$

已稀释水的流量，可以看做是河流总流量 Q 一部分：

$$Q_{\text{см}}=\gamma Q \tag{9-4}$$

式中，γ —— 混合系数，表示河流总流量参与汇流稀释的部分。

综合式（9-3）与式（9-4），得

$$n=(q+\gamma Q)/q \tag{9-5}$$

在河流中轴线断面，通常不发生稀释。因为稀释水与进入水体的被稀释汇流水不接触。在这样条件下 $Q_{см}=0$，但是河流流量不等于零，相应于式（9-4），混合系数 $\gamma=0$。在这样情形下，从式（9-3）、式（9-4）可得 $n=1$。等式 $n=1$ 表明，进入水体的汇流的稀释是不存在的。

当沿中心断面向下游方向流动，距汇流处距离越远，汇入部分等于河流总流量，即 $Q_{см}=Q$。在这种情形下，从式（9-4）混合系数 γ 等于 1，显然，当 $Q_{см}=Q$ 时可以看到污水最大限度地完全稀释：

$$n_{полн.}=(q+Q)/q$$

完全混合可以表达为下式：

$$0\leqslant \ell \leqslant \ell_{полн};\ 0\leqslant Q_{см}\leqslant Q;$$

$$0\leqslant \gamma \leqslant 1;\ 1\leqslant n\leqslant n_{полн.}$$

式中，ℓ，$\ell_{полн.}$ —— 分别是从汇流处沿中轴断面到所研究处的距离和到完全混合处的距离。

河流污染部分的污染物浓度是不同的，一些流束中污染物浓度高一些，另一些流束低一些。这样，污染流束的宽度不会等于河流宽度。最低限度是污染流束与清水为界，这些流束污染物含量等于背景值，部分流束污染物含量等于零。污染流束停滞在距河岸距离 ℓ_0，从这里开始沿中心断面，已有的距离 ℓ 大于距离 ℓ_0。污染物最低含量增加到完全混合污染物含量。在中心断面最小污染物含量 C_{min} 将等于平均污染物含量 C_{cp}。

至于最大污染流束，其中污染物含量从汇流处沿中轴断面向下游方向减少。主要是由于随河水流量增加，污水与河水不断接触。这一过程持续到完全混合。最大污染物含量 C_{max} 等于河流所有流束的平均污染含量 C_{cp}。因此，对中轴断面完全混合（$\ell=\ell_{полн.}$）的保障条件：

$$C_{max}=C_{min}=C_{cp}$$

污染物平均含量按下式计算：

$$C_{cp}=(qC_{cm}+QC_{\phi})/(q+Q)$$

式中，C_{cm} ——污水中污染物含量；

C_{ϕ} ——河水中与汇流相同污染物的背景值含量。

水体的化学与生物化学自净 是进入水体中的污染物含量，在一系列因素的作用下的逐渐降低的过程：进入水体中的污水稀释作用；化学过程与物理化学过程；微生物降解过程等。

根据在这些因素作用下的污染物转化能力，分为保守性物质与活跃性物质。物质活跃性量化程度，用活跃性动力系数 k 表示，等于：

$$k=\beta\cdot k_1$$

式中，k_1——静态活跃性系数；

β——考虑流速因素的系数，当流速 $v=0$ 时，$\beta=1$；当流速 $v\geqslant 0.2$ m/s 时，$\beta=5$；当流速 $0<v<0.2$ m/s 时，β 取内插值。

试验确定的一些物质的 k_1 值列于表 9-4。

表 9-4 20℃条件下一些物质活跃性系数

物质	k_1，d^{-1}，对数值	
	e 为底对数	10 为底对数
氨氮	0.069	0.03
硝化氮	10.8	4.7
石油产品	0.045	0.02
杀虫剂	0.047 5	0.021
酚	0.343	0.15
甲醛	1.4	0.61

水体自净 污染物含量降低，水体水质恢复到初始状态的综合过程，称为水体自净。在水体自净中，氧化过程起重要作用。在大多数情形下，氧化过程是生物化学过程。

生物化学自净 是水体无害化最重要的因素，可以完全消除活性有机污染物。在生物化学自净过程中，物质降解，初始物质消除或转化其他物质，例如，水、二氧化碳。在含有工业废水水体，可以转化为毒性小一些的物质。

水体污染物排放限值 含义是污水排放到水体的污染物含量 C_{cm} 达到允许限值，在监测断面不破坏水质标准 $C_{нop}$。如果水体监测断面仅是一处污染物排放，那么 C_{cm} 值确定如下：

对于悬浮物：

$$C_{cm}=p\left(\frac{\gamma Q}{q}+1\right)+C_{\phi}$$

式中，p——污水排放后水体悬浮物允许增加量，允许增加量按照地表水污染防治保护规范相应规定，mg/L。

对于保守性物质：

$$C_{cm}=C_{нop}+\left(n-1\right)\left(C_{нop}-C_{\phi}\right)$$

对于非保守性物质：

$$C_{cm}=\frac{C_{нop}}{10^{-kt}}+\frac{\left(n-1\right)\left(C_{нop}-C_{\phi}\right)}{10^{-kt}}$$

对于达到水质标准的生物需氧量：

$$C_{cm}=\frac{\gamma Q}{q10^{-0,1t}}\left(C_{нop}-C_{\phi}10^{-0,3t}\right)+\frac{C_{нop}}{10^{-0,1t}}$$

（式中及上边的 t，是从排放点到控制断面水流动的时间，d）。

在控制断面污染物最大含量 C_{max} 按照下列计算式：

对于包括悬浮物的保守性物质最大含量：

$$C_{max}=C_{cp}+(C_{cm}-C_{cp})e^{-\alpha\sqrt[3]{\ell}}$$

对于非保守性物质最大含量：

$$C_{\max}=\left(C_{\phi}-\frac{C_{\mathrm{cm}}-C_{\phi}}{n}\right)\mathrm{e}^{-kt}$$

对于最大生物需氧量：

$$C_{\max}=\left(C_{\phi}+\frac{C_{\mathrm{cm}}-C_{\phi}}{n}\right)\times 10^{-0,1t}$$

如果污染物最大含量 $C_{\max}$ 接近污染物允许含量限值 ПДК，则 $\frac{C_{\max}}{\text{ПДК}}\cong 1$，那么就可保障水体水质达到标准要求的水平。

如果水体中污染物含量超过允许含量限值 C_{cm}，应进行净化。一般水净化分两个阶段。第一阶段在局域性净化设施进行净化，第二阶段进行生物净化（城市污水处理厂），污染水源水与工业污水混合，使水中含有一定数量微生物，用微生物降解污水中污染物。

污染水体净化的必须程度 η，用净化前污染物初始含量 C 与净化后达到允许含量限值 C_{cm}之差，与初始含量比值表达（%）。如下式：

$$\eta=\frac{C-C_{\mathrm{cm}}}{C}\times 100$$

在地表水水质标准中，经常使用允许排放限值的术语，缩写为 ПДС。ПДС 的计算，是用每小时污水排量 q^1（m^3/h）乘以污染物允许含量 $C_{\text{пдс}}$（g/m^3），如下式：

$$\text{ПДС}=q^1 C_{\text{пдс}}$$

在生态档案一章中包含了需水量、水质净化内容。专门设计的表填写：需水水量指标；水源（海、湖、河、水库、运河、地下水）；生产用水量，包括循环水；生活、公共用水；渗漏、蒸发、事故耗水量等。在表中还有水量平衡计算模式。

还有填写水源水质特征表。填写企业用水源污染物含量，生物需氧量、温度、毒性等评价指标。这一章最重要的指标是允许排放限值的指标。

在表中还填写水净化设备、地点、效果评价，处理设备进水、出水的水质指标平均含量。

俄罗斯联邦自然利用领域的监督机构，审定允许排量限值，监督企业允许排放限值标准执行。保障遵守允许排量限值，是企业—自然利用者的责任。

在制定达到允许排量限值措施规划中，应提出有关降低废弃物排量的具体建议，使达到向水圈的零排放。在研究实施措施，根据国内外科研成果与实践经验，采用先进的技术。

达到允许排量限值指标值期限 3 年，变更需要有关监督机构审批。

9.8 污水净化的主要途径与方法

污水净化的主要途径有两种：稀释；去除污染物。稀释不能消除水源水中的污染物，只能在局部减轻污染程度，根本的办法是对水体净化处理。

在生产与生活污水的净化方法，分为：机械法，物理-化学法，化学法，生物法，热法（图 9-2）。这些方法可以分为再生型的与消除型的。

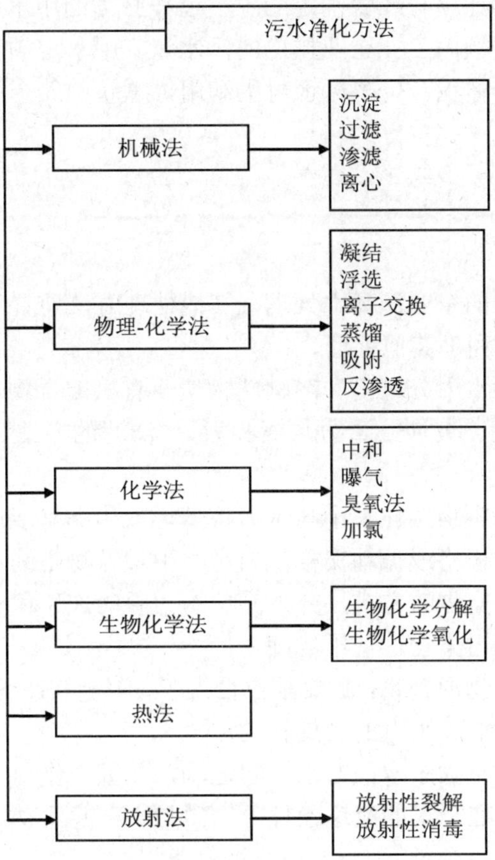

图 9-2 污水净化方法

资料来源：Н.И.伊万诺夫，И.М.法金，2002 年。

图 9-3 是污水净化的一般图式。除了必然要进行的机械净化外，还要进入设备综合体及其他设备，进行深度处理。在排出前必须进行消毒处理。如果产生沉积物（或生物物质），进行加工处理。加工处理后，消除沉积物或堆放。净化的水供给企业的供水系统，用于农业灌溉。

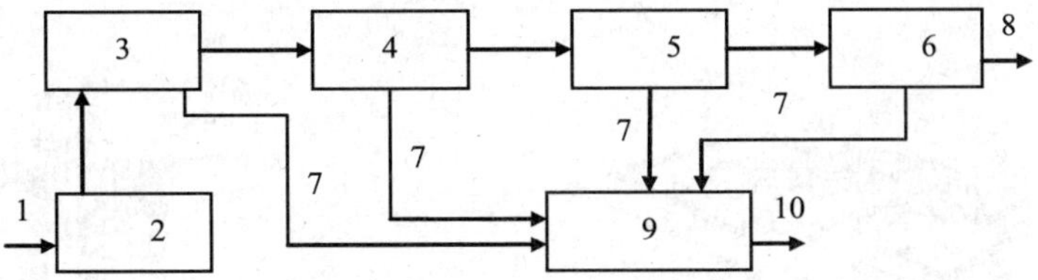

图 9-3 污水净化的一般图式

1—未处理的污水；2—调节设备；3—机械净化设备；4—其他净化设施；5—深度处理设备；6—消毒；7—污泥；8—净化的水；9—污泥处理设备；10—污泥加工

因为在一天期间污水水质与水量变化，所以在进行机械净化前要进入专门设施——调节器。企业污水量取决于供水定额及各个部门的排水量。

供水定额 根据科学计算与经验确定的生产过程必需的用水量。

排水定额 在用水定额内工业企业排出的污水量。用水定额与排水定额，表示为单位产品或单位原料消耗水的体积。生产污水再生利用，重新归入企业供水计划。每一企业用水合理性，要进行评价。

9.9 机械净化方法

这种方法适用于独立的企业循环水处理，其他处理方法前置处理。经过机械净化可以减少污染 30%～60%，有利于其他处理。

机械净化方法能从污水中分离出非溶解性物质及有机混合物。利用水力机械净化处理（周期性连续运行）、过滤、沉淀（重力与离心力）、渗滤的方法。过滤方法根据污染物颗粒大小与水力特性选定。

过滤与沉淀 根据污染物颗粒大小与水力特性，或用栅格或用筛过滤。

栅格 通常是用固定栅格或振动栅格。当污水中颗粒物是细颗粒、中颗粒时，使用固定栅格。根据栅格去除污染物的方式，分为简单的（手动式）和机械的（各种驱动方式）。对污水中非溶解态的颗粒污染物，使用滤筛。

为了从污水中收集矿物混合物，主要是粒径大于、等于 0.15 mm 的砂粒，采用沉砂池。根据与水流方向分为水平的、垂直的及旋转的。

沉砂池的原理是砂比重大于水，与水一起运动，在重力作用下在底部沉淀。相应于水流的流体力学规律，只有在一定的流速条件下，砂与水一起运动。当流速降低，砂沉降于沉砂池底部。

沉砂池通常为：水平的，水流方向水平（图 9-4）；垂直的，水流方向垂直向上（图 9-5）；水流螺旋运动圆筒形的（图 9-6）。

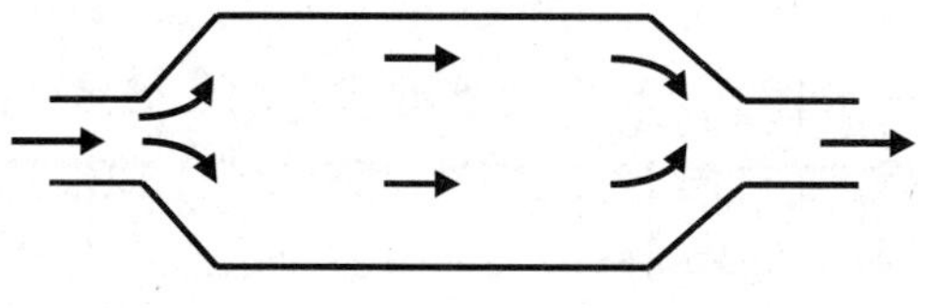

图 9-4 水平沉砂池示意图（俯视）

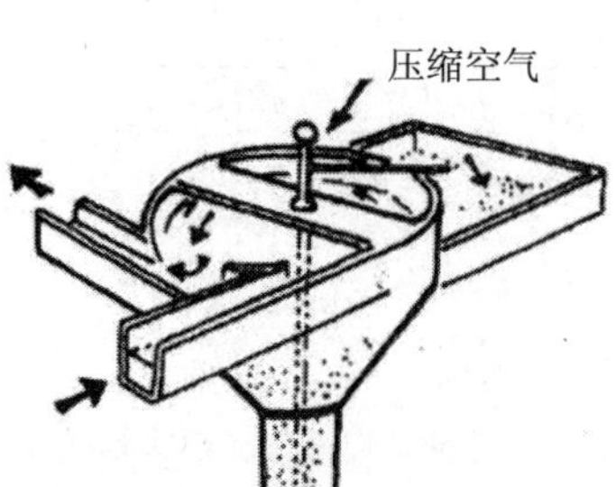

图 9-5 垂直沉砂池

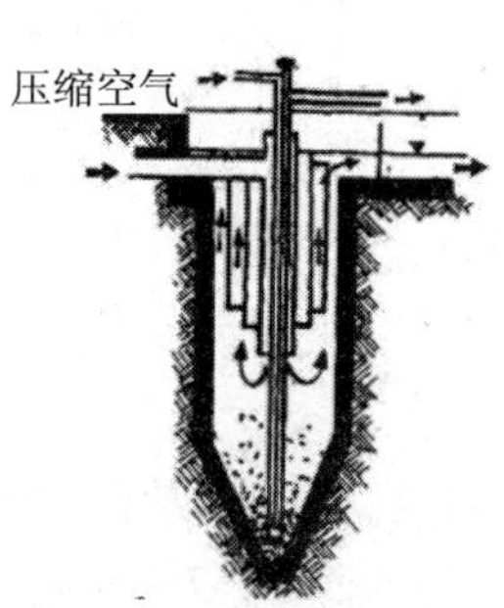

图 9-6 圆形沉砂池

在沉砂池中沉砂过程，类似在茶碗看到的情形，当沏了茶的茶碗摇动时茶集中在茶碗中部。当水在沉砂池旋转运动时，粗砂类似地集中于中部，经过设在沉砂池中部的出口，落入专门收集器中。

生产污水经过过滤、沉淀、渗滤等机械净化，不同特征的非溶解性污染物（沙、黏粒、渣）去除率达 90%。生活污水去除率 60%。

从污水中去除石油产品，也广泛应用沉淀法。原理是油水自分离。石油产品的颗粒在表面张力作用下，形成 2～300 μm 的球形，沉淀原理在于油、水密度差。石油产品在水体含量平均 100 mg/L。

石油产品在石油收集器中被分离（图 9-7）。污水进入收集槽 2，在水位差作用下，进入沉淀槽，在沉淀槽进行沉淀，油水分离。净水从沉淀槽流出，石油产品形成一层膜，从石油收集管道输出。类似的还有油收集器、液体收集器、树脂收集器，都是利用水与比水轻的污染物的密度差。

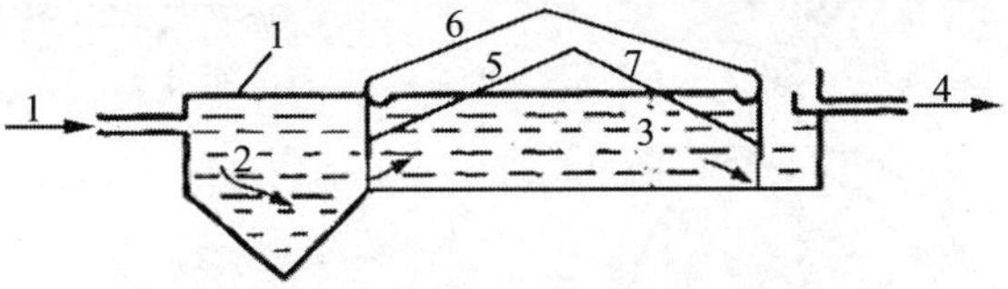

图 9-7　典型石油制品收集设施示意图

1—污水；2—污水池；3—储水池；4—净水；5—垂直隔板；6—石油制品收集管；7—油膜

用沉淀池收集下沉的与悬浮的污染物。根据与水流方向，沉淀池分为垂直的、水平的及放射状的（图 9-8）。

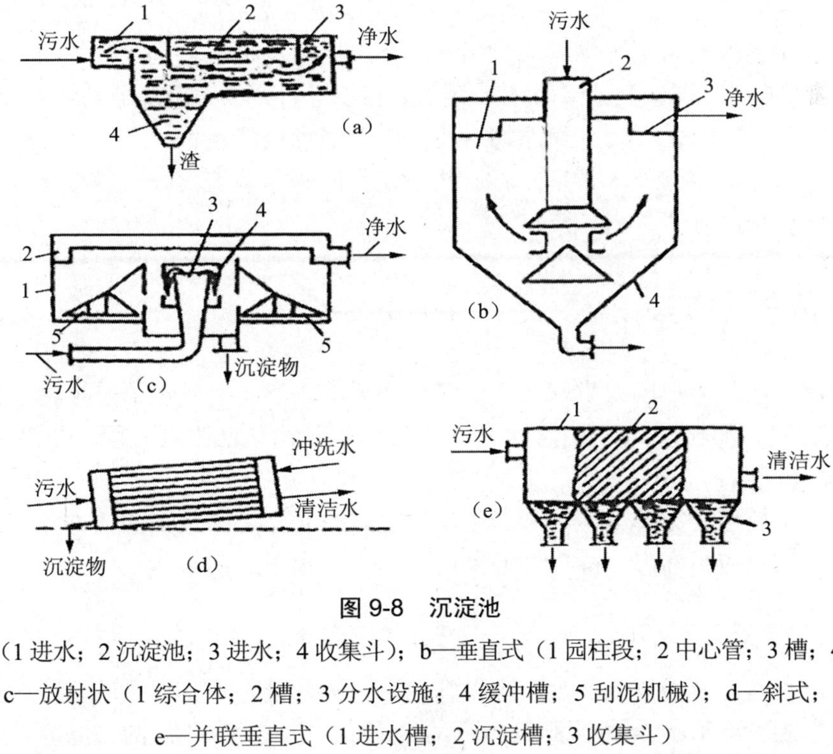

图 9-8　沉淀池

a—水平式（1 进水；2 沉淀池；3 进水；4 收集斗）；b—垂直式（1 园柱段；2 中心管；3 槽；4 收集斗）；c—放射状（1 综合体；2 槽；3 分水设施；4 缓冲槽；5 刮泥机械）；d—斜式；e—并联垂直式（1 进水槽；2 沉淀槽；3 收集斗）

在离心力作用下去除悬浮混合物 采用水力旋流器进行悬浮混合物去除，它是重力沉淀型设备，水在处理区沿切线方向射向圆筒内壁。水力旋流器分为开放式与压力式（图 9-9）。开放式水力旋流器是水流上升产生沉淀，适用于去除污水中沉淀物、悬浮物。

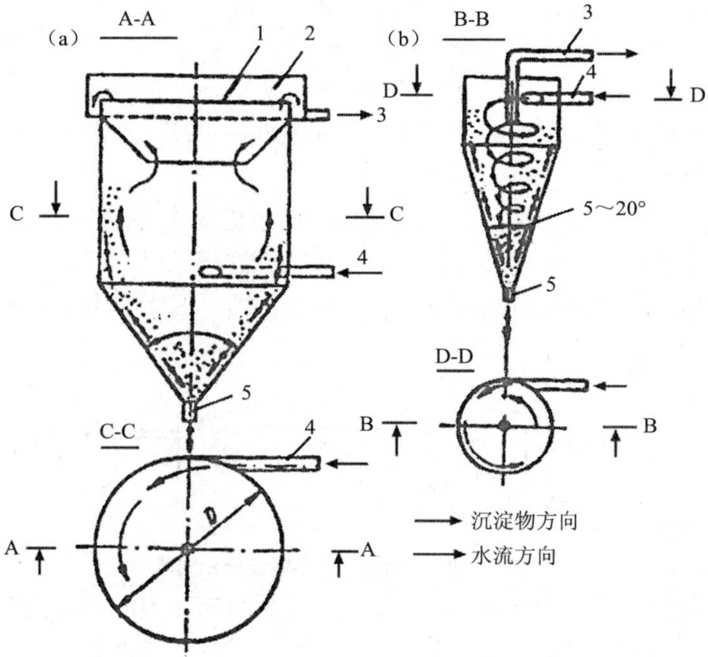

图 9-9 开放式（a）与压力式（b）水力旋流器示意图

1—水流；2—环形流；3—排污管；4—进水管；5—排泥管

压力式水力旋流器用不锈钢制成，用于从污水中分离密度差别大矿物质。

水力旋流器的优点在于：效率高，费用低，自动运行。水力旋流器的缺点是耗电量大。特别是压力式水力旋流器，污水悬浮物对圆筒内壁磨蚀很严重。

为了提高水力旋流器处理效率，将一些小直径的水力旋流器连成综合体，平行运行。这样的综合体称为多管式水力旋流器。

9.10 化学净化方法

化学净化方法用于封闭式供水系统溶解性物质的去除。有时也用于生物净化前置、后置处理。最常用的是用化学方法去除重金属离子。化学净化法主要采用：中和，氧化还原，微溶化合物的沉淀。

中和法 主要用于处理含碱、酸的生产污水。中和法是排放前必需的处理工序。

水溶液中和反应是在碱、酸中含的氢离子与氢氧离子之间进行：

$$H^+ + OH^- \longrightarrow H_2O$$

酸性溶液与碱性溶液反应，如果不在管道中沉淀，会在过筛时被清除。

酸性水中和，采用碱性中和剂：CaO，$Ca(OH)_2$，Na_2CO_3，NaOH。也可采用自然矿物石灰石（$CaCO_3$）、白云石（$CaCO_3 \cdot MgCO_3$）。

含有硫酸的污水中和时，其浓度不应超过 1.5 g/L，因为大多数中和剂表面包裹一层石膏（$CaSO_4 \cdot 2H_2O$），所以中和过程停止。

对于含碱污水中和，通常采用 H_2SO_4，HCl，HNO_3。也利用生产中产生的含 CO_2，SO_2，NO_2，N_2O_3 的废气作为中和剂，常用烟气。这样在进行中和反应的同时，也将废气资源化利用，减少排放。这一技术优势是不用酸进行中和反应，可以建无排放系统。中和反应原理如图 9-10 所示。

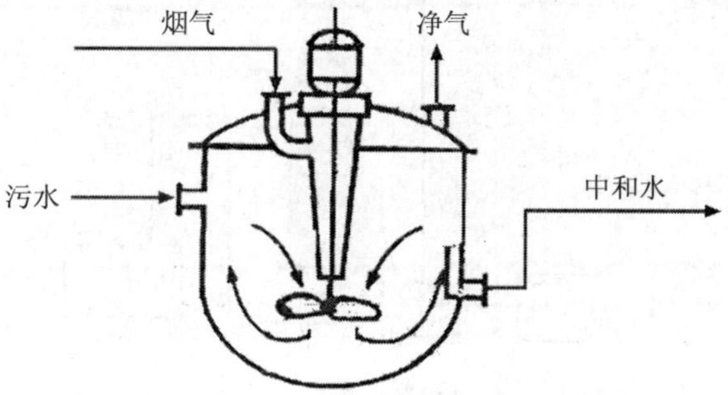

图 9-10　污水中和器

用烟气中和碱性水，在很多生产中应用。例如，石棉生产。

氧化还原　在工业废水处理中，用于氰化物、硫化氢、砷、汞、氯的去除。通过氧化还原反应减小污染物的毒性。在氧化还原反应中，通常采用 Cl_2，ClO_2，NaClO，$Ca(ClO)_2$，$KMnO_4$，$K_2Cr_2O_7$，H_2O_2 等作氧化剂。

对高毒性氰化物废水氯化处理，处理过程是在碱性环境（pH≥9）中进行的。氰化物先形成氰酸盐：

$$CN^- + 2OH^- + Cl_2 \longrightarrow CNO^- + 2Cl^- + H_2O$$

然后形成分子氮及碳氢化合物：

$$2CNO^- + 4OH^- + 3Cl_2 \longrightarrow 2CO_2\uparrow + 6Cl^- + N_2\uparrow + 2H_2O$$

在氯（次氯酸钠、次氯酸钾）生产中，采用这样的方法处理氰化物废水。

臭氧具有很高的氧化性能，在常温下可以破坏污水中很多有机成分。臭氧氧化处理使污水无害化（图 9-11）。

为了提高处理效果，可以延长处理过程，或超声波与臭氧结合，或紫外线照射与臭氧化结合。

像氯一样，臭氧与氰化物在实验室环境反应如下：

$$CN^- + O_3 \longrightarrow CNO^- + O_2\uparrow$$

$$2CN^- + H_2O + 3O_3 \longrightarrow 2HCO_3^- + 2O_2\uparrow + N_2$$

污水还原净化法，适用于含有容易氧化的物质，特别是汞、氯、砷。用还原法将汞化合物还原成金属汞，通过沉淀或过滤与水分离。硫化氢、铝粉、铁屑、硫化铁都可进行还原。六价铬（$Cr_2O_7^{2-}$）的还原，可以用二氧化硫、氢、有机物（例如，造纸工业）。

重金属离子，例如，锌、铜、铅、钴、镉、镍、砷、铅，可以从工业废水分离，生成微溶化合物，沉淀后与水分离。使用的氧化剂：氢氧化钾、氢氧化钠、碳酸钠、硫酸钠。在污水中添加 $Ca(OH)_2$ 或 NaOH，形成相应的重金属的氢氧化物：

$$Me^{n+} + n(OH^-) \longrightarrow Me(OH)_n \downarrow$$

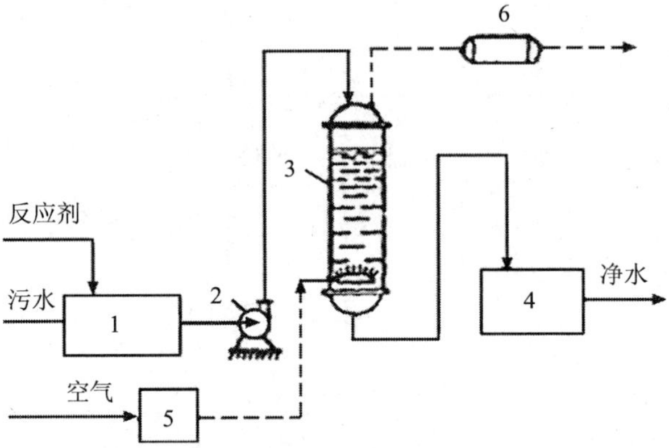

图 9-11　臭氧处理污水设备示意图

1—混合器；2—泵；3—反应器；4—收集；5—臭氧发生器；6—排放气体净化器

一些金属氢氧化物开始沉降与完全沉降对应的 pH 值，列于表 9-5。

表 9-5　金属氢氧化物沉降对应的 pH 值

阳离子污染物种类	当离子浓度 0.01 mg/L，开始沉降	完全沉降
Fe^{2+}	7.5	9.7
Fe^{3+}	2.3	4.1
Zn^{2+}	6.4	8.0
Cr^{3+}	4.9	6.8
Ni^{2+}	7.7	9.5
Al^{3+}	4.0	5.2
Cd^{2+}	8.2	9.7

注：完全沉降 pH，相应金属离子浓度是 10^{-5} mg/L。

如果用的反应剂中含有 Na_2CO_3，重金属沉降不仅以氢氧化物的形式，而且还以碳酸盐-氢氧化物的形式沉降。例如，

$$2ZnCl_2 + 2Na_2CO_3 + H_2O \longrightarrow 4NaCl + CO_2\uparrow + (ZnOH)_2CO_3\downarrow$$

$$2Cu^{2+} + CO_3^{2-} + 2OH^- \longrightarrow (CuOH)_2CO_3\downarrow$$

$$2Ni^{2+} + CO_3^{2-} + 2OH^- \longrightarrow (NiOH)_2CO_3\downarrow$$

$$Pb^{2+} + CO_3^{2-} + 2OH^- \longrightarrow (PbOH)_2CO_3\downarrow$$

如果需要深度净化，建议以硫化物的形态与水分离：

$$Me^{2+} + S^{2-} \longrightarrow MeS\downarrow$$

硫化物的溶解性比氢氧化物低。

9.11　污水物理—化学净化方法

这种方法用于从污水中去除细粒悬浮物、溶解性气体、矿物、有机物。既是自净化，也是机械与生物结合的净化。近些年物理化学净化方法（图 9-12）应用不断扩大，是因为物理化学法净化工业污水效果很好。

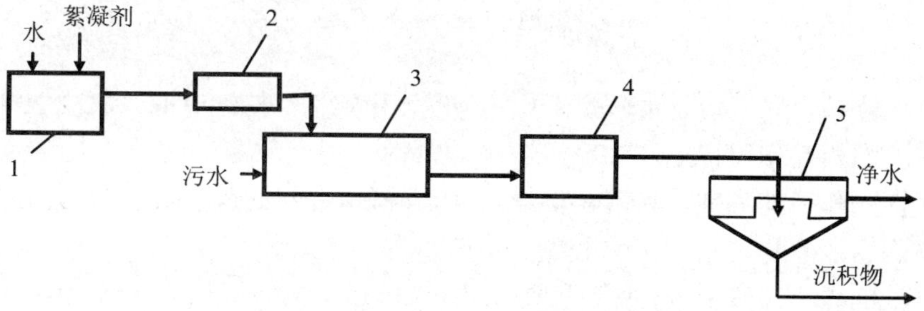

图 9-12　絮凝沉淀水净化设施示意图

1—溶液配制；2—计量器；3—混合器；4—絮凝；5—沉淀

凝结　污染物的弥散颗粒相互作用，形成凝结体。凝结体是在凝结剂作用下形成，通常凝结剂用铝盐与铁盐，例如，硫酸铝、氯化铁。每立方米污水用量 0.1～5 kg。凝结剂在水中形成金属氧化物的凝结体：

$$Me^{3+} + 3HOH \longrightarrow Me(OH)_3\downarrow + 3H^+$$

金属氧化物凝结体缓慢下沉，吸收污水中弥散的细颗粒物。

下列的问题需要解决。大家知道，污染物的氢氧化物颗粒带弱的负电荷，向污水投放电解质——凝结剂，带正电荷的离子 Me^{3+}（Al^{3+} 或 Fe^{3+}）与带负电荷氢氧化物颗粒中和，使氢氧化物系统与高弥散性颗粒的凝聚变缓慢。

絮凝　向污水中投放被称为絮凝剂的高分子化合物，悬浮物的团聚过程。在这一过程形成絮状铁氧化物、铝氧化物，加速沉淀。这样，一方面减少污水处理过程絮凝剂用量，另一方面缩短絮凝团形成时间，提高沉降速度。可采用自然（淀粉、淀粉糊）、合成（聚丙烯酰胺）絮凝剂。

电絮凝是去除污水中氯、重金属以及氰化物最有前景的方法。它是在污水中通过电氧化器，形成不溶解的氧化物。这种仪器装一个电极，一般用钢或铝合金做成。电极提供 3～15 V 的稳定电流。在电场作用下，一方面污水弥散系统变得不稳定，另一方面弥散物与难溶解的氧化铁、氧化铝絮凝，形成带电体。经过 30～45 min，在污水中形成 500～1 000 μm 的絮凝体，沉降。

气浮　用于去除生产污水中难溶解的弥散混合物，它们不能自沉淀，例如，石油、石油产品、油、纤维粒。气浮的原理（图 9-13），是在水层中形成气泡（通常是空气），混合物细粒附着在气相、液相的界面，漂浮在污水的表面，浮沫被清除。

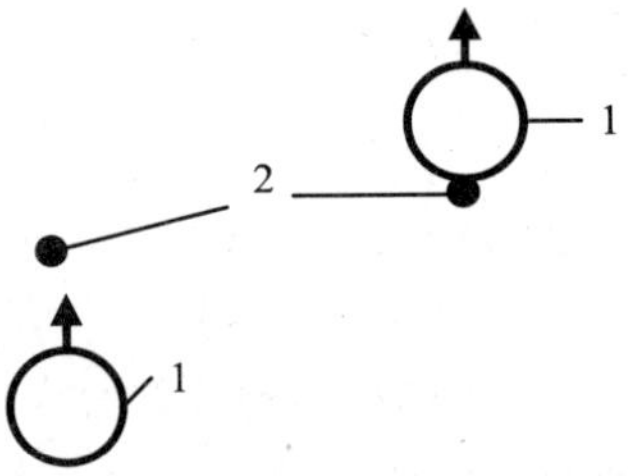

图 9-13 气浮原理

1—气泡；2—不溶性细粒

气浮“细粒—气泡”综合体形成、形成速度、稳定性、持续时间，取决于细粒的特性、药剂与细粒表面相互作用特点及细粒浸润水的特性。

表面活性剂作为捕集剂，吸附在颗粒表面，降低颗粒的浸润水的特性，使颗粒具有憎水性。捕集剂有：硫醇、胺、黄原酸酯、硫酸烷酯。

根据气泡的大小与数量，确定气浮效果。15～30 μm 气泡大小适中，颗粒物大小以 0.2～1.5 μm 为宜。污水的气浮净化处理分为溶气气浮与机械曝气气浮。

溶气气浮分为真空溶气法与加压溶气法。真空溶气法是在气浮池上方气浮室，大气压力下充气，然后真空泵抽气，维持 30～40 kPa，在气浮室气泡携带污染物质上升到污水表面。气浮过程不超过 20 min，悬浮颗粒浓度不超过 300 mg/L。

加压气浮 分为两个阶段，第一阶段是在足够压力下污水充气，第二阶段降压到大气压。压力气浮设备，能将初始污水浓度降到 5 mg/L。日处理量 5～2 000 m^3。气浮的浮渣，用机械不断地清除。

机械曝气气浮是利用压缩泵、喷嘴、微孔扩散板，在污水中形成气泡。

吸附 是生物化学处理后对可溶性有机物深度处理。也可作为不能生物降解或毒性很高而浓度低的物质处理方法。吸附法可用于污水中酚、除草剂、杀虫剂的无害化处理。吸附法的优点是效果好、可以去除多种物质、这些物质再生回用。

从污水中吸附净化的物质可以回用，即从吸附剂中分离出的物质可以净化、再生。再生率达到 80%～95%。

活性炭、合成吸附剂、一些生产废弃物，可用作吸附剂。活性炭具有很大比表面与孔隙率，比表面达 1 000 m^2/g。

吸附过程是在专门设施——吸附器中，在吸附剂与污水强烈搅动过程中进行的。用高温水汽（200～300℃）或热蒸汽（120～140℃）从碳中分离吸附物质。

离子交换 用于从污水中分离重金属（锌、铜、铬、铅、汞、镉、钒、锰），以及砷化合物、磷、除草剂、放射性物质。离子交换法可以在污水深度净化的同时，再生有价值的物质。

离子交换是溶液中有交换性能的固体离子与溶液中其他离子相互交换过程。固相物质称为离子交换剂，带正电荷的称为阳离子，带负电荷的称为阴离子。

离子交换剂分为有机的与无机的，可以是自然的也可以是人工的。无机的自然离子交换剂有：黏土材料，沸石，重晶石，云母。无机合成离子交换剂：硅胶，树脂。对于污水净化最有意义的是树脂，它是人工的有机高分子合成物，它形成网状结构活性基团，具有离子交换功能。

离子交换树脂命名有固定格式。例如，磺化离子交换树脂写为 RSO_3H。在此，R—基团，H—离子，SO_3—阴离子。

当污水混合物（在此例含 NaCl）与离子交换树脂接触：

$$RSO_3H + NaCl \rightleftharpoons RSO_3Na + HCl$$

当离子交换树脂与阴离子接触：

$$ROH + NaCl \rightleftharpoons RCl + NaOH$$

图 9-14 是污水离子交换净化设备示意图。

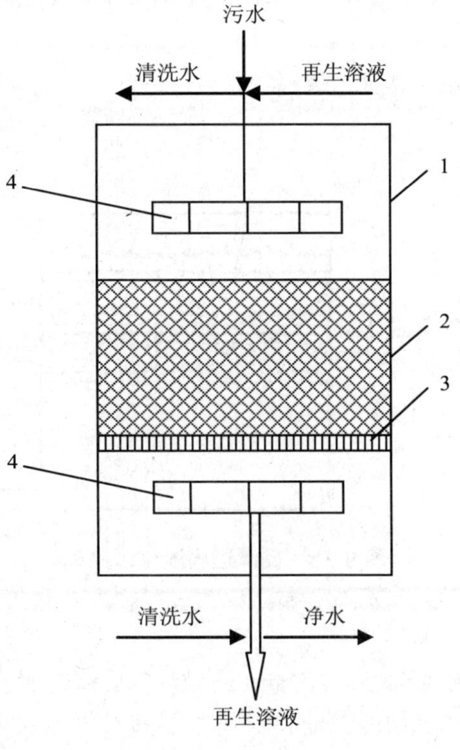

图 9-14　污水离子交换净化

1—壳体；2—阳床；3—阴床；4—布水系统

离子交换净化法可以把污水净化到污染物允许限值，进入生产过程或循环供水。

提取　是用于净化含酚、油、有机酸的污水。如果提取的物质价值能补偿处理费用，提取法是很经济的。每一种物质有从污水中提取的最适宜的浓度，对大多数物质，在污水中含量 3～4 g/L，采用提取法比吸附法更有利。含量低于 1 g/L，只在特殊情形采用提取法。

提取净化法分三个阶段进行。第一阶段，污水与提取剂（有机可溶性）混合，在两种液体表面充分接触情形下，形成两种液相，一种是含有提取的物质与提取剂的提液，另一种是含有污水与提取剂的提余液。第二阶段从分离提液与提余液。第三阶段是从提液与提余液中再生提取剂。

为了将可溶性混合物含量降低到低于允许限值，必须正确选择提取剂及向污水中添加的速度。在选择溶剂时，应考虑物理化学特性、价格与再生。提取剂应符合下列要求：溶解提取物的性能优于水的溶解性，具有很高溶解容量；对残留在污水中成分溶解量要小，完全去除必须去除的物质要多；在污水中溶解性小，与污水的密度差大，因为只有密度差大，才能充分分离，用简单的方法再生。

从污水中提取酚，混合器是基本的设备，在混合器中污水与提取剂混合，在混合器中提取剂与有毒混合物分离，净化的水与提取剂分离。最后是进行提取剂的再生。提取法污水净化率达到 80%～95%。

反渗透 原理是有机的或无机的溶液通过半透（水能通过，其他物质不能通过）膜。如果海水的渗透压是 20～25 个大气压（2.0～2.5 MPa），那么海水淡化，即纯净水通过膜，需要 6～7 MPa（图 9-15）。

反渗透设备形成两种水，淡水与浓水。

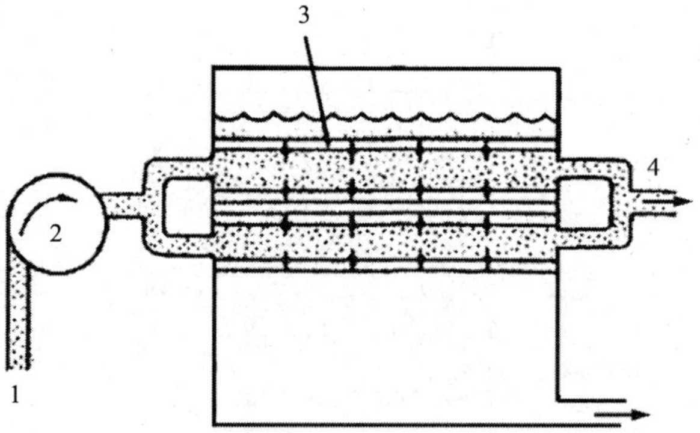

图 9-15 反渗透膜淡化水原理

1—盐水；2—泵；3—反渗透膜；4—淡水

超滤 主要通过膜渗滤直径 5～200 nm 的微粒，反渗透膜孔径 1 nm。超滤净化大的有机与无机分子，压力 0.1～0.5 MPa。滤膜材料用醋酸纤维素、聚酰胺及其他合成材料。

电化学净化 用于净化含溶解性弥散混合物的污水。主要有：①氧化还原法分解难降解混合物；②利用半透膜（电渗析）法去除溶解性无机混合物；③采用电解凝聚法分离混合物，利用阳极氧化法，生成不溶解的化合物，沉淀。

在电化学氧化过程中，污水中的污染物质（氰化物，胺，醛，硝基化合物），完全被分解为 CO_2、NH_3、水、无毒性物质，用别的方法去除掉。

阴极还原 用于去除污水中难氧化的有机化合物，以及金属离子，而且金属凝聚在电极上，可以再利用。

可以将正极氧化与负极还原相结合。例如，从污水中去除硝基苯酰基，先负极还原到胺，然后正极氧化成无毒的化合物。

广泛应用电渗析法去除污水中的盐类，是在正极与负极之间的电场力作用下进行。专门的设备——电渗析器中，三个独立电解池分别安装两个膜片（图 9-16）。

电渗析法有效地去除氟、铬、放射性污染物。用这种方法得到酸、碱，重新用于生产过程。电渗析法的缺点是必须预先去除悬浮物，悬浮物会黏滞膜片。

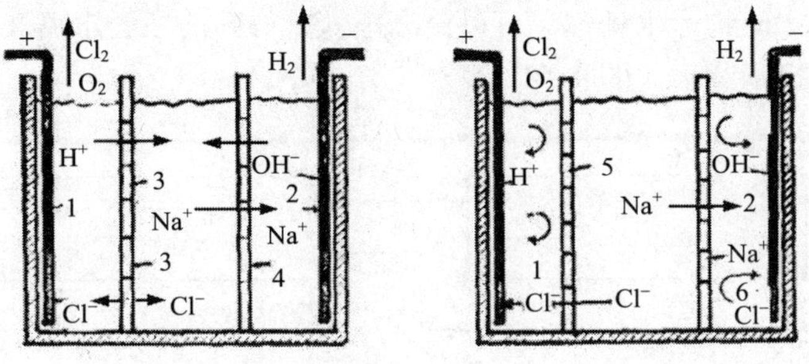

（a）非活性膜　　　　（b）活性膜

图 9-16　电渗析法污水净化电化学原理图

1—阳极；2—阴极；3—阳膜；4—阴膜；5—阳离子透过膜；6—阴离子透过膜

蒸馏与分馏　蒸馏是利用与不同温度蒸汽相通的开阔水面，进行污染物分离。采用普通蒸馏、蒸汽蒸馏、恒沸蒸馏、精馏等方式。

普通蒸馏　蒸馏污水。去除沸点低于水的污染物（丙酮、酒精等）。

蒸汽蒸馏（气化）　用于去除容易挥发的化合物，采用周期性或不间断的蒸馏。图 9-17 是蒸馏塔示意图。在第一个气化塔中，污染液体加温到 100℃，容易挥发的化合物转变为气相，与水蒸气一起排出。在第二个气化塔，污水的有害物质被排放。例如，将酚从污水中去除，需要将碱溶液蒸馏温度达到 100℃。酚转化为酚盐 C_6H_5ONa，与水蒸气一起排出。

$$C_6H_5OH + NaOH = C_6H_5ONa + H_2O$$

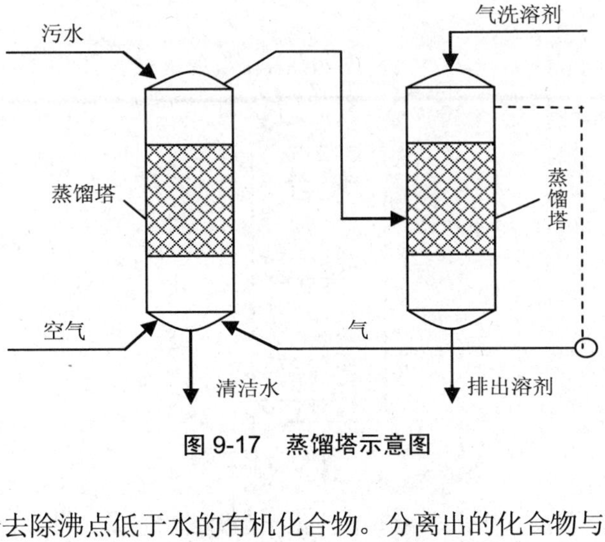

图 9-17　蒸馏塔示意图

恒沸蒸馏　用于去除沸点低于水的有机化合物。分离出的化合物与蒸馏水一起再利用。

9.12 污水热法净化方法

化学工业排放的污水，含有各种矿物盐（钾、锰、钠等），同时也含有很多有机物。这样污水可采用热法无害化处理：①污水浓缩并提炼溶解物；②燃烧无害化处理。

浓缩法 用于含矿物污水处理。可以分离出盐，得到洁净的水循环利用。处理过程分两个阶段：浓缩；挤压脱水（图 9-18）。

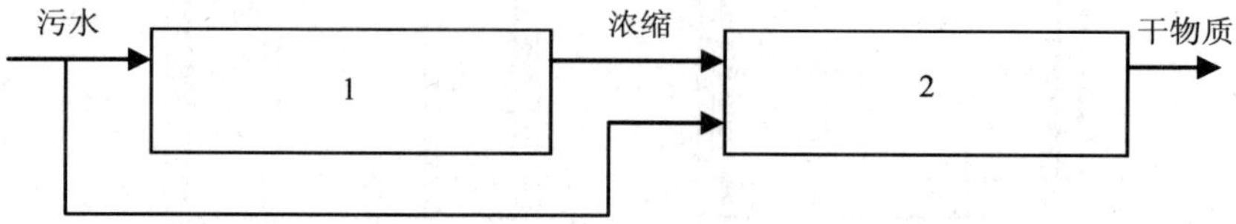

图 9-18 矿物质与水分离阶段

1—浓缩；2—干物质生成

在许多情形，第二阶段被浓缩保存代替。浓缩水直接生成干物质。

浓缩水生成干物质，是通过蒸发（加热）或制冷设施。冷凝过程是温度低于净水凝结温度，形成净水冰晶，污染物分布于晶格中。污染物冷冻温度，取决于溶解盐含量，永远低于净水的冷冻温度。如果温度缓慢降低，形成比较大的冰晶，污染物去除量不大，获得微矿化水。

为了从浓缩的溶解液中获得干物质，采用结晶与干燥的方法。浸没式加热结晶是最经济液体蒸发方法，在提高溶液浓度同时结晶。热量直接从发热体传入液体，热利用率达到90%。从发热器的喷嘴喷出的热气，形成大量小气泡，这样散热面最大。

干燥通常是采用喷气干燥的方法（图 9-19）。在这样的干燥器（室）里，溶液分散为10～50 μm 的雾滴，落在热气或燃气中，雾滴与气体接触面达到 300 000 m^2/m^3，这样干燥速度加快，时间缩短。

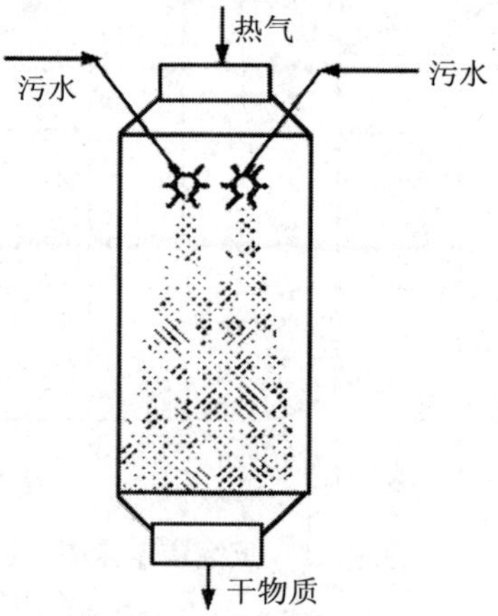

图 9-19 喷雾干燥器

干燥的物质与气体分离，采用旋风过滤、手动过滤、电动过滤。气体的初始温度，根据物质特性 80～1 000℃。从干燥器排出温度 40～130℃。

无害化焚烧　是将污染物直接喷在燃气上，燃烧温度达到 90～1 100℃。这样，水完全蒸发，有机混合物燃烧成无毒化合物（通常为二氧化碳、水汽），在水中的矿物质，形成固体颗粒滤除。这种方法适用于含高毒性物质污水处理，而其他处理方法无效。除此以外，如果焚烧产生可燃性排放物，建议将其用作燃料。工业废气燃烧可以用不同结构的焚烧炉，建议采用旋风炉。因为旋转上升气流，增强热量，增强污水滴与气体混合。含有酚、甲醛的污水焚烧炉原理如图 9-20 所示。

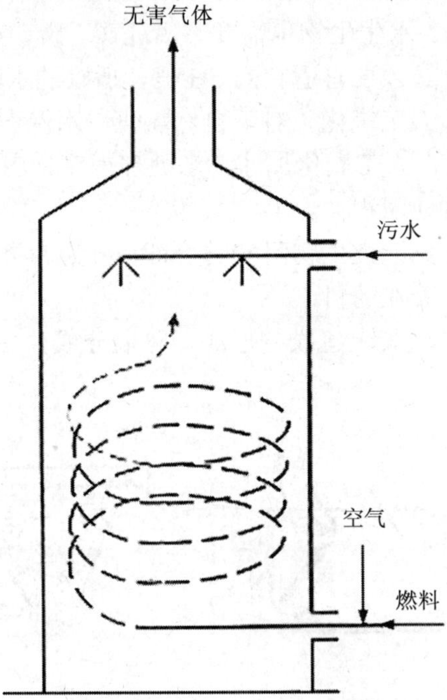

图 9-20　污水无害化焚烧炉

空气与天然气混合，切线形进入炉体，顺着炉体轴线方向螺旋上升，污水由喷嘴喷出被燃烧。如果污水同时含有机物与矿物质，这种焚烧炉缺点是矿物质损失太大。

9.13　污水生物化学净化方法

这些方法适用于生活污水与许多可溶解性有机物及一些无机物的净化。利用以上述物质作为营养物的微生物，进行水净化。有机物是微生物的碳源。微生物经常破坏有机物，转化为 CO_2、H_2O、硝酸盐离子、硫酸盐离子，利用这些形成自己的生物质。生物化学净化过程，实质上是自然过程，无论自然蓄水池还是净化设施进行的净化过程，特征都是相同的。

生物氧化是微生物群落实现的。微生物群落是包括许多最简单的细菌、比较高等的有机物（藻、蘑菇），相互联系成一个复杂的综合体。这个微生物群落称为活性污泥。每克

干物质含有 10^{6}～10^{14} 细胞（1L 污水含大约 3 g 微生物）。

污水的好氧与厌氧生物化学净化方法，大家都熟悉。

好氧过程 好氧过程微生物生命活动必需的环境：水体有稳定的含氧量（2 mg/L)；温度 20～30℃；pH 6.5～7.5；生物元素比例为生物量∶氮∶磷等于 100∶5∶1。微生物方法要求有毒物含量不超过：四乙基铅 0.001 mg/L，铍、钛、Cr^{6+}、一氧化碳 0.01 mg/L，铋、钒、镉、镍 0.1 mg/L，硫酸铜 0.2 mg/L，氰化钾 2 mg/L。

污水好氧净化在专门的设施中进行：生物塘，好氧池，氧化塘，生物滤池。

生物塘 是用于污水生物净化以及与其他设施组合深度净化。以分级塘的形式实施，一般 3～5 级。污水净化过程按照下列图式：水生生物光合作用提供氧气，大气也提供一部分氧气，细菌氧化污染物。水生生物也需要二氧化碳、磷、氮，这些是有机物分解提供。因此，在生物塘正常运行，必须要有适宜的 pH 值、适宜的水温，冬季水温不低于 6℃。

生物塘分为自然氧化与人工氧化。对于自然氧化，水深一般不超过 1 m。利用曝气机的人工氧化，水深可达 3 m。人工氧化加速污水处理速度。应当指出生物塘的缺点是：氧化性能低，季节性运行，占地面积大。

人工生物净化设施 根据活性生物附着的特征，分为两类：在处理的污水中活性生物附着悬挂材料；活性生物附着在滤料上。

曝气池（图 9-21） 是混凝土建成方形池，隔墙分成独立单元。

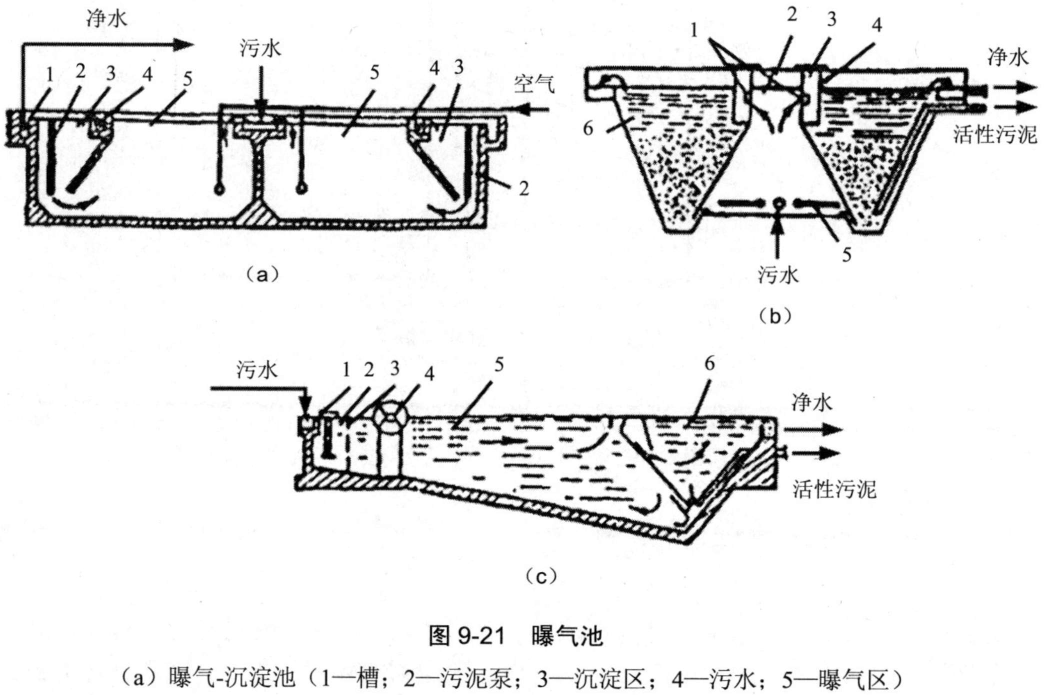

图 9-21 曝气池

（a）曝气-沉淀池（1—槽；2—污泥泵；3—沉淀区；4—污水；5—曝气区）

（b）曝气-澄清池（1—污水进口；2—曝气区；3—脱气区；4—导向隔墙；5—曝气头；6—澄清池）

（c）双曝气-沉淀池（1—叶轮泵；2—预处理；3—隔墙；4—螺旋桨曝气区；5—氧化区；6—澄清池）

为了在好氧池内保持悬浮状态的活性污泥，活性污泥与空气中氧充分混合，安装了不同的曝气系统。在氧化池活性污泥与空气混合，进入沉淀池，沉淀到池底的活性污泥用专门设备（污泥泵）送到泵站。净化水或者深度净化，或者排放。在生物氧化过程，活性污泥生物质不断增加。为了给活性污泥创造适宜的环境，部分污泥输送到专门设施，提高污泥活性后返回好氧池。好氧池污泥含量（干重）2～5 g/L，空气消耗量每立方米污水 5～15 m^3。每天 1 g 无灰分活性污泥的有机污染物的生化需氧量为 400～800 μg，在这样环境下保障污水的完全净化。污水停留时间 6～12 h，取决于污水成分。污水处理综合体的重要组成部分曝气池，处理能力每天从几百吨到 200 万～300 万 t。

在处理中，用纯氧代替空气，效率可以提高 3 倍。

生物滤池　每天可以处理生活污水或工业污水 20 000～30 000 m^3。生物滤池平面形状为直角形，填充滤料。滤料可以分为两类：微孔滤料，光滑滤料。微孔滤料有砾石、陶粒、煤渣。粒径 15～80 mm。滤层厚度 4 m。光滑滤料分刚性的与柔性的，滤层厚度 8 m。

厌氧过程　是在缺氧的环境下，利用化学键（例如 SO_4^{2-}，SO_3^{2-}，CO_3^{2-}）进行有机物的生物氧化。厌氧过程分两阶段进行，第一阶段形成有机酸，第二阶段是形成的有机酸转化为甲烷与 CO_2：

有机化合物+O_2+细菌 ⟶ 挥发性酸+ CH_4 + CO_2 + H_2 +新细胞+其他物质

⟶ 挥发性酸+ O_2 +甲烷形成的细菌 ⟶ CH_4 + CO_2 + 新细菌

主要过程在沼气池进行（图 9-22）。在沼气池中，形成的活性污泥、浓污水、有机物，在甲烷形成过程被细菌破坏。上述过程在湿地中自然进行。

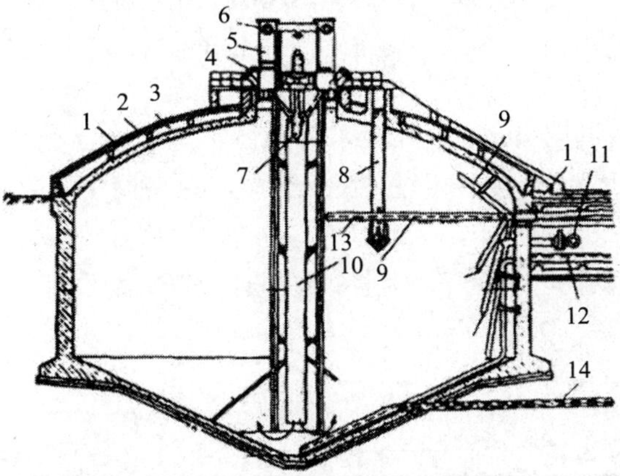

图 9-22　沼气池（容积 5 200 m^3）

1—沥青涂料；2—砖砌体；3—隔热层；4—控制孔；5—集气孔；6—输气管；7—机械搅拌器；8—注水管；9—不同高度出料口；10—泥混合物循环导向管；11—用户输气管；12—沉积物输出管；13—供水管；14—甲烷排气管

厌氧过程的目标是：减少污水中活性污泥或有机物，得到甲烷，过滤水，去除沉积物气味。得到的甲烷（含量 75%）气可用作燃料。

厌氧过程对出渣有要求，要按照微生物群落繁殖规律进行。微生物的恢复需要 1～6 个月。甲烷形成过程，会产生爆炸与燃烧。

污水生物净化除了生物塘外，还可以利用自然环境，专门准备一块土地（灌溉与渗滤）（图 9-23）作前处理，净化的水可以进行作物、蔬菜灌溉，浇花、浇树。

灌溉土地应有一定的坡度，有利于从一个地块向另一地块自流。利用灌溉土地综合地解决环境保护、城市供给、农业发展问题。

污水在人工设施生物净化后，细菌去除 90%～95%。经过灌溉土地处理后，细菌去除 99%。对污水完全无害化处理，应当进行化学无害化处理。

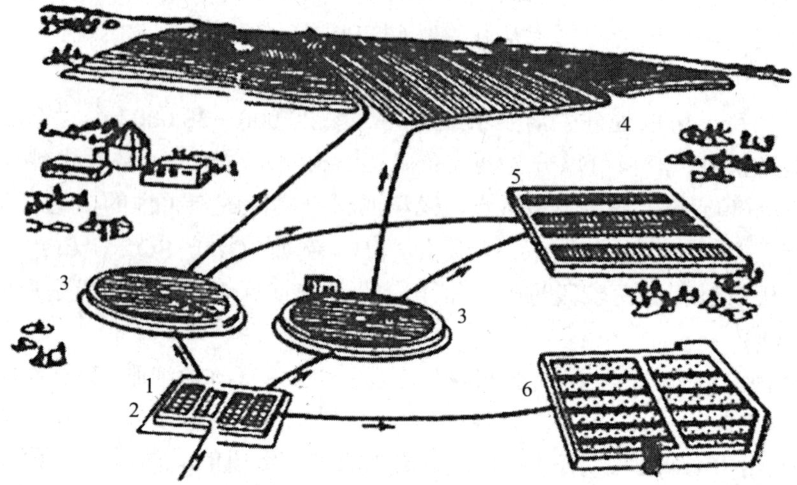

图 9-23 自然环境生物净化站示意图

1—滤栅；2—沉砂池；3—双层生物净化；4—灌溉土地处理；5—湿地；6—砂滤池

利用设备进行生物净化，必须遵照技术规范。不应含有毒物质，它会杀死微生物。进入生物净化设施的水，石油产品不超过 25 mg/L，杀虫剂不超过 25 mg/L，溶解盐不超过 1 025 mg/L。

进入生物净化设施的污水酸度不超过 9，否则，微生物致死。实际上，所有的方法都如城市污水处理工艺（图 9-24）所示。

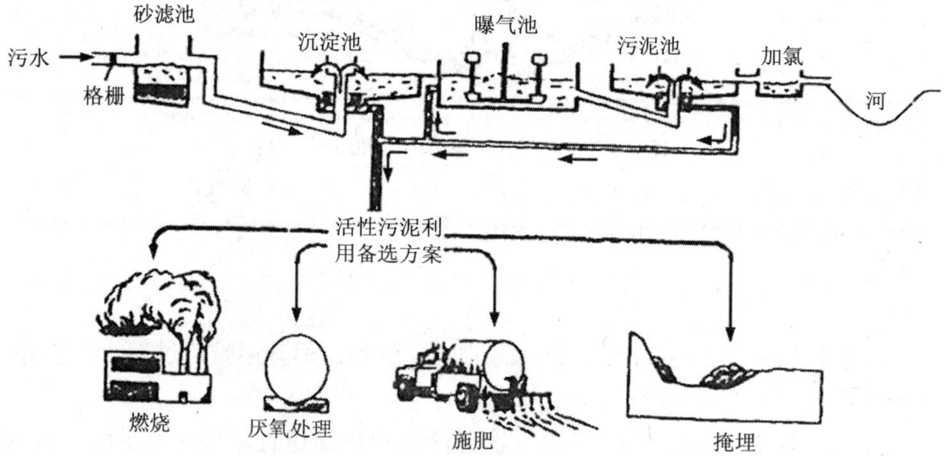

图 9-24 利用活性污泥法处理城市污水

9.14 离子辐照水净化方法

近年，在降解有机物净化污水方法的基础上发展起来的新方法。放射性同位素（^{60}Co，^{137}Cs 等）伽马射线的作用，就像有很强的氧化剂。目前加速器发出的能量 5～6 MeV 的电子束取代同位素。离子辐射会破坏胶体系统的组合稳定性（辐照聚合），破坏所有的有机物与一些无机物（辐照分解）。随着简单化合物形成，会消灭很多病毒与细菌（辐照无害化）。离子辐照法与吸附法结合，效果更好。

现在应用离子辐照技术净化水结果表明，净化水的电子能量可达到 1.0～2.5 MeV。80 kW 的加速器，发出电子束电流 50 MA，水净化能力为 700～1 000 m^3/h。

9.15 封闭水循环系统建立

现代工业企业供水，可以直接供水、二次供水、循环供水（图 9-25）。

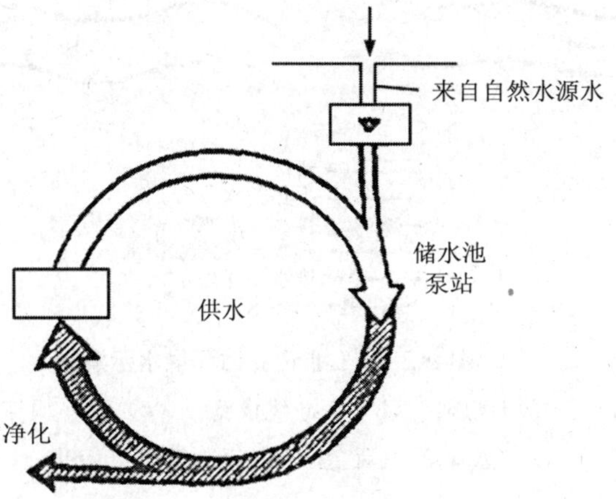

图 9-25 循环供水示意图

直接供水 从水源地取水 $Q_{ист}$，储存于储水池 $Q_{сбр}$，供给生产 $Q_{потр}$，即

$$Q_{сбр} = Q_{ист} - Q_{потр}$$

分级供水 模式比较完善，可以是二级、三级、四级供水。取水 $Q_{сбр}$ 等于给各个生产部门（工厂，车间）的供水量加上净化设施的排放水 $Q_{шл}$（图 9-26）。即

$$Q_{сбр} = Q_{ист} - (Q_{потр1} + Q_{потр2} + Q_{шл})$$

显然，第一次利用后的污水二次利用，应符合生产工艺要求。

建立封闭水循环系统的必要性在于：

（1）淡水的费用高，其原因不仅由于不断增长的需要量，而且由于污水排放，自然水质下降。需强调的是，1 m^3 污水可以污染 100 m^3 的净水；

（2）由于向水体排泄污水，自净能力已经丧失；

（3）与污水处理达标储存相比，有经济优势。

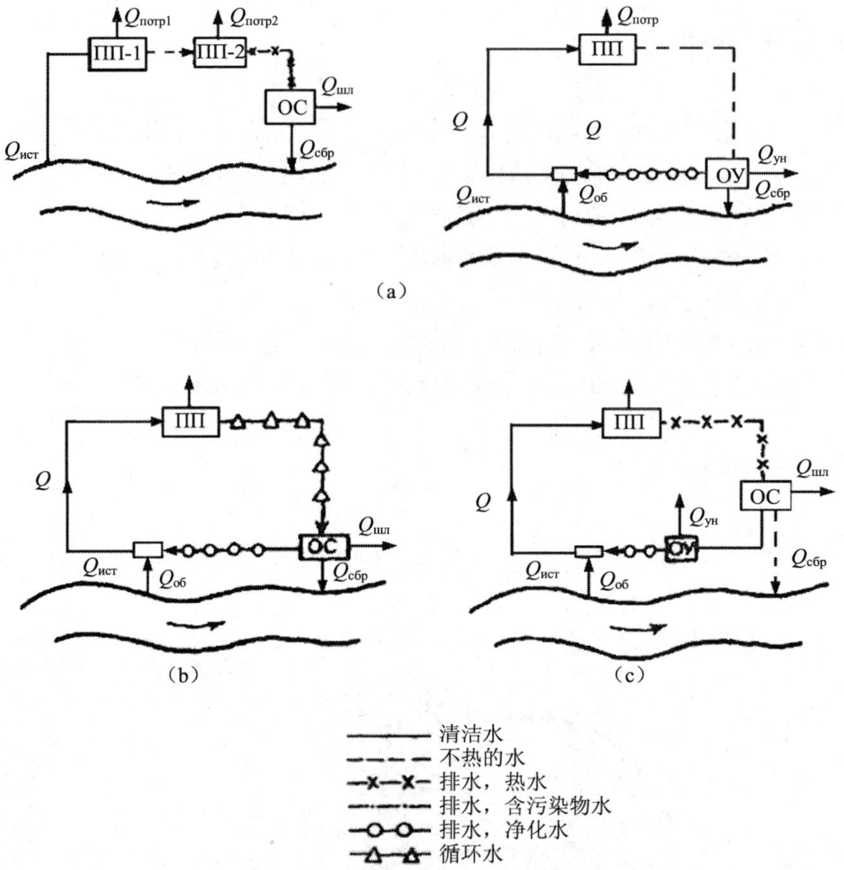

图 9-26 工业企业循环供水示意图

（a）有冷却设施；（b）有净化设施；（c）有冷却与净化设施

（А.Ф.波里亚金，А.Д.霍万斯基，1996）

如果污水净化使 90%的水质指标达到允许含量限值，其费用设为 1，那么，99%的水质指标达到允许含量限值，费用为 10，99.9%的水质指标达到允许含量限值，费用为 100。费用贵了 100 倍。污水初步处理在生产中循环利用，比深度净化达到卫生标准便宜得多。循环用水比直接供水方便得多，降低用水量 10～50 倍。

用于循环供水系统的水，根据工艺要求进行不同的处理。如果是作为热媒介，那么，在工艺过程中加热，二次利用前冷却（排入水塘、冷却塔、散热池，图 9-26（a））。如果水是用作转移、吸收污染物，在进入循环前要在净化设施中处理（图 9-26（b））。二次利用预处理方案（图 9-26（c）），可能是既要净化处理，又要冷却。

在循环供水系统中，水的损耗（生产过程，蒸发，渗流，风吹，溢流，废渣，通风）应予以补充，称为从水源 $Q_{ист}$ 新鲜补充水，即：

$$Q_{ист} = O_{под} + Q_{ун} + Q_{шл} + Q_{сбр}$$

补充水量一般不超过循环供水系统总水量 5%～10%。

图 9-27 是冷轧钢车间循环供水原理图。污水形成于轧钢机 8，含有扎屑与油，污水进

入沉淀池 1。在沉淀池分离出固体颗粒与易挥发的油。接着污水进入中间沉淀池，细粒物质沉淀。污水用泵 3 抽出，管道 4 吸入新鲜空气，污水与空气混合进入饱和器 5，在饱和器强烈混合，然后输入浮选池 6，彻底分离油，分离出的油用管道输出。污水从浮选池输入中间沉淀池 2，为了去除固体颗粒与直径小于 1.5μm 的油粒，经过滤器 7 过滤。净化后的水收集于中间沉淀池 2，用泵 3 送去冷却、轧钢车间。

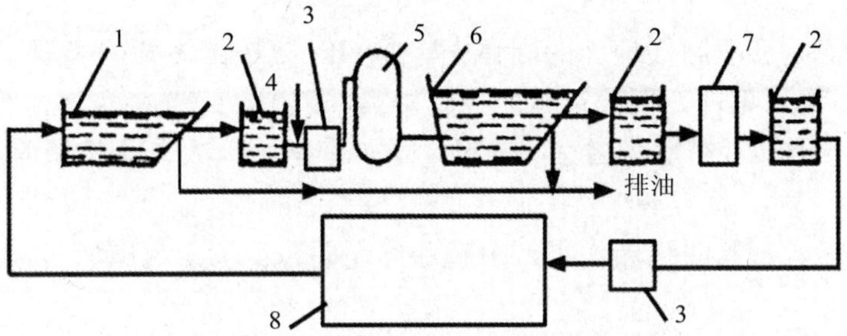

图 9-27 轧钢车间循环供水示意图

1—沉淀池；2—中间沉淀池；3—泵；4—管道；5—饱和器；6—浮选池；7—过滤器；8—轧钢机

工业企业编制循环供水计划时，地表水净化与循环利用必须考虑：

- 保障工业企业地段径流的局域性，或输送到送企业总净化设施处理，或（预处理后）按照一般水净化模式处理。
- 根据地表径流成分及所含混合物，按地段收集。
- 保障地表径流与生产废水一起净化。
- 采用局域净化设施，净化地表径流。

所有经济部门安装循环供水系统，提出如下要求（A.B.扎依采夫，1999）：

- 尽量采用空气与水共同冷却，因为很多企业冷却水用量占总用水量的 70%。
- 在工业区配置生产综合体，水在生产工艺中多次利用。
- 在生产中多次利用的水，污染最重，采用最有效方法，进行无害化处理。
- 用于净气的水，应先分离有用的元素。用于分离气体中固体颗粒的水，应封闭循环。
- 用过的酸、碱以及用作二次原料的生产废液，必须进行再加工。

在建设工业企业封闭水循环系统时，供水与废水处理应作为统一的系统。封闭系统与设计、生产工艺设计同时进行。污水净化产生的沉积物，加工成产品或二次原料。

10 土被保护

人类强烈地影响岩石圈（地球的固体壳，厚 50～200 km）以及特殊的圈层—厚 0.5～1.0 m 的土壤植被层。各种工程建筑总面积（楼房，矿山，道路，运河，管道，水库），占陆地面积的 15%～16%。在发达国家（美国，日本，德国），人工建筑覆盖城市面积 95%～100%。

应当指出，对岩石圈的强烈作用，引起两方面问题：①景观破坏与毁损；②土壤污染与退化。

10.1 景观的破坏

根据技术作用程度，景观分为：自然景观，人为景观。

自然景观 （Н.Ф.赖莫利斯，1990）自然地理综合体，基本要素：地形，气候，水，土壤，植物，动物；相互作用相互制约，形成统一的不可分割的系统。无人类影响的景观自然发展，适应自然环境变化。

自然—人为景观 人类经济活动形成的景观，自然要素之间的联系发生变化，形成新的景观。显然，不同于自然景观，人类控制人为—自然景观的发展。

还可分出技术景观，与自然—人为景观不同的是，其形态与结构受人类生产活动影响，与专门的技术手段有关。技术手段对技术景观形成的影响，分为直接的与间接的。

划分下列自然—人为景观类型：

稀有景观（保护地，国家公园，生物圈保护地）在这些景观区，人类活动完全禁止，必要时进行有限的人类活动；

休闲景观 城市内及郊外的公园、疗养地、狩猎区等。保护性利用，对土壤-植被有限的负载，植物稳定恢复，植物群落与动物群落稳定恢复；

农业与林业景观

矿藏与矿业景观 固体、液体、气体自然资源开发，引起区域性甚或全球性的地化学平衡破坏。要知道，人类社会发展到 20 世纪，采矿总量只有 500 亿 t，而现在每年采矿 1 000 亿 t（Н.И.伊万诺夫，И.М.法金，2002）。

在自然—人为景观的分类中，应划分区域—生产景观。它是自然客体、人为客体与人类在一定的空间与时间的结合。它是生产、民用综合体建设与使用所形成的，与自然客体（地形、大气、水文、植被等）相互作用。

现在几乎没有不受人类经济活动直接、间接影响的景观。自然保护是人类与景观相互作用的主要方向：在生产中采用先进技术减少技术污染；调节经济活动强度；采取防治措施；实施森林卫生清理（间伐）；预防灾害。在石油、天然气、煤、金刚石、金等矿的开采中，保护景观，调节经济负载与景观自恢复、自平衡潜力之间的关系。

10.2　土被及其生态意义

土壤是特别的有机物、微生物自然历史形成产物。在不同气候、地形，水、气、岩石的影响下，是活的有机物对矿物质、有机残体作用形成的（H.C.斯库拉托夫，И.B.古林，2005）。

地球土壤覆盖层形成土壤圈，是生物圈的一部分。土壤圈的全球性功能是：

- 保障地球上生命的存在，是数量巨大的活有机物生存环境。土壤是生产力之源，保障地球居民 95%～97%的生物生产资源。
- 调节地球表面地质大循环及生物小循环。在循环中积累营养元素（岩石风化），这些营养元素通过营养链返回土壤（生物小循环）。同时土壤元素经常被大气降水带到海洋，沉积成岩。这些岩石是在漫长地质历史时期从陆地表面带来的物质所形成的。这些形成地质大循环。
- 积累大气圈与水文圈的化学成分（土壤"呼吸"与植物光合作用及动物呼吸作用，决定了大气圈近地表层的成分；通过水循环，土壤影响进入水文圈的物质成分）。
- 由于土壤肥力的再生性，保障地球上活物质的密度，积累有机物质，调节生物圈过程。
- 土壤是全球生态系统、农业生产不可替代的支持系统。

上述表明，土壤是各国人民的财富，是全人类的重要财富。

10.3　土壤的工业污染

过磷酸钙及氮肥生产工厂，供给农业高质量的矿物化肥。同时造成土壤的磷、砷、铅、铜污染。在工厂周围 5 km 范围内，这些元素超过土壤背景值 5～45 倍。使用钾肥（特别是氯化钾 KCl），导致土壤中氯的累积。

酸雨引起土壤酸化，在我国一些工业区，酸雨带入土壤的硫达到 25～30 kg/hm^2，而相对清洁地区为 3～6 kg/hm^2。

煤、石油、油页岩等一些燃料的燃烧，引起土壤重金属污染。新切尔卡斯克城市附近，土壤重金属调查表明，已经超过允许含量限值，特别是锌、铅、铜。作为其后果，已经污染农产品，镍超标 2～20 倍，氯超标 5～70 倍，铅超标 2～8 倍，氰超标 2～5 倍，锌超标 2～3 倍，这些有毒物质，威胁生命健康（H.C.斯库拉托夫，И.B.古林，2005）。

由于煤、石油不充分燃烧，土壤被苯并[*a*]芘污染，它是强致癌物，会在土壤中转移。如果土壤中石油含量 0.2%～0.3%，就变成"死土"。

铅、锌污染土壤特别危险。汽车尾气是进入土壤的铅主要来源（每年进入土壤的铅 250 000 t）。公路干线对沿线土壤污染最严重。铅会在沿公路边生长的作物体内累积（表 10-1）。

在黑色金属生产企业周围 1 km，土壤中锰含量是允许含量限值的 0.5～6 倍。在炼铝厂附近，土壤被氟污染。在克拉斯诺亚尔斯克、米努辛斯克、布拉茨克，城市周围土壤中氰含量超出背景值 4～10 倍。

表 10-1 工业影响区土壤及蔬菜中重金属含量 单位：mg/L

研究对象	背景区			企业 1 km 范围					
				黑色金属			有色金属		
	Zn	Pb	Cd	Zn	Pb	Cd	Zn	Pb	Cd
土壤	47	15	1	255	39	2.9	2 200	140	27
马铃薯（球根）	11.0	0.8	0.11	20.4	0.6	0.27	28.1	1.3	0.53
西红柿（果实）	20.7	0.8	0.12	28.2	1.9	0.28	29.4	1.7	7.2
红萝卜（根果）	16.5	1.1	0.16	27.0	1.3	0.32	46.9	1.6	3.3
葱（叶）	49.4	1.8	0.18	45.9	4.4	0.80	2.0	1.7	2.12

资料来源：B.Б. 伊利英，1991 年。

垃圾场是土壤的污染源，占用上万公顷土地，城周围不完善的垃圾场的垃圾污染土壤。

原子能电站、铀矿、放射性废料填埋场，是土壤放射污染源。人为放射性核素 ^{129}I，^{226}Ra，^{137}Cs，^{239}Pu 长期污染土壤。大部分放射性核素进入土壤，长期残留，因为衰变期为几十年、几百年。在沙壤土放射性物质 10～15 年能影响土层 40～50 cm，能影响到地下水层，随地下水迁移。在重壤土中，放射性核素被土壤吸收，污染程度小一些。

土壤污染导致土壤退化，即土壤特性变坏，腐殖质层变薄，结果是生产力下降。

污染物进入土壤，改变成土过程，降低生产量，累积在植物体内（特别是重金属）。必然从植物体内直接或间接（植物果实或动物性食品）进入人的肌体。还应指出，污染物会使土壤自净的微生物的繁殖能力降低，有引发疾病的危险性。已经查明，痢疾与伤寒病原体，在相对清洁土壤中存活 1 天，在污染土壤中痢疾病原体存活几月，伤寒病原体存活一年半。

10.4 农业利用过程的土壤退化

对土壤的人为作用有：①侵蚀（风蚀、水蚀）；②污染；③次生盐碱化；④荒漠化；⑤土地用于工业及交通。

土壤侵蚀与风蚀 土壤被流水作用称为侵蚀，被风力作用称为风蚀。

侵蚀分为面状侵蚀与线状侵蚀。面状侵蚀是从土壤表面，将肥沃土层与下伏岩土冲走。线状侵蚀是沿一定的线状沟，将肥沃土层与下伏岩土冲走。

面状侵蚀 流水与降雨从坡面均匀的将土壤颗粒冲走。一场暴雨从陡坡面可冲蚀 40～50 cm 厚的土层，而且都是比较肥沃的土层。

所有的线形侵蚀形态都是冲蚀形态，形成纵向剖面。形成的冲蚀细沟深 0.3～1.0 m，宽 0.5～5.0 m。来自汇水面的水，持续冲蚀形成冲沟，是线形侵蚀的主要地貌形态。

水力侵蚀是在自流灌溉或喷灌中产生的土壤与岩土破坏、输移、沉积，使土壤产生一定量的流失。与自然侵蚀叠加，水力侵蚀将增大地表肥沃土层的流失量。

水力侵蚀损失是多方面的：减小腐殖层厚度，冲走营养物质、化肥，冲蚀运河、道路，形成冲沟，降低作物产量与农产品质量。

强风、大风、暴风发生时，风力形成的风蚀或吹蚀，对地表作用是不同的。暴风发生时，气流携带大量的尘。例如，1969 年北哈萨克斯坦尘暴携带 25 km^3 尘，降落于乌克兰西部。

尘暴多发生在冷季。气压剧烈变化、地势开阔、土壤湿度低、无雪被，促使尘暴发生。

在没有考虑风蚀的情形下，大规模农业开发，发生最严重的人为风蚀。以前哈萨克斯坦曾大规模开荒，冬季很少移动的反气旋，形成风速 15～20 m/s 或 35 m/s 的强东风，在哈萨克斯坦、罗斯托夫区、斯塔夫罗波尔，发生强烈的尘暴。

机耕压实土壤 土壤压实使土壤空隙度变小，土壤透水性降低，根系伸长困难。特别疏松的土壤也是不利的，土壤保水性差，种子、植物根系与土体接触不好。根据土壤成分、有机物含量、土壤结构，土壤密度在 1.0～1.8 g/cm^3 范围变化。

土壤腐殖质层退化 有机质是土壤最重要的组成部分，其含量与形态很大程度地决定土壤的基本特性——肥力。土壤肥力（按照 И.С.考雷切夫）是满足植物营养元素需求的能力，保障根系充足空气、热量、正常生长的有利的物理化学环境。

土壤有机部分，包括进入土壤剖面的除了活有机体外的所有有机物质，包括还保持解剖结构特征的有机残体（根、茎、微生物与动物的残体）。由于微生物作用，失去解剖特征的有机残体形成腐殖质。

土壤中腐殖质的适宜含量，保障植物适宜的水-气状况、保温性能、离子交换容量、稳定的营养供给。这样的土壤抗水蚀、风蚀性能强，对外界因素的缓冲容量高，也就是说，可以降低化肥、重金属、杀虫剂的负面作用。如果在保障施肥、采用农业技术的条件下，可以达到计划的产量，这样的腐殖质含量是最佳含量。

土壤腐殖质消失的过程，称为腐殖质层退化，俄罗斯大部分区域腐殖质储量减少。其中包括整个黑土带。黑土带中部土壤腐殖质化，100 年期间从 10%～14%降低到 7%～10%。在波维季耶，黑土的腐殖质含量从 13%～16%降到 7%～10%，在普列德图里耶，从 10%～13%降到 4%～7%。

引起腐殖质层退化的主要原因，通常认为有下列：①进入土壤的植物生物量——腐殖化过程原料不足；②由于大量使用化肥，有机物质的矿物化加快；③采用一些水利土壤改良与化学土壤改良措施，使有机物质的矿物化加快；④水蚀、风蚀造成腐殖质含量减少；⑤采用一些农业措施，影响耕地腐殖质累积。

根据一些研究资料，到 2010 年一些土壤类型，0～30 cm 土层的腐殖质含量减少了一半。

土壤酸化 在中性或近中性的土壤环境，向土壤添加作物秸秆，有利于腐殖质累积及土壤肥力提高。可是地球上普遍分布的土壤，其溶液具有不良反应（强酸或强碱性）。

俄罗斯北半部以酸性土为主：沼泽土，草甸土，森林草甸土，泰加土。其面积占俄罗斯联邦总面积的 65%，有 5 000 万 hm^2 农业用地，4 000 万 hm^2 耕地，其中 2 800 万 hm^2 土壤为强酸性、酸性土，pH 不超过 5。

酸性土的特征是钾离子不足，氢离子、铝离子过多，农业化学特性极其不利。20 世纪中期，特别是后 20 年，人类经济活动是大面积土壤酸化的主要原因。

pH 4.0～3.5 的酸雨，引起陆地生态系统、地表水不利变化，特别是自然酸性土壤区。酸雨危害植物，甚至毁灭植物。

除酸雨外，酸性化肥的使用，例如，K_2SO_4，$(NH_4)_2SO_4$，NH_4NO_3，引起俄罗斯联邦非黑土带的土壤亚酸化。植物吸收了这些盐类的阳离子，阴离子形成特殊的酸。其中最危险的是硫酸铵$(NH_4)_2SO_4$。

土壤盐碱化 盐碱土是在土壤剖面中含有对农作物有一定危害的易溶盐。盐碱土形成的区域，地下水与成土的岩石中的盐进入土体并累积。

不正确的灌溉方法，引起农业用地的盐碱化，叫做次生盐碱化。不难计算，在 1 m 厚土层中不高的含盐量（0.5 g/L），每年进入土体的盐 2.5～5.0 t/hm^2。而灌溉水的矿化度不超过 1 g/L，被认为是淡水。很多灌区用于灌溉的水源是地方性的（小河、塘、矿井废水等），多数是属于弱矿化水（2～4 g/L）。这些水，或快或慢会引起土壤次生盐碱化。

过量灌溉是次生盐碱化的另一原因。未被植物利用的水渗入土体，提高地下水位。在夏季，矿化的地下水上升到根层被蒸发，含的盐分留在根层。

农业利用过程的土壤污染 在农业利用过程，土壤被化肥、杀虫剂、微生物污染。

向土壤施化肥是调节肥力增加产量的重要手段。长期施用化肥对土壤产生负面影响。过量施用的化肥随地表水、地下水进入河、湖，引起富营养化，水质恶化。

生物圈最危险的一种污染物是杀虫剂。杀虫剂以悬浮液、乳液、粉末、溶液、胶体溶液等形态，利用各喷洒器及农用飞机喷洒。当然，借助气流传播很远的距离，污染那些未使用杀虫剂或杀虫剂用量很少的区域。

所有杀虫剂都是有毒的。不仅对人，而且对微生物、动物、鸟类。在理想状态，杀虫剂应能够分解的。但实际上杀虫剂都是稳定的持久性化合物，利用率只有 4%～5%。其余的部分扩散在农业系统，进入土体、植物及环境中，造成复杂的生态问题，特别是大规模使用的情形。

杀虫剂按照抗分解的持久性，分为弱稳定的（在环境中保持 1～12 周）、中稳定的（保持 1～18 个月）、稳定的（保持 2 年以上）三类。持久性的杀虫剂及其转化物（代谢物）是最危险的，能在自然环境中保持几十年。在一定条件下，杀虫剂代谢物能转化为次一级的代谢物，它们对环境的影响是不可预测的。

10.5 耕地的生物改良及其类型

俄罗斯联邦的农业用地状况，远不如人意。12 400 万 hm^2 农业用地，其中 8 250 万 hm^2 遭受水蚀、风蚀，过湿地与沼泽化土地 2 600 万 hm^2，干旱土地 7 300 万 hm^2，盐碱化土地 4 000 万 hm^2，技术污染土地 6 200 万 hm^2。在技术污染土地中，放射性污染 500 万 hm^2，荒废土地 900 万 hm^2，荒草、灌丛生长土地 300 万 hm^2，需要修复的土地 230 万 hm^2。在农业土地退化过程中，每年转化为不同等级的侵蚀地 50 万 hm^2，荒草、灌丛生长的土地 20 万 hm^2，荒废土地 500 万～600 万 hm^2。

生物土壤改良 是系统地采用经济措施与技术措施改善土地，建立农业发展适宜环境或健康自然环境。

生物土壤改良不仅能提高农业生产量，而且在不同自然带、不同气候环境下，建立保障农作物高产的基础。

生物土壤改良的对象是：①具有不良水-气条件的土地（沼泽与沼泽化土地，干旱草原，荒漠与半荒漠）；②具有不利的物理化学特性的土地（盐碱化土地，重黏土，沙地）；③遭受水力、风力机械作用的土地（冲沟，易蚀土被，坡地），在这些区域实施防侵蚀措施。

根据对土壤、植物作用的不同，划分为：水利生物土壤改良；农业生物土壤改良；林业生物土壤改良；化学生物土壤改良；生物土壤改良。

对于农业发展与自然环境改善最有影响的，是能够改善土壤水-气条件的水利生物土壤改良。灌溉、修渠、输水管、修库。

农业生物土壤改良 改变土壤物理化学特性，改变营养元素含量，保障土壤肥力。包括采用不同耕作方式、深翻、平整土地、除草、储雪等农业措施。

林业生物土壤改良 通过栽植树木改善土地性能，包括绿化、固沙、建防护林带等。

化学生物土壤改良 通过化学物质改善土壤性能。

技术生物土壤改良 通过清理石块、地膜、灌木、平整土地，改善土壤表面结构。

10.6 土壤的化学生物改良

化学生物土壤改良的目标，是根本改善土壤成分、结构与化学特性，保持与提高土壤肥力。与改善土壤农业化学指标的同时，化学生物土壤改良的任务（特别是现代），是预防或减轻农业的负面影响，例如，长期灌溉、大量采用化肥和农药等，这些引起土壤腐殖质层、土壤结构及其他特性的恶化。

化学生物土壤改良的对象，首先是土壤的离子交换与胶体化学特性、含盐量、微生物特性。它们的相互联系，决定土壤化学生物土壤改良状况。

土壤溶液反应 按照土壤溶液反应，土壤划分 6 类：强酸性（pH 3～4）；酸性（pH 4～5）；弱酸性（pH 5～6）；中性（pH 6～7）；弱碱性（pH 7～8）；强碱性（pH 8～9）。现在国内大部分区域是前三类土壤，也有一些强碱性的盐碱土、石灰土。

酸度 土壤酸度是土壤能使水或中性溶液酸化的能力。分为实际酸度与潜在酸度。土壤溶液酸度是实际酸度，土壤固体相吸附引起的是潜在酸度。因为土壤溶液与固体土壤的结构与特性具有密切联系，所以土壤中实际酸度与潜在酸度保持动态平衡。

$$H^+_{\textit{тв}\cdot\textit{ф}} \rightleftharpoons H^+_{\textit{почв}\cdot\textit{р}}$$

实际酸度是 H^+ 在土壤溶液中含量，取决于进入土体中的酸性盐及其分解程度。用土壤溶液的 pH 表示。

潜在酸度形成机理比较复杂。可以认为，下列因素参与其形成。

（1）土壤有机胶体的酸度。它是由进入土壤吸附综合体（ППК）的氢离子所决定的，氢离子容易被碱性、中性离子交换。

$$[\text{ППК}]^{-H^+}_{-H^+} + Ca(OH)_2 \rightleftharpoons [\text{ППК}] = Ca^{2+} + 2H_2O$$

$$[\text{ППК}]^{-H^+}_{-H^+} + 2KCl \rightleftharpoons [\text{ППК}]^{-K^+}_{-K^+} + 2H^+ + 2Cl^-$$

（2）矿物胶体的酸度。它容易被铝离子置换。

$$[\text{ППК}] \equiv Al^{3+} + 3KCl \rightleftharpoons [\text{ППК}] \begin{array}{l} \diagup K^+ \\ -K^+ \\ \diagdown K^+ \end{array} + AlCl_3$$

所形成的氯化铝分解：

$$AlCl_3 + H_2O \rightleftharpoons AlOHCl_2 + H^+ + Cl^-$$

结果使土壤酸化。铝离子交换形成的土壤酸化非常危险。首先，铝对大多数植物是有毒害的。其次，铝从矿物晶格进入土壤溶液，会破坏土壤骨架。因此为了预防土壤的金属破坏作用，必须预先建立土壤环境，使铝不进入土壤溶液。

土壤吸附综合体的化学生物改良 K.K.盖德罗依茨是化学土壤改良的理论基础的奠基者。他确立了土壤吸附综合体与成土过程之间的联系，阐明了土壤吸附综合体在建立土壤化学结构链中的重要作用。分析地带性土壤系列的结构，指出黑土吸附综合体吸附钾、镁饱和性。根据这样吸附综合体特征，阐明了黑土的农业化学特征。酸性土负面特性，是由于土壤吸附综合体吸附氢离子、铝离子达到饱和。盐碱土的化学与水理特征，是由于土壤吸附综合体吸附钠离子达到饱和。因此，必须对于酸性土与盐碱土进行离子交换，使其与黑土离子成分相近。

不利的土壤吸附综合体成分改变主要措施，是向土壤添加含钾的物质。从土壤吸附综合体中析出氢离子、铝离子，用钾离子置换，改善土壤的农业化学特征，提高作物产量。

酸性土的石灰中和 很早就已经查明，俄罗斯联邦经济区大部分分布酸性土，酸性土的吸附综合体被氢离子、铝离子饱和。例如，在泰加土地带，降水量大于蒸发量，形成的浸水状态促进吸附综合体中氢离子被钙离子、镁离子置换：

$$[\text{ППК}] = Ca^{2+} + 2H^+ \rightleftharpoons [\text{ППК}]^{-H^+}_{-H^+} + Ca^{2+}$$

结果形成贫钙土壤，化学特征差，肥力低。必须人工增加土壤吸附综合体的钙离子。

在耕作过程钙损失，在农作物收获季节向土壤补充钙。谷物收获土壤钙平均减少量20～30 kg/hm^2，蔬菜收获土壤钙平均减少量 60～70 kg/hm^2，牧草收获土壤钙平均减少量200～400 kg/hm^2。集约化农业大量施用化肥，化肥大多数为酸性盐，使土壤酸度增加。

酸性土壤需要人为地进行化学生物土壤改良，首先是石灰中和，也就是施用含 $CaCO_3$ 的改良剂。根据土壤酸度确定石灰需要量，每公顷施用几吨或几十吨改良剂。

各种碳酸岩及工业废料可以作石灰改良剂。主要成分是 $CaCO_3$，不溶于水，但在土壤中 CO_2 作用下，会逐渐转变为可溶性 $Ca(HCO_3)_2$：

$$CaCO_3 + H_2O + CO_2 \rightleftharpoons Ca(HCO_3)_2$$

含水碳酸钙形成 $Ca(OH)_2$：

$$Ca(HCO_3)_2 + 2H_2O = Ca(OH)_2 + 2H_2O + CO_2\uparrow$$

它中和土壤，从土壤吸附综合体中置换氢离子，原理如下：

$$[\text{ППК}]^{H^+}_{H^+} + Ca(OH)_2 \rightleftharpoons [\text{ППК}] = Ca^{2+} + 2H_2O$$

这样，用石灰中和不仅能改变土壤实际酸度，而且能改变其他土壤特性：降低水解性酸度，提高吸附钙的含量；提高土壤 pH 达到接近中性值（6.0～6.5），提高化肥使用效果；提高土壤胶体的凝结性，改善土壤结构，提高土壤肥力；增加透水、透气性。

盐碱土生物土壤改良 在土壤吸附综合体中含有大量钠离子（有时含镁离子）的土壤

称为盐碱土。例如，在草原、半荒漠区土壤干旱缺水，利用河水、水库水灌溉，水中含有大量的钠盐。利用这些水源灌溉，影响土壤吸附综合体化学平衡，土壤溶液富集被置换的钠离子：

$$[\text{ППК}]=Ca^{2+}+Na_2SO_4 \rightleftharpoons [\text{ППК}]^{-Na^+}_{-Na^+}+CaSO_4$$

引起灌溉土壤的盐碱化，也就是土壤吸附综合体被钠离子饱和，pH 达到 9～10。俄罗斯盐碱土主要分布于农业生产最好的气候区。盐碱土肥力低，是因为不利的物理、化学结构。在土壤中钠离子吸附饱和，减少了粒径 0.25～0.001 mm 的黏粒含量，而胶体大量增加。盐碱土透水性差，水分滞留不能被植物利用。不合理灌溉，在含硅酸盐、氧化铁、氧化铝的水作用下，土壤吸附综合体被分解。盐碱土有这些特性，如果不进行改良，不适宜农业利用。

实践中广泛采用石膏化法对盐碱土改良，即用微灌的方法向土中增加石膏（$CaSO_4 \cdot 2H_2O$）含量，反应过程如下：

$$[\text{ППК}]^{Na^+}_{Na^+}+CaSO_4 \rightleftharpoons [\text{ППК}]=Ca^{2+}+Na_2SO_4$$

土壤吸附综合体中钠离子被钙吸附，增加土壤胶体的凝聚性，改善了土壤的机械组成与理化特性，同时中和土壤的碱性，即降低 pH。

从根系层去除 Na_2SO_4，防止次生盐碱化，是成功的生物土壤改良不可少的步骤。达到这一目标，必须用专门的淋洗方法。

苏打盐碱土的酸化，即配制强矿物酸（H_2SO_4，HCl，HNO_3）溶液，进行碱中和。形成的 $CaSO_4$ 置换土壤吸附综合体中的钠：

$$Na_2CO_3+H_2SO_4=Na_2SO_4+H_2CO_3 \begin{cases} \nearrow CO_2\uparrow \\ \searrow H_2O \end{cases}$$

$$2CaCO_3+H_2SO_4=Ca(HCO_3)_2+CaSO_4$$

$$CaCO_3+H_2SO_4=CaSO_4+H_2CO_3 \begin{cases} \nearrow CO_2\uparrow \\ \searrow H_2O \end{cases}$$

$$[\text{ППК}]^{Na^+}_{Na^+}+CaSO_4 \rightleftharpoons [\text{ППК}]=Ca^{2+}+Na_2SO_4$$

在这一过程，亲水性胶体凝聚，土壤渗透性能改善。

硫酸铁（$FeSO_4$）也成功地用于碱性土的改良。硫酸铁是酸性盐，与水相互作用形成氢氧化铁与硫酸。硫酸与盐碱土作用机理，前文已经论述。

硅酸盐化也是土壤化学改良的一种方法。在土壤中增加硅酸盐，增加土壤中带负电荷胶体数量。硅酸盐化增强离子吸附性，减弱磷酸盐离子键，提高植物对磷吸收量。

10.7 土壤质量标准

根据危险程度，土壤污染物划分为 3 级：1—高度危险，2—中度危险，3—低度危险。

危险度分级与国标 ГОСТ17.4.1.02—83 中的三级指标相对应。

土壤化学污染标准是根据允许含量限值制定的。土壤允许含量限值量级与水、气允许含量限值明显不同。差别的原因是土壤有害物质进入肌体，只在特殊情形而且量不大。有害物质主要是通过与土壤环境接触的介质（水、空气、植物）进入的。

土壤允许含量限值是耕作层每公斤土含化学物质毫克数。在土壤允许含量限值内，不会影响与土壤环境相关的环境要素，不会影响人体健康，也不会影响土壤自净能力。

按照化学物质转移到相关环境的途径，划分土壤允许限值 4 类指标：化学物质通过植物根系转移到植物、果实的限值指标；化学物质从土壤转移到大气的限值指标；化学物质从土壤转移到地下水、水源水的限值指标；公共卫生指标，化学物质对于微生物与土壤自净能力的影响。

在确定新化合物的土壤允许含量限值 $ВДК_{П}$，按照下式计算。

$$ВДК_{П} = 1.23 + 0.48 \lg ПДК_{ПР}$$

式中，$ПДК_{ПР}$——收获物（蔬菜、果品）允许含量限值，mg/kg。

10.8 土壤化学污染的防护

大家知道，土壤具有很大的吸收化学污染物的容量。在土壤中进行不同化合物的变化过程，包括生态危险物。在这一过程中，化合物可能转化为无毒、毒性小或少量进入植物体内。然而，尽管土壤具有这样的特性，技术作用于环境是有一定的限度与水平，超过它会产生不可逆的后果。

重金属固化降低其活动性的有效措施是施用石灰。这措施具有地带性特征，成功地应用于水分状况好的区域，特别适用于氢、铝、铁、锰含量高的土壤。

有机物是最好的土壤重金属钝化剂，能够提高土壤缓冲性，降低重金属毒性，减少多价重金属的植物毒性。因此，沙土与轻壤质土最简单的改良方法，是施用大量的有机肥。

被重金属污染的轻壤质土修复方法，是采用黏土法，施用含硅酸盐与蒙脱石的黏土。

近年来，广泛采用天然吸附剂，例如，沸石等在俄罗斯联邦境内开采的矿物。研究表明，对于强污染土壤修复很有效，降低重金属活动性。特别是施用牲畜粪便与非传统肥料，沸石的作用非常好。

还有降低重金属对植物毒性的另一途径——采用含有硅、氢氧化物的离子交换树脂，以粉末状或颗粒状施用于污染土壤。

化学沉积法也是降低植物毒性恢复土壤的有效方法。化学沉积法能形成难溶盐类，例如磷酸盐、碳酸盐等。这一方法对于严重污染的土壤、重金属含量高且形成难溶盐类的特别适合。

污染土壤修复常常施用磷肥，一方面补充土壤中磷不足，另一方面降低重金属植物毒性。

除了采用物理化学方法恢复污染土壤外，还可采用对重金属抗性强的植物。例如，这些植物在野生植物中、栽培植物中都可以见到。例如，小麦、甜菜、豆类、一些药用植物。

利用筛选出的植物，从土壤上层（30～50 cm）去除有毒重金属，称为植物清洗法。重金属被植物根、茎、叶吸收，然后收集销毁。植物清洗法不仅适用于土壤重金属去除，而且适用于土壤中杀虫剂、爆炸物、石油的去除。

放射性污染清除有效措施是用有机物固化放射性核素，形成不溶解的综合体。对大多数土壤，提高 pH，钠离子、钙离子交换促进放射性核素（例如，锶）的吸附。黏土矿物能够很好地吸附锶、铯等放射性核素。

在一些情形，例如，污染程度高、面积相对不大的情形，可对土壤或土体进行清洗。清洗机械相对比较简单（图 10-1）

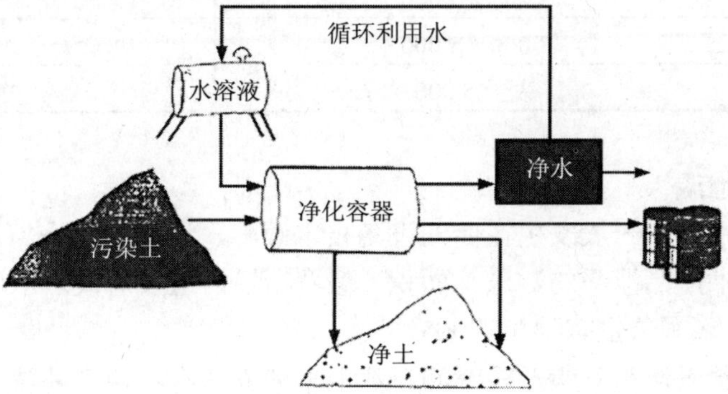

图 10-1 土体清洗设施

资料来源：《军事生态学》，2005 年。

如果污染物深入土壤深层，很难清除或收集，从生态观点应进行降解，这项研究在瑞典进行。设置隔水层。隔水层设置方法，是在污染土壤表面铺设薄膜，防止有害气体排出。黏土铺设在合成材料上，防止水渗入，黏土上可以再铺设砾石，必要时铺设排水管。上部铺土种草，草根吸收水分。

隔水层多年发挥隔水功能，可以解决下列问题：①预防雨水、融雪水污染物流入，预防污染物进入地表、地下水循环；②防止干污染物被风吹；③避免人畜与有毒物接触。

清除土壤残留杀虫剂，应采用综合方法。用活性炭或能吸附、降解的合成材料。甚至可将微生物特有种引入土壤。

10.9 石油及石油产品泄漏的防护

石油与石油产品污染是俄罗斯联邦最严重的生态问题。在石油开采区特别严重，例如西西伯利亚、伏尔加河中下游。输油干线及采区的输油管道事故是经常性原因。由于石油污染，在秋明油田、托木斯油田，土壤石油碳氢含量超过本底值 100 倍。在西西伯利亚，石油污染面积超过 20 000 hm^2（200 km^2），污染土层厚不小于 5 cm。

自然环境要素中石油产品允许含量的卫生指标

除汽油在土壤中允许含量限值确定为 0.1 mg/kg 外，目前还没有拟定石油产品在土壤中允许含量限值。

表 10-2 列出石油污染物分类，是根据其含量划分，适用于农业土壤。

根据《工业废弃物暂行分类及建议毒性分级》(1987)，被石油产品污染的土壤分为三级。对于水体，石油产品允许含量限值：饮用水水源 0.1 mg/L，渔业用水 0.5 mg/L。

表 10-2 根据石油产品的含量农业用地土壤石油污染分级

分级	石油产品在土壤中含量/（mg/kg）	土壤石油污染物分级
1	小于 1 000	允许
2	1 000～2 000	低
3	2 000～3 000	中
4	3 000～5 000	高
5	大于 5 000	很高

石油产品事故泄漏

石油产品事故泄漏，一般发生在储油设备技术故障、运输、燃烧、设备磨损、灾害。

根据石油与石油产品泄漏的数量与面积，俄罗斯境内地表与淡水水域，石油产品泄漏灾难分为下列类型（《军事生态学》，2005）。

- *局部　少量石油及石油产品泄漏，泄漏区的石油及石油产品达 100 t。*
- *市区　在市级行政区内石油及石油产品泄漏量 100～500 t，或者超出市级行政范围石油及石油产品泄漏量 100 t。*
- *地区　在俄罗斯联邦行政区域内石油及石油产品泄漏 500～1 000 t，或超出俄罗斯联邦行政区域范围石油及石油产品泄漏 100～500 t。*
- *区域　石油及石油产品泄漏 1 000～5 000 t，或超出俄罗斯联邦行政区域石油及石油产品泄漏 500～1 000 t。*
- *跨境　超出俄罗斯联邦边境，跨境石油及石油产品泄漏 5 000 t 以上。*

在俄罗斯内海及海域石油及石油产品泄漏，分为三级。

一级石油泄漏　泄漏造成对环境、人体健康、人居环境的威胁，泄漏石油不超过 100 t。一级泄漏相当于地区性石油泄漏灾难。泄漏状况及水文气候条件与区域性、跨境石油泄漏相近。

二级石油泄漏　泄漏造成对环境、人体健康、人居环境的严重威胁，泄漏石油不超过 100～5 000 t。二级泄漏相当于区域性石油泄漏灾难。

三级石油泄漏　泄漏造成对环境、人体健康、人居环境的灾难性威胁，泄漏石油不超过 5 000 t。一级泄漏相当于跨境石油泄漏灾难。

隔离、消除石油及石油产品对土壤污染方法分类

图 10-2 表示隔离、消除石油及石油产品对土壤污染方法（《军事生态学》，2005）。可以看出，有三种方法：①隔离石油污染；②收集土壤中石油产品；③减少低土壤残留石油产品，达到清除的水平。

土壤石油污染隔离

石油泄漏事故发生后，自然是首先限制沿地表扩散。防止进入水体，防止蒸发起火。防止渗入更深土层。防止漫延到景观区，用机械法和物理—化学法。

机械方法　限制石油产品向景观低地段蔓延，防止面积扩大。

石油污染隔离

机械法
- 围隔

物理化学法
- 泡沫，薄膜，胶膜，结构形成
- 收集

收集土壤石油产品

机械收集法
- 用专用泵收集液态石油及产品

物理化学法
- 用吸附材料（吸附法）收集

降低石油产品土壤残留量

填埋
- 热法

物理化学法
- 化学
- 提取
- 排灌
- 气体分馏

生物法
- 农业改良
- 微生物
- 腐殖酸
- 生物改良

图 10-2 隔离、消除石油及石油产品对土壤污染方法分类

物理—化学方法 使用专门的化学物质，固化泄漏石油表面，防止蒸发起火；转化泄漏石油为胶凝状或固相，防止流动；对土壤处理，清除石油产品污染。

为了上述目标，研制了多种凝胶发泡剂。俄罗斯研制了“万能”发泡剂，美国研制了“轻水”发泡剂。

采用黏结材料，一般是吸附剂，可使石油产品固化。其成分已经研究过，活性炭 50%，氧化镁 10%，疏水性聚合物 50%，氧化铝或氧化硅 10%，硅酸镁 5%。

防止石油产品渗透方法，是配制无毒聚合物——聚丙烯盐的水溶液。

收集土壤中石油产品 相应地分为机械方法与物理化学方法。

机械方法 用专门的设备从土壤收集泄漏初始（液态）状态的石油产品。国内已经生产这样的设备，是真空型的，按照吸尘器原理工作。型号 ВАУ-1、ВАУ-2 的设备，收集能力分别达到 2 m^3、4 m^3。

上述设备能保障不同规模泄漏石油的快速收集，而且可以在难以到达的地方作业。收集的石油产品再生后可直接利用。

物理—化学方法 应用比较普遍，利用锯末、泥炭、沙等吸附材料，石油产品是以吸附态被收集。这种方法适用于规模不大的石油、石油产品的泄漏。

当重大泄漏事故发生，通常采用掘土机械，将石油产品与土混合，然后用拖拉机运到填埋场。

降低土壤残留石油产品含量，达到生态要求

降低土壤残留石油产品含量，达到生态要求（不包括水域）的方法，分为物理-化学法与生物法。

物理—化学法 包括热法、化学法、萃取法、土壤排水法。

热法是将污染土壤焚烧，或运走焚烧或就地焚烧。土壤焚烧法是在转炉中进行，转炉装有喷水室，用于炉膛气体净化、余热再利用。先在研磨机中利用燃气干燥土壤并研磨成0～10 mm 的粉末状，在这一过程中有毒物质转化为气体。干燥后的土壤与气体一起在1 000～1 200℃的气体燃烧炉焚烧。用循环分离的方法将土与有害气体分离。经过处理后的土壤运回原地。

荷兰利用转炉，加拿大利用沸腾炉，进行污染土壤燃烧。这些设备完全去除土壤中石油产品，达到生态要求。

焚烧法保障任何污染水平的石油产品完全清除。但是焚烧法具有严重缺陷：①需要专门设备，大量能量；②建炉及多级气体净化设备造价高；③土壤燃烧产生大量不能还原的渣土；④土壤需要长时期的自然恢复；⑤需要在高温环境条件下进行。

化学方法是将石油产品中有毒的碳氢物转化为相对无毒害的物质。或将有毒物质固化或胶凝。

俄罗斯研发了化学剂“艾科纳福德”（音译），对有毒废弃物无害化处理、中和处理效果很好。含有 CaO，吸附时比表面增大 15～30 倍。形成黏性糊大量吸收石油的碳氢物。结果形成干燥、简单、粉状物质。

美国采用碳氢过氧化物 H_2O_2，对土壤、岩土、砾石的石油污染物处理。

萃取法 利用萃取剂从土壤高效去除石油中碳氢物。石油产品挥发成分、热水、蒸汽都可以做萃取剂。萃取法去除土壤石油污染步骤：①污染土壤破碎均一化；②在一定条件下，土壤与萃取剂混合；③从萃取系统分离出悬浮物干燥。全过程是在专有设备中按程序进行。

在所有土壤石油污染清除的方法中，萃取法是最便宜的。

排水法是利用排水系统原地冲洗，与萃取法有本质不同。

生物方法 自然界广泛分布的微生物，能分解石油中碳氢化合物，转化为中性物质：CO_2、H_2O 等。微生物这一特性，是土壤石油污染去除生物方法的基础。

解决上述问题有两个方向：①创造微生物适宜的环境，提高微生物群落活性；②向污染土壤引进石油产品活性破坏者，称为裂解者。

实施第一方向采取下列农业技术措施：

- 在污染区耕作，在土壤中创建适宜的气-热环境，增加微生物-裂解者数量，提高生物化学过程能量。
- 在需要的深度增加氧化物，增强好氧生物腐蚀作用。
- 将污染土壤温度提高到 20～40℃，加快石油产品的分解。建议用保温薄膜覆盖污染土地。
- 保持土壤湿度，增强微生物活性。
- 保持土壤溶液适合的酸度。用含碳酸钙的白垩土，使酸性土达到适合的 pH。用石膏改良碱性土。

种植植物是去除土壤石油污染的有效措施。例如，在石油污染土地种植苜蓿或其他牧草。植物根系会改善土壤透气性，增加氮素，增加土壤中微生物活性。这一方法叫做生物解毒法。

在经济发达的国家，石油污染问题非常严重，对效果好、费用相对不高的方法非常重视。

近些年，科学家提出建立微生物库，用于生物制剂生产，用微生物去除土壤石油污染。这些将形成一个完整的生态微生物技术部门。高活性微生物及其特性研究，生产技术研究，生物制剂应用于土壤、水域、岩土石油污染防治，是这一技术部门基础。进而，适用石油、重油、柴油污染降解的微生物制剂、微生物的优选组合。

本地土壤微生物与外来微生物群落的竞争是不可避免的。引进微生物是为了去除石油污染并将来用于这类土壤的净化。

俄罗斯在广泛研究的基础上，研制了多种石油污染降解生物制剂（《军事生态学》，2005）。瑞典国防研究机构的专家，发现了一种通过给土壤施用牲畜粪便与少量砂糖增强石油污染降解的新方法。美国研制了一种微生物活动刺激剂（生物制剂 UNI-REM）。

在土壤石油污染净化中，生物制剂与上述的农业技术措施结合，更有利于微生物的繁殖生长。

11 大吨位废弃物处理的程序

11.1 废弃物种类、形成与规模

生产与用户废弃物 这是废弃的原料、材料、半成品，生产过程或用户丢弃的成品或零件，以及失去使用价值的成品。

工业废弃物（或生产废弃物） 这是废弃的原料、材料、半成品，是在生产过程产生的，或完全、部分失去使用价值。由于磨损失去使用价值，用户报废的机器、零件，属于这一类。

生活废弃物 由于更新，人们日常产生的固体物。

根据俄罗斯自然资源部文件《关于危险废弃物对自然环境危险性级别认定标准》(2001年6月15日 No.511)，废弃物自然环境危险性分类见表11-1。

表 11-1 废弃物对自然环境危险性级别认定标准

危害程度	对自然环境危险性级别认定标准	对于自然环境危险性级别
很高	生态系统不可逆地破坏，无恢复期	1级，特别危险
高	生态系统强烈破坏，危害完全撤除后恢复期不少于30年	2级，危险程度高
中	生态系统被破坏，现有的危害源降低作用后，恢复不小于10年	3级，中度危险
低	生态系统被破坏，自恢复不少于3年	4级，危险度小
很低	生态系统实际上未被破坏	5级，实际上无危险

图11-1是表示危险废弃物对环境作用的途径。

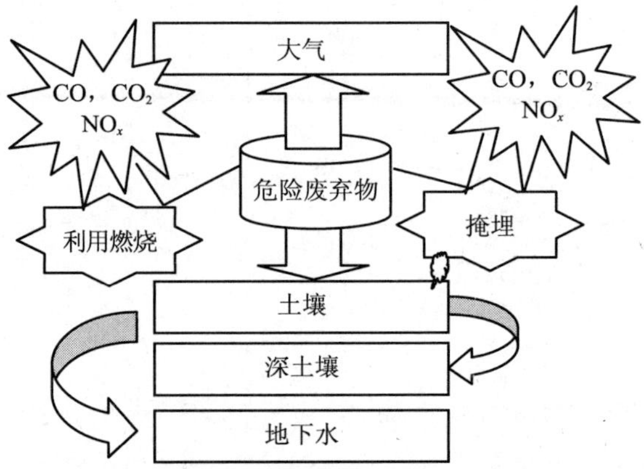

图 11-1 危险废弃物对环境作用的途径

俄罗斯危险废弃物估算是近似值。来自国家报告的数量列于表 11-2（B.M.加林等，2005）。

表 11-2　1998—1999 年工业固体废弃物累积量

危险废弃物种类及危险性分级	总量/Mt	无害化处理与利用/%	加工利用与掩埋/%
总量	107	39.4	18.0
	108	34.4	38.0
1 级	0.25	10.8	4.8
	0.338	18.9	2.8
2 级	2.3	42.7	13.0
	2.8	41.7	5.0
3 级	11.35	80.7	14.8
	5.1	47.2	19.4
4 级	93.1	34.3	16.5
	99.8	33.6	39.0

根据专家计算，俄罗斯人均工业固体废弃物高于欧洲发达国家，俄罗斯是 2.1 kg/（d·人），欧洲国家 1.5 kg/（d·人）。

表 11-3 列出公共设施生活废弃物排放量（B.M.加林等，2005）。

表 11-3　生活固体废弃物排放量

设施种类	每人排放量	
	kg/d	kg/a
设施不齐全的楼房	0.58～0.62	210～225
设施齐全的楼房	0.99～1.4	360～450
旅馆（1 个床位）	0.33	120
幼儿园、托儿所	0.26	950
学校	0.05	19
剧院、电影院（1 个座位）	0.08	30
机关	0.13	40
商店（1 m^2）	0.44	160
工业品商店（1 m^2）	0.08	30
市场（1 m^2）	0.05	18
疗养院	0.68	250
10 万人以上城镇（每人）	0.71～0.82	260～300

生活废弃物人均年增加 1%～4%。现在状况是：设施完善的楼房废弃物排放为 210～225 kg/a，设施不完善楼房为 360～450 kg/a。

现在很多国家废弃物问题非常突出，美国每年城市生活废弃物 15 000 万 t，日本 7 200 万 t。

在煤矿、黑色与有色金属企业、燃料、电力、建材工业，每年产生上亿吨工业废弃物。

近年来，危险（有毒）废弃物数量增加。首先要分类：有毒化学品，农业不能利用的，工业废弃物，含诱变物质等废弃物类型。美国 41%的固体生活废弃物为特别危险废弃物，瑞典 33.5%，法国 6%，英国 3%，意大利与日本 0.3%。

俄罗斯每年生活固体废弃物 800 亿 t（A.M. 尼卡洛夫，T.A.赫鲁若雅，1999），而且逐年增长。到 1997 年各个工业部门累积有毒废弃物 14 亿 t。

以前危险废弃物进行掩埋，被称为化学陷阱。在上边盖民房及其他设施是非常严重的问题。随时间延长会认识到这一点，特别是居民中出现不常见的疾病。类似的有潜在危险的填埋场，在美国 32 000 个，法国 50 000 个，荷兰 4 000 个。俄罗斯经济发达区有 80 处地下核爆炸点，成为化学陷阱。

11.2 有关废弃物处理、排放的立法

废弃物处理 废弃物处理过程，以及收集、利用、无害化、转运、掩埋过程。

俄罗斯联邦《关于生产废弃物及要求法》（联邦法 No.89-Ф3，1998 年 6 月 24 日颁布，2000 年 12 月 29 日修订）及其他文件，明确了工业废弃物处理及要求。

该法奠定了上述领域国家政策的基本原则：保护人的健康；保护自然环境与保持生物多样性；生态与经济结合，保障持续发展；在废弃物处理领域，利用科学技术成就、减少废弃物排放、调节经济，使废弃物减量、循环利用；在废弃物处理领域相应于国家法，建立信息系统；在废弃物处理方面进行国际合作。

根据《关于生产废弃物及要求法》，废弃物生产者应当：

- 在废弃物处理中，保护环境，保护自然资源；
- 在废弃物处理过程中，遵守现有的生态、卫生-流行性病、技术标准；
- 按照类别、危险程度及其他标志，分类收集处理的废弃物，供二次利用、再生产及掩埋；
- 保障废弃物不对环境与人体健康产生有害作用；
- 执行废弃物掩埋允许限值标准；
- 应有危险废弃物处理许可证（许可级别由俄罗斯联邦政府确定）。

在上述法的第三章，对以下单位提出要求：①企业、楼房、建筑、设备及其他实体的规划、建设、维修、保养、报废的单位；②这些设施的使用单位；③危险废弃物的处理单位；④城市及其他居民点废弃物的处理单位；⑤危险废弃物的转运单位。

在上述法的第四章《废弃物处理国家统计、计算标准》中，提出两个概念“废弃物处理标准”、“废弃物掩埋的限值”。具体条文由俄罗斯联邦政府审定。如果企业家、法人的活动违反了规定，应制约、停产、甚或撤销。

在第四章有关于建立废弃物国家档案的条文。

根据 2000 年 10 月 26 日政府颁布 No.818 号《关于实行废弃物国家档案和危险废弃物登记卡条令》，俄罗斯自然资源部及其下属机构，应当组织统一的地方政府参与的废弃物档案清查，包括废弃物分类档案清查、废弃物填埋场清查、建立数据库、无害化处理。国家废弃物档案系统如图 11-2 所示。

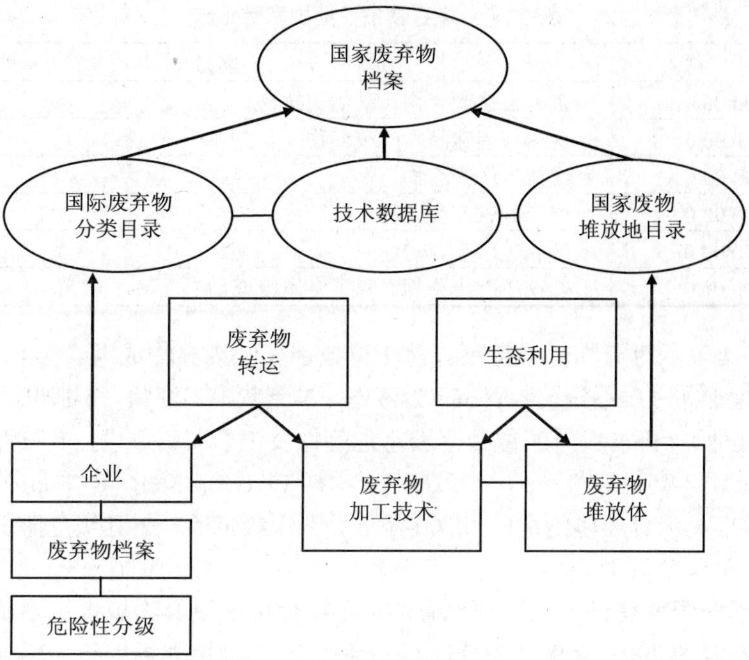

图 11-2　国家废弃物档案系统示意图

废弃物国家档案　是综合信息系统，记载废弃物的特性、潜在危险或资源价值、现有的填埋场、利用与无害化处理技术。建立废弃物国家档案的主要任务：

- 保障自然利用、废弃物处理、管理机构之间的协调；
- 向管理机构提供有关废弃物、形成区域、填埋场处理的无害化技术。这些信息对于管理机构（首先是自然资源部）是必需的，用于废弃物处理方面的决策；
- 提供自然利用部门以及所有关心俄罗斯废弃物处理单位，自然利用部门根据这些信息对危险废弃物实施分类管理；
- 提供自然利用部门以及所有关心俄罗斯废弃物填埋单位，选择最经济、最有效的废弃物填埋技术方法；
- 提供自然利用部门以及所有关心俄罗斯废弃物处理单位、无害化技术单位，使废弃物不填埋，资源化利用；
- 提供废弃物产生单位与加工利用单位之间联系，建立有资源价值废弃物及其再生产产品的市场。

从自然利用部门以及所有关心俄罗斯废弃物处理单位获得的信息，是建立废弃物生态安全处理国家调节系统的关键环节。

废弃物分类登记卡　记载俄罗斯境内产生的废弃物，按照下列主要特征分类：成因，物理成分、危险性、对环境危险程度。

在废弃物登记卡基础上，对于 13 级分类进行编码（表 11-4）。

表 11-4 废弃物俄罗斯国家登记卡

编码	名目
10000000 00 00 0	有机自然废弃物（动物、植物）
11000000 00 00 0	食品与调味品生产废弃物
11100000 00 00 0	饮料生产废弃物
11400000 00 00 0	调味品生产废弃物
30000000 00 00 0	矿业生产废弃物
31000000 00 00 0	矿物成因废弃物（除了金属废弃物）

用 13 位编码表示废弃物分类特征。前 7 位数字表示废弃物成因。第 8、9 位数字表示集合状态与物理形态（0-不设，1-固态，2-液态，3-膏状，4-糊状，5-胶状、凝胶状，6-乳状，……99-其他）。第 11、12 位数字表示危险性及组合（0-不设，1-毒性（T），2-爆炸（B），3-燃烧（п），4-高反应性（p），5-致病（и），6- T+ B，7- T+п，8- T+p……99-无危险）。13 个数字也用来表示对环境的危险性（0-不设，1-Ⅰ级危险，2-Ⅱ级危险，3-Ⅲ级危险，4-Ⅳ级危险，5-Ⅴ级危险）。

废弃物填埋场国家登记 俄罗斯已有的、正在使用的废弃物填埋场系统信息。根据俄罗斯联邦自然资源部 2003 年 9 月 11 日《关于进行废弃物填埋场登记》No.829 号令执行，相应地编制填埋场分布图。

废弃物及其利用、无害化处理技术数据库，是最基本档案，数据库供自然资源部决策用。

俄罗斯自然资源部 2002 年 12 月日 No.785 号令审定危险废弃物登记证格式。危险废弃物登记证由产生危险废弃物的法人、企业，根据与自然资源部下属机构及地方政府协议，填写并认定。

危险废弃物登记证填写：①废弃物具有的危险性（燃烧，爆炸，毒性，高反应性，传染病）；②废弃物对环境危险性等级。

在《关于生产废弃物及要求法》的第五章“废弃物处理的经济调节”中，提出废弃物填埋付费的原则。俄罗斯联邦政府制定付费基准，执行机构在付费基准基础上，根据当地生态环境差别收费。此外，采用经济激励方式：鼓励引进技术、减少排量，减少付费。

在第六章“废弃物处理的监督”中，提出政府、社会监督的问题。在第七章关于破坏废弃物处理法的问责形式，提出行政责任与刑事责任。

俄罗斯联邦刑事法第二十六章第 247 条，下列活动应负刑事责任：生产加工禁止的危险废弃物，运输、保存、利用禁止的危险废弃物，给居民健康与环境造成危害。

11.3 废弃物形成及掩埋管理的规范化

实质 这种企业活动生态跟踪的实质是：

- 从生产工艺分析到废弃物产生，制定企业执行的废弃物处理规范；
- 形成废弃物填埋许可制；
- 选择与论证废弃物处理工艺，保障达到设置的标准及填埋规范；

规范的目标：

- 保障国家对全国企业废弃物处理的监控；
- 刺激企业减少废弃物，降低生态危险性水平；
- 保障遵守废弃物填埋条件与方法，爱惜资源，减少废弃物；
- 刺激采用减排技术，固体废弃物资源化利用；

为了达到上述目标，必须预先解决下列任务：

- 分析生产过程如何产生废弃物；
- 按照国家分类系统，研究危险废弃物类型；
- 确定废弃物的物理-化学特性；
- 计算废弃物数量，论证达标状况；
- 编制物料平衡表；
- 编制废弃物物流图；
- 收集、分析临时废弃物堆场特性，统计临时堆场数量。企业内废弃物定期清除。分析企业已有的废弃物无害化处理技术设备，提出使用建议。
- 填埋场选址论证；
- 在填埋场进行环境监测；
- 研究事故预防措施；
- 提出达到填埋规范的建议；

为了统计废弃物处理点及进行达标设计，需要下列原始资料：

- 企业及其临时垃圾堆场分布示意图；
- 主导的与辅助的生产工艺、废弃物处理设备、废弃物源等信息；
- 人员、生产场地等与确定生活废弃物有关信息；
- 企业形成废弃物清单；
- 已有的企业危险废弃物登记证；

达到废弃物处理标准与废弃物填埋规范的设计应包含下列内容：

- 标题页，简介，内容，引用文献；
- 从废弃物产生角度进行生产流程分析；
- 危险废弃物登记卡；
- 生产流程产生的废弃物成分、物理-化学特征；
- 计算废弃物数量、达标状况；
- 物料平衡表；
- 企业临时废弃物堆场特性分析，临时废弃物堆场数量与转运周期性分析；
- 废弃物无害化处理设备分析；
- 废弃物填埋场的信息；
- 在填埋场观测的环境信息；
- 事故预防措施的信息；
- 降低废弃物对环境影响的措施；
- 填埋场达标的建议；

危险废弃物分级列于表 11-1。

达到废弃物处理标准与废弃物填埋规范的具体设计的结构，由企业类别决定。企业类别列于表 11-5。

表 11-5 企业类别

类别	企业简要特征及企业在废弃物处理部门的特点
I	符合下列条件之一的企业 ——收集、处理企业外的废弃物是企业的主要活动； ——企业的活动产生危险性为 I 、II 级的废弃物（除了日光灯管）； ——企业形成的危险性Ⅳ以下废弃物占总量的 85%； ——农工业与食品工业中形成废弃物 10 000 t 企业，其他企业 500 t； ——废弃物名目超过 45 种的企业； ——企业废弃物能自消化或使用短期堆积或长期填埋（填埋场，尾矿库，堆场等）； ——企业活动产生危险性为Ⅲ、Ⅳ级废弃物，Ⅲ级废弃物占总量的 15%
II	——企业活动产生危险性为Ⅲ、Ⅳ级废弃物，Ⅲ级废弃物占总量的 5%； ——企业活动产生的废弃物不超过 30 t； ——企业活动产生的废弃物名目不超过 10 种
III	——企业活动产生危险性为Ⅲ、Ⅳ级废弃物，Ⅲ级废弃物占总量的 1%； ——企业活动产生的废弃物不超过 30 t； ——企业活动产生的废弃物不超过 10 t； ——企业活动产生的废弃物名目不超过 5 种

如果企业废弃物排放属于 I 、II 类，必须得到卫生防疫机关的设计方案，通过下列程序取得废弃物填埋许可证：提供废弃物处理许可证，经过国家检验；确定生态付费数量；如果违背废弃物处理法，缴纳罚金寻找减少损失途径；评价采取爱惜资源、减少排放、采用减排技术措施后的效果。

11.4 废弃物收集、储存、转运

组织废弃物的收集、储存、转运，对于环境修复贡献很大。美国固体生活废弃物产出率比俄罗斯高 2～3 倍，无害化处理费用每年 100 亿美元，其中一半用于收集与转运。

俄罗斯现有的固体生活废弃物收集，是按照这样的模式（A.H.米尔内，H.Φ.阿布拉莫夫，1990）：①在多层建筑区，用设在专用场地的集装箱收集废弃物。集装箱主要缺点是：太重、生锈、造价相对高，没有可靠的卫生措施；②用专门的运输车转运固体生活废弃物：

- 用不同的机械装卸废弃物，作业是密封的；
- 运转车有不同容量：小容量（7 ~ 10 m^3）；中容量（16 ~ 45 m^3）；大容量（45 m^3 以上）；
- 对于生活楼或公用机构，甚至采用更大容量的运转车。

遗憾的是固体垃圾收集，总体效率不高。原因是转运车不够，废弃物分散，没有明确的转运时间表。此外，一般运距远、平均距离 20 km、人口 500 万人以上城市运距 45 km。

采用任何运输形式，都应当加强固体生活废弃物的分类收集。这是比较复杂的，但是从生态、经济的观点是有利的。此外，在实践中实施，使居民接受资源化利用。这需要相应规范与经济激励。

在一些国家，例如，瑞典，采用地下通道压缩空气运输固体生活废弃物，到达为一些建筑物服务的处理场，减少固体生活废弃物运输量。在莫斯科的切尔达洛沃区，有第一座这样的固体废弃物站。

在一些国家（美国，英国，意大利等），将楼房、旅馆、住宅的生活垃圾粉碎，流体输送。用有孔的机械压碎垃圾，与水一起输送到专门的净化设施。上述方法优势是处理后很快运走。也可用地下通道压缩空气运输固体生活废弃物。

生态危险物质与废弃物的填埋，是在专门填埋场，废弃物填埋以后不能利用，防止有害物质进入环境。

根据俄罗斯联邦《关于生产废弃物及要求法》，填埋地与填埋方法应保障：

- 堆放的废弃物不应或很少影响环境；
- 对人体健康没有危险性；
- 高毒性物质不能与人体接触；
- 废弃物燃烧风险最小化；
- 保障调查与检测的方便性；
- 保障转运方便。

企业生产废弃物不能转运，允许堆积。有下列堆积方法：

- 临时堆积在空地，或者堆积在辅助设施（车间，库房等）；
- 堆积在生产区外；
- 堆积在临时的废弃物堆场、废渣库，或专门的处理设备。

松散、粉状的废弃物堆积是不允许的，应对于Ⅰ、Ⅱ级危险的废弃物应遮盖，各个堆积单元相互分开、封闭。

露天堆场应该：

- 位于居民点的下风向，应考虑风向玫瑰图；
- 松散或露天堆积应有防雨、防风措施；
- 堆场应有沥青防渗层；
- 预先设防水挡墙、防雨网，设有雨水净化设施，或引水到局域水净化设施；
- 上述场地雨污不能排入国家排水系统，或附近的水体。

下列区不能填埋废弃物：城市、村镇、森林公园、疗养院、休养区、供饮用水与生活用水的地下水集水区、矿产区、专用地。

转运　是指放射性、带病菌、含化学物质及废弃物，以任何目的、任何形式转运。转运应遵守下列规定：

- 危险废弃物运输应有登记卡、专门设备与有专门标志的运输工具，遵守危险废弃物运输安全要求，有为危险品运输证明、数量、目的、地点，有预防事故措施等。

根据国家“危险货物”标准（国标 19433—88），危险货物分类见表 11-6。

表 11-6 危险货物分类

危险货物级	名目
Ⅰ	爆炸物
Ⅱ	燃气，压缩与溶解气
Ⅲ	可燃性液体
Ⅳ	可燃性固体，自然物，与水分离可燃气
Ⅴ	核物质
Ⅵ	放射性物质
Ⅶ	腐蚀性物质
Ⅷ	普通危险品

事故预防 危险货物运输事故预防包括组织与技术措施。组织措施（B.M.加林，2005）包括：

- 只有可靠的准备才允许危险货物运输；
- 详细研究路线与运输状况，考察路况，预先察看技术状况及货物检查的停车点；
- 货物、证件、危险性标志检查；
- 消除事故的责任人与组织的可靠报告系统。

危险货物运输安全技术措施：

- 保障运输技术检修；
- 保障包装完整性，保障运输工具的可靠性；
- 保障通信联系可靠性。

相关责任人得到事故发生信息后：

- 组织力量与设备消除事故；
- 第一时间医疗救护，必要时撤出危险区的居民；
- 进行火源检查，确定危险区界限。

11.5 固体生活废弃物填埋场

俄罗斯联邦《关于生产废弃物及要求法》第 12 条，对废弃物填埋场提出要求。建立这样的专用设施（填埋场、尾矿库等），要经过授权的联邦机构许可，经国家生态鉴定。

为了减少污染，在俄罗斯很多城市，以固体生活废弃物填埋场取代无控制的堆场。

填埋场 是废弃物无害化收集的中心设施，防止大气、土壤、地表水、地下水受带病微生物的污染。

填埋场应选在黏土质地方，能使用 20～25 年以上。为 1.5 m 或更深防渗的槽型。如果不是黏土质，底部设 0.5 m 厚的黏土（图 11-3）。

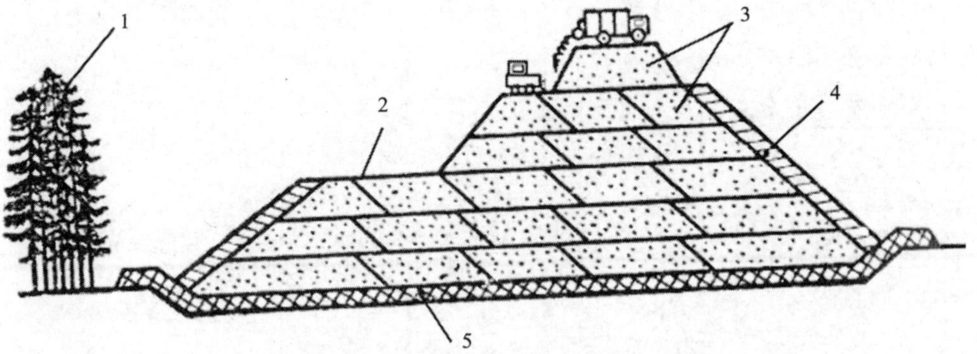

图 11-3　固体废弃物填埋场剖面图

1—森林防护带（绿带）；2—隔离层；3—废弃物；4—铺设植草土层；5—自然或人工防水基础（黏土）

夜间在填埋场一个地方卸废弃物，推土机司机推平，白天在另一地点卸废弃物，将夜间废弃物覆盖 0.25 m 土层，这样隔绝后防止大气污染，也有利于继续堆放。为了节约填埋场面积，可以堆高 60 m，废弃物堆积面上铺植草土层。

在填埋场选址时，应考虑气候地理与土壤环境。禁止设在水源地Ⅰ、Ⅱ级卫生保护区、疗养区、居民稠密区、康复机构区。在填埋场与工作区距离不小于 100 m。填埋场常常利用一些沟谷及不适宜农业利用的土地。填满后覆土种草，可以作为公园、游戏场地及其他用途。

与固体生活废弃物填埋场相关的问题有：①填埋物质被淋洗导致地下水污染；②形成甲烷；③土体沉陷。最严重的是第一个问题。水从填埋物渗析，溶解大量化学物质。这样的水经过废弃物，形成独特的毒性渗滤液。其中含有来自封闭小瓶、废电池、电子产品的铁、汞、铅、锌及其他金属，以及洗涤剂、杀虫剂以及其他化学品。这些渗滤液进入地下水层，有害物质进入饮用水水源。据报道，佛罗里达（美国）由于这一原因产生一个严重的实际问题。在这里很多封闭的废弃物堆场位于沼泽分布区，居民大部分（90%）饮用水靠地下水。这样的废弃物堆场（200 多个）清理，花费 1 000 亿美元。这就是初看废弃物清除便宜方法的内幕。

形成甲烷是第二大问题。因为废弃物填埋缺氧，形成厌氧环境，形成甲烷。甲烷分布地下，可以到达楼房下，燃烧爆炸。美国 20 多座房屋，位于填埋场 300 m 附近，发生爆炸造成人员伤亡。此外，甲烷会使植物根系死亡、土壤侵蚀。很多城市为了解决上述问题，在填埋场设气体孔，收集甲烷用作燃料。

随着使用时间延长，填埋场产生下陷，形成不深的积水低地，水体含有毒性物质。

根据 Ю.В.诺维科夫（1998），在固体生活废弃物填埋场，每年埋掉 100 万 t 钢铁，200 000 t 铝，4 000 t 锡。每年损失 10 000 hm^2 土地。填埋场是否是后代“文明”堆积或矿产堆场，回答是肯定的。因为填埋场不仅是古代坟墓，而且是未来人的矿藏地。

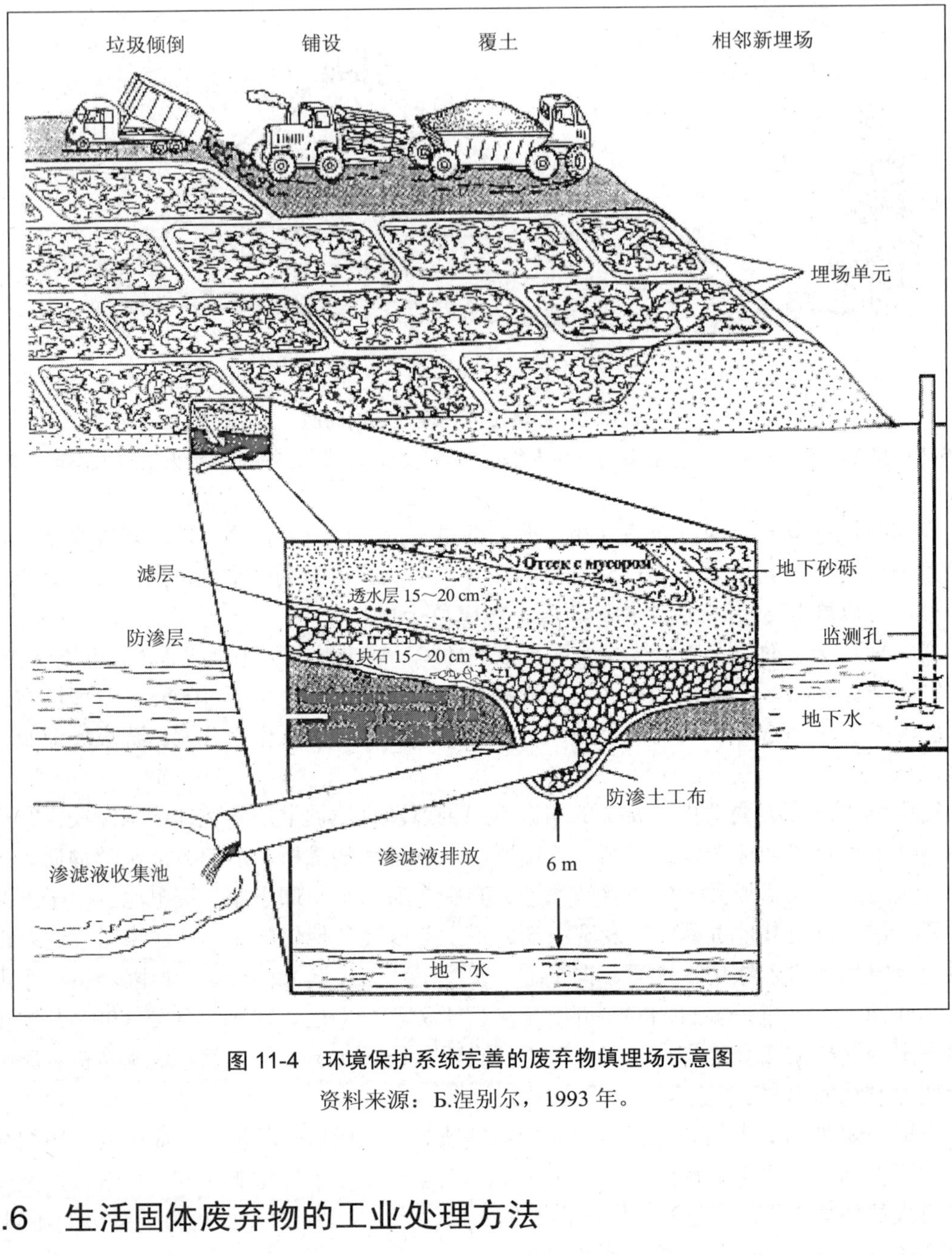

图 11-4 环境保护系统完善的废弃物填埋场示意图

资料来源：Б.涅别尔，1993 年。

11.6 生活固体废弃物的工业处理方法

全世界普遍采用的固体生活废弃物处理方法：①建填埋场填埋，部分处理；②堆肥得到氮肥与生物燃料；③在大型工厂燃烧；④发酵（生产生物气）；⑤分选、回收、再利用；⑥固体生活废弃物热解（1 700℃）。在很多固体生活废弃物处理工厂，工厂化生产肥料——堆肥。

堆肥 用微生物分解植物、动物残体生产肥料。利用粪便、生活污水、鸟粪与城市垃圾、树叶、麦草混合。在微生物作用下，有机物质堆肥，提高营养元素（氮、磷）含量。

图 11-5 是微生物工厂堆肥的工艺示意图。

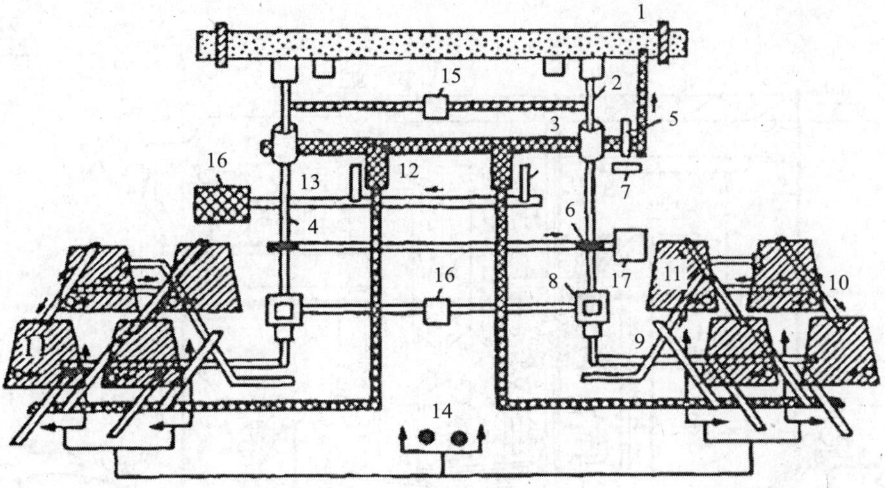

图 11-5 垃圾堆肥工艺示意图

1—抓斗吊车；2—供料装置；3—筒筛；4—传送带；5—分选机；6—金属制品传送带；7—压机；8—锤式粉碎器；9—升降机；10—传送带；11—螺旋形生物产热塔；12—振动筛；13—混合肥料传送带；14—鼓风机；15—抽气设施；16—混合堆肥；17—金属制料斗

固体生活废弃物堆积在料仓，抓斗吊车 1 送到漏斗，然后经过筒筛 3，分选为细粒与粗粒。锤式粉碎器 8，进入生物产热塔 11，经过 3～4 d 好氧过程，固体废弃物转化为混合肥料，经过振筛输送到混合肥料堆。粗颗粒在 800～1 000℃燃烧。烟气过滤后排放大气。

在加热炉，13 个大气压 250℃气体，用于需要的工厂。废弃物中黑色金属与有色金属经过磁选，用作二次原料。

堆肥是处理废弃物的合理方法。但是处理含金属元素的废弃物时，会大量累积在堆肥中。应去除堆肥中重金属。

固体生活废弃物与污泥一起无害化处理是有益的。这样处理工艺，对土壤微生物群落有利，维持生物热过程的适宜状态。在这样的处理过程中，消灭带病菌的微生物、虫卵等。固体废弃物燃烧，无论从经济或生态观点，都是不适宜的。因为一方面污染空气，另一方面浪费燃料。一些专家认为，只有在利用废热能与废气净化措施结合的条件下，可以采用。在垃圾燃烧站（厂），有专用的锅炉。炉膛温度达 1 000℃，可以烧尽有气味的混合物。工艺流程见图 11-6（Ю.В.诺维科夫，1998）。

从垃圾仓 2 将垃圾送到卸料漏斗 5，进入锅炉 4 在专门格栅燃烧，燃烧产生的灰通过出渣设施 10，进入沉渣池 11。黑色金属通过磁选二次利用。烟气经过电子过滤去除 96%～98%烟灰。锅炉的气体可达 13 个大气压，温度 200℃。工厂内使用，或供热。

以巴尔的摩（美国）垃圾发电站为例，每天烧 2 000 t 垃圾，蒸汽驱动汽轮机，发电供 60 栋居民楼使用。

固体生活废弃物燃烧或堆肥无害化处理，根据环境决定。在非黑土区，适合堆肥农业利用。垃圾焚烧，作为一种利用方式，费用高些。欧洲国家，以前用过。近 10 年没有建一个垃圾焚烧厂。这是因为垃圾焚烧产生有害物质，例如，二噁英、碳酰氯、氢氰酸等，还有灰、渣以及未知的产物。

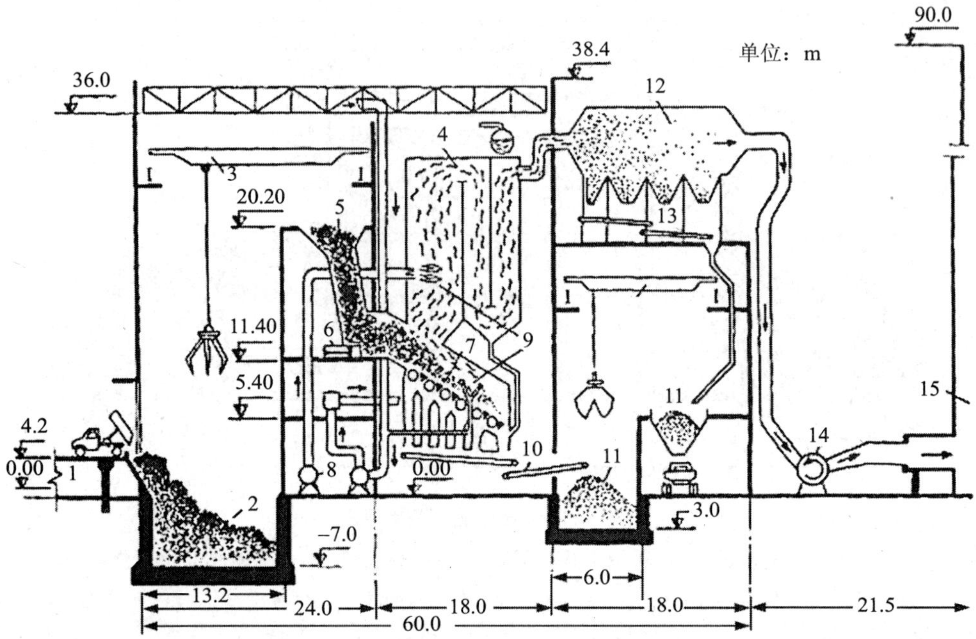

图 11-6　垃圾焚烧工厂工艺流程

1—吊斗；2—垃圾仓；3—吊斗天车；4—锅炉；5—卸料漏斗；6—水力推料器；7—栅格；8—通风管；9—气体燃烧室；10—出渣；11—沉渣池；12—电子过滤；13—灰运送；14—排烟泵；15—排烟管

二噁英　多氯联苯类有机化合物的统称，有 200 多种物质。氯被溴取代得到的物质，也是二噁英。

二噁英是最危险的化学物质，是超级毒性物。2001 年 5 月 23 日联合国签署《关于持久性有机污染物的斯德哥尔摩公约》。第二年俄罗斯加入该公约。二噁英是致癌物质。因此俄罗斯 1994 年提出二噁英最严格的标准。空气允许限值 $0.5\times10^{-9}\ \mu g/m^3$，水允许限值 $2\times10^{-8}\ \mu g/L$，土壤允许限值 0.06 μg/kg。

固体生活废弃物的堆积或燃烧，是二噁英的主要来源之一。在莫斯科 No.2、No.3 垃圾处理工厂，1 kg 垃圾燃烧灰分中含 0.1～0.2 μg 的二噁英。含 5%～10%塑料的 1 kg 固体生活废弃物不充分燃烧，根据美国资料，放出 40 μg 二噁英。这可以使 $80\times10^6\ m^3$ 洁净空气达到现在执行的二噁英空气允许限值。二噁英在任何形式的烟黑中都含有，烟灰中也含有。在 1 kg 烟黑中含有 0.5×10^{-12}～1×10^{-12} g。

二噁英的危险性，引起俄罗斯政府重视，1995 年出台了长期规划《保护自然环境免受二噁英及二噁英类毒性物的危害》。规划中不仅提出监测措施，而且提出预防二噁英危害措施。后者是非常重要的。应当避免在生活中使用含氯的材料，在路边燃烧垃圾与落叶。因为二噁英的危险性，在美国、荷兰等国家，垃圾处理工厂是封闭的。对工厂有严格要求。根据已有资料，在荷兰的 8 座垃圾处理工厂，花费 10 亿美元。美国在垃圾处理厂实行多级净化：①烟筒电子过滤；②污染水蒸发器；③细粒电子净化；④水洗涤器（1 级净化）；⑤碱洗涤器（2 级净化）；⑥洗涤器污水净化；⑦热交换器；⑧活性炭反应器；⑨尘过滤器；⑩充分燃烧前预热；⑪氧化氮处理、二噁英完全燃烧的燃烧反应器。

生活固体废弃物的加工处理　计算表明，从垃圾容器（堆场）运送垃圾，无论从经济或生态观点都不合适。例如，在莫斯科近郊现有垃圾填埋场填埋量已经达到容量的 90%。在这样的情形下，组织收集、处理两级系统，垃圾不运往垃圾场，直接运往城区范围的垃圾处理加工厂。这样有用的材料分选、包装、运走，其余的运往垃圾填埋场（图 11-7）。

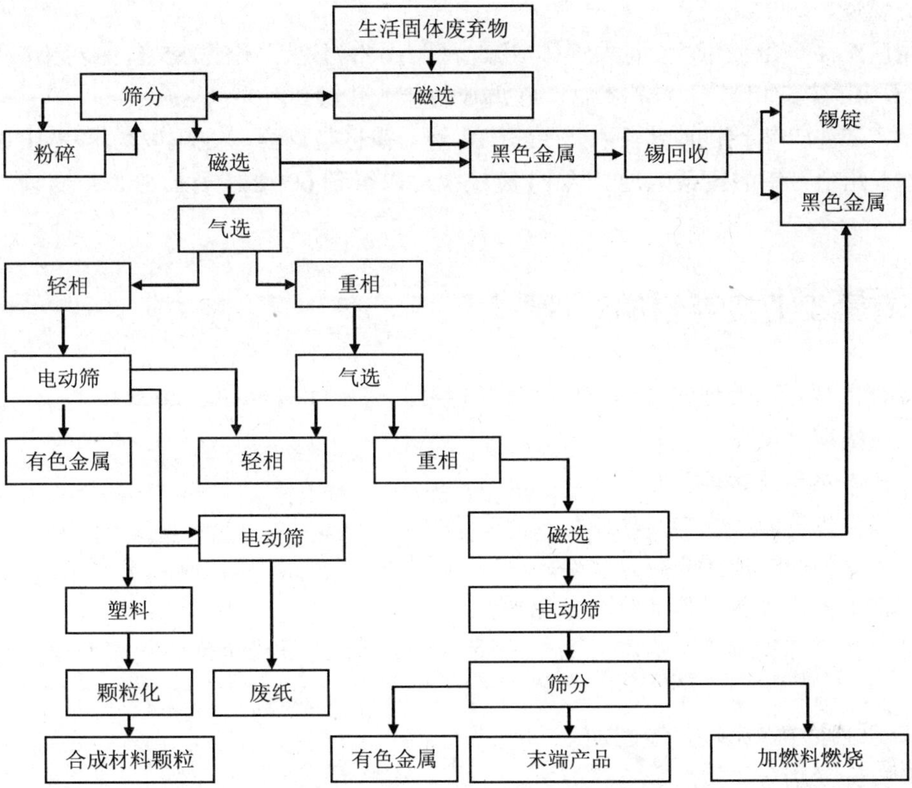

图 11-7　固体生活废弃物处理示意图

俄罗斯目前垃圾处理加工厂比较简单。固体生活废弃物及工业废弃物，分选金属材料，其余粉碎堆肥。在设备中喷水（水分 45%～60%），分选出有色金属、玻璃、砂、石等不能堆肥材料。其中一部分与工业废弃物混合，用气体燃料热解，其余送填埋场。

如果居民在收集阶段将食品分拣出，垃圾加工处理就容易些。工业生产废弃物在专门的工厂分拣。

俄罗斯这类垃圾加工厂的生产能力大于 40 000 t/a，处理Ⅰ级危险废弃物企业，卫生防护带不小于 1 000 m。生产能力为 40 000 t/a，处理Ⅱ级危险废弃物企业，卫生防护带 500 m。生产能力为 40 000 t/a，处理Ⅲ级危险废弃物企业，卫生防护带 300 m。

这样的模式的优势是：实实在在地减少垃圾数量，节约垃圾场面积，缩短收集时间（40%），可得到加工处理的产品。经计算，人口 50 万的城市，建立一座年处理量 4 万～5 万 t 的工厂够用了。

如果计算垃圾中有：20%～40%的废纸，2%～3%的有色与黑色金属，25%～40%的食品垃圾，1%～5%的塑料，4%～6%的玻璃，4%～6%的破布等，那么仅计算固体生活废弃物作为堆肥原料的价值就不合理。固体废弃物燃烧，无论从经济或从生态观点来看，都是没有意义的，固体生活废弃物应深加工。

垃圾预先分类，能减少大气有害物排放量。在罗马的一家公司，日处理垃圾 1 800 t，生产 50 t 黑色与有色金属，纸 25 t。相当少砍伐 50 万棵树。同样食品垃圾可以作颗粒状有机肥料。塑料可以做成聚合物薄膜。这样，固体废弃物 55%可以转化为有价值的产品，只有一部分燃烧。

利用废纸生产纸或纸板，向大气排放减少（与用木材造纸相比）85%，水污染减少 40%。节约资源，1 t 废纸相当于 4 m^3 木材。在瑞典每年收集废纸 190 万 t。

用铝土矿生产铝比回收废铝生产铝贵 10 倍。锡也是这样。在垃圾场堆积 10 000 万只钨丝灯泡，几十万铅酸废蓄电池。从 1 t 废橡胶可以得到 600 kg 石油，300 kg 烟碳，100 kg 副产品。

11.7 有毒工业废弃物的处理

工业有害废弃物处理的主要方向（Н.И.伊万诺夫，И.М.法金，2002）：

- 在填埋场填埋；
- 在固体废弃物工厂处理；
- 化工生产的废弃物与城市垃圾混合燃烧；
- 用专门的燃烧炉分解、热解；
- 化工生产废料用作其他生产原料。

有害工业废弃物利用，通常有两个途径：①分类，进一步全部或部分处理；②部分二次利用。

有害工业废弃物比较普遍的加工方法：

（1）分选（筛分、水选、气选）；

（2）块体碎化，颗粒化（磨，粉碎）；

（3）粒径增大（高温烧结，压制成块，颗粒化）；

（4）热处理；

（5）混合；

（6）分选（浮选，沉淀，磁选）；

（7）淋洗；

（8）溶解；

（9）结晶。

有害工业废弃物工厂化处理是最适宜的方法。在所有多种多样的方法中，共同的模式要经过下列阶段。首先是分选，例如，破布、废纸、木质包装材料、金属材料等；其次是碎化，是最重要的过程，使大小适合进一步的加工；然后进一步破碎，与稳定剂、填充剂混合，颗粒化，颗粒材料用于建材生产或道路建设。

图 11-8 是电镀生产废弃物脱汞过程示意图（Н.И.伊万诺夫，И.М.法金，2002）。

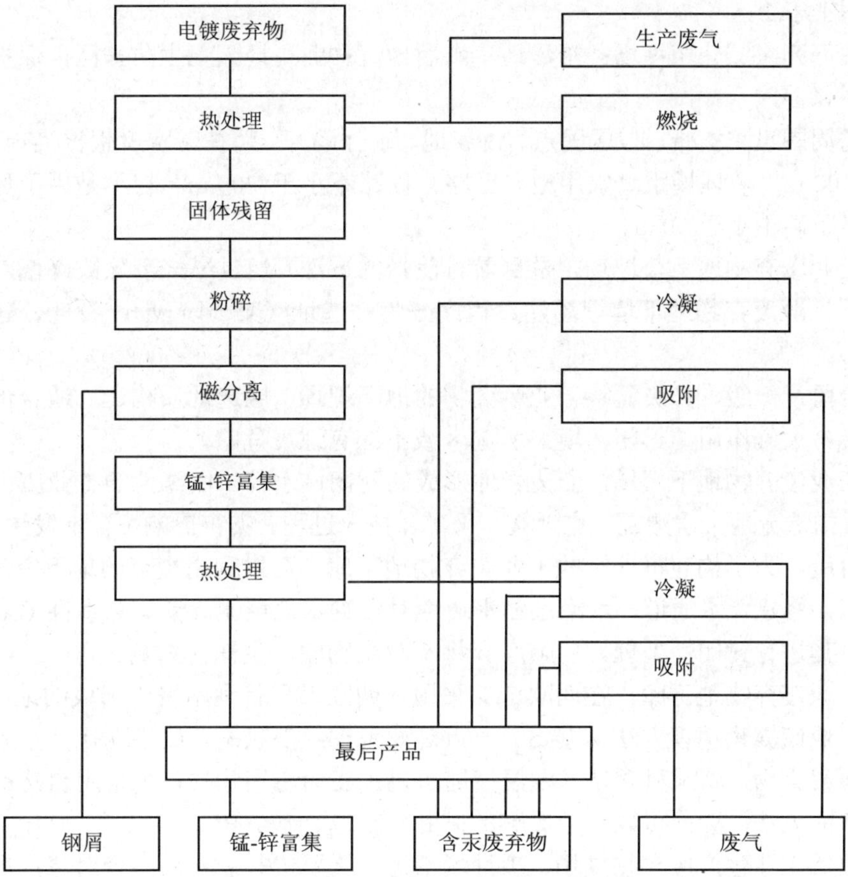

图 11-8　电镀生产废弃物脱汞过程示意图

近年来，危险工业废弃物普遍采用深海堆积的方法。装在密封容器废弃物，应当堆放于离海岸线 150 n mile（海里）（1 n mile 约等于 1 852 m）的 2 000 m 深水域。这样限定，是因为上述废弃物不是永久性掩埋。形象地说，这是为水生群落确定死期，将成为未来人类严重的问题。所有这些是需要付出代价的。通过循环利用与减量化，消除、减少有害工业废弃物对环境的影响是主要方向，进而在企业内或企业外，用专门的设备将有害工业废弃物无害化。最后将有害工业废弃物，在中心工厂填埋场或中心处理站，堆积、加工处理。

填埋场分两种类型：一种类型是仅仅掩埋，化学处理，或综合处理；第二种是将填埋场分区，分别接收固体废弃物、液体化学废弃物、特种有害的废弃物、燃烧处理的废弃物。

在深度 10～12 m 填埋坑填埋工业废弃物，是用专门的容器，例如，钢容器。填埋坑是钢筋混凝土浇筑的容器（特别是有害废弃物）。

有害工业废弃物填埋场选址，应当遵守卫生规范，有毒工业废弃物堆积、转运、无害化处理及掩埋的规定。遵守《有毒工业废弃物填埋场规划要点》（卫生规范 2.01.28—85）。地面堆场，必须经过国家生态监督部门及卫生部门的同意。

地面堆场应当符合下列要求：位于居民点及休养地的下风向；位于水源地、渔业水产养殖场的排水方向；透水性差的土质（黏土、亚黏土等）；地下水位上升高度与掩埋场最底层距离不小于 2 m。

禁止在下列区域建填埋场：沼泽地，农用地，林业用地，卫生防护区，保护区，滑坡区，雪崩区。

填埋场周围设防护带，与居民点、休养地、水体隔开。防护带宽度根据当地环境而定，但不少于 300 m。填埋场距离农用地、公路、铁路不小于 200 m，与不是用于休养地的森林区的外界距离不小于 50 m。

危险工业废弃物地下填埋场，是目前有前景的方法。通过燃烧消除或降低对生物圈的影响。危险工业废弃物地下填埋场建设程序分为：选址（第一阶段）；设计、建设、使用（第二阶段）。

第一阶段 一级、二级危险工业废弃物的地下埋场，应选地质构造，适合形成填埋物渗漏液及其与大气作用的封闭环境。所选区域不应有地震危险。

液体工业废弃物地下埋场，应选岩体形成的封闭储水体。低毒性的工业废弃物地下埋场，选地质构造无地下水渗漏，在地震、采矿、技术过程、灾害影响下，不发生透水危险。

第二阶段 为了构建毒性小的工业废弃物地下库，可以利用废弃的地下空间，例如，地下炸药库，修建疏水通道，水经过输水通道时在输水地层无渗漏。高毒性工业废弃物地下库，要对其进行封闭性处理。保障废弃物不对生物圈产生任何影响。

有毒工业废弃物地下库，在西欧广泛采用。西欧很早就利用采矿形成的地下空间。

评价工业废弃物填埋方法，重要的一点是要考虑经济状况。如果现代技术水平不能立即处理工业废弃物，将来科学技术发展能够可以加工为有用物质，可采用自然的或人工建造的地下库的方法。为此可以利用废弃的矿井、矿场、油气田。

为了收集工业生产废弃物堆场、填埋场信息，需要进行清查。清查对象：集中式的或分散式的废弃物的堆放、填埋地：工业的、民用的、无害化处理的堆场，尾矿库，尾矿坝，火电站煤灰场等。要特别注意潜在生态危险的堆场、尾矿库：水淹没，冲蚀岸，滑坡、泻溜、洪水区，有大坝失事危险的水库区附近。

11.8 无排放（少排放）生产的组织

应用传统的原料加工工艺产生各种废弃物，后期废气、废水处理、固体废弃物处理，不论从生态观点还是经济观点，都是极不合理的。净化设备昂贵，大量能源、试剂消耗。在一些工厂净化处理的能源、试剂费用占总费用的 20%～40%，固体废弃物无害化与处理加工费用占总费用的 8%～10%。

由此必须实施工业发展的新理念，这一理念不完全准确地称为无排放工艺。其原理是仿自然的物质流循环。实际上，自然界一些有机生命活动的排放物，被另外一些有机生命活动所利用，整体形成生物化学的物质循环。

在很多发达国家已经在实施资源多层次、循环、经济利用。例如，美国、法国、日本，对铅、铜、镍、铝、锌等有生态危险金属，进行二次利用，分别达到 65%、40%、45%。俄罗斯比例小一些。在俄罗斯森林资源利用最不合理。根据 B.A.扎伊采夫（1990），造纸企业 1 000 m^3 木材，生产纸 27.3 t 纸，而挪威用同样多的木材，生产纸 129 t，美国 137 t，法国 164 t。

循环利用矿产资源，无论从最重要矿产（稀缺资源）保护与延长使用时间，都是极为重要的。资源消耗的定量评价，是用资源消耗指数表征，即考虑每年资源消耗量增加情形下世界现有资源的消耗。据计算，如果金属矿储量增加10倍，那么原料保障率增加2.5～3.0倍，如果金属循环利用率达到50%，那么原料保障率增加到3.0～3.5倍，如果金属循环利用率达到95%～98%，那么原料保障率增加到5.0～7.0倍。正因为如此，生态学家认为，原料的最重要环节，是资源的循环利用。所以，任何国家持续发展，经济合理发展，必须首先是提高资源循环与组织物质技术循环。

无排放生产的概念包括下列内容：

第一，资源循环，不仅在工业生产范围，而且在需求的范围内。封闭性循环不仅在工业区而且在综合区域进行。应当在工业生产区或综合区范围内找到废弃物的利用者。第二，应当在各个生产环节将原料有效利用，不合理能源消耗降到最低。第三，无排放生产概念组成，还包括复杂的生态平衡，也就是说保持环境的正常功能，不会对于人居环境、人体健康产生负面效应。我们应记住，现今环境质量标准就是允许含量限值，以及以允许含量限值为基础计算的允许排放限值、允许容量限值。

这样，无排放工艺的概念，不仅是技术过程，广义包括组织管理措施、规划、科学研究工作。必然也包括产品的需求范围，在消费后（例如，汽车轮胎）返回生产过程，至少生态无害化。

显然，实现无排放生产是长期复杂过程。因此提出过渡性少排放生产，少排放生产对于自然环境负面影响，不超过卫生标准水平。在这一条件下，如果产生不能清除的废弃物，则采取生态化、无害化的长期填埋。

根据许多科学家与专家的意见，废弃物问题应就地通过引进资源更新技术解决，以保障二次废弃物最小化。

资源更新工艺的概念是20世纪60年代A.纳戈尔内首先提出的。在乌克兰的扎博里耶市，建立了世界上第一座固体废弃物的资源更新工厂，生产能力1 000～1 500 t/d。生产的关键技术是利用物理-化学与生物方法，加工废弃物。二次资源用于生物、金属、建材生产。

A.谢苗诺夫，И.马克西莫夫（1995）发展了资源更新工艺的概念，提出建立新一代生态防护系统——多行业综合体生态场，它能够加工该城市、区域的所有种类废弃物。80%以上的废弃物转化为二次资源与生物圈的物质，通过老堆场的卫生化及其他措施，恢复生态环境。这一解决废弃物问题方案，是以生态系统营养—能量功能及物质循环（即一种废弃物是另一种营养与能源）的理论为理论基础。实施是通过利用生态无害化技术；不使用有机物直接燃烧方法；保障最终产品与生物圈协同性，在自然界的物质循环协同性；二次资源利用、某些工业产品的经济补偿，造成环境损失的废弃物付费。

11.9　对废弃物处理的监督

在《关于生产废弃物及要求法》中，提出三种监督：政府监督；生产监督；公众监督。

国家监督　由主管废弃物处理的国家机构与相应的地方专门机构执行的监督。监督的目的（O.И.克拉索夫，2001）：在废弃物处理中执行生态、卫生及其他要求，特别是运转、无害化焚烧，危险废弃物消除；在废弃物处理中事故消除；危险废弃物运输要求与规范；废弃物减量措施，废弃物在循环经济中作为原料。

监督废弃物处理信息准确性，检查相应违法行为及处理措施，追究犯罪人责任。

生产监督 在废弃物处理领域，保障经济与其他活动对环境的保护，合理利用自然资源，遵守对环境保护的要求。进行废弃物处理生产监督，法人根据与专门执行机构协议，进行生产活动。

12　环境噪声污染

全球生态问题（酸雨、温室效应、臭氧层破坏、地球化学中毒）被广泛关注与讨论。与此同时，也存在着不太显著但却对人的健康及其他生命比较危险的问题，这就是噪声污染。

广泛使用的各种地面、空中、水体交通运输工具，工业生产中用的大型技术设备，在生产与生活中使用的各种电气设备，所有这些，对人类产生多重噪声影响。

12.1　噪声污染的概念

人体可以接受的声波 10～20 000 Hz（声音）。低于 20 Hz（次声）、高于 20 000 Hz（可达 10^{19}）（超声）不会产生噪声，但对人体有生物作用。

声波通过媒质中某一点时，在该点的压力变化，称为该点瞬时声压 P。声波的传播与能量有关。单位时间通过单位面积 S 的声能流，称为声强 I，单位 W/m^2。在单位时间内声源发出的总声能称为声功率 W：

$$W = IS$$

声压级用对数级表示，每一级相应于噪声测量值 10 倍为 1 贝（B）。实际上使用单位是 1/10 贝，称为分贝（dB）。人能听到范围 0～170 dB（图 12-1，根据 H.Φ.赖默尔斯，1992）。

声压级表达式（dB）：

$$L = 20\lg(P/P_0)$$

式中，P ——有效声压，瞬时声压的均方根，帕（Pa）；

P_0——基准声压，$P_0=2\times10^{-5}$ 帕（Pa）。

用 A 声级可进行噪声评价，dB（A）：

$$L_A = 20\lg(P_A/P_0)$$

式中，P_A —— 声压均方根，其值考虑声级计权（A）频谱修正，反映听觉频率敏感性特征。

人的耳朵能分辨的最低声压 P_0 与最低声强 I_0，称为限值。

噪声　是在固体、液体、气体环境机械波动产生的不同频率、不同强度声音无序混合。噪声成因有下列：

- 机械成因，一次性或周期性撞击、机械震动所产生的噪声；
- 空气动力成因，气体涡动、震动、脉动或气体压缩产生的噪声；
- 电磁成因，电磁机械部件震动或电磁场所引产生的噪声；
- 水动力成因，水力冲击、侵蚀、涡动等所产生的噪声。

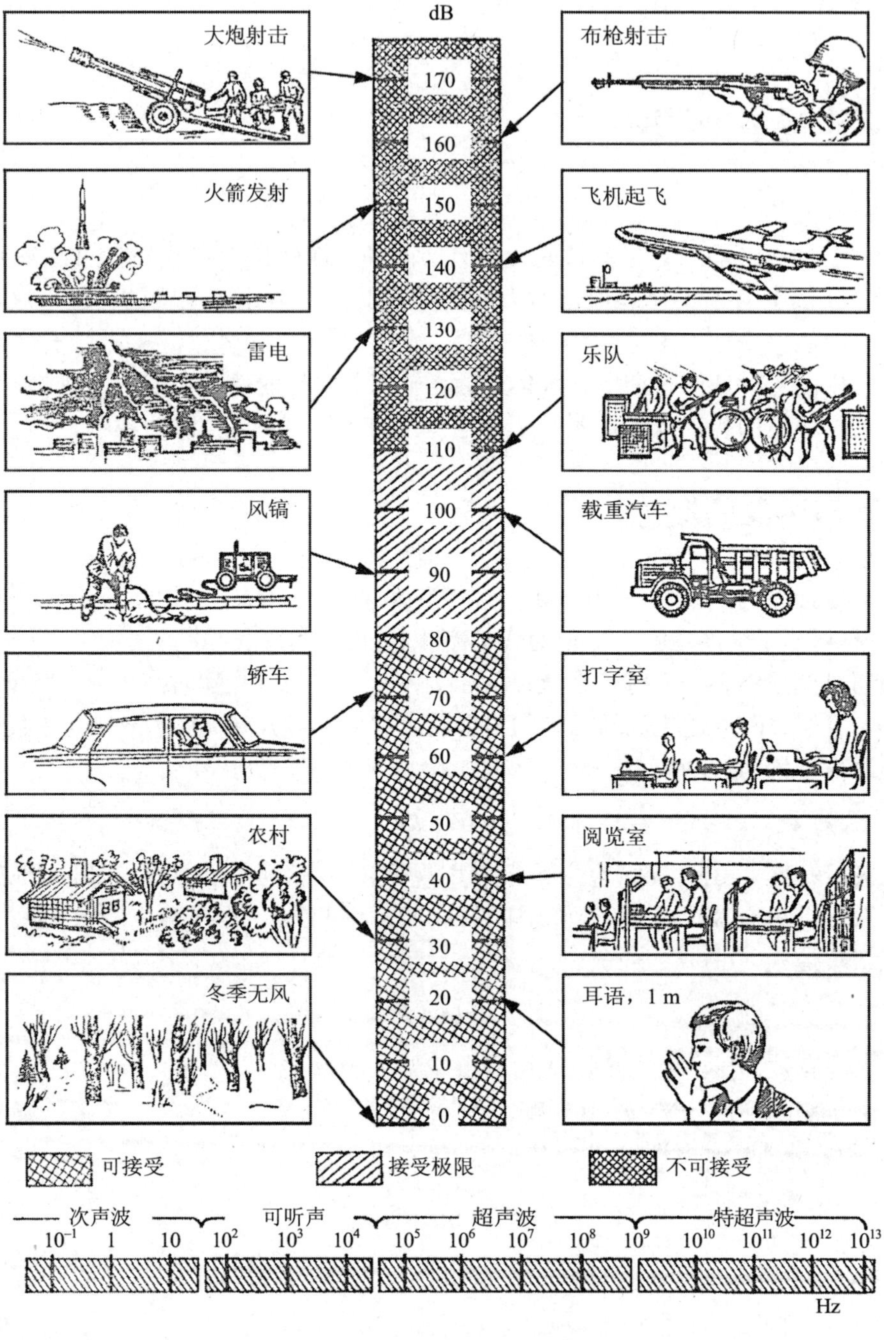

图 12-1 声级（dB）例子

根据噪声的频率分为：低频噪声（低于 400 Hz）；中频噪声（400～1 000 Hz）；高频噪声（高于 1 000 Hz）。

为了确定噪声频率特征，采用倍频带，其上界频率 f_{B} 是下界频率 f_{H} 的 2 倍，即：

$$f_{B}/f_{H}=2$$

倍频带中心频率 f_{cp} 是以频率的几何平均值表示：

$$f_{cp}=\sqrt{f_{H}f_{B}}$$

根据噪声频谱特征划分为宽频带与恒定频带。按照时间划分为稳定的与不稳定的（震荡、间歇、脉冲）。稳定噪声是在 8 h 工作日声级变化不超过 5 dB，不稳定噪声超过 5 dB。倍频带中心频率是 63 Hz，125 Hz，250 Hz，500 Hz，1 000 Hz，2 000 Hz，4 000 Hz，8 000 Hz。

根据噪声源可划分：社会生活环境噪声，工业企业厂界噪声，交通运输噪声，航空噪声，街道交通噪声。

12.2　噪声对人体的影响

自然声音对人是有益的，一般不反射。人为噪声会使人疲乏，降低脑力劳动效率，使神经紧张。

自然背景噪声不超过 20～30 dB，科学—技术形成噪声叠加自然背景噪声。对于人与动物作用，取决于人为噪声类型与作用时间。高噪声级（＞60 dB）会引起扰民，当 90 dB，影响听觉器官，110～120 dB 是引起疾病的阈值，超过 130 dB 损坏听力器官。发现 180 dB 声音作用于金属会产生裂缝，190 dB 的声音会使金属铆合。

噪声对人的听力负面作用，有三种情况：短时间作用（从几分钟到几个月），降低对于某频带听觉敏感性，引起听觉器官损伤或长时间耳聋。130 dB 噪声会引起疾病，150 dB 引起听力器官部分损坏。

12.3　噪声防护的途径与方法分类

从降低噪声源传播途径到客体的防护，降低环境噪声污染的目标出发，分为：

- 噪声限值的卫生标准；
- 改变工作方式，替换产生噪声的设备；
- 改变噪声对防护对象的方向，减弱声强；
- 噪声源远离防护对象；
- 利用消音材料；
- 建噪声防护墙；
- 采用专用的噪声防护措施。

12.4　噪声排放卫生标准

噪声危害的程度，一般取决于：声强，频带结构，时间，人的位置，产生噪声特点。噪声排放的卫生标准，是确定这样声级，在其长期作用下，不会引起对噪声敏感的生理指标综合变化。

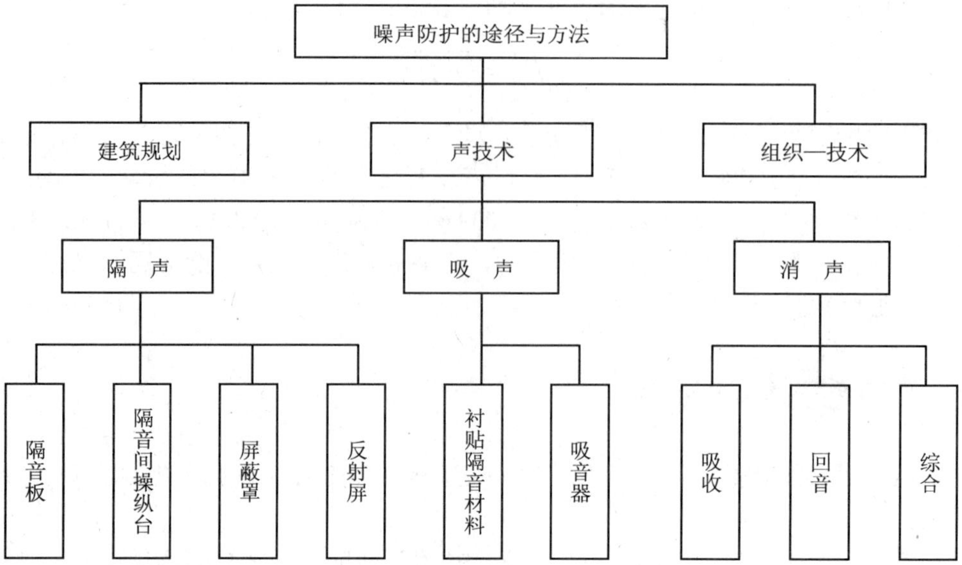

图 12-2 噪声传播路径防护方法

居民区、公用楼房、小区、休养地，相应于噪声排放卫生标准，制定声及声压标准。在临街房屋墙附近的交通允许噪声，白天不应超过 50 dB，夜间不应超过 40 dB。公共汽车对于居民建筑区噪声排放参数，采用最大声级夜间 75 dB、白天 85 dB，等效声级 55 dB（A）、65 dB（A）。

在俄罗斯采用的是频谱带声压级（ПС），国外采用的是等效声级（$L_{\text{Анорм}}$），两者关系：

$$L_{\text{Анорм}} = \text{ПС} + 5$$

社会生活环境噪声排放限值见表 12-1。

表 12-1 社会生活建筑环境噪声排放限值（标准 СНиП II-12—77）

区域	声压级限值/dB								声级限值/dB（A）
	63*	125	250	500	1 000	2 000	4 000	8 000	
直接临医院、卫生设施楼房	59	48	40	34	30	27	25	23	35
直接临住宅楼（据居民楼 2 m），广场	67	57	49	44	40	37	35	33	45
生活设施	55	44	35	29	25	22	20	18	30

注：标准是夜间标准（23:00—07:00），对于白天（07.00～23.00）修正值 +10 dB[dB（A）]。

* 63，125 等为倍频带中心频率，单位 Hz。

与居民楼相邻区域的噪声级，实际执行的标准不应超过表 12-1 所列声级。铁路、公路及航空噪声，距第一防护设施 2 m 处，允许超过声级（表 12-1）10 dB（A）。公路干线不应超过下列标准：

公路全长 3 500 km 以下为 77 dB（A）；

公路全长 3 500 km 以上为 83 dB（A）；

公路全长 12 000 km 以上为 84 dB（A）。

12.5　噪声防护的途径

改变噪声源强度　这一措施被认为是最有效的。或通过减弱噪声源的强度或降低噪声源要素的作用力。例如，电动汽车以电动机为发动机，比汽油发动机汽车噪声低 15～20 dB，而太阳能汽车实际上无噪声（仅仅是与路面摩擦声）。沥青铺路换成含有少量橡胶专用材料铺路，噪声会减低 3～4 dB。采用高强度吸音沥青，由于空洞增加（这种沥青空洞 25%，普通沥青空洞 6%），噪声降低 4～6 dB。

改变传声方向　这种方法减低噪声原理是：一些噪声源，例如，飞机，传播方向是与防护设施反向，可以降低噪声 10～15 dB。

振动噪声防护　振动噪声主要是由于工作及动力过程产生的，即机械（汽车、风动工具）或气动（喷气、排气）产生声波。这类噪声防护措施，以下列原则为基础：反射、吸音、综合防治。

隔音　根据防护对象，隔音设施结构分为轻型与重型。

轻型结构　隔音设施是防护交通、建筑机械、有噪声设备。其材料用钢、木、塑料。

噪声吸收　在封闭的设施降低反射声能级，例如，围护板。吸音材料用各种波形材料。在表 12-2 中列举一些材料的吸音效果。

表 12-2　一些材料吸音效果

材料	厚度/mm	吸音效果/Hz							
		63*	125*	250*	500*	1 000*	2 000*	4 000*	8 000*
钢，板	20	0.01	0.01	0.01	0.01	0.01	0.01	0.01	0.01
矿物隔音板	20	0.02	0.03	0.17	0.68	0.98	0.86	0.45	0.20
超薄玄武岩片	50	0.1	0.25	0.7	0.98	1.0	1.0	1.0	0.95
废锦纶丝垫	50	0.02	0.15	0.46	0.82	0.92	0.93	0.93	0.93

注：* 63，125……为倍频带中心频率。

研究确定，吸声效果取决于吸声设施面积与材料吸声效果。

声屏障　这种噪声防护方式是设特别的面。在声源与防护体对象（人，动物）之间设防护体，使防护对象位于声影区或声音减弱区（图 12-3）。

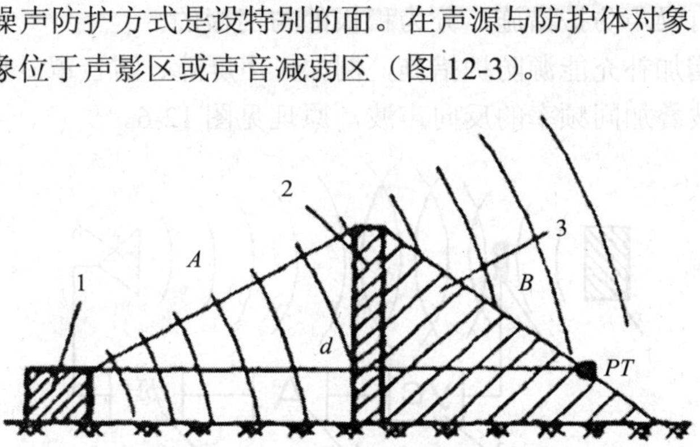

图 12-3　声屏障后声减弱区形成示意图

1—声源；2—防护体；3—声音减弱；A—噪声区；B—减弱区

为了增加声屏障效果。在向声源面贴一层吸声材料。同时改变向声源面的形状（Γ 型或 Π 型）。声屏不能设成直线型，应设为折线型。这样噪声可降低 6～8 dB。在交通干线设声屏，不应影响司机视线，不影响景观。

在噪声源附近栽植绿色植物，不仅噪声削减效果好，而且防护效果好。

在路堑中的道路，降低噪声效果很好。如果利用挖方土，在路两旁修噪声防护堤，可降低噪声 15 dB。

沿公路、铁路干线及机场附近设声屏障，高度根据实际：公路 2～4 m，机场 20～25 m。材料可用钢筋混凝土、玻璃、钢、塑料等。噪声防护最适合的材料，是 5 cm 厚，比重 100 kg/m^3 的矿物纤维板。

消音器 原理是反射声能、吸收声能或综合作用。结构见图 12-4。

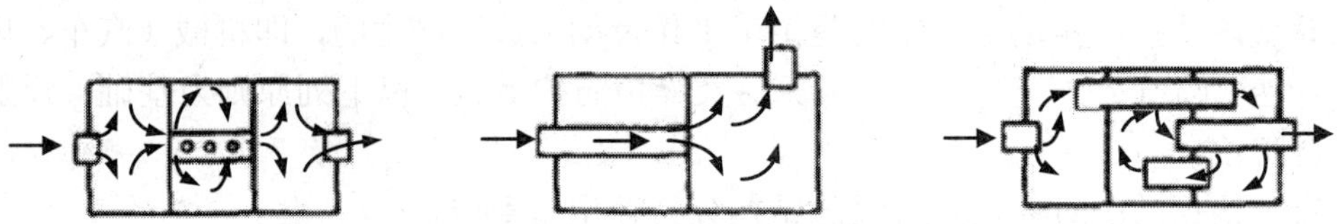

图 12-4 反射消音器原理

吸音器（图 12-5）填充各种吸音材料。吸音器效果由吸音材料、长度而定。

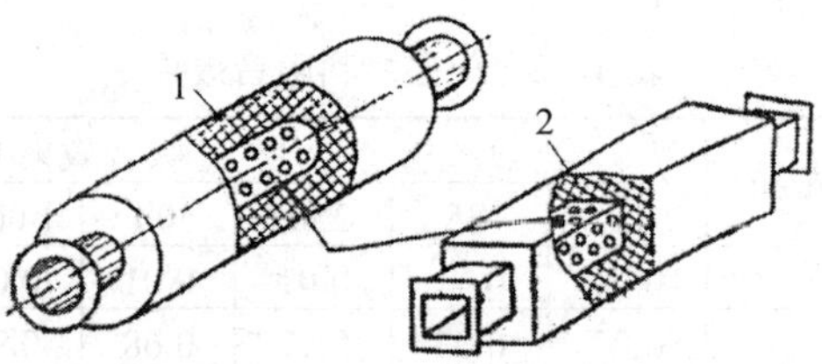

图 12-5 管式吸收式消音器

1—圆形或方形吸音通道；2—吸音材料层

防音罩 用于防护独立的声源，是各种形状的外壳，包围声源。

积极防护 所有噪声防护措施，分为积极的与消极的。

消极防护 不增加补充能源防护措施，例如，声屏障、防音罩。噪声积极防护原理是声干涉现象，噪声波叠加同频率的反向声波，原理见图 12-6。

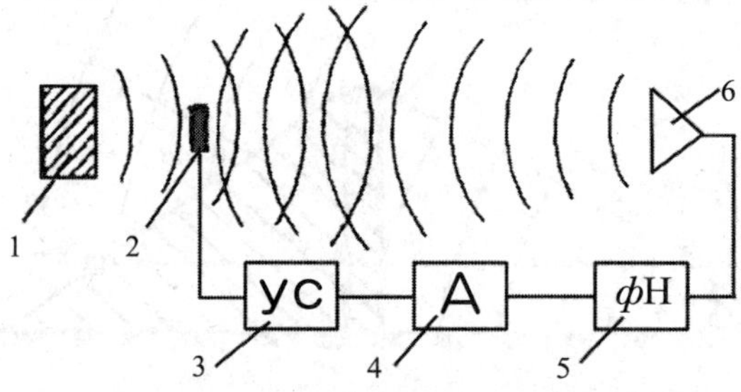

图 12-6 积极噪声防护原理

1—噪声源；2—扩音器；3—强化器；4—检偏器；5—倒相器；6—电动机

二次声源（图 12-6 中电动机 6，产生与原声源 1 反相声波），在两种声波之间产生低声级带。积极防护对于低频、中频（500 Hz 以下）噪声特别有效，因为低、中频噪声消音与隔音效果都不好。现在积极噪声防护，在交通、航空、通风等部门广泛应用。

12.6　噪声防护的建筑规划措施

现代城市建设积累了完整的建筑规划方法，降低住宅区噪声。包括降低噪声措施，提高居民楼及建筑物的隔音效果。降低噪声措施，前文已经提到的建声屏、栽植绿色植物带、利用地堑降低交通车流噪声、利用噪声防护功能房屋减少交通车流噪声（在交通干线侧不安窗户）、沿交通干线建房屋本身形成噪声防护带，这样的房屋降低噪声 15～20 dB。

一般保障适宜声音环境的建筑规划，包括噪声防护综合措施（住房分区，栽植绿色植物、交通干线远离住宅区、建有防护功能房屋等）。交通干线、企业、商业区远离居民区。

特别关注隔音窗。近些年解决这一问题取得很大进展。窗户采用专门的双层玻璃（降低噪声 20 dB），甚至三层玻璃（降低噪声 30～40 dB）。在窗户之间设计吸音结构。此外，在窗户安装有隔音效果厚玻璃，隔音玻璃可以降低噪声 45～50 dB。

噪声图表达噪声源配置及城市噪声空间分布。根据噪声图可以判断街道、小区、整个城市的噪声状况。噪声图可用于调整居民区噪声、全城噪声防护综合措施。

编制噪声图时，应考虑主要街道的交通状况，载重车辆、公共汽车数量及速度，企业配置等。噪声图应包含楼房类型、机关、科研单位、公园等信息。在噪声图上，应有实际调查的噪声源及噪声级别。

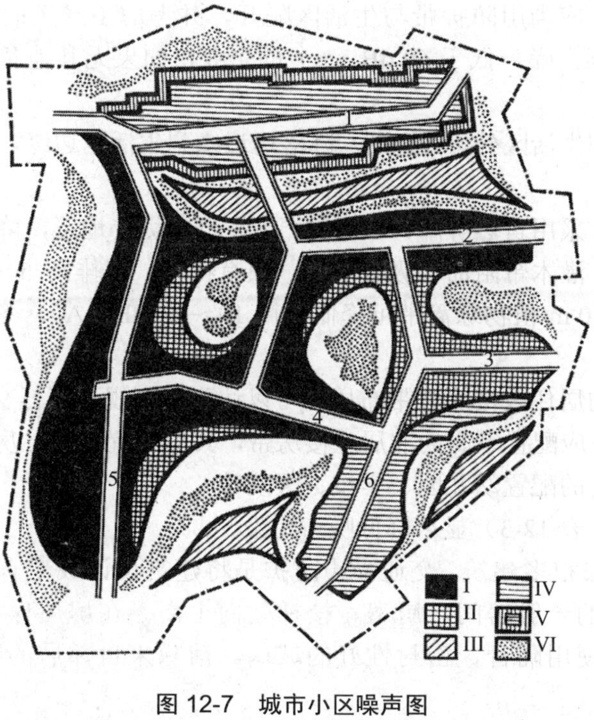

图 12-7　城市小区噪声图

1～6 是城市街道；噪声级 Ⅰ—80 dB（A）；Ⅱ—76 dB（A）；Ⅲ—65 dB（A）；Ⅳ—79 dB（A）；Ⅴ—78 dB（A）；Ⅵ—70 dB（A）

噪声级别提高的原因：

- 居民点、休闲区、疗养地的噪声防护面积不足；
- 规划、建设公路、铁路、机场的标准未执行，或未考虑卫生规范；
- 噪声逐年增大原因，是没有研制新型无噪声交通工具，飞机发动机功率增大；
- 噪声防护的费用在增加，在这方面进行的经济—技术研究比较少。

这些原因决定了在城市要采用噪声防护综合措施。

降低噪声最有意义的方法，是在噪声传播途径采取各种措施：噪声源以及合乎噪声标准的企业之间设一定距离；区域建筑合理规划；利用地形自然屏障；噪声防护绿篱。

专门留有一定距离的空间区，显著地降低居住区的噪声。卫生标准与规范规定，在生产企业、交通干线、机场、海运及内河运输码头、生活区之间，设卫生防护带。在卫生防护带内允许建非居住的屏蔽楼，楼内噪声可达 55～60 dB（A）。噪声防护楼防护效果很好。它可以降低交通噪声达到 20～30 dB（A），稳定地降低室内噪声。在楼房—屏障区内，可以设置车库、生活服务点、餐厅、咖啡馆、作坊、理发店等。在楼房—屏障区不应仅设置药店、图书馆以及噪声要求低于 40 dB 的单位。

适宜的降低噪声的区域建设规划，应预先合理规划交通干线，交通干线设计在居民区与休闲区之外。设计环状与放射状公交道路。铁路在城郊 25 万人小城镇带绕城设计。强噪声源应与生活区隔离，休闲区、旅游区与工厂、交通噪声隔离。在特别强的噪声区，Ⅰ、Ⅱ级噪声区或与其等效的 85～87 dB（A）、80～83 dB（A）铁路线，住房应从中迁出。铁路线不应穿越近郊的森林公园、疗养院、儿童夏令营地、医疗单位、高校、科研单位。疗养院距公路不少于 500 m，距铁路不少于 1 km。工业企业或生产区是高噪声源[70～80 dB（A）]，应当用防护带与生活区隔开，并考虑主导风向。还应考虑其他对环境有负面影响的因素。噪声低于 60 dB（A）的企业，如果无其他负面影响，可以设置在生产—生活区。

机场应设在城郊生活区外，从起飞—降落场边缘到生活区边缘，根据机场等级、航线，距离 1～30 km。

在城市建设中，采用自然屏障——地堑、地垒、土堤等地形，降低噪声。

沿公路栽乔木、灌木带阻滞、吸收噪声，很有特色。多排高 5～6 m 乔灌带，显著减低噪声。宽度 25～30 m 植物绿篱带可降低噪声 10～12 dB（A）。冬季绿篱带降噪效果降低 3～4 倍。

在临交通干线的居住区楼房分带布局，可以达到编制规划降低交通干线噪声的目的。在临交通干线的区，应配置不高的非居住楼房带，其后配置低层住房带，再后是稍高住房带，离交通干线最远的配置幼儿园、学校、医院等。

封闭型的建筑（表 12-3）显著降低噪声污染。

沿交通干线分布很多建筑，交通噪声防护是将建筑设计成专有住房类型。卧室窗户朝向院落，无卧室的一般房间、厨房、楼梯朝向主街。在房屋保持安静不仅靠房子结构设计，而且窗户使用隔音、密封性好的玻璃。消除来自邻居的噪声，使用隔音板与建厚墙。

表 12-3 建筑与地形降低空气噪声污染的效果

建筑类型	降低程度	
	降低污染/%	降低噪声级/dB（A）
连片的 9 层建筑	63	20～30
拱形分布的 10 层建筑	40	12～20
分散 10 层建筑	25	10～26
П 型分布的十层建筑	50	18～22
独立 10 层楼（距主楼 80～120 m）	40	12～18
位于地垒主体建筑	25	11
位于地堑主体建筑	68	15

12.7 组织措施与技术措施

组织措施 通常有：

- 合理调度车流；
- 禁止可能发生的声信号；
- 载重车限时限地点通行；
- 从城市睡眠区撤出有噪声工厂、汽车站、货车终点站。

建议通过改变声频（汽车低音频喇叭）去除不适宜的信号。

技术措施 机械与设备修理、加油，以及夜间禁止有噪声的工作等措施。将滚珠式轴承换为滑动式轴承，噪声显著减低（降低 10～15 dB）。对车轮技术改造能降低噪声：吸音车轮；刹车块制动改为盘式制动。

12.8 次声的防护

次声源 人经常与次声（低于 20 Hz）波接触。次声不同于可听声波与超声波，频率低，波长很长，在空气中传播很远、距离能量损失很小，在大气圈对次声吸收量很小。次声源分为自然的与人为的。自然次声是各种自然过程产生的，人为次声是技术与科技活动产生的。

火山（大约 1 Hz）、极光（0.25～4 Hz）、暴风（10 Hz）是自然次声源。

次声声压级计算如下式（dB）：

$$L_{\Pi}=10\lg\frac{1}{T}\sqrt{\int_0^T\left(\frac{P}{P_0}\right)^2\mathrm{d}t}$$

式中，P——实测声压均方根值，Pa；

P_0——基准声压，$P_0=2\times10^{-5}$，Pa。

次声对人的影响 次声分为宽频带与窄频带，宽频带是连续的频谱宽大于一个倍频程，窄频带是分散的频谱结构。在倍频带次声的谐波性，取决于一个频程高于相邻频程不小于 10 dB。

根据时间特征，次声分为稳定次声与不稳定次声。稳定次声的声压级随时间变化不大于 2 倍（6 dB）。不稳定次声的声压级随时间变化不小于 2 倍（6 dB）。

次声通过听觉与触觉被人感知。例如，频率 2～5Hz 声压 100～125 dB，在中耳鼓膜有压感。声压提高到 125～137 dB，引起胸部组织颤动，有压感。次声频率 15～20Hz，使人感到难受，有恐惧感。大家知道，次声对于外耳有影响，降低听觉。上述现象，甚至在距次声源很远（800 m）也会产生。次声会引起间接作用（玻璃、器皿破碎），产生更高频噪声。

次声防护 20 世纪 70 年代，才提出次声对人肌体影响的卫生问题。次声这一环境噪声污染危害和危险的因素，至今研究较少。

根据俄罗斯医学科学院劳动研究所的研究，制定了次声卫生标准。次声安全声级从 90 dB 到 130～150 dB，还没有一致意见。建议使用卫生标准《在工作地点、生活公用设施、民用建筑的次声》（卫生标准 СанПиН2.2.4.12.1.8.383—96）。

在不同劳动地方，民用建筑区生活与公用设施，次声允许限值，列于表 12-4。

表 12-4 次声标准

房屋	声压级/dB				最大声压级/dB
	2	4	8	16	
重体力劳动用房	100	95	90	85	100
脑力劳动用房	95	90	85	80	95
民用建筑区	90	85	80	75	90
居民楼、宿舍楼	75	70	65	60	75

注：2，4，8，16 为倍频带几何中心频率，Hz。

降低次声危险作用的工程—技术措施 由于次声传播距离远、能量损失小的特点，通常噪声防护方法很少有效。在次声作用下，大建筑结构发生振动，由于共振效果及二次噪声激发，一些地方次声增大。

次声防护可从声源、传播途径、个体防护着手。减低次声强度可采取：改变设备工作状态；采用隔声结构；吸音等。

最重要的，虽然不成熟，是对产生次声地点增加刚性围护。由于次声波传播很远而能量不减，这种措施没有看到明显减弱次声效果。

13 电磁辐射污染的防护

13.1 电磁辐射污染的概念

随着无线通讯、无线电导航、遥测技术发展，电子产品、电器进入生活，以及计算机广泛应用，提出人与电磁场相互作用的复杂问题。在环境中技术电磁场源的强度不断增大，电磁能密度不断增大，不仅使生产环境的工作人员，而且像早些时期发达国家，使大多数居民生活在电磁场中。电磁场波谱很宽，其中一部分对人体有害。

环境电磁辐射污染，是在大气圈技术与自然原因形成的电磁波谱中，非电离辐射部分强度提高的状态特征（B.叶梅利扬诺夫，《环境》2000 年 1 期）。上述非电离辐射部分表示于图 13-1。

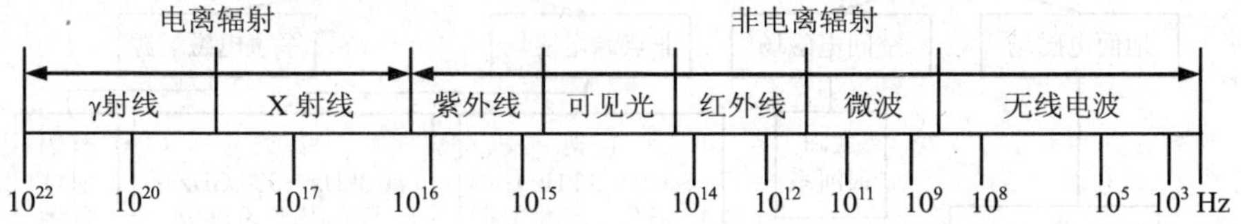

图 13-1 电磁波谱

13.2 电磁场的特征及其分类

电磁场源产生的交变电磁场可分为近场区与远场区。近场区（感应场）与远场区（辐射场）的划分界限，取决于下列简单关系式（H.И.伊万诺夫，И.M.法金，2000）：

（1）对非方向性发射器与天线 $R = \lambda/2\pi$；

（2）对方向性空隙天线（凹面镜式，透镜式）

$$R = d^2/2\lambda$$

式中，d——直径，m；

λ——波长，m。

（3）对其他类型天线

$$R = L_1L_2/2\lambda$$

式中，L_1，L_2——水平天线、垂直天线的直径，m。

在电磁频率范围 0～300 MHz，电磁场强度用下列指标表示：

（1）E 电场强度，V/m

（2）H 磁场强度，A/m，或 B——磁感应强度，T。

在真空中按照下式：

$$B = \mu_0 H$$

与辐射源一定距离空气中（远区场）电场强度 E 与磁场强度 H，有简单关系式：

$$E/H=Z_0$$

式中，Z_0——自由空间波阻，等于 377Ω。

在频率范围 300 MHz～300 GHz，电磁场强度用 S——功率密度表示，W/m^2。对于远场区表达为：

$$S=E^2/377=377H^2$$

电磁辐射源分为自然电磁辐射源与技术电磁辐射源（图 13-2）。

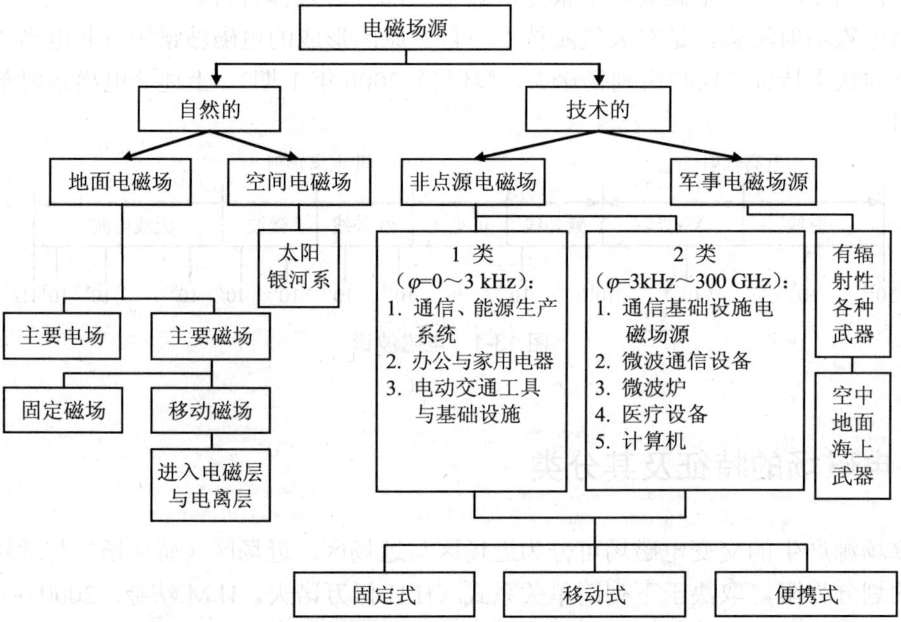

图 13-2 电磁场源分类

资料来源：B.叶梅利亚诺夫，2000 年。

根据作用类型电磁场划分：

- ➢ 单一的电磁场（一个频段）；
- ➢ 结合的电磁场（两个以上同一频段）；
- ➢ 混合的电磁场（两个以上不同频段）；
- ➢ 综合的电磁场（某些不利因素同时作用情形）。

根据电磁场能量带划分：正弦波电磁场；调频波电磁场；脉冲波电磁场。

根据辐射时间划分：连续作用的电磁场；间歇作用的电磁场。

13.3 一些非电离辐射的电磁场源

详细研究电磁辐射源，可以分为两类。第一类是用于不同经济部门的电磁辐射源，对居民不会产生负面影响。首先是电台、地面接收站、供电系统。第二类是电报、无线电发射中心，蜂窝状通讯系统与卫星通讯系统，雷达站，航空系统，无线电定位系统，各种计算机，医疗设备。

输电线工频（50 Hz）电磁场 强度取决于电压（110 kV、220 kV、330 kV或更高）。变电站：E=5～15 kV/m，H=1～5 A/m。输电线路：E=5～30 kV/m，H=2～10 A/m。在高压线附近的居民楼，一般不超过200～300 V/m，磁场强度0.2～2 A/m。

在独联体，500 kV 输电线超过 20 000 km（不包括 150 kV，300 kV，750 kV）。输电线及其他电能设施，形成的工频（50 Hz）电磁场强度，超过自然电磁场平均强度100倍。输电线的电场强度可达到10 000 V/m。

最大的电场强度，在输电线塔距地表5 m测得：330 kV为3.5～5.0 kV/m；500 kV为7.6～8.0 kV/m；750 kV为10.0～15.0 kV/m。

由于土壤吸收，短距离输电线的工频电磁场强度从每米几万伏降到几十伏。

电视广播中心 我国电视、广播大多数是中波、短波、长波波段。发射塔高度不超过180 m，辐射最强的范围是几十米到几千米。

卫星通信系统 包括地面站与地球卫星。天线系统形成很危险的电磁场，甚至在很远距离。现在迅速扩大全球卫星通讯系统，将会增大这种电磁场的危险程度。

蜂窝状通信系统 大家知道，中心称为“蜂窝”（直径2 km），设有基站，分成不同扇区，服务移动电话。基站发射功率100 W，中转站6 W，手机2 W。基站周围50 m具有危险电磁波功率密度。

雷达站 天线为抛物面形，发射很窄的射频电波。雷达站工作时对附近人体有不利影响。雷达站的高电磁波区100～150 m，甚至在这个区域的楼房内，能量流密度超过允许限值。

13.4 电磁辐射对人体健康影响

电磁辐射对于人体的影响，取决于功率密度、辐射频率、作用时间（连续的，间断的，脉冲的）、暴露面以及伴随因素（大气高温、伦琴射线等）。短波对于肌体作用强一些，中波对肌体作用弱一些。

电磁辐射作用的影响是各种各样的：从不显著的功能变化到明显的病理学变化。在无线电波长期作用下，会引起心血管、呼吸、神经系统疾病，出现头痛、疲劳、过敏、记忆力减退、手颤抖、体温不稳定等。

电磁场对免疫系统有影响，会引起血液成分变化，在肌体产生抗体破坏肌体组织。电磁场对内分泌系统有影响，其后果是引起血液浓缩、肌体协调性差、发烧、缺氧等。

研究结果表明，电磁场对人的生育能力有影响。长期使用移动电话，电磁场会影响中枢神经、大脑、眼球、中耳、脸部皮肤。

长期使用计算机者，主要危险是视屏 20 Hz～400 kHz 电磁辐射。低频电磁场（100 Hz）辐射，促使血液与细胞中的生化反应，增加癌症发生可能性。

计算机周围生成的或高频或低频电磁场，会促使显示屏周围静电场出现，降低显示屏周围空气去电离作用，影响人体细胞，增加疾病发生概率。

电磁波频率变幅可达到 10^{21} Hz。根据光子（量子）能量，可分为电离辐射与非电离辐射区。在医疗实践中，电场与磁场属于非电离辐射。

1 150 kV 输电线，包括杆塔、防护设备、仪器，是工频电磁场。它们是工频（50 Hz）电场、磁场源。长期作用会引起头痛、疲乏、记忆减退、心脏病。工频电磁辐射会使心跳变慢节律失稳。在工频电磁辐射环境工作人员，中枢神经、心血管、血液成分受到影响。因此必须限制在 400 kV 工频电磁辐射环境工作时间。

13.5　电磁辐射对环境作用安全标准

根据卫生标准 СанПиН 2.2.4.119 1—03，工频（50 Hz）电磁场标准，用电场强度 E（V/m）、电磁场强度 H（A/m）或磁场感应强度 B（T）的限值表示，取决于工作人员在电磁辐射区停留时间。

在电场强度 5 kV/m 环境下，在所有工作日可以停留。在电场强度 5～20 kV/m 环境下，停留时间 T 按照下式计算：

$$T = \frac{50}{E} - 2$$

式中，E——在具体频率范围电场作用强度，kV/m。

在电场停留时间，可以是一次性的或整个工作时间内。在工作时间停留，电场强度不应超过 5 kV/m。在电场强度 20～25 kV/m 环境下，停留不超过 10 min。极限允许电场强度为 25 kV/m。

在工作日，人员停在不同电磁场强度环境的停留时间，按照下式计算：

$$T_{\text{пр}} = 8\left(\frac{t_{E1}}{T_{E1}} + \frac{t_{E2}}{T_{E2}} + \cdots + \frac{t_{En}}{T_{En}}\right)$$

式中，$T_{\text{пр}}$——停留时间，与电场标准下限强度等效的停留时间，h（$T_{\text{пр}} \leqslant 8$ h）；

t_{E1}，t_{E2}，…，t_{En} ——在电场具体频段的停留时间；

E_1，E_2，…，E_n；T_{E1}，T_{E2}，…，T_{En}——在相应的电场具体频段允许停留时间，频段级差值为 1 kV/m。

《保护居民免受架空输电线工频电场影响的卫生标准与规范》（No. 2971—84）限定了居民地（楼房内部、居民建筑区、架空电线与公路交叉区）工频电场的影响。采用下列电场强度允许限值：

- 居民楼内部 0.5 kV/m;
- 居民区 1 kV/m;
- 居民区外的居民点（近郊土地，小城镇）以及城市公园 5 kV/m;
- 架空电线与 I—IV 级公路交叉区 10 kV/m;

- ➢ 非居民区 15 kV/m;
- ➢ 难通行区 20 kV/m。

除工频电场，还有电设备产生的工频磁场（50Hz）影响工作人员。按照现代概念，磁场生物效应的原理，是电流对人体感应，产生神经系统、心血管系统、免疫系统的状态变化。

按照卫生标准 СанПиН 2.2.4.1191—03，周期性磁场对人体影响评价，是根据两个参数——强度与作用时间。

磁场作用的强度用磁场强度（H）或磁感应强度（B）表示。磁场强度单位为每米安培（A/m 及 kA/m），电磁感应单位是特斯拉（T 及 mT，μT，nT）。磁感应强度与磁场强度有下列关系式：

$$B=\mu_0 \cdot H$$

式中，磁导率$\mu_0 = 4\pi\times10^{-7}$ H/m（单位，亨利/米）。如果 B 测量用μT，则 1 A/m≈1.25μT。

磁场允许限值取决于人员全暴露或局部暴露时间（表 13-1）。

表 13-1　周期性磁场影响允许限值

停留时间/h	磁场强度允许限值，H（A/m）/B（μT）	
	全暴露	局部暴露
≤1	1 600/2 000	6 400/8 000
2	800/1 000	300/4 000
4	400/500	1 600/2 000
8	80/100	800/1 000

当工作人员必须在不同强度磁场强区停留时，总停留时间不应超过允许限值。停留时间可以是一次性停留时间，也可以是工作日内多次停留时间累加。50 Hz 磁场作用情形，相应于卫生标准 СанПиН 2.2.4.1191—03《允许磁场强度限值》，按照工作人员工作时间及发动机工作状态进行分解。按照卫生标准，应对工作人员进行防护。静电场对人的影响很小，因此在电车上从来没有感觉到。

生物效应研究表明，心血管血系统、分析仪器对静电场很敏感。在静电场作用区工作人员，过敏发痒、头痛。

静电场对人体作用标准，参照卫生标准 СанПиН 2.2.4.1191—03 与国家标准 ГОСТ 12.1.045—84 执行，取决于人员在工地点停留时间。静电场对于人体作用的限值 E_{np} 等于 1 h 60 kV/m。当静电场强度小于 20 kV/m，在静电场停留时间不作规定。电场强度 20～60 kV/m，无防护人员在电场允许停留时间（h）按下式计算：

$$t_{\text{доп}} = E^2_{\text{пред}} / E^2_{\text{факт}}$$

式中，$E_{\text{факт}}$——实际静电场强度值；

$E_{\text{пред}}$——静电场强度限值，kV/m。

磁材料与磁系统生成的磁场可以分为：定常磁场；脉冲磁场；红外-低频（小于 50Hz）磁场；变化磁场。磁场作用可分为：不间断的；间断的。

磁场对工作人员作用程度，取决于工作的磁设备空间或人造磁体影响区的磁场强度。对人体影响的量，取决于工作地点与磁场的相对位置，以及劳动状况。

在超过允许限值的磁场慢性作用环境下，长期工作会破坏神经、心血管、呼吸系统功能及消化系统。一般先受磁场直接作用的是身体某一部分（最先是手）。

定常磁场强度的评价与标准制定，是在作用于身体全部或局部条件下累积磁场对工作人员作用的时间。定常磁评价是用磁场强度单位 H（A/m）或磁感应强度单位 E（μT）。

根据卫生标准 СанПиН 2.2.4.1191—03，在工作场所磁场强度不超过 8 kA/m。750 kV 输电线的电磁强度不超过 20～25 A/m，不会对人有危险。

非电离辐射波大部分是无线电波，少部分是适宜波段（次波，可见光波，红外线）。根据作用于人体电磁波的频率，分为人体可传导的及人体非传导的。

根据无线电物理学特性，分为 5 个频谱带：1Hz 至几千赫兹；几千赫兹至 30 MHz；30 MHz～10 GHz；10～200 GHz；200～3 000 GHz。

第一频谱带，其频率经过人体，传导性很好。在第二频谱带，随频率变小能量降低，显然是人体吸收量增大。第三频带是谐振吸收，当频率 70 MHz 的电磁辐射发生时，人体这种吸收特点明显。第四频带表皮组织吸收量最大。

在所有频谱带中，电磁辐射能量吸收取决于电场、磁场环境的频率变化。在同样磁场强度下，含水量大的组织比含水量小的组织，吸收量大约高 60 倍。随着波长增大，电磁波作用于肌体深度增加。肌体不同的非传导性特性，最高与最低情形发生时，使肌体产生不同程度升温。

根据电磁辐射作用的地方与环境，分为 4 类：专业辐射；非专业辐射；生活辐射；医疗辐射。按照辐射特征分为通用的与地方性的。

电磁辐射对肌体作用的特征与程度，受下列因素影响：功率密度，辐射频率，作用时间，辐射面积，肌体特性，辅助因素（空气温度，高于 28℃，有伦琴射线）。与强度—时间因素同时，变幅状况（幅度、频次、更替）及辐射环境也有意义。研究确定，脉冲辐射生物活性比不间断辐射高。

病理学研究表明，电磁辐射的生物反应有不同形式，从不显著功能变化到组织破坏。电磁辐射能量吸收的结果是热效应。人体通过增加调节机制负载，从肌体排出多余热量。从肌体排出热量超过肌体调节功能，温度升高。电磁辐射对血管系统或血液循环不充分的组织（眼睛、大脑、肾等）危害最大。对眼睛辐射会生成白内障。

在不同波长的中强度电磁辐射作用下，中枢神经紊乱，出现内分泌功能失调、血象变化。由此引发头痛、血压升高或降低。早期症状具有可逆性特征，作用时间长会丧失劳动能力。

在无线电波频段范围，微波超高频与高频、特高频相比，生物活性最大。

在电磁场强烈辐射作用下（事故），心血管系统功能失常，昏迷、脉动加快，血压降低。现在使专家最不安的是下列方面的电磁辐射安全：移动电话；计算机；各种无线电产品与电器；日常使用的电视机、冰箱、微波炉等。

按照综合征、引起机体专门反映的刺激因素的定义，电磁辐射，毫无疑问，是刺激因素。

已经超过背景值但还没有达到频带允许安全限值的频谱带中，有引起心血管系统、神经系统功能变化的频带存在。在现实中已经发现使人刺激、疲劳、头痛、失眠、记忆衰退等现象。

超过安全限值的电磁辐射对人连续作用，引起肌体结构破坏，使健康状况严重变化，但是还未出现专门症状。进而，中枢神经、分泌系统、免疫系统状态恶化。

现在已有资料表明，电磁辐射不仅是动脉硬化、高血压、贫血、心脏病的诱发因素之一。而且是帕金森综合征、脑萎缩病因。

无线电频段电磁辐射标准，执行生产环境卫生标准 СанПиН 2.2.4.1191—03，以及环境卫生规范 СанПиН 2.2.4/2.1.8.055—96，

根据卫生标准，建立了考虑能量暴露面（ЭЭ）的辐射作用量的原则。

在频段 60 kHz～300 MHz，电磁场允许强度用电场暴露强度（$E_{пд}$）与磁场暴露强度（$H_{пд}$）表示。除此之外，电场能量暴露强度允许限值（$ЭЭ_E$）与磁场能量暴露强度允许限值（$ЭЭ_H$），也是标准值。电场能量负载 $ЭЭ_E = E^2 T$，磁场能量负载 $ЭЭ_H = H^2 T$（式中，T——作用时间，h）。

在频段 60 kHz～300 MHz，根据能量允许暴露强度限值及作用时间限值，允许限值 E 与 H 的计算如下式：

$$E_{пд} = \sqrt{\frac{ЭЭ_{E_{пд}}}{T}},\ H_{пд} = \sqrt{\frac{ЭЭ_{H_{пд}}}{T}}$$

式中，$ЭЭ_{Eпд}$ 和 $ЭЭ_{Hпд}$——在一个工作日内电、磁能量暴露强度允许限值，(V/m^2) h，$(A/m)^2$ h（表 13-2）。

表 13-2 $E_{пд}$，$H_{пд}$，$ЭЭ_{Eпд}$，$ЭЭ_{Hпд}$ 最大值

参数	频率/MHz		
	0.03～3	3～30	30～300
$E_{пд}$，V/m	500	300	80
$H_{пд}$，A/m	50	—	—
$ЭЭ_{Eпд}$，(V/m^2)h	2 000	7 000	800
$ЭЭ_{Hпд}$，$(A/m)^2$h	200	—	—

在 300 MHz～300 GHz 频段，电磁辐射强度用功率密度（ППЭ）表示，暴露能量强度是功率密度及其作用的时间乘积，即 $ЭЭттэ = ППЭ \cdot T$。

电磁场功能密度允许限值为：

$$ППЭ_{пд} = kЭЭ_{ППЭ_{пд}} / T$$

式中，k——生物效应减弱系数，除事故外的所有辐射情形值为 1；事故情形值为 10；手局部辐射情形值为 12.5（在这种情形下，身体其他部分不应超过 10 μW/cm^2）；

$ЭЭ_{ППЭпд}$——暴露能量强度允许限值，等于 2 W·h/m；

T——在辐射区停留时间，h。

在所有情形 $ППЭ_{пд}$ 最大值不超过 10 W/m^2，手局部辐射情形 50 W/m。

地磁场 根据卫生标准 СанПиН 2.2.4.1191—03，对工作地的地磁场削减进行评价。依据地点、对象、技术手段、空间开阔程度确定地磁场削减率。

红外辐射 波长λ = 780 nm～1 000 μm，其能量被物体吸收产生热效应。根据生物效应，红外光分为三个波段：红外-*A*（780～1 400 nm），红外-*B*（1 400～3 000 nm），红外-*C*（3 000 nm～1 000 μm）。短波红外线辐射最强，因为光能最强，能深入组织深部，吸收肌体水分。例如，波长λ = 1 500 nm，强度 70 W/m^2，由于光热作用，已经有危害肌体效果。

在人肌体中，皮肤与眼睛最易受影响。在强烈红外辐射下会引起皮肤灼伤，心跳缓慢，皮肤色素沉淀。在红外辐射缓慢作用下，皮肤色素沉淀变缓，工作人员会出现红皮肤病。强烈红外辐射，会引起眼睛角膜灼伤。强红外辐射（λ = 780～1 800 nm，强度 100 W/m^2）且长时间辐射（0.08～0.4 W/m^2），眼睛可形成白内障。红外线的短波部分集中作用于视网膜，造成伤害。

红外辐射防护标准，参照国家标准 ГОСТ 12.1.005—88，卫生标准 Сан-ПиН 2.2.4.548—96《对于生产地微气候卫生要求》，考虑波谱段、辐射面积、防护措施。

可见光辐射 电磁波段 780～400 nm，可见光能量达到一定级，对皮肤和肌体有一定危险性。强光会使视野收缩，影响视觉功能、神经系统、劳动能力。

能量大的脉冲式光辐射，会灼伤肌体，灼伤视网膜，暂时性失明（例如，核爆炸光辐射）。灼伤的瞬间（0.15 s）最小光辐射量 2.93～8.37 J/（cm^2·s）。中等光强度长时间作用，不会造成灼伤。

可见光与红外光在过量密度适量辐射下，会引起调节功能衰竭，心肌营养不良及动脉硬化。

紫外线辐射 电磁波频段 200～400 nm。根据生物功能划分为三个频段：紫外线 *A*——波段 400～315 nm，生物功能弱；紫外线 *B*——波段 315～218 nm，具有使皮肤黝黑及抗软骨病功能；紫外线 *C*——波段 280～200 nm，具有杀菌作用。

太阳光是生命存在的必要因素。紫外辐射占太阳光辐射功率密度大约 5%。紫外辐射是生命必须因素，对于肌体有刺激作用。紫外线能增强机体氧化作用，比较快地从机体中排出有害物质，降低有害物质对机体影响。在适宜的紫外线照射下，可以观察到比较多锰、汞、铅的排出。适宜的紫外线照射，增加心脏活动、物质交换、血管扩张能力。然而，很多城市大气污染，降低大气透明度，限制了紫外线对居民的有利影响。

人工紫外辐射源会引起急性的或慢性的职业病。主要是与眼睛特别是角膜有关疾病：沙眼，怕光，流泪。经常看到眼帘红肿，慢性的白内障、眼睑炎、结膜炎。眼睛角膜最敏感的波长 270～280 nm，睫状体最敏感的波长 295～320 nm。紫外线 A 对视网膜有影响，但是影响不大。

皮肤疾病表现为带红斑的严重皮炎，有时出现水肿、水疱，出现发烧、发冷、头痛症状。紫外线现强烈照射皮肤后，出现脱皮现象，长时间照射皮肤老化。紫外线反复照射，产生生物效应的累积。

生产设施紫外辐射的卫生标准，执行卫生规范 CH 4557—88，在卫生规范中规定辐射的功率密度，取决于波长与肌体、眼睛、皮肤的防护条件。

当无防护皮肤面积不大于 0.2 m^2，辐射作用时间为一个工班的 50%，一次辐射时间不超过 5 分钟，工作人员紫外辐射允许强度，在紫外 A 频谱段不应超过 $10W/m^2$，在紫外 B 频谱段 $0.001W/m^2$，在紫外 C 频谱段上述时间长度是不允许的。

利用特殊的不能透过辐射的服装与防护手段防护脸、手（皮或密实的布），在紫外 B + 紫外 C 频谱段（200～315 nm），强度不超过 $1W/m^2$。

激光辐射 激光是特别类型的电磁辐射，波长 0.1～1 000 μm，不同于其他光辐射，具有单色性、相干性、高方向性。评价激光的生物作用，应分直射、反射、散射激光。作用效果取决于激光与肌体相互作用机理、辐射波长、脉冲频率、暴露面、接受辐射的肌体生物与物理化学特点。波长 380～1 400 nm 激光对视网膜最危险。

在λ = 180～100 000 nm 范围的任何波长的激光，连续作用都对皮肤有害，热效应的后果是蛋白质凝结、组织干缩。对皮肤危害程度，取决于吸收的能量。能量 0.1～1 J/cm^2，危害最小。

激光辐射，特别是远红外波段（大于 1 400 nm），能深入身体组织深部。脉冲时间小于 0.01 s 的脉冲激光，其作用状况与机械震荡特别是冲击能形成相似。冲击波由不同波长、频率的脉冲构成。

激光辐射对能够吸收激光的肌体组织非常危险。最易受伤害的是角膜与睫状体。伤害程度从视力减弱到完全失明。

激光标准是在两种辐照环境、三个波长范围制定的允许限值。两种辐照环境——一次性的与长期的。三个波长范围：180～300 nm；380～1 400 nm；1 400～100 000 nm。标准的参数：能量 H；功率 E。

激光的卫生规定，执行激光设备与使用的卫生标准与规范——卫生标准 СанПиН 5804—91。

激光对于皮肤作用最大允许辐射量（$H_{пду}$和 $E_{пду}$）确定，是通过平均圆域限制孔直径 1.1×10^{-3} m 小孔（小孔面积 $S_a = 10^{-6}$ m^2）进行。在波长 180～380 nm 和 1 400～100 000 nm，激光对眼睛作用最大允许辐射量，是通过平均圆域限制孔直径 1.1×10^{-3} m 的小孔（瞳孔）进行，在波长 380～1 400 nm，通过直径 7×10^{-3} m 的小孔进行。

辐射的能量 W 与功率 P 的最大允许限值，也是这样确定。激光的最大允许限值是不同的，取决于波长、脉冲持续时间、脉冲频率。分别对于皮肤与眼睛确定了最大允许限值。

根据辐照强度与一次辐照最大允许辐照量，激光危险性分为Ⅳ级。Ⅰ级是安全的，对眼睛、皮肤无任何危害。当平行照射时Ⅱ级对人皮肤、眼睛有危险性，但漫反射对皮肤、眼睛都无危险。

Ⅲ 级激光，不仅平行照射，而且距反射面 10 cm 漫射光反射，以及小束平行照射皮肤时，是危险的。这一级激光主要是波长 380～1 400 nm 区段。

Ⅳ级激光的漫反射，眼睛、皮肤距离反射面 10 cm 是危险的。

13.6 电磁辐射防护的途径与方法

电磁辐射安全防护实施，通过：①法律措施；②组织措施；③工程技术措施；④医学措施。

法律措施 研究与采用法律文件与技术标准文件，保障居民与区域电磁辐射安全，组织实施。上述文件可能进入联邦法、政府文件、总统令、技术标准。全俄罗斯必须执行的国家标准、卫生规范，是属于后者。国家标准确定指标的允许限值，以及指标监测方法、一般防护方法。

电磁波辐射指标的允许限值，是每天从辐射源辐射，其参数不使人（不分年龄与性别）产生疾病，不会影响健康。

执行的主要电磁辐射防护标准方面的文件如下：

- 输电线工频电场辐射居民安全防护标准与规范 No.2971—84。
- 50Hz 磁场辐射允许限值 No.307—85。
- 工作地 50Hz 磁场辐射、220～1 150 kV 输电线电磁辐射指导性安全水平。
- 设备运转及磁材料产生的固定磁场辐射允许限值。
- 生产环境下 50Hz 工频磁场卫生规范。
- 商业环境物理因子允许水平卫生规范。
- 微波功率密度允许限值卫生规范。
- 无线电波电磁辐射卫生规范。
- 千米、百米、十米波段无线电广播、无线电通讯转播站，电磁场强度确定，影响边界及卫生防护带建设，方法指南 No.4.3.044—96。
- 高压输电线电磁场确定及布局的要求，方法指南 No.4109—86。
- 对计算机显示屏、主机的卫生要求，卫生规范与标准 No.2.2.2.542—96。
- 在计算机使用者工作地点非电离电磁辐射卫生要求，方法指南。
- 无线电通讯电磁辐射短期作用水平，卫生标准 No.2.1.8/2.2.4.019—94。

工频电磁场（50 Hz） 居民区电场强度允许限值 500V/m。此外，300 kV 及以上输电线的电场强度允许限值：

- 室内 500 V/m;
- 居民区 1 000 V/m;
- 居民区外以及城郊小镇 5 000 V/m;
- 高压线与公路交叉地段 1 000～4 000～10 000 V/m;
- 有住户的地方 15 000 V/m;
- 通行困难区以及居民禁止通行的山区 20 000 V/m;

工频磁场的标准，建议用生产辐射标准，或采用国际标准。

无线电波辐射允许限值 能产生，无线电波磁辐射的技术设施，不应设在有人居住的区域，辐射强度不应超过卫生规范中的标准。

在 30～300 kHz 频段，无线电波辐射的有害作用，用电场强度 E（V/m）评价。磁场强度，对居民区未设标准。在 30 MHz～300 GHz 频段，无线电波辐射的有害作用，用功率密度 S（W/m^2）评价。

在居民区、生活设施区、休闲区、办公用楼、生产楼，无线电波辐射允许限值采用卫生标准 СанПиН 2.2.4/2.1.8.055—96，列于表 13-3。

对于空间监测以及 150～300 MHz 的雷达扫描区工作人员，无线电波辐射允许强度，遵照卫生标准 СанПииН2.2.4/2.1.8.055—96（3.10 条）。

表 13-3　居民区无线电波辐射允许限值

频率范围[①]	波长	允许限值
30～300 kHz	10～1 km	25V/m
300～3 000 kHz	1～0.1 km	15 V/m
3～30 MHz	100～10 m	10 V/m
30～300 MHz	10～1 m	3 V/m
300 MHz～300 GHz	1 m～1 mm	$10\ \mu W/m^2$ [②] $100\ \mu W/m^2$ [③]

注：①不包括下限以下，包括上限。
②除旋转或电子束扫描雷达。
③天线辐射，天线为旋转式或扫描式，频率不超过 1 kHz，孔隙率不大于 20%。

在有几个不同频段电磁场辐射源影响居民区，其要求：

$$\sum_i^n \left(\frac{E_i}{E_{\text{пд}i}}\right)^2 + \sum_j^m \frac{P_j}{P_{\text{пд}j}} \leqslant 1$$

式中，E_i，$E_{\text{пд}i}$ ——频率范围 300 MHz～300 GHz 每 i 辐射源的电磁场强度，在这一频率范围 i 辐射源电磁场强度的允许限值。

P_j，$P_{\text{пд}j}$ ——频率范围 300 MHz～300 GHz 每 j 辐射源的功率密度，在这一频率范围 j 辐射源功能密度允许限值。

对于居民区、生活设施区、休闲区、办公用楼、生产楼，电磁场辐射允许限值列于表 13-4 与表 13-5。

表 13-4　建无线电技术设施电场强度允许限值

频率范围/MHz	30.10^{-6}～0.3	0.3～3	3～30	30～300
允许限值/（V/m）	25	15	10	3*

注：＊除了电视发射塔及无线电发射台，工作区及扫描区。

表 13-5　建电视塔磁场强度允许限值

频率范围/MHz	48.4	88.4	192.0	300
允许限值/（A/m）	5	4	3	2.5

表 13-6　建移动通讯基站功率密度允许限值

辐射种类	允许限值	测试环境
对蜂窝通讯区居民辐射	功率密度=$10\ \mu W/cm^2$	电磁场源与人所在地之间
使用者辐射	功率密度=$100\ \mu W/cm^2$	

对于微波炉的功率密度允许限值，距微波炉 50 cm 是 $10\ \mu W/cm^2$。距计算机显示屏 50 cm，电场辐射、磁场辐射允许限值为：

频率范围 5 Hz～2 kHz，25 V/m、250 nT（0.2A/m）

频率单位 2～400 kHz，2.5 V/m、25 nT（0.02A/m）

管理措施 包括选择合适的工作制度，安排位于无线电电磁辐射区工作人员工作时间与地点。

距离防护 在无法缩短人在辐射区时间的情形，增加辐射体与被辐射人员间距离。

沿着高压输电线设卫生防护带，在卫生防护带内禁止建民房与公用设施。沿输电线地面水平投影线，向两边垂直方向距离：330 kV 为 20 m；330 kV 为 20 m；500 kV 为 30 m；650 kV 为 40 m；1 150 kV 为 50 m。显然，这种高压线不宜建设在农业区。

为防护广播电视设施对居民电磁辐射，也采用建卫生防护带的距离防护法，保障居民地场强达到允许限值（表 13-7）。功率很强的（100 kW）的无线电站应远离民用建筑。

表 13-7 无线电转播设施频谱段与卫生防护带的宽度

类型	频率范围	卫生防护带
长波无线电辐射源	30～300 kHz	100～1 000 m
中波无线电辐射源	300～3 000 kHz	200～1 000 m
短波无线电辐射源	30～300 MHz	50～700 m
电视中心	30～1 000 MHz	25～800 m

电视中心与转播站辐射无方向性，卫生防护带是圆形（表 13-8），离地表 2 m 高度防护界限，取决于频率与功率。

表 13-8 电视中心站与转播站卫生防护带

一次转播/kW	总功率/kW	卫生防护带直径/m
5/2.5（一个频道）	10	在技术区范围
25/7.5（一个频道）	75	200～300
50/15（两个频道）	160	400～500
50/15（三个频道）	200	500～1 000

在卫生防护带范围禁止建居民楼，不进行文化体育活动，不建议采集果实、浆果、药用植物。卫生防护带内多种草，房屋顶不用铁皮，围墙不用铁栅栏。

当布设民用与办公用供电设施，向专家详细技术咨询，必须留有适当距离。

时间防护 很简单，最大限度减少工作人员在电磁场影响区停留时间。如果知道卫生防护带大小与范围，应尽快离开。建议不要用手接触天线，离卫星通讯天线距离不应小于 20 m。使用移动手机，通话时间应尽量短，距耳朵保持适宜距离。

工程技术措施 包括：设施合理布局；在工作地点采取减少电磁辐射的措施（吸收，屏蔽）；利用小功率设备。

采用专有设备，降低辐射源辐射功率。工业化生产新型替代天线，能吸收下列功率发射设备的辐射：波长 3.1～3.5 m、0～1 000 cm；5 W、10 W、30 W、100 W、250 W。

屏障 对工作地点的无线电波辐射，采用反射屏或吸收屏。屏障采用金属片、金属网。

防护屏（它们应接地）采用小室或壁橱，将仪器安放在里边。当设施电磁辐射强度很大，应将其安放在独立的房间，留有通道。

无线电波辐射防护网 独立的防护设施，留有网孔。

弹性防护网 设置防护网，或用贴有金属薄片的布，或用无线电波防护布，或用专门的吸收材料（橡皮，氨纶）。

在房屋中进行有强辐射的设备调试，必须设置弹性防护网，不使辐射穿过墙、楼板、门窗。

从防护电磁辐射角度，钢筋混凝土是楼房最适宜的材料。在第一排楼房，建议在朝向电磁辐射源的墙面上，组成蜂巢状，胶结防护网。防护网接地。楼顶最好是铁皮顶防护。

墙的厚度取决于辐射源强度及材料的吸收性能。同时考虑墙体材料与楼板材料，不仅吸收而且反射电磁辐射。例如，光滑表面反射30%电磁辐射，相反石灰粉墙反射能性能差。因此，要减少电磁波反射，建议用石灰粉墙。

为了降低输电线电磁辐射对民房及民用设施影响，提出如下建议：

- 输电线路不能多排并列；
- 防止环形布线，这样增加辐射；
- 不能将仪器安装在混凝土墙角。

人员在有屏蔽房屋工作，墙壁、地板用无线电辐射吸附材料。

现在已有电缆线可以取代输电线。特别是地下铺设的高压电缆线（价格高10～12倍）。

管理措施与技术措施结合，是非常有益的。例如，为降低电磁场辐射影响，建议：

- 在计算机显示屏用抗静电膜；
- 保持与电视机屏幕一定距离，36 cm 电视不小于 1 m，51 cm 电视不小于 2 m。
- 在住房使用空气干燥器；
- 利用抗静电气溶胶及空气电离器。

13.7 计算机的安全环境

计算机有害作用源及因素 在计算机终端，阴极射线管是频段宽辐射强的电磁辐射源。阴极射线管工作时产生伦琴、紫外、可见、红外，低、中、高频辐射。这些辐射叠加产生强烈辐射，对工作人员产生不可逆后果。

在中频段、高频端计算机主要辐射源是：显示屏；供电系统（50 Hz）；文字扫描系统（15～130 kHz）；图像扫描系统（50～150 MHz）；

使用计算机时辐射防护方法 安装计算机，必须按照国标 P-50949—96 中的技术标准要求，力图使显示屏降低电磁辐射。可能的话，计算机在专门实验室进行测试。计算机使用过程，必须执行卫生规范《对于计算机终端显示屏、使用人员、管理的卫生要求》。

计算机房满足下列要求：

- 一个工作位的面积不小于 6 m^2；
- 自然或人工照明不小于 300 ~ 500 lx（勒克司）；
- 适宜气候环境下温度 19 ~ 20℃，湿度 55% ~ 62%；
- 地板具有防静电特性；
- 安装湿度调节器；
- 必须设通风设施。

14 电离辐射防护

14.1 电离辐射的特征

电离辐射 是一种有足够能量使电子离开原子所产生的辐射。

辐射剂量 当经过物质进行电离辐射，作用于物质的只是辐射能的一部分，这部分能传递给物质被物质吸收。以辐射传递给物质的这部分能称为辐射剂量。

吸收剂量 是电离辐射传递的平均能量 $d\overline{e}$ ，与单位体积物质质量 dm 的比值。

$$D=\frac{d\overline{e}}{dm}$$

吸收剂量的单位是戈瑞（Gy），1 Gy=1 J/kg。

当量剂量 H——肌体与组织的吸收剂量乘以该种辐射权重因数 W_R。

$$H_{\mathrm{T.R}}=W_R\cdot D_{\mathrm{T.R}}$$

式中，$D_{\mathrm{T.R}}$——辐射 R 在肌体或组织 T 的平均吸收剂量；

W_R——辐射 R 的权重因数。如果辐射是几种，则当量剂量为：

$$H_m=\sum_R W_R\cdot D_{\mathrm{T.R}}$$

当量辐射的单位是 J/kg，称为希沃特（Sv）。

有效剂量 E——某种辐射对于人体作用后果及人体的放射敏感性。表示为肌体 H_{τ_T} 的当量剂量，乘以该肌体或组织的权重因数之和：

$$E=\sum_T W_T\cdot H_{\tau_\mathrm{T}}$$

式中，H_{τ_T}——在时间 τ 组织 T 的当量剂量；

W_T——肌体、组织 T 的权重因数，Sv。

集体剂量 对人群总辐射量：

$$S=\sum E_i\cdot N_i$$

式中，E_i——第 i 种 B 类人群平均有效剂量；

N_i——B 类人群的人数。

有效集体剂量单位是人·希沃特（人·Sv）。

各种离子辐射对生物体（首先是人）作用评价，采用专门的单位 rem（雷姆）：

1 rem=0.01 Sv（希沃特）。

14.2 人类的电离辐射源

电离辐射对人影响，分为外照射与内照射。体外的伦琴射线、伽马射线、中子是外照射（表 14-1）。通过食道、呼吸道进入人体的α粒子、β粒子是内照射。

环境中人类主要电离辐射源及平均当量剂量（括号中是平原上居民的当量剂量），如下所示，单位为（μSv/a）：

宇宙射线 350（320）；

自然辐射源：

- 外辐射 350（320）；
- 内辐射 2000（1500）；
- 医疗服务 400 ~ 700（500）；
- 核电站（10 km 范围）1.35；
- 放射性废物（大气圈原子武器试验）75 ~ 200；
- 陶瓷、玻璃 10；
- 航空运输（飞行高度 12 km）5。

生活在发达工业区，当量剂量年累积量达到 3 000～3 500 μSv/a（全球平均 2 400 μSv/a）。对于辐射区工作人员允许剂量限值是 0.05 Sv/a。

表 14-1 生物圈电离辐射源及其基本特征

辐射源	辐射类	辐射特征	影响面积	对人体及社会影响
自然（背景）辐射	α，β，γ	10 亿年	整个生物圈	基因
无安全防护核能设施，强中子辐射源、γ-辐射源	n，γ	周期性	100 hm^2	辐射疾病
放射性气体废弃物	α，β，γ	缓慢	100 km^2	个别人基因与身体影响
固体、液体放射性废弃物	α，β，γ	缓慢	100 hm^2	辐射疾病（可能）
事故排放：放射性云辐射	α，β，γ	剧烈	几公顷	辐射疾病
核试验，瞬间辐射	n，γ	剧烈	几平方公里	辐射疾病
局部放射性沉降物	α，β，γ	主要在一周内	几平方公里	辐射疾病
核战争，瞬间辐射	n，γ	剧烈	几千平方公里	辐射疾病
同温层核素长时期污染，局部沉降	α，β，γ	剧烈	全球	影响光辐射（可能），不可避免对个别人基因与身体影响

来源：K.M.瑟特尼克，A.B.布拉伊沃，A.B.戈尔杰茨基，1987 年。

在现实环境中，对人作用的几种放射性物质及电离辐射源，每种都对人体达到危险水平。生活在核燃料加工企业周围的居民，距企业 120 km 放射性降低 60%。

人为辐射源的放射剂量（医疗设备除外），与自然背景辐射剂量相比不大。采用一般防护措施即可。

土壤中放射性物质变化，取决于于土壤水分、化学成分、放射性核素。沙质土吸收容量小，黏土、亚黏土、黑土吸收容量大。

14.3 电离辐射对人体作用的后果

当细胞发生变异时，将通过细胞分裂方式扩散到新肌体的所有细胞中。除能够影响下一代遗传效应，还观察到所谓的躯体效应，不仅对于肌体（个体细胞变异），而且对于后代都是危险的。躯体效应作用于皮肤、眼睛及全身。

辐射作用的遗传效应，不同于躯体效应，因为有很长潜伏期，几十年才会发现。这种现象，甚至在很弱的辐射不破坏肌体情形，也会发生。

变异结果，包括遗传影响的死亡（遗传死亡），从人类开始建反应堆、使用核武器，就已经出现。这种现象也可能是宇宙射线与地球自然背景辐射引起的，根据专家估计，仅占变异人数 1%。

不存在辐射的最低限值，低于它不会发生变异。电离辐射引起的变异的人数，与居民人数及平均辐射剂量成正比。遗传效应与辐射剂量关系不大，由累积剂量所决定。遗传效应没有剂量的阈值，只与累积剂量有关。

与遗传效应不同，躯体效应永远与辐射剂量阈值有关。在最小剂量辐射作用下，也会影响肌体。与遗传效应另一不同点，是肌体随时间变化会消除辐射后果。

14.4 形成放射性危险的因素与现象

大家知道，使用核燃料的实体有：核电站，核燃料站，运输核核燃料设施，科学研究核设施，铀矿，铀加工、浓缩设施，放射性废物加工与储藏地。核动力的船只、军舰、核反应堆、核燃料使用后临时掩埋场，也是用核燃料的实体。

用核燃料的实体对工作人员及居民的放射性危险评价，是一个非常复杂、困难、多限值的任务。因为任何技术的危险性，都是与其他种类危险性复合，并与其相比较。从技术的观点，任何实体安全性，都是在经济需求支持下，以解决问题为目标。比较复杂的是评价对人的安全性。而人是灾难性事故产生的直接原因。

用核燃料的实体，放射危险性提高的原因可能很多。通常是与技术设备损坏、未完全执行这种或那种标准、放射性废物未妥善处理等。

作为放射性危险源的用核燃料的实体，最应关注的是反应设施及放射性废料的收集、处理、储存。尽管采取了最严格的结构与技术措施，保障核反应堆的安全性，但是反应堆不论大小，对辐射工作人员、公众成员、生态系统放射性危险依然存在。核反应堆主要潜在危险，与反应区铀裂变产生大量碎片有关。

原子能设施安全保障，应使事故发生概率达到零。因此应保障危险事故发生有限的。根据全世界的核技术使用经验，核设施建设时，应特别注意事故与灾祸的预防及防护措施。

在形成危及公众成员及区域的放射性事故的因素中，当固体颗粒物排向大气时，应当关注（军事生态学，2005）：

- 在大气圈顶层形成气溶胶放射性云；
- 气溶胶放射性云沉降形成区域性放射性污染；
- 人体外露皮肤放射性污染；

➢ 水体、水源地的放射性污染；
➢ 食物的放射性污染；
➢ 农作物、森林、牧草的放射性污染。

从大气圈沉降的放射性污染，在紊流气流作用下扩散，固体颗粒物在近地表层输移，对人体形成外放射性污染。如果通过呼吸道进入人体，形成内放射性污染。

由于重力作用放射性污染物降落，随雨水被冲蚀。由此形成区域、水体、水源地、农作物、人体的放射性污染。在这些过程中形成放射性污染物向人类社会输移渠道。放射性污染物从云中以降雨形式进入水体，或直接扩散，或紊流作用下扩散。放射性污染物以离子、分子、胶体形式，参与水体化学、物理过程。特别是能够被底泥吸附。

放射性造成的损失，即人体健康与生命活性降低程度，使用辐射当量有效剂量作为评价基本参数。这个参数是测量或计算电离辐射对人体累积的影响。这一术语与国际原子能机构采用《居民防护的干预水平》术语相类似。在此强调的是，辐射剂量是基本参数。

相应于国际原子能组织建议，放射性高风险区是指：

➢ 必须降低放射性风险，加固居民楼及防护设置的区域；
➢ 必须降低放射性风险，达到居民居住的稳定剂量的区域；
➢ 必须移民的放射性区域；
➢ 必须降低放射性风险，达到能消除放射污染的区域。

根据我国防止核电站及其他有放射性危险设施采用的标准、观点，提出下列放射性高风险区的定义。

（1）采取居民辐射防护应急措施的风险区，是在区域内，形成辐射后果期间人体辐射剂量，或部分肌体的内辐射剂量，超过制定的排泄剂量最高限值。

（2）采取居民辐射防护应急措施的风险区，是在区域内，形成辐射后果期间人体辐射剂量，或部分肌体的内辐射剂量，超过制定的隐蔽居民及工作人员排泄剂量最高限值。

（3）采取居民辐射防护应急措施的风险区，是在区域内，1 年期间人体或部分肌体的辐射剂量，超过食物最低需要量。

上述放射性高风险区的状况与界限，取决于许多自然随机因素。因此用概率论进行研究。放射性高风险区界限，解释为有相同风险概率（例如，0.9）的地面几何形状，其内部超过相应的剂量限值，风险级别应采取预防与限制措施。

一般放射性高风险区界限应早确定，考虑可能发生的事故，在卫生防护带放射性物质可能分布范围，确定分析与评价的方法。

放射性高风险区可能包括其他区，特别是居民可能或已经受伤害的区。进行这方面工作，对于居民、工作人员卫生损失评估，发生放射性或核事故时紧急救护，非常需要。

对人及环境放射性影响允许限值，是确定一个负载剂量。对于人是确定年有效剂量与等效剂量，称作剂量限值。达到剂量限值不会发生决定性效果，随机因素的概率达到可接受的值。临床查明的放射性能引起有害生物因素，为决定因素。建议将其作为阈值，低于阈值，决定性效果不存在，高于阈值，危害的程度取决于放射性剂量。

科学论证过的剂量限值，在法律程序中予以确认。

人体年等效剂量，是最有意义的允许剂量限值，在限值内 50 年不会对人体健康有不利影响。等效剂量限值规定为 1 年间居民的人均剂量。通过控制放射性污染排放与控制外来放射性污染，达到允许剂量限值。由此可以看出，允许剂量限值对人体风险是很小的。

从经济方面，控制居民个体辐射剂量是不可能的。因为达到这一目标，要控制向大气、水体排放放射性污染物。因此上边放射性参数还应增加两个控制参数：向大气排放的固体颗粒物；从大气中降落的固体颗粒物。

这两个参数应严格执行标准。应特别注意固体颗粒物减排、收集技术，以及其他废弃物的减排与收集技术应用。

正如已经指出的，剂量负载是表示放射因素对人和环境影响的基本标准。然而直接确定这些标准，不是任何时候都可能的。因此，剂量限值的评价不得采用生产性剂量指标，这些指标容易测试与计算。

生产性指标可采用：放射剂量暴露强度、吸收强度；在大气、水体及其他介质中含量；以及在进行放射性物质对于人及环境客体影响程度预测时，通常采用的客体表面污染程度。

计算应考虑所有的固体颗粒物输移途径。计算方法已经很成熟。计算是采用不同介质中空间分布仿真模型方法。

在测算的生产参数与剂量负载之间，有完全固定的关系式。这些关系式是由很多有放射性的因素决定的。生产性参数评价，是利用固体悬浮物空间分布动态模型进行的。

在科学论证植物种群及其他环境客体剂量负载允许限值的基础上，借助模型可以计算标准的生产量，表示人类作用的水平。计算的剂量负载的允许限值是生态标准，在实际中普遍应用。

生态标准的方法 是以允许剂量负载限值为基础。对于环境放射性污染研究得比较多。

对放射性影响的生态标准研究，引进剂量限值的概念。对人的剂量限值是以医学-生物学研究为基础。依据的可靠程度取决于这一领域的研究水平。现在放射性影响的生态标准，主要针对人研究。这方面已经达到一定研究深度。不仅研究放射性对于人肌体影响，而且对肌体各个部分进行了研究。然而，放射性对于群落及生态系统影响，还未深入研究。

人为放射性对于不同人群体影响不同。取决于参与利用核及放射性材料生产活动程度。可能一部分居民，受到较高剂量辐射，由于群落密度大而无危险。

放射性危险重要特点，特别是核热能中心发生事故，影响具有长期性。污染环境的固体颗粒物保持自己特征，不取决于空间扩散的化学形态与聚集状态。半衰期是其存在长期性统一尺度。

在此强调，长期影响主要部分是对生物圈的影响。不论是放射性云辐射，还是固体颗粒物排放，引起自然的或自然—人工的生物群落及生态系统变化。

14.5 事故与灾祸的放射性危险

军事设施放射性事故 不论现代军事技术如何完善，系统控制如何稳定，不可能消除事故与灾难。根据国外统计结果，近 50 年仅美国爆炸与火箭发射，发生事故不少于 130 起，其中有核爆炸与热核爆炸。在俄罗斯事故也不可避免，由于事故与灾祸，前苏联与俄罗斯 1968—2000 年在世界海洋报废了 7 座核能设施。根据美国杂志 *Times*，在世界海底沉没 7 艘不同国家核动力船、10 座核反应堆、50 个核军需品。毫无疑问，这对于生物圈是极大的潜在危险。

根据日本研究，由于侵蚀在海底露出美国丢弃在太平洋底的一枚氢弹，海底美国两艘毁坏的核动力船所在海域，是高辐射照射区。

B.科特洛夫院士强调放射性危险设施预防事故重要性，指出在俄罗斯联邦有放射性危险设施 34 000 座，其中 29 艘核动力舰艇，113 座科学研究反应堆。245 艘核动力船到了报废期。

1957 年在车里雅宾斯克州，有座加工核燃料提取钚的放射性化学工厂。从 1949 年这座工厂向水体排放放射性废弃物，特别是卡拉塔尔湖，排入 120×10^{7}Ci（居里）（1Ci=3.7×10^{10}Bq）。相当于切尔诺贝利核事故放射性 2 倍。后来用混凝土隔离、钢板盖。正是这样，爆炸时泄漏 2×10^{7}Ci。云向北飘动，形成放射性物质长 105 km、宽 8 km 扩散带。从放射性污染带被迫迁移 17 000 人，直到现在还仍在清除后果。

现在全世界有 400 多个核反应堆，其中 150 座发生事故。在切尔诺贝利核事故后第一天，测得放射性比自然背景值高 1 000～1 500 倍。

14.6 电离辐射源的安全标准

放射性安全标准（НРБ—96）是放射性安全领域基本的标准。这一标准是属于国家卫生标准（ГН 2.6.1.054—96）的范畴，是卫生流行病监督委员会 1996 年 4 月 19 日 No.7 文发布的。

放射性安全标准 НРБ—96，包括放射性安全方面使用的术语与定义。标准设为三级：基本的剂量限值；允许的生产辐射剂量级别；年剂量限值，年平均剂量限值，工人职业暴露面的级别等。

电离辐射标准根据离子辐射对于人肌体影响特点确定。从医学角度分为两类因素：确定因素；随机因素。

辐射安全保障以下列原则为基础（П.П. 库金，1999）：

（1）标准化原则　不超过对公众成员所有辐射源的每一剂量限值（表 14-2）。

表 14-2　电离辐射剂量允许限值（一些放射性核素允许水平数量值）

放射性核素	半衰期	工作区空气中含量允许限值/（Ci/L）	居民允许含量限值（B 类）/（Ci/L）	
			大气	空气
磷-32	14.29 日	7.2×10^{-11}	2.4×10^{-12}	1.9×10^{-8}
钴-60	5.27 年	8.8×10^{-12}	3.0×10^{-13}	–
锌-65	243.9 日	6.0×10^{-11}	2.0×10^{-12}	–
铷-86	18.66 日	6.8×10^{-11}	2.3×10^{-12}	2.4×10^{-8}
锶-90	29.12 年	1.2×10^{-12}	4.0×10^{-14}	4.0×10^{-10}
镱-88	106.6 日	8.6×10^{-12}	2.7×10^{-13}	2.6×10^{-8}
碘-131	8.04 日	4.2×10^{-12}	1.5×10^{-13}	1.0×10^{-9}
铯-137	30 年	1.4×10^{-11}	4.9×10^{-13}	1.5×10^{-8}
钡-133	10.7 年	6.7×10^{-11}	2.1×10^{-12}	1.0×10^{-7}
铊-204	3.77 年	2.7×10^{-11}	9.0×10^{-13}	6.1×10^{-8}
镭-228	5.77 年	1.7×10^{-14}	5.7×10^{-16}	8.8×10^{-11}
铀-235	7.03～10 年	6.0×10^{-14}	2.0×10^{-15}	2.3×10^{-9}

（2）控制原则 控制所有电离辐射源，使人为辐射与自然背景辐射叠加，不会对人和社会造成危害。

（3）适宜性原则 在利用任何电离辐射源时，从社会与经济因素考虑，保持尽可能低的辐射水平及尽可能少的受辐射影响人数。

为了进行电离辐射对人造成经济损失评估，及达到放射性安全标准（НРБ—96），提出累积有效剂量每人 1 Sv 的适宜量费用评估，提出居民 1 人年损失的概念。

放射性安全标准（НРБ—96），在国家标准制定实践中，提出了单项风险与混合风险的概念，而且提出了辐射带来风险水平的最大值。在小剂量范围（小于 0.5 Sv），随机因素产生的单项风险与混合风险，分别用下式确定：

$$r = p(E) \cdot r_E \cdot E$$

$$R = p(S_E) \cdot r_E \cdot S_E$$

式中，r，R——单项风险与混合风险；

E，S_E——单项风险与混合风险剂量效应；

$p(E)$，$p(S_E)$——相应于剂量 E、S_E 的事件概率；

r_E——毁灭性、严重后果及非毁灭性风险系数。

风险系数等于：

$f_{E1}=5.6\times10^{-1}$ Sv/人，对于辐射工作人员；

$f_E=7.3\times10^{-2}$ Sv/人，对于居民。

对于否定性严重后果事件，在放射性安全标准（НРБ—96）中，保守地采用：

$$r = p(E)$$

$$R = p(E) \cdot N$$

式中，N——遭受有效剂量 E 大于 0.5 Sv 群集数。

根据放射性安全标准（НРБ—96），潜在辐射风险确定，是在这样条件下：

$$R < \frac{\nu - p - x}{\alpha}$$

$$r < \frac{\nu - p - x}{\alpha \cdot N}$$

式中，ν——总收入；

p——生产支出；

x——防护支出；

α——风险价值，风险单位的等量货币。

上述标准确定了风险减低到可能低水平（适宜水平），应考虑两方面情况：

- 所有可能的辐射源的潜在辐射决定风险阈值，因此应当确定每一辐射源的风险界限；
- 潜在辐射风险降低达到最低水平，再继续降低是微乎其微。

对于技术人员，个人单项风险阈值是每年 1.0×10^{-3} Sv。对于居民、个人单项风险阈值是 5.0×10^{-5}Sv/a。

放射性安全标准（НРБ-96）确定了被辐射的两类人：

- 在辐射源工作人员（A 类），或在辐射作用范围工作人员（B 类）；
- 公众成员，包括在生产活动范围外的工作人员。

对于上述受辐射影响的人员，放射性安全标准（НРБ—96）提出如下剂量限值（表 14-3）。

表 14-3　基本电离辐射剂量限值

标准剂量	剂量限值	
	工作人员*（A 类）	居民
有效剂量	20 mSv/a，近 5 年平均，但不应超过 50 mSv/a	1 mSv/a，近 5 年平均，但不应超过 5 mSv/a
当量剂量（年剂量）		
眼晶状体	150 mSv	15 mSv
皮**	500 mSv	50 mSv
脚	500 mSv	50 mSv

注：* 所有其他 B 类生产人员的辐射剂量，不应超过 A 类工作人员剂量限值 1/4。

** 对于防护层厚度 5 mg/cm^2 以下，取平均值 5 mg/cm^2。对于手掌防护层厚度取 40 mg/cm^2。

工作人员及居民的个人电离剂量限值，不包括自然电离辐射剂量、医疗电离辐射剂量以及事故产生的电磁辐射剂量。这些辐射有专门的剂量限值。

放射性安全标准（НРБ—96）规定，外源辐射与内源辐射同时作用时，应当满足外源辐射与辐射剂量限值比值，及所有核素的年累积量与所有核素辐射剂量限值总和的比值，不超过 1。

对于 45 岁以下女工作人员的下腹部皮肤表面的当量剂量，不应超过每月 1 mSv。进入到肌体中的放射性核素，不应超过工作人员进入肌体年剂量限值的 1/20。同时 2 个月内水果蔬菜辐射当量限值不超过 1 mSv。妊娠妇女应调离有辐射的工作岗位。

对于 21 岁以下接触电离辐射工作的大学生，年累积剂量不超过居民的年辐射剂量限值。

对于接触 X 射线医疗设备的医务人员及科研工作者，年累积剂量不超过 1 mSv。

放射性安全标准（НРБ—96）规定了放射性危险设施发生事故时，对于居民辐射的限值要求。

14.7　接触电离辐射源的工作人员安全保障

与放射性核素接触的工作人员分为两类：在接触封闭电离辐射源；接触开放电离辐射源。封闭电离辐射源是防止固体颗粒物进入工作区空气中。开放电离辐射源促使工作区的空气污染。因此应分别研究两种辐射源的安全性。

保障辐射安全，应根据具体环境、辐射源特点，综合多种防护措施。对于封闭电离辐射源，放射性安全保障，应根据电离辐射空间规律及与物质相互作用特点（П.П. 库金，1999）：

- 外辐射量与辐射作用时间呈比例。
- 点源辐射强度与单位时间辐射频率、量子数呈正比，与距离平方呈反比。
- 辐射强度随屏蔽程度减小。

因此，提出保障辐射安全的基本原则：减小辐射强度；增加辐射源与工作区距离；用能吸附电离辐射的材料屏蔽辐射源。

数量防护　是指放射性物质的数量最小化，相应地减少辐射强度。

时间防护　主要是减少与辐射源接触时间，降低工作人员的辐射剂量。这种方法常用于直接在放射性活度低的环境下工作人员。

距离防护 原理是与物质相互作用中，消耗能量降低辐射能力。距辐射源越远，与原子、分子相互作用越多，最终使工作人员辐射剂量降低。

屏蔽防护 最有效的辐射防护方法。根据电离辐射种类确定屏蔽材料，对于伦琴射线与伽马射线，最好是用有吸附性能的材料，例如铅。经济的材料是铁、混凝土、钢筋混凝土。

开放辐射源的防护 包括外辐射，也包括通过呼吸道、消化系统对工作人员的内辐射。接触辐射源的工作分为三级。级别越高，对于工作人员内辐射防护要求越高。工作人员的防护方法如下：

- 利用封闭辐射源防护的所有原则。
- 生产设施密闭化，使固体颗粒物进入外部环境。
- 规划措施、工作间的设计，应最大限度地隔绝来自另一工作间或别的功能间的放射性物质。Ⅰ级工作间应位于独立的大楼或大楼的封闭处，留有通道。Ⅱ级工作间应与其他工作间隔离。Ⅲ级工作间应有专门防护处理。
- 应有专门防护材料装修的卫生设施。

企业辐射安全监督 接触电离辐射源工作的安全性，应由专门机构——辐射安全监督机构进行监督。由俄罗斯联邦原子能局专修班、高校抽调人员组成。配备专门的仪器、设备，进行经常性的监督，主要任务：

- 监督工作场所及相邻区的伦琴射线、伽马射线、中子辐射剂量；
- 监督工作场所及其他企业的放射性气体含量及空气中气溶胶含量；
- 监督对人体辐射与工作性质关系：外辐射的个体防护；放射性物质在肌体的含量；
- 监督放射性物质在水源、直接传输渠道的含量；
- 监督排放物，固体、液体放射性废弃物运输及无害化处理；
- 监督企业外的实体被污染程度。

14.8 放射性废物的掩埋与无害化

放射性废物分类与数量 上述废物根据不同特征分类。根据放射性废物的集合状态分为：放射性液体废物；放射性固体废物；放射性气载废物。

放射性液体废弃物根据放射性深度水平分为三级：1 级—低放废物，比活度不超过 3.7×10^7Bq/m^3；2 级—中放废物，比活度 3.7×10^7～3.7×10^{13}Bq/m^3；3 级—高放废物，比活度超过 3.7×10^{13}Bq/m^3。

放射性固体废物也分三级：1 级—体积比活度 7.4×10^4～3.7×10^6Bq/m^3；2 级—体积比活度 3.7×10^6～3.7×10^9Bq/m^3；3 级—体积比活度大于 3.7×10^9Bq/m^3。

放射性固体废物也可分为：

- 非可燃性废物：金属、玻璃、陶瓷、建筑垃圾等。这类废弃物也包括用于放射性制剂的包装材料、报废设备、工具、机器零件、建筑材料以及大型设施。
- 可燃性废物：木材、塑料、橡胶、聚氯乙烯零件。这类废弃物也包括报废的木质、塑料设备、家具，纸、滤布、木质建筑结构。

中放、低放废物的数量与堆积量最大。到 2000 年俄罗斯堆积近 150×10^4 m^3，美国堆

积近 $360\times10^4\ m^3$。

放射性废物的掩埋与无害化总原则　自从俄罗斯在一些地方组建原子能舰队后，出现了海上放射性废弃物堆积问题。在波罗的海、巴伦支海、白海、卡拉海、鄂霍次克海、日本海，以及新地岛、堪察加半岛近岸水域，1959 年开始放射性废弃物排放，直到 1992 年。

根据 1964—1991 年资料汇总（B.B.多夫古沙，1995），在北部海域堆积了 4 900 储罐的中、低放废物。在俄罗斯东部海岸、鄂霍次克海、日本海，掩埋 868 罐中、低放废物，还有 38 艘船及 100 多个大型客体，它们总活度专家评估 22.2×10^3 Ci（居里，旧活度单位。新单位贝可勒尔 Bq，1 Ci=3.7×10^{10} Bq）。北部海域核舰艇服役 30 年，液体废弃物 $100\times10^3\ m^3$，放射性总活度为 24×10^3 Ci。

根据俄罗斯水域放射性生态监测机构 1992 年监测，到 1992 年这些放射性废弃物掩埋地，50～100 km 水域范围受到放射性影响。在这些地方直接堆积放射性废弃物不过 20 年。最严重情形是还不能确定被掩埋放射性废弃物防护壳的状况，客观预测向海域排泄速度与规模。

1946—1970 年，美国排放到海洋中的放射性废弃物 86 000 罐，放射性总活度大约 95×10^3Ci。1971—1983 年军工企业、海军原子能设备，向比利时、英国、印度尼西亚、挪威、法国、意大利、独联体、瑞典、日本、韩国的海域排放过废弃物。估算 1967—1992 年，向太平洋排放放射性废弃物 94 630 t，188 188 罐，放射性总活度 100×10^5 Ci。

1976 年第三届和平利用原子能国际会议，形成了对于已经认可的放射性废弃物海底掩埋方法评价的总原则。在生态卫生方面最安全的是指定的两种方法。

（1）封闭式掩埋。工艺是将放射性废物加工成玻璃状（浇灌液态玻璃），混凝土固结，或装进抗腐蚀的承压的储罐中，然后将其埋于深处。

（2）预先加工的低放废物掩埋。将其倾泻海中，放射性活度迅速降低。利用装有螺旋桨的船倾泻。现在，俄罗斯法已经禁止使用这种方法。

与核电站、军事核工业无关的城市放射性废弃物的利用，比较多地进行过研究。压缩、封灌、运送到专门库房，产品加工。

在专门的放射性废弃物掩埋地点，将废弃物压缩成块，塑料封装浇灌混凝土，在地下 5～10 m 深的储场（坟墓）存放。还有另一种工艺，将废弃物转化为灰，成块封装，存于地下储场。

液体放射性废弃物，利用玻璃化、封装等方法。在 1 250～1 600℃温度下玻璃封装浇灌混凝土，暂时存放加工点，然后运往储场。一些专家的意见，储罐使用长久性有问题。

在俄罗斯总共有 20 个放射性废弃物埋场，其中一个在离莫斯科 100 km 处，每年加工 3 000 m^3、350 m^3 液体固体放射性废弃物。

运送放射性废弃物，用专门运输工具。运完一个区后应进行清除放射性。

高放射性废物长期掩埋　固体、液体放射性废物的掩埋，不排除利用地质构造掩埋液体放射性废物。研究出利用地质构造作为地下储场的危险放射性废弃物掩埋的方法。

什么可以作为高放废物的现代坟墓（埋场），600 m 以下的报废的竖矿井及通道，可以放置储存设施，相互距离 50～100 m。

高放液体废物存放在几十到几百立方米的双层不锈钢容器中，再将其放入混凝土储存仓。为了防止氢积累爆炸，进行排气，排放气体在专门设施去除放射性。

专家认为液体放射性废弃物掩埋，是临时措施，因为可以转化为对环境有害的物质。

14.9 居民及区域电离辐射的防护

公民的辐射安全权被写进联邦法《居民辐射安全法》，该法1996年1月9日颁布。

放射性材料与废弃物监测 1992年6月22日俄罗斯政府审定了《俄罗斯境内电离辐射源及辐射性物质的收集、运输、加工、排放、掩埋地点和对象的审查条例》。接受审查的地点与对象是：企业、团体、公司、地段（水域），进行或以前进行过与放射性废弃物、电离辐射源有关活动。放射性废弃物管理的地方政府机构进行审查。国家技术监督部门监督。

放射性废弃物的掩埋，有国家自然资源部、卫生部监督机构的下属机构批准。

现在，在部队的参与下，建立了全国统一的放射性状况监测系统。系统功能：污染的面积、级别、规模；经济部门、政权机构、部队的保障机构，环境信息；保护居民健康、保护环境、工农业功能设置的建议。

系统包括危险放射性自动化监测对象与化学监测对象。对它们监测是由国家、地方相应的机构及信息管理中心实施，当然最终是国家信息管理中心。

有关事故、危险放射性及化学品分布信息，通过军用放射性管理中心、危险化学品管理中心、生物保护管理中心获得，在此基础上进行预测与评价。

居民及区域电离辐射的防护措施 限制放射性废弃物进入环境，对放射源（工业的、军事的）隔离是主要措施。居民及区域电离辐射的防护，途径是限制固体、液体放射性废弃物排放、清除、无害化处理，并采用除尘器及排放技术设备，防止含核素粉尘进入大气。

在与电离辐射源有关的规划、设计、建设、设备制造领域，以及收集、运输、保存、掩埋领域，科学研究与试验工作应由国家技术监督部门专门许可。

放射性材料必须由国家控制、登记，以防丢失、不安全使用。也需要国家信息部门管理，特别是放射性材料进口、出口管理。

核设施是高危险性的放射源，对居民健康、生活与环境有威胁。在俄罗斯《环境保护法》中规定，核电站选址、规划、设计，相应于国际法，应采取绝对保护居民、环境辐射安全措施。禁止核电站建在人口稠密区、疗养区、卫生保护区，地震带，国家级水源地。

在核设施、辐射源、存放点分布区，为了保障居民的辐射安全，应设卫生防护带与观察带，进行经常性监测、对居民通报放射性背景的信息。特别是核电站，首先达到固体悬浮物达到允许限值。采取可能的防辐射措施（表14-4，表14-5）。

在进行核动力轮船设计、建造与使用时，应遵照国家有关核能利用、船舶登记规范，卫生标准，自然利用法。

表 14-4 放射性降低与房屋类型关系

开阔性	石屋	木屋
100%	减小10倍 地下室减小40～100倍	减小2倍 地下室减小7倍

表 14-5 放射性物质允许剂量限值

放射性核素	允许含量限值/（Ci/L）		
	开放水体与水源地	大气	
		卫生防护带	居民点
钠-24	8×10^{-9}	1×10^{-11}	1×10^{-12}
磷-32	5×10^{-9}	7×10^{-12}	7×10^{-13}
硫-35	7×10^{-9}	3×10^{-11}	1×10^{-12}
钾-42	6×10^{-9}	1×10^{-11}	1×10^{-12}
钙-45	3×10^{-9}	3×10^{-12}	3×10^{-13}
铷-86	7×10^{-9}	7×10^{-12}	7×10^{-13}
锶-89	3×10^{-9}	3×10^{-12}	3×10^{-13}
锶-90	3×10^{-11}	3×10^{-14}	3×10^{-15}
钴-95	2×10^{-8}	3×10^{-12}	3×10^{-13}
铌-95	3×10^{-8}	1×10^{-11}	1×10^{-12}
钌-106	3×10^{-9}	6×10^{-13}	6×10^{-14}
碘-131	6×10^{-10}	9×10^{-13}	9×10^{-14}
氙-133	—	1×10^{-9}	3×10^{-11}
铯-137	1×10^{-8}	1×10^{-12}	1×10^{-13}
钡-140	7×10^{-9}	4×10^{-12}	4×10^{-13}
铈-144	3×10^{-9}	6×10^{-13}	6×10^{-14}
钋-210	2×10^{-11}	1×10^{-15}	1×10^{-16}
氡-222	—	1×10^{-11}	3×10^{-12}
氡-226	5×10^{-11}	3×10^{-15}	3×10^{-16}
铀（天然）	0.05 mg/L	2×10^{-3} mg/m^3	2×10^{-4} mg/m^3
钚-239	5×10^{-11}	2×10^{-16}	2×10^{-17}

向海洋、河流、内陆水体排放放射性废弃物，这些水体中船舶超过俄罗斯国家原子能利用标准，都是不允许的。

根据俄罗斯国家法，运输核材料，必须符合特别危险货物运输规范，原子能利用的有关规范。上述规范包括运输方式、审查运输者的资质、职责、安全防护、包装、消除事故后果措施。

上边提到的《居民辐射安全法》奠定了放射性安全保障的基本原则。根据该法（19章），限制、预防放射性事故，应当：

- 预计可能发生的放射性污染事故、污染状况及后果；
- 放射性污染事故发生后采取应急措施；
- 工作人员与居民安全防护措施，相应的监测、放射性安全防护国家机构；
- 放射性污染事故后果清除；
- 事故发生医疗救护，职业病治疗。

《原子能利用》联邦法规定，在核设施、存放点发生放射性污染事故，或放射性废物排放超标，使用单位应向有关单位准确通报放射性状况。

第三部分

合理利用自然与保护环境的生态-法律工具

15　生态鉴定与生态监察

15.1　生态鉴定的概念

实施各种规划特别是大型规划，重要的是要预研究规划的经济活动，对自然生态系统、技术圈要素、人体健康的负面影响。因此，在进行工程系统及具体建筑（例如，桥梁）风险评价的同时，进行环境影响评价，现在通常称作生态鉴定。

生态鉴定，是执行俄联邦政府环境保护与自然利用政策的重要工具。这项工作与经济活动风险评价，是以《环境保护法》（2002 年）与《生态鉴定法》（1995 年）为依据的。根据《生态鉴定法》，“生态鉴定——评价经济活动对自然环境与自然资源利用的负面影响”。

生态鉴定目的决定了生态鉴定的功能。生态鉴定的功能是对经济活动进行生态论证，不论是计划进行的还是已经进行的经济活动。

生态鉴定的原则：任何计划的经济活动及其他活动，预先指出可能的生态危险（因此，活动发起者预先说明活动的生态安全性）；首先经过俄罗斯国家生态鉴定（只有得到国家生态鉴定结论，经济活动与其他活动才能进行）；计划进行的经济活动与其他活动，综合评价对环境及资源的影响；必须考虑有关环境保护的俄罗斯联邦法的要求；在进行生态鉴定及执行生态鉴定结果时，保障其独立性与公正性；生态鉴定结论科学性、客观性、规律性；生态鉴定时出具文件完备性；责任人及执行实体责任明确性；生态鉴定公开性，充分考虑公众意见。

执行生态鉴定决定，无论是实施或未实施计划经济活动，都应坚持两点：

- 还未进行无害化论证的任何项目，都应禁止。生态鉴定具有权威性；
- 所有无害化类型，都应具有卫生及生物安全性，即保障人体健康与人居环境安全。

近些年，提出了生态鉴定的另一观点，以危机程度带来的环境损失，成为生态鉴定主要标准。这与生态安全的概念有关，生态安全是以有害化学物质含量允许限值为基础的。生态安全概念应取代生态危机概念。按照生态安全概念，完全消除计划项目对生态系统与居民健康的影响，是不可能的。因此，采用适宜（从保护自然的观点）的措施，即上述负面作用的社会经济损失最小化。

生态鉴定的对象是：①设施的使用以及企业及综合体建设规划与技术、经济论证；②新技术的技术规范，工艺，材料，设备；③规划、行政文件以及执行的法规。15 种最危险的经济活动，应特别注意进行专门研究：原子能工业、能源、冶金、石油化工、石油、天然气加工、石油运输、制浆与造纸；弹药生产、储存、销毁，爆炸物及火箭燃料；有毒物质与核废料；医疗系统。

生态鉴定需要足够的资金。解决经费问题，需要关注这样标准，例如规划规模、资金、地点，造成环境损失规模与途径。

在进行生态鉴定时，应考虑污染物累积作用，即有害物质在生态系统或人体中逐渐积累，引起疾病甚或死亡，引起生态系统损害。另一种因素是不同有害物质的叠加作用。这些物质单一作用，不会引起疾病及生态系统损害，而共同相互作用（协同作用）会形成危险后果。

15.2　生态鉴定的主体

生态鉴定主体分为：国家生态鉴定；行政部门生态鉴定；科学与社会生态鉴定。

国家生态鉴定　一方面进行生态监督，另一方面评价各种经济活动对环境的影响程度。

俄罗斯联邦《生态鉴定法》第 11 条确定国家生态鉴定的对象，包括：国家、社会、经济规划，科学技术规划，以及其他对环境造成严重影响的项目；俄罗斯联邦国民经济部门发展纲要规划，特别是工业规划、资源利用规划、区域生产力规划，以及俄罗斯联邦及大区的项目；国际协议项目。

行政部门生态鉴定　相应于部委领导批示进行的生态鉴定，其结论在行政部门有效，而且不能违背生态鉴定结论。

国内生态鉴定　在国外、国内普遍开展。在俄罗斯，根据企业倡议，企业领导关注环境保护，承担社会责任或希望将自己产品推向国外市场。

科学生态鉴定　根据科研机构、大学、科学家团体提议，进行的生态鉴定。

社会生态鉴定　根据社会团体、非政府机构提议，进行的生态鉴定。社会生态鉴定与国家生态鉴定的目标是相同的，但是任务不同。一般社会生态鉴定是为引起国家机构对于某一问题关注，科学论证该问题潜在生态危险，引起社会关注。

15.3　生态鉴定程序

按照生态危机的概念，任何生态鉴定内容包括，调查生态要素对环境及人体健康负面影响，以它为依据编制生态鉴定方案。

生态鉴定包括五个基本阶段：①生态鉴定名称及详细内容；②收集、汇总及信息评价；③形成初步结论，社会公示；④提出结论（补充意见后），政权机关领导审定；⑤按照法律程序解决争议。

生态鉴定应从确定环境质量开始，确定环境质量是规划前应进行的工作。俄罗斯水文委员会在城市进行环境监测，如果规划的经济实体位于城市内，那么环境质量是根据监测资料确定的。

下一阶段是进行环境影响评价，评价计划进行的经济活动，以及实施规划的生态、社会、经济后果。

鉴定委员会提出鉴定结论、签字，向居民、社会、关心规划的团体公示。

俄罗斯联邦政权机关或下属机关的领导审定鉴定委员会的结论。审定后的生态鉴定结论具有法律效力。下一步执行鉴定结论，由国家生态监督机构进行监督。

鉴定委员会提出否定意见，应重新进行鉴定。组织或个人，不同意鉴定委员会意见，有权向上一级指定鉴定机构、上级机关、监察机关、人民法庭或仲裁法庭，提出申诉。行政机关同意申诉，可以否定生态鉴定结论，重新进行。如果人民法庭或仲裁法庭审查，发现生态鉴定有违现行法律，有权认定生态鉴定无效。

应当强调的是，生态鉴定委员会的主席与成员，应为自己结论的正确性、公正性、符合俄罗斯联邦法负全责。

15.4 生态鉴定种类

根据分析对象的不同，一般生态鉴定分为两大类：规划生态鉴定；规划后生态鉴定。

规划生态鉴定 是进行下列方面生态鉴定：建筑规划；新技术标准；工艺；材料；行政管理计划与规范。规划鉴定的必需环节，是确定企业生产的有害生态后果，与期望的人居环境比较。在这一过程中，拟议建设的企业对人居环境的影响不应超标，如果工艺过程影响人居环境，应提出近期解决的措施。

进行生态鉴定，必须考虑对环境影响的期限及所有的生态标准。

规划生态鉴定，应评价所采用措施对自然资源、自然环境、经济持续发展、人居环境的长期影响。即所采取措施的整个生命周期，直到灭亡。鉴定对象可能现在是适合的，甚至有生态盈利，经过一些时期，变为亏损，生态不适宜。例如，核电站，在 40～50 年期间发展规模很大，当出现更新的能源，核电站亏损，拆除的费用与核电站价值相当。因此生态鉴定应考虑鉴定对象拆除及使用期限。

生态标准是确定企业对环境影响的基础。生态标准表征人对生态系统允许的最大影响程度，保障生态系统结构及质量。自然保护标准及规范用于编制规划。自然保护标准及规范形成统一的自然利用规范，以防止区域自然综合体（景观）退化，水、气、土地、矿、植物、动物破坏。

科学论证与合乎规律地制定对环境作用允许限值，是自然保护标准及规范的基础。自然保护标准及规范，对于水污染、空气污染、土地污染预防，噪声防护，进行了详细研究，对于动物、植物保护研究比较少。

《保护自然环境》生态鉴定包括三方面内容：

- 保护大气防止污染；
- 保护水体防止水源污染；
- 土地恢复（修复），肥沃土层利用，矿产、动物界保护。

《保护大气防止污染》生态鉴定包括下列内容：

- 建设区自然地理与气候简明特征；
- 大气有害污染物背景含量；
- 排放污染源；
- 有累积污染作用的排放物名录；
- 排放量；
- 含量计算结果，达到允许含量限值建议与分析；
- 预防大气污染形成与排放措施论证，净化大气的设备与仪器；
- 实施大气保护措施的费用；
- 实施规划与已有净化有害排放物先进经验比较；

➢ 降低生产噪声与震动措施；
➢ 评价拟采用措施、设备的效果。

在进行这一方面的生态鉴定，必须执行大气污染排放限值标准，保障达到排放物减少、清除、无害化，或者完全消除污染排放。

《保护水体防止污染》生态鉴定包括下列内容：

➢ 企业用水体水质参数；
➢ 水净化措施；
➢ 水循环利用措施；
➢ 车间、生产设备用水量；
➢ 企业整体与主要生产过程用水供需平衡；
➢ 污水特征；
➢ 论证污水净化及有害物质去除的措施；
➢ 按照污水排放允许限值，预防污水污染事故的建议；
➢ 防止渔业用水、木材漂筏、水力发电及其他用水污染措施；
➢ 保障合理利用水资源、保障水源及渔业资源的费用；
➢ 这些措施效果评价。

在进行这方面生态鉴定，特别强调的是保障饮用水水源与生活用水。

生态鉴定结论是生态鉴定的总结，应包括：

➢ 实施规划前的环境特征，规划的技术特征；
➢ 规划项目对环境影响，其中包括初期、中期、长期效果，不可逆的、不可避免的后果，这些影响的数量、质量指标；
➢ 规划不同方案、设施对环境初始状态影响；
➢ 减少生态后果的技术、经济综合措施。

规划后生态鉴定 是对实施措施、设施以及立法等进行生态鉴定。

规划后生态鉴定主要任务，是评价功能实体对环境影响，确定对人体健康与环境质量危及程度。换句话说，检查规划实体的运行特征与相应参数：①自然保护法要求；②环境保护标准；③生态鉴定的结论与实施状态。

规划后生态鉴定履行的检查功能，在西方国家称为生态听证。

进一步工作是对规划对象工作过程进行鉴定。首先是对工作人员评价，对外部突发事件的应对能力及预防性检查。评价干部培养及全体工作人员对突发事件处理效果。

15.5 经济活动对环境影响的评价

在实施各种经济决策所造成的环境影响，对其进行科学预测，显然是很少做的工作。重要的是将预测结论写进决策中，以保障全社会的生态安全。

在生态法机制下经济活动环境影响评价的概念与地位 环境影响评价理解为：拟议进行的活动，对期望的生态环境潜在影响特点与程度的确定；规划前及规划实施后与之相关的社会-经济后果；相应于生态法要求，保障自然资源社会利用及保护环境的措施。

《环境保护法》对环境影响评价提出一般要求。2000 年 5 月 16 日俄罗斯国家生态委员会，确立在俄罗斯联邦进行经济活动与其他活动环境影响评价，细化环境影响评价程序。

环境影响评价由拟议进行经济活动的发包人实施，发包人或是法人代表或是公民代表。环境影响评价是对所规划活动发包人是必需的，保障生态法提出的要求的实施。

在生态权机制下，环境影响评价的功能，是查明拟议进行的活动对环境的负面影响，研究预防措施。

按照俄罗斯联邦《生态鉴定法》，支持国家生态鉴定的文件，应包括生态评价。

传统的环境评价应准备下列文件：

- 部门、区域社会-经济发展规划；
- 自然资源综合利用与保护纲要；
- 城市建设文件（总体规划与详细规划）；
- 新技术、新工艺、新材料文件；
- 投资论证，技术经济论证，新建、改造、扩建、技术更新项目设计。

环境影响评价对象 对下列经济类型，在准备项目论证文件时，环境影响评价是必需的（B.T.格鲁赫夫，T.П.涅克拉科夫，2003）：

- 开采量 500 000 t/d 以上的石油企业；
- 开采量 5000 000 m^3/a 的石油企业；
- 产量 500 t/d 以上石油加工厂、煤气化厂、沥青生产厂；
- 发电量 300 MW·h 热电站及其他设施、核电站及其他核能设施；
- 热电站煤灰堆场及排灰量 100 000 m^3/a 的锅炉；
- 石棉及含石棉产品生产设备，年产量：
  石棉产品 20 000 t 以上；
  石棉生产原料 50 t；
  其他利用石棉 200 t。
- 化工企业；
- 产量 200 t/d 造纸企业；
- 储存量 50 000 m^3 的石油及石油产品库；
- 微生物工厂；
- 大型建材生产厂（石料、玻璃、石英、石灰）；
- 大型炼铁及铁产品生产设备，有色金属生产设备：
  产量 10 000 t/a 生铁生产设备；
  所有炼焦炉；
  产量 1000 000 t/a 的生铁及普通钢冶炼厂；
  产量 100 000 t/a 的重金属矿加工厂；
  产量 200 000 t/a 废铁回炉加工厂；
  产量 100 000 t/a 有色金属生产、加工厂。
- 大型有色、黑色金属生产厂：
  产量 1 000 000 t/a 铁矿熔化结块设备；
  所有炼焦炉，产量 1 000 000 t/a 的生铁及钢冶炼厂；
  产量 100 000 t/a 重金属、有色金属矿加工设施。

- 核燃料加工、生产设施，放射性废料加工、运输；
- 核裂变技术应用设施；
- 大型加速器设施；
- 利用同位素设备的医疗中心；
- 航天发射场、机场、火箭燃料及武器储存库；
- 非放射性废料清除、掩埋、加工厂；
- 公路、铁路干线、机场；
- 地铁；
- 口径 600 mm 以上油气管线；
- 码头、船坞、国际渡口、内河航线、内河码头、通行 1 350 t 排水量轮船的水道；
- 高 15 m 以上水坝，水面 2 km^2 的水库；
- 年污水处理量大于所在流域径流量 5%的工业、生活污水处理设施；
- 水量 10 000 000 m^3/a 的地下水库；
- 大型金属矿、煤矿采矿与选矿：
  采矿、选矿量 1 000 000 t/a 的铁矿场；
  采矿、选矿量 100 000 t/a 的冶铁辅料矿场；
  采矿、选矿量 100 000 t/a 的煤矿；
  大型非金属矿采场，特别是水域。
- 石油、天然气勘探开采，特种矿勘探；
- 连片森林砍伐面积 200 hm^2，砍伐森林 20 hm^2 转变林地土地利用类型；
- 大型养殖场：
  30 000 头以上养猪场；
  2 000 头以上养牛场；
  1 200 头以上养羊场。
- 兽类驯养综合设施；
- 400 000 只以上养鸡场；
- 在特殊保护区经济设施或其他活动。

15.6　环境影响评价程序简介

环境影响评价分几个阶段，最后形成以下文件：

- 关于意向的通知；
- 关于环境影响的声明；
- 关于对环境影响讨论的备忘录；
- 关于经济后果的声明。

第一阶段规划项目　环境影响评价第一阶段，是将那些对区域产生不可避免影响的规划项目向社会公开。

在这一阶段，要解决下列问题：

- 查明该区域对环境可能增加的人为负载；

- 确定该区域资源与能源允许消耗量；
- 研究改善生态状况的新途径，其中包括污染减量化；
- 形成规划项目的实施计划。

生产力配置与发展纲要，工业布局与发展框架，是项目规划的依据。在这一阶段，考虑规划项目实施的可能性，详细研究对环境的影响，生态状况的动态变化。

实施项目规划的关键问题，是否一定会调整项目规划时，详细研究综合措施。

第二阶段确定环境影响 环境影响评价第二阶段，是阐明在区域自然背景基础上未来企业、综合体生产对环境影响。主要进行：

- 规划项目技术分析，国内、国外先进性分析；必须指出是否进行过技术鉴定；
- 论证规划项目实施目标、方式、工期及布局；
- 确定规划项目实施后对环境影响。

第二阶段需要收集的信息：

- 环境的实际状态；
- 现有环境影响种类、数量，以及对数量、质量评价；
- 污染源（规模、强度、时间）；
- 对环境影响的实体。

在第二阶段应准备《环境影响的公示》，向政府管理、监督机构、全社会公示。

环境影响评价主要目的，是指出规划项目实施的后果。要指出：

- 环境影响评价标准；
- 项目对环境影响；
- 环境变化的预测。

第三阶段查明生态后果 在规划区域和确定的时期内，规划项目实施对生态、经济、社会及相关方面的影响的后果。查明生态后果，通过对《环境影响的公示》社会听证或讨论。目的是征求社会对规划项目意见；查明一切可能的不利环境影响，寻找替代方案。

社会听证与讨论的组织：如果项目具有广泛社会性、优先性，进行国家级听证与讨论；如果项目在一定地理区实施，则进行地方性听证。

社会听证的结果，是规划项目修正的依据，必要时进行科学研究论证。

第四阶段调整规划 对于前一阶段通过的规划进行修正。根据规划实施后环境变化预测，采取措施预防负面生态及其他变化。

第五阶段准备《关于生态后果的公示》 形成一个文件，内容是责任人对全社会承诺，实施项目的经济社会活动不会产生负面生态影响。包括：

- 环境影响评价的结果、结论；
- 对生态环境、人体健康、全社会影响；
- 实施规划项目责任人的责任，生态安全要求，在企业生命周期采取生态安全措施。

环境影响评价与规划项目设计的同时性，是进行环境影响评价的基本的必要的条件。环境影响评价是俄罗斯联邦社会经济发展中，保障生态环境与自然保护的重要环节。

15.7　生态许可制

生态许可制　是在保护、合理利用及保障人与环境安全的条件下，允许自然利用、有害物排放。

许可证　根据《矿产法》确定所有者对这一或那一自然资源（例如，矿）利用权的文件，明确界限、期限、约定条件。

生态许可制是准许（或发许可证）生态活动（首先是自然利用），指定自然资源利用方式、对象、限度，以及对准许活动的其他生态要求。

从管理的观点，这是通过制定生态限定、阈值，采取系统措施，调节自然利用、自然保护与人类保护。在此，除许可外，还包括：区域资源资料，区域的与各种资源开发的阈值，相应的生态经营补偿。

在俄罗斯，生态许可制是环境保护管理、生态安全保障的基础。实际的生态许可是：

- 核算方式，资源利用（包括空间—区域、水域，大气交换、废弃物排放）核算；
- 监督方式，上述资源或环境污染监督；
- 支配方式，自然资源与环境污染权的支配方式。

生态许可分为两类：综合的生态许可；专门的生态许可。综合生态许可是对综合自然利用的许可。专门生态许可是对自然资源类的许可。

应强调的是，只有在生态鉴定后国家机构才能准予生态许可。只有在得到国家专门机构的专门生态许可后，才能获得综合的生态许可。

俄罗斯自然资源部具有矿产、水、森林、动物以及部分环境保护许可权。

俄罗斯社会发展与健康保障部具有医药生产、销售、保存、颁证许可权。

俄罗斯矿产、工业监督部门具有石油天然气、采矿及危险工业部门许可权。

国家核安全监督部门具有下列许可权：

- 放射性废弃物、核材料、放射性材料、放射性矿开采与技术手段的许可；
- 放射性状态监督；
- 利用核能或利用核材料、放射性物质监督；
- 编制使用规划，保障和安全、放射性安全文件；
- 在这一领域的进出口及相关活动管理。

在水、森林、生物及其他资源管理机构，提供的专门自然利用许可，是以国家机构审定的国家、区域标准为基础的。在这些机构的专门许可基础上，可提供综合自然利用许可。

15.8　自然环境保护标准系列

自然保护标准系列，是国家标准体系的组成部分，是国家标准体系中第 17 个标准系列。这一系列标准是有关自然资源保护、恢复、合理利用的相互关联的一些标准组成。这一系列标准相应于生态、卫生、经济、经济等方面的法制定的。

自然保护系列标准由 10 个标准综合体组成。0—标准的结构命名；1—水文圈；2—大气圈；3—生物资源；4—土壤；5—土地；6—植物；7—动物；8—景观；9—矿产。从水圈到矿产每一标准综合体，包括 6 类标准。综合体 0 只包括一组基本情况。自然保护系列标准的内容列于表 15-1。

表 15-1 自然保护系列标准的内容

代码	标准类
0	基本情况
1	术语、定义、分类
2	自然环境质量指标，污染排放参数，资源利用强度指标
3	自然资源保护与合理利用规范
4	经济作用强度与自然客体状态参数确定方法
5	对自然环境变化监测手段要求
6	防治环境污染的设备、仪器要求
7	其他标准

15.9 产品与设备的生态认证

生态认证 生态认证是俄罗斯自然保护活动新类型，是在 1992 年 2 月 7 日《保护消费者权益法》颁布后实施。同期国外已经开展生态认证工作，特别是在欧洲。生态认证依据：1992 年 3 月 23 日欧盟 No.880 指令《关于生态标志》；国际标准化组织环境管理标准化委员会（ISO TC 207）环境管理体系标准；英国环境管理体系 BS 7750《生态管理系统》；德国“蓝色天使”及“绿点”生态标志；法国“NF”生态标志（IO.E.维诺格洛夫，2003）。

根据俄罗斯联邦《产品认证与服务法》，产品的认证是独立于生产者、需求者，以书面形式组织认证产品是否符合标准。

认证的目标：

- 为建立统一的俄罗斯商品市场创造条件；
- 参与国际经济与科学技术合作及国际贸易；
- 保护消费；
- 监督产品对环境、生命、健康、生育的安全性；
- 检验生产者声明的产品质量指标。

生态认证应保障：

- 在进行生产活动过程，保障自然保护法的生态要求；
- 保障生产、工艺、设备生态安全；
- 在生产、加工、运输过程，遵守生态安全要求，预防环境污染；
- 防止有生态危险的产品、工艺、废弃物进入俄罗斯；
- 在环境管理反面履行国际义务，促进世界市场一体化。

认证对象 生态认证对象是：企业与生产，包括试验性生产；产品，产品使用对环境的有害影响；生产废弃物及对其要求；环境管理系统。

俄罗斯联邦法《产品认证与服务法》明确了认证的方式。这就是认证书，即依据被认证产品的要求与规范颁发文件及相应的标志。

生态认证分为强制认证与自愿认证。强制认证是根据俄罗斯联邦政府及地方政府法确定的认证，反映了政府保护居民利益、保护环境及生态安全的政策导向。

生产者承诺生产的产品符合要求的声明，是必须认证的一种方式。将被联邦政府审定的资质机构注册登记，编入序列。

在《产品认证与服务法》的第8～12条，确定责任认证者的权利与义务。包括俄罗斯国家标准委员会及其他国家全权机构，以及认证中心、中心实验室。根据这几条，建立了注册号为POCCRU.0001.01.ЭTOOO强制生态认证系统。

在《产品认证与服务法》的第13条，明确被认证产品生产者的责任：

- 只有认证的产品才能生产；
- 保障产品符合标准并有相应标志；
- 指出鉴定或声明满足消费者要求的相应的技术文件；
- 如果产品不符合标准要求、产品过期、认证书到期，以及审批机构撤销证书，停止产品生产；
- 持有产品证书单位的法人保障履行自己责任。

在签署依法进口产品的合同时，应预先提供产品证明，经过权力机关认证。

自愿认证 在发起者（制造者、销售者、使用者）中进行的认证，目的在于确认产品符合标准要求、技术条件，符合发起者与认证者之间签署合同的要求。

生态认证种类与客体 生态认证分为四个方向：所有者生态认证（生态产品，环境保护的无排放技术与过程，生产废料利用，特殊自然保护对象，以及生态产品及其服务）；自然资源生态认证（土地，水，矿产资源，植物、动物资源，相应的农业、水产、地质、采矿等）；安全生态认证（生态安全，技术安全，产品安全，包括农用及其他化学品）；检测方法生态认证（用于生态认证的技术手段）。

技术过程的生态认证，其目标应当是环境保护（《自然保护》与《自然防护》），以及自然资源采集、加工、运输，生产废弃物加工、掩埋。

自然客体及资源的生态认证，包括特别保护的客体（林地、水域、湿地、保护与生态恢复的限定的区域、植物群落、动物群落，景观及其他自然客体），也包括上述自然资源限定经济利用。

生态认证第三方面（广义）是生态安全认证。包括技术、商品、产品生态安全认证，最有害、最危险的工业生产部门——化工、原子能、国防工业认证。

根据俄罗斯联邦政府1993年3月1日No.223文件《关于有生态危害爆炸危险性工业与试制生产企业、国防工业生态认证》，确定了18种强制性生态认证的生产类型。

根据这一文件，国防工业生态安全认证，是强制生态认证系统（国家登记号POCC.RU.0001.01. ЭTOO）的组成部分。

产品卫生标志是生态安全要求的特别种类，也包括生态认证范围。

根据俄罗斯联邦《居民卫生安全法》，生产方式、产品对居民有潜在生态危险，应提早进行生态鉴定。对这种产品应简明写卫生鉴定结论，主要是：饮料、食品、食品添加剂，罐头等。这是非常重要的，因为质量不好的与劣质产品经常进入俄罗斯。

卫生结论由俄罗斯联邦健康与社会发展部的卫生疾病控制部门提供。卫生结论的主要内容，依据标准文件，对产品、生产过程、使用进行卫生评价。进口商品主要进行国家生态安全鉴定评价。这样的评价由俄罗斯联邦委托机构进行。

15.10 俄罗斯生态监察体系

生态监察 这是企业与机构即所有经济主体与公民，遵守的环境保护生态要求及保障社会生态安全的检查。

生态监察的目的 预防与制止生态与自然利用方面的违法现象。目前是两种生态监察形式：预防与侦缉。

预防性生态监察 包括制定、执行环境保护与自然合理利用标准，允许或许可不同类型自然利用，确定废弃物排放限值，固体废弃物掩埋限值等。在此可分为必须履行责任与必须采取自然保护具体措施两种。

侦缉性生态监察 当出现违法的后果，超出预防性生态监测范围，采用这种方式。表现为承担各种法律责任（物质的、专业的、行政的、刑事的、公民权的）。侦缉性生态监测也表现为生态后果的禁止，例如，限制、停止、取消某种生产（工厂、车间等）。

生态监察的对象 环境及组成要素的状况，在经济作用下变化；环境及要素保护的措施；生态监察的对象是自然保护法的遵守状况。

生态监察系统包括下列子系统：①国家机构对于环境状况的观察；②国家生态监测；③生产生态监察；④社会生态监督。

国家生态监察 不同于国家生态监测，只限于收集、传达生态信息，其任务是保障所有经济实体与公民履行生态法及环境保护法的生态要求。

法律基础 俄罗斯联邦《环境保护法》及相关的《自然资源部及下属机构的责任人生态监察实施规范》，是国家生态监察法律基础。根据《环境保护法》，生态监察责任人具有以下权利：

- 访问企业、机构、机关，不论所有制形式、归属，必须履行自己的责任；
- 检查设备、设施清洁状况，以及国家自然保护要求与标准，甚至制定固体废弃物收集、排放限值；
- 进行国家生态鉴定；
- 因材料明显不足，要求撤除追究行政、专业、刑事责任；向法庭提出危害环境及公民健康诉讼；
- 决定限制、停止、关闭企业、实体以及违反生态要求的活动。

生态监察分属于各级政府管理系统。国家级生态监察，这是俄罗斯联邦总统行政机关及政府部门的监察管理。区域级生态监察，相应于地方行政机构及地方政府部门的监察管理。

至于专门的生态监察，被授权的环境保护部门及其授予监察权的其他部门，进行土地利用保护、地表地下水、大气、森林、动物、植物监察，并保证国家工作人员对环境的监测。这些权力是有法律依据的。俄罗斯自然资源部组织实施对所有自然资源种类的国家监察。俄罗斯卫生疾控部门，监察自然利用范围内卫生要求执行情况。水资源及各种实体、综合体遭受有毒化学品及细菌污染监察，也归属卫生疾控部门。

俄罗斯监察机关（也称生态监察机关）在监督生态要求实现方面，发挥了重要作用。

这些机构奠定了这样的机制，监察、调节与生态相关法的执行，监察政府部门与工作人员，监察执行机构、地方自管理机构、法人。监察机构依法履行自己职责，独立于国家机构及地方机构。

在俄罗斯一些城市[例如，莫斯科，陶利亚蒂，特维尔（加里宁）]，由于生态民警的作用，与违犯自然保护法进行了有效斗争。仅在 1998 年在莫斯科发生 134 起生态违法事件，损失 2 000 万卢布。在特维尔区发生 214 起生态犯罪事件。然而，以后这样的工作减少了。

生产生态监察　是对企业直接的生态监察，是企业自行开展的。目的是在标准范围内，遏制企业对环境的不利影响。

社会生态监察　依靠社会组织、社会团体、职业协会与劳动组织的力量，实施生态监察，完成政府、企业、法人、公民要求的自然保护要求。社会生态监察具有重要的优势，独立于政府与行政机关的利益。此外，最大限度地反映了民众的生态利益。

15.11　生态审计

企业投资的吸引力不仅是经济价值、经济指标，而且很大程度上是“生态性”，企业活动符合环境保护领域的标准与规范。上述符合性的证据是必需的。能够证明企业活动必要性的机制之一，就是生态审计。

在俄联邦政府《环境保护法》中（2002 年），生态审计被确定为经济实体遵守有关文件及其他活动要求的独立、综合评价，其中包括有关环境保护的标准、国际标准，以及改进建议。

在 1993 年欧盟指令中，确定了生态管理与审计的规范。确定通过生态审计的团体，对其生产的产品，有权使用专门的生态标志。

1997 年在俄罗斯通过了发展生态审计的规划，包括建立相应的标准、方法，人员培训、科学研究。作为标准的基础是国际环境管理标准 ISO 14000。

现在执行的 ISO 标准系列，确定了环境审计的程序，保障环境质量的管理。ISO 14001 是环境管理体系标准，一般要求与使用建议。ISO 14004 是环境管理体系标准，原则、系统、功能保障。

生态审计是生态审计员或生态审计机关，进行的独立的非权力机关对生产活动环境影响的检查，提出降低对环境与居民健康影响的建议。

基本原则　生态审计的基本原则是：

- 客观性与独立性，独立于受检查的经济实体、所有者与生态组织领导者，为第三方审计；
- 在环境保护、自然利用、经济活动客体专业领域，生态审计专业化；
- 生态审计的计划性；
- 经济活动客体提供资料可靠性、完整性；
- 生态审计综合性（包括对环境影响所有观点）；
- 所得信息保密性；
- 生态审计结果的负责性。

任务 生态审计的任务是：

- 论证企业生态战略与政策；
- 确定企业自然保护计划优先性，明确实施的可能性；
- 检查经济活动主体遵守自然保护法状况；
- 提高经济活动主体经济活动对环境影响调节效率；
- 减少突发事件，降低对环境影响。

生态审计分两种：强制的与自愿的。强制的生态审计是俄罗斯联邦的标准及法律条款要求的。自愿的生态审计是经济活动主体自行决定的。

自愿生态审计不是指定进行审计，其主要任务是寻找避免发生负面生态环境后果可能性。发生负面生态环境后果，不仅造成经济损失，还会在国际市场消失“面孔”。有远见的企业领导，根据必要程度，求助于审计机构。这样，不仅提高企业领导声誉，而且最终降低由于罚款、制裁等花费。生态审计虽然企业有些花费，但是结果是很好的。

受过培训的自然人有权从事生态审计，法人（生态审计机关）授权从事生态审计工作。

生态审计员，除进行审计与相关服务，不允许从事其他活动。例如，企业自然利用费用的会计账目检查、样品分析、自然保护分析及生态安全保障等。

与进行生态审计有关的环境污染化学分析、测试，在一定级别的实验室进行。

生态审计的结论由三部分组成——引言、分析、结论。

引言 包括生态审计机关的法定地址、电话，参加生态审计人员姓名，实施生态审计单位执照，审计时间，有效期。

分析 包括经济活动主体的意愿；被审计期间经济活动；自然保护活动结果及生态要求；破坏自然保护法的事实；纠正过程及其带来环境损失。

结论 包括经济活动客体对环境影响；降低对环境不利影响的措施；经济活动主体不采取相应措施的后果。

16 实体与技术的生态档案

16.1 生态档案的目标与任务

为了解决各个经济部门生产力综合发展问题，俄罗斯联邦政府组织进行了大气有害排放物、流入地表水体的净化与未净化污水的清查。清查是建立生产实体生态档案首要而必需的一步。进一步将由调查转向系统分析。

每一生产实体的生产技术达到世界水平，就能降低材料、能源、劳动力消耗，提高产品质量，减少人为作用对环境影响（减少对大气、水体排放，预防景观退化，缩小难利用土地面积）。

建立企业、客体、技术的生态档案，是新水平上转变自然保护政策，形成综合生态规划的主要形式。

企业——自然利用者的生态档案（国家标准 ГОСТ 17.0.0.04，ГОС Т 17.0.0.06—2000）企业生态档案资料包括：自然资源利用（水、土、林、石油、煤、泥炭、天然气）；二次资源利用（电能、沥青等）；企业经济活动对环境的影响。

建上述生态档案，是解决自然环境生态监控、生态管理与预测问题的重要阶段。有了大量的企业生态档案资料，按照区域原则综合，可以查明影响区域生态状况最主要因子，研究改善的措施。

生态档案中的信息可以解决下列生态经济任务：

- 排放物（污水，固体排放物）对自然环境影响评价，确定企业自然利用规划，污染物允许排放限值；
- 企业自然保护计划效果评价；
- 提高自然资源（水、土地）、能源利用效率；
- 规划与实施措施的生态鉴定；
- 检查企业遵守俄罗斯联邦自然保护法的状况；
- 建立企业大气排放、有毒废弃物的专门统计。

生态档案最终应反映：

- 后果研究（环境状况）向详细原因分析研究（区域内每一实体，实体组情形）转变；
- 实体污染物总体评价向单位产品污染指标研究转变。

应强调的是，企业生态档案不仅是生态监察的一种文件形式，也是建立地区、区域、国家的生态档案的基础信息。生态档案份数应当：一份保存在企业内；一份保存在地区或区域自然保护机关；一份保存在“生态学”科学研究与试验研究中心资料库。

16.2 企业生态档案的结构与内容

企业生态档案包括下列章节。

（1）企业基本信息

企业名称，地址，行政归属，生产结构，下属机构（车间，工段）生产指标；生产综合体的生态简图、农地、林地、道路、居民区。大气污染源，水体污染，固体废弃物堆积地（埋场）。

（2）企业所在区域自然及气候特点

- 气候特点与大气污染扩散条件，大气层结温度系数，地形特点，最热月平均、最高温度，风向玫瑰图，多年平均风速；
- 环境状况，企业大气污染排放的背景值，根据背景值制定的允许排放量限值；
- 水体污染源与接纳的污水，月平均水资源消耗量。水质指标高于或低于标准：生物需氧量；化学需氧量；pH；水温；悬浮物。

（3）土地资源利用

- 总面积占地面积，包括农地、楼房、设施、道路、水库、绿地，卫生防护带，有些地点向阳状况；
- 土地资源利用：土壤侵蚀及防治面积；耕地构成；灌溉土地与旱地面积。其中：腐殖质减少 25%面积；化学污染、工业污染面积；盐碱化面积；土壤利用与腐殖质层破坏情况。

（4）水资源结构与利用

- 水源名称（河、湖、运河等），水量（1 000 m^3/a），水资源利用（灌溉、供水、排水），输水量；
- 污水特征：排放量，理化指标（生物需氧量，化学需氧量，悬浮物，pH，温度），单位时间排放量，处理率。

净化设备 净化设备编号、名称，净化方法，设计与实际处理量，处理设备入口、出口检测结果。按照标准，污水实验室测试数据，在自然水体采样对比分析数据。

水循环系统 是指没有经过河水、湖水、运河、水库系统的水循环，是用于冷却的水循环。水循环系统设计定额、实际出水量。系统中新鲜水减少量、进入水量。

循环水利用应指出，车间的顺序（技术流程），最初用水量、第二用水量、最终用水量。实际水消耗总量，是各个阶段水消耗累计量。

在此基础上确定每一种污染物允许排量限值。

（5）大气排放特征

收集系统的污染源资料与无系统化的污染源资料。在此指出：大气污染源是从实体污染物排放到大气圈；污染排泄源是在客体中形成污染物（技术设施，原料或产品堆积）；有组织的大气污染源是设备排向大气污染物（风洞，矿井通风，通气天窗）；无组织的大气污染源是无专门的设备排向大气污染物。

所有的有组织的大气污染源与无组织的大气污染源，都是可以计量的，计量是常态进行。出现新的污染源编新号，不再污染的污染源撤除编号。有序排放污染源标号从 0 001

到 5 999，无序排放污染源编号从 6 001 到 9 999。。

排放源 即从排放源（不论是设备排出或无设备排出）排放的污染物量（t/a），按下式计算：

$$M_{отх} = 10^{-6} \cdot C_{max} y\, t$$

式中，C_{max}——在排放源出口污染物最大含量，г/м^3；

y——在排放源出口处单位时间排量，m^3/s；

t——设备在一年内工作时间。

为了确定 C_{max} 用仪器实测。如果排放源安装了气体净化设备，则应指出型号、材质、净化器，以及测量仪器类型。气体净化设备的效果，用下列参数表示：

- 生态档案记载的与实际调查的效益系数；
- 气体净化设备投资成本与过去一年费用；
- 系数：

$$K = M_{факт}/M_{всв}\ （M_{пдк}）$$

式中，$M_{факт}$ —— 过去一年实际排放量；

$M_{всв}$ —— 在一定时间内相应的排放量；

$M_{пдк}$ ——允许排放量限值。

在结论中指出，每件产品的每种污染物实际排放量。

固定源 指出从固定污染源排出的每种污染物的数量，固定污染源或是排放管道（有序排放），或是直接排向大气（无序排放）。

进而指出，经过专门设备（管道、通风设备、天窗等）排向大气的每一种污染物的量。

在结论中指出过去的一年采取措施后排放量，指出允许排放量的限值。大气圈近地表层污染物分布图。确定该企业每一种大气污染源允许排放量限值，以及每一种污染物允许排放量限值。

在这一部分还应写企业内交通信息（交通种类，数量，年公里数 km/a，燃油种类及数量）。

（6）废弃物

分为生产废弃物与生活废弃物。指出一年期间自然利用形成的生产废弃物的数量，其中每一危险级的废弃物数量。此外，指出废弃物利用、无害化处理、转移到堆场数量。因此，提出将研究目前还没有的处理技术。提出废弃物允许限值。

指出废弃物堆场特征，卫生防护带面积，规划埋场容积，填埋程度，环境保护系统（防雨渗屏及雨水净化，排水，气体收集），必须要有堆场环境监测信息（利用观测孔进行地下水观测，空气、土壤监测）。

生活固体废弃物包括：一年排放量；处理、利用量；运往堆场数量。

（7）生态经济指标

环境保护的费用（大气保护，水资源保护，土地资源保护）。指出自然资源利用费用。指出环境污染的费用：从固定、流动污染源大气排放费；污染向水体、地面、厂区，生活垃圾向堆场的排放费用。

（8）自然保护措施与效果评价

进行大气污染物排放限值、水体污染排放限值的规划。在措施中优先：废除陈旧生产工艺、技术，引进新的经济的清洁生产的设备（污水净化）。

在建生态档案中最复杂、最困难的问题是：排放物、污水、固体废物有害作用的清查；排放物、污水、固体废弃物允许排放限值的计算。生态服务部门清查的主要目的，是计算对环境的不利影响，无害化与填埋，减低或消除有害物质作用及后果。清查用分析计算方法、直接仪器测量及监测的方法。计算与测量的结果，不仅检查与评价作业的准确性与可靠性，还要评价计算系统的有效性。

有害物质进入环境的实际指标（质量，数量），符合大气排放物与污水排放的允许限值。在此基础上，按照这种自然—气候环境下自然保护标准，对组织、企业及实体的活动进行评价。然后作结论：允许继续活动；采取紧急措施、长期措施（对有生态危险实体）继续活动；禁止活动（生态危险实体所在区）。

17 环境管理体系

17.1 企业环境管理系统

环境管理系统是总管理（经营管理）系统的一部分，是环境保护领域的管理，是对企业、组织、实体的活动引起的危机的管理。20 世纪 80 年代，工业发达国家的大公司，将环境管理作为经营管理系统组成部分，结果使工业区环境质量明显改善。

在大公司推行环境管理主要原因：

- 环境管理能促进生产及管理成本降低，原料、能源消耗及废弃物排放减量化；
- 进行环境管理更容易完成国家生态要求，表明公司生态文明状态；
- 银行乐意为进行生态管理的企业提供资金，这样降低企业整体经营风险；
- 生态管理最大限度防止企业发生生态灾祸；
- 企业环境管理达到国际水平，更有利于市场竞争。

英国国家《环境管理体系》BS 7750（1992）是建立环境管理体系的重要阶段。后来法国、西班牙、爱尔兰及其他国家形成了相应的标准。

1993 年通过了环境管理章程——欧洲生态管理与生态听证的决议。这一章程确定了公司、生产活动、自然保护活动规划的生态政策制定规范，公司、生产活动、生态规划在生态听证过程接受监督。

1996 年 9 月，国际标准化组织公布了 ISO 14001 和 ISO 14004。俄罗斯国家标准委员会 1998 年 10 月 21 日下发 No.378 文执行：

俄罗斯国标 ISO 14001—98 规范及使用指南；

俄罗斯国标 ISO 14004—98 原理、体系和支撑技术指南。

俄罗斯标准的文本是国际标准原文本。标准制定的环境管理功能、方法论基础，是著名的规划—执行—监督—完善原则，这一原则在国家政策支持下实施。

鉴于上述原则，环境管理系统结构由下列要素组成：

（1）向企业主宣传生态政策；

（2）规划：

- 单位、产品及活动的生态状况调查；
- 所有相关法律及其他要求；
- 所有有关个人责任、环境管理规划的生态指标。

（3）执行效果：

- 执行环境管理的责任与权力；
- 员工培训计划；
- 内外联系；

- 环境管理文件；
- 过程监督；
- 事故预防。

（4）执行状况检查与纠正：

- 监测与测试过程；
- 纠正及预防过程；
- 环境状况资料整理、装订、存放；
- 环境管理与听证全面检查。

（5）业主方分析。

环境管理的最终目的是逐步实现规划。为了按阶段实施计划，应组织生态服务机构。

17.2 生态服务机构

企业主根据企业人数、经济状况、物质-技术基础、生产工艺水平，决定生态服务机构的构成与人数。生态服务最适宜的形式，是由首席生态专家领导下的专家组成，直属企业主，或企业委托一位领导专管。

首席生态专家与环境监测实验室主任，与分管环境保护问题的工作人员一起开展工作。

生态服务机构分为下列类型：

- 分解式，每个工作人员负责具体环境影响要素；
- 综合式；
- 混合式。

第一种模式，工作人员分为：大气保护组；水资源保护与合理利用组；生产与用户废弃物减排组；岩石圈资源合理利用组。各个组的责任与国家生态监察机构相类似。在生态服务部门10多个工作人员，对应生产综合体管理不同目标。

第二种模式，工作人员一起研究、实施环境保护与资源合理利用有关的措施。这种类型适合于中小企业。

第三种模式，工作人员实施对环境各种影响的监测，并进行不同技术工艺的生态问题研究。

然而，任何一种生态服务机构类型，重要的是以综合的观点实施环境有效管理。包括生态政策研究，在生产活动中确定任务、目标，以及激励、监督等。

生态服务的主要任务：

- 进行综合自然利用，包括大气、土地、水、矿、森林及其他资源利用方法；
- 引进生产活动中节约资源的工艺；
- 用现代化自然保护设备装备企业；
- 发展资源二次利用系统，包括废弃物加工；
- 推广生态听证；
- 研究确定生态危机的方法；
- 在解决潜在生态危险问题时，同时考虑生产利益与居民安全；
- 研究生态危险客体特别是产生不可逆后果特别严重情景的应对系统。

在进行正常工作时，生态服务机构领导有权：

- 在24小时内第一时间到达分机构和现场；
- 当阐明破坏自然保护法的情形，发出指令采取措施限期改正；
- 要求分机构工作人员为环境保护负责，报告指令执行情况；
- 向业主（企业领导）建议对于保护环境积极工作具体人员奖励，或提示破坏自然保护要求的责任人；
- 实施从事生态活动的国家机构、社会组织业主方的委托。

生态服务机构的工作人员为自己职责及工作规范负责。

17.3 自然保护活动规划

要达到生态规划目标，应确定自然保护系列措施。

保护与合理利用自然资源系列措施：

- 企业污水应建全部或部分处理设施及输水系统；
- 引进循环或无排放供水设备；
- 实施排放水二次利用措施，防止对自然环境产生不利影响；
- 建立试验设施与试验车间，研究水净化方法与生活废水利用；
- 建设固体废弃物堆场或消除固体废弃物；
- 建立废水收集自动控制系统；

大气保护：

- 装置气—尘捕获设施，在废气未进入大气前进行净化；
- 在内燃发动机装中和器，使废气无害化；
- 建立大气污染自动控制系统，装备控制器、收集器，建设与装备污染控制实验室；
- 装置废气利用装置。

生产与生活废弃物利用：

- 建设垃圾加工与垃圾燃烧厂；
- 制造与引进城市及居民点生活垃圾收集、转运、加工设备；
- 建设从废弃物中获取原料的设施。

生态教育干部培养，对于科学研究：

- 快速测定空气、水、土中有害物质方法；
- 净化企业废气非传统的高效的方法，消除的途径；
- 保障废弃物深加工的工艺过程、设备、仪器。

17.4 国际生态管理系统的结构

自然利用管理或生态管理，理解为组织环境保护活动的总和。这是管理系统的一部分，包括所有影响环境的活动，及活动的生态指标保障。自然利用管理系统包括：

- 监测环境状态；
- 经济基础；

- 自然保护活动规划；
- 环境要素管理；
- 经济手段。

在国家自然保护活动中形成的这一系统，奠定了国际环境管理系统的基础。建议既用于国家环境管理，也用于国际环境管理。在发达国家取得好生态效果的环境管理，建议在发展中国家采用，如图 17-1 所示。生态管理首先查明环境污染的问题，对此进行监测，评价对于人体健康、植物、动物影响。

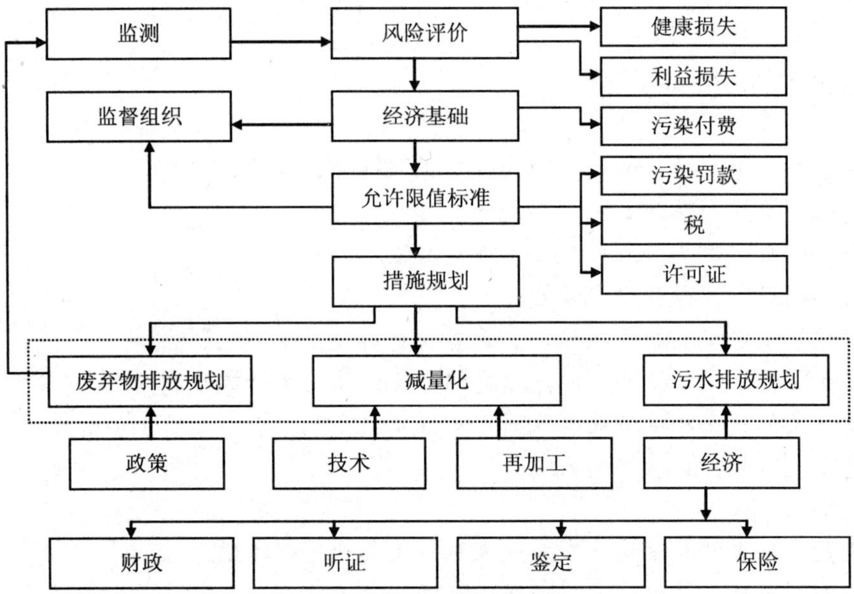

图 17-1　自然利用管理系统

此外，形成自然利用规范及破坏自然责任的法律依据。根据法律依据制定区域自然利用规范，用于区域长期、短期规划，环境状态改善及自然保护措施制定。以现代技术为基础的自然保护措施规划，保障自然资源合理利用，削减进入环境的污染，特别是确定投资政策及优先项目。

经济手段及机制，保障这些计划的实施。经济手段保障生态规划的实施，包括生态补偿、环境污染罚款，以及为企业——自然利用者颁发特许证。

环境管理的经济机制，应考虑下列活动经费：自然保护措施；自然利用听证；生态鉴定；生态保险。影响生态环境管理的因素：国内外环境保护政策；在规划期间技术水平；专业培训水平，以及该生态规划与居民的信息化程度。

18 环境保护的经济调节

18.1 环境保护的经济调节方法

鉴于《环境保护法》，在环境保护领域经济调节方法如下：

- 在生态预测的基础上，进行国家社会经济发展预测；
- 在俄罗斯联邦环境保护领域、生态发展领域，编制国家级规划；
- 编制与实施环境保护措施，防治环境危害；
- 确定环境负面影响付费；
- 污染物排放、废弃物堆积减量化；
- 进行自然客体与自然—人为客体经济评价；
- 进行对环境影响的经济与其他活动的经济评估；
- 对于利用先进技术、非传统能源、废弃物加工二次利用，以及相应于俄罗斯联邦法采取环境保护有效措施，予以优惠；
- 支持企业及企业外环境保护活动（包括生态战略）；
- 制定环境损失补偿条例；
- 有效实施环境保护其他经济调节方法。

在一些重要文件中提出，以生态预测为基础，进行国家社会—经济—生态预测，应当看做是《俄罗斯联邦生态理论》。

《环境保护法》第 15 条提出环境保护目标规划的编制、拨款、实施程序。

俄罗斯联邦生态发展规划，应包括下列章节：

- 问题、必要性论证、解决方法；
- 规划目标、任务、实施阶段；
- 预期效果及社会-经济效益，包括居民健康状况、环境状况预测；
- 建立生态监测与社会卫生监测系统必要性论证；
- 资源保障规划；
- 规划实施机制及跟踪管理。

在制定具体生态规划时，应预先查阅国家、区域生态保护措施与部门规划。生态规划应与实施规划区域的经济发展、商业部门规划协调。

生态规划经过国家生态鉴定后，由俄罗斯自然资源部审批。

《放射性污染区生态恢复规划》是生态规划研究实例，俄罗斯联邦政府 2002 年 7 月 14 日 No.421 文批准。该规划目标是在放射性污染区，通过清理、消除实体的放射性污染物，保障居民放射性安全，改善生态状况。

生态规划必需的信息源是：环境保护国家年鉴；区域及机构的生态档案；有关环境状

况与生态安全正式资料，包括核安全与放射性安全。

规划应实施相应的法规：《放射性污染区恢复生态规划》；核能利用有关法；环境保护有关法。相关法律条文确定生态规划编制程序、期限、资金来源。

对于工业生态化改造的企业，生态规划必须：

- 生产过程现代化；
- 引进现代化的资源节约、生态安全的工艺；
- 在集约化生产基础上，淘汰落后工艺，部门结构调整；
- 缩减危险工作岗位人员，提高劳动生产率；
- 创建有利投资环境，包括实施积极的生态政策。

18.2 生态项目的经费

生态规划的经费来源：国家财政预算内；国家财政预算外；银行贷款。作为推荐，中—东欧及独联体国家，自然保护资金主要来自污染者付费。这一原则建立了在市场经济条件下，自然保护活动的经费来源基础。这样促使污染者遵守环境保护标准。国家在污染防治中的作用，是制定政策、筹备经费，重点是把生态政策与执行者——单位与企业主以及投资连为一体。

吸引国外经费应当以国内配套经费为刺激，甚或以战略目标为刺激。国外经费补充国内经费。捐赠者多是无息贷款或技术援助的方式。国际财经机构以优惠贷款的方式给予支持，比国内优惠。国内捐赠、国际财经机构的合作，能够加速生态建设投资。还有全球生态基金，或捐赠或优惠贷款，是实施全球生态规划的补充经费来源。

在俄罗斯，根据《环境保护法》第 17 条，生态规划与自然保护措施经费来自：国家财政；企业、机构、组织提供；国家与地区生态基金；生态战略基金；银行贷款；国内法人、国外法人、自愿者捐赠。这些经费用于保护环境与自然合理利用，列入国家统计委员会自然保护援助栏目。在统计委员会 No.18（年鉴）中反映了这些方面投资：不同自然资源合理利用；企业消除、无害化、掩埋有毒废弃物、工业废弃物、生活垃圾；引进处理生产废弃物的设备；组织保护区及其他自然保护对象。

根据《环境保护法》第 21 条，为了解决紧急的自然保护任务，受损自然环境恢复，将国家的、州的、地方的生态基金整合一体，建立了统一的国家生态基金。形成独立于财政预算的自然保护活动经费来源。生态基金的建立与使用的问题，依照《关于指定的国家机构、自治区、自治州、莫斯科市、圣彼得堡市、地方自治机构，形成、使用用财政预算外基金权法》执行。1992 年 7 月 9 日 No.442 号文《俄罗斯联邦生态基金与俄罗斯境内生态基金》提议建立财政预算外生态基金，并确定了具体内容。生态基金主要任务是：

- 生态规划与科学技术计划提供经费，以改善环境质量保障居民生态安全；
- 为实施自然保护措施与规划积累资金；
- 经济激励爱惜、有效利用资源；
- 为自然保护设备提供经费；
- 为生态恢复科学研究提供经费。

基金还来源自然人、法人的下列费用：

- 排放物、废弃物及其他污染物付费；
- 生态破坏罚款；
- 自然人、法人，包括外国人捐助；
- 与法律相关的收入。

法人与自然人自愿出资生态基金，按照出资者愿望，不包括上述任务。与自然保护无关的活动，生态基金禁止使用，列入年度计划的基金使用不会取消。

生态基金在专有银行结算，分配如下：

- 地方性（城市、区）自然保护措施实施占60%；
- 共和国、州级的自然保护措施实施占30%；
- 国家级的自然保护措施实施占10%。

另一财政内经费来源，是水资源及资源提价，其收入高于出口欧盟资源价值很多。但也带来复杂问题，研究欧盟资源需求量与经费之间实际平衡。

18.3 环境污染的经济损失

基本概念 鉴于《环境污染经济损失评价及自然保护措施经济效果评价方法》，经济损失是负面环境影响的价值表示。它等于防治环境污染方案及与方案有关所有费用总和。费用构成方案包括：居民；公用生活设施；农业；森林资源；工业与交通环境背景要素；劳动资源；休息资源。

降低人为作用对于环境的负面作用，达到生态、社会、经济效果。相应于生态效果评估方法，表现为向环境排放有害物质减少，污染水平降低，土地、森林、水、大气利用适宜性增加。社会效果表现为生理、文化、创造力、休闲条件改善。经济效果表现为整个经济与个人需求的资源节约、物化劳动减少。

个别经济实体（企业）经济损失 是指降落在环境中，企业排放的有害物质给企业带来的损失（费用）。按照这种看法，有害物质负面影响的经济损失只是企业综合损失的一部分。

经济损失是自然保护活动费用的第一部分。第二部分是自然保护活动的日常费用，工艺过程对企业及环境的负面影响。

日常费用 自然保护活动累计费用：自然保护活动主要基金支出；自然保护措施支出；为降低经济损失生产工艺完善的生产基金支出；保护环境相关服务费用（例如，其他企业水净化等）。

企业的经济损失如下：

（1）企业环境污染发生的费用

- 有害物引起疾病不能出勤，生产效率降低的产品综合损失；
- 产品、原料、半成品报废综合损失；
- 由于环境污染，产品的可能损失；
- 由于环境污染技术投入增加的综合损失。

（2）消除环境污染后果的费用

- 污水净化处理费用；

- 排放水输送到比较干净的水源地；
- 建立卫生防护带；

显然，日常费用越多，企业的损失越小。而且日常费用增加并不意味着总生产费用增加。解释为总费用增加，而企业经济损失减小。总费用增加只是用于自然保护活动的日常费用部分。削减用于自然保护活动的日常费用，并不意味降低产品成本。降低产品成本，只有在提高自然保护措施效果的条件下才能达到。

这样，自然保护活动日常费用是具有转化的特性，而经济损失是具有消极的惩罚特性。换句话说，日常费用是用于消除环境污染的原因，而经济损失是污染的后果。

因为环境污染上述两种费用同时存在。在确定经济损失时，必须确定最小的必须费用。例如，对大气产生污染时，或费用花费在预防措施上，或费用花费在污染清除上，或两者综合费用。

环境污染经济损失是综合计量，是污染区各类经济损失总和。自然利用经济计算：①居民；②公共设施；③农业；④工业与交通单元；⑤渔业资源；⑥休息资源。

经济损失计算方法　计算从排放量或排向环境有害物开始。其后果，正如前边所指出的，是广谱的，从由于空气、水、污染引起人体健康下降，到农业产量下降。

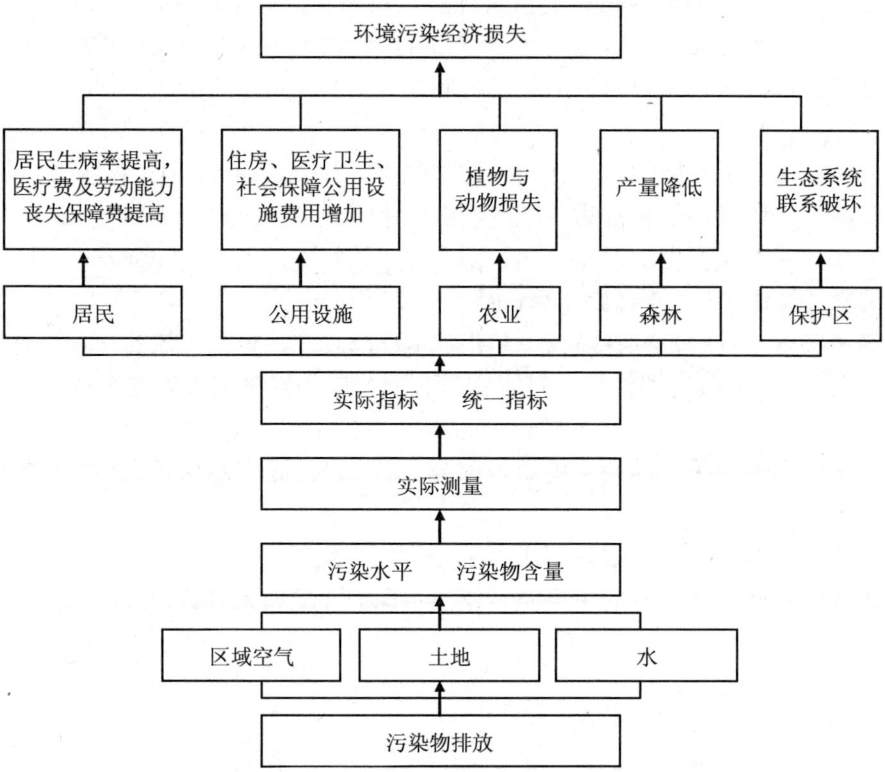

图 18-1　环境污染经济损失确定的示意图

已知日累计排放量 V，损失计算如下：

$$P = f_1(V) + f_2(V) + f_3(V) + \cdots + f_n(V)$$

式中，P ——日损失；

$f_n(V)$ ——由于排放环境质量下降，第 n 项人类活动的损失量。

虽然评价损失的思想如此简单，但实际上完成是很困难的。污染状况的经济损失计算的逻辑顺序：从污染源排放有害物质→大气有害物含量→实际损失→经济损失。

对于每一环节应独立计算。在“排放—浓度”环节必须利用气象、水文学方法，在“浓度—实际损失”环节，用医学—生物学方法，在“实际损失—经济损失”环节，用经济学方法。最难的是用医学方法研究实际损失。

第一阶段，分析实体的排放物构成与具体污染物排放量。第二阶段，计算有害物浓度，利用大气（水）扩散模型计算，考虑一些影响因素。例如大气污染浓度计算，考虑位置、烟囱高度、风向、气候环境、地形等。第三阶段，评价对环境与人类活动的实际损失。一般考虑：生活质量下降；空气、水中有害物质含量增加；生物量下降，例如农业减产。利用实验观察资料建立有害物含量与实际损失指标量之间函数关系。第四阶段，将实际损失转换为价值形式。经济损失用实际损失产生的亏损量表示。计算公式：

$$P=\sum_{i=1}^{n}f_i(V)=\sum_{i=1}^{n}X_iP_i$$

式中，X_i ——第 i 项活动实际变化；

P_i——第 i 项实际变化的价值评估。

尽管经济损失确定图式如此简单，但是实施很复杂。复杂性在于需要物理变化详细资料，特别是实际损失变化及其评价。这需要专门研究，也需要根据实验研究及国外大气污染、水污染经济损失研究结论，确定实用的损失评价方法。因此，在简化过程基础上，按照统一公式或者按照《随时间变化曲线图》进行计算。

18.4 环境自然要素污染经济损失的确定

为了确定大区域自然保护措施的经济效益，或进行效益比较，采用简化过程的方法。其计算结果可以进行经济损失大小比较，消除污染措施的有效性比较。经济损失的评价，是计算单一固定污染源的污染物向单一自然要素（大气，水体）的年排放量。

单一污染源的大气污染年排放量的经济损失（y），按下式计算：

$$y=\gamma\sigma f\mathrm{M}$$

式中，y ——损失评价，卢布/a；

γ ——单位污染物排放的价值（货币）评价，卢布/t；

σ ——大气污染区域不同类型（疗养、休息区、居民点，林地、耕地等）相对危险性系数；

f ——表征扩散特征（排放高度、温度、风速等）的系数；

M ——污染源年排放量：

$$M=\sum_{i=1}^{n}a_im_i$$

式中，m_i ——i 种大气排放物年排放量，t/a；

a_i ——i 种排放物相对危害性指数，标定值 t/t；

n ——大气排放污染物种类数。

$$a_i = f/（ПДК_i\ нас.，ПДК_{i\ р.з.}）$$

式中，$ПДК_i$ нас.，$ПДК_i$ р.з，——居民区、工作区 i 种物质空气中允许含量限值。

指数 σ，f，a，i 是随时间变化列表表示不同情形，γ 是累计数。

污染源（企业、居民点）向 k 类水经济区污染排放的经济损失按下式计算：

$$y = \gamma\, \sigma_k M_c$$

式中，σ_k——不同水经济区（河流，河段）污染相对危险性系数；

M_c——该污染源向 k 类水经济区年排放量，t/a：

$$M_c = \sum_{i=1}^{n} a_i m_i$$

式中，a_i ——向水体排放 i 种物质相对危险性指数，标定值 t/t：

$$a_i = f（ПДК_i\ р.х.；ПДК_i сан.\text{-}быт）$$

$ПДК_i$ р.х.，$ПДК_i$сан-быт——分别是渔业与生活用水 i 种物质允许含量限值。σ_k. 与 a_i 指标值在表中给出。γ 为是累计值。

表达这样思路，排向大气或水体所有种类的有害物质，计算按单相污染进行。大家知道，不同的物质对环境和人类的影响是不同的。因为连续累积 500 kg 汞、10 t 二氧化硫是不可能的。只有计算每一种有害物质相对质量系数 a_i 才有意义，即一种有害物质是另一种有害物质危险性的多少倍。实际排放量 m_i 乘上系数 a_i，计算某一种污染源排放质量。

引入测定排放物质量的标准单位，例如，标准吨。这种单项污染表示环境污染程度。系数 a_i 表示有害污染物对环境危害程度，是比较分析各个有害物质的基础。有害物质相对危险性系数，与允许含量限值是反函数关系。a_i 值列于专用表（表 18-1，表 18-2）。

表 18-1 一些大气排放物 a_i 值

物质名	a_i 值 / 标定值（t/t）
一氧化碳	1
硫酐	22
硫化氢	54.8
硫酸	49
氧化氮	41.1
氨气	10.4
挥发性低分子碳氢化合物	3.16
丙酮	5.55
苯酚	310
乙醛	41.6
3,4-苯并[a]芘	12.6×10^5

表 18-2　一些污染水体扩散物质的排放物相对危险性指数

污染物质	相对危险性指数 a_i
A. 无机物	
一般指标	
①硫酸盐，氯化物	0.05
②悬浮物	0.10
③硝态氮	0.20
④磷	2.00
⑤铁，锰	2.50
⑥硝酸盐	12.50
工业无机物	
⑦锌，镍，铋，钨	25.00
⑧铅	50.00
⑨汞，砷	145.00
B. 有机物	
一般指标	
⑩化学需氧量	0.07
⑪生物需氧量	1.00
工业有机物	
⑫表面活性剂	5.00
⑬石油类，油	15.00
⑭甲醛，丁醇，苯乙酮，硝基苯酚	80.00
⑮高毒性金属有机物，杀虫剂	200.00

区域污染相对危险性系数 σ，应当考虑区域特点及其系数对有害物质排放的反应。大家知道，环境吸收有害物的特征，在一定意义上取决于纬度地带性，越向北吸收量越少。南方自然环境改变有害物影响容易些。评价大气污染损失，按照两个标志确定系数：自然特点；区域类型。水资源按照流域确定相对危险性系数 σ（表 18-3，表 18-4）。

表 18-3　不同类型区的大气污染区域相对危险性系数

危险类型	σ 值
风景区，疗养院，保护区，封育区	10
城郊休息区，疗养及别墅区	8
居民点人口密度 n/（人/hm^2）（人口密度＞300 人/hm^2，系数等于 8）	（0.1 hm^2/人）
工业企业区（包括防护带）及工业枢纽	4
森林：	
1-类	0.2
2-类	0.1
3-类	0.025
耕地 南部区（北纬 50°以南）	0.25
黑土带南部，西伯利亚的南部	0.15
其他区	0.1
果园，葡萄园	0.5
牧场，季节性牧场	0.05

表 18-4　不同水经济区系数σ值

流域，河流，断面名	σ值
波罗的海	
①芬兰湾	1.8
②涅瓦河	1.6
③卢加河	1.3
④拉多日斯科耶湖	2.5
⑤奥涅加湖	2.5
⑥伊尔门湖	2.2
⑦楚德－普斯科夫湖	2.2
咸海	
⑧顿河（沃罗涅日河口）	2.4
⑨沃罗涅日河	2.5
⑩顿河（沃罗涅日-齐姆良斯克河口）	1.7
⑪顿河（齐姆良斯克河口）	2.3
⑫北顿涅茨	2.8
⑬库班河（阿尔马维尔市，河源）	1.9
⑭库班河（阿尔马维尔市，阿尔马维尔河口）	2.6
⑮米乌斯河	3.5
⑯卡利米乌斯河	4.0
里海	
⑰伏尔加河（诺夫哥罗德市）	1.2
⑱奥卡河	2.2
⑲莫斯科河	2.9
⑳伏尔加河（罗夫哥罗德－萨马拉河口）	1.6
㉑卡马河	1.6
㉒伏尔加河（萨马拉河口）	1.7
㉓乌拉尔河（河口）	1.5

系数 γ 是用于大气及水体的货币评价参数。这一系数反映的是与经济相关的所有变化，及相应的通货膨胀过程。

大气的系数 γ 值与水体的系数 γ 值是不同的。对于不超过允许限值的排放物（1999 年基准价），γ 值等于：

大气：$\gamma'_a = 3.3$ 卢布/t（标准 t）；

水体：$\gamma'_B = 443.5$ 卢布/t。

对于超过允许排放物限值：

大气：$\gamma''_a = 15.8$ 卢布/t；

水体：$\gamma''_B = 2\,346.7$ 卢布/t。

注意到环境经济损失的倍增性，采用下式：

$$
y=\begin{cases}\gamma'\cdot\sigma\cdot f\sum_{i=1}^{n}a_i m_i,\ m_i\leqslant ПДC_i\\ \gamma'\cdot\sigma\cdot f\sum_{i=1}^{n}a_i\cdot ПДC_i+\gamma''\cdot\sigma\cdot f\sum_{i=1}^{n}a_i\left(m_i-ПДC_i\right),\ m_i>ПДC_i\end{cases}
$$

修正值 f，考虑有害物在大气中扩散特征，根据扩散尘的成分与沉降速度ω确定，或者取决于过滤净化系数。沉降速度 ω 按照专门公式计算，而过滤净化系数η按照下式计算：

$$
\eta=\left(1-\frac{V_2}{V_1}\right)\times100\%
$$

式中，V_1——未净化的尘或大气固体颗粒物年排放量；

V_2——净化后的尘或大气固体颗粒物年排放量。

修正值f 按下式计算：当 ω ＜1 cm/s

$$
f=f_1=\frac{100}{100+\varphi H}\cdot\frac{4}{1+u}\qquad \varphi=1+\frac{\Delta T}{75℃}
$$

式中，φ——热上升修正值；

ΔT——污染源口（管道）与大气环境平均温差；

H——排放口高度，m；

u——平均风速；m/s。

如果无实测风速 u，则采用 3 m/s。

对于尘或大气颗粒物：

①ω ＜1～20 cm/s，η≥90%，　$f=f_1=\frac{100}{100+\varphi H}\cdot\frac{4}{1+u}$

②ω = 1～20 cm/s，70%≤η＜90%　$f=f_1=\sqrt{\frac{1\,000}{60+\varphi H}}\cdot\frac{4}{1+u}$

③ω＞20 cm/s，η＜70%，　$f=f_3=10$

当移动污染源排放，或尘粒与水汽同时排放，则修正值f= 10。

计算实例

在生产量 20 000 m^3/h 的化工企业装有抽气净化设备，尘含量从 2 g/m^3 降低到 0.6 g/m^3，每年开机 4 000 h。如果将含尘量降低到标准值（0.1 g/m^3），需要增加净化设备。

为了确定净化系统改进前、改进后的年经济损失，必须知道弥散尘的粒径及沉降速度 ω。根据这两项计算参数f（物质在大气中扩散系数）。

所研究的实例，采用Δt=15℃，h=20 m，φ =1+15/75=1.2，u=3 m/s。因此，当 ω=1 cm/s，f=0.83，当 ω=1～20 cm/s，f =3.53。

净化系统向大气排放的尘，10%的尘粒径大于 12 μm（ω=1～20 cm/s），90%的尘粒径小于 12 μm（ω＜1 cm/s）。改造后，排放的所有尘的粒径小于 12μm（ω＜1 cm/s）。在这样情形下：

f=f_1=0.1×3.53+0.9×0.83=1.01。改造后 f=f_2=0.83。

捕获的尘 80%含氧化铁、氧化铝，20%含氧化硅，相应的尘相对危险性指数：

a_1=13.9（t/t），a_2=83.2（t/t）。对于所有尘考虑混合比例 a=13.9×0.8+83.2×0.2=27.8（t/t）。

净化系统尘排放量：

改造前 $m_1=0.6\times20\,000\times4\,000\times10^{-6}=48$（t/a）

改造后 $m_2=0.1\times20\,000\times4\,000\times10^{-6}=8$（t/a）

尘年排放量：

改造前 $M_1=a\times m_1=27.8\times48=133.4$（t）

改造后 $M_2=a\times m_2=27.8\times8=222.4$（t）

因为化工企业位于城市中心，人口密度 300 人/hm^2，因此 σ=8。单位有害物质排放经济损失 γ'=20 卢布/标准 t（1998 年 1 月 1 日价），γ''=95 卢布/t（1998 年 1 月 1 日价）。

年经济损失：

未考虑倍增损失

①改造前 $y_1=20\times8\times1.01\times133.4=21\,557.4$（卢布/a）

②改造后 $y_2=20\times8\times1.01\times222.4=35\,939.8$（卢布/a）

考虑倍增损失

极限允许排放量 m_2=ПДВ=8（t/a）：

①$y'_1=20\times8\times1.01\times27.8\times8+95\times8\times1.01\times27.8\times(48-8)=886\,312$（卢布/a）

②$y'_2=20\times8\times1.01\times27.8\times8=35\,811$（卢布/a）

年减少经济损失：

第一种情形 $\Delta y=y_1-y_2=214\,928-35\,811=179\,117$（卢布/a）

第二种情形 $\Delta y=y^1{}_1-y^1{}_2=886\,312-35\,811=850\,501$（卢布/a）

计算经济损失时，如果无法确定必需的参数，建议采用超极限污染付费指标。这种方法有缺点，依据已有环境污染付费，采用类比法确定损失。因此损失的确定，应当计算评价实际的损失。如果实际损失评价不可能，建议利用《事故环境危害损失评价程序》，这是自然资源部 1994 年 6 月 17 日 No.200 号令确定的。该评价程序没有规定对居民健康损失的偿还，而是对于自然环境污染损失偿还，在污染限值基准付费基础上，每排放 1 t 污染付费提高 5 倍。

例如，对于大气环境：

$$Y_i = 5\cdot\sigma\cdot m_i\cdot n_5'\cdot k$$

式中，5——提高系数（罚款）；

n_5'——在设定的最低污染限值范围污染物排放标准付费，卢布/t；

σ ——生态情景系数；

k ——指数标定系数（通货膨胀）。

18.5 向固定地点倾倒废弃物付费的确定

1991 年 1 月 1 日起俄罗斯实行了环境污染付费制度，规定的付费：

- 向大气排放污染物，包括固定污染源与非固定污染源；
- 向地表水体排泄污染物；
- 废弃物堆放。

2002 年 1 月 10 日 No.7-Ф3《环境保护法》第 16 条明确了环境负面影响付费。1992 年 5 月 9 日俄罗斯部长会议 No.13 号文关于修改费用征收令，是执行环境影响付费的根据。其后，制定了每一具体污染物的付费标准。制定了 211 种向大气排放污染物收费标准，92 种向地表水源排泄污染物的收费标准。这些标准是单一污染物的收费基准。收费标准是考虑了对环境污染的危险性及对于人体健康的影响。

1992 年 8 月 28 日俄罗斯联邦政府 No.632 号令《关于自然环境污染、固体废弃物堆放及其他有害作用付费及付费范围确定条例》，是最新的环境负面影响付费及计算条例。它与经济实体、经济活动执行的俄罗斯联邦税法有关。因对环境负面影响付费涉及范围广，在法律程序上曾尝试否决上述条例。俄罗斯联邦最高法院 2002 年 12 月 10 日 No.284 号文，决定承认依据上述条例的收费，收费是非税收性质，上述条例有效。

各个主管部门拟订的执行方案，是对于 No.632 号令的细化，具体了收费程序。

俄罗斯联邦政府 2003 年 7 月 12 日 No.344 号文《关于固定及流动污染源大气排放、地表水及地下水污染排放、生产垃圾堆放付费标准》，确定了执行标准。标准是负面影响付费计算的依据。

污染物排放付费标准的计算，根据每一物质毒性，利用相对毒性指标，反比例于大气、水中允许含量限值。

已确定了 210 种最普遍的大气污染物付费标准（卢布/t），142 种排放水体的污染物付费标准。标准有两种：允许限值付费标准；极限值付费标准。两者比例是 1∶5。

环境污染付费是一种特别的间接纳税。数量是根据大气排放、水体污染排放、垃圾堆放的数量。污染付费不应当看作生态损失补偿。

生产排放物对环境的负面影响的经济损失，使生产成本增加，还无法计算，因为还没有减少废弃物及环境污染的费用计算标准。在生产成本中，人为因素还不能准确计算。现在还没有市场机制，使生产与生产废弃物建立经济联系。污染付费是用经济方法解决这一问题。在此必须清楚，污染付费（税）对经济是损失，但国家是在用经济手段，调整生产对环境的负面影响。一般情形下，任何税或付费，都会降低生产总值。国家应当制定适量税费额，不会降低生产总值。

对于废弃物堆积及其污染的付费标准，国家应当确定修正系数。不同生态环境付费标准的修正系数不同。生态环境或因素有：

- 区域自然气候特点；
- 自然与社会—文化实体的重要性。

俄罗斯水环境划分 11 个区，相应地确定了修正系数 σ_a。例如，东西伯利亚 $\sigma_a = 1.0$，乌拉尔 $\sigma_a = 2.0$。水源地划分了 99 个区，每个区确定了相应的系数 $s_{\text{в}}$，例如，白海及巴伦支海 $\sigma_a = 1.0$，罗斯托夫区的河流 $\sigma_a = 1.26$～1.85。

下列区域修正系数提高：

- 在生态灾难区、极北区、国家公园、国际公约保护区的自然利用，系数为 2 倍；
- 对城市、大工业中心向大气排放污染者，系数增加 20%。

这样，具体区域的污染付费，计算方法是付费标准乘以修正系数σ。

环境污染付费标准修正系数，还应考虑价格水平。因此，应随着国内通货膨胀速度变化，现在滞后于美元汇率上涨（2～2.5 倍）。

根据俄罗斯部长会议 No.344 决定（2003 年），确定了两类付费标准：在付费标准内的付费；临时性确定的付费标准（表 18-5，表 18-6）。

对于固定污染源，排放（排泄）付费按照下式计算：

$$S=\begin{cases}\sigma\sum_i m_i n_i，\text{如果} m_i \leqslant q_i \\ \sigma\left[\sum_i q_i n_i+\sum_i (m_i-q_i)n_i'\right] \quad \text{如果 } q_i < m_i \leqslant l_i \\ \sigma\left[\sum_i q_i n_i+\sum_i (l_i-q_i)n_i'+5\sum_i (m_i-l_i)n_i'\right] \quad \text{如果 } m_i > l_i,\end{cases}$$

式中，S——从固定污染源排放（泄）付费，卢布；

σ——考虑区域生态因素的大气、水源的修正系数；

m_i——实际有害物质排放（泄）量，t/a；

q_i——允许排放（泄）限值，t/a；

l_i——临时符合排放（泄）标准，t/a；

i——有害物质类别；

n_i——在允许限值范围内排放（泄）付费标准，卢布/t；

n'_i——在设定限值范围外排放（泄）付费标准，卢布/t。

表 18-5 固定大气污染源排放付费标准 单位：卢布

物质	排放 1 t 污染物付费	
	在允许排放限值范围	在设定的极限排放量范围
一氧化碳	0.6	3
硫酐	40	200
硫化氢	257	1 985
硫酸	21	105
氮氧化物	52	260
氨	52	260
挥发性低分子碳	1.2	6
丙酮	6.2	31
苯酚	683	3 415
乙醛	205	1 025
3,4-苯并[a]芘	2 049 801	10 249 005

表 18-6　向地表水、地下水排放污染物付费标准　　单位：卢布

污染物	排放 1 t 污染物付费	
	在允许排放限值范围	在设定的极限排放量范围
硫酸盐	2.5	12.2
氧化物	0.9	4.5
悬浮物	366	1 830
亚硝酸盐	13 775	68 875
氨氮	689	3 445
磷酸盐	1 378	6 890
磷	2 755	13 775
铁	55 096	275 480
锰	27 548	137 740
硝酸盐	31	155
锌	27 548	137 740
镍	27 548	137 740
铋	2 755	13 775
铅	2 755	13 775
钨	344 352	1 721 750
氰化物	5 510	27 750
汞	27 548 091	137 740 455
砷	5 510	27 750
甲醇	2 755	13 775
铜	275 481	1 377 405
石油类	5 510	27 750
苯酚	—	—
杀虫剂：阿特拉津	55 096	275 480

举例：

进行化工企业大气尘排放付费计算。根据大气污染排放付费标准（俄罗斯联邦政府 2003 年 6 月 12 日 No.344 号文），氧化铁与氧化铝，氧化硅的相应排放付费为：

$n = 52$ 卢布/t，21 卢布/t

$n' = 260$ 卢布/t，105 卢布/t

考虑上述化合物，单位尘排放的付费为：

$n = 0.8\times52+0.2\times21= 45.8$ 卢布/t

$n' = 0.8\times260+0.2\times105=229$ 卢布/t

大气污染排放付费（设允许排放限值 q=8t/a）为：

a）当污染物高于允许排放限值，但低于临时设定排放限值

$$s_1=\sigma\left[\sum_i q_i\cdot n+\sum_i (m_i-q_i)n_i'\right] = [(8\times45.8)+(48-8)\times229] = 9\,526.4 \text{ 卢布/a}$$

b）当污染物低于允许排放限值

$$s_2=\sigma\sum_i q_i\cdot n_i = 8\times8\times45.8 = 2\,931.2 \text{ 卢布/a}$$

固定污染源排放（泄）付费数量，根据企业每种污染物实际排放量决定。这些信息包含在年度统计数据中，也可根据俄罗斯生态监测获取。准确确定排放（泄）量，对污染付费是最重要的。对于固定污染源，必须保障实际污染量的准确性。

大多数企业没有实际排放（泄）数据，可以通过设计资料或工艺流程推算。但是与实际不完全符合。可以用仪器临时观测确定排放（泄）量。

18.6 移动污染源排放物散布污染环境付费的确定

移动污染源大气污染排放付费分为：允许排放限值内付费；超过允许排放限值付费。

利用 l 种燃料的移动污染源的 i 种污染物，允许排放限值内付费 y_e：

$$y_e=\sum_{i=1}^{n}H\delta_i\cdot M_i$$

式中，$H\delta_i$ ——不超过允许排放限值的 i 种污染物排放 1 t 的付费标准，卢布/t；

M_i ——含在排放气体中的污染物质量，t。

在这种情形下主要污染物：碳氧化物、氮氧化物、碳氢化合物、烟灰、二氧化硫。

各种燃料付费[No.344 决定（2003 年）]：

无铅汽油　1.3 卢布/t；

柴油　2.5 卢布/t；

燃气　1.2 卢布/t。

这样，移动污染源在允许排放限值范围内向大气排放的付费，计算式写为：

$$\Pi_{\mathrm{H}}=\sum_{l=1}^{L}y_l\cdot T_l$$

式中，Π_{H} ——允许排放限值范围内，向大气排放的付费，卢布；

l ——燃料种类；

y_l ——在允许排放限值范围内 l 种燃料向大气排放的付费标准，卢布/t；

T_l ——移动污染源在时间 T 燃料 l 的数量。

超过允许排放限值的污染付费，按下式计算：

$$\Pi'_{\mathrm{H}}=5\sum_{j=1}^{p}\Pi_{\mathrm{H}j}\cdot d_j$$

式中，Π'_{H} ——超过允许排放限值范围向大气排放付费，卢布；

$j=1$，…，P——交通工具类型；

$\Pi_{\mathrm{H}j}$ ——某一交通类型在允许排放限值范围内的付费，卢布；

d_j ——j 类交通工具占份额。

移动污染源污染物排放总付费，按照下式计算：

$$\Pi_{общ.}=\sigma_a（\Pi_{\mathrm{H}}+\Pi'_{\mathrm{H}}）$$

式中，σ_a ——该区域大气状况的生态情景与生态重要性系数。

对于移动污染源，发动机尾气无害化处理，采用付费修正系数：使用无铅汽油、燃气的交通工具 0.05；其他交通工具 0.1。

废弃物分为工业废弃物、农业废弃物、生活废弃物、有毒废弃物、无毒废弃物。毒性的分类，按照俄罗斯联邦卫生部与俄罗斯联邦国家科学技术委员会 1987 年发布的《有毒工业废弃物暂行分类》《工业废弃物毒性分类建议方法》。

根据废弃物的种类与毒性确定付费标准。废弃物分为包括处理过的无毒废弃物以及分为四级的有毒废弃物。

与此相应地制定了每吨废弃物不同付费标准[No.344 决定（2003 年）]从 0.4 卢布/t 到 1 739.2 卢布/t。生活废弃物与处理后的工业废弃物，在设定的极限排放量范围的付费标准 $H\sigma_{omx.}=15$ 卢布/m^3。

废弃物付费计算，按下式：

$$\Pi_{omx.}=\begin{cases}\sigma_o\sum\limits_{i=1}^{n}H\sigma_{omx._i}\cdot M_{omx._i}, \text{如果} M_{omx._i}\leqslant \Pi ДО_{omx._i}\\ \sigma_o\sum\limits_{i=1}^{n}H\sigma_{omx._i}\cdot \Pi ДО_{omx._i}+5\sum\limits_{i=1}^{n}H\sigma_{omx._i}\cdot\left(M_{omx._i}-\Pi ДО_{omx._i}\right), \text{如果} M_{omx._i}\geqslant \Pi ДО_{omx._i}\end{cases}$$

式中，$M_{omx.}$ ——i 种废弃物实际堆积，t/a 或 m^3/a；

i ——废弃物种类（$i=1, \cdots, n$）；

$\Pi ДО_{omx.i}$ —— i 种废弃物年极限堆积，t/a 或 m^3/a；

$H\sigma_{omx}$ ——在设定的极限堆积范围每 t 的付费标准，卢布/t 或卢布/m^3；

σ_o——该区域生态情景或土壤重要性的修正系数。例如，北高加索区 σ_o=1.9。

18.7 生态保险

国家对环境保护拨款不足，仅占财政支出 0.5%，有必要寻找新的经费来源，用于预防和消除经济活动、生产、自然过程非常事件的经济损失。在这样的情形下，向企业、非国有机构分担环境保护经济负担，特别是保险机构。

生态保险的必要性是毫无疑问的。研究表明，生态保险可以减少国家财政负担 2/3。实施生态保险，不仅可以弥补环境的经济损失，而且可以获得现代化环保设备及自然保护措施实施的补充经费。

在《环境保护法》第 18 条写到，生态保险目的是保护法人、自然人在遭受生态危机时的利益。在第 18 条第 2 款写到，在俄罗斯联邦必须实施生态保险。

生态保险是在自然保护机构、组织与保险公司之间，采用自愿的方式。保险机制与条款，应反映取得最大生态与经济效果。

生态保险应准确地写明企业与生产的潜在环境危险。是以生态风险多年研究为基础的。此外，还应写清楚被保险事件危险性及确定方法、国家自然保护效果评价方法。

环境污染及潜在经济损失的风险概率评价，是企业生态危险性（事故）排序的基础。风险概率评价的前提，是以企业拥有多年的事故统计资料为基础。一般在企业或上级的专门文件中没有这些信息。好的办法是利用会计账目反映与事故有关的费用增加（不是必然的）情况。有些信息能在有关火灾安全管理的民防部门获得。经验表明，收集多年事故信息很困难，有时不可能。在这些情形，可以进行企业前几年下列资料收集：有害物质排放（泄）量、破坏自然保护的缴纳费用（包括罚款）、有害物质排放在生态危险性中的贡献。

在没有完整的生态事故资料，或没有污染在生态风险中所占份额资料，采用因素分解方法，根据鉴定结果，确定每一因素对总后果的作用，进行因素排序。

生态保险的基本功能　环境事故污染的责任保险，也就是生态事故使第三者遭受损失的保险。一般生态损失大部分是法人及自然人的财产损失，由于生病收入损失，伤残、死亡。

保险者利用专门的生态保险后备基金，用于财产保险。在这一方面，保险者与投保者利益是一致的。第一，保险者保险资金付出最小，第二，投保者减少了生态事故风险。

投保人由于生产事故造成损失，用保险后备基金赔偿。应注意到投保人损失的赔偿，不应形成对于不负生态责任的鼓励，要知道赔偿不应超过损失的 2/3。

事故环境污染的经济损失，以企业危险性分级为基础。最危险的企业——A 类，事故概率 0.09，环境污染潜在的年经济损失 2 200 万卢布。危险企业——B 类，事故概率 0.085，环境污染潜在的年经济损失 1 600 万卢布。较危险企业——C 类，事故概率 0.059，潜在经济损失 200 万卢布以下。A 类企业必须强制保险，B 类企业由区域自然保护组织决定，是否强制保险。C 类企业自愿保险。

最危险的与危险企业，要经过生态审计。特别危险企业要经过国家级审定。规定保险者接受投保者——危险企业生态保险的范围，保证损失能得到赔偿。

1992 年 4 月，俄罗斯环境保护部、自然资源部及紧急情况部，制定了《俄罗斯联邦自愿生态保险标准规定》。各个保险公司在其基础上修订了各自的自愿生态保险细则。

强制生态保险是给经济实体增加经济负担，但也是经济实体建立保险基金的一种方式。对实施环境保护措施提供经费支持。条件是经济实体要有盈利。

近些年强制生态保险有了保险的依据。《关于工业安全联邦法》（1997 年）提出，在使用危险生产设备时必须强制保险，特别是对居民生活环境有危险情形。类似的要求也在《关于水工设施安全》联邦法中提出。

俄罗斯批准了《关于控制危险废弃物越境转移及其处置的巴塞尔公约》。公约中提出废弃物越境转移及处置时，进行保险及经济担保。

在《关于产量分成协议》联邦法中提出，当石油天然气勘探、开采时，要为污染、生态破坏、居民环境进行强制性保险。

俄罗斯目前还没有生态保险法。有些地方政府在研究与推行个人权益保护法，在个人权益保护法中，有关环境污染造成危害的公民生态保险。在尼热戈罗茨克区、楚瓦什共和国、鞑靼斯坦，推行个人权益保护法。

俄罗斯法律明确了保险，是投保人根据合同约定，向保险人支付保险费，保险人对于约定的事故及其造成财产损失，以货币形式（基金）支付投保法人、自然人赔偿金。俄罗斯联邦保险、生态保险法，旨在于不利生态状况出现时，保护公民、法人的财产。

在俄罗斯联邦《环境保护法》第 23 条提出相类似的原则，保险采用两种方式——强制保险与自愿保险。而投保方是一致的，即参保对象都是自然人、法人、经济实体，他们的财产与收入。

俄罗斯自然资源部与国家保险公司，1992 年审定了《俄罗斯联邦自愿生态保险标准规定》，在规定中提出新的不同于上述法的生态保险新类型。投保者是遭受不可预料的事故、灾害、惨祸的受害者（有潜在事故、灾害危险的企业）。

生态保险的目标 保护第三者财产利益，避免不可预料环境污染损失。

参保者是俄罗斯境内有生产能力的私有企业、机构。特别是有潜在的危险的企业，有可能发生事故、灾祸（化工厂，核反应堆，输油管道，交通）。保险是自愿的。投保者与国家保险公司签保险合同，保险公司预先准备文件：保险评价合同；缴纳保险费；赔偿付款条件与程序。

保险费根据企业盈利按费率计算。实施合同产生争议，法院裁决。

生态保险的对象 是由于突发事件土地、水、空气污染造成财产损失。

生态保险的事件 是带来经济损失的大气污染排放、土壤污染、水体污染。

向参保人赔付金额，根据合同，包括下列项目：①综合损失；②由于环境与生活条件恶化的损失；③区域清理、抢救生命及财产的综合支出。

下列情形保险者拒付保险金：没有实施保险者提出的预防措施；参保人在突发事件过后，粗心大意未履行自己责任。

18.8 保护区活动及自然利用许可制

自然利用许可制包括联邦法及俄罗斯政府颁布的其他法所确定的自然资源利用许可制。

自然资源许可制是国家部门管理机构（水利部，矿产部，自然利用部，渔业部，农业部，以及各部的地方分机构），允许经济活动实体在一定范围、一定期限、遵守约定条件下利用自然对象。现在已经有 40 多种自然资源利用的文件。

许可制可以分为许多类型，按照期限可分为永久性的、短期的、长期的。自然资源许可制包括下列许可：水资源，矿产，综合自然利用。授权的主体分为个人与集体。矿产生产许可证是颁发一个文件，允许在限定矿体开采几个矿种。

同时多种许可，不同于《环境保护法》第 18 章提出的综合自然利用。同时多种许可是矿产部允许同时开采几个矿种。统一的许可为资源利用者提供方便，例如，矿产开采者，在工业开发同时还要利用水资源及其他资源。

水资源利用 根据水法，水体使用权的取得，是根据许可证签署相应的合同。俄罗斯联邦水法第 5 章（48—53 条）有水利用许可制的内容。俄罗斯联邦政府 No.383 号文件，审定了《国有水体利用、利用额度、许可证颁发规范》。下列用水无需许可证：

- 公共用水；
- 用于漂筏和小船航行水体；
- 大气降水；
- 消防用水；
- 私有土地第一含水层的水，且该层水未被饮用水中心利用；
- 保健康复医疗用水。

根据俄罗斯联邦土地法与民法，可以实施这些水利用类型。

矿产开发 根据《矿产法》（11 条），颁发专门的许可证，即国家准予开发主在一定地段、一定时间、商定的条件利用开发。1992 年 7 月 15 日俄罗斯联邦政府 No.3314-1 号文审定矿产开发利用条例。

综合自然利用 在俄罗斯向市场经济过渡时期，所有经济利用必须考虑环境保护机制。最前景的方式，是在政府与开发利用者之间签署合同。其依据是《环境保护法》（18 章）。合同写明自然资源利用（土地、地表水、地下水）权利与责任，对环境影响的条件，付费多少。利用资源利用付费、污染付费的经济杠杆，通过合同，联邦政府进行资源综合利用。

自然资源综合利用合同时经过俄罗斯自然资源部地方机构。确定生态要求，资源利用与环境污染的范围界限。俄罗斯自然资源部 1993 年 12 月 23 日 No.273 文审定了《颁发资源综合利用许可证暂行规范》。

在环境保护与生态安全保护区许可证制 1998 年 9 月通过了《特定种类活动的许可》联邦法。通过许可证制调节某些活动种类对环境影响强度。这些活动对公民健康、国防、国家安全带来损失，除许可制再无其他解决的途径。这种许可证制不能扩大使用范围。

执行许可证制的国家机构由俄罗斯联邦政府与有关部确定。地方政府执行机构，根据地方法确定的程序确定。

政府机构在对于环境保护领域下列活动提供许可证，保障生态安全。

环境保护活动 1996 年 2 月 26 日俄罗斯政府 No.168 号文，审定通过 No.1 418 规定《环境保护领域许可的活动类型》。可以发许可证活动：

- 消除、削减、运转、处理、填埋工业废弃物及其他废弃物、材料（除了放射性废弃物）;
- 建生态档案、颁发证书、进行生态审计;
- 与自然保护相关的活动（服务）。

发环境保护领域许可证，按照 1986 年自然资源部 No.282 号令审定的程序进行。

破坏臭氧层的物质的进出口 破坏臭氧层物质及含有该物质产品进出口，许可程序按照《进口到俄罗斯联邦及从俄罗斯联邦出口破坏臭氧层物质及含有该物质产品规定》执行。

与含电离辐射源有关活动 1996 年 6 月 11 日俄罗斯联邦政府 No.688 号文《关于审定消毒剂、杀虫剂生产许可规范及与电离辐射有关活动许可规范》。按照文件执行。

水文气象与环境监测方面活动 俄罗斯水文与环境监测部门对下列活动颁发许可证：

- 区域开发建设规划水文监察;
- 影响水文与自然地理过程的工作;
- 水文气象、海洋地理、地质地理工作及环境监测工作。

发证程序按照 1995 年俄罗斯政府 No.787 号文《有关水文气象、环境监测活动许发证颁发程序》。

研究与利用空间及空间服务活动 由俄罗斯航天局实施。对下列单位发许可证，不取决所有制形式：

- 所有研究、利用空间的活动，包括建设、生产、发射、维修、模拟，通信等;
- 航天服务、租赁、出售、探测器信息;
- 独立的空间活动;

➢ 其他相关活动。

空间科学研究与利用不受许可证限制，在轨道运行的探测器不需要许可证。

企业、单位、机构（以下简称申请者）获得许可证，以与航天局签署合同为基础。在合同中写明证书类型、使用、许可活动种类及其他条件。

下列情形拒发许可证：

➢ 申请者无保证完成所许可活动的实力；
➢ 不保证遵法守纪；
➢ 使用生产、试验基地而不负必要的技术、生态责任；
➢ 实施所申请的活动破坏俄罗斯政府的国际合作协议；
➢ 申请的活动会给俄罗斯联邦带来技术、经济、军事损失；
➢ 申请者违反发垄断法。

自然资源许可证的法律意义在于，它是国家全权执行机构与经济实体之间，自然利用权力关系及其变更的依据。与许可活动有关的自然利用期限长，应补充一个合同。许可条件变化须相应地修改合同。

给企业颁发生态许可证，取决两个条件：生态可行性；经济可能性。生态可行性用下式表达：

$$\sum_{i} a_{ij}(x_i^{(0)} + x_i) + a_{0j}(x_0^{(0)} + x_0) < S_j$$

式中，a_{ij}，a_{0j} ——i 污染物污染贡献，企业本底控制点 j 种污染（持生态许可证企业）；

$x_i^{(0)}$，$x_0^{(0)}$——保证许可证要求，i 种污染排放量，企业本底排放量；

x_i，x_0 ——不保障许可证要求的排放量；

S_j ——允许排放限值（ПДК.）。

如果满足下边不等式，则企业的许可证是有效益的。

$$\sum_{i} d_i(x_i) > D(x_0)$$

式中，$d_i(x_i)$ ——企业降低排放 i 种污染价值功能；

$D(x_0)$ ——许可证价值。

许可证制是鼓励企业进行自然保护活动的手段。

18.9 推广优秀实用新技术的税收优惠

俄罗斯联邦《环境保护法》第 17 条指出，国家支持企业环境保护活动。

优秀的实用技术是指以科学技术成果为基础，能降低环境负面影响，在实际使用中有稳定的经济与社会效果。

《俄罗斯联邦税法》与《企业与组织所得税》中提出，对于采取自然保护措施的企业与组织，实行税收优惠。此外，相应于《企业增值税》第 5 条第 6 款，企业计税减去用于环境保护的实体的价值。

自然保护有下列基金：

大气保护基金

- 排入大气前的废气净化与捕获的设备;
- 汽车尾气检测。

水环境保护基金

- 生产与公共水源的生物、化学、机械净化站;
- 水净化设施与设备，包括灌溉水;
- 收集、输送、处理液体生产排放物;
- 生产与公共输水管网;
- 封闭循环的供水系统;
- 有害水体防护设施;
- 防止污水流入水体的拦截坝。

防治生产、生活垃圾对环境污染的环境保护基金

- 专门堆放垃圾的地方;
- 生活生产废弃物利用与无害化处理设备。

俄罗斯联邦地方政府也制定了一些地方税收优惠政策。

19 俄罗斯生态法基础

19.1 俄罗斯生态立法现状

社会与自然环境相互关系问题，是全球重要问题。20 世纪社会经济发展及经济快速增长，引起史无前例的环境危害。人类社会不断增长的需求与生物圈不能保障这些需求的矛盾。

从 20 世纪中期开始，生态学被认为是研究自然与社会相互作用的科学。如果普通生态学是进行全球生态、人类生态、工程生态等问题的研究，那么社会生态学包括经济生态学、生态未来学、人口生态学、城市生态学与人文生态学。生态法学是综合法学准则解决生态问题。

国家是通过经济、组织、新的法学机制实施生态功能调节。以前传统的法只具有政治、经济、文化功能。在人为作用下生态环境严重危机的今天，法还具有调节生态功能。法具有新的特点，调整社会与环境相互关系。这一新特点，使具有生态功能的法，按其内容归入生态学系统，而按照形式，归入法学体系。

法的生态功能目标，是国家运用法律准则保障稳定的环境质量，赋予生态学在解决经济问题中主导作用。

一般认为，生态法规是自然保护、资源利用的法规。生态法是调整生态关系的行动规范，源自俄罗斯国家宪法、国家有关法、法规、指令。

世界多数国家自然保护法，是包括环境质量标准：有害物质允许含量限值；允许排放限值；废弃物堆放规定。以国际法为基础，调整国内生态关系，国际法案例在生态法形成中起重要作用。

应当注意到，世界很多国家的生态法，是在自然保护法和土地法基础上发展起来的。

俄罗斯生态法形成分以下阶段。

1917—1922 年　提出第一个保护、利用自然资源的法规。

1922—1957 年　积极推进自然资源利用法。

1957—1963 年　1960 年 10 月 26 日前苏联通过自然保护法。

1963—1980 年　颁布国家土地法、矿产法、水法、森林法、动物法、大气法。

1985—1990 年　尝试改革自然保护与资源合理利用领域的社会关系，修编前苏联自然保护法。

1990 年至今　重新审定的俄罗斯联邦法，包括生态法；《环境保护法》（2002 年）；《土地法典》（2001）；《矿产法》（1992 年）；《森林法典》（1997 年）；《大气保护法》（1999 年）。

近年来，在环境保护、自然合理利用、保障生态安全方面，通过了一些法。可分四大类。

➢ 通用

关于环境保护，2002年；

关于生态鉴定，1995（1998）年；

批准有关南极条约环境保护议定书，1997年；

关于水文气象服务，1998（2002）年。

➢ 生态安全

关于居民卫生—传染病预防，1999（2001）年；

关于保障公民健康，1993（2000）年；

关于居民、区域自然与技术突发事件防护，1994年；

关于在基因—工程领域国家调节，1996（2000）年；

关于批准危险废弃物过境转移的巴塞尔条约，1994年；

关于杀虫剂安全，1997年；

关于水工建筑安全，1997（2001）年；

关于生产废弃物及其要求，1998（2002）年；

关于节能，1996年。

➢ 居民辐射安全

关于放射性污染地段专门生态规划，2001年；

关于利用原子能，1996年；

关于放射性安全，1996年；

关于批准放射性危险与核危险的生产及实体，1996年。

➢ 自然资源

俄罗斯联邦土地法典，2001年；

关于国家土地污染，2001年；

关于土地复垦，2001年；

关于土地付费，1991（2000）年；

关于土地税定额，2001年；

关于大气保护，1999年；

关于土地生物改良，1996年；

关于矿产，1992（2002）年；

关于自然医疗资源，康复与疗养地，1997年；

特殊自然保护区，1995年；

关于动物世界，1995年；

关于批准生物多样性公约，1995年；

俄罗斯联邦水法典，1995（2001）年；

关于俄罗斯联邦内海、濒岸带、内陆海，1998年；

关于俄罗斯联邦大陆架，1995（2001）年。

现在的生态法采用的法律原则：1990年6月12日《前苏联主权声明》；1991年12月22日人权宣言；1993年12月12日通过的宪法。生态法反映了国家生态战略，反映在自然保护、保障生态安全方面强化法制的方向。

生态法源自：《关于环境保护法》；《关于公民健康保护法》；《保护环境保障持续发展国家战略》《1995—2005年放射性废料、核废料运转、清除、掩埋规划》《预防气候变化及其负面后果》总体规划。

俄罗斯联邦政府关于生态问题解决分为三种途径：即依法解决生态破坏；指定管理与监测机构，确定生态状况；法律规范行动，调整生态关系。

19.2　生态法的对象

生态法的对象是：自然环境；自然体；自然资源；自然综合体；人的生态权。在《环境保护法》的第4章指出，它们应防止污染、枯竭、退化、受损、灭绝，以及经济活动及其他活动危害。生态法保护的所有自然对象，分为综合的对象、分解的对象、特殊保护对象。

自然环境是综合体，是自然环境与人为环境的叠加（图19-1），是综合的生态对象。

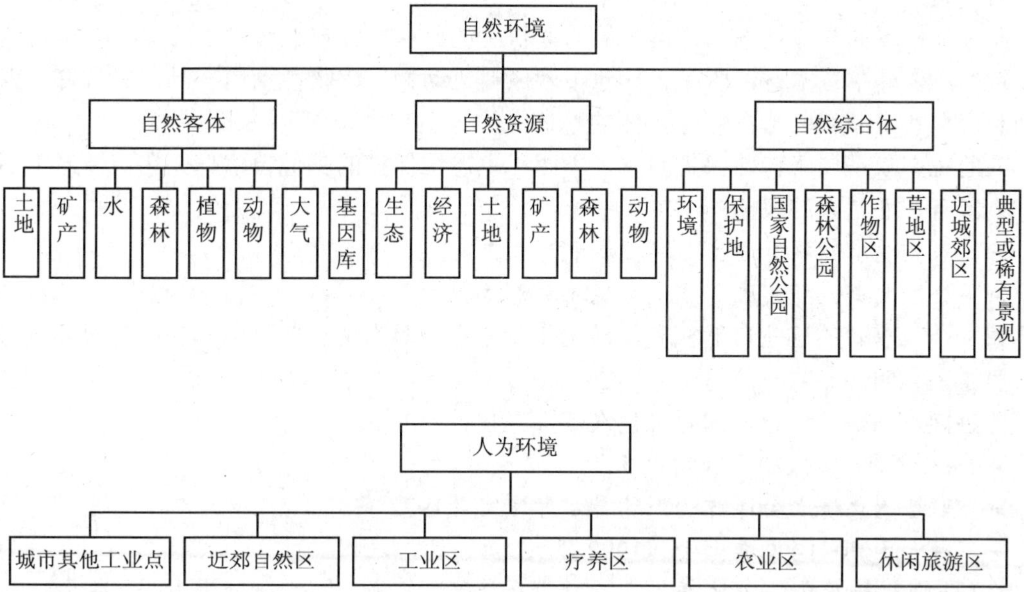

图19-1　生态对象概略图

对于所有自然保护对象，生态法准则的建立，应考虑：人为活动对环境与人体健康的影响；对于自然保护与资源节约法律有效干预的客观可能性。

分解的生态对象有：土地；矿产；水；森林；植物；大气；动物；基因库；自然景观；自然资源；自然综合体是在一个区域包括一些自然资源与自然体。自然环境是连续的自然综合体，不能分解的生态保护对象，是特殊保护区，包括自然保护区；国家自然公园；自然遗迹；森林公园；典型的或稀有景观，这些属于特殊保护对象。

土地　俄罗斯土地资源170 700万hm^2，其中林地占56.3%，农业用地37.7%，居民用地3%，自然保护区、疗养地、文化用地占1.2%，水域1%，工业、交通、国防及非农业用地占0.8%。2001年10月25日俄罗斯联邦政府No.137-Ф3号土地法典，是保护土地资源的法律规范。

水 是有限自然资源。包括海洋、湖泊、河流、地下水等。1995年通过，经修改2001年12月30日重新发布的水法典（编号No.194-Φ3），调节水资源保护方面的人类活动。

森林 是自然系统，由乔木、灌木、其他植物构成。也包括动物、微生物。它们之间及与外部相互作用、影响。具有生态、文化、健身、经济功能，例如，保护土壤、改善气候、休闲娱乐、医疗、文化等。森林保护用1997年通过的森林法典调节。

大气 实质上是围绕人类的环境，从法的观点完全是指空气。《保护大气法》（1995年）确立了大气保护的法律基础。

动物 《动物法》（1995年）对动物，从低等到高等，提出五方面要求：保护物种多样性；保护栖息地与繁育环境；保护群落完整性；合理利用；数量调节。

矿产 是地壳土壤层下到达深部进行地质研究、开发、采矿的部分。1992年通过，经修改2002年3月29日新发布的《矿产法》（编号No.57-Φ3），调节矿产开发与保护。在矿产资源开发方面没有解决的问题，是毒性与放射性废弃物掩埋、自然原料枯竭问题。

自然资源 即人类用于自己需求的资源。这方面经常使用的术语是“合理利用”。自然资源分为枯竭的与非枯竭的，再生的与非再生的。在一种自然体中，可能有多种自然资源。例如，森林中有木材、树脂、其他技术原料、动物、植物性食用产品、氧气等。因此合理利用自然资源有助于自然综合体的整体保护。

人的生态权是属于特殊保护对象。不同于生态法保护的其他自然体，在该情形下不是保护人本身，而是人的权益：

➢ 人类要求健康舒适生活环境权利；
➢ 公民要求保护健康，免受环境不利影响权利。

每一个人享有的这些自然权利，从出生到死亡应具有的。宪法第42条及《环境保护法》第3条载明。

除过国家法保护人权，国际法也在保障人权：

➢ 《世界人权宣言》（1948年）；
➢ 联合国环境大会通过的斯德哥尔摩宣言（1972年）；
➢ 联合国环境与发展大会（1992年）。

在环境宣言中，最先表述的是人的健康及其基因资源。因为所处生态带，俄罗斯20%的区域处于危机状态。现在7 000万人呼吸空气含有对人体危险的物质（超过允许浓度限值5倍）。

出生率下降与人均寿命缩短。居民死亡率上升，小孩出生精神疾病现象，或许是基因偏差。所有自然环境与健康关系的资料表明，生态系统破坏与人类及后代健康关系非常密切。

生态危机的法制、政治、经济原因是：

➢ 国家对于自然资源和生产方式的垄断，对环境保护没有任何经济激励；
➢ 资金支出不合理，不与人民福利快速增加相联系，不与环境改善相联系；
➢ 工业技术不完善，靠牺牲环境取得垄断利润；
➢ 保护自然环境的法律机制不完善、低效率，有时是明显不适宜；
➢ 生态虚无主义，公民生态文化水平低。

《环境保护法》第71—74条，阐述了生态培训与生态教育问题。例如，在第71条强调，为了提高生态文化水平和对专家的职业培训，建立全面、综合、不间断生态培训与教育体系，包括：学龄前教育，中学教育，高等学校教育，职业教育，利用各种信息手段进行后续教育。现在生态学基础课程，在各级学校开设。在第 78 条要求，与环境和人健康有关的部门、机关、单位的领导，必须参加生态培训。不经过培训者不许上岗。

19.3　生态责任

生态责任概念　生态责任是《环境保护法》（第 71—80 条）中已有的概念，在生态法范畴揭示其实质、准则。在法学中，责任永远被认为是必须完成的法定准则，没有完成或没有完全完成，要为不利后果负责。

生态责任有两种形式：生态责任、法律责任。在生态学领域，表现为对国家、社会、人类为所有不可逆后果负责。这些后果是由于人为活动、生态虚无主义、生态文化水平低造成的，影响环境、公民健康及后代。

生态违法对于人类健康的危害，不是孤立进行的。例如，危害生命与健康，也危害生存的自然环境。自然环境数量、质量恶化，也为人们生活、经济实体的物质基础带来负面影响。这样，生态违法不仅带来经济损失，而且还会造成生态损失（图 19-2）。经济损失表现为财产、资金损失，生态损失表现为环境污染、自然生态系统的破坏。

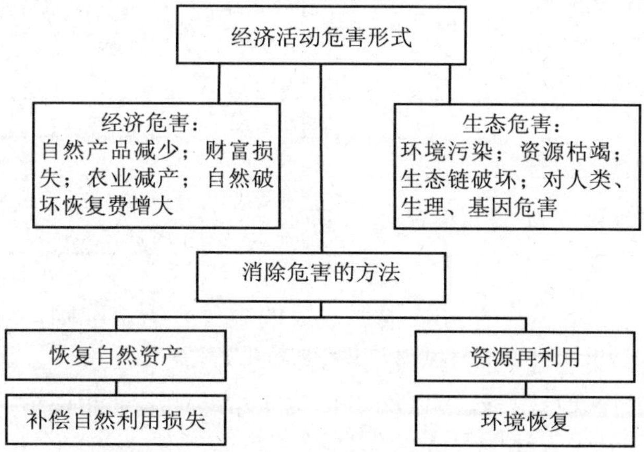

图 19-2　经济活动危害形式与消除危害的方法

对自然环境的危害源于经济活动，后果表现为经济损失与生态损失。自然环境的损失包括：

- 实际损失，自然客体与自然资源损失，恢复费用（直接损失）；
- 不能持续利用的损失；
- 没有达到应有收益的损失。

生态责任是社会、经济多重结构的规范。生态责任的实质在于有四个职能：激励职能、惩罚职能、补偿职能、预防职能。激励职能是利用经济手段，激励保护生态利益。惩罚职能是对有生态过失的人进行惩罚。补偿职能是用实物或货币补偿环境损失。预防职能是采取控制措施，预防被处罚。

生态违法永远不符合生态环境保护利益，不符合人类对于环境的要求。根据人为作用的严重程度，生态违法或者可能构成生态过失，或构成生态犯罪。

生态—经济责任是在经济主体活动合法的前提下，用经济手段主要是物质利益，调节污染减排。生态—经济责任是从社会与自然相互关系的一个原则出发，即污染者付费。

法律责任产生，是由于不守法行为或经济手段不起作用，因此，采用纪律责任、行政责任、刑事责任等法制措施进行调节。实质上这些是经济与法的结合。目标一致与利益共性，使经济与法的综合，形成统一的整体。

生态经济责任与生态违法法律责任的界限，根据生态违法的度来确定。生态违法法律责任与生态经济责任的关系以及对环境的危害表现列于表 19-1。

表 19-1 生态违法法律责任与生态经济责任

主要标志	生态违法法律责任	生态经济责任
确定责任理由	生态破坏：超标有害物排放，毁坏自然体	造成企业经济损失的事实，增强、加速对自然环境危害的材料
原告	受害者，或法人代表	国家环境保护机构
责任人	危害责任人：法人或自然人	经济主体：自然环境污染者；违反生态法自然人、法人
危害确定	按照价目表 按照固定的方法 按照实际发生费用 按照自然人精神损害	确定单位大气排放、污水排放、废弃物堆放量。在一定的范围提出要求
主要标志	法律责任	经济责任
危害计算	通过政府或法庭仲裁	协商
危害补偿费使用	恢复被破坏状况，补偿损失	企业缴纳生态基金，用于自然恢复。自然人缴纳生态基金，用于健康恢复

生态违法法律责任的特点：第一，根据违反的具体生态法准则，确定自然保护方面的法律责任；第二，根据生态违法的具体法律准则来确定责任。

在科学—技术革命的时代，经济结构中工业比重增加，企业规模、生产能力增大，生产技术对自然破坏越来越大。保护自然环境最直接的、最有前景的、最终的目标，是保护、恢复环境，所有经济—生产活动生态化。

目标的实现以法律作保障。因此，1993 年根据自然资源部《关于在俄罗斯境内建生态档案令》，在实施工业安全宣言（1995 年 6 月 1 日政府颁布）以及《危险生产实体工业安全法》的实践中，企业都建立了生态档案。

环境质量标准非常被重视（《环境保护法》第 19—31 条）。由系列允许限值组成的环境质量标准，对保护环境、保护基因库、保障资源合理利用、保障经济持续发展起了重要作用。关于标准研究有三个重要方向：基因标准；生态标准；环境污染容量标准。在俄罗斯及独联体国家，现在进行着有关气候指标作为环境质量标准的研究。此外，对于很多污染物确定了安全限值。

生态违法行为 这是不论是作为还是不作为，违反俄罗斯联邦生态法规定的过错行为，造成自然环境危害或加重危害。在任何违法构成要件中，包括：违法主体；主观方面；

违法客体；客观方面。

违法主体 生态违法主体可能是任何经济实体（企业、机构、国家机关、社会团体、私人企业等），也可以是自然人。

主观方面 指犯罪主体对自己危害社会行为所持心理态度。

违法客体 法律保护的不被污染、破坏的环境，由环境所决定的人体健康、物质利益。

客观方面 指法律所保护的社会关系造成侵害的客观外在事实特征。

生态违法行为可按照一些标志分类：

- 按照主题（所有环境保护与自然利用）；
- 按照自然环境保护客体；
- 按照制裁种类（按照法律责任种类）；
- 按照危害方式。

按照主题分为：

- 违反生态及法律责任；
- 违反自然保护要求；
- 违反自然利用要求方式。

按照自然环境保护客体分为：土地、水、气、林、动物等部门违法行为。

按照生态违法方式分为：

- 自然环境污染；
- 自然资源不合理利用；
- 破坏、毁灭自然体；
- 枯竭自然资源；
- 破坏自然环境、生物链。

按照处罚分为生态过失与生态犯罪两种。

过失是对行政责任而言。行政违法的一般概念，参看 2002 年 6 月 1 日生效的《行政违法》联邦法规第 21 条。是指违法或不作为，不负刑事责任。如果说到生态过失，行政责任已经提到违反生态法的条款，负有相关的法律责任。

行政责任 这是对于国家机构、国家政权机关代表人与责任人、法人、公民，因违法及违反国家纪律，采取的处罚措施。对于承担行政责任的自然人，法定年龄年满 16 岁。对于在国家机关工作的责任人，根据行政法第 2.3 条，其行为不仅违反社会责任规范，而且是职务违法。例如，在自然保护、居民健康保障方面不遵守设置的规范，而这是属于工作范围，属于行政过失。

行政处罚是行政责任措施，警示本人教育其他人，预防类似行为再发生。在行政法中有以下行政处罚方式：

- 警告（行政法第 3.4 条）；
- 罚款（行政法第 3.5 条）；
- 没收违法工具（行政法第 3.6 条）；
- 非法所得充公（行政法第 3.7 条）；
- 取消从事某种活动权 1 月 ~2 年（第 3.8 条）。

对生态过失最普遍的一种行政处罚方式是罚款，但不是完善的方法。不能将缴费称为罚款。企业为排放废弃物付费，这不是罚款，是环境污染付费。

行政罚款数额根据最低月劳动报酬计算，是一个变量，根据社会发展及相应法，进行调整。

行政法确定行政过失最高、最低罚款额。自然人（公民）行政罚款不超过 25 个最低月劳动报酬，责任人不超过 50 个最低月劳动报酬，法人不超过 1 000 个最低月劳动报酬。最低罚款额不低于 0.1 个最低月劳动报酬。

根据生态内容，行政违法分为三类：

- 生态安全保障；
- 自然环境保护；
- 保护自然综合体免受破坏。

除行政法外，前述的《环境保护法》（第 75 条）、《森林法典（总则）》《矿产法》（第 49 条），也规定了行政处罚措施。

生态犯罪 在 1996 年 5 月 4 日通过的、1997 年 1 月 1 日执行的新刑法中，与老刑法不同，生态犯罪独立成章，列出 17 项生态犯罪。1991 年早先实施的《环境保护法》第 85 条，提出生态犯罪的概念，是“俄罗斯联邦生态法律程序确定的，危害社会生态安全，引起自然环境和人类健康危害的危险的犯罪行为”。2002 年新通过的环境保护法中，只是提到“违反环境保护法，根据相应的法，负有财产责任，纪律责任，行政责任，刑事责任”。

在执行的法律中，生态犯罪构成考虑下列因素：

- 联邦自然保护法；
- 国家生态法结构；
- 生态犯罪审定的承袭性。

对自然环境保护生态要求及社会生态安全保障，不取决于所有制形式及经济实体行政归属。从这一点出发，生态犯罪可以分为两类：违反居民生态安全；违反保护自然财富与自然综合体。

生态犯罪概念包含两个基本要素，是生态法规与造成环境危害。

对于严重生态犯罪确定刑事责任，有重要意义的是下列生态危害特点：

- 不仅用货币评价刑事案件生态破坏程度，而且考虑对当代及后代生态后果；
- 实际危害是超过允许限值及其对人体健康的影响；
- 在刑事关系中，因果关系是具体的（在生态鉴定或生态卫生鉴定结论中，应当指出具体危害的原因）。

所有犯罪包括生态犯罪，根据刑法典相关条款按照对社会危害程度确定。按照这样判定，生态犯罪刑罚分为三类：

- 对社会未造成大的危险，剥夺自由 2 年，或从轻处罚，罚款 200～500 个月最低劳动报酬（俄罗斯联邦刑法典第 246 条、第 247 条 1 款、第 249 条、第 250 条第 1 款、第 256 条、第 258 条）；
- 对社会造成较大的危险，剥夺自由 5 年（俄罗斯联邦刑法典第 247 条第 2 款、第 250 条第 3 款、第 251 条第 3 款、第 252 条第 3 款、第 248 条第 2 款、第 254 条第 3 款）；

➢ 对社会造成重大的危险，剥夺自由 20 年（俄罗斯联邦刑法典第 261 条第 2 款、第 358 条）。

重大的生态犯罪在刑法中都有规定，例如，毁坏森林，倾倒、排放有害物质，大规模毁灭动植物，向大气及水体排放有毒物质，造成生态惨祸（刑法第 358 条）。

在生态法中采用了与刑法类似的生态犯罪分类。在生态犯罪构成中，刑罚从轻，采用刑法中量刑犯罪心理作用的原则。

生态法的研究者与执行者不难发现，类似的处罚，在刑法和行政法中处罚程度没有差别。

尽管在刑法中生态犯罪独立成章，但是刑法仍然未走出《形成重大社会危险》的界定。这就意味着，生态责任的预防功能，在刑法实施中体现得很弱或无效果。

第四部分

工业生态学理论基础

20　工业生态学理论基础

20.1　技术系统的概念

首先明确一下，技术系统本来是不存在的，只有具体的对象、客体、过程与现象。换句话说，技术系统是人为的概念，表达一个复杂的对象，从整体进行研究、完善。我们也注意到，直到现在还没有大家都接受的技术系统定义，也没有具体的技术系统结构特征。

但惊奇的是，系统的观点、方法广泛用于人类活动的各个方面。应强调的是，系统论的奠基人是我国 A.A.波格丹诺夫，尽管大家认为系统论创始人是 L.V.贝塔朗菲。顺便提及的是，对于系统论作出实际贡献的人，很多是生物学家、医生。也就是解决与人的肌体不同但却相似的问题。

完全同意选择“人—机器—环境”作为研究对象，利用系统论进行分析与综合。首先，论述系统论的概念、原则、方法及研究实例。

自然，研究应从确定系统的特征与分类开始。在此，所研究的系统，应理解为要素的综合，它具有各个要素所没有的功能。

至于系统的分类（按照某种原则多级划分），应当看到，目前不仅没有分类系统，而且没有分类的标志。尽管现在一般的分类标志，采用成因，结构，对环境影响程度，动态特征。一种可行的系统分类如图 20-1 所示。

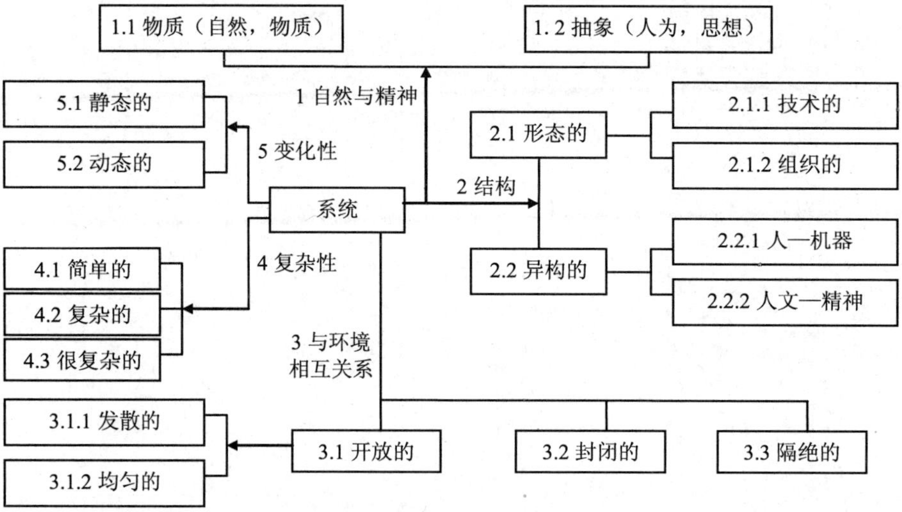

图 20-1　技术系统分类

按照分类的一级标志，在图的上部分为两类：1.1 物质类（天然的、物质的）；1.2 抽象类（人为的、思想的）。类似一级标志，按照二级分类标志划分为：2.1 形态的；2.2 异构的。

按照与环境相互作用，分为：3.1 开放的；3.2 封闭的；3.3 隔绝的。隔绝的系统与封闭的系统区别，是内部信息、物质交流的差异。

技术的（2.1.1）与组织的（2.2.2）是均质性标志分类例子。开放系统分为均匀的（3.1.2）与发散的（3.1.1）。

第四级分类标志是系统的复杂性，分为：4.1 简单的；4.2 复杂的；4.3 很复杂的。

复杂系统与很复杂系统的区别是：

- 综合性，即相似性明显不同；
- 多级结构，即各自有亚系统与单元；
- 功能与对不同因素作用的偶然性；
- 状态评价的多标准性，即质量多矢量指标的必要性；
- 结构及组成的差异性。

这表明，尺度性是大系统的主要特征，既不可能再分解（分解为单元），也不可能再组合（联合）。系统复杂性的标志（从研究意义），对大系统而言，是它的多样性。即建模型、研究方法的综合性，也就是多学科分析与综合。

第五级标志是变化性，即在不同因素作用下变化的差异性。分为：静态的（5.1）；动态的（5.2），也可分为消极的与积极的。

一些系统除按照要素分类外，还可有意识地按照单元（亚系统）划分。它是单一要素联合一些其他的功能与资源形成的综合体。划分单元是为了人—机器系统的管理。人—机器系统是人（人员）利用技术与环境形成的系统，可以看做是低一级的亚系统。

问题是，作为高级别系统单元的某一客体，能够进行组合，考虑的是它在被吸收的系统中的实际贡献。每一客体通常作为系统的单元，其组合贡献即为系统整体贡献。这就是所谓的要素组合或要素的系统生成。系统的定量评价是具有组合特征，即相应要素定量指标的综合评价。

从上述可知，系统的首要特征，是其单元的组合特性及系统生成特点。这样，所研究的客体不仅是一个完整的形成体，而且是高级别系统的单元。

在系统的形成中起重要作用的，是亚系统之间相互作用，而不是亚系统的特点，更不是亚系统的数量。这就是为什么系统的结构是系统最重要的特征。系统组成单元及相互联系，保障系统内部及系统与外部环境的能量、物质、信息交换。

所以，在人—机器系统中，不论单一要素或综合结构，都要研究其内部过程。分析单一要素之间及其与环境之间的能流、物流、信息流交换。

所有复杂客体及其过程的显著特征，可以进行形态学描述。人—机器系统形态特征可以理解为空间特征，即各个环节相互关系的综合。

系统的要素及结构是系统的重要特征。还有一个重要特征，上边已经提到，是系统功能。这一概念是系统各个组成部分、环节的相互作用的综合，以及相应的形成、发展、灭亡。

上述概念在自然界可以找到很多例证。与最简单的均质系统不同，由不同部分组成的蚂蚁穴或一群蜂，归入异构系统。同样可以说，现代超级计算机，是很多计算机器同时平行工作。后者的程序与微型电路是基本的亚系统或要素。

技术圈以及作为技术圈组成部分的人—机器系统，是异质的复杂系统。是建模与系统分析的对象。这些系统如此复杂，主要组成部分可以看做是系统要素，是独立的亚系统。在具体的人—机器系统，相同人（有创造性）组成的全体人员，是均质系统。

一个或一些专家的创造性，可以表现为从事脑力、体力劳动的能力，能力相应的系统形成要素是：劳动能力，熟练程度，技术装备，工作与休息环境舒适性。

某一企业工作人员的工作环境，由物质的、精神的、社会的，以及能量、物质、信息交流所决定。

上述所提出系统的概念，以及所进行的系统及结构研究指出，在以后建模中应概括、简化系统边界。就是说所研究的人—机器系统的任何要素，都可以看作完整形成体，考虑的是最主要的特征及总体结构。在这种情形下，可以分出一个或两个亚系统，舍去不必要的细节。

在生命系统中有非常重要的概念，例如，在任何生物系统中表现最明显，是系统力图自组织、自恢复、自完善，这就是所有自组织系统绝无仅有的特征。

技术系统与化工技术系统 系统方法适用于不同要素相互作用的研究对象，可以建数学模型，计算机模拟。系统研究工具是建模模拟。可建逻辑模型、数学模型、技术模型、组织模型。

将这样或那样的工程客体，根据其要素、系统特点划分不同系统类型，目的是对其进行深入研究。

任何系统都是由相互联系、相互作用的部分构成。化工系统包括：自有的化学过程，实施化学过程的设备，生态生物保护环节，控制方式，主要的与辅助的生产过程联系与管理。相应的工业过程称为化工系统。每一化工系统、设备与生产过程，组合成产品生产的综合体。

工艺（希腊语 *techne*-艺术、技能+拉丁语 *logos*-科学）是加工与制造方法、生产过程采用的原材料形态特征改变过程的综合。换句话说，工艺是生产或产品加工的方法。

技术是为实现生产过程、满足社会需求，人类活动方式的综合。

技术系统是为实现各种工程任务，人类活动方式、方法的综合。技术系统的设计目标，不仅是要达到生产、产品质量要求，而且保证生态与工业安全。技术系统安全，是在系统的工程规划设计的全过程实施的。在统一的工业系统结构及工艺的标准中，制定了操作规范及程序。

20.2 生产过程分级管理及生产过程的一般特征

系统分析是复杂系统研究战略，特别是生产技术过程、城市交通、建设及其他部门。

系统分析一般是这样进行：确定研究目标；实现目标的任务，确定完成任务有效方法；制订分阶段完成上述任务计划；组织各个阶段研究；在完成各部分任务中逐级分析与逐级综合。

化工系统研究的主要方法是数学模拟。在进行各独立设备模拟同时，进行各个设备相互作用的模拟。例如，保障供热与减少排放的设备，是一大设施的组成单元（亚系统）。

系统结构分析，是确定组成部分或亚系统，查明它们相互作用。一般分两阶段进行：第一阶段是各个亚系统宏观数学模拟研究；第二阶段是进行机器、设备内部过程研究。

在各个设备模拟或整体综合模拟中，一般考虑原料更好利用、产品质量提高、能源合理利用、信息、生态环境保护。

例如，粉体料生产过程，同一原料可以生产很多种产品，同一产品的加工、工业排放物、保存条件，是多种多样的。因此，在系统每一单元中采用工艺，包括许多物理-化学过程。原料加工成中间产品，最后形成最终产品，经过很多工序。

以粉体料分级生产（表 20-1）为例，说明化工系统的亚系统的组合特征。

表 20-1　粉体料分级生产

分级化工技术系统	典型例子
部门	原料、半成品、成品生产的各个工厂的组合
工厂	原料、半成品、或废物二次利用、辅助设施，各车间的组合
车间	原料加工、产品生产、废物二次利用，排放物的无害化处理
生产线	与生产线有关的过程（粉碎，混合等）或组合（致密化+分类+运输）
典型加工（系统单元）	粉碎，研磨、热熔等

图 20-2 是以图示方式表示公共生活服务综合体（ЖКК）系统方案。在方案图的上部是生成的二次能源资源（ВЭР）。是利用液体（Ж）、固体（Т）原料、气体（Г）物质与波能（В）生成，即电、磁场作用下生成的（第二级）。第三级确定企业服务类型（ПС），研究二次能源资源的技术过程—化学（Х），洗涤（С），染色（К），形成第四级。第五级是化学清洗机（МХ）热交换器、熨压（ГП）、干燥鼓（СБ）、干燥室（СК）、染色（КБ）的工作状态。第六级是节能设施：废蒸汽二次利用的捕集：扩散器（СР），排放水冷凝器（ОК）、洗涤与染色污水的收集利用（РСВ）。图中表示了二次能源资源（ВЭР）利用及节约能源资源指标（ЭТЭР）。

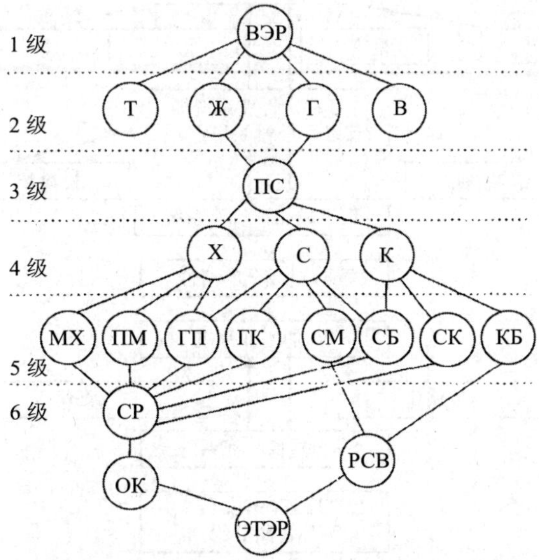

图 20-2　化学干洗、洗涤、染色企业能源、资源二次利用示意图

这样看来，系统分析不仅是复杂的化工系统研究战略，而且是所有工业生产中试与实验室研究的科学基础。这些研究的基本方法是数学模拟。数学模拟的原则，是将复杂系统分成简化的亚系统（系统分级原则）。在这一原则下，按照分块原则建立数学模型，即总模型分解成能用数学式描述的一些模块模型。

在建模时必须明确：所有的亚系统相互作用，形成总的（统一的）模型。

要看到，系统的上层要素——工厂或部门，与环境及原料运输、能源运输、半成品等亚系统相互联系，也包含原料储存、产品、客户等信息。

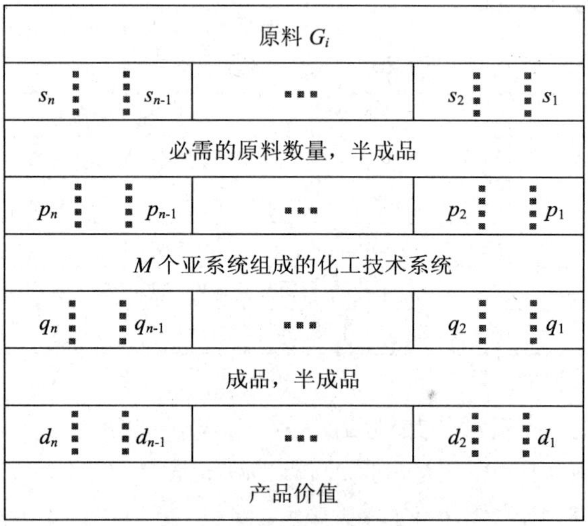

图 20-3　典型生产流程示意图

利用技术—经济线性模型，可以解决上层的任务。线性模型反映的是原料—产品生产线的相互联系（图 20-4 是典型生产系统的例子）。

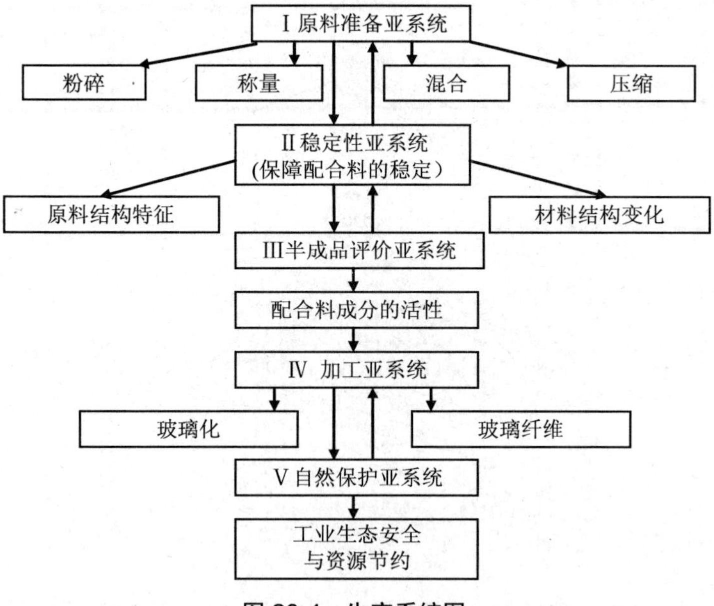

图 20-4　生产系统图

$$G_i + \sum_{i=1}^{m} a_{ij} x_i + g_i = 0$$

$$G_i \leqslant S_i g_i \leqslant d_i \quad x_j \leqslant d$$

$$j = 1,2,\cdots,m;\ i = 1,2,\cdots,n$$

式中，G_i ——第 i 种物质及原料的数量；

m——工艺流程数（生产系统）；

a_{ij} ——在 j 亚系统 i 种产品加工的效率参数（如果 i——原料，$a_j<0$；如果 i——产品，$a_{ij}>0$；a=0 表示实施工艺，物质形成的矩阵）；

x_i ——在 j 亚系统加工物质数量；

g_i ——第 i 种物质—生产品的数量；

S_i ——原料数量；

d_i——第 i 种原料需要量。

能量流平衡、价值流平衡也可以建类似模型。利用相应的目标函数，得到最适宜的解决方案。

为了解决生产体系中的中层、下层的任务（考虑原料加工，配合料生产的各种设备及其在总技术流程中的功能，也就是说，解决化工系统的主要任务），必须如下进行：

分析主要的制备、加工过程（例如，原料生产），提出原料加工（机械法、化学法、热法）的完善工艺，以提高玻璃熔化的效果（图 20-4）。工艺流程可分为全自动化、相互联系的 5 个亚系统。

Ⅰ　原料加工亚系统

磨碎。块料的晶格被破坏，同时去除水分、脱碳。

配合料。保障原始成分达到产品质量所要求的量。

混合。得到化学、机械成分均一的配合料，有时添加辅料。

致密化。得到多种组分的粉体压块，具有一定的强度、密度、湿度。

Ⅱ　稳定性亚系统（保障原料加工的稳定性）

原料结构特征。减少原料加工废弃物，增强原料加工效果。

加工枢纽或结构材料的耐磨性。保障工艺所要求的技术状态。

Ⅲ　半成品质量评价亚系统

原料与配合料的活性。原料（配合料）变形性与熔化性能的预测。

Ⅳ　加工亚系统

玻璃熔制。将配合料溶化成玻璃质（玻璃制品，例如玻璃球）。

玻璃丝成型。将配合料融化体或玻璃球加工成玻璃纤维。

Ⅴ　自然保护亚系统

生态安全与资源化。查明对环境污染，污染最小化，根据相应标准评价化工系统，少排放、无排放。

这样，玻璃与玻璃丝生产过程复杂，需要原料制备、加工生产多种工序。基本生产过程是原料变成配合料或半成品，最终产品是玻璃丝。完成工艺过程，需要不同能源、辅助原料、信息、过程参数。在系统分析中，过程参数分为：输入参数，管理参数，扰动参数，输出参数。

固-固、液-固、气-固不同相变，对于工业排放、玻璃化、产品使用期的影响，按照下列方法表示：工艺流程用流程图（矩形）表示，生产系统包含 2～6 个亚系统。在系统中包含一些机器或设备加工作业的流程。每一个流程包括一道或几道工序。在我们研究的例子中，理解为物理-化学过程。工序之间联系表现为物质流。图 20-5 表示典型流程。

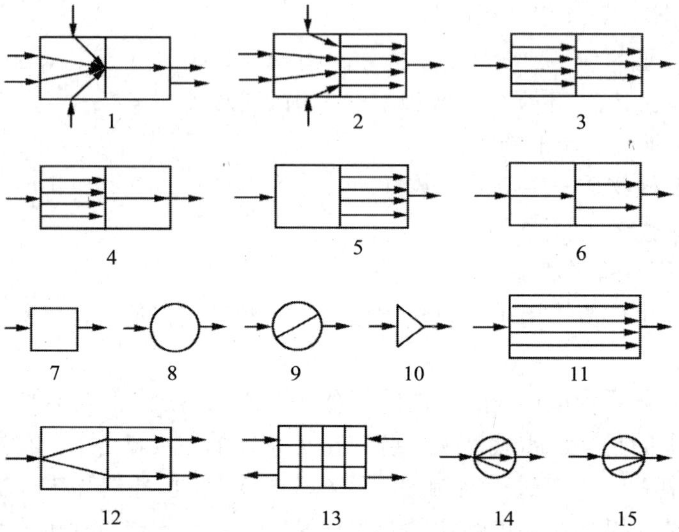

图 20-5 玻璃纤维生产 15 道工序示意图

1—块状原料均化；2—配合料制备；3—在中压下原料致密化；4—在高压下配合料致密化；5—分散；6—物理、化学、热、能量交换综合过程；7—玻璃质形成；8—热加工（加热，冷却）；9—集料成分测定；10—称量；11—混合；12 —分解（分类）；13—热能二次利用；14—纤维束生成；15—纤维束合成

线性流程模型分析及亚系统目标及其变量表明，总系统决定于致密配料形成亚系统及玻璃生产亚系统。研究及功能分析的目标，不在于机器及设施，而在于系统过程。技术流程中可能有多个入口，也可能有多个出口。

亚系统单元复杂相互关系，也可利用拟定实验和计算技术、统计方法进行研究。

这样，系统分析结果，可以用于多种目标。例如，技术工艺、系统结构决定的亚系统、单元结构与过程分析。

粉体料有很多种生产过程，影响因素也很多。适宜的生产过程是通过多因素试验方法确定，而最重要的是选取生产过程适宜性的标准。适宜性标准有多个，要根据具体生产环境确定。按照生产目标，通过实验数据统计，确定适宜标准上限与下限。例如，允许排放限值是根据不利或有毒成分确定，或者根据二次能源资源的最大值确定。根据产品质量稳定性综合指标，确定混合物的成分。而且作为管理因素，可以利用不同亚系统参数：配合料或粒料水分、粒料密度与硬度，形成物状态特征，大气排放物，对健康影响等。

根据积累的经验与科学技术发展成就，我们现在研究多级化工系统形成、综合及功能特征。

20.3 工艺系统结构描述、工艺系统分析与综合

以模块集成思想为基础的系统分析，要求收集与分析必要的、相当多的实际资料，这些资料是任何工艺生态安全所必需的。

系统分析最主要的原则是：解决问题的过程应有明确的目标；所有研究的问题必须看成一个整体；必须研究达到目标的可行途径；子目标不应与总目标冲突。

亚系统应当考虑：工业生态要求；实现工业生产的循环；科学计划；依据技术经济资料；科学研究；规划；工业生产；使用、模型、修正；排放物削减。在每一阶段不仅考虑技术与经济指标，而且考虑在生物圈—人—技术圈系统中的生态责任。

我们以玻璃与玻璃纤维生产为例，研究技术系统与化工技术系统的节能与生态安全方案形成及其综合（图 20-4）。

原料加工亚系统

粉碎。松散颗粒料的粉碎过程，是化工分级生产结构中第一级典型过程。松散料的粒径决定化工生产过程的状态，决定所采用的适合粉碎方法。一般由于粗粒、中粒减少，增加颗粒的比表面。粉碎方法根据一些参数决定。大家知道，熔点高的石英砂是玻璃生产配合料的主要原料。石英砂颗粒大小与结晶程度，决定粉碎过程各个阶段的速度。

石英砂与石灰岩原料，用气动粉碎机、球磨机、辊式粉碎机进行粉碎。

图 20-6 是将石英砂、石灰岩粉碎成粉末的设备。原料从料斗进入，在文丘里管收缩段高速气流作用下，进入粉碎机内。

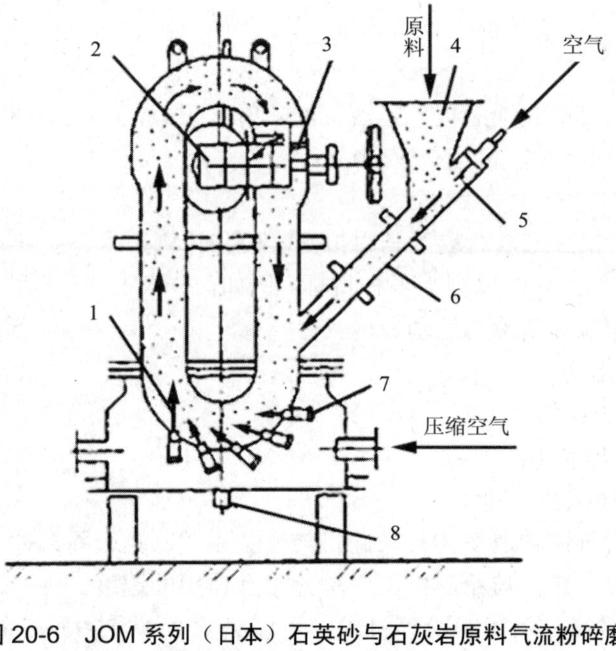

图 20-6 JOM 系列（日本）石英砂与石灰岩原料气流粉碎磨

1—粉碎区；2—卸料；3—导板；4—原料斗；5—原料喷射嘴；

6—文丘里管；7—粉碎料喷射嘴；8—排泄口

在粉碎区，装在下部的喷嘴加压形成流体，原料在冲击能与摩擦作用下被破坏。粉碎后粉体沿上升管上升，进入分类（分选）枢纽内，细粒通过导板卸载，粗粒沿下降管，与原料混合二次粉碎。

表 20-2 JOM 粉碎机技术参数

JOM 系列	0101C4C	0202C4C	0304F4C	0405F4C	0608F4C	808F4C
压力/MPa	0.65～0.70					
耗气量/（m^3/min）	1.0	2.6	7.6	16.1	26.4	35.0
用电量/（kW·h）	11	22	55	125	150	220
生产量/（kg/h）	0.5～2.0	2.0～20	20～100	50～300	200～600	400～1 000

喷射式气流粉碎磨适用于金属成分含量少而均质的块料，粉碎过程全自动化。

国产的 ИП 系列脉冲式气动粉碎机，已进入粉碎设备的生产行列。工作原理是间歇性静压力与高密度粉体料的反弹力相互作用。以石英砂为例，生产量达到 200 kg/h，空气消耗 0.48 kg/kg，工作压力 0.6～1.0 MPa，粉体平均粒径 73 μm。

设备中成分含量平衡方程表明，多种成分混合物粉碎过程力图达到设定状态，粉碎产物的成分含量等于初始成分含量。在设定状态下，设备中 j 粒度级中 i 组分含量：

$$E_{ij} = E_{i0} \Big/ \left[K_i \sum_{j=1}^{m} \left(E_{i0} / K_j \right) \right]$$

式中，K_i，K_j——粉碎设备中 j 粒级中 i 组分相对产出量；

E_{i0}——第 i 组分在初始混合物中含量；

m——粒级数。

细粒、超细粒的喷射式细磨机，是流行的喷射式研磨机。CMM39 型研磨机产品的粒径，当冲击能 35 kW·h/t 时，可达 2～200μm。

$$m\frac{\mathrm{d}v}{\mathrm{d}t} = F_{\mathrm{c}} + F_{\text{цб}} + F_{\text{кор}} + F_{\text{тр}}$$

式中，m，v ——颗粒的质量与运动速度；

F_{c} ——空气阻力；

$F_{\text{цб}}$——离心力；

$F_{\text{кор}}$——科里奥利力；

$F_{\text{тр}}$——颗粒摩擦力。

知道了粉碎机中气流转速变化与粉碎机转速关系，以及边界条件，就能确定颗粒物动能特征。因而也能确定它们与粉碎机工作单元相互作用的速度。

研究表明，在喷气、供氧的粉碎机中，可以去除大于 200 μm 的石灰岩粒料及大于 400 μm 石英砂粒料，得到玻璃熔制所需要的细粒料。为了得到各种机械成分的粉体料，建议采用振动粉碎机与辊式粉碎机，目前使用的还不多。

配合料 多成分分散粉体料配制，在原料加工亚系统中占有重要位置。配合料是在混合、致密化、熔化、成型的生产系统中，从高层进行质量控制。

利用机械阀门、电磁阀、电动阀控制气流流速，进行通量调节。但不是所有配料器都能达到要求的精度。

为了评价配合料平均实际生产量，取样测定生产量，取平均值。配料的主要技术指标，是使混合材料保证玻璃生产配方需要的化学成分。一般误差为：

$$\Delta \leqslant \left[\int_0^i Q(i)\mathrm{d}t - \int_0^i Q_{KCL}(i)\mathrm{d}t \right]$$

式中，$Q(i)$，$Q_{KCL}(i)$——在时间 t 实际出料量与计划出料量。

在工业生产中，配合料制备用自动混合机或手动混合机。自动混合机能保障：质量，可靠性，生产量。阿特拉斯公司、飞利浦公司生产的混合机，误差都不超过 1%，用小型计算机管理，配合料误差不超过 0.3%～0.6%。

配料的准确性，除结构因素外，粉料流入的稳定性也有影响。为了解决这一问题，采用补充措施（振动），电磁振动（无噪声）给料机最有前景。在这种给料机内，当振动停止后，粉料呈自然休止角堆积在给料机，原料流入自关闭（图 20-7）。振动能使材料致密化或假液化。能量消耗 ΔE 表示为下式：

$$\Delta E = \frac{\rho_s}{4} \int_0^i \int_0^h \left[\left[v_x + (x,y) \right]^2 + \left[v_y(x,y) \right]^2 \right] \mathrm{d}x\mathrm{d}y$$

式中，ρ_s——材料自由堆积的表面密度；

l,h——料斗的宽与高；

v_x，v_y——颗粒运动分速度。

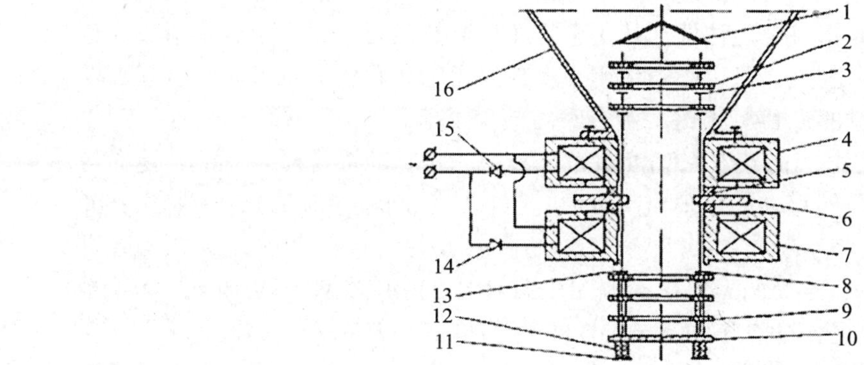

图 20-7　振动供料机示意图

1—压力稳定器；2，9—环状圆盘；3，8，11—支座；4，7—电磁体；5—减振系统；6—电磁铁；10—调节圆盘；12—弹性组件；13—柱体；14，15—电极；16—进料斗

利用混合机工作曲线图，可以确定连续的供料成分组构。也就是确定不同阶段颗粒级配。称量系统装置（统一称量斗）可以提高配合料化学组成准确度、生产量。制订每一种配合料或尘的卸载方案，应考虑成分结构与过程管理。

混合 粒径 5～800 μm 十多种粒级组的粉体混合，对于玻璃纤维生产质量有实质性影响。混合的目标，是从多种粒级组与化学成分、不同水分含量的混合物中，选出一种混合物。

国产的粉状原料混料机有多种。周期性运行的：Z 型叶片式的 6 种，中心叶片式 4 种，非周期性运行的 2 种。

现在正在工厂投产的混料机：圆盘式；叶轮式；气动式（周期性，半周期性）。斯拉维扬斯克机械制造厂生产的 СБ-951、СБ-138 А 型圆盘混料机，用于水泥混合物生产。用于生产玻璃配合料，会出现“死区”，影响化学成分，与配方有偏差。型号 СТ-700 М、ВА-248 型混料机，也有同样缺点。

谢尔普霍夫机械制造厂生产的 ВА-350 混料机，Eirich 公司（德国）生产的 R、RV、MPM 系列混料机，没有这样的缺陷，混合物完全符合配方，所有料充分混合，在混料机底部、壳体无残留。

表 20-3 盘式混料机技术参数

型号	RI8	RVI8	R23	RV23	СБ-138A	ВА-350
混合量/（L/kg）	1 125/1 800	1 500/2 400	2 250/3 000	3 000/4 800	1 500/—	800/—
最大动力/kW						
转盘	15	22	2×15	2×22	—	—
转子	92	110	132	160	37	18.5
卸载	3	3	4	4	气动	气动
重量/t	4.5	5.0	7.5	8.2	4.7	2.75

JBAG 公司（德国）生产的“Contra-Mix”高速混料机，在两级固定壳体（圆形）中各有三个混合组件，在组件相对于壳体低速情形下，一部分料相对于另一部分料形成高速运动。这样减少壳体磨损，避免了在离心力作用下多粒级组粉体料的分散性。可以间歇性运行或连续性运行。与已有的混料机相比，混合时间减少 1 倍。

WAB 公司（德国）生产“尚茨”系列混料机。采用三相脉冲混合原理。混合是在封闭容器中，具有控制运行与储存功能。质量可靠且无飞灰。生产量 30（T10B 型）～500（T500 型）kg。

Metalchim 公司（波兰）生产的混料机类似国产的 ПШ-630ВКБ 型、SWW-075-441 系列、MS21 与 MS41 系列。混料斗容积 1.4 m^3、2.8 m^3，功率 5.5 kW、7.5 kW。

Dynamic Air 公司（英国）生产的型号 Blendon 的混料机，是高效快速混合干燥大颗粒物（可达到 180 t）。原理是利用脉冲式压缩空气动力能。可以调节生产量与脉冲频率，也可调节空气压力适应具体混合状态，例如，在 4 min 混合 18 t。用过滤器过滤含尘空气，捕获的尘返回混合器。

Gardners 公司（英国）专门生产玻璃配合料混料机系列 H，L，E。H 型混料机是在辊上装螺旋形叶片，进行粉体料混合（类似国产 ЗЛ 型）。L 型混料机工作组件是螺旋形钢条（类似国产的 ЛН 型）。E 型混料机是高速转盘混料机（类似国产的 НДЦ-630 型）。

国产的混料机与国外公司生产的混料机差距，国外的设备可以进行温度、湿度测量，主要的是用计算机管理，装有不同程序，进行进料、自动调节、成分与配合料统计。

配合料的混合过程与综合研究表明，气动混料机是最有前景的。Woodall-Duckham 公司与 Gardners 公司（英国）的经验证明了这一点。气动混料机比 H，L，E 系列混料机的生产能力低一些。

图 20-8 是 Woodall-Duckham 公司的气动混料机，同时具有配合料输送功能。混合 1 250 kg 料不超过 2～3 min，空气耗量 425 m^3/h。国产的混料机 ПС-100、ВБК-01，料斗总共不超过 0.2 m^3，明显不足。现在研制混料机，技术—结构不次于国外（图 20-9）。这种混料机的优点，除粉料粒度组分一致性高、输送功能外，完全解决了生态问题。气体净化率根据原料特点可达到 98%～99.9%。

最新研制出连续作业的混料机。例如多级回旋式混料机，内部有复杂盘式装置进行混合。离心式混料机也属于这一类。这类混料机，比英国 Henry Simon Ltd 公司的 Intoleter 型混料机的混合物质量高。

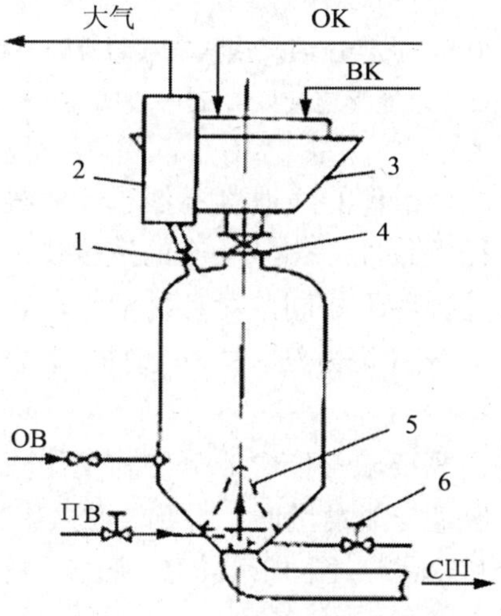

图 20-8　气动混料—输送机

1—输气道；2—手动过滤器；3—秤；4—进气道；5—锥形通道；
6—开关；OK、BK—主要组分、辅助组分；OB、ПB—主供气、下部供气；CШ—混合料

选择合适的混料机，方法如下。

首先计算混料机工作组件运动的必需的线速度：

$$v = -5.25\lg\frac{1\,600\sigma_g^2}{\rho(1-\rho)(C+2)}$$

式中，σ_g ——在混合物中主要组分含量允许偏差的均方根值，重量，%；

ρ ——在混合物中主要组分含量，重量，%；

C ——混合物比压力（松散物抗裂强度），kPa。

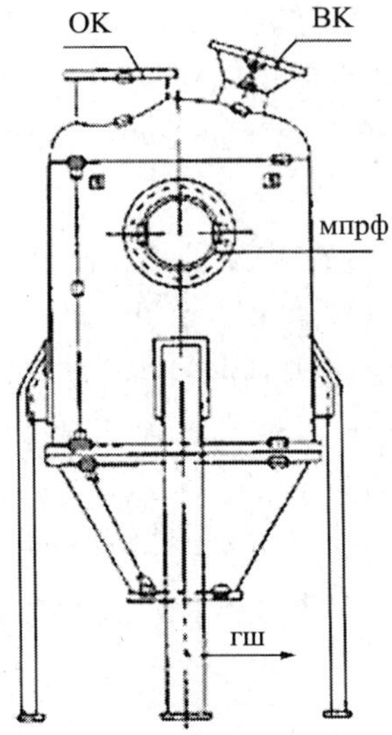

图 20-9 生产玻璃配合料的气动粉碎—混料机

（мпрф—过滤管连接处；гш—玻璃生产配合料）

然后选择混料机，内部混合部件的线速度不低于计算线速度。从所选的混料机中选择技术效果最好者，例如，粒径一致性、化学反应的速度快。

混料机形态多样，混合过程各不相同，对各种混料机客观评价很困难。利用经验、颗粒流分布函数分析、熵-信息、统计等方法，加快选择、研发新途径，完善混料设备、混合方法与监测方法。

致密化 对粉体配料提出高要求：化学成分与粒度组成均一，无分层现象、无机械污染，在后期玻璃生产加工时尘量与蒸发量低。因此，在采用传统工艺同时，采用胶、溶液、水热合成方法生产块体配合料。常用不同形状的致密配合料。用辊压机生产致密块体，是最有前景的完善的配合料生产过程。

致密配合料可以在熔化前预热，缩短生产周期，提高玻璃融化炉生产效率，节能源资源，符合工业生态化要求。此外，还能利用新原料，例如，硼、钙。这些原料由于生产工艺问题未解决，目前还未用于配合料生产。

致密化一般过程如下（图 20-10）。粉体原料进入相向转动辊式压机的料斗，在辊间隙形成所要求的厚度、密度。致密化过程形成的块料与撒落料（未致密化的部分），经过传送带进行分类：粗粒级（6～10 mm）；成品（1.0～1.5 mm）；非成品-撒落料（粒径＜1.5 mm）。粗粒的与成品的致密配合料，或皮带传送到收集斗，或者送到玻璃熔化炉。

图 20-11 是不同生产量的玻璃配合料致密化技术设备示意图。

配合料的原料（石英砂、高岭土、萤石），经过预加工（混合，去除水分等），管道送入振动给料斗，辊式压机加压混合。列宁格勒化工机械研究所与莫斯科大学工程生态与化工机械研究所的捷尔任斯基分部，生产的设备——辊式压机特征如下：

表 20-4 辊式压机特征参数

名称	数值
辊直径/m	0.52
辊工作面长/m	0.16
辊转动频率/min^{-1}	18
料斗截面尺寸/m	0.16×0.40
料斗高/m	1.4
辊之间调节量/mm	2～8
水压系统压力/MPa	10～25
辊压的生产量/（t/h）	5～6

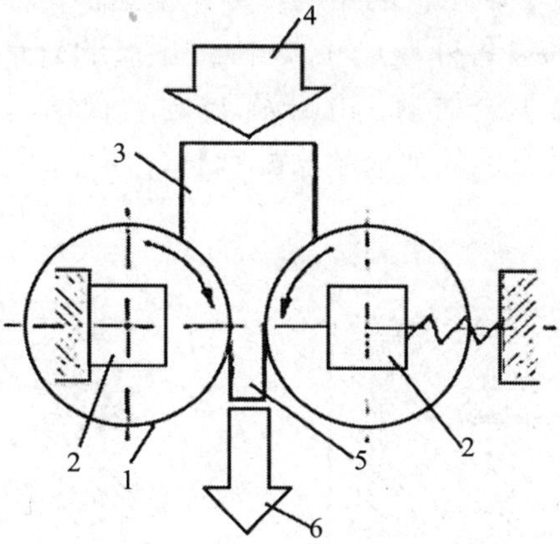

图 20-10 粉体料致密化原理

1—辊；2—压机；3—料斗；4—原料；5—制备料；6—出料

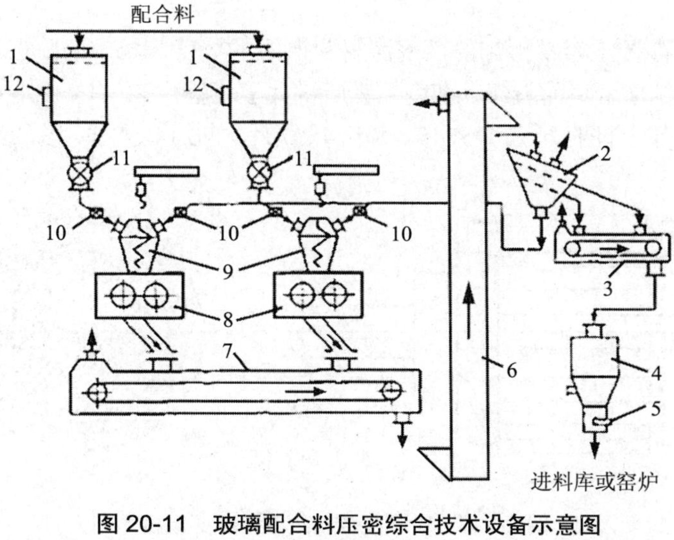

图 20-11 玻璃配合料压密综合技术设备示意图

1，4—料斗；2—分类器；3，7—传送带；5—阀；6—升降机；8—压机；

9—料斗；10—振动供料器；11—计量器；12—振动器

辊式压机的配料致密化（辊表面的荷载）量 300～1 200 kg/m^3，先用阀门“粗”调节，后用振动器“细”调节。条状（或块状）致密配合料的厚度，根据最硬组分（例如，石英砂摩氏硬度 6.5～7）的数量，在一定范围调节。配合料致密化速度 0.02～5.2 m/s。

一些类型的玻璃生产的配合料，用辊压机致密化后，直接进入玻璃熔化炉，省略筛分过程。在配合料致密化过程所分离的空气被净化。抽吸泵吸出的含尘空气，进入降尘器，干净空气进入大气。捕获尘又返回致密化过程。

配合料致密化后，具有一定强度、密度特征。致密配合料的结构特征，不仅决定配合料的强度，而且决定玻璃熔化特征与其内部结构。压力增大促进分散能累积，转化为热能。热能增强扩散过程，使固体颗粒的晶格变型。这些促进玻璃熔化过程的晶体形成，减少配合料轻质组分的扩散。

致密化过程效果，取决于辊压机的结构、工作稳定性、辊的耐磨性。表 20-2 列出各种压机性能（各个公司生产的设备外形尺寸）。国内生产的只是类似的试验样机，辊用渗铬铁（铬 3%）生产，或用 9X2 型合成钢、40 号及 45 号普通钢。辊的外表面渗铬深度 25 mm，芯部硬度低一些。加工高耐磨性的玻璃生产配合料，用专门结构（美国专利 No.4306846，No.407215（图 20-12））。

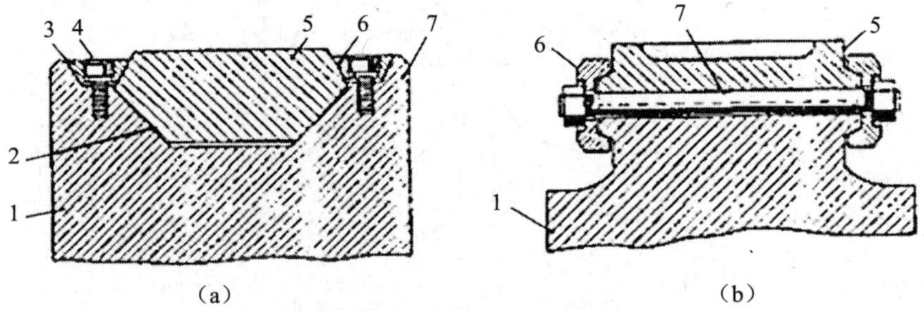

图 20-12 压力辊（a）与成型辊（b）结构

1—辊芯；2—底面；3—镶崁孔；4—螺杆；5—组件；6—固定卡；7—配合料

它们的工作表面装上容易拆卸的由耐磨材料制成的组件。Komarek-Greaves 公司（美国）生产的辊，可以变换配合料的粒级、密度。莫斯科大学工程生态与化工机械研究所研发类似的辊结构（俄罗斯作者证明 No.1475745，No.1459704，No.1489824。图 20-13，图 20-14）。

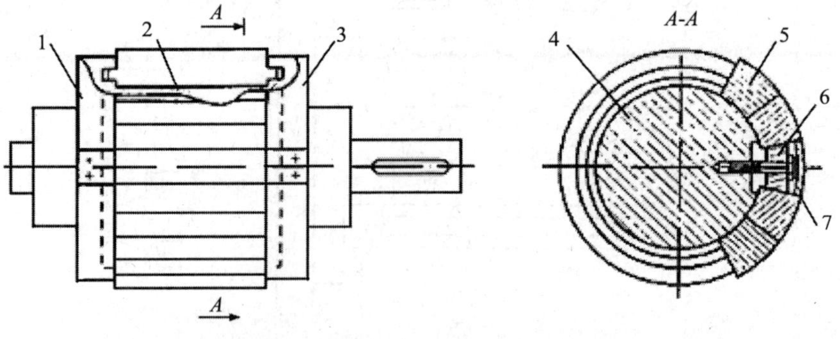

图 20-13 玻璃配合料致密化的压辊机

1，3—凸缘；2—扎槽；4—芯；5 组件；6—垫片—固定销；7—盖

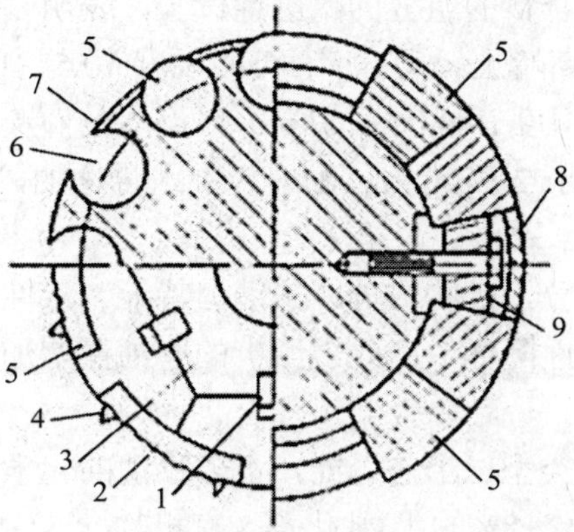

图 20-14　不同混合组件的压辊机结构

1—销；2—固定垫块；3—芯；4—刀；5—混合组件；6—通道；
7—固定薄板；8—盖；9—垫片—固定销

配合料（块）致密化的平均密度ρ_{cp}:

$$\rho_{\mathrm{cp}} = \rho_{\mathrm{H}} e_{\mathrm{v}}$$

式中，ρ_{H}——粉体配合料堆积密度；

e_{v}——在压实区相对体积变形的累积值。

最大压力：

$$P_{\mathrm{m}} = \frac{2k\cos\phi}{1-\sin\phi}\exp\left[\frac{2fR\alpha_{\mathrm{H}}(1+\sin\phi)}{h_{\text{п}}(1-\sin\phi)}\right]$$

式中，k——内摩擦系数；

ϕ——内摩擦角；

α_{H}——休止角；

f——外摩擦系数；

R——辊直径；

$h_{\text{п}}$——块体厚。

致密化过程及块体形成的力学参数计算，主要是：接触力；压力；扭矩；动力。在计算压力参数同时，也要计算辊的耐磨强度。这样，能够评估设备耐久性与玻璃化过程工艺参数的稳定性。

稳定性亚系统（保障原料加工的稳定性）

原料结构特征　不同化学成分与矿物成分的配合料，具有不同颗粒级配特征及综合特征，影响产品质量，在选用工艺及其工艺优化过程中应考虑。在生产工艺的论证中，必须系统地考虑配合料：机械组分特征；物理化学特性；水分交换性能；物理热学特性。这些特征的组合，决定选用加工设备的功能指标，决定半成品与产品的质量。

机械组分特征：粒级，颗粒形态，比表面，分散性，可塑性，流变性，形变性，松散性，硬度，耐磨度。

例如，多组分的分散配合料的组分的耐磨性试验，表明是高耐磨性粉料，那么，含硬度大的矿物多，如石英砂、高岭土、长石。石英砂硬度 10.5～11.3 kPa，通常粒度中位值 D（50%）为 355 μm，设备磨损度 J=4.06 μm/km。研磨后的石英砂粒度中位值为 D（50%）为 276 μm，设备磨损度 J 小于 2.1 μm/km。配合料中水分增加，磨机的磨损度从 0.12 μm/km 降到 0.1 μm/km。

物理化学特征：化学成分，矿物成分，热动力特征，活性，电导率。例如，利用硼酸代替硼酸钙，混合料的耐磨性降低，由此辊压机的磨蚀量增加，而玻璃质量提高，环境污染减少。

水分交换特征：水分的类型、形态、能，水分移动的化学势，水分含量，溶解性，浸润性。例如，混合料中加 6%～8%的水-乳化剂（有机物含 3%～4%），这样制备的混合料，具有很高的可塑性（高密度，高强度）。更主要的是，辊压机的负荷大为降低。

热物理学特征：热通量，温度传导率，热容量。例如，取决于混合料制备方法（设备类型，研磨程度等）及加热（散热）速度，混合料的结构变化，使热传导性能随之变化。例如当 50℃时，$\lambda_{кш} = 0.259$ W/（m·K），当 400°C 时$\lambda_{кш} = 0.409$ W/（m·K）。由于辊的工作面自然磨损（中部磨损最大，边缘磨损最小），混合料经过辊压机致密化，热物理特性不稳定，影响玻璃熔制质量。

枢纽部件及构成材料的耐磨性 在配合料生产过程中，随着设备主要组件的磨损，出现设备的生态安全问题。磨损类型可以划分为：机械撞击；研磨摩擦；高温酸蚀等。磨损机制主要有：黏着作用，磨蚀作用，腐蚀作用，撞击作用等。

实际的磨损是多种作用的结果。所以，经常用不同的试验方法，确定总磨损量、各种磨损的分量。一般用三种方式确定：研究；生产试验；实验。磨损实验分为正常负荷试验与加速试验。正常负荷试验是工作组件在达到设备标准状态下进行。加速试验是增加实验难度，加速试验是负载及时间比正常状态加大一倍。

实际生产试验及实验研究，可以确定已经建立的模型准确性，但是不能完全揭示复杂的内部关系。从理论研究方面解决这一问题，是利用模型进行逻辑补充。以机械原理及流变学规律为基础，建立模型是研究与试验数据归纳与总结。

提高加工设备的耐用性，即生产过程的生态-经济指标，首先是提高加工设备组件的耐磨性。加工设备组件的耐磨性，取决于构成材料的坚固性。当组件的构成材料坚固性低，甚至在生产负荷不大的情形，加工设备的加工组件磨损也大。材料坚固性高，高生产负荷也不会使组件磨损。因此，提高设备耐用性，必须考虑选用坚固的加工组件。在研磨、混合、致密化过程中，加工组件表面磨损，会污染配合料，影响熔化玻璃液的质量。另外，随磨蚀产生的压力会影响技术参数。混料机开机时间每月 240 h。混合-清理叶片每 2/3 月更换一次，因此，形成多组分分散性粉体死区，影响配合料的均一性。安装高强度合金混合-清理叶片，每 1～6 个月更换一次，提高混合料质量，节约成本。英国 Granella Engineering Ltd 公司，用抗耐磨材料生产与混合料接触的组件。英国 Rexnord（UK）Ltd 公司生产纳米陶瓷环氧树脂，用于保护与修复加工组件的磨损表面。最典型的是粉体料致密化过程压力辊表面金属疲劳，会出现局部破坏。

提高压力，不仅增加辊表面磨损，而且改变研磨料的性能。辊适宜的抗磨性确定，应保障辊使用费与生产成本最低。为此，第一阶段筛选限制因子，第二阶段利用计算机模拟确定可能降低值。

选用合适的修复方法，例如，熔焊或淬火，对不同设备不是都适合。因此，与设备部件修复同时，应从抗磨损性设计目标出发，进行设备结构设计。

辊设计应将辊挤压功能与混合功能结合。这样的辊，不仅提高表面抗磨性，而且提高混合料的质量。

这样，磨蚀量取决于：粉体料形状、特性；设备加工组件的材料物理性能及结构。实际资料、试验、分析研究相结合，不仅能进行设备使用寿命预测，而且保障配合料熔制高质量玻璃的技术要求。

半成品质量评价系统

配合料与组分的活性　正如所看到的，熔制玻璃，生产玻璃纤维，是利用合乎标准的细粒致密配合料。在细粒致密配合料生产中，使用气流或气动粉碎磨、混合机及辊压机，在这些设备中，高速撞击、机械力作用与混合相结合，可以调节材料加工的物理化学特性与技术特性，符合生态安全要求。这些过程的相互作用结果是粉体料的机械活性增加。这是由于配合料制备过程，物质表面结构与组分变化，使物质表面自由能增加。固体物质反作用力及比表面精确测定表明，在机械加工中，固体物质的反作用力，10%用于比表面变化，其余贡献于晶格的破坏。这样，多组分分散粉料表面是不均一的，其技术活性取决于所加工粉体表面能量特征，影响后续工序（玻璃熔制，玻璃纤维成型）。机械加工的设备多种多样，可划分三类。第一类设备，利用颗粒间自由撞击或工作组件与颗粒碰撞粉碎。第二类设备，利用剪切作用力粉碎。第三类是综合性型设备。

由于使用不同设备、原料，评价设备效率、制备的材料质量及生态指标有重要意义。

为了研究配合料均匀度，采用电导率测定法。这种方法与酸-碱滴定法结合，可测定配合料的均匀性。

为了预测研磨粉体的活性，必须有在粉碎、混合、研磨设备中的加工过程的资料。

因为缺乏各独立事件在最终活性中贡献的实际资料，分解最终活性的机理还不清楚，为了描述实际的动力学过程，建议采用表象学模型。例如可选用：

非线性的化学计量方程。

$$\frac{\mathrm{d}E(t)}{\mathrm{d}t}=f(E)+n(t)$$

式中，$E(t)$——加工中分散料累积能量；

$f(E)$——块线函数；

$n(t)$——描述外来参数变化马尔科夫过程可靠性模型。

对于结构复杂的有时间节律变化的材料，建议采用正常的马尔科夫过程稳定性模型。

$$\frac{\mathrm{d}E_i(t)}{\mathrm{d}t}-\sum\alpha_{ij}(E_i-E_{\mathrm{ip}})\div n(t)$$

式中，α_{ij}——固定系数；

E_{ip}——参数 E 的均衡值；

E_i——第 i 种材料的等积能量。

对于状态变化相对活跃的独立的机械作用事件，建议采用序列转变模型。

$$G_0 \xrightarrow{k_a} G_1 \xrightarrow{k_a} G_2 \xrightarrow{k_a} \cdots G_Q(t) \xrightarrow{k_a}$$

式中，G_0 ——活性物质 0 种状态；

k_a——从前一种状态向后一种状态转换常数。

相应的系统的差分方程解：

$$G_Q(t) = \exp(-k_d t)(k_d t)Q / Q!$$

实验室研究及工业生产实践表明，降低传统配合料熔化温度，是加工过程中配合料组分机械活性提高的结果。同时也提高玻璃质量，降低对大气的排放。多组分分散性粉料混合，作为玻璃混合料低温固相反应的独立环节，在玻璃混合料低温固相反应机制中的作用，至今还未研究。根据国外研究者的资料（P. Laccey，J. Hersey，Y. Aral 等），机械活性效果产生前的初级混合，碳酸钡与锐钛矿结构破坏与均一化，会显著降低混合物组分相互作用产生的高温。然而，这些研究者没有区分混合（均一化）作用与伴随产生的物理化学效果差异。

在玻璃混合料设备中，进行着复杂的物理—化学反应。影响物理—化学反应的因素很多：混合机负荷，投料与出料的顺序，温度，转速，活跃组分含量，原料的特征。这些因素决定物理—化学转化的速度。用风动混料机混合的玻璃混合料 SiO_2、Al_2O_3、CaO、H_3BO_3 系统中，用 α-硅峰强度指标进行评价。结果显示，随着压力增大、混合时间延长，指标值有规律地增加。表明石英颗粒适合用气流粉碎磨，对以后工序产生有利的影响：增加混合料的强度；加快硅酸盐形成；石英颗粒容易熔化。

传统的混合料（原料混合、研磨后）的物理—化学活性，是在辊压后形成。根据松散体形变原理，利用现代化仪器研究物理—化学活性特征。在设定条件下（压力，湿度，温度），致密化形成新混合料，在熔窑中玻璃化速度加快。例如，在混合料中添加硼酸盐，可以得到硼酸铝、硼酸钙等，与石英颗粒一起研磨，颗粒从圆形变为针形。这样的物理—化学变化，配合料熔化温度会降低 50～70℃。

在气流粉碎磨、混料机、辊压机，实现（生成）多组分分散性粉料的机械活性的同时，还需要研究混合料的热化学活性。因为在类似环境下，出现两个促使固相相互作用的新因素：固体颗粒之间碰撞使温度升高；从颗粒间不断有碰撞产物逸出。

很多试验表明，混合料的机械活性、机械化学活性、热化学活性的合理组合，可以形成多种混合料的亚稳态。致密化过程符合亚稳态理论的一般原理。第一，机械能转化、累积，形成具有亚稳态特征的新组合。第二，矿物成分、状态参数选择，使结晶过程中剩余能量累积。各种活性组合的综合，使研磨过程、熔化热加工过程，配合料的飞散量降低。这是配合料制备过程降低向环境排放的主要方向。这样，在矿物原料加工阶段，采取控制玻璃结构的有效措施。

根据上述可以作结论，玻璃配合料的活性，主要取决于化学成分、机械组成、能量输入。

加工亚系统

玻璃熔制 上述研究过的技术工艺（特别是活性效果），使我们可以对复杂的化学环境中热转化、质量转化，进行描述。

通过数量有限的试验，要得出适宜的过程参数是不可能或难度很大。为了确定工艺过程适宜性，必须选择参变量，确定整体功能的评价标准。

玻璃配合料（无论是普通配合料还是致密配合料）随配合料热离解及高温固相反应，出现石英颗粒熔化与玻璃熔液。这一过程最终决定热反应的生产能力及玻璃生产的质量。

混合料熔化原理分析，包括热力分析与动能分析。熔化的特征是相变。换句话说，热力问题解决与斯蒂芬问题（考虑相转换的热传导问题）相关。在熔液/固相分界温度是平衡温度，分界本身是连续的。也就是说，在数学上表现为无断点的状态转变带。在进行热、质量转变计算时，用计算机内插方法，确定具体数值。

模拟能从热加工多种方案中，选择能源消耗最低、有害物向环境排放最少的方案。

综合试验表明，用致密的配合料取代普通配合料，有很多技术优势。测试确定（熔液/玻璃 X 射线衍射测定法），在同样熔化环境和玻璃熔制时间，致密的配合料在窑池的活跃区，玻璃质化的数量增大，而熔制时间缩短。

玻璃纤维成型 玻璃纤维成型过程参数与玻璃粉体料制备过程特征之间关系，至今还未引起足够重视。没有考虑玻璃纤维生产过程中结构不连续变化的可能性。尝试研究这些过程相互联系，揭示促进玻璃纤维拉伸强度的参数，评价配合料、玻璃熔体、玻璃性能的相关性，这方面研究还未进行。

大家知道，玻璃纤维的生产取决于玻璃熔体的黏性、玻璃的结构、玻璃纤维成型温度。传统的方法制备粉体料，只是机械混合。不论是制备，还是库存、热加工阶段，都保持自有特性。现代技术超细磨（粒径 400 μm）同时与高温结合（600℃），以及其后的致密化（压力达到 300～400 MPa），使混合料制备阶段，通过综合性混合改变原来的性状。必须要解决的问题是查清各种混合料、各种类离子之间的相互联系。最主要的离子是 B^{3+}，Al^{3+}，Ca^{2+}，Mg^{2+}，Si^{2+}。这些离子取决于初始的粉体料化学及矿物成分，具有重要作用。

不同阳离子、阴离子的交换能力，可以用单键长（O—B—O）或双键长（B═O.），也就是键能表示。B—O 键能 524.14 kJ/mol，B═O 键能 5 045.2 kJ/mol。例如，硼酸盐与硝酸钙混合（E 玻璃配合料）或与碱金属混合，具有与阳离子交换、阴离子交换能力。而石英砂只有与阳离子交换能力。

重新形成（合成）综合化合物类 $CaB_6O_{10}\cdot 4H_2O$，$Ca_3B_{10}O_{30}\cdot H_2O$，$Ca_2B_2O_5$，$CaAl_2B_2O_7$，$Ca_2A1(OH)_7\cdot 3H_2O$，$2CaO\cdot B_2O_3$，不仅增强玻璃化过程，而且起到改善玻璃微结构的作用。间接地对黏性、结晶温度、玻璃化学成分有影响。

在玻璃纤维的生产及熔化体、玻璃质、玻璃球的质量控制中，没有考虑微结构的阶段性（不间断）变化。例如，玻璃球（或用同一方法配合料熔化得到的玻璃纤维）质量评价指标，只是化学均一性、玻璃熔体平均生产量、纤维折断数量等。最近也采用生产条件特征指标。这些指标主要缺陷，只是表征玻璃体熔化过程的质量因子，在成型过程及前期影响熔化的工艺修正指标没有涉及。化学均一性指标不能判别玻璃球表面形变性，而玻璃球表面形变性是影响玻璃熔体生产量重要因素。因此，缺乏综合质量指标，表征玻璃熔体、玻璃球、玻璃纤维质量，以及对环境影响。

20.4 发展生产的生态战略与政策、发展生产有效性的评价标准

降低对环境负面影响所有措施，最终目标是提高生态作用的效果，用下式表达：

$$\Delta K=K_{эк}-K_{c}$$

式中，K_c——现有生产技术的生态作用系数；

$K_{эк}$——生产技术生态化后的生态作用系数。

ΔK 是从减少对环境影响方面，反映生产技术的完善程度。也就是与现有生产技术相比，生产生态化的程度。

这类问题的解决，是很多国家工程技术活动复杂而重要的问题之一。解决的方法包括：多方案遴选；提高生态作用效果；查明与环境相互作用的特点；分析实施新技术工艺可能性。

分析生产技术生态化的原则 在企业与攫取的资源相互关系方面，有两种观点。第一种认为，生产需要的生态资源是无穷大的系统，无须采取任何措施降低对这类资源作用的水平。现今所有企业的技术过程，基本上是以这一原则为基础。

持这种观点，所有机构、机器、设备、技术过程，都只关注技术-经济指标。单位产品费用最小，而对环境影响不予考虑。

显然，这种观点，只有在该种资源开发初期阶段，被认为是可行的。

另一种观点，在分析生产生态性时，认为所需要的生态资源是不可再生的，要考虑消耗量及对其他种资源的影响。也就是要采取措施，解决生产问题时要保障环境负面作用最小化。换句话说，这种观点是要避免进入这样资源利用时期，消耗量 P_{p} 超过生长量 $P_{п}$：

$$\frac{\partial P_{п}}{\partial_{\tau}}<\frac{\partial P_{\mathrm{p}}}{\partial_{\tau}}$$

也就是资源多样性系数 K 减小。

实施第二种观点有各种方案（图 20-15）。方案（a）是引入与消耗等量的资源来源，扩大潜在资源，保障必要的利用水平：

$$\Delta P=P_{nп}-P_{\mathrm{p}}$$

式中，n ——等量资源来源数。

例如，因新的液体燃料源，$P_{п1}$ 增加 $\delta P_{п1}$，液体燃料达到需要量，资源拥有为：

$$P_{п2}=P_{п1}+\delta P_{п1}$$

当又有一种新液体燃料，液体燃料增加 $\delta P_{п2}$, 资源拥有为：

$$P_{п3}=P_{п2}+\delta P_{п2}$$

在方案（b）中，必须维持ΔP = 常数的水平，从引入再生资源 $P_{п}$ 时 $\tau_{п}$，保障资源的消耗量。几种方案表明，资源的消耗不能超过资源的补充量。

显然，所有的资源增长量达到资源利用的水平，应当使资源多样性系数 K 保持恒定值。持这样的生产与生态环境相互作用观点，所有方案都应保持避免环境负面作用所必需的水平。

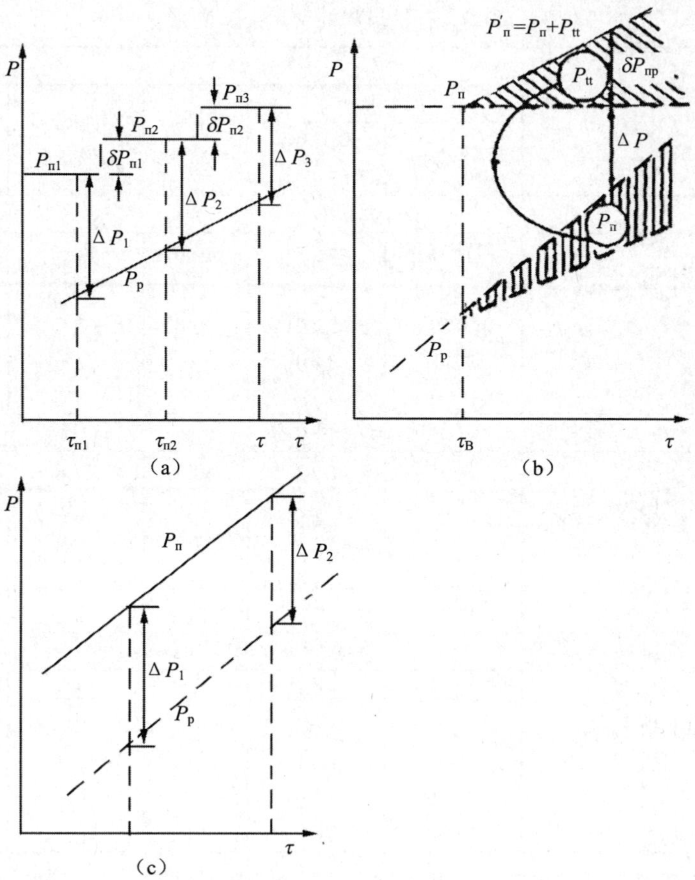

图 20-15　与资源环境相互作用的几种方案

（a）引入新等量资源；（b）引入二次利用资源；（c）利用再生资源

资源利用指标　资源利用效益是生产生态化及生态效果最重要的指标。对于不同生产部门现有的技术过程，距这一指标适宜值还很遥远。作为一个例子，表 20-5 列举了有机燃料能利用的资料。从资料可看出，现有生产技术条件下，有机燃料利用率也只有 47.6%。

不论是燃料数量或燃料占能源比重，从有效利用来看，都永远与必要的消耗不相适应。例如，生产 1 t 氮化合物，取决于生产方法消耗标煤 0.82～32 t。

根据美国统计局资料，所消耗能 40%用于供暖，30%用于制冷，15%用于照明。根据英国科学家的资料，热水供给所消耗的能，一般是随水排放。

液体燃料用户，首先是汽车内燃发动机、农业机械、内燃机车等，除在机械能转化中能量损失大外，由于发动机本身技术缺陷，大部分没有达到应有的利用率。燃油供给系统调节技术缺陷，增加耗油量 20%～30%，发动机打火启动增加耗油量 20%～30%。未做功的液体燃料消耗，以尾气形式排放。

根据资料，建筑材料：沙、石、水泥、木材、玻璃、金属材料等，其中产生废弃物占使用量 5%～20%。

表 20-5 有机燃料能利用指标变化

指标	燃料燃烧					能源工业总体
	电站锅炉		小设备的锅炉	技术设施的锅炉	机车	
	用于发电	用于热气、热水				
1955 年						
用户的能利用/%	14.0	42.5	42.0	34.5	9.0	27.7
燃料开采、运输、加工损失/%	4.0	2.0	1.3	1.5	7.3	3.4
燃料利用损失/%	9.0	21.0	56.0	62.7	82.5	51.7
能生成损失/%	72.0	34.0	—	—	—	16.2
能配给损失/%	1，0	0.5	0.7	1.3	1.2	1.0
1975 年						
用户的能利用/%	27.0	64.2	60.5	47.8	21.7	44.0
燃料开采、运输、加工损失/%	4.6	1.0	1.0	1.0	7.2	2.9
燃料利用损失/%	12.2	17.8	37.0	49.8	69.8	35.6
能生成损失/%	55.0	16.4	—	—	—	16.4
能配给损失/%	1.2	0.5	1.4	14	1.3	1.1
未来						
用户的能利用/%	31.2	65.1	65.6	55.5	31.9	47.6
燃料开采、运输、加工损失/%	3.7	1.0	1.7	1.9	4.3	2.6
燃料利用损失/%	7.6	16.1	31.4	41.1	63.7	28.5
能生成损失/%	56.0	17.0	—	—	—	20.1
能配给损失/%	1.1	0.8	1.3	1.5	1.1	1.1

在重工业及运输机械制造工业用的马丁炉，200 万 GW 热能几乎未利用。未完全利用或综合利用的自然资源：矿石，煤，油页岩等。严重的问题是对非平衡矿产还没有适用的利用技术工艺。

研究表明，农业灌溉用水量超过植物需水量。这与土壤肥力合理利用非常矛盾。很多情形表明，水肥有效利用率低。

工程技术过程对环境影响的生态评价，有很多自然资源不合理利用的例子：用钢制造的石油管道，不能经受复杂气候环境，导致大量漏油；向油层回注咸水，感染石油需要的细菌；建筑楼房采用的墙体结构，不能保持舒适的温度。

各种生产及资源低效生态利用，是科学技术水平及设备技术缺陷所致。

按照工程生态学理论，类似例子分析表明，没有考虑生产与环境相互影响最终累积结果，是主要原因。例如，煤精选使企业减少对环境影响量：

$$\Delta B_{\text{ноб}}=B_{\text{ноб}}-B_{\text{воб}}$$

式中，$B_{\text{ноб}}$——粗选煤；

$B_{\text{воб}}$——精选煤。

如果是用户，例如，电站或企业锅炉，则上式可写为：

$$\Delta B_{\text{потр}}=B_{\text{н}_{\text{потр}}}-B_{\text{в}_{\text{потр}}}$$

或简化写为：

$$\Delta B_{потр} > \Delta B_{об}$$

也就是煤粗选比精选对环境影响大。

根据专家资料，粗选煤的单位热值比精选煤低 11%～18%，除排放量增大外，需要向火电站每年增加运输量 1 800 万 t（300 000 节火车货车车厢），增加对环境影响。这样，从综合的工程生态原则出发，也就是从环境保护观点，煤必须精选。

生产生态化的主要方向　生产生态化概念包括生产与环境相互作用的所有因素，目标是解决预防、降低环境负面影响。

从生产与环境相互关系分析，可以看出生态化的主要方向：研究、科学论证新技术过程，使适应资源要求，资源综合、多重利用，以及环境文化。

如果同时实施多项生产生态化措施，生态效果累加计算：

$$\Delta k = \sum_{n} \Delta k_i$$

式中，n——生产生态化采取的措施项数。

解决工程生态问题的一项技术范例，是废气余热供暖。如表 20-5 所示，保障能需求最好的途径，是在火电中心，利用达标的有机燃料，转化为热能（热水、热气）。

在供热、发电综合生产中心，向环境排放量减少一半。1980 年在火力发电站燃料消耗率为 328 g/（kW·h），而在供热、发电综合生产中心燃料消耗率 270 g/（kW·h）。设备最完善的热、电综合生产中心燃料消耗率更低。到 20 世纪 70 年代末，热、电综合生产中心生产电能已经满足 40%需求。仅 1975 年一年节约煤 3 500 万 t 标煤，使污染大为降低。如果采用集中供热及其他措施，燃料消耗还可再降 2%～3%，因此热、电综合中心，根据 E. Я.索科罗夫估算，平均燃料消耗率降低到 258～260 g/（kW·h）。

俄罗斯欧洲部分及其他国家，计划在核电站建热、电综合生产中心，一方面保障供暖，保障工业中心空气质量，另一方面减少有机燃料燃烧的大气排放。

正如研究所表明，核燃料可以利用于供热、电站的汽轮机，核反应堆供热，结构简单（图 20-16）。核热、电综合生产中心与核电站区别，是增加一些辅助设施，水循环系统、安全防护系统。俄罗斯在别洛亚尔斯基核电站，利用核燃料进行余热供暖试验。还在比利比诺建了一个核热、电中心。

在其他经济部门也有合理解决生产对环境负面影响的例子。生产规模增大，对生产提出更完善的生态化要求，所有技术过程生态化—生态工艺。

生态工艺是这样的生产工艺，对自然过程的影响，按照自然本身的过程进行：循环性，渐进性，综合性。也就是一个部门产物是另一部门的原料。与环境的每一要素作用都是协调的。

我们尝试研究实现生产生态化的途径：资源适度利用；所有资源综合利用；建立新的技术过程与环境再现。

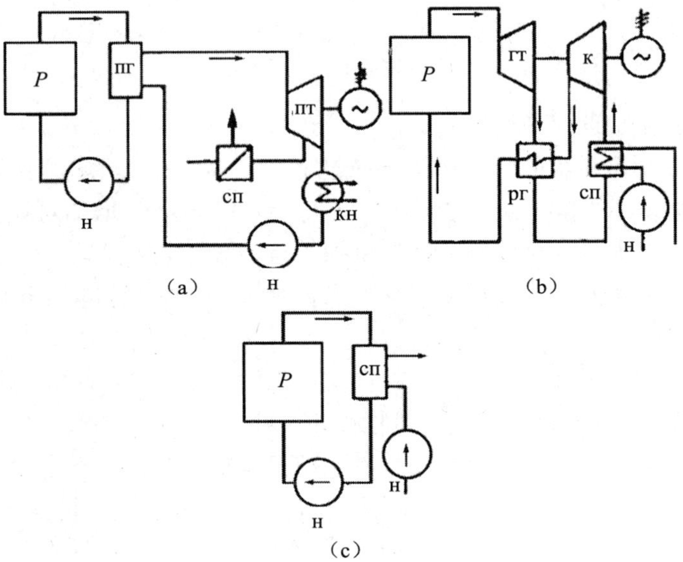

图 20-16 热、电中心汽轮机热流原理图

（a）汽轮机；（b）燃气轮机；（c）核预热锅炉

P —核反应堆；пг —蒸汽发生器；пт —汽轮机；гт —燃气轮机；кн —冷凝器；

сп —网状散热器；н —泵；рг —再生器；к —压缩机

资源适度利用

从工程生态观点，资源适度利用就是依靠降低资源消耗及其对环境的负面影响，保障生态作用效果的提高。最常见的情形是降低单位产品的原料、燃料、能源的消耗，也就是这一数值减少：

$$\Delta P = P_{\phi} - P_{\tau}$$

$$\frac{\Delta P}{P_{\tau}} = \frac{P_{\phi} - P_{\tau}}{P_{\tau}}$$

式中，P_{ϕ}——生产单位最终产品实际需要的资源；

P_{τ}——生产单位最终产品理论需要的资源。

强调的是，所说的不是降低产品质量，减慢发展速度，而只是减少单位产品的资源消耗。

资源利用减量化 各类生产实施资源利用减量化，或通过完善生产技术，或通过具体产品生产减少资源消耗。

尽管各个部门在节约原料方面采取了很多措施，但还没有从环境保护方面认真对待这一问题。例如，在机械制造业、建筑业及其他行业，解决某一具体问题的材料消耗定量指标。如果钢板或型材轧制，没有降低耗材具体要求，企业或用料不足或用料过量。举一例子，如果制造金属罐，用 0.08 mm 厚度取代 0.23 mm，俄罗斯每年可降低金属消耗 280 000 t。实现降低金属消耗，采用薄型金属材料、扩大塑料使用、代用材料等方式。

在机械制造很多部门，通过使用合金材料减少材料消耗，特别是《粉末冶金法》生产的合金。这是生态冶金工艺。使用以铁、铜、镍、铝粉末为基础生产的合金，可减少对环境的影响。例如，提高机器使用寿命，可降低对环境排放。钻井使用坚固的钻头，可降低用水及其他资源消耗。

在建筑部门，保障强度条件下，如果采用轻型结构，或采用钢替代材料，可以降低材料消耗。

有色金属、建筑材料及其他资源，都有降低生产性消耗的很大可能性。

节约电能 或通过优化工作状态，或通过完善输电技术，节约电能。仅通过电网工作状态优化，可以节约电能 9%。

电网用比较高电压输电，可节约电能（kW·h）如下式：

$$\Delta э = 3\times10^{-3}\rho l\tau\left(\frac{l_1^2}{S_1}-\frac{l_2^2}{S_2}\right)$$

式中，ρ ——电阻率，Ω·mm²/m；

l ——输电线长，m；

τ ——时间，h；

S ——导线截面积，mm²

电网局部改造（电压不变，改变输电线截面积 S、电阻率 P、长度 l），电能节约（kW·h）如下式：

$$\Delta э = 3\times10^{-3} l^2\tau\left(\frac{\rho_1 l_1}{S_1}-\frac{\rho_2 l_2}{S_2}\right)$$

式中，1、2 分别是表示电网改造前与改造后情况。

在冶金企业，变压器与电动机负载适配，电炉及其他单元供电系统优化，可以节省大量电能。其他企业也是这样。

轧钢电能消耗一般为每千克 2.4～8.0 kW·h，手动操作耗电量最大，自动化操作耗电量最小。

交流电动机在企业及民用部门广泛使用，如果安装软启动器，可以降低耗电量。

用日光灯代替普通灯泡，在同样耗电量条件下，可增加光照强度（表 20-6）。而且根据照明环境可以自动开关，降低照明用电量。

不论任何经济部门都可以降低生产耗电量，减少对环境排放。

节约热能 现在大部分企业、公用事业的热能利用方式，是热水、热气、热蒸汽。例如，石油加工企业需要提供 70～180℃的热水，很多生产过程都需要热空气。机械制造生产过程需要气体压力 0.1～15 MPa，初始水温 220℃，空气温度达到 120℃。

大多数热能需求单位，没有准确计算，要求热能大于实际需要，缺乏准确的调节。大多数工艺过程没有充分利用热能，没有考虑热水使用量的波动性。

节约热能重要措施之一，是使用绝热性能好的保温材料。例如，锅炉使用石棉保温材料，可节约大量热能。锅炉使用高岭土石棉保温材料，节约热能 10%～15%，锅炉使用期延长 45%。根据理工学博士Ｋ.斯特列洛夫计算，冶金工业每年节约热能 400 万～600 万 t 标煤。

表 20-6 不同光源能耗能量 P 与光通量 ϕ

灯					
普通灯		日光灯		汞灯	
P/W	ϕ / lm	P/W	ϕ / lm	P/W	ϕ / lm
15	105	15	630	—	—
25	205	—	—	—	—
—	—	30	1 740	—	—
40	400	40	2 480	—	—
75	950	—	—	—	—
—	—	80	4 320	80	2 950
100	1 380	—	—	—	—
—	—	125	6 200	125	5 200
150	1 900	150	8 000	—	—
200	2 700	200	10 000	—	—
—	—	—	—	250	11 000
300	4 350	—	—	—	—
—	—	—	—	400	18 000
500	8 100	—	—	—	—
—	—	—	—	750	25 000
750	13 100	—	—	—	—
1 000	18 200	—	—	1 000	50 000

如果工业利用二次能源资源，热能的排放将大为减少。如果改造设备，提高热利用效率，将大量节约热能（在热电中心，如果完善输气、输水管道保温措施，热利用率提高 10%～12%）。

节约热能重要途径，是节约工业、农业、公用事业的耗水量。根据 К.Д.帕姆菲洛夫公共事业科学院的资料，不合理用水占 20%～30%，而且 1/3 是由于渗漏所致。在民用楼房及工业设施的热水、冷水供给系统，安装压力调节设施，就可以避免损失，节约相应的能源。

节约有机燃料 不论是现代还是未来的生产工艺，降低有机燃料消耗的潜力是很大的。降低固体燃料主要方向，是改进燃烧过程。在一些大的锅炉中，通过燃料加工、合理组织燃烧过程，特别是涡旋燃烧、流化床燃烧，大量节约燃料。

现在主要工作是改进燃烧技术，降低有机燃料消耗量。在工业或日常生活用的燃烧系统，采用无焰燃烧技术，能比较充分燃烧天然气。我国生活用燃气灶，每年燃烧 150 亿 m^3 天然气，热效率不超过 55%，如果采用无焰燃烧技术，不但减少二氧化碳，热效率能提高到 75%。

能源蓄积 能源、资源不合理利用及向环境排放，很大一部分与很多生产部门不同种类能利用时间不均衡有关。由此，电厂负荷加重，对环境产生负面影响。

水电站水库蓄水发电，已经不能满足峰值电能需求。因此，需要能源蓄积的新途径与新方法。采用非峰值时间费率降低的措施。

能源蓄积方式：机械能蓄积，电能蓄积，化学能蓄积。可以建柱状、球状、混凝土容器，用压缩空气、压缩气体储能。

最有前景的是化学方法储能，氢能生产。已经研发多种储能设施，降低能生产对环境影响。

在解决节约原料、电能、热能、燃料问题，要有综合观点。用薄板焊接暖气片取代传统散热片，是一个实际例子。在同样供热的环境参数条件下，材料用量减少 1.6～2.5 倍。技术-经济效益提高，冲压、焊接、油漆自动生产线，劳动条件改善。解决了能源供给重要部门——供暖的生态化问题。

对环境影响测度用：每单位热能转换需要材料降低 ΔM；薄板焊接暖气片取代传统散热片对环境排放降低 ΔB；能耗变化 $\Delta Э$；机械加工的排放 $\Delta B_{обр}$。考虑上述因素，生态影响效率用差值表示：$\Delta K = K_c - K_л$。显然，$\Delta K = f(\Delta M;\ \Delta B;\ \Delta Э;\ \Delta B_{обр})$。

需要材料降低　　$\Delta M = M_л - M_c$

取平均值　　$M_c \cong 0.5M_л$

$$\Delta M = M_л - 0.5M_л = 0.5M_л$$

$$\Delta B_м = \sum B_л + \sum B_п$$

式中，$\sum B_л$ ——传统散热片生产排放；

$\sum B_п$ ——薄板焊接暖气片生产排放；

$\sum B_л > \sum B_п$。

在交通部门，通过提高不同交通工具效率与经济性，合理运输路线、合理负载、速度调整等，可以大量节约能源与燃料。只要综合考虑这些因素，就能解决复杂的工程生态问题。

以上分析表明，解决节约原料与能源问题，应在规划、设计、生产各个阶段，综合考虑对环境影响适宜度。考虑最少的能源消耗以及废弃物加工再利用，保障技术过程及产品生产需要。

只有综合考虑，才能解决降低对环境负面影响的问题。据俄罗斯专家估算，综合采取节约能源措施，能耗能降低 20%～25%。

为了规范燃料、热能、电能经济利用，应在计算基础上制定消耗标准。

全面分析各类生产与环境相互作用指出，生产生态化重要方向，是增加矿产资源开采率，多次利用、重复利用资源，以及利用各种废弃物作为资源，减少资源消耗。所有这些措施，不同程度保障降低对环境负面影响。

提高资源采收率　露天矿已经开采很充分，因此开采深度在增加。例如，因古列茨铁矿已达 300 m 深，萨尔拜铁矿 430 m，索科罗夫铁矿 630 m（均在哈萨克斯坦，译者注）。煤矿矿井深度也有加深的趋势。

枯竭油井的紧迫问题，是人工注水增加油气层压力，提高采收率。这一方法的不同方案，在俄罗斯很多大油田被采用。但是，在最好情形下，采收率仅达到 40%。

为了降低石油黏度，采取不同加热方法，即加注热水、热气，或设置缓慢加热的热源。为此，已经研制出了气体发生器。甚或用表面活性剂驱动，增加油井的出油量。

美国研发地层导电稠油开采方法。俄罗斯计划进行地下核爆炸，增加石油采收率。

合成液体燃料、合成气体燃料　煤占世界有机燃料资源量 85%，煤的液化与气化是紧迫问题。应加紧合成液体燃料与合成气体燃料的技术工艺研究。同时加紧研究消除硫及其他有害物质对环境的影响。

余热利用 利用二次能源及副产品能源普遍受关注。一些设施生产废弃物是气体、蒸汽、渣等，温度可达 800℃，有些情形可达 1 000℃。生产排放物不同温度状况，可进行二次利用。

各种余热利用率，可以用利用热量 $Q_п$ 与排放热量 $Q_В$ 比值表示：

$$\eta_y = \frac{Q_п}{Q_В}$$

式中，必须考虑余热利用效率，即对环境的影响状况。热能再利用的效率，是热能向技术过程的返回率。对于热能利用效率，应制定技术—经济评价指标。

在钢铁工业余热利用最普遍。在 1963—1975 年，俄罗斯余热利用率从 19.8%增加到 26.8%。例如，在切列波韦茨钢铁厂，到 1975 年余热利用满足热能需要量的 69%。厂内的干法熄焦装置的余热，满足焦化生产的热能需求 70%。等于年节约 300 万 t 标煤。

在其他工业部门余热利用也开始被重视（表 20-7）。余热利用的范围在扩大。

表 20-7 各个工业部门余热利用 单位：10^6GJ

部门	1965 年余热利用	1970 年余热利用	1975 年余热利用
钢铁工业	62.2	97.7	150.5
化工工业	24.5	45.4	91.9
石油工业	17.8	29.3	68.9
有色金属工业	4.5	6.9	16.7
机器制造工业	5.3	7.5	10.8
建材工业	0.1	0.7	0.4
天然气工业	—	—	2.9
造纸工业	2.0	21.6	33.4
其他	0.4	0.4	0.4

在莫斯科，实验性屋顶充水温房是发电厂余热利用的实际例子，从冷却塔流出的水温度 32～42℃，充水屋顶过水量 100 L/m^2，温房内温度保持 22～24℃，适宜于植物生长。

核电站的余热，可以用于农业热水灌溉，冰冻河流的融化，咸水淡化设施。

下卡姆斯克石油化工公司利用冷凝设施的余热，满足生产过程的热能需求，年节约电 1 300 万 kW·h。在供暖季节可节约 800 t 标煤。

从技术设施排出温度低一些的热能，可用于加热灌溉用水，增加农业收获量。

公用设施余热利用，研究的越来越多。解决的途径是当公用设施废弃物燃烧时，可利用余热。

资源多重利用 正如我们看到的，大多数现代物质生产的最终产品，没有丧失作为资源的特性，即水成为含水物质，铁成为含铁产品，铜成为含铜产品。因此，就可以重复利用、多重利用。资源利用最理想的方案，是从重复利用角度考虑该种资源满足需求。这方面例子是上边已经论述过的循环供水。

图 20-17 是任何某一种类资源完全消耗的时间倍率与重复利用程度的关系。对于不同部门、不同种类资源，y 轴数字是时间 T，变化幅度很大。τ 值是 $\Delta P_п=0$ 该种资源的时间倍率。

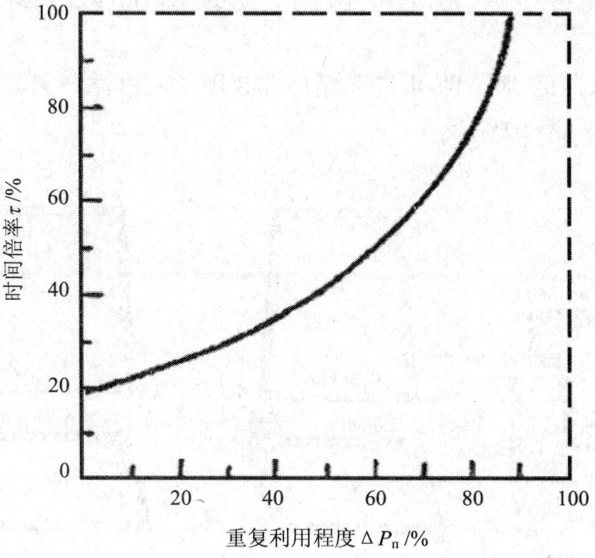

图 20-17 资源完全消耗的时间倍率τ与重复利用程度ΔP_n关系

现在，不同部门不同金属的重复使用率不到 50%。根据资料，美国 1969 年金属重复使用率（%）：铝为 11.7；铜为 40.9；金为 15.9；铁为 27.9；铅为 40.0；汞为 20.6；镍为 19.1；银为 47.2；锡为 20.4；锌为 27.0。显然，重复利用可能性很大。

解决这一紧迫问题还应当考虑二次资源再加工的能耗系数，例如，1 t 钢的能耗从 1.17 t 标煤降到 0.52 t 标煤，热轧 1 t 钢能耗从 1.7 t 标煤降到 0.75 t 标煤。

生产过程生态化

在国民经济很多部门，研发与引进新技术，考虑生态要求，促进生产生态化。在这些技术过程中，应充分考虑与环境相互作用及预防环境负面作用的措施。

汽车制造业生态化 从生态化目标进行技术完善，主要从材料加工着手：精细铸造，轧制，冷冲压等。在机器制造企业中，降低各类能耗，原材料消耗，利用废弃物。

汽车制造业生态化的重要方向，是保障产品向环境低排放。特别是改进内燃发动机结构，使用氢燃料，减少对环境的影响。

能源工业生态化 主要方向是提高能源供给保障率。解决的途径是提高设备循环热效率。蒸汽轮机循环热效率接近于有机燃料最大能量利用系数 42%。但还是低于燃气轮机循环热效率。

压水反应堆核电站，利用饱和蒸汽推动汽轮机发电，能量利用系数 32%～34%。

在热电站与核电站，不论是二元循环发电还是燃气-蒸汽联合发电，提高初温是提高循环热效率及电站能量利用系数的方向。

二元循环是利用蒸汽及混合气体。核反应堆对其加热最适用。当初温达到 850℃，能量利用系数为 46%，而初温达到 1 200℃，能量利用系数为 55%。此外，还会大幅度降低冷却水消耗量。

实现二元循环的工质，分为具有高温特性的（汞、铯、铷、钾、钠等）与低温特性的水蒸气。汞、铯、铷由于液相热容量低，利用回热提高热效率不显著。钾气、钠气利用回热提高热效率较显著。汞、铯、铷饱和气循环，热效率接近卡诺循环。而钾、钠饱和气循环热效率低一些。

图 20-18 是汞-水、铯-水、钾-水二元循环 T-S 图，两汽循环热效率 65%～70%，而水蒸气动力循环的热效率为 50%。

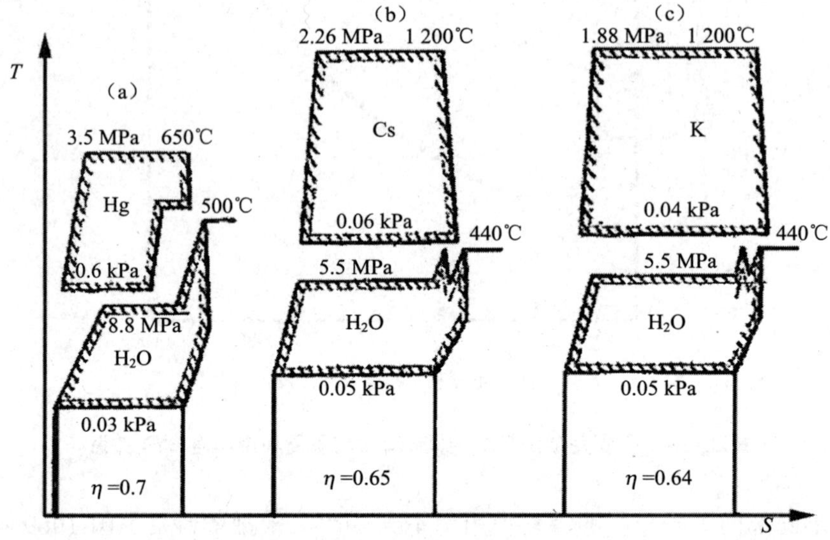

图 20-18 二元循环 T-S 图

（a）汞-水；（b）铯-水；（c）钾-水

气-汽双循环是已经被肯定的技术成果。现在已经建设了利用核反应堆进行气-汽双循环实验性发电设施。图 20-19 是钾-水二元循环核电站，很有前景。能量转换率可达 50%以上。

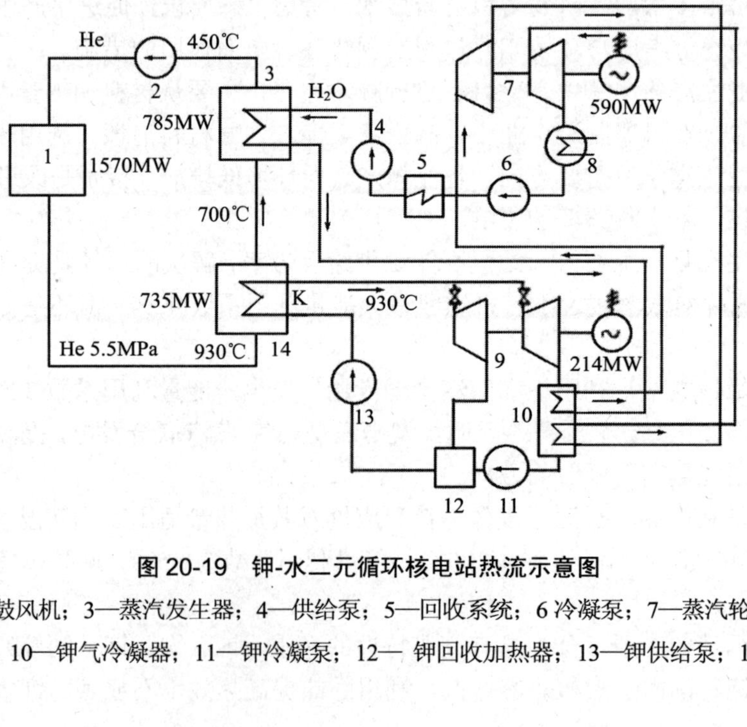

图 20-19 钾-水二元循环核电站热流示意图

1—反应堆；2— 鼓风机；3—蒸汽发生器；4—供给泵；5—回收系统；6 冷凝泵；7—蒸汽轮机；8—冷凝器；9—钾气轮机；10—钾气冷凝器；11—钾冷凝泵；12— 钾回收加热器；13—钾供给泵；14—钾气化器

利用上段水蒸气与下段的低沸点液体，研究出了二元循环系列模式。低沸点工质用氟利昂、异丁烷等。利用低温工质的热动力循环，对于地热电站、太阳能电站特别有前景。

还有温度变幅更宽的循环三元组，图 20-20 是循环三元组的一例。钾—氟利昂—水三元循环，热效率可以达到卡诺循环热效率的 97%。当初温 890℃，热效率 56%。初温 1 200℃，铯—汞—水三元循环的热效率 73.5%。

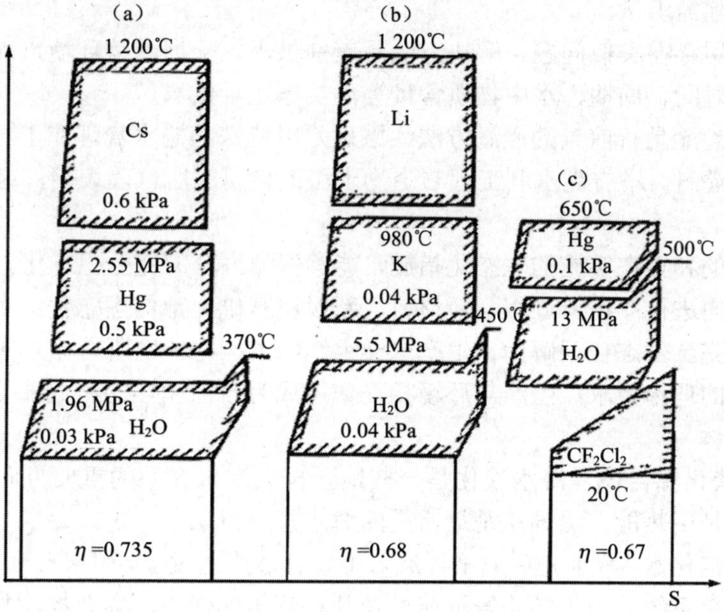

图 20-20 能设施的循环三元组

（a）铯—汞—水；（b）锂—钾—水；（c）汞—水—氟利昂

热能直接转换为电能非常有前景。现在已经研发出三种热能直接转换为电能的方法：磁流体发电；热离子发电；热电子发电。第一种方法在大型热电站、核电站有应用前景。第二种方法在中型电站有应用前景。第三种方法在小型电站有应用前景。

造纸工业生态化 玻璃纸的工业化生产，是造纸工业生态化的根本途径。现在已经进行了玻璃纸科学基础与生产工艺研究。30 μm 的纤维，可造玻璃纸，用于书写纸与报纸。这种造纸方法，与木材、水、土、气污染无关，纸质量轻、强度大。现在在普里奥焦尔斯克造纸厂进行生产性试验。

从节约植物资源考虑，用涤纶及其他高分子化合物造纸，也是很有前景的。然而，用这些方法造纸产生废弃物的处理，不如玻璃纸生产废弃物处理对环境有利。

采矿业生态化 在矿井掘进中，采用高压水枪，空气污染大为减少。在顿巴斯煤矿，采用水力采煤康拜因，水压达 800～1 000 MPa，甚至坚硬的岩层都可正常作业。

以自然科学成就与实用技术为基础，实现局部生产过程或全生产过程生态化，有很多这方面的实际例子。例如，以材料学、化工工艺、燃烧理论为基础，获取难熔化金属技术，是非常有前景的。生态化与能源利用效率几乎 100%，也就是能直接全部消耗在产品生产中。自蔓延高温合成技术，不论是对难熔化金属，或对非金属难熔化的化合物，都是适用的。

物理化学生物学，科学院院士Ю. А.奥夫奇尼科夫指出，是物质合成的新方向。不仅生成新的有机物，而且生成新有机物特性。

农业生态化途径 现代农业发展方向，增加化肥与农药，集约化经营。苏联化肥施用量，1970 年 270 kg/hm^2，1975 年 350 kg/hm^2，1980 年 750 kg/hm^2。然而，到目前还没有完整的针对不同土壤类型、水分条件、收获量的施肥标准。显然，这一问题解决，很大程度上取决于实际需求量。

水资源利用存在类似问题，解决方法是差别供水，根据具体环境，确定适宜用水量。通过调节供水时间、周期、水中物质含量等，实施适量供水。

在土壤中滴灌是有前景的灌溉方法。原理是用特殊的输水管埋在土层中（150 mm），调节水滴大小灌溉。塔吉克水利工程与生物土壤改良研究所试验表明，这种灌溉方法很有前景。

已经实施的和正在实施的生态化措施，能够保障生产的完全生态化。农业生产完全生态化从两个方向进行：在新过程、新材料、新设施基础上部门生态化；多部门综合。

农业生产完全生态化理解为，生产这样组织，生产与环境所有相互作用，不超过对生产目标所提出的理论要求，生产与环境相互作用成为自然循环的组成部分。

生产综合体

能源-水淡化综合体 海水淡化是一些地区扩大淡水资源的重要方向。水淡化方法差别是用电能还是用热能。蒸馏法是最常用的海水淡化方法。

在用电能淡化水，咸水先后或平行流入垂直管道式蒸发器，用来自汽轮机的气体加热。冷凝水返回收集系统。为了防止管道腐蚀及盐在管道的淀积，需要控制盐水浓度。

现在产水量大的设备，采用咸水沸腾法，或称为绝热蒸发。热蒸汽通过节流孔板，进入温度相对低一些的低压室，由于水压降低水可以持续变为蒸汽。

20 世纪 70 年代末，全球每天海水淡化 100 万 t。预计，能源-水淡化综合体将迅速发展，特别是在淡水缺乏的区域。

能源-冶金综合体 气冷核反应堆，从发应堆排出气体温度达 1 000℃。这样高温可熔化海绵铁，用作高炉气体及焦炭预热。

图 20-21 是利用反应堆冷却的高温气体炼铁的两个循环示意图。单循环是直接对矿石、煤预热。双循环是在一个预热仓将 CO_2 还原为 CO，然后在另一个预热仓，对铁矿石预热。双循环过程的产品是海绵铁。所排出热量通过热媒介（氦），形成的高温气体推动汽轮机发电。

这样的综合体，无论是传统炼铁工艺，还是铁矿石直接氧化还原生产海绵铁的工艺，都是可行的。研究表明，反应堆出口氦气的温度可达 1 200℃，可以熔化海绵铁。当热媒介氦的温度达到 1 500℃，可直接用于炼焦炉、马丁炉。

生产量为 360 万 t 的冶金综合体，需要热功率 2 000 MW 的反应堆，150 MW 的发电站供能。对于环境的影响减小。

法国建成冶金综合体，包括：气体生成与熔化设备；气冷反应堆（氦气温度 900℃）；汽轮机、发电机（图 20-22）。研磨的矿石（粒径 0.8～1.5 mm），经过温度 700℃、压力 0.2 MPa 的预热仓，然后进入熔化炉。

美国计划建高温反应堆，冷却氦气反应堆出口温度为 1 310℃，用于焦炭生产。采用电炉冶炼铁与钢。电炉炼钢很方便，但高温气体输送与热交换是复杂问题。

英国将建利用气冷却核反应堆年产 540 万 t 钢综合体，对方案进行了技术-经济论证。铁氧化还原过程的温度设计为 800℃。反应堆热功率设计为 220 万 kW，冷却氦的温度 950℃，压力 6 MPa。

日本规划建立年产 1 000 万 t 的核冶金综合体。建 10 个 300 t 的高炉，原料用海绵铁。海绵铁由反应堆直接预热矿石氧化还原生成。

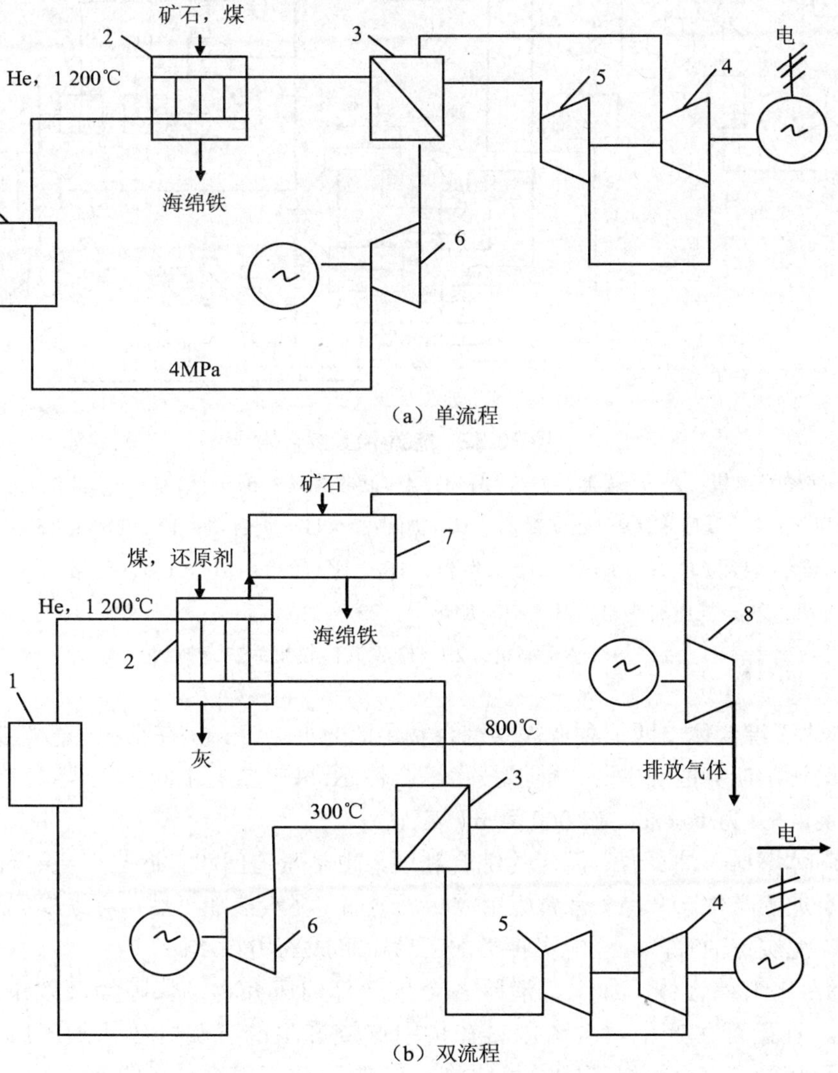

图 20-21　核能-冶金综合体示意图

1—核反应堆；2—预热仓；3—热交换器；4—过滤器；

5—空气压缩机；6—鼓风机；7—矿石氧化还原仓

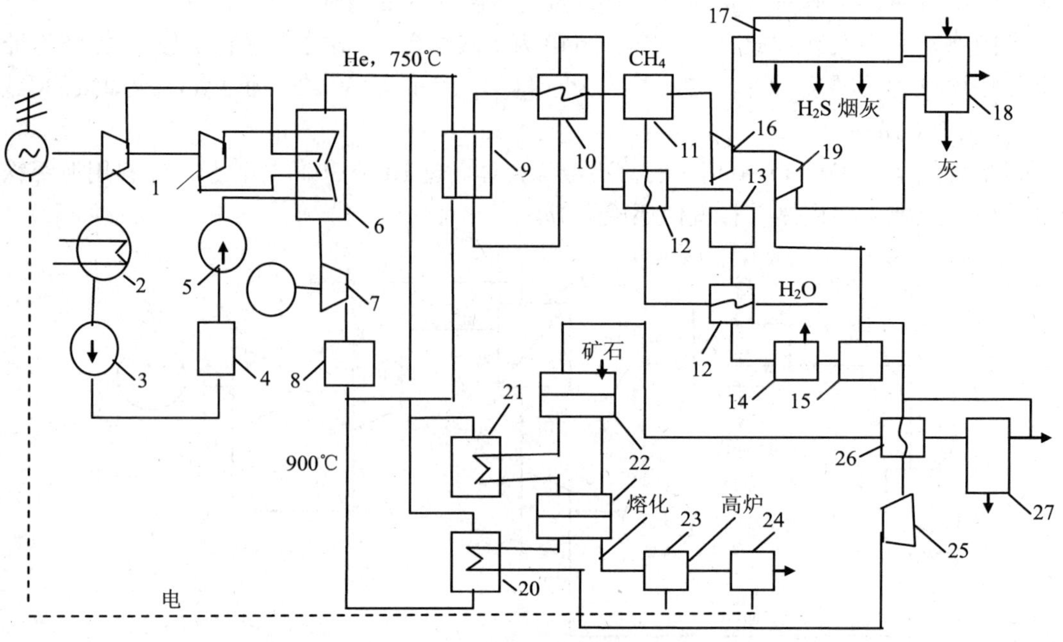

图 20-22 能源-冶金综合体

1—涡轮发电机；2—冷凝器；3—冷凝泵；4—回收系统；5—供给泵；6—蒸汽发生器；7—鼓风机；8—反应堆；9—热交换器；10—加热器；11—混合器；12—制冷；13—转换器；14—清洗器（清除 CO_2）；15—H_2-CH_4 分解器；16—燃气轮机；17—气体净化器；18—汽化器；19—压缩机；20—气体加热器；21—中间加热器；22—海绵铁制备；23—钢铁生产；24—轧钢；25—气体压缩机；26—排放气体收集；27—排放

能源-化工综合体 西伯利亚褐煤综合利用的方向之一，是在细粒分散状态进行热解。在克拉斯诺亚尔斯克能源中心，能源技术综合体 A 每年加工 100 万 t 煤（175 t/h），获得 40 万 t 焦炭，5.4 万 t 焦油，12 000 万 m^3 煤气。

其他固体燃料—油页岩、泥炭的综合利用，也是紧迫问题。近些年已经研究清楚，油页岩与泥炭加工产生新产品，有新应用领域。例如，泥炭热加工后，可生成焦煤、半焦煤、气体汽油、泥炭焦油等。一些泥炭种类加工后可形成药用物质。

在能源-化工综合体，加工、清除各个生产部门废弃物，保障经济效果与生态化效果。例如，在硫酸生产中，含硫原料在炉中燃烧产生的含硫气体，加工成含氮氧化物的硫酸—硝硫酸。完全可以消除氮氧化物。在能源-化工综合体（图 20-23），熔化的硫在高温高压循环炉中燃烧。在这样综合体中，每天生产 150 t 硫，同时每小时产生 12 t 气体，温度 440℃，压力 4 MPa。这样，除节约燃料外，还减少对大气的排放。

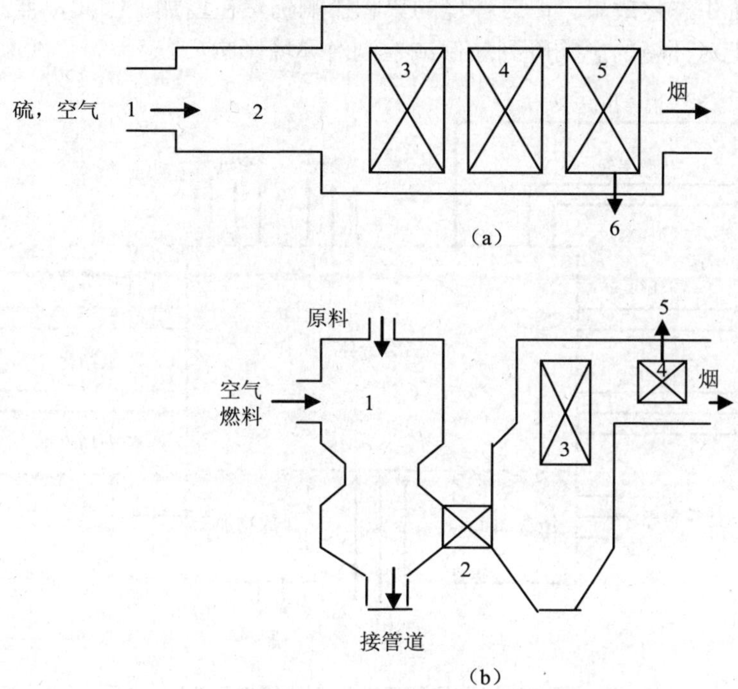

图 20-23　能源-化工综合体

（a）硫燃烧：1—预热；2—循环；3—屏罩；4—回流；5—气体发生器；6—输气管

（b）磷生产：1—炉膛；2—渣分离；3；4—散热；5—输气管

新能源利用

氢能　在能生产中最重要的方向，是发展氢能，保障降低区域环境影响。氢能这一名称涉及很多制造氢、利用氢作动力与燃料的企业。

氢能的优点在于：

- 能实现完全的封闭循环，水电解制氢，氢燃烧后形成水；
- 氢容易保存、运输、技术应用；
- 氢能可以用各种方法蓄积；
- 氢使用的温度范围很宽（200～2 000℃）；
- 符合预防突发事件对环境影响的要求。

1970 年全世界对氢需求量 2 000 亿 m^3，用于氨合成 1 000 亿 m^3，石油工业 500 亿 m^3，甲烷合成 150 亿 m^3，化工生产 100 亿 m^3，只有 150 亿 m^3 用作燃料。

到 2000 年氢生产量可达到 20 000 亿 m^3。建设输送氢的管道 1 000 km。新生产方法是可以用水制氢。发展氢能是非常有前景的。

研究能生产技术发展及能生产生态化方向，可以肯定未来能的发展模式，以煤电、核能为基础的综合体。包括水库、燃料燃烧废弃物处理企业，冷却水农业利用，水净化设施，余热利用及其他企业。生活用的燃料与电能，可以用氢能取代。这样的综合体可以保障生态化效果，减少对环境的影响。

这样的能生产综合体与外界用输电线及蓄能设施联系（图 20-24）。尽管降低了对环境的影响，提高了生态化效果。但对环境的累积影响仍然在增加。因此，唯一途径是发展无排放能生产，把对环境的影响降到最低或控制对环境影响。

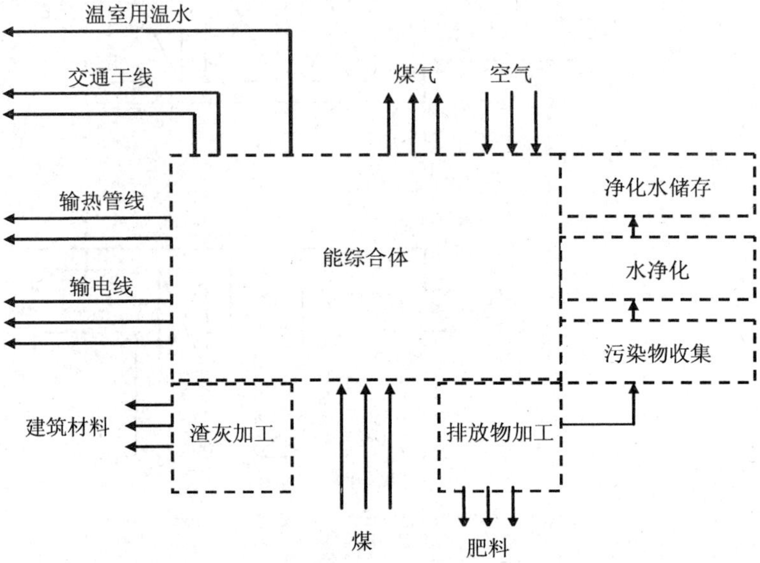

图 20-24 能源工业综合体结构示意图

太阳能、潮汐能、地热能 是可再生能源，可广泛利用，保障生产生态化及用户需求。

太阳能 利用取决于与大气圈相互作用特征与地球表面特征。利用方法分为直接利用与间接利用（图 20-25）。间接利用方法，与大气圈过程规律及太阳辐射特征有关。

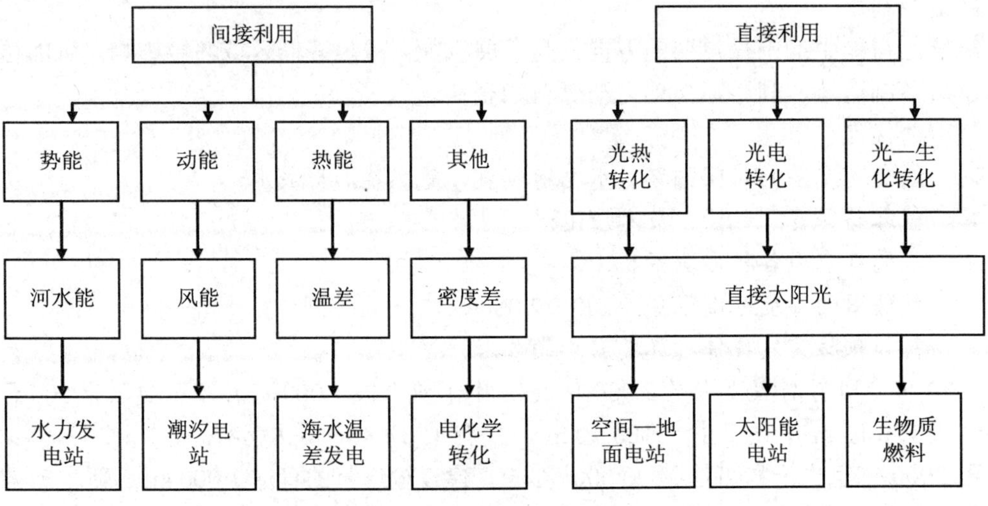

图 20-25 太阳能利用的途径与方法

太阳能-风能发电站，利用气流的动能，是比较稳定而易获取的能。在全球有稳定的风带，例如，月平均风速 4～6 m/s 的信风带，有些时期风速可以达到 10～12 m/s。当风速 5～10 m/s 时，太阳能-风能发电站运行效果好。太阳能-风能电站电能的生产，取决于风能与设备的能量转化效率。

海洋热能 其利用的原理是海水表层有太阳光吸收优势，在热带及中纬度地区，海水表面平均温度 18～25℃。不太深的海水温度大约 4℃。利用温差借助热动力循环设施可以发电，热效率如下式：

$$\eta_{К}=\frac{T_1-T_2}{T_1}$$

式中，T_1，T_2——分别是表层水温与深层水温。

如果不考虑发电机与冷凝器的热量损失，当表层温度 20℃，T_1=291 K（18℃），深层水温 4℃，T_2=279 K（6℃），这样情形下，卡诺循环的热效率：

$$\eta_{К}=\frac{291-279}{291}=0.041$$

海洋表层水温度达到 25℃，当压力为大气压的 1/10 或 1/100，可以得到水蒸气。选用低沸点工质，在低气压、温水环境下，产生沸腾气体推动汽轮机发电。海洋太阳热力发电潜力，仅在热带区估计 6×10^7 MW。

海流与洋流能利用难度，在于因流速小、能流密度小。海洋表面的波浪具有很高能流密度，可用设施利用这部分能。艾丁堡大学计划建造名为“巨型鸭子”漂浮体，将机械能转换为电能。几个“鸭子”保障稳定供电。

太阳能直接利用，主要是吸收太阳光能。有几种方法。

利用热动力循环，太阳光热转换为电能。根据工质，这类太阳能电站的能量转换率变化幅度大。如果初温 550℃，能量转换率可达 40%。20 世纪 80 年代，在前苏联及一些国家建了这类太阳能试验电站。

通过半导体材料进行光电转换。现在硅材料的光电转换率 8%～10%，采用新技术工艺，还有提高可能。

太阳能电站广泛用于空间飞行器的自动供电。著名的计划是建设地球表面——空间太阳能电站。实施这样的计划，取决于技术成果、经济支持、太阳能电池生产。

大规模地太阳能利用，需要试验研究，技术-经济论证。现在的应用领域：供暖，空调，水淡化，热水供给，甚至应用于高温技术过程，减少化石燃料及核燃料消耗。

所有这些太阳能利用设施，例如太阳能电站，利用专门的太阳光能接收器，将太阳能转换为热能。这些设施都不需要过高的温度。

利用简单的太阳光能接收器，对于楼房供暖、供热水，适用于地球上年平均气温高、人口稠密区域。在纬度 40°的区域，每 1.2 m^2 太阳光能，可以将水加热到 60～70℃。用户每年可以节约电能 1 200～1 500 kW·h。

提高太阳光能转化效率，采用专门的玻璃，贴上隔热性能好的接受-转换层。也可以做成专门的形状。

美国 1975 年生产 88 种太阳光能接收器。用铝制造，含 15%钢、12%铜。独联体开发了 4 种铝合金太阳能接收器。

太阳能供暖器，包括热水容器、冷水容器、泵，给用户供暖器。通常安装在屋顶或朝阳的墙体。分为上式循环及用泵的下式循环（图 20-26）。

苏联Г.М.克日扎诺夫斯基能源研究所，进行过太阳能供暖器的研究。用专门的钢生产太阳能取暖器，单位面积价格 21.5 卢布/m^2。近些年太阳能供暖器，在国外广泛应用。

太阳能制冷在很多国家普及。针对太阳光照不均衡，成功解决能蓄积问题。可应用于工业生产及生活设施。

太阳能供水设施，用于水塔供水。原理是太阳能转化为电能，再转化为机械能。与前边论述过的太阳能电站相同。

太阳能水淡化设施，是一些国家太阳能利用的重要方向。最简单太阳能水淡化器，是进行水蒸发—凝结，凝结水不含盐类混合物。

太阳能日变化、年变化不均匀，必须有蓄能设施。除通用蓄能设施，还开发专用太阳能蓄能系统。

太阳能利用是很有前景的，可用于热水供给、供暖、制冷、水淡化、空气调节、局部供电。

在新材料、火箭技术、航天学研究成就的基础上，有可能研究太阳照明设施。有人提议，利用太阳光照亮地球上某些城市。借助于安装在同步卫星轨道上的反射器，太阳光反射到地球上一些选定的城市。这样的反射器同样可以反射月光到地球上，但需要光更强些。照亮人口稠密区域，需要在同步卫星轨道上设几个反射器。

在国外有报道，利用生物光合作用得到生物质燃料（能源种植场）。面积 1 000 km^2 的玉米种植场，可以保障 900～1 000 MW 的电站。这样规模性太阳能利用方法前景不大。

达到地球表面太阳光照利用 50%，如果每天 9 h 太阳光照，每平方米每年可以得到 1 200 kW·h 电能。由此推算，20 世纪 70 年代中期要满足人类用电需求，需要太阳能设施 4 000 km^2。到 2000 年需要太阳能设施 35 000 km^2。

要满足社会公用事业的用电需求，太阳能接收器人均 2～5 m^2。根据苏联科学院通讯院士季多雷科计算，近 10～15 年需要推广 20 万～25 万台风能或太阳能设施。

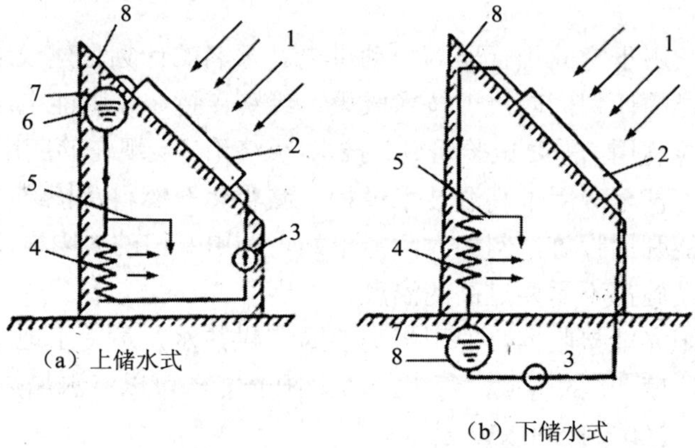

图 20-26 太阳能供暖示意图

1—太阳光；2—吸热体；3—泵；4—散热器；5—热水供给；6—泵；7—供水；8—支架

地热能利用方式，也分为直接利用，与通过热动力循环转换为电能的间接利用。地热利用类型及功率选择，根据地热源特征确定（图 20-27）。例如，帕拉通卡地热源（勘察加）热水温度 110℃，采用两级汽轮机发电，工质选用氟利昂。帕乌任斯克地热源（勘察加）水温 150～200℃，采用一级汽轮机发电。帕乌任斯克工业试验地热电站，装机容量 2 500 kW。

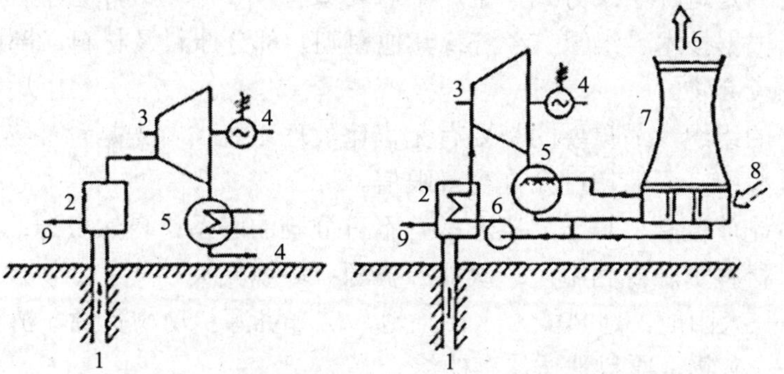

（a）直接利用蒸汽　（b）利用热水生产蒸汽

图 20-27　地热电站原理图

1—地热源；2—蒸发器-蒸汽发生器；3—汽轮机；4—发电机；5—冷凝器；6—泵；7—冷却塔；8—冷却的空气；9—冷凝水排放

根据资料，1975 年全球 16 座地热电站投入使用，总装机容量 1 278 MW。其中最大的是：美国的间歇泉地热电站，装机容量 502 MW；意大利拉尔代雷洛地热电站（380.6 MW）；新西兰威拉克地热发电站（192 MW）。统一汽轮发电机功率 50 MW，组合设计。

计划在火山山麓钻井，获取热水热能。地热可以用于农业，疗养，化学物质提取。

应强调的是，虽然地热发电对环境没有任何排放，但是地下水含的物质，例如，硫、硼、砷、氨进入大气。上升水汽进入大气，释放热能。

利用地热的设备作用于水圈，破坏地下水平衡，与地下水有关的物质循环。地层变化影响岩石圈。污染土壤。甚或引发地震。

在此强调的是，使用新能源、新能源设施，像其他新技术过程一样，必须详细研究与考虑环境影响因素，也就是生产生态化问题。

分析表明，在现代知识水平下，各个部门生产生态化方向与方法，是非常重要的。不论是进行的生产，还是新开发生产部门。

如果在生产的规划、设计、生产各个环节，考虑对环境的影响，降低对环境负面影响，或完全消除对环境影响，是实际可能的。

实施生产生态化远景，是以科技技术成就为基础的。

20.5　能源与原料的综合利用

零排放工艺　是这样的产品生产方式，在能源、原料—生产—用户—原料资源再利用的循环中，综合利用原料与资源，生产不破坏环境的正常功能。零排放工艺三项基本原则：

- 按照无排放生产原理，人为组织与调节物质技术循环；
- 必须合理利用所有原料组分，最大可能利用能源资源潜力；
- 无排放生产，不影响环境，不破坏生态环境正常功能，不对环境带来损失。

因为在热动力过程中，不可能不发生能量损失。在产品生产中原料不可能完全加工，应当对零排放工艺界定。现在提出很多术语，其中包括生态无害化工艺。

少排放工艺 是这样生产方式，生产中对环境有害作用不破坏卫生标准允许的水平，在这一过程中，根据技术、组织、经济或其他原则，部分原料及材料（部门标准确定）转化为不可利用的废弃物。

少排放生产的组织，最重要的是要有无害化处理系统，首先是毒性物质无害化处理。在无害化处理过程中，不能超过允许含量限值。

零排放与少排放概念，与下列概念都有不可分割的联系：自然资源；原料综合加工；资源合理利用；材料资源再利用；二次能源资源；环境损失。

自然资源——太阳能，地热能，水，土地，矿产资源，动物资源，植物资源等。

矿产资源——矿物、原料地质储存的综合。

原料综合利用——最完全、经济利用原料所有有用成分，以及生产排放物。原料有价值成分利用程度取决于社会需求与科学发展水平。原料综合利用，提高生产效率，增加产品品种，降低原料基地建设费用，预防环境污染。

原料的物理-化学加工过程会产生附加产品，这些不是最终产品，可以用于其他产品生产，有国家标准对其确定价值。如果附加产品不适合经济利用，可以作为原料使用。

生产废弃物——在生产加工过程产生的废料或废品，完全失去原有特性，不符合国家标准。这些废弃物经过处理后，可以用于生产或用户。

用户废弃物——用户使用过程抛弃的材料或部件，已经无修复价值。用户废弃物可以作为原料或辅料。

材料资源再利用——生产废弃物与用户废弃物的综合，可以用作生产主要材料或辅料。没有完全利用的产品或附带产品，是再利用材料资源。

二次能源资源——在技术设施中生产产品、中间产品、附带产品的能源潜力，能够部分或全部被其他需求者或企业自身利用。二次能源资源分为燃料能源，热资源，机械能资源。燃料能源是排放物或产品可用作燃料。热资源是锅炉排放烟气的热能，冷却水经过热交换器排放热能。机械能资源是在机械过程中气体压缩能。

生产无排放原则 综合利用原料、能源的系统性；物流的循环性；对环境影响有限性；组织无排放的合理性。

系统性表现在生产—社会—自然过程的相互联系与相互作用性。

能源与资源综合利用，在区域生产综合体中，综合或协作保障废弃物利用的有利条件。

物流的循环性（首先是水、气的封闭循环），限制对环境影响，保护水、气、土地、动物、植物资源。

限制对环境的影响，使生产对环境的影响不会改变允许限值规定。

组织无排放生产的合理性，是进行能源技术、经济、生态、社会评价，利用区域自然资源，增加生产量，不造成环境损失。

无排放生产必须考虑生产的各个工艺阶段，各个阶段形成的废弃物及原料损失。

为了实施无排放生产，要执行统一的技术策略，必须进行标准设计。与传统模式相比，要降低生产的物质与能量消耗。

标准设计，是在原料资源—生产—用户—原料资源再利用的循环中，进行技术阶段组合，保障物流、能流封闭运动。在标准设计中，采用最完善的技术，生产化学类产品并进行废弃物加工，使不形成二次废弃物。

在实施无排放生产中，信息具有重要意义。包括控制物流的信息保障，环境状态信息、生产负面影响信息的收集与系统化。

苏联科学院矿产综合开发研究所，研发了跨部门的矿产加工无排放自动信息系统。信息系统具有查询、统计有关废弃物形成、加工利用、分布信息。

生产废弃物利用与二次原料的准确统计，二次能源资源准确信息形成，建立了有关这些资源及其潜在用户的数据库。

为了保障苏联资源合理利用，建立了统一的国家档案：矿产档案；后备矿档案；采矿企业经济档案。档案的建立，参考了一些国家（美国、法国、英国）已有的经验。

无排放生产按照标准设计、实施。在执行的企业，首先装备清洁生产设施，形成废弃物，通过掩埋方法与环境隔离。进一步提高清洁程度，需要增加相关费用。收集排放物不能解决废弃物利用问题，只用将其转化为对环境影响较小的形式。为此，需要大量资金与土地。现在，自然保护措施应考虑经济损失，增加自然保护费用会影响生产效益。因此，从最大限度降低原料与能源消耗（合理利用资源)。减少排放量，实施少排放生产。例如，日本 96%的工业废弃物二次利用。前苏联 85%的生活垃圾，25%的炼钢废弃物，50%的合金钢生产废弃物，再利用。

无排放生产与合理新工艺研发密切相关。新工艺可以使废弃物最少化，加工利用生产产品，避免破坏生态平衡。

无排放工艺不仅是生产废弃物的利用，而且是用户废弃物的利用，也就是建立原料资源—生产—用户—再生资源循环，对原料资源多重利用。

水资源的综合利用 是工程生态学最紧迫的研究方向。因为地球上很多区域淡水需求与水污染，超过了允许限值。

从 1967 年起，全国执行水资源保护与综合利用规划。规划是根据苏联水法，在水量平衡研究基础上，依据水资源与各部门需水量评估编制的。

相应于总规划，编制流域、部门水资源利用与保护规划。所有水资源利用与保护规划包括下列内容：

- 所研究区域的自然状况（气候，土壤，地形，植物，动物等);
- 区域社会经济特征;
- 水温、水文化学、水热、水生物特征;
- 与水资源利用相关的人为活动特征;
- 地表水土壤水污染，污染物通过正常或突发过程进入水体特征;
- 防止污染扩散的措施;
- 由于水资源变化的技术、经济损失。

根据苏联水法，编制全国统一的各类水资源储量，及其与各部门的需水量，编制国家水资源档案。档案主要内容是，水资源需求者与相应流域相互关系简述，解决循环供水、水资源多重利用等问题的工程措施，水自然循环，水资源利用，水处理工艺。

水库综合利用 河流水库综合利用是保障所规划的灌溉、航运、渔业、发电等功能。此外，研究保障工业、生活、渔业用水的措施。

我国水库保障 80%电能供给，100%土地灌溉。

扩大水库利用的主要方向，是联合蓄水站、热电站、水电站，形成强大的能源综合体，减小对环境的影响。

适度用水 可以通过确定产品理论需水量与工艺过程多重用水，实施适度用水。也就是通过循环供水与综合利用的途径来实现。

在很多工业部门、公共服务、农业部门，都有降低总用水量或循环用水的可能性。在表 20-8 列举一些生产产品可能降低耗水量。表 20-9 列举一些火电站拟议降低冷却水耗水量。

表 20-8 一些产品的耗水量

生产产品	耗水量		比值/（$o_п/o_o$）
	直排 $o_п$	循环 o_o	
生产硫酸耗水量/（m^3/t）	55～85	4～4.4	14～19
生产氰化铵耗水量/（m^3/t）	82	5	16.4
生产玻璃瓶耗水量/（m^3/1 000 个）	23.4	0.6	40.5

表 20-9 拟议降低的冷却水耗水量

电站类型	冷却水平均耗量/[L/（kW·h）]					
	1970 年	1975 年	1980 年	1985 年	1990 年	2000 年
用有机燃料电站						
冷凝	132	127	120	118	110	104
余热供暖	113	101	80	67	56	50
水冷却核反应堆电站	220	200	160	150	138	125

环供水系统 在不同生产中循环供水，特征是发展水净化与调节机制，使用后的水经过净化，重新进入原水，完成生产功能。在图 20-28 中，水的状态用重量或用体积表示为 G_o，含有 i 种物质的进水表示为 q_i，出水表示为 $q_i \pm \Delta q_i$。对于补充水源—补充水量表示为 G_p。

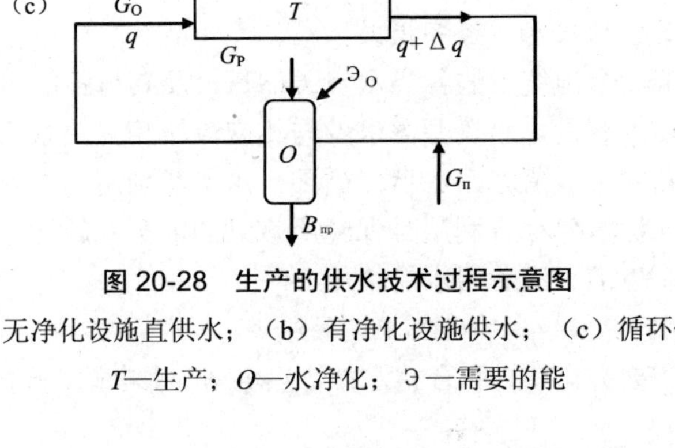

图 20-28 生产的供水技术过程示意图

（a）无净化设施直供水；（b）有净化设施供水；（c）循环供水

T—生产；O—水净化；Э—需要的能

为了评价循环供水系统功能，引入三种评价：

单因子评价：

$$Д=\frac{\frac{G_o}{G_o-G_п}(q_i+\Delta q_i)}{q_i}$$

累计评价：

$$A_i=\frac{q_i}{\Delta q_i}$$

循环性评价：

$$C=\frac{G_o}{G_п}$$

循环性与按下式计算的水平值有关

$$1+\frac{1}{A}=Д\left(1+\frac{1}{G}\right)$$

累计评价是表征 i 种物质累积状况。循环性评价表征水在该生产中的循环数。

现在在很多机械制造、化工、食品等企业，采用完全循环（无泄漏）供水系统。最典型的是化工厂。每一工序有局部污染净化系统，所有局部净化系统排水，进入总净化系统净化后进入生产流程。所有净化设备必须有检修备用。

循环供水系统以及其他类似的系统，用生态效果表征对环境的影响。用非循环系统（来自 i 污染物对环境影响 B_{it}）对环境影响，与循环系统对环境影响（主要考虑生产用试剂 B_{ip}，以及维持循环系统需要的能 $B_{iэ}$）的比较。

下式表示循环系统绝对是必需的：

$$B_{it}>(B_{ip}+B_{iэ})$$

下式表示供水循环程度（循环性因子）根据技术-经济及对环境影响确定：

$$B_{it}\leqslant(B_{ip}+B_{iэ})$$

污水灌溉 污水灌溉可能是比较好的综合利用方法。从 1957 年开始执行前苏联耕地灌溉卫生规范与技术要求。这些规范与要求是很多国家认可的。现在俄罗斯将近 30 000 hm^2 土地全年利用污水灌溉。一些工业污水与生活污水肥力不高，为了保障达到氮肥标准（120～200 kg/hm^2），必须每年每公顷灌溉 1.0 万～1.2 万 m^3。是正常灌溉用水量 3～5 倍。根据污水的成分与含量，可划分 5 种污水灌溉类型。对于不同气候带，从泰加林带 3～6 $m^3/(hm^2\cdot d)$ 到半荒漠带 20～30 $m^3/(hm^2\cdot d)$。

工业污水用于农业灌溉，必须制定可靠的质量标准。

不同气候带多年研究表明，污水农业利用是可行的。特别是在半荒漠区营造灌木林带保护农耕地。40～50 m 宽林带可保护 1 km 宽的半荒漠，形成局部水分、物质循环，保障稳定收获。

固体废弃物及其利用 冶金工业矿渣是主要的固体废弃物类型（表 20-10）。企业矿渣大量储存在尾矿库。经验表明，矿渣可以做成板材，用于储水池衬砌，也可用作筑路材料。

表 20-10 一些生产过程的固体废弃物

生产	废弃物种类	废弃物产出量/（kg/t）
煤燃烧	灰、渣	50～250
泥炭燃烧	灰	100～300
油页岩燃烧	灰	250～350
炼铁	渣	1 000
炼钢	渣	130～150
有色金属冶炼	渣	1 000

含硅酸钙的黏土采矿废弃土，是许可生产水泥、砖、筑路材料。

1980 年苏联煤矿工业固体废弃物构成：开剥岩石 117 Mm^3；矿井掘进岩石 106 Mm^3；选矿废石 100 Mm^3；煤灰 88 Mm^3。

岩石的化学成分与结构，不同煤田不尽相同，一般为沉积岩类（砂岩、页岩、石灰岩）。复杂岩石成分的尾矿利用，取决于其成分变化幅度，例如，安格连煤矿的高岭土块状结构，粒径组分变幅很大。高岭土、石英、黏土、重矿物组合物，粒径大于 0.01 mm。6%～10%石英、15%～25%云母的组合物，粒径小。在纳扎罗沃露天煤矿，伊尔莎-波罗金露天煤矿，剥采的主要是沙砾岩块、砂黏土。

选矿的煤矸石，虽然含硫量不同，但结构相似。碳含量 5%～22%。选矿的煤矸石可以作筑路材料。

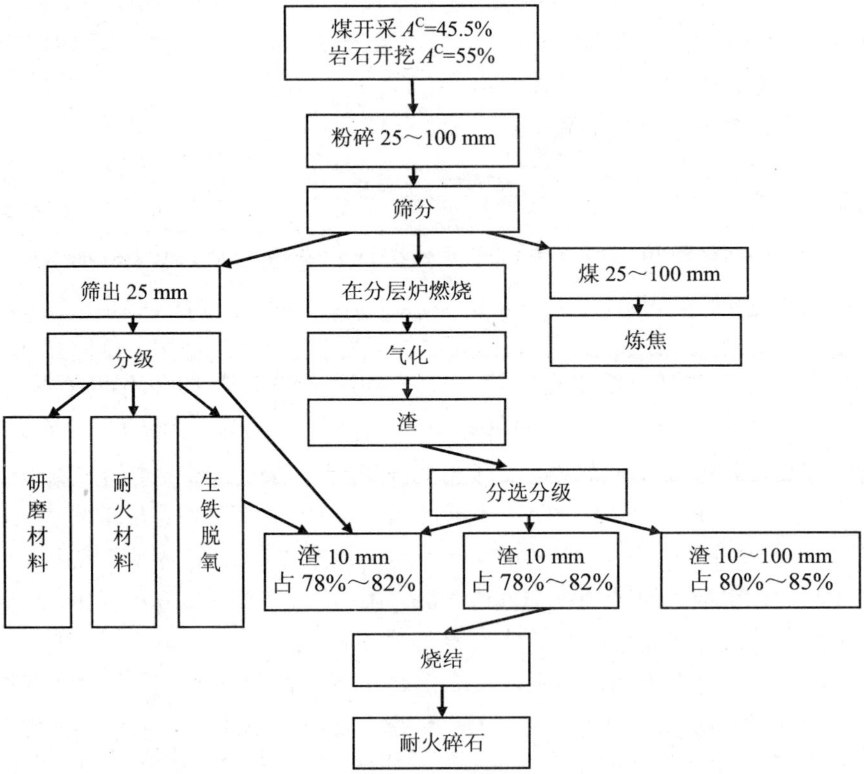

图 20-29 埃基巴斯图兹煤田无排放生产综合体示意图

灰渣利用 固体燃料燃烧形成灰渣、烟尘（1 200～1 700℃）、灰（800～850℃）。现在每年从燃煤火电站排灰渣 10 000 万 t。

煤灰成分根据产地不同，有一定幅度变化（SiO_2 为 9%～90%，Al_2O_3 为 2%～47%，Fe_2O_3 为 1%～40%，CaO 为 0.6%～57%）。

苏联 1980 年利用 390 万 t 煤燃烧后的煤灰生产水泥，用于 1 580 万 t 钢筋混凝土建筑。50%火电厂产生的煤灰被利用。

国外煤灰广泛利用，例如，用作建材、道路修建、肥料。美国利用率 20%，英国 50%，法国 70%，波兰 40%，芬兰 80%。这些表明，煤灰是很有前景的材料源。

煤渣的排放方式也应予以关注，按照国外专家意见，宜采用湿法排放。根据成分、结构，不同煤渣有多种利用方式。煤灰用于建材工业，液压活性值很重要，一般 0.7～1.5，值越大，越适宜制造水泥。

铝硅酸盐矿渣含大量的刚玉，适合制造耐火材料。高炉耐火矿渣，适宜于用作水泥生产辅料，这种方式每年可以利用总量 75%～80%。燃煤火电站的废渣，可以用来生产发泡水泥。安加尔斯基水泥-矿业综合体每年可以利用 30 万 t 金矿采矿废石。

一些企业生产固体废弃物，收集的净化后能利用的气、水，可进行综合利用。在高炉冶炼、石油化工可燃性排放物，各种形式的机械能等，现在在研究对其利用问题，在这些废弃物利用率可达到 75%。

总的来说，在现在的知识水平下，几乎所有的资源，都可以在所需要的部门进行综合利用。

土壤资源 土壤资源合理利用是非常重要的问题。土壤综合利用需要认真研究，预防侵蚀，进行生物土壤改良。大规模保护与利用土壤措施，是有计划地进行腐殖质生产工厂建设，增厚土壤耕作层。

土壤合理利用的很多问题，与农作物栽培有关。

植物资源 综合利用植物资源，是重要的工程生态措施之一，在自然保护的教科书中论述最多。

植物资源综合利用原则，例如，对单独的片林要从所处地理位置、气候条件、立地条件分析。伐木、造纸工业、森林其他利用，利用价值远低于很多生态保障功能。提高生态效益的主要方向，是增强植物资源利用的综合性。像其他资源综合利用一样，不仅是利用数量，而且还有利用质量。

确定砍伐树木，不仅根据树种，而且根据树龄。必须考虑植物资源的质量。例如，格鲁吉亚煤矿、顿巴斯煤矿，每年从北方运来百万立方米木材，必须考虑从这些区域运走木材，不影响区域生态功能。

由于灾害、不合理砍伐，森林面积大量缩减。要知道 1 hm^2 树林 20 年才能产木材 40 m^3。

很多部门的木材消耗是不合理的。据专家计算，仅包装材料生产，消耗木材相当于建材的用量，相当于造纸工业木材消耗量 1.5 倍。

目前俄罗斯造纸工业消耗 50%的植物资源和大量淡水（纸浆生产用水量 300 m^3/t）。克孜勒奥尔达纸浆-纸板生产综合体，用作原料的木材，25%成为排放物。每天从净化水设施中分离出 20 t 废渣。

纸浆废液综合利用，制成有机-矿物肥料，活性可达到 8～10 年。在土壤施用就像自然腐殖质，促进林木生长。集成这些技术方法，可以规划一个循环供料、供水的农-林-工业综合体（图 20-30）。

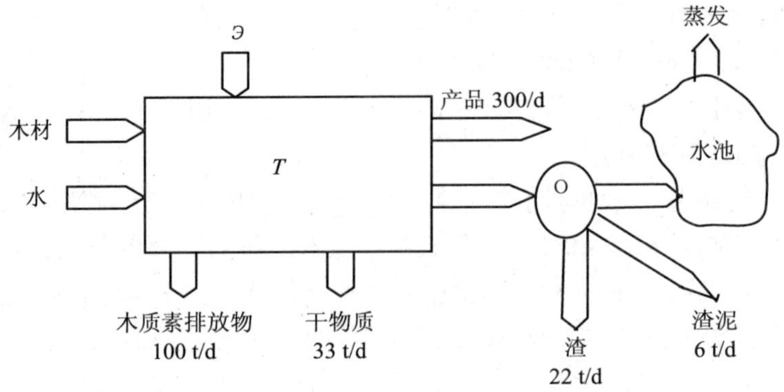

（a）现在的技术流程

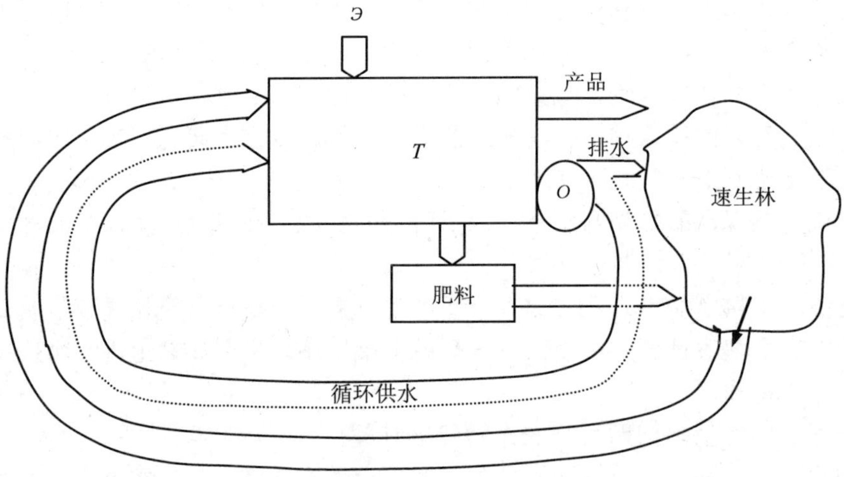

（b）远景规划的循环技术流程

图 20-30　年产 100 000 t 纸浆克孜勒奥尔达纸浆-纸板生产综合体供水、供料技术流程

T—生产；*O*—水净化；Э—需要的能

综合利用植物资源，应当包括合理利用森林作为休憩地，修建砾石小道，组织旅游，进行必要的森林土壤改良及采用其他林业技术。这样利用森林，其效果如圣彼得堡 C.M. 基洛夫森林科学院研究结果，每公顷森林每年不仅提供 1.4 m^3 木材，3 t 氧气，而且能吸收大气中的污染物。

为了更好地将植物资源综合利用，必须完善技术设备，制造高质量的自动化的林业工作各类机器、机械。特别是新的造纸技术、制浆方法。提高生产效率，减少对环境负面影响。

只利用森林增长部分[1.4 m^3/（a·hm^2）]，可合理解决这一问题。苏联每年保持 880 Mm^3 木材使用量，既保障需求，又不使植物资源及其他环境要素受到损害。

21 生态风险及其定量评价方法

21.1 生态风险的基本概念

大家知道，任何工业实体对环境都有危险性。首先，可能发生的事故与灾祸的危险性，其次，不同规模及特征的事故、灾难的后果，包括生态后果。

可能的灾害与危险评价与分析，在工业实体的整个生命周期应尽早进行，从规划开始到实体终结，具有预测的特性。用预测的方法，评价危险与灾祸发生的可能性，预计危险与灾祸的损失。评价是定量评价。

按照现代观点，风险通常是指技术过程或自然现象发生的概率，产生的危害及带来的社会、经济、生态及其他损失。

事故与灾祸的规模与特点，也可在发生前进行预测。上述事件的后果，是在所研究客体的实际资料及资料分析基础上确定的。这样，发生的规模与产生的后果，在危险事件发生前（预测）及发生后（核查），至少要进行两次研究。

应当注意到，系列预测是在事故（灾祸）发生过程及发生后连续进行的。这类预测，考虑实际资料，特别是事故特征信息、水文气象状况等，称为准确预测。

生态后果在预测评价中具有特殊意义，生态后果一般具有长期的特征。

工业生产中最严重、最常见的是机器与设备故障，最严重的是发生事故。在工业实体中会发生不同性质事件：

- 自然事件，地震、洪湖水、滑坡、飓风、冰雹、火山等；
- 技术事件，大楼、设施、机器、设备损坏，由于设计或安装、犯罪活动、人员失误，设备安装时掀翻，飞行器及部件坠落等；
- 混合事件，由于技术活动自然平衡被破坏。例如，钻井过程由于垮塌产生井喷。这些事件会引起不利后果，爆炸、火灾、机械设备损坏、给环境、工作人员、第三方造成损失，还会减产、停产。

人员损失 是企业发生事故的后果，事故可以引起人员伤亡或劳动力丧失。给工作人员、单位带来财产损失，由于停产工人失业。

第三方损失 由于爆炸、有毒物质向企业外扩散造成的。主要是居民、单位的财产损失，以及对人体健康危害。

生产量减少及停产 由于设备损坏，生产品减少或客户服务停顿的直接损失，被投诉造成的间接损失。

这类事件通常称为工业风险，工业风险是由于破坏正常生产过程，给生产及第三方造成损失。此外，还造成设备、交通毁坏，楼房与建筑破坏等。

事故、灾祸与自然风险可以分两类：在突发因素作用下直接风险；在事故（灾祸）、危险自然现象长期作用下产生的风险。第一类事故、灾祸通常称为技术风险。技术风险强调的是与技术过程直接联系，也就是技术圈对环境的影响。第二类事故称为生态风险。

技术风险 在研究区，发生事故（灾祸）时，出现人员伤害或环境受损的概率。我们看到，技术风险与生态风险分开研究是不合适的。例如，评价某区的放射性风险，既包含技术风险因素又包含生态风险因素。但也不全是如此，例如，通常把放射性风险称为生态风险。

危险自然现象发生给人类与环境带来危害，例如，地震、洪水等，称为自然风险。

上述触发因素直接作用，引起一定的环境与自然过程变化。但是这些触发因素未引起生物自恢复能力降低，群落生物生产量降低，自然容量的变化。那么，究竟什么是生态风险？

广义生态风险 广义生态风险理解为环境要素质量恶化，自然或人为作用形成的物种减少、群落退化、生物多样性减少，自然过程退化，生物化学循环、生物自调节、生态平衡被破坏，生态系统产生负面作用，生态系统后备容量丧失。

生态风险应重点分析、评价技术作用形成的生态风险。主要分析、评价下列生态风险受体（客体）：

- 对人类生命活动有重要意义的自然环境要素：大气圈，水圈（水），岩石圈（土地，土壤），各种资源等；
- 自然形成体与自然-人为形成体，包括区域自然综合体及自然景观、自然-人为景观；
- 生物群落及不同特征与规模的生态系统；
- 遭受危害的人群健康状况。

对这些影响受体（客体），可进行遭受技术生态影响单元的划分及损失的确定。例如，对生物群落及生态系统，生态损失主要确定：生物多样性水平降低，生物调节能力降低，生态平衡受损。对环境要素，例如，土壤，随吸收污染物能力及抵抗不利影响能力降低，土壤肥力及自调节能力降低。

应当注意到，生态风险比技术风险分布范围广、持续时间长。事故、灾祸发生后多年，生态风险的预测与评价还有必要。例如，1986 年发生了切尔诺贝利事故，放射性影响至今还在。

狭义的生态风险 在生产过程中及生产实体内，带来环境损失及第三方生命、健康损失的民事责任出现的概率。它是工业风险的一部分。

环境损失表现为：森林、水、空气、资源的减少或污染，生物圈与农业损失。

第三方生命、健康损失这一组合词，是指在生产活动过程对企业周围带来的影响，表现为发病率、死亡率增加。

在这一章中，从统一生态风险描述的目的出发，提出在生产过程中给第三方带来危害的民事责任风险的概念。民事责任的主体，可以是法人（组织），也可能是自然人（居民）。最常见的情形（负有民事责任）是企业事故、超标准排放，造成环境污染。

事故后果可以分为近期的与远期的。近期后果指的是楼房、设施毁坏，区内污染，人员伤亡等。远期后果是指长期污染土壤、水、其他资源，以及对居民健康长期影响，表现为发生各种疾病，常常在事故发生多少年后出现。此外，还表现为遭受事故区生活质量下降，生病与死亡人数增加，小孩死亡率与发病率上升。

直接后果与长远后果的例子，是前边提到的 1986 年切尔诺贝利核电站事故。因为放射污染剂量大，所以将该核电站称为毁灭器。这一居民稠密区被局部污染。直接损失表现为辐射疾病及死亡，农业减产，移民费用增大。

长远影响是遭受辐射居民的后代健康水平下降。10 年后癌症患者增加，特别是甲状腺癌。因此不能低估事故的长期影响。在世界保险业中，对在危险企业工作的保险赔偿，比直接经济损失高很多倍。

在生态学领域，《企业与企业活动法》，首先提出法律责任的概念。其中提出由于污染与不合理自然利用产生的损失。这些在《环境保护法》中，予以发展。特别是提出 3 种补偿类型：

➢ 高污染源对于自然环境影响；
➢ 对居民健康影响；
➢ 公民财产损失。

1997 年通过的《危险生产体的工业安全法》，提出对不符合环境标准的危险生产企业，可以召回许可证。在第 15 条提到在危险生产企业强制保险，在第 16 条提到，全权委托执行机关的责任人，在法律程序或仲裁法庭，有权寻找辩护人，为危害健康、生命、他人财产辩护。

这样，从法律上明确了企业要为污染承担法律责任。在《工业安全法》中，首次提出生态罚款。这一情况，强调了利用罚款作为生态风险管理的机制。

工业活动是主要生态风险源。在这样情形下，生态风险源自工业活动、商业活动以及不确定因素。

环境要素污染风险，水、气中有害物质对人的危害风险，每一种风险的定量评价与分析是不相同的。

工业活动范畴的风险，用事件（例如，化工厂事故）发生的概率 P_i 与实现概率的后果（相应的生态损失）X_i 表示。生态风险值 r（x）表达式如下：

$$r(x)=\sum_{i=1}^{n}P_i\cdot X_i$$

式中，$r(x)$ ——生态风险值；

P_i ——不利事件发生概率；

X_i ——实现概率的后果。

当工业、能源、其他部门可能发生事故，产生严重后果，首先是人员死亡。风险值 R_S 用下式表达：

$$R_S=\sum_{i}^{l}w_iN_i$$

式中，w_i —— 第 i 种事件发生的频率；

N_i —— 有死亡情形数；

i—— 该实体可能事故数。

一些国家法利用事故频率及有死亡情形数，评价这实体运行的允许风险。例如，在荷兰的生态规划中，对有潜在危险设备的风险，如果事故频率不超过 10^{-4}/a（换句话说，事故不超过 10 000 年一次），将死亡 10 人作为允许值。规划中指出，如果事故后果大于 n 次，

则相应的频率小于 n^2 次。规划中设定死亡人数 10 人，如果死亡人数设定为 20 人，则事故频率不超过 2.5×10^{-5}/a。

在上述情形，企业应解决的主要任务是：

- 生态风险产生原因；
- 研究消除产生风险的原因；
- 在企业与保险公司之间有效分配生态风险责任。

此外，对于工业企业的商业活动，有重要意义的不仅是生态风险，而且还有经济风险。当设定的经济目标没有达到，就可以确定为经济风险。按照这种思想，经济风险可以看做是产生某些损失（经济收入、公司形象、同事健康等）。如此广义的经济风险，留给未来人研究与思考。

类似地，可以用一些价值参数，确定不同生态风险。可以用企业排放有害物质的货币形式，表示环境污染的生态损失及其他损失。

可接受的生态损失水平是指不超过公众接受的水平，或不超过确定的标准。相应的可接受的生态风险，是指可接受的生态损失水平。

21.2 发生自然与技术突发事件可接受的风险水平

发生自然突发事件风险是在触发因素作用下，自然突发事件对于居民、区域、自然环境产生不利作用（不可逆）的概率。

自然与技术突发事件是不可避免的，相应的人员伤亡与物质损失是不可避免的。因此，俄罗斯制定了自然、技术突发事件可接受的风险标准系统。上述标准系统，利用地理信息系统、重大突发事件监测预测技术手段，以居民、区域综合风险评价为基础。在这一阶段，解决在众多（或单一）突发事件触发因素作用下，年伤亡人数概率。例如，对核燃料企业建议的人员伤亡风险值（人/a）：工作人员为 1×10^{-5}；卫生防护区居民为 1×10^{-6}；区内其他居民为 1×10^{-7}。该区域外考虑跨境影响死亡率为 1×10^{-8}（H.H.拉达耶夫，1999）。

集体风险 有潜在危险实体区一些社会人群的风险。不同于个体风险，是具体地理区具体危险性指标的累积，表征事故的规模。集体风险评价用某种因素死亡人数 n 除以总人数 N。如果由于辐射癌症死亡风险率为 $r=5.6\times10^{-3}\text{Sv}^{-1}$，那么切尔诺贝利核电站消除后果后，人群集体剂量 S=12 481.1 人·Sv，上述人群在以后生活中死亡人数 $n = r\cdot S=5.6\times10^{-3}\times12\,481.1\approx70$（H.H.拉达耶夫，1999）。

对于社会可接受的、个人可接受的风险水平：

- 社会期望的物质损失不超过实体建设、使用、毁损总费用 1%;
- 居民个人死亡风险不高于正常的死亡率；
- 在实体工作的工作人员，不高于危险职业死亡率。

专家建议采用正常风险的概念，即采用社会认可的风险。在科学技术发展不能完全保障可接受风险水平，社会成员应从社会获得补偿。

在俄罗斯联邦规划到 2005 年降低重大自然、技术事件风险及减缓后果的框架中，民防部队与重大事件管理部门专家，与其他有关的部门（国家技术监督局、自然资源部、交通部、国家原子能监督局、能源部、国防部、内政部、农业部）协同，取得下列工作成果：

- ➢ 编制全国技术风险分带图；
- ➢ 各个州对突发事件危险性程度进行评价；
- ➢ 对全俄罗斯及城市突发事件综合风险值进行计算；
- ➢ 对全俄罗斯及居民点，编制综合的个体风险图；
- ➢ 提出突发事件风险国家组织调节建议。

此外，还取得：5 万人以上城市技术风险水平值；工业个别（最危险）部门人员技术风险水平值；俄罗斯一些自然风险水平值。

下一步工作是确定俄罗斯每年因突发事件（社会风险）平均可能死亡人数，以及物质损失（经济风险）。

根据风险指标编制风险区划及风险综合图，包括：①自然与技术突发事件风险评价方法论原理（评价原则、评价方法、对居民风险综合评价）。②利用地理信息系统、国家民防及重大灾害部门监测及预测系统，综合风险评价自动化方法。

技术与自然突发事件风险综合评价方法研究，包括火灾、爆炸、危险化学品、输气管道、地震、洪水、森林火灾、飓风。

城市、区域风险区划方法及编图，以利用地理信息系统及相应的程序为基础。

俄罗斯区域及居民区突发事件风险综合评价图，可用于确定居民危险区，在社会可接受风险水平的基础上，进行居民安全调节。

21.3　发生技术事故、惨祸、危险自然现象的生态损失及生态后果

技术事故和灾祸的生态后果多种多样。首先，表现为在事故与灾难作用下发生的环境变化。正是由于生物圈的实体的数量、质量、结构的不可逆变化，破坏生物化学循环、生物自调节过程。众所周知，在一定辐照作用下，会增加有些植物的生长，产生积极后果。但是，积极后果与不可逆后果是不可相比的。

由于化学、辐射污染以及其他生物、自然因素，引起环境要素恶化，是不可逆生态后果。应当看到，在环境中事故与灾难产生的不可逆生态后果，会引起人类生存环境质量的严重下降。这是由于生物圈生命保障条件受到损害。

近些年发生的污染环境的事故与灾难，在文献中研究与论述很多。

生态损失的概念，与生态后果的概念非常相近。这两个概念，用于在分析事故、灾难后果，恢复措施。但后者与减少影响规模，采取消除后果措施有关。生态损失概念用于预测—采取预防措施降低可能性，用于实际状态评价。

我们关注环境污染的生态后果，对它研究分析比较多。环境污染是事故、生态灾难的主要生态后果。

事故与灾难引发的环境污染，一般具有综合特点。取决于事故、灾难引发因素，可能是物理污染、化学污染，一些情况下可能是生物污染。

事故物理污染源是物理场，辐射场、电磁场、热场、声场、超声波场。化学污染源是与景观不协调各类化合物，包括外源物质。生物污染主要是各类微生物污染。

应注意到，现代生产中大量使用人工材料，事故发生使大量外来物质进入环境。它们

不参加自然循环，累积在自然系统中，使生态环境恶化。

近十年已经发生的事故地点分析表明，环境污染是由于与自然生物群落不协调的物理场综合形成的。这是技术作用引起生态环境状况变化的原因之一。

事故与灾祸引起环境污染生态后果，可以分为三种基本相：

- 污染扩散；
- 污染物进入植物、动物体内；
- 污染物生物累积。

这样划分相是根据上述过程环境，毫无疑问，是相互作用。

在技术事故作用下，引起生物圈污染生态后果，主要是第二、三种相起作用。特别是放射性污染，在生物体内累积。

有害化学物质在空间扩散，不直接作用于活有机界，而是作用于生存环境。从这一点，有害化学物质扩散，是技术事故与灾祸的生态后果。

放射性与有害化学物质扩散，影响人类各种活动，影响一些资源的利用。在污染物扩散方面要补充的是，技术事故引发的有害物质扩散环境，是水体、大气及在土壤中沉积储存。

污染物从形成环境，通过植物、动物及其他活有机体直接影响人类，或先在土壤环境储存，然后通过植物、动物影响人类。这样，污染物扩散相也包括在活有机体累积。

如此看来，技术事故与惨祸环境污染后果，涉及生物圈所有要素。包括影响生物物质，在生物物质中累积，对其生理功能、生产量、种群结构，产生不可逆的影响。事故污染的生态后果，也会引起景观及自然生态过程的不可逆变化。

事故与惨祸的生态后果，大多数情形不仅仅限于环境污染。它们会极大地，有时是主要的引起热、压场变化，水动力波、流的变化以及其他变化。在这些生态后果作用下，引起人类生存环境的巨大变化。

在生产实践中重要的是，确定事故、惨祸生态后果的规模及区域生态状况，采取必要措施，保障居民的生态安全，消除事故、惨祸的后果。

然而，目前还没有完整的评估方法。对于现在已经进行分析，应当指出，当进行事故（惨祸）后生态后果分析时，重点进行对生存环境、人的生活质量、寿命影响分析。

在进行生态后果分析时，必须有反映对人健康、寿命、生态系统状况及其他生物圈要素影响的一套指标。而目前还没有这样一套指标。

现有的是一套生产指标，能进行上述评价：放射性物质、化学物质含量指标，能反映人体健康状况、死因构成；植物群落生物量、生长、死亡等系数；动物界变化；物理场变化（放射性、电磁场等）。

21.4 风险评价方法

风险评价 定量化确定不利事件发生概率及损失范围（图 21-1）。

大家知道，风险评价有三种主要方法：

- 现有与过去不利事件资料统计分析；
- 因果关系理论分析；

➢ 鉴定法。

利用不利事件统计资料，可以确定事件的概率及损失的规模，适用于频发性的单一事件。对于稀有事件，例如，重大事故，统计方法不适用。利用系统的理论分析方法，查明事件过程及其后果。这种方法称为场景分析法，在分析过程中构建有因果关系的事件链。在链的始端是初始事件称为因，末端是称为果的事件。有专门方法确定与风险评价有关的复杂系列原则。利用数学模型与方法确定作为结果的事件，拒绝关系不确定的事件。

风险鉴定 是以对事件发生的概率与不利事件结果鉴定为基础。

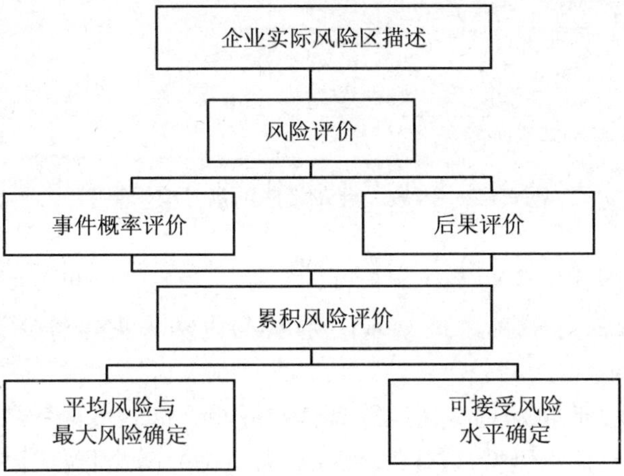

图 21-1 风险定量评价图式

不利事件概率评价 方法有以下几种：

➢ 事件树分析方法；

➢ 事件-结果分析法；

➢ 危险性指数法。

简单地介绍前两种方法，比较详细地介绍第三种方法。

事件树分析法 这是按照事故发展时间顺序，从独立的可能事件出发进行推理的图解方法，例如，拒绝或启用技术过程或生产系统的某一单元。在上述序列中，指出每一个单元导致不利事件的概率。事件树的编制，从初始事件出发，然后按照因果链，追踪这些事件发展为后果的路径（图 21-2）。

事件-结果分析法 类似事件树分析法，但是没有利用图解方法进行因果链分析及概率评价。适用复杂生产系统，分析比较简单。

在事件-结果分析法中，风险辨识是按顺序回答下列问题：

①所研究部分或过程是如何设定的。

②可能偏离标准工作状态。

③偏离的原因。

④偏离的结果，预防偏离措施，即风险防范。

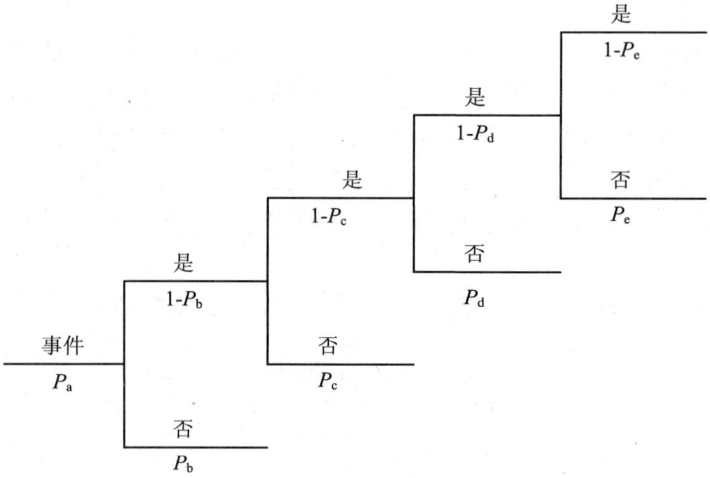

图 21-2 事故发展及相应的事件树示意图

危险性指数法 当评价企业潜在危险性时，是评价累计结果，而不是单一结果，采用危险性指数法。指数法有多种，最常用的是陶氏化学火灾爆炸指数法（Dow Fire and Explosion Index）。

在计算陶氏危险性指数 I_∂ 时，先计算具体技术单元或技术系统的陶氏指数，然后指数累加。陶氏指数用单元危险因数（F）及物质因数（M）两个指标计算如下式：

$$I_\partial = F \cdot M$$

物质因数（M）——表述物质由燃烧或其他化学反应引起的火灾或爆炸释放的能量大小。计算系统中所有列出的有潜在危险化学物质。其中每一种物质可根据国际标准或国家标准确定危险性。总物质因数是系统中所有潜在危险性物质因数之和。计算如下式：

$$M = \sum_{i=1}^{n} Y_i \cdot N_i$$

式中，i —— 危险性物质编号；

Y_i ——系统中物质相对量（质量分数或体积分数）；

N_i ——按照专门分级的物质危险性因数。

物质因数值一般 1～40。

单元危险性因数，按照下式计算：

$$F = f_1 \cdot f_2$$

式中，f_1 —— 一般的危险性因数；

f_2 —— 特殊的危险性因数。

特殊危险性因数，是在形成不利事件中概率大的因子。例如，火灾、爆炸时的温度、尘、压力等。

用因数 f_1 和因数 f_2 能计算单元危险性因数 F。用所得到的单元危险因数及物质因数，按照上述公式可计算陶氏指数。

陶氏化学火灾爆炸指数等级如表 21-1 所示。

表 21-1　陶氏化学火灾爆炸指数等级

陶氏指数值	危险等级
1～60	小
61～96	中
97～127	较严重
128～158	严重
大于 159	很严重

然而，陶氏指数不能表示火灾、爆炸的损失。因为损失与暴露面积有关。暴露面积（或暴露半径）可在专门的表或曲线查出，在欧洲或美国不同机构出版的手册中都有。

利用危险因数（F）与物质因数（M）可以评价损失因数 Y，其值 0～1，表示技术系统发生火灾、爆炸时，发生破坏的最大概率。Y 与 F 和 M 的关系用曲线或表格表示，也可在专门手册中查出。

确定 Y 后，能够确定发生火灾或爆炸区最大财产损失（MY）或自然损失。最大财产损失是用更换价值（C）乘以损失因数（Y），如下式：

$$MY = C \cdot Y$$

最大损失是财产或自然极限损失。显然可以采取各种措施减少损失。这些安全措施可以用 0～1 间的值表示，称之为危害系数（CF — Credit Factor）。MY 乘以 CF，得到实际期望损失值 RY：

$$RY = CF \cdot MY$$

利用陶氏指数法，整个风险分析过程的结果，如表 21-2 所示。

表 21-2　陶氏指数法基本指标

指标	标志	单位	计算式
陶氏指数	$I_{Д}$	量纲为 1	计算值
暴露半径	R	m	原始数据
暴露区财产的更换价值	C	千卢布	原始数据
损失率	Y	量纲为 1	根据 M 与 F
最大损失	MY	千卢布	计算值
危害系数	CF	量纲为 1	评价
实际期望损失	RY	千卢布	计算值

陶氏指数法不适合独立的事件。知道陶氏指数值，就能确定相应的风险防范措施。

损失评价　如果不利事件特征及概率评价研究阶段完成后，下一阶段应是进行损失评估。财产损失是实物的损失。利用专门方法变更为价值形式（货币损失）。

损失采用价值形式。在经济学中，一般将不利事件损失表现为量化价值形式，所有损失评价以此为出发点。

不同风险损失评价，应当包括：直接损失；间接损失。直接损失是健康损失、财产损失或财产利益损失。间接损失，例如，长时间不能恢复企业正常生产，未履行法律责任，保险费用等。

实践表明，间接损失超过直接损失好几倍。这正如图 21-3 所示。

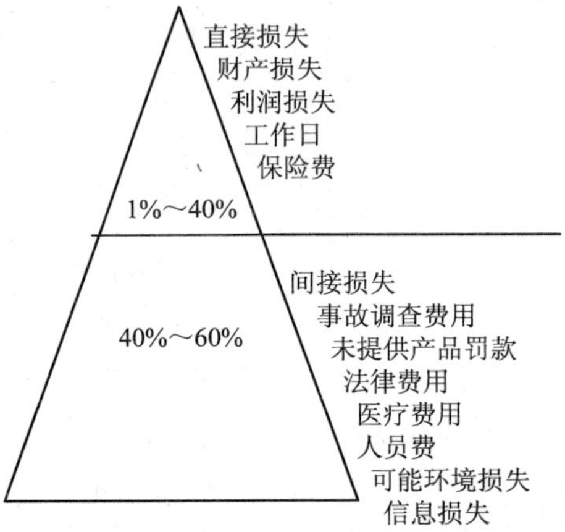

图 21-3 国外某石油天然气综合体直接损失与间接损失比例

所有损失可以分为以下几类。

- 企业财产损失（主要是设备）。这是最大、最明显的直接损失。包括：完全恢复设备与设施，货物及仓库，建设与维修等费用。
- 由于减产或停产利润减少损失。由于不利事件使正常生产停止，盈利减少。
- 工作人员生命与健康损失。在企业工作人员医疗费用，亲属死亡等。
- 环境损失。企业因民事责任造成损失，因环境恶化生活与健康质量下降综合费用。
- 第三方直接损失。由于企业活动带给与企业无业务关系的企业及公民损失，例如居民的生活与健康，甚或单位的财产损失。
- 由于不能满足产品供给或用户服务损失。由于不能满足产品供给罚款，或因用户服务信誉下降综合损失。

前两类是财产损失。给企业工作人员带来损失，通常叫做集体风险。后边三类是企业对第三方负有民法责任，是法律风险，造成环境损失是生态风险。

风险的累积特征 风险的累积评价，依据能代表事件特征的一些参数，对一些事件进行总评价，不适用于独立的事件。

从风险管理的角度，最重要的是平均值与极限值。平均损失值是在一定时间内，给企业带来的平均损失。极限损失是该系统中损失的最大值。例如，工业企业财产损失最大值是固定资产损失。

比较正确的是采用最大可接受损失值，及其出现的最大概率值。后者意义在于表达重大不利事件很少发生。

在发达国家实施的安全标准，确定工业事故发生允许概率为 10^{-5}～10^{-6}/a，或表示为百分率 0.001%～0.000 1%，与标准相应地造成比较大的损失的频率应小于 0.001%，这将称为损失量最大可接受值。

最大可接受损失值，给了独立不利事件或群发的不利事件的期望损失极限值。

损失统计分布　我们研究几种典型的概率与损失的关系方案。

图 21-4（a）是一些设备发生故障的损失分布。不大的损失出现的频率最大。相应的情形是设备部分损害。损失最大的是设备完全损坏，这种情形出现频率最小。图 21-4（b）表示的是一定时期内，累积损失的概率分布函数。

图 21-4 是按下列程序编制：

- 水平轴等间隔；
- 一年期间所有的事件，在水平轴损失排序；
- 根据发生频次，归一化计算事件概率。

图 21-4（b）与图 21-4（a）相比较，看出最小损失在减少，这可解释为在一年期间，发生了某一不利事件。此外，图中显示有最大损失事件出现。

图 21-5 是概率—损失累积曲线。

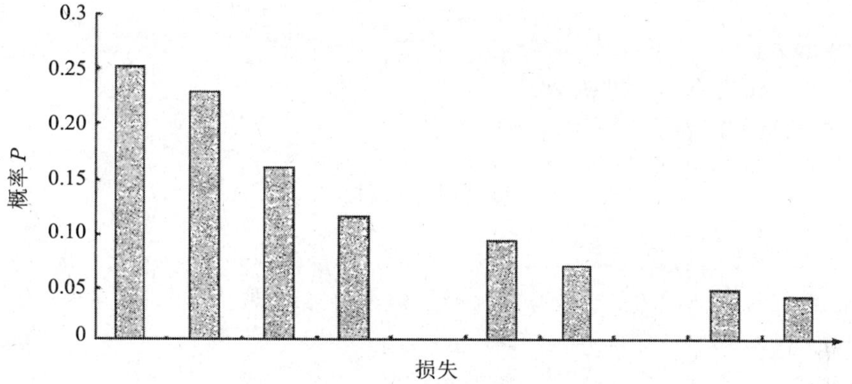

（a）对于独立事件

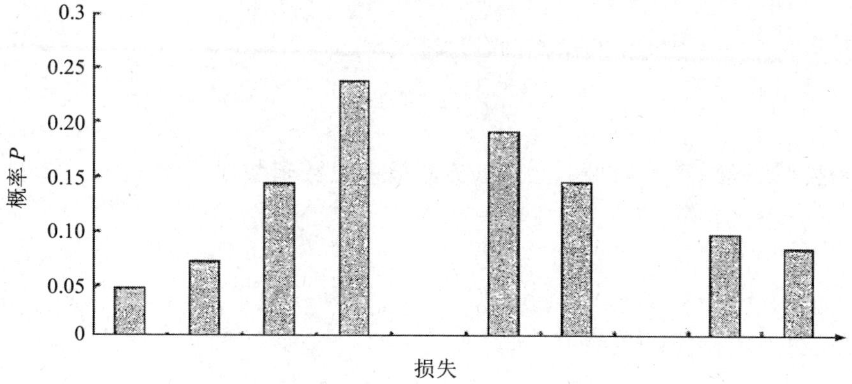

（b）对于年累计损失

图 21-4　概率—损失关系

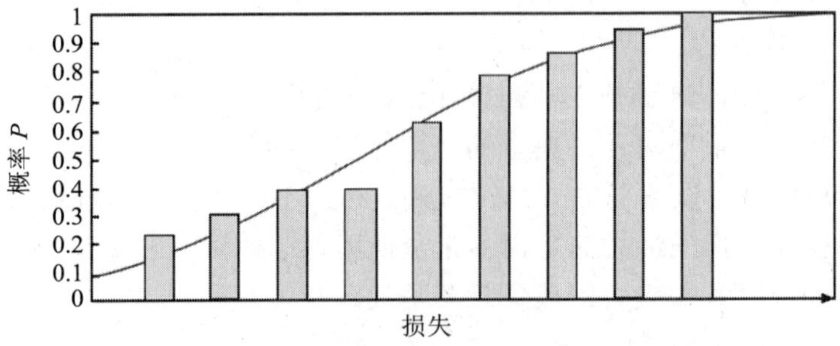

图 21-5 概率—损失累积曲线及近似正态分布

分布函数可根据资料，选用不同形式：正态分布；泊松分布。最常用的是正态分布，经典表达式：

$$f(x)=\frac{1}{\sqrt{2\pi\sigma}}\mathrm{e}^{-(x-a)^2/2\sigma^2}$$

式中，a，σ ——分布参数；

x ——损失；

$f(x)$ ——损失概率密度函数。

正态分布的累积函数如下式：

$$F(x)=\int_{-\infty}^{x}f(x)\mathrm{d}x$$

式中，f —— 概率分布密度函数。

当分析自然与技术风险时，用另一种损失概率分布，即玻耳兹曼分布（指数）：

$$f(x)=\begin{cases}\lambda/x^{1+\lambda} & x\geqslant 0\\ 0 & x<0\end{cases}$$

在这种情形下，概率分布的累积函数，如下式：

$$F(x)=1-\mathrm{e}^{-\lambda x}$$

分析自然风险时经常用泊松分布，损失的概率分布函数如下：

$$F(x)=\begin{cases}1-1/x^{\lambda} & x\geqslant 1\\ 0 & x<1\end{cases}$$

泊松概率分布的累积函数如下：

$$F(x)=\begin{cases}1-1/x^{\lambda} & x\geqslant 1\\ 0 & x<1\end{cases}$$

表 21-3 列举了不同级别事件风险管理决策。

表 21-3 与损失类型相应的风险管理决策

损失特征	损失类型			
	普通	小	中	大
发生频率	很高	高	低	很低
损失范围	小	不大	中等	大
预测性	很高	适合 1 年	适用 10 年	最小
计算采用风险指数	平均	平均	平均与极限	极限
后果	不显著	不大	严重	惨祸
管理决策	无须采取	自我保护，减低风险	减低风险，保险，财政担保	保险，财政担保

资料来源：H.B. 霍赫洛夫，1999 年。

风险区 工业风险一般分布在不同的区域。这提出事故概率、损失分布区划问题。例如，不利事件发生高风险区，在莫斯科、乌拉尔，这些地方是石油天然气、化学工业企业及其他危险企业集中区。

不利事件对企业影响的后果预测，包括破坏因子对距离危险源不同距离的实体、自然体影响程度的确定。这样情景发展预测，可表示在地图上，或表示在叫做风险区结构示意图上。风险区是在地图或示意图上标示的区域，表达具体破坏因子对实体影响的程度及相应的损失程度。

工业事故的危险因素：

- 爆炸产生冲击波；
- 爆炸或燃烧产生的热辐射；
- 燃烧；
- 有毒、放射性及其他物质。

每一因素具有物理因子作用于客体。这些物理因子可能是：冲击波；辐射热；有毒物；发生性废料；大面积燃烧。知道触发因素的特征及影响范围，就可以确定损失量。

风险区的确定程序是这样：先确定危险源，可能是工业设施、危险品库房、压力管道、锅炉等；然后确定破坏性危险因子分布仿真模型；最终确定风险区范围及风险种类。

将风险场叠加在区域地图上，用同心圆或椭圆表示风险源及影响的界限。中心部分是最严重的。在风险场图上，标出参数值及作用时间，可以进行事故损失评估：伤亡人数；受灾面积；污染区域；楼房破坏程度等。损失可以用价值表示。

22 工业生态化是持续发展的优先方向

22.1 生产的社会-生态-经济效益问题

生态化清洁生产技术问题，很多年来，在合理进行的经济活动中占有重要地位。人们认识到，防止污染与爱惜自然资源是最有效的环境保护措施。而且要特别节约能源，珍惜自然资源。节约能源与资源，例如，更充分利用、加工废弃物，能够减少对环境有害影响，并可获取收益。以上所述，明确了生产生态化的基本要点：利用再生的原料与能源，开发、利用生产过程废弃物，二次加工不同组分的排放物，达到更充分利用原料，防止污染。

然而，合理利用资源与能源，只是持续发展概念的一个方面。更重要的是全社会面前的责任。在俄罗斯现实环境下，后者是比较难实施的。实施生态化生产，需要采用新的经济与财政机制，以保障对生态化清洁生产投资规划的支持与持续性，贯彻持续发展思想。

综上所述，生产生态化应研究：

- 预防污染物形成，最大可能地建立少排放、生态化清洁生产及工艺；
- 研究生产过程，消除、减少、再加工各种废弃物，爱惜能源、原料、自然资源；
- 采取直接自然保护与综合措施（采用减少污染的设备与设施，修复破坏土地，保护生物多样性）；
- 建立新机制支持：降低生产活动对环境有害影响；节约资源能源；增加生产品数量；
- 建立新财政机制，支持对生态化生产及生态化清洁技术投资；
- 对于商业团体、生产工人、管理机构，进行生态培训与教育，特别是国家管理机构。

最终的目标是改变俄罗斯全民的生态意识，培育新的自然观，改变现有经济发展模式。

生产生态化原则，相应于自然系统功能原理，主要有下列：

- 地方性原则　利用地方废弃物与废弃能，作为区域生产（工业）生态经济系统的二次利用资源；
- 级联性与循环性原则　按照这一原则，生产废弃物与能源（二次原料、热能等）、各个工业生态经济系统之间互用，例如，这一部分供给另一部分利用；
- 多样性原则　在生产加工企业、废弃物、废弃物削减与加工企业之间，建立联系，以保护环境质量；
- 渐变性原则　综合利用一次资源，废弃物作为原料利用。根据自然生态系统演化，确定社会、工业发展；
- 区域性原则　生产生态化规划、计划编制，应在一定的区域范围，而不是一个部门。

贯彻这些原则，能系统地、综合地解决生态问题，降低对区域生态的人为影响。

总之，生产生态化的目标，是以先进技术为基础，不增加环境负载，实现经济增长，保障生产的社会-生态-经济效益。也就是说，生态化过程产生经济利益，达到社会目标与生态目标。生态化的目标与这样的共识相关联，借助技术手段可以达到与自然生态系统相协调。

很多研究强调，现代市场经济体系必须生态化，强化社会效益。认为，在还没有达到生物圈承载（吸收）容量界限时，必须提早开展这样工作。也表达了，只有采取合理利用自然资源的生态措施，才能走持续发展道路。必须认识到，要达到持续发展，生产生态化在俄罗斯经济生态化及生态伦理培育中，占有重要位置。

早在20世纪70年代（丹尼斯·米都斯，1972）就形成了一种观点，认为经济发展的极限不仅与自然资源限制有关，而且在很多情形，很大程度上取决于自然环境要素（大气、水、土地）吸收各类废弃物能力。

上述自然要素不能全部吸收各种废弃物。要提高有效性，不能仅靠技术创新，还要摈弃传统消费观念，培育新的生态伦理。以新生态伦理组织社会活动，形成生态压力，促使国家管理机关建立激励机制，在源头削减废弃物，而不是在末端。

最终，不论是自然过程，还是生产周期的末端，不可避免地形成污染环境的废弃物。工业废弃物与大气排放量，随着经济增长继续增加。例如，法国，经济增长1倍，而废弃物量增加2倍。不同国家经济的自然资源耗量比较如表22-1所示。

表22-1　一些国家自然资源耗量指标

国家	能源耗量/（t石油当量/1 000美元产值）	SO_x排放/（kg/1 000美元产值）	CO_2排放/（kg/1 000美元产值）
日本	0.17	0.3	0.42
德国	0.21	1.1	0.52
法国	0.21	0.9	0.31
英国	0.20	1.8	0.49
加拿大	0.36	4.1	0.73
美国	0.28	2.3	0.72
经济合作与发展组织国家（OECD）	0.24	2.1	0.58
俄罗斯	0.61	6.0	1.54

资料来源：C.H.博贝列夫，2004年。

从表22-1可以看出，俄罗斯单位产品的能源消耗，大于发展中国家几倍。不能仅用寒冷的自然-气候环境解释能耗指标。显然，是技术落后起实质性作用。俄罗斯技术工艺流程生态化程度低，SO_x排放量增大导致酸雨，CO_2是主要的温室气体。

这样，比较严格的生态标准，对消费者提出要求，经济生产组织、消费结构变化，生态优先意识，这些相结合，推动预防污染进程，是生产生态化的基础。

可以划分下列预防污染、爱惜自然资源的方向：

- 合理组织经济，已有的设备与技术流程利用最大化，不产生损耗及过度利用材料、能源；
- 替代材料，避免生产过程产生危险物质；
- 生产现代化，首先达到生态化，减少自然资源耗量；

- 资源需求经济合理。

最后两个方向决定所建立的生产系统，一种生产过程废弃物成为另一生产过程原料。例如，在生产循环中收集污染化合物，用于另外产品生产，能降低大气排放量。上述方向可以通过制定生产生态化规划来实现。

22.2 生产生态化规划的评价指标

生产生态化规划的生态-经济评价的重要性，在于规划有社会外部效应，即有一定社会影响。在生态学中，外部效应理解为生态效益（正面效应）和生态损失（负面效应）。规划（或企业）产生的生态效益与生态损失，影响其他企业及客体。必须进行生态经济评价，是因为在经济学中很少考虑对环境负面影响。由于外部效应造成生态损失，是社会的外部费用。企业的费用支出应考虑外部生态费用，也就是应考虑生态状况。生态费用应包括：

- 自然资源利用费用（水、能、土地、矿产等）；
- 废弃物、排放物、废弃物掩埋（各种成分的废弃物）费用；
- 枯竭自然资源的恢复费用；
- 工业实体清除、设备改造、区域调整费用；
- 间接用于生产的自然资源付费。例如，利用的材料制造清洁生产的设备，同时产生污染。

在生态评价过程中，第一，必须分析自然与人为环境特点，它们对实施生态化规划的不利影响。第二，重要的是应评价规划本身对环境影响，最终目标是评价规划的生态-经济效果。

选取效益指标应注意投资分析规范性、生态规划的生态吸引力和分析客观性，同时需要考虑指标的专业内涵。以环境影响为主，反映生态化规划特征的参数，有应用前景。与后者相关的是企业环境管理程序。在这方面我们注意到，ISO 14000 系列标准，与企业活动对环境影响的程度评价或对环境危险性排序，生态观点是一致的。这样企业管理决策，不仅是生态可行，而且经济合理。

生态影响程度评价或对环境危险性排序，保障企业生态管理的实施。能确定企业生态影响最适状态，降低对环境影响程度。上述观点，应在生态规划的规划（投资）分析中，予以考虑。

在进行工业企业生态危险性评价，特别是电力工业自然保护活动评价时，建议采用生态活性指标，或国外普遍采用的清洁空气保障指标。生态活性指标是自然保护资金在企业总资金中占的比重，表示生产生态化的水平，或环境保护活动在总投资中有效性。根据俄罗斯工业投资与自然保护设备投资，计算的比重指标（生态活性指标），2000 年为 1.9%，2001 年为 2.0%。以典型的 2 400 MW 热电站特征为例（表 22-2），可以看出生态活性指标从 2.4%增至 4.4%。这在一定程度上反映了企业的生态化趋势。显然是低于标准值，不应低于 20%～25%（H.H.罗曼洛夫，H.C.波波夫，1990）。按照《清洁空气保障》评价企业大气保护措施方面生态化水平，俄罗斯状况是：2000 年为 0.68%，2001 年为 0.7%。对于能源生产建议标准定为 30%～45%（H.H.罗曼洛夫，H.C.波波夫，1990）。含硫排放物标准定为 20%～30%（O.A.雅科夫列夫，1991），可以将每千瓦能提价到 15 美元。根据表 22-2 的数据，清洁空气保障不超过 2.8%。所述情形表明，俄罗斯的工业生产的生态性非常低。

表 22-2 典型热电站生态经济特征

指标	1992	1993	1994	1995	1996	1997	1998	1999	2000
1.基本生产费用/M 卢布	8 057.6	26 590.1	277 036.9	757 791.3	1 691 361.7	1 754 018.0	1 850.9	1 935.6	2 174.8
其中：生态费用	193.4	664.9	8 034.1	25 764.9	62 580.4	68 869.0	72.9	77.3	91.3
生态费用中区域大气保护费用	120.9	398.9	4 986.7	15 155.8	38 901.3	42 096.4	44.8	47.6	60.9
2.技术排放/kt	256.5	236.1	249.7	209.6	200.3	152.3	128.3	135.9	131.7
其中：									
二氧化硫	141.9	129.4	136.1	115.5	110.3	79.8	66.7	72.1	69.9
二氧化氮	32.9	31.2	34.7	30.2	28.8	23..9	23..4	24..5	23.7
灰分	80.6	73.4	77.2	61.0	58.4	46.4	37.3	38.3	37.1
3.生活环境的生态经济损失/M 卢布	6 424.4	93 943.1	1 984 844.4	2 925 568.8	3 341 063.8	2 870 239.6	30 840.1	41 175.0	39 902.5
4.生态付费/M 卢布	29.7	524.0	4 967.0	10 153.1	19 306.2	22 143.1	26.0	35.5	35.1
5.生态活性指标/%	2.4	2.5	2.9	3.4	3.7	3.9	3.9	4.0	4.2
6.清洁空气保障/%	1.5	1.5	1.8	2.0	2.3	2.4	2.4	2.5	2.8
7.生态-经济当量/%	0.5	0.6	0.3	0.4	0.6	0.8	0.8	0.9	0.9

上边列举的指标，不能反映自然保护措施对于改善自然环境质量影响。自然保护投资与自然保护结果没有必然相关性。这些指标不能客观地评价生产生态化水平。

生产各种产品的自然耗量或生态负荷指标，被认为是有代表性的：

$$\alpha_{ik}=\frac{V_{ik}}{Q_i}$$

式中，α_{ik} —— 第 i 种产品及 k 种废弃物自然耗能量（废弃物耗能量）；

V_{ik} —— 第 i 种产品形成的 k 种废弃物量；

Q_i —— 第 i 种产品数量。

例如，热电厂最终产品是电能与不同成分的废弃物，类似的指标计算如下：

$$\alpha=\frac{\sum_i\sum_k V_{ik}}{\sum_i Q_i}$$

α 值越小，原料转化为产品越有效，废弃物与污染越少，对自然环境生态负载越小，生产生态化水平越高。指标可用于不同企业及部门大尺度或中尺度的比较分析。

现在自然环境要素评价，不能用一个标准的系统，进行影响评价。因为这样，评价指标带有人为的性质，反映的只是特殊的动态特征。自然生态系统，特别是水生态系统，是高度的自然生成的生态系统，其特性与功能，不是单个要素的叠加。必须研究新方法进行叠加系统的评价。

我们利用量纲为 1 的指数，评价生态作用程度，得到对自然环境叠加负载。利用指数方法，可以进行技术对自然环境或对自然要素的影响的评价，也可以进行整个企业或某一生产过程对环境影响评价。

按照指数法，可以采用不同的指数：标准污染含量与最大污染含量之比的平均值；高于背景值含量之和；超过允许限值含量之和；当确定生产的《自然资源耗量》时，利用超过允许限值含量之和的再加工利用量。为了反映污染的危险性，在允许限值中，可采用带有污染物危险性比重系数的指数 W：

$$W = \frac{1}{n}\sum_{i=1}^{n}\frac{C_i(1+P_i)}{\text{ПДК}_i}$$

式中，C_i ——第 i 种污染物含量；

P_i ——比重系数；

ПДК_i ——第 i 种污染物的允许含量值。

如果污染物形成同一综合体，也就是在空间分布是同一类型，在指数计算中采用平均值是正确的。如果平均过程计算的物质，具有相似的超过背景的最大含量值，则用平均值计算的指数是客观的。在相反的情形，由于污染物含量不稳定、环境负载在变化，指数与负载量不完全相符。所用的指数具有复杂的信息，必须利用污染观测数据。

对上述应强调，以现有监测系统为基础，计算生产技术对环境影响的必要性。可利用下列原始数据：

- 企业或部分工艺流程的物质与生态平衡资料；
- 根据企业生态档案 2ТП 表（水、气、废弃物），废弃物、排放物最大允许限值的信息；
- 生产过程生态监测资料。

任何对自然环境的危险影响，都是固体废弃物、水体排放物、大气排放物形成的，特别是超过了自然环境容量。

所以，一种有前景的技术对环境及区域要素叠加影响的确定方法，如下述。

大家知道，维持物质流、能量流平衡，不会引起自然生态系统的负面变化，保障生态系统稳定性。上述状态取决于人为负载 П 与该区域的稳定性潜力（同化潜力）$П_1$（自净能力，扩散能力，生物吸收能力）。

同化（吸收）潜力被认为是大气污染物排放允许限值的容量，或者水体污染物排放允许限值的容量（К.Г.戈夫曼，1985）。这一点可以这样解释：如果进入环境的污染物，不超过大气污染物排放允许限值或水体污染排放允许限值的容量，那么该区域无须补充自然保护费用，去除进入该区有害物质，对它们后果进行同化，生态系统结构不会发生变化。因为区域大气污染物或水体污染物被分散。水流动与风是这些污染物扩散（弥散）的能，形成自然同化力。

区域生态同化潜力作为生态稳定性指标，根据大气允许排放限值（ПДВ）、水体污染允许排放限值（ПДС），同化指数计算如下：

①根据 j 种污染源 i 种污染物同化指数 A_j：

$$A_j = \frac{\sum_{i=1}^{n}\left(\frac{W_i^j}{\text{ПДВ}_i^j}\right)}{n}$$

式中，W_i ——第 j 种污染源第 i 种污染物实际排放量；

ПДВ_i^j ——第 j 种污染源第 i 种污染物允许排放限值；

n ——第 j 种污染源排放污染物种数。

②根据区域 j 种污染源同化指数：

$$A = \sum_{j=1}^{n} \frac{A_j}{J}$$

式中，J——区域污染源数量。

这一指数适用于所选区域对自然环境影响的污染源：大气；水；废弃物填埋场。计算用参数，来自俄罗斯企业的 2TП 型生态档案（空气、水、废弃物）与统计数据。

指数 $A \leqslant 1$，表示区域发展是适宜的，生态环境是稳定的。

相应地，要评价企业水平、对自然环境影响，可以采用：废弃物无排放指数；水体污染排放危险性指数；气体与气溶胶排放危险性指数。

生产排放影响水平，可用无排放指数 $I_{бо}$ 评价，计算：

$$I_{бо} = \frac{\sum_{p=1}^{p} G_p}{\sum_{p=1}^{p}\sum_{n=1}^{n} C_{pn}} \qquad I_{бо,\max} \to 1.0$$

$$0 < I_{бо} \leqslant 1.0$$

式中，p——生产产品的种类（生产量）；

n——利用原料的种类；

G_p——产品生产量；

C_{pn}——生产 p 种产品对 n 种原料的需求量。

水体污染物排放影响评价指数，计算：

$$I_{\text{c}} = \frac{1}{J}\sum_{j=1}^{n}\sum_{p=1}^{p} \frac{\text{ПДС}_j - \Phi C_{jp}}{\text{ПДС}_j} \qquad (I_{\text{c}})_{\max} \to 1.0$$

$$I_{и} \leqslant 1.0$$

式中，I——j 种污染物种数；

ΦC_{jp} ——在 p 生产中 j 种污染实际排放量（生产品 p）；

ПДС_j ——水体 j 种污染物排放限值。

大气污染物排放影响评价指数：

$$I_{\text{B}} = \frac{1}{J}\sum_{j=1}^{J}\sum_{p=1}^{p} \frac{\text{ПДВ}_j - \Phi B_{jp}}{\text{ПДВ}_j} \qquad (I_{\text{B}})_{\max} \to 1.0$$

$$I_{\text{B}} \leqslant 1.0$$

式中，ΦB_{jp} ——在 p 生产中实际产生的 j 种大气污染排放（生产产品 p）；

ПДВ$_j$ ——j 种大气污染排放物允许限值。

当必须考虑污染对于生物的危险性（危险级别），如上述，还要用相应的权重系数修正 I_B 和 I_c。

对自然环境或区域要素，应当遵循的条件是 0.75≤（I_{6o}·I_B·I_c）≤0.95。如果（I_{6o}·I_B·I_c）＜0.75，表明对于自然环境的影响很大。生态影响应努力达到 0.75～0.95。

应用 ABC—价值（功能—价值）分析法，也计算出 0.75（75%）和 0.95（95%）是质量标准中可调节的水平。

举例：

我们研究燃料能源企业对于环境的生态影响（排放限值：SO_2 80 536 t/a,；NO_x 5 725 t/a；灰分 27 165 t/a）。

无排放指数是用发出电能（T_y——折算煤当量 t），除以折算为标煤的各种燃料：

$$I_{6o}=\frac{8\,512\,129T_y}{2\,429\,808T_y}\approx 0.35$$

排放物（SO_2、NO_x、灰渣、烟灰与烟尘）对大气影响：

$$I_B=\frac{1.117}{6}=0.186$$

在无水源污染情形下 I_B=1.0，火电站对环境影响：0.35×1.0×0.186=0.066≈0.07≪0.75，也就是说对环境影响很大。企业应进行生态转化，采取下列生态化措施：

- 消除热能对微生物生产影响；
- 灰渣用于建材生产；
- 清除大颗粒排放物（90% SO_2，30% NO_x）。

如果无排放指数 $I_{6o}=0.49$，大气排放影响 I_B=0.3，对于环境总影响 I_{6o}·I_B·I_c=0.49×0.3×1.0=0.147＜0.75，即对环境影响也是比较大的。同样也要加快生态化，减少对环境影响。

这样，生态化规划选择，应既考虑经济指标，又考虑以上所述影响环境质量的其他指标。

22.3 生产生态化规划方案的选择方法

生态规划方案筛选，不能仅仅根据某一指标确定，尽管这一指标对规划非常重要，例如经济效益指标。首先是因为除了经济指标，还存在其他的生态化指标，应在规划方案选择时予以考虑，例如，技术指标（稳定性、安全性），社会指标（就业人数、结构，社会福利水平，居民疾病减少），生态指标（对生态系统作用、生物多样性等）。其次是规划方案具有优势以及由于规划实施对环境产生影响。而且这些实施环境预先不清楚，因此不能评价每一规划方案风险。

生态规划方案筛选，是根据多指标选择，解决步骤如下：

①表示规划 X 的所有特征参数 f_1（x），f_2（x），…，f_n（x），等效成一个指标 F，然后对其进行评价；

②从多方案比较中淘汰无效方案。

在第一步骤中，需要计算 j 方案的可公度的指标值 F_j：

$$F_j = C_1 f_1(x_j) + C_2 f_2(x_j) + \cdots + C_m f_m(x_j)$$

式中，C_i ——各个参数相对权重系数。

作为这种方法的例子，我们研究效益价值法。其特点是规划的每一结果，包括经济结果，都表达为 0～1 的相对重要性值，然后将相对重要性值换算成净现值—规划的生命周期净价值。

净现值 NPV = 150 M 卢布的化工企业循环供水系统为例，进行效益计算：循环供水系统能提高城市居民供水水平（相对重要性系数 $C_в = 0.6$）；在水源地生物多样性保护（相对重要性系数 $C_б = 0.85$）；经济效益（相对重要性系数 $C_э = 1$）

保障居民饮用水的经济评价：

$$C_в \times NPV = 150 \times 0.6 = 90 \text{ M 卢布}$$

保障生物多样性经济评价：

$$C_б \times NPV = 150 \times 0.85 = 127.5 \text{ M 卢布}$$

生态化规划总收益评价：

$$F_1 = C_Э \times NPV + CB \times NPV + C_Б \times NPV = 150 + 90 + 127.5 = 367.5 \text{ M 卢布}$$

无效方案的剔除，按照下列方法。方案 $\bar{x}$ 被认为是有效的情形，如果所选的评价参数 $f_1(\bar{x})$，$f_2(\bar{x})$，…，$f_n(\bar{x})$，至少，不差于另一可行方案选择的类似参数。这一条件写成下列形式：

$$f_i(\bar{x}) \geqslant f_i(x)，对于 I \in i，X \in x$$

式中，I——方案 X 最适评价参数。

满足上述条件是最适方案，称作帕累托最优（以意大利经济学家帕累托名字命名，1944 年他提出这种有效方案选择方法）。帕累托最优法则是方案选取的原则。如果方案达到帕累托最适，方案特点：方案的部分参数得到改善，但也不影响其他方案任何参数。

（1）瓦尔德极大极小准则　按照这一准则选取的方案，获益最大：

$$W = \max_i \min_j Э_{ij}$$

式中，$Э_{ij}$ —— i 方案与实施的 j 方案的效益指标。

如果效益指标选用实施规划的净现值，那么经济因素考虑的是环境污染的经济损失。

企业生态转化 5 种规划方案，对规划方案评价用下列参数：

- 净现值（经济效益）NPV;
- 环境生态损失减少（ΔY）;
- 方案实施风险，包括生态风险（r）;
- 企业生态转化必要的财政支持量（$K_б$）。

各方案数据列于表22-3。

表22-3 企业生态化规划方案的参数

方案	评价参数			
	f_1= NPV/M 卢布	$f_2 = r$/份额	$f_3 = \Delta У$/M 卢布	$f_4 = K_6$ /M 卢布
1	250	0.5	800	60
2	200	0.4	0	0
3	150	0.5	50	80
4	150	0.2	100	50

按照帕累托最优准则，比较各个方案，列于表22-4。

表22-4 帕累托最优准则比较方案

比较的方案	比较的条件
1 和 2	$f_1(x_1) > f_1(x_2)$；$f_2(x_1) < f_2(x_2)$；$f_3(x_1) > f_3(x_2)$；$f_4(x_1) < f_4(x_2)$
1 和 3	$f_1(x_1) > f_1(x_3)$；$f_2(x_1) > f_2(x_3)$；$f_3(x_1) > f_3(x_3)$；$f_4(x_1) > f_4(x_3)$
1 和 4	$f_1(x_1) > f_1(x_4)$；$f_2(x_1) < f_2(x_4)$；$f_3(x_1) > f_3(x_4)$；$f_4(x_1) < f_4(x_4)$
2 和 3	$f_1(x_2) > f_1(x_3)$；$f_2(x_2) > f_2(x_3)$；$f_3(x_2) < f_3(x_3)$；$f_4(x_2) > f_4(x_3)$
2 和 4	$f_1(x_2) > f_1(x_4)$；$f_2(x_2) < f_2(x_4)$；$f_3(x_2) < f_3(x_4)$；$f_4(x_2) > f_4(x_4)$
3 和 4	$f_1(x_3) < f_1(x_4)$；$f_2(x_3) < f_2(x_4)$；$f_3(x_3) < f_3(x_4)$；$f_4(x_3) < f_4(x_4)$

方案1，方案4 达到帕累托最优。在最优情形，方案的部分参数得到改善，但不影响其他方案的任何参数。净现值考虑生态因素，取决于使用环境。根据企业发展，设置3种净化设施的可能方案原始数。

对于工业企业净化设施不同方案，由净现值决定最适方案可能性列于表22-5。

表22-5 不同净化方案经济效益 单位：百万卢布

规划方案	实际净现值			效益最大的方案
	1 方案	2 方案	3 方案	最小 $Э_{ij}$
1	300	600	400	300
2	500	400	100	100
3	700	200	800	200

按照瓦尔德极大极小准则，第1方案是最适方案，它是从最小效益中最大300亿卢布。

（2）萨维奇最小最大风险准则 按照这一准则决策，最大风险中选取最小风险者：

$$S = \min_{i} \max_{j} R_{ij}$$

式中，R_{ij} —— i 方案与实施的 j 方案的风险指数。

具体规划的风险指数有多种的含义，是经济损失、实现期延长等。这个指数客观地反映了不可逆后果，在实施规划应尽量减小。

不论是瓦尔德法则还是萨维奇法则，都是保守法则，根据最坏情形决策，比较稳妥。

（3）赫尔威斯悲观—乐观折中准则　这种准则表达如下：

$$G=\max_i[\alpha\cdot\min_j Э_{ij}+(1-\alpha)\max_j Э_{ij}]$$

式中，α ——决策的谨慎性系数，值 $0<\alpha<1$。

为了预防企业事故性大气污染排放，必须限期改造尘-气净化设备。为此设计 3 种方案，采用不同材料与设备，改造工期不同。实施环境与材料获取，都不清楚。原始数据与决策数据如表 22-6 所示。

表 22-6　萨维奇准则决策数据

方案	改造的期望期限取决于材料获取条件/月			i 方案最大风险/月
	1	2	3	$\max R_{ij}$
1	0	5	7	7
2	3	0	7	7
3	3	5	0	5

根据萨维奇准则，选择方案 3，因为它的最大风险值为最小（5 月）。

举例，当谨慎系数α=0.5 时，按照瓦尔德准则，计算结果如表 22-7 所示。

表 22-7　按照瓦尔德准则规划方案评价　　单位：百万卢布

规划方案	最小效益/ $\min Э_{ij}$	最大效益/ $\max Э_{ij}$	折中效益 $0.5\min Э_{ij}+0.5\max Э_{ij}$
1	300	600	450
2	100	500	300
3	200	800	500

按照赫尔威斯准则，　当$\alpha=0.5$ 时选第 3 方案。

这样，借助不确定决策准则，可以检查规划方案、逻辑结构，建立矩阵模型，选取达到设定目标的方案。

第五部分

自然危机与技术危机的防治

23 突发事件的监测与预测

23.1 生态安全的法律保障

生态安全保障 是国家行政部门、地方政府、自然人与法人应当付诸的行动，俄罗斯法赋予应承担相应责任。

上述活动的目的，是采取可靠的措施，预防技术突发事件，预报自然灾害、消除自然灾害后果。

在上述保障国家、社会、个人生态安全的措施中，法律保护具有特殊地位。

生态安全的法律保护 是法律所载明的专门的保障系统。尊重生态安全权，就能预防、降低下列危害：居民生活与健康危害；自然灾害危害；技术因素危害。

在俄罗斯联邦《突发事件应对法》（1994，12，21，No.68-ФЗ）第18条中，明确公民有下列权利：

- 在突发事件发生时，保护生命、健康、财产；
- 利用集体及个人防护工具，以及预先指定的国家全权机关、地方管理机构的器材；
- 报告在所在地感受到险情、必需的安全措施；
- 接受因突发灾害健康、财产损失补偿；
- 在突发事件发生地出生与工作的人员，接受医疗服务、补偿；
- 在消除突发事件后果过程履行责任中造成损失，接受补偿、优惠，国家社会保障；
- 在消除突发事件后果过程履行责任中，生病、伤残丧失劳动能力以及失血、牺牲、死亡，接受补偿金。

在上述法的第19条，确定公民的责任，俄罗斯公民必须：

- 遵守突发事件应对法及相关法；
- 在日常生活与劳动中遵守安全措施，不允许破坏能引发突发事件的生产纪律及生态安全要求；
- 研究突发事件发生时居民与区域防护的方法，接受第一时间医疗救护；
- 必要时参与事故救援及应急行动。

应对突发事件的信息公开 根据《突发事故应对法》第6条，各级政府的救援活动、信息是公开的。通过各种信息渠道，通报灾情、安全保障措施、预测、救护情况。

隐瞒、不完全、虚假信息的责任人，应负法律责任。

1995年4月29日联邦政府No.444号文件，确定编辑自然、技术突发事件年报制度。

破坏突发事件应对法的责任（《突发事故应对法》第28条） 违反《突发事件应对法》，造成突发事件发生条件与前提，未采取保护居民健康及其他措施，责任人应负行政、纪律或刑事责任。组织机构应负行政责任及民法的法律责任。

23.2 突发事件监测、预测国家规范

危险自然过程与现象监测 按照确定的项目，对危险自然过程与现象及其形成因素，进行观测、监视，其目标是研究突发事件预防措施，减少损失。

突发事件预测 在分析突发事件原因、历史、现状的基础上，确定突发事件发生的概率。预测分为长期、中期、短期。

对环境人为作用的预测 在研究自然利用系统发展趋势及生产、科学技术发展前景基础上，人类对环境作用的可能规模、数量、形式、类型的预先说明。

技术突发事件预测 在爆炸、事故、灾祸引起的危机评价的基础上，确定突发事件发生概率、发展及后果。

突发事件预测及监测系统结构 由下列要素构成：

- 组织结构；
- 包括监测系统的总模型；
- 技术综合体；
- 模拟（动态模拟）；
- 资料收集、整理、分析；
- 信息系统。

监测系统总模型反映下列突发事件发生可能性：

- 国家标准ГОСТР22.003及ГОСТР22.006确定的自然过程引发突发事件；
- 国家标准ГОСТР22.004确定的生态-社会突发事件；
- 国家标准ГОСТР22.005确定的技术突发事件；
- 由于采用现代技术引发的突发事件：核，生物，化学武器突发事件。

突发事件预测及监测组织结构：

- 相应于监测级别的管理系统；
- 观测系统（观测站、观测点）；
- 预防突发事件发生及减少灾后经济损失建议措施有关资料收集、整理系统；
- 技术保障系统；
- 环境评价准确性、可靠性保障系统。

突发事件模型应包含：

- 情景过程描述；
- 整体及各个阶段的状态参数、综合特征；
- 采用的标准。

观测、监测方法：

- 描述观察的现象、过程、观测参数；
- 按照允许限值观察值；
- 状态观察（连续的或周期性的）；
- 观测数据精度检验；
- 观测数据加工规范。

突发事件预测方法包括：

- 预测的过程与现象描述；
- 列举原始数据；
- 预测原始数据的典型性评价标准；
- 预测算法及对于程序及技术保障要求；
- 输出结果列表。

监测信息系统是分布式的自动切换的，网络包括中心站与用户端，保障信息收集、保存、加工、传输。系统应保障信息的安全性、保密性及用户可达性。

监测信息系统应具有组织、程序、技术、数学、方法、语言保障。

根据突发事件发生的规模，国家标准 ГОСТР22.002 分为 5 级：全球性；国家级；区域性；地方性；局部的。

环境监测与突发事件预测保障，包括：

- 法律文件；
- 国家标准与国际标准；
- 国家权力机关制定的规范。

23.3 监测体系、实验室检测及预测

自然环境状态观察、评价、监测系统，提供自然环境质量管理必要的信息。国家生态安全保障机构启用了这样生态监测与管理系统。

为了提高监测及预测的质量与可靠性，2000 年俄罗斯联邦突发事件管理部门，研发了自然与技术突发事件的监测、实验室监测与预测系统。这一系统的主要任务：

- 收集、加工、分析潜在的自然与技术突发事件源；
- 在主管部门及其他部门环境状态、潜在生态危险观测提供信息的基础上，进行自然、技术突发事件发生可能性预测；
- 在实验室进行放射性、化学、生物（细菌）污染分析，分析对象是：环境客体；粮食；饮用水、水果；
- 评价突发事件预防与处置措施效果；
- 研究突发事件发展过程；
- 为预测、防止突发事件管理部门提供信息保障；
- 建立专门的突发事件地理信息系统与数据库。

监测体系、实验室检测及预测系统，为政府部门采取措施提供信息保障（自然环境、突发事件发生状态，包括突发事件引起的危险水文气象现象，环境与各种客体污染，环境状况，突发事件发生的可能性）。

正如大家所知，突发事件监测系统基本构成，取决于任务，分为三部分：观察；分析；预测。

观测子系统包括地面观测、空中观测、船上观测、综合观测手段（图 23-1）。只有俄罗斯水文气象服务部门，在 687 个站、299 个城市监测点，对大气污染进行了监测，每天 4 次。在 30 个臭氧站、1 459 个站，利用无线电进行臭氧量远程监测。

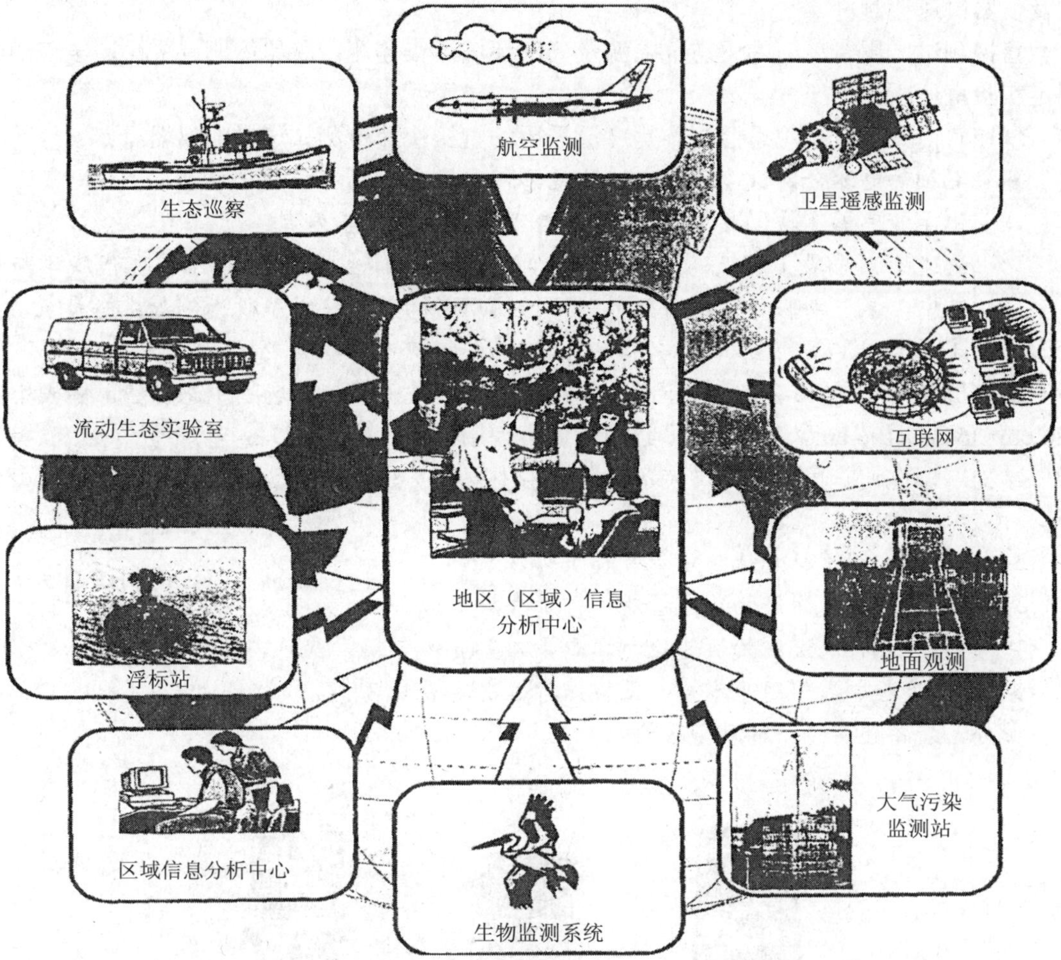

图 23-1　观察子系统结构

俄罗斯自然资源部与水文气象服务部门进行水体监测。几十架飞机在林区巡飞，保障生态安全。特别是调动军舰及军用船只，进行海域及陆地水面观察。从气象卫星、自然资源卫星、海洋卫星接收的地表、水面影像，可以解决全球与区域监测问题。1 606 个水文气象站、140 个航空站、4 142 个监测点、17 个电磁观测站，以及上百个民用、军用的水文气象站，加入地球物理观测系统。

然而，如此多的监测站、点，只能满足全球性与区域性的污染监测。个别军用、民用客体的监测，应当发展局域监测网。在建设局域监测网时，必须考虑化学、生物污染含量的可测性。可测性一般与污染源特点、物理作用、气象条件、地形等因素有关。

这些任务成功解决，只有当定位、流动监测站点普遍建立，保障原子能电站、高危险客体分布区、大型工业综合体、供水中心取样点等。

23.4　生态监测的技术方法

用于自然与技术突发事件预测的生态监测技术方法多种多样。包括直接测试与遥测，以及仪器快速检测。

直接测试 用于单一的生态危险源及局部环境污染监测。在具体地点采样，送流动或固定实验室分析。

现在有前景的直接生态监测，是广泛采用的直接快速检测。这样的仪器有：

- 毛细管电泳分析仪，气体或液体色谱仪；
- 化学传感器（转化器），能不间断自动记录环境要素内容；
- 快速检测手段（试纸、试管、试剂、针剂溶液、生物指示剂）。在现代战争与训练中，俄罗斯联邦紧急情况部，开始使用新的监测技术手段。例如生态员装备，流动与固定实验室，船载实验室。下边介绍其中一些。

生态员装备（图 23-2） 用于战区、舰队、航天发射场与机场的生态服务。体积不大（26 cm×36 cm×106 cm）、重量轻、结构可调、使用方便。

结构可调性使它可用于人员装备，也可用于固定实验室及流动实验室。装备结构可分为：

- “土壤”土壤样测试（重量 5 kg）；
- “空气”大气污染物快速检测（重量 3 kg）；
- “水”水样及沉积物快速检测（重量 4.5 kg）；
- “温度控制器”用于水样、土样保存运送（重量 3 kg）。

此外，装备还有一个辅助记录仪。

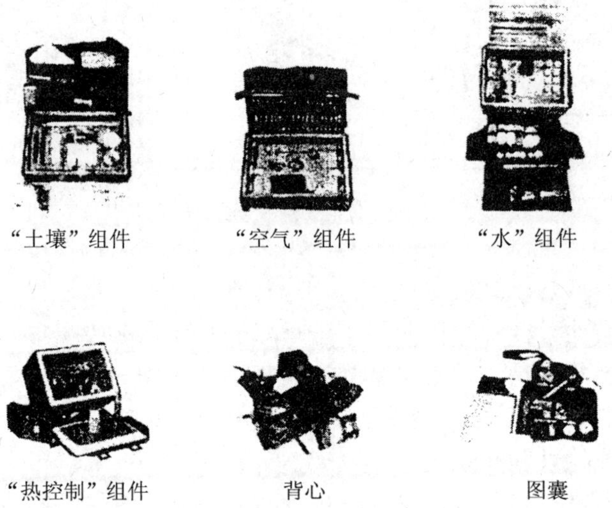

图 23-2 生态员装备

船载实验室“钉子 K”号 研发船载实验室“钉子 K”，用于水体污染监测。可以进行水体表层、底泥及任何水层的监测。在船载实验室装备中心计算机系统、卫星导航系统、油膜及厚度遥测综合设施，以及水化学分析设施。

遥测 这种监测方法，在有危险客体或可能发生突发事件的区域进行观测，能准确地确定查清对象，评价负面生态影响。

所有地面生态监测受距离限制，进行不大范围监测与观测，需要借助道路网。航空生态监测解决了这一问题，可以得到区域景观影像、景观图、数学模型。景观图是以影像图、扫描图为基础。

非常有意义的是采用空间技术进行生态监测，与其他监测技术相比，优势在于：得到难以通行区的全球信息，周期性，不同时段的宽频影像。卫星从空间获得地球表面高分辨率影像。影像形成技术手段分为：光学摄像技术；光电摄像技术；无线电定位技术；信息传递技术。无线电定位技术使在白天、黑夜任何时间获得影像。而光学与光电摄像技术，只能在太阳高度角超过 5°～10° 或无云少云情形下摄取影像。

从轨道卫星获得的是综合影像，要经过预处理及专业处理。从影像图中完成下列任务：

- 发现森林火源；
- 发现区域内石油油斑，输油管爆裂；
- 评价地表污染水平；
- 确定植被变化；
- 评价水资源污染；
- 确定人工成因云雾；
- 发现淹没区域、洪水。

全球定位系统应用分析表明，主要用于环境监测、生态制图与建立地理信息系统。

遥测资料应具备精确性、可视性、多时相、信息多样性。对于一些自然客体的分辨率、扫描带、周期列于表 23-1。

表 23-1 对卫星遥感监测的要求

解决的问题	空间分辨率*/m	扫描带/km	周期/d
植被			
农业与林业资源调查	5～200	350	7～100
生物量监测	5～1 000	350	7～100
污染源监测、火灾监测	10～1 000	1 500	0.5～1
土被			
土壤调查	5～100	—	120～180
土壤结构	30～100	—	120～180
土壤水分、热量状况	30～100	350	7～9
土壤侵蚀	5～50	100	30～180
地质及地貌			
地质构造	5～200	—	1～10 年
找矿信息保障	5～200	200	15～30 年
地壳异常	5～200	1 500	0.5～1
水文			
水表面监测	5～1 000	1 500	0.5～1
河湖库的水温监测	5～100	1 500	1～30
水动态	50～1 000	1 500	2～7
岸线、底、浅滩监测	10～100	200	15～30
雪被、冰盖监测	5～200	1 500	1～7

注：* 解译人员能辨认的最小实体。

空间遥感对于大气监测、对人体直接影响、气候变化具有特殊意义。地球表面热量平衡，很大程度上取决于大气反射性能，大气反射性能随气溶胶含量增大而增加。这种现象表明，大部分太阳能不能到达地球表面，反射到宇宙空间。对于地表热量平衡还有一个实际影响，是人类活动形成的大气二氧化碳、一氧化碳及其他气体含量增加。

大气圈参数动态监测，与全球大气过程研究密不可分。因此有必要利用卫星进行大气结构及动态变化研究。研究相对简单的方法，分为三种：影响太阳光、星光、月光的大气透明度的测量方法；地球表面与大气辐射的反射、散射测量方法；热辐射的测量方法。

利用高 50～110 km 的臭氧剖面，测量太阳、月亮、星光大气吸收量。这种方法能够确定大气圈上层活跃元素的垂直分布。利用星、太阳的紫外光 50 nm、0.006～0.008 nm、1 nm 波段，有很好的分辨率。

大气遥测的光谱法，是在人为光源经过大气圈，利用大气的吸收、散射作用进行的。

激光系统广泛应用于对流层云、气溶胶测量。激光发生器用于烟雾、气溶胶研究，用于大气边界研究，用于辐射云、物理云漂移研究，用于对流层水汽效应研究。

卫星测量是未来进行自然、人为污染观测最有效的手段，包括火箭使用造成污染，以及生态战争、军事客体的事故。在大气层及近地空间形成的反常气尘环境。

利用遥测的技术可以确定固定源或流动源的热-气态污染。例如烟囱、四级火箭发动机。

非常有意义的是可及时发现突发事件污染源。用电子束作用于研究对象，测量二次辐射源。经过计算机处理后，可以得到被监测对象的物质结构。在百万分之一秒测定每一成分。每一监测的客体远几十米、几百米，在空间距离可达上百或更多千米。仪器可装在飞机上、汽车上、卫星上。可监测核设施及灾祸，可监测地磁场。用这种方法测得椭球体中心偏 100 km。

利用多目标快速检测技术完成的任务是多种多样的：空气、水、土壤成分快速分析；机器、机械、管道的腐蚀与磨损；核材料、爆炸性材料、毒品的海关检查；核武器监管；地震、海啸、台风监测；大气上层及电离层监测；宇宙体（小行星，行星）结构的确定。强调的是，监测所用的电子束不破坏研究对象。

国产的 AH-30Б 侦察机性能很好，用于“开阔天空”项目的监测。可以进行地面、海洋面的航空摄影，自动或半自动作业。不间断航摄 5 h，航速 460 km/h，每小时航拍 5 km^2。这种侦察机性能是世界上最好的。

空间测量可以建立全球污染源模型，区域、地区景观发展动态、预测。反映污染、荒漠化过程等。然而它反映的是植物多种信息，还需要局域地面研究。

各种监测技术相互配合，能够提高生态评价及危险客体区域分布信息的准确性。

23.5 有潜在危险实体监测网的结构

根据俄罗斯突发事件管理部门的资料，俄罗斯联邦政府建了一些突发事件区域性监测中心、实验室检测与预报中心。其中 62 个是州级的，2002 年这样级别的中心又建了 11 个，2003 年建了 43 个。

为了保障统一进行突发事件信息收集，国家、区域、地方级预测，为了执行《突发事件信息收集、预测条令》。曾进行研发并实施应用统一预测信息格式及预测方法。

在俄罗斯紧急情况部的南部中心区，引进自然-技术自动预测系统，提高了预测效果。根据这一系统生产实验结果，准确率不低于67%～70%。

为了提高大规模突发事件预测的效果，在俄罗斯紧急情况部，2004年组建了抗灾中心，包括两个区域实验室：一个位于南部一个州，一个位于远东。实验室主要任务是获取能引发灾祸的潜在危险源的信息。

为流动潜在危险体的预测，俄罗斯突发事件管理部门建立了流动潜在危险体等登记系统。系统功能：建立有关标准库；收集、加工、分析计算登记信息；发布流动潜在危险体安全；跟踪流动潜在危险体；未发布安全信息的流动潜在危险体登记；专有流动工作的进行。

2004年在喀拉海新地岛阿尔希别拉格湾，日本海、鄂霍茨克海深水区，波罗的海（芬兰湾东北），贝加尔湖进行了 4 次试验，进行流动潜在危险体跟踪。在新地岛阿尔希别拉格湾，跟踪了两个固体放射性废弃物掩埋综合体，7个已登记的独立流动潜在危险体。跟踪总数37个，发现15个有潜在危险体，其中有军用的也有民用的。采集的水样、土样分析表明，有明显的化学危险性标志。水温资料证明，有高强度的混合与输入过程。要减少技术物质高含量出现概率，从附近的源头着手。在贝加尔湖发现156个技术实体，跟踪调查58个。在流动性实体所在地水体、土壤中，石油类没有超过标准限值。

根据跟踪调查结果与资料，俄罗斯联邦全权执行机构，编制了内陆水体、内陆海流动潜在危险体登记册。进行了内陆水体之外的流动潜在危险体的调查，其中一部分对居民、环境可能发生灾祸。登记册反映了非军用的核舰艇情况，它们被一些企业二次利用。在登记册也反映了贝加尔湖中的一些舰艇状况。

俄罗斯水文文员会建立了亚系统，观察、监测危险的水文气象现象、太阳地球物理现象及环境污染。进行国家、地方、企业、公众危险水文气象监测预报。

俄罗斯水文委员会扩大了全国观察网：2004年重新建15个站33个点。为了观测春-夏洪水，恢复了739个水文观测点，新开15个永久性观测点，157个临时观测点。在洪水期间陆地监测河流29条，航空监测6条河流。

俄罗斯能源部监测潜在危险能源综合体，启用了系统、实验室（表23-2）。

表 23-2　潜在危险热能综合体预测及实验室检测系统结构

观测及实验室检测系统名称	机构数量（站，点）		观测面积		系统保障率%	
	总数	年变化/%	总面积/km^2	年变化/%	专家	设备与仪器
1. 石油与石油加工工业						
放射性安全系统	13	—	工程项目面积	—	100	100
化学安全系统	3	—	2.87	—	100	100
生态安全系统	70	—	262 286	+7	100	85
气体安全系统	6	+40	—	—	100	95
大气监测系统	15	—	—	—	100	100
水土气实验室	54	—	35 244	+21	100	80
生产实验室	322	—	19 503	—	100	85
监控系统	—	—	11 000	+10	100	100

观测及实验室检测系统名称	机构数量（站，点）		观测面积		系统保障率%	
	总数	年变化/%	总面积/km^2	年变化/%	专家	设备与仪器
2. 天然气工业						
居民点近地层大气污染自动监测系统	140	—	306	—	100	100
H_2S 允许含量限值监测系统	6	—	3 950	–0.6	100	85
工程冻土监测系统	23	—	＞5	—	100	90
景观地化学监测系统	43	—	250	–3.5	100	95
采场自动监测系统	974	—	20	–19	100	85
3. 煤矿工业						
突发事件实验室	8	—	104 个矿，45 个断面，54 个湖	2	98	100
矿区大气自动监测站	87	4	87 个矿	4	100	100
供排水安全监测系统	153	—	6 042	—	100	100
化学实验室	106	—	5 172	—	—	—

从表 23-2 可知，监测网覆盖很广，对所有区域可实施监测。专家保障率 100%，设备与仪器保障率 85%～100%。

对于能源工业实体，建立实验室进行工业污染监测，实验室配备气相色谱仪监测分析。在石油类污染监测，实验室进行生产过程进口质量，出口排放物检测。

环境监测用遥测、局域自动监测，进行空气、流域水质监测。

在天然气监测，所有生产部门装备了各种危险自然过程与移动潜在危险体监测系统。能对生产实体状况及预防突发事件措施监测。例如，输油气管道，危险区输油状态，乌连戈伊—乌日哥罗德危险输油段的监测。

根据俄罗斯自然资源部资料，对外力地质过程进行国家级监测。2004 年国家对 78 个对象、区域，68 个对象、中心区，8 个对象进行监测。外力地质过程监测网包括 1 200 地段。分为国家基准观测网；主管部门观测网；军用观测网；实体观测网。

23.6 自然与技术突发事件的预测

采取可靠应急管理措施，保障最佳时间突发事件预防、控制、后果消除，是国家抗灾战略组成部分。为此，全俄突发事件预测预报中心（抗灾中心）进行下列预报：

- 长期战略预报（年预报）；
- 秋冬季节突发事件预报；
- 在融雪期间突发事件长期预报；
- 突发火灾长期预报；
- 中期（月）突发事件预报；
- 短期（10 天）突发事件预报；
- 逐天预报；
- 紧急预报。

24 统一的国家突发事件预防与后果消除系统

24.1 经济实体应对突发事件功能的培训

突发事件最少化的途径 据统计，80%以上的突发事故发生与人类活动有关。常常是由于专业应对水平低，在极端情形下不能正确、及时地决定自己的行动。

经验告诉我们，对突发事件采取最有效的专业措施，是预防或将突发事件出现的可能降到最低，有两条主要途径：将任何危险客体突发事件发生概率及影响最小化。

第一是在研究机构、企业实施中，减少现代技术中危险自燃概率。因此，应配备防护设备——灭火炸弹、防火设施、避雷器、隔绝等措施。人员准备，包括部队、居民、直接消防人员。

第二是对具体实体可能发生事故进行详细研究，制订行动计划。应拥有可能发生事故、规模预测、消除相关的物理、化学及其他基础资料。即便是发生了突发事件未造成危害，这样做也是必要的。不这样就不可能有效预防突发事件、消除其后果。

危险客体突发事件最小化的两个方向，是受法律保护的。

工业安全保障的法律基础 是《危险生产体工业安全法》，1997 年 6 月 21 日 No.116-Ф3 文颁布（2000 年 8 月 7 日修订）。

潜在危险实体在俄罗斯联邦政府审定的国家登记簿进行登记。

《危险生产体工业安全法》强调了下列问题：潜在危险实体的使用；事故预防与应急组织保障；事故影响的减小与消除。

有潜在危险工业实体的技术设备，应按照工业安全要求进行鉴定。这样的技术设备进行登记，按照联邦政府 1998 年 8 月 11 日 No.928 号文《关于设备进行技术鉴定条例》，进行登记。在有危险性的生产中采用的技术设备的鉴定，按照 1998 年 11 月 6 日 No.64 号文工业安全鉴定规范进行鉴定。

对有潜在危险实体的设计、建设、使用，有特别的工业安全要求。其中必需的条件之一是，在建设、扩建、改造，及技术装备，要有国家级或地区级审定的设计文件的工业安全鉴定结论。不符合设计文件是不允许的。

使用有潜在危险实体，应检查相应的设计文件，使用的组织准备，事故后果消除。

在使用前应得到生产安全许可证。向工业生产安全的全权执行单位，出示下列文件：①潜在危险实体使用证书或工业生产安全鉴定结论；②潜在危险实体工业安全声明。

为了对突发事件预防措施有效性、评价准确性、生产安全性，进行可靠监督，1995 年 6 月 1 日俄罗斯联邦政府 No.675 号文，对于生产危险性增加的企业、单位、法人，提出进行工业生产安全申报。1996 年 4 月 4 日 No.222/59 号文，颁布《俄罗斯联邦工业实体安全申报条令》。

工业安全申报材料，应反映工业实体危险性规模、特点，保障工业安全措施，突发事件发生的应急措施准备。申报既是执行措施，也是规划措施，包括：①实体基本信息；②工业实体危险水平分析；③突发事件发生时防止扩大、消除后果准备；④信息公开；⑤附件，包括实体的规划及信息页。

提高经济实体应对突发事件功能稳定性 在突发事件发生时，实体的产品生产能力的稳定性，以及恢复能力。对于无直接产值实体（例如，无线电发射站），在突发事件发生时稳定性，理解为其功能发挥状态。

实体与技术系统稳定性提高，主要是靠组织-技术措施。实体的稳定性永远是先导性研究，长时期作用于实体运营。

在设计阶段，某种程度上是在实施组织措施。实体的稳定性，要经过技术、经济、生态的鉴定。

对于稳定性影响最大的是区域布局，布局决定了自然过程（火山、地震、滑坡等）发生概率与危害程度。非常重要的是区域气象环境（雨量、主风向、最热月与最冷月温度），研究地形、土壤、地下水深度及化学成分。

实体的功能稳定性研究分两个阶段：

第一阶段研究突发事件发生条件下，实体各个组成单元的稳定性和相互联系，评估从上述要素毁坏或整个实体破坏情形下走出困境的可能性。特别要分析：设施与技术综合体可靠性；突发事件过后独立生产系统所在地的情形；储罐、公用设施、核设施爆炸冲击波的空间方向；不同类型燃烧火场的分布；突发事件发生时物质扩散特点；二次爆炸、燃烧、有毒物质产生的可能性。

第二阶段研究突发事件后，实体恢复准备，提高稳定性的措施。上述措施是提高实体稳定性规划的基础。在规划中指出规划工作的范围、意义，列出主要材料及数量、机器、机械、劳动力、全权负责人、完成期限、经费来源。

客体扩建或改造，重新进行稳定性分析。因此稳定性研究，不是一次性工作，而是系统性的工作。需要领导、技术人员、服务人员，民防部门共同关注。

除上述因素外，实体周围区域的建筑特征（结构、类型、面积）也影响实体稳定性，如相邻生产区、交通干线、相邻的自然区。

在评价实体内规划，特别注意建筑类型与密度，火灾发生的可能性，楼间通道、障碍形成。特别关注二次起火的区段。这样的区段是：易燃液体与剧毒性物质、爆炸物混合；技术管线，破坏后容易引起火灾、爆炸、危险气体。非常重要的是评价下列过程的后果：气体、烟雾在放置处扩散燃烧；池内、容器内液体受热蒸发，燃烧物与其他化学物使居民受害；易燃液体爆炸；由于易燃气体爆炸、封闭或开阔地点爆炸形成的冲击波。

实体的管理系统稳定性客观评价很有意义。主要研究：管理点状况与力量分布，通信枢纽可靠性；补充劳动力来源；责任人、领导成员替换可能性等。图 24-1 是民防经济实体组织系统示意图。

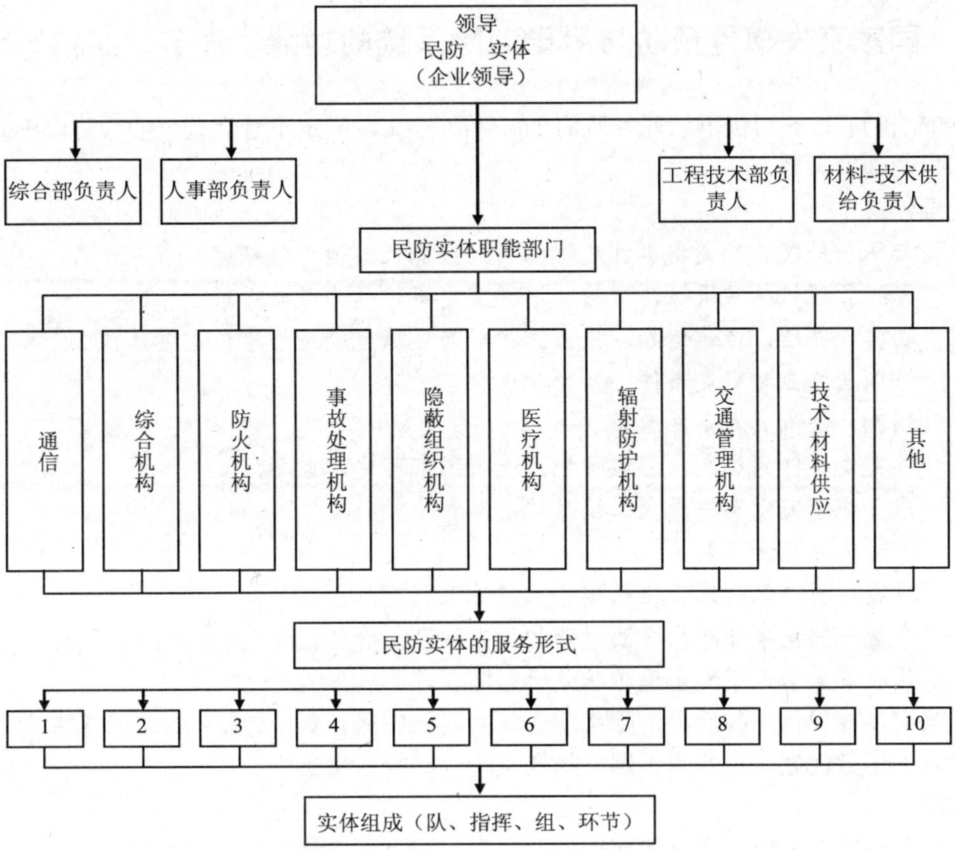

图 24-1　民防经济实体组织系统示意图

注：1—10 为现场分布点。

俄罗斯紧急情况部的报告（2002），汇总了俄罗斯联邦所有实体提高应对突发事件功能稳定性措施的材料。这些措施中最实用的是：组织有关实体提高应对突发事件功能稳定性的专门管理机构的活动；保障燃料-能源综合体的保障功能；在企业储备能源及其他材料，保障突发事件发生时需要；在突发事件引发火灾时对人员采取防护措施；建立实体的风险基金；采取突发事件预防措施；组织专门力量及设备恢复被破坏实体。

现在俄罗斯联邦各个部门建立了专门委员会（国家级、州级、实体的），保障突发事件发生时实体功能，制定提高实体功能稳定性措施计划。

最复杂的问题是保障燃料-能源综合体的保障功能。新的经济环境及财政亏损，阻碍储存足量燃料-能源，保障功能恢复所需。同样发现，冬季难通行区，无法运送专家与材料抢修损坏的电线。

防护经济实体工作人员，免受突发事件引起的伤害，在化工企业最大限度地防护。不应当过高评价经济实体中已有的防护设施的作用。因为生产事故有危险物排出的特点，以及后果的严重性特点，需要采取快速反应、快速实施防护。首要的是需找快速脱离可能扩展区的方法。

24.2 国家突发事件预防与后果消除系统的功能、任务、结构、水平

1995 年 11 月 5 日俄罗斯联邦政府 No.1113 号文，确定了建立统一的预防、消除突发事件后果的国家系统。

主要任务

- 与保护居民免受突发事件危害相关的法以及其他文件研究；
- 保障管理机构常设性，预防、消除突发事件的力量与手段；
- 收集、整理、传达信息，提出保护居与区域免受突发事件危害建议；
- 培训居民应对突发事件；
- 预测、评价突发事件后果；
- 对突发事件的居民、区域防护，进行国家鉴定、监察；
- 建立消除突发事件资金、技术储备；
- 消除突发事件后果；
- 对突发事件区居民实施救援，人道主义行动；
- 在居民突发事件防护方面，保护居民权利与责任；
- 开展有关居民突发事件防护方面国际合作。

国家突发事件预防与后果消除系统还需要发展完善，其中包括：区域环节完善；鉴定与消除后果任务优先，转变为预测、降低风险、减轻后果优先。

结构

上述系统在国家层面联合了下列常备力量：国家紧急情况部，内务部，农业部、交通部、社会保障部；能源部，水利水文委员会，林业部等。管理中心是国家突发事件管理部。

俄罗斯紧急情况部分为区域亚系统与功能亚系统。区域亚系统是在国家相应行政区（国家、州、区）设立的突发事件管理系统。功能亚系统是在经济部门（能源、化工等）设立的突发事件管理系统，目的在于对最严重的突发事件进行类似工作。

分级 分为国家级、区域级、地方级、企业级。也就是突发事件有相应的分类。

每一级突发事件都有：协作机构；主管机构，全权处理问题及居民防护；力量、设备、经费、物质；通讯，通知。

机构之间协作

- 国家级 国家行政部门之间协作；
- 区域级 包括几个区域，相应的民防机构、突发事件管理机构之间协作；
- 地方级 地方突发事件管理机构与地方民防部队之间协作；
- 企业级 包括区域内的企业、机构之间协作。

俄罗斯紧急情况部的危机情形管理中心，是国家突发事件预防与后果消除常设管理机构。中心计划、组织、实施有关国内外突发事件后果消除力量、设备的组织管理。中心的工作与上述很多各级突发事件管理部门协同工作，以及国外机构。

国家突发事件预防与后果消除系统运行状态 运行状态取决于突发事件状态、规模、预测等因素。

常规工作状态 在正常的工业生产、放射性、化学、生物、地震、水文气象、流行病，

进行的突发事件预防与消除工作。

有准备的工作状态 在有预测的情形，开展上述范围突发事件预防与消除工作。

突发状态 在突发事件发生与后果消除过程开展的工作。主要进行：①组织居民救护；②组织专门救护人员进突发事件区；③确定突发事件区界限；④组织消除后果；⑤生产恢复、生活保障；⑥突发事件区自然环境监测。

根据突发事件的规模，决定由俄罗斯联邦政府、俄罗斯做突发事件委员会或相应的突发事件委员会组织开展工作。

国家突发事件预防与后果消除系统的功能与扩展 2001—2005 年继续进行国家突发事件预防与后果消除系统的完善工作。它是俄罗斯联邦国家安全系统的组成部分。完善对自然突发事件与技术突发事件的反应系统，首先是反应的力量。2001 年 8 月 4 日俄罗斯联邦总统批准了 2001—2005 年民防部队的组建计划。主要目的是建立机动的、现代技术装备的组织，与其他力量一起，完成相应的功能。经验表明，民防力量在现代环境下，消除突发事件方面的作用与力量在增强。这首先是由于突发事件发生的规模与范围增大，相应地在和平与战时逐步加强民防部队力量。

2001 年 12 月 9 日，No.1309 总统令完善消防安全国家管理，是国家突发事件预防与后果消除系统功能保障与发展的重要步骤。按照命令，俄罗斯内务部防火灾处，变为突发事件布防火灾处。这一决定保障在俄罗斯建立机动、高效居民消防服务机构。

2001 年 2 月各部门委员会决定，俄罗斯紧急情况部与其他部之间，集中统一建立突发事件预防与消除系统，预防与消除运载火箭事故，以及从太空坠落到地球上的仪器。

2001 年 8 月俄罗斯联邦政府，审定了紧急情况部提交的新的国家目标规划《到 2010 年消除放射性事故与灾祸后果建议》。

2001 年 6 月 28 日俄罗斯联邦政府发布 No.486 号文《关于完善预防、消除移动潜在危险客体的活动》。俄罗斯联邦紧急情况部，责成内海及俄罗斯联邦海域中移动潜在危险客体，履行一定义务。

为了实施上述决定，成立了移动实体事故-危机服务国家机构。2001 年这一机构对挪威海的原子动力船（共青团员号）、白海掩埋的放射性废弃物、鄂霍茨克海核能设施，进行放射性状况跟踪调查。

保障国家突发事件预防与后果消除管理系统的自动化，是信息完善的重要方向。发展突发事件预防与后果消除的信息管理自动化，完全符合现代化要求。

到目前，由于 1998—2001 年所进行的工作，俄罗斯联邦政府、危机事件管理中心、突发事件委员会、所有区域中心、突发事件民政管理部门、莫斯科市装备技术设施部门，保障突发事件信息的收集、储存、统计。这些技术设备保障了空间信息系统的建立，减少了突发事件发生、缩短预测信息传播的时间。

俄罗斯紧急情况部建立的自动咨询系统，是非常重要的措施。它是国家突发事件预防与后果消除管理系统的自动管理系统的子系统，为居民、责任人、单位提供突发事件安全服务。

国际合作 俄罗斯突发事件管理部门，在其工作范围实施开放政策，主要是：

- 与国际组织、区域组织合作，以配合俄罗斯主管部门进行人道主义搜救，参加国际培训、讲习班、国际会议、经验交流，民防、突发事件预测、后果消除干部培训；

- 发展俄罗斯突发事件管理部门与其他国家相似职能部门之间联系，当自然或技术性突发事件发生时，相互帮助；
- 俄罗斯首倡建立突发事件国际组织；
- 俄罗斯先进技术（灭火航空技术，突发事件监测、预测）推向国际市场，为突发事件人道救援服务。

24.3 预防、消除突发事件影响国家体系的力量与手段

现在消除自然突发事件及技术突发事件主要力量：

- 俄罗斯联邦武装力量消除突发事件特种部队与装备，民防部队，其他消除突发事件的部队；
- 国家机构特殊危险事故服务（在格连吉克、加里宁格勒、科尔萨科夫设分部）；
- 俄罗斯部门、区域危险搜救服务机构；
- 俄罗斯突发事件管理部门区域重大火灾管理分部；
- 俄罗斯交通部火车事故、区域灾害、飞行事故服务机构；
- 俄罗斯地质矿产部组建的采矿救援队；
- 俄罗斯水文委员会预备队；
- 俄罗斯农业部及其他部下属动物、植物保护部门。

俄罗斯突发事件（核事故）管理部门主要力量 组成：①国家空中救援队；②民防部队；③搜救服务分部。

空中救援中心 建立空中搜救中心的目标，是在国内或必要时在国外，第一时间完成搜救任务，从突发事件地疏散人员并医疗救护。通常中心为突发事故区提供人道主义救援物资（食品、衣物、帐篷）。

中心救援队装备有伊尔-76 型军用飞机，飞行距离远，载客量大。装备有空中救护医院，在突发事件地点进行医疗救护。

救援中心时刻整装待发，飞往俄罗斯任何突发事件地点。从准备到飞出中心不超过 30 s。

民防部队 作为俄罗斯突发事件管理部门组成部分的民防部队的任务：对事故、惨祸源地直接进行总体侦查或专项侦查，或路线侦查；事故紧急救援及其他刻不容缓工作；居民区卫生防疫处理；技术、财产抢救；楼房、建筑及整个区域防火；实体及区域排雷、排爆；居民疏散；恢复居民生活；保障机场、道路及其他重要经济设施。

民防部队配备有机械化团、营，直升机部队及其他特种部队。这些部队有航空救援、工程、机械、灭火、医疗、供水等分部，还有放射性、化学防护等。

在突发事件发生频率高的区域配备民防部队。根据区域特点设民防部队分部。在地震高发区，配备机械化部队。在水淹多发区，配备水上营救设备。

近些年民防部队组建了在难以通行区的空降救援部队——直升机救援部队。通过降落伞或绳索救援。

俄罗斯紧急情况部搜救力量 在俄罗斯紧急情况部搜索与救援队的基础上，组建了常设分部：

- 国家航空水下专门服务机构（格连吉克分部、加里宁格勒分部、科尔萨科夫分部）；
- 国家中心机动救援队（克拉斯诺达尔地区图阿普谢分部）；
- 加里宁斯克区搜救队；
- 贝加尔搜救队；
- 普里沃尔日斯基区搜救队。

现在俄罗斯紧急情况部组建了 6 个搜救队 12 个分部。总人数 3 153 人，其中颁证搜救人员 1 304 人（41.4%）。航空搜救队 10 567 人，颁证 5 524 人（52%）。

2001 年组建了“全俄大学生公寓救援队”，分布 70 个行政区 200 个救援队 7 293 人。2004 年实施救援 2 800 次。

俄罗斯紧急情况部航空救援队主要任务，是保持高度机动性，保障特别紧急救援。装备 11 种机型 14 架飞机、29 架直升机。

俄罗斯紧急情况部完成了各种任务。在雅库特、克拉斯诺亚尔斯克、哈巴罗夫斯克边疆区，实施过水淹没区救援。2004 年运送到塞尔维亚、朝鲜、吉尔吉斯斯坦、伊拉克、印度尼西亚等人道主义救援物资 670 t。

在实施紧急情况消除法，可以调动专门预备力量、俄罗斯联邦武装力量及其他军事力量。例如，1999 年执行总统令，在塔吉斯坦、车臣，俄罗斯紧急情况部、内政部、俄罗斯武装力量联合，对车臣冲突区居民进行救助。

为了参与消除突发事件后果，内政部部队及人员 60%，有防辐射及通信个人装备。2004 年消除 1 345 次突发事件，出动 45 000 人次。

俄罗斯紧急情况部消防部队，执行火灾预防与扑灭任务，总人数 279 000 人（2002）。首次扑灭重大火灾，出动 7 个大队 72 个分队 7 000 人。消防部队分布在 10 个州、区。消防部队分为：灭火，救护，放射性与化学防护等专业队，对潜在危险监督。包括分布州、区 89 个监督中心 11 个站。

俄罗斯农业部建立了国家紧急情况部亚系统：畜牧业保护；农作物保护。在农工业综合体，组建 20 个事故救援队，其中，10 个牲畜保护，5 个作物保护，3 个辐射防护，2 个农业灾害。

铁路突发事件预防与消除　是国家紧急情况部的亚系统，消除与减缓铁路事故后果。配置下列力量：243 列安全防护列车，324 列防火列车，498 列配备医疗救护人员列车。以铁路医院为基础的 80 个外科与 24 个复苏医疗救护队，180 个外科、防毒专业医疗队，以 186 个国家流行病中心为基础的 100 个流行病医疗队。

2004 年完成了 1 000 趟列车事故及后果消除。其中包括两个铁路工厂事故消除。消除 927 趟列车火灾隐患，其中 169 趟与林火有关，21 趟与铁路无关火险。

俄罗斯能源部突发事件管理部门的力量与设施　包括俄罗斯天然气工业公司、俄罗斯天然气公司，下属的能源综合体、加工工厂的救援队。

俄罗斯天然气公司救援队包括下列分部：阿斯特拉罕分部；奥伦堡分公部；北方分部；中心分部；亚马尔分部。分散在大的油气产区。

俄罗斯天然气工业公司分为：阿斯特拉罕分公司、奥伦堡分公司、北方分公司。在输油气干线设 38 个事故救援队。在俄罗斯天然气工业公司设立常设机构（消防、医疗、维护社会秩序等）。

石油工业 组建石油钻井与开采专门事故抢险队伍。4 支军事化队伍 1 004 人。

煤矿工业 2005 年组建 8 个专业救援队伍，1 个快速反应队伍，共 2 988 人。

化工工业 在俄罗斯天然气公司的农业化学公司的下属企业，组建 3 个救援队：

- 快速救援队（彼尔姆州，别列兹尼亚基市），464 人（保护俄罗斯天然气公司下属乌拉尔钾肥公司与西利维尼特钾肥公司）；
- 快速救援队 131 人（保护俄罗斯天然气公司下属阿帕季特分公司）；
- 专业快速反应队 24 人（保护俄罗斯天然气公司下属古比雪夫分公司）。

冶金工业 组建了准军事矿山救援队“冶金安全”，包括：乌拉尔分部，6 个队；东西伯利亚与远东分部，3 个队；诺里尔斯克分部，2 个队；西伯利亚与阿尔泰分部，3 个队，中南分部，3 个队；东北分部，1 个队；雅库特与滨海分部，5 个队。总共 23 个队 1 200 人，其中常备人员 400 人。有白天、夜间值班人员。

国家海事及搜救部门 隶属俄罗斯交通部，组织协调国内水域救援及国外海上搜救、油轮泄漏事故消除。配备 100 艘舰艇，10～12 架飞机，12～15 架直升机。2004 年消除 2 起重大石油泄漏事故。此外，执行 153 次救援任务，救援人员 1 231 人，其中外国人 76 人。实施 15 次重大事故救援。

通讯与信息亚系统 为了保障突发事件预警、实施救援、后果消除通讯与组织协调，组建了通讯与信息亚系统，2004 年进行了下列工作：

- 进行 219 次演习，参加人数 2 002 人；
- 进行了 97 次综合指挥演习，参加人数 2 000 人；
- 进行了 264 次专业演习，参加人数 2 000 人；
- 进行了 125 次现场培训，参加人数 2 000 人。

俄罗斯水文委员会组建了关水文，水文地质，污染监测预报水文气象系统。包括下列亚系统：

- 地面资料中心；
- 综合观测中心；
- 信息处理预报中心；
- 23 个水文气象管理中心；
- 72 个预报中心，分布不同行政中心；
- 水文气象科研中心；
- 水文气象分析中心。

在洪水泛滥期间，进行 229 次地面和 62 次航空搜救（2003 年分别为 160 次和 66 次）。

24.4 全俄事故医疗救护

实践表明，医疗救护严重情景，是当地卫生管理系统完全破坏，出现大量伤亡。由此产生的需求之间的不平衡影响医疗救援。这些造成额外的损失。据世卫组织数据，在和平时期 100 人员伤亡 20 人可以得救。在最严重的情形，如果受害者人员运送（非技术人员），死亡率 87%。如果用救护车死亡率 55%。如果专门的团队，配备必要的设备，病死率不超过 16%。

上述表明，在自然与技术突发事件及其抢救中，产生新的医学方向，灾害医学。

灾害后果消除过程，分两个阶段。救援期（2 小时到 5 昼夜），需要提供各种医疗救护。恢复期需要治疗康复。救援期决定于救援队到达的时间，在救援力量到达前，开展自救与互救。急救队伍组成：医务人员；警察；军队。急救队任务是搜救受伤人员，转移出灾区，转移到固定医疗单位。

俄罗斯卫生部组建了下属的全俄灾害医疗救护中心。任务是突发事件的医疗救护、局部军事冲突区居民卫生救护。2004 年救援队进行了 2 800 次救援，其中 1 360 次医疗救护。

24.5　防止突发事件措施的国家鉴定、监督、监察

在保护区域居民安全方面，防止突发事件的系统措施国家鉴定是重要环节。

根据俄罗斯联邦《预防特别重大自然与技术灾害保护人民群众安全法》（21.12. 1994 年 No.68-Ф3），以及 2004 年 No.686 总统令，批准俄罗斯联邦紧急情况部有关国家紧急情况预案鉴定及成立鉴定机构。

2004 年俄罗斯紧急情况部国家紧急预案鉴定机构，进行了 483 项鉴定：

- 5 个国家级城市建设文件；
- 200 个潜在危险体建设设计；
- 53 项紧急情况预案；
- 160 个企业安全声明，以及突发事件预防与消除。

还进行了复杂的及潜在的危险对象鉴定：马雅克国家核综合体；库尔斯克核电站；泰舍特铝厂；清除化学设备企业；波罗的海年产 6 200 万 t 石油管道系统；克斯托沃-雅罗斯拉夫尔-基里希-普里莫尔斯克石油管线。

在审查有潜在危险建设项目及城市建设规划方面，突发事件预案鉴定主要审查区域居民安全防护措施，指出存在的不足，提出要求。最常见的有下列：

- 在材料中，没有完全反映引起突发事件可能的外部影响，可能采取安全保障措施；
- 在材料中，没有充分分析事故规模、持续时间、产生后果。没有分析潜在危险实体对安全使用的影响；
- 在图中，没有表示人员疏散及撤离途径。

俄罗斯联邦检察机关 2004 年查出多起违反劳动安全事件、相关领导与责任人。在冶金工业的采矿企业及其他危险生产部门最严重。仅克麦罗沃州，2003 年 19 起事故，死亡 25 人。2004 年上半年，发生 13 起事故，死亡 55 人。

企业事故多发，是由于设备老化、管理不完善、科技进步水平滞后。

根据 1997 年 7 月 21 日 No.116-Ф3《关于危险生产对象工业安全生产法》第 14 条，所有工业企业都应进行生产安全声明。

据俄罗斯安全生产声明的企业汇总数据，通过潜在危险实体安全检测 2 523 家，2 216 家有潜在危险企业，编制安全生产声明，占 88%。

据 2004 年进口技术设备安全检测资料，进口的技术设备不符合安全性要求。

据俄罗斯联邦总统 2004 年 7 月 11 日 No.868 令，俄罗斯紧急情况部实施公共消防监督。在 2005 年 1 月生效的《俄罗斯联邦城市建设法》首次强制性提出保障消防安全要求。

根据2004年3月9日，No.314俄罗斯联邦总统令，俄罗斯联邦成立交通运输安全监督机构。对于国内民航、海运、内河运输、跌路、公路运输进行安全监督。

2004年俄罗斯原子能协会对核综合体安全，进行监督、检查、分析。近年来做了大量工作。

24.6 水工建筑的安全保障

水工建筑对于俄罗斯国家与地区生态安全有重要意义。包括：大坝、水电站、泄洪闸、渠道、船闸、护岸工程及其他水工建筑。

目前在俄罗斯联邦境内，有28 500座水库，510个工业用水源地，其中包括330座容积超过10 000万m^3大型水库。有200座水库56个水工建筑50年未维修，在下游1 000万人口有被淹危险。

俄罗斯大型水库（罗斯托夫水库、下戈尔斯基水库、克拉斯诺达尔水库、克拉斯诺亚尔斯克水库、伊尔库茨克水库）有重大灾害隐患，仅在俄罗斯天然气股份有限公司就有可能被淹58个水工建筑，涉及9 541人。

近年来，出现了很多水工建筑对自然环境产生负面影响的例子。齐姆良斯克水库浮游生物的过度繁育，导致供水系统严重问题，在切博克萨雷水库鱼类大量死亡，影响阿尔汉格尔斯克、秋明等城市供水。

特别危险的是水库大坝决口，在巴什科尔托斯坦、卡卢加、伊万罗夫斯基、罗斯托夫发生过。人员伤亡、经济设施破坏、房屋倒塌、饮用水和供水中断。

设备老化磨损，水坝违反安全运行，加剧垮坝危险。根据水文委员会数据，12%水库水工建筑超负荷。专家论证过下列水库是事故或事故临界状态：奥卡州、莫斯科州的库济莫洛夫斯基水利枢纽；车里雅宾斯克州的克拉斯诺达尔水利枢纽、谢尔什涅夫斯基水利枢纽、阿尔加济水利枢纽、多尔戈布洛斯基水利枢纽、克什得姆斯克水利枢纽。

由于水工建筑洪水期超过工程负荷，远东、哈巴罗夫斯克、克拉斯诺达尔、阿尔泰，很多河流洪水冲没大坝。2002年发生许多难忘的灾难性洪水，在北高加索地区夺去很多人生命，损失数十亿卢布。在许多水库汇水区，超过设计水位，非常危险。

1997年6月21日No.117-Ф З《水工建筑安全法》，对于水工建筑安全提出要求。在该法第8章对于水工建筑安全提出一般要求；

- 保障水工建筑不发生事故；
- 提出水工建筑安全保障；
- 水工建筑设计、建设、使用实行许可制；
- 水工建筑使用不间断性；
- 采取综合措施保障最大限度减少突发事件风险；
- 采取经济措施保障水工建筑安全；
- 为水工建筑安全负责，达到允许水平。

水工建筑所有者或使用机关，应为安全负责，包括可能的损失，事故给居民损失。

在水工建筑设计、建设、使用阶段，以及在其后的检修，水工建筑所有者或使用者，应拟定水工建筑安全声明。俄罗斯联邦政府根据水工建筑特点确定声明内容、格式。

联邦政府对于安全声明进行鉴定，包括设计阶段。鉴定可通过科研-技术或设计单位进行。为了保障水工建筑安全，应进行国家取样检验。

根据公民风险法第 15 条，水工建筑可能造成自然人生命危险，法人财产损失，在设计、使用阶段应强制保险。

24.7　工业事故预防措施与影响最小化

根据俄罗斯联邦紧急情况部的资料（2005 年），近些年区域性突发事件发生数量有增加趋势。2002 年 7 301 起，2003 年 8 664 起（增加 18.7%），2004 年 9 523 起（增加 9.9%）。

为了预防突发事件及后果最小化，区域抗灾委员会会议决定采取综合措施。目标是交通、供电、通信、人口集中地方、医院、学校，预防灾害及消除后果。

俄罗斯联邦政府建立各级抗灾委员会，主要工作方向：

- 清查可能对区域有影响的实体；
- 预测突发事件规模；
- 监督防护措施实施情况；
- 跟踪检查实体对突发事件反应的准备；
- 研究与实施加强防护效果的补充措施；
- 向群众宣传放射性、化学、生物污染的特点。

俄罗斯地方政府（例如，弗拉基米尔区、马里埃尔共和国等）向公众公布：居民须知突发事件发生时社会秩序；信息通知；预防行动。

2004 年对核电站进行反恐防备的检查，制定了放射性防护、核设施、核材料保存的规范。只有 57%的核武器综合体达标，41%企业达标，24%科研单位达标。针对上述问题，对俄罗斯 10 个核电站，采取工程-技术手段，提高物理防护水平。

俄罗斯内政部民防部队对国家重要设施，实行防恐封闭式保护。用工程-技术手段保障保护对象的安全。调查表明，111 个国家重要设施只有 17 个（15.3%）有这种需求。

大量的水工建筑，年久失修，不具备防恐安全保护功能。

由于地铁中恐怖事件增加，2003 年 12 月 15 日俄罗斯联邦总统全权委托突发事件部门，在 2004 年上半年会同其他部门，进行地铁反恐演习。

根据俄罗斯交通部资料，在各级铁路部门建立反恐机构。实施《2003—2005 年铁路运输系统提高反恐能力计划》。准备在 2010 年前实施特别重要铁路设施保护计划。

火车站、文化艺术设施、其他设施继续进行：技术保护，摄像监控，搜寻爆炸物、武器，其他专门技术。仅在 2004 年在 100 个车站安装 837 处摄像系统。在 429 个车站安装专用通讯“车站值班专线电话”。在 263 车站安装旅客报警自动电话。187 个车站有行李安检设施。

俄罗斯矿产部也组织了对石油设施、机构防恐安全调查评价。2004 年进行 6 次行动，特别是有色金属、黑色金属矿。

除上述问题，还有很多生态危机问题，例如，危险化学品事故，供水系统的消毒用液氯，莫斯科每天消耗几十吨，这是很危险物质。

显然，应当尽可能对这些设施采取可靠防护措施。与破坏经济设施、生活设施的恐怖行动作斗争。对人民负责，而不是漫不经心的态度。

24.8 全俄信息与居民通报综合系统

在突发事件发生时，时间是决定人生命的最重要因素。显然，不能使人们处于不知情的状态，他们应当知道现势状态。只有这样，才能使人们自觉行动，有效地防止惊慌及其他现象。

建立公共综合信息系统与居民通知系统，是完善信息系统与通知系统的关键环节。

建立上述系统的目的：

- 在危机情形下，及时通知居民；
- 测定突发事件的前兆，收集信息；
- 为居民提供信息，使居民做好准备，自我防护，保障安全防火，保持稳定社会秩序。

建议分三个阶段建设信息系统。

第一阶段，2005—2006 年在莫斯科、圣彼得堡建立；第二阶段，2007—2009 年在 100 万人口以上城市建立。第三阶段，2009—2010 年在其余城市及居民点建立。

系统的基本单元（以莫斯科为例）是：国家紧急情况部信息中心；交通运输系统；群众信息亚系统；信息收集亚系统；后备信息中心。

建立、发展、支持通知系统，主要方向：

- 完善与发展俄罗斯联邦中心自动通知系统；
- 建立区域自动通知系统；
- 构建俄罗斯联邦各部委下属中心自动通知系统；
- 在有潜在危险实体的区域建立局部通知系统。

联邦中心通知系统 保障突发事件管理部门站点的信息，传递到突发事件后果消除中心、俄罗斯联邦民防部队管理部门、民防部队下属的分部、突发事件管理部门所管辖的部门。

州中心通知系统 保障来自区域中心的信息、信号，传递到俄罗斯联邦突发事件民防力量与民防部队下属单位。

区中心通知系统 保障将来自俄罗斯突发事件管理机构的信息，传达到城市突发事件管理机构、市区（农业）突发事件管理机构、企业及全体居民。

为了给居民传达具有特别重大事故危险性实体的事故信息（核电站，化工企业，炼油厂，水利枢纽等），建立了局域通知系统。借助局域通知系统，不仅通知这些实体工作人员，而且通知附近企业领导、企业、机关、学校，以及可能遭受火灾的所有居民。这样，所有的企业、单位、居民点连成自动通报系统。

截至 2004 年 9 月 1 日，俄罗斯建立 1 个国家级、6 个区域级、88 个地区级、973 个局域级的通知中心。

突发事件民防部队司令部负责通知、联系的组织协调，区、城市、实体的领导负责实施通知、联系工作。

联邦中心通知系统保障 90.9%居民 30 s 内接到信息通知，79.1%居民 5 min 内接到信息通知（图 24-2）。

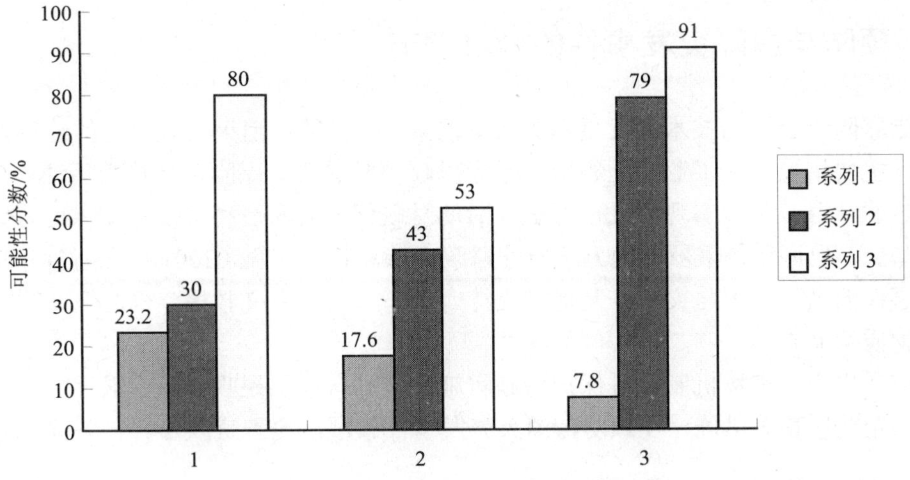

图 24-2 特别重大灾祸信息通知到居民的可能性

系列 1 通过局部通知系统通知到居民比例/%；

系列 2 6 min 内通知到居民比例/%；

系列 3 30 min 通知到居民比例/%；

1—放射性污染区；2—化学污染区；3—洪水灾害区

当每一次可能发生突发事件时，地方政府与突发事件民防管理机构一起，提前准备通报文字稿，当实际情况清楚后，拟定符合实际的文字。

例如，城市突发事件民防部队司令部通报稿。公民们，水道净化设备发生事故，出现毒性物质——氯泄漏。空气污染云分布在东方，化学污染带出现在下列地方（列举）。在下列街道住户（列举），请不要出外出。在低层住户不要关闭门户，因为氯重于空气，积于近地表。在下列街道行人（列举），立即回家或单位，等待最高峰值过境。请转告邻居，请继续注意我们的通报。

在重大事故发生时，可使用汽笛通报。现在有新型的信号大家注意，取代传统的间歇式警报。听到这一信号后，必须利用所有的信息手段（电视、广播等），并等待地方政权机构与突发事件民防部队司令部的通知。

现在（2002 年紧急情况部报告）区域通报系统中存在一些问题，这些问题不解决就不能发挥正常功能：

①俄罗斯联邦各部委 50%的区域通报系统，已经使用 20 年以上，2004 年超期使用系统 65%，2010 年 85%。信息传布网问题很严重，仪器存在同样问题。

②从 20 世纪 90 年代初，由于亏损通报系统被压缩。部委级的通报系统减少 40%～45%。通报覆盖面减少，特别是农业区。

③局部通知系统建设缓慢，每年 8～12 个系统，到 2004 年总共建设需要量的 23.8%。

相应于 2002 年 12 月 2 日俄罗斯紧急情况部 No.553 号文件《2003—2004 年建设统一通报系统计划》，2004 年 9 月 2 日 No.336 号文件《进一步发展统一通报系统》，建立了地方性统一通报系统，解决了居民突发事件信息通报的组织、协调问题。在所有城市建立了这样的服务系统。

24.9 预防与消除突发事件的经济调节

在国家防止自然与技术突发事件的政策框架下，预防、消灭突发事件的经济调节越来越重要。主要措施是在工业安全领域，进行财政、非财政、保险、特许等活动。

通过联邦财政预算实现突发事件有关活动财政化，也就是利用政府预防与消除突发事件后备基金。也可获得俄罗斯地方政府的财政支持。后备基金（2001 年 28 亿卢布），为发生突发事件的区域救灾与灾后恢复提供支持。国外的人道主义救援，也对俄罗斯居民提供必要的物质帮助。

现在提出引入市场机制促进保护措施实施。研究与采用税收优惠、银行贷款优惠、国家投资、企业罚款等措施。在预防与消灭突发事件领域，完善贷款形式、条件、标准是重要措施。

这样，在预防突发事件管理中，引入经济调节机制与方法。

居民突发事件保险 居民突发事件保险是减少突发事件损失有效措施，既可以降低俄罗斯财政负担，又可以保障经济实体需求与生产资金周转。法律依据是《危险生产实体的工业安全法》。该法对危险生产组织者要求，应对他人健康、生命、财产及环境负责。居民（遭受危险生产实体事故危害的第三方）有权得到生命财产损失赔偿。保险促进企业建立后备基金，消除事故后果，赔偿公民与机构的损失，使企业提高生产安全水平财政化。保险管理机构提供后备资金，消除事故后果，赔偿居民与机构的损失。总之，保险也保障对工业生产安全保险组织者的监督。不过这类保险具有慈善事业的特点。

考虑俄罗斯境内突发事件不断发生，以及完善刺激危险生产企业主预防突发事件的经济机制，俄罗斯突发事件管理部门起草了《危险实体强制保险责任法》。

上述起草的法，确定危险企业、企业主保险项目：危险生产企业；危险货物运输；对他人造成生命、财产损失；自然环境损失。强调实施该法，要保障区域居民获得补偿，不低于受到技术事故实际损失 50%，自然突发事件实际损失 25%。

25 环境保护国际合作

地球的自然界是统一的，规律是共同的。不取决于国界与行政界线。

因此，在国际自然保护活动中，国家的努力只有与国际行动相结合，才能取得好结果。必须联合全世界力量，解决全球性不断增加的生态危机问题。

国际环境法的原则 国际合作的重要方向，是以国际法为基础的国际环境法。国际环境法的基本原则，是国际社会成员（国家、国际组织与会议）共同努力。国际法以许多文件为基础：联合国大会（1962，1968，1980）；欧洲安全与合作会议（赫尔辛基，1975）；世界自然宪章（1986）；欧盟生物多样性保护战略（索菲亚）；联合国斯德哥尔摩环境大会（1972）；联合国环境与发展大会（里约热内卢，1992，1996）；在环境问题上获得信息、公共参与与决策和诉诸法律的公约（奥胡斯，1998）。

简短地总结这些原则，归纳如下：

- 人的生态权优先；
- 在国家领土内自然资源主权独立；
- 不允许一个国家生态改善给其他国家带来危害；
- 自由进行国际生态信息交流；
- 发生重大事件国家间相互援助；
- 和平方式解决生态争端。

在俄罗斯与独联体国家国际合作中采用上述原则。1992 年 2 月在莫斯科，这些国家代表签署了环境保护领域相互合作协议。为了协调独联体国家生态活动，建立了国际生态委员会。秘书处是常设机构，与生态基金会同设在明斯克。

俄罗斯首倡自然环境保护国际法，引领独联体各国的自然环境保护法（自然环境保护法，第 93 条）。

原则是明确的，但是具体实施还存在问题。还没有国际协议从通过之日起自动执行的例子。实际上，为了执行国际协议，俄罗斯一直在关注独联体各国情况。实际上，国际协议还没有解决国际环境法准则的任何问题。

国际合作对象 国际合作对象如图 25-1 所示。各个国家为此加入了国际生态合作。

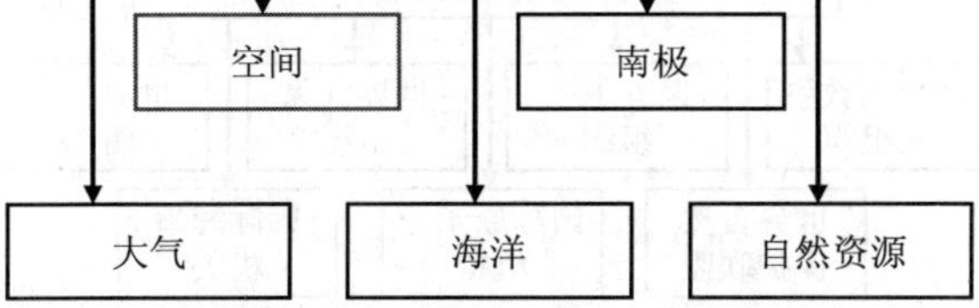

图 25-1 国际合作的主要对象

资料来源：B.B.彼得罗夫，1996 年。

国际合作对象分两类，不在国家主权范围及在国家主权范围。第一类有：大气、空间，海洋、南极、迁徙动物。这些对象的保护、利用，有相应的国际法标准。第二类在国家主权范围：跨境河流、海、湖；在世界珍稀动植物红皮书收录的动植物栖息保护地。

大气 大气需要全球保护。第一重要意义的是关于禁止毁灭性武器条约，即核武器、生物武器、化学武器。有很大危险的是大气跨境污染（二氧化碳、酸雨、臭氧层破坏）。1986年在维也纳会议上，各国外交部长通过了在1995年前削减30%～50%的CO_2、SO_2，遏制气候变暖、减少酸雨决议。然而，这一决定完全没有实施。

空间 宇宙空间属于全人类。这一点在两个文件中予以表述：利用空间活动法律原则声明（1965）；国家利用包括月球及其他星体的外层空间活动原则条约（1967）。在这两个文件中形成了以下意见：外层空间属于全人类；不允许国家部分拥有，不允许污染外层空间，不允许用于军事目的。然而，目前外层空间有约3.5万t空间垃圾。如果不采取措施，再过20～30年，将不能进行空间飞行。

海洋 地球表面96%是海洋，对于气候有重要影响。有丰富生物、矿藏、能源。有近25部法及国际标准以及公约，涉及海洋环境保护。其中重要的是禁止石油、化学品、放射性物质及其他废弃物污染海洋。

联合国海洋法（1982）、关于渔业、保护动物资源公约（1958），宣布国家捕获动物必须执行国际标准。出海捕捞，只能在1958年日内瓦公约确定的临海国家管辖范围内。

南极 南极条约（1959）确定南极大陆保护利用原则。主要是自由科学研究，禁止军事措施，保护动物。

划分国际自然资源 是指两个或更多国家享有主权的资源，例如，波罗的海、多瑙河、五大湖（美国与加拿大）等。主要是有利益相关的国家签署条约，调节保护与利用的关系。常设管理机构是委员会。例如，对多瑙河称为多瑙河委员会，对波罗的海称为波罗的海委员会，赫尔辛基委员会。

1972年12月联合国教科文组织大会，通过了保护世界文化、自然遗产公约：保护自然保护区、国家公园、地质剖面、文化纪念地等。列入保护对象进行国际结算，国际组织给予物质帮助。

国际组织与会议 很多国际组织在为环境保护而工作。联合国与其专门机构起主要作用。其中重要组织之一是经济与社会委员会，下设国家与地区委员会。联合国工作及其他国际组织框图如图25-2所示。

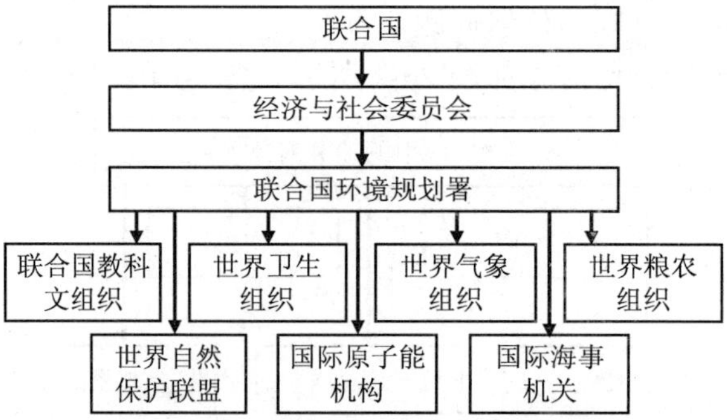

图25-2 有关环境保护方面的国际组织

资料来源：B.B.彼得罗夫，1996年。

联合国环境规划署 建于 1972 年，委员会管理环境基金。环境规划署工作方向：①人类健康；②土地与淡水保护；③保护海洋；④保护动物与基因资源；⑤能源资源；⑥教育；⑦贸易、经济、技术。

联合国教科文组织 成立于 1948 年，总部设在巴黎。主要工作方向：指导 100 多个国家签署的生态规划，例如，人与生物圈；世界文化与自然遗产保护对象组织与结算；给予发展中国家人员培训资助。

世界自然保护联盟 组建于 1948 年，是非政府组织。根据联盟制定的原则编写红皮书。主要任务：保护自然生态系统，保护动物植物；保护珍稀物种；组织自然保护区、国家公园。

世界卫生组织 组建于 1946 年，保护人类健康。与国际原子能机构、环境规划署有工作相关性。

国际原子能机构 成立于 1957 年，保障核安全，保护环境免受放射性污染。

世界气象组织 成立于 1947 年，主要任务研究人对全球气候影响。主要工作在全球陆地观测系统框架中。

国际海事机关 成立于 1948 年，主要是海运及污染防治。制定防止石油与其他污染海洋公约。

联合国粮农组织 成立于 1945 年，工作范围是世界农业资源与粮食。编制世界土壤图，与环境规划署、教科文组织、自然保护联盟积极合作，参与许多生态规划。

除上述国际组织外，还有一些有关环境保护的国际组织。例如，潜在有毒化学品国际登记中心，联合国救灾协调处，欧洲经济委员会。

国际大会主要介绍下边四个。

联合国斯德哥尔摩环境大会（1972 年 6 月 5—16 日），会议通过两个主要文件：7 点共同看法与 26 项原则；行动计划。26 项原则要点有：

- 人类有权在尊严与适宜环境生存，享有自由、平等、充足生活条件的基本权利；
- 为了当代与后代利益，保护自然资源；
- 经济、社会发展与环境要求相一致；
- 国家拥有利用本土资源自主权，应为带来的环境损失负责；
- 人类及其环境必须免受核武器及大规模毁灭性武器危害。

在行动计划中，提出通过国际合作，采用组织、经济、政治措施解决上述问题。

1975 年赫尔辛基安全与合作大会 1975 年 8 月在赫尔辛基，所有欧洲国家、美国、加拿大举行欧洲安全与合作会议。为了实施赫尔辛基协议，其后通过了一些文件：大气跨境污染；跨境工业污染（1992）。

1986 年 12 月举行欧洲安全合作维也纳峰会，在准备会议文件中提出下列建议：

- 1995 年前削减硫排放 30%，削减碳氢化合物及其他大气污染物；
- 研究危险废弃物掩埋、加工、深海掩埋方法；
- 对欧洲污染物分布，进行联合观测。
- 削减破坏臭氧物质生产；
- 研究 CO_2 在气候变化中作用。

1992 年 6 月 3—14 日在里约热内卢召开联合国环境与发展大会。178 个国家 15 000

位代表参加会议。会议主要文件在教科书中专门章节论述。

俄罗斯的国际合作

近些年俄罗斯自然保护方面国际合作非常活跃。其中最主要的是参加了称作欧洲环境项目全过程。1995 年 10 月在索菲亚举行了第一次全欧环境部长会议。在会议期间，俄罗斯联邦与联合国生态政策委员会积极交流。这次会议主要成果是环境部长宣言、欧洲生态规划。以后，参加者不变，在俄罗斯每年举行一次会议。

1995 年联合国环境规划署召开第 18 届会议，通过了一系列帮助经济转型国家的决定。发展与亚洲太平洋国家经济社会组织联系。1995 年俄罗斯成为亚太经济社会组织成员国。

俄罗斯代表团被接受，参加联合国持续发展第三届委员会（纽约，1995 年 4 月）。在世界自然保护联盟合作框架下，将独联体各国计划整合成俄罗斯板块。按照国际原子能机构路线图，进行两次原子能船废料及放射性废料处理再利用实验研究。

实施了 20 多项国际公约与协议。与生物多样性公约履约有关。在栖息地名目中，包括了很多分布在索菲亚共和国伯朝拉-伊雷奇自然保护区的原始林。一直在为保护波罗的海海洋环境会议（赫尔辛基，波罗的海海洋环境保护委员会，1974）工作，保护波罗的海海洋环境第 16 届会议（1994）做了很多工作，总结近 20 年工作。俄罗斯代表团被邀请参加第 17 届保护波罗的海环境会议（1995）。

1995 年 2 月 6 日俄罗斯联邦与国际复兴与发展银行签署借款 11 000 万美元协议，用于支持环境保护计划。1995 年 8 月俄罗斯联邦政府为此发了 No.808 号、No.809 号文件批准。这一计划目标，是创造条件降低特别危险区的生态损失（伏尔加上游、乌拉尔中游、顿河下游）。

建立专门联邦委员会与区域委员会，在下列方面进行技术帮助：①生态政策与调节；②流行病；③水质及水资源管理；④危险废弃物管理。

开展环境合作最活跃的国家：英国、德国、丹麦、印度、中国、荷兰、挪威、朝鲜、芬兰、法国、瑞典。

国际政府组织与非政府组织保护地球生命运动

俄罗斯除参与上述组织环境保护活动，还参与各种非政府组织、绿党等活动。

参考文献

[1] Кукин， Л.Л. Лапин， Е.А. Безопасность жизнедеятельности. Безопасность технологических процессов и производств/П.П. Подгорных и др.（М）.：Высш.шк.，1999.

[2] Безопасность жизнедеятельности：Учебник/Под ред. проф. Э.А. Арустамова. – 2-е изд.，перераб. и доп. – М.：Издательский Дом «Дашков и К°»，2000.

[3] Безопасность жизнедеятельности. Защита населения и территорий при чрезвычайных ситуациях/В.В. Денисов，И.А. Денисова，В.В. Гутенев，О.И. Монтвила. – Москва：ИКЦ “МарТ”，Ростов н/Д：ИЦ “МарТ”，2003.

[4] Безопасность жизнедеятельности. Безопасность в чрезвычайных ситуациях природного и техногенного характера：Учеб. пособие/В.А. Акимов，Ю.Л. Воробьев，М.И. Фалеев и др. – М.：Высш. шк.，2006.

[5] Военная экология：Учебник для вузов МО РФ/И.П. Айдаров，Б.Н. Алексеев，А.В. Бударгин и др. – М.：изд-во “Русь- СВ”，2000.

[6] Военная экология：Учебник для вузов МО РФ/под ред. В.И. Исакова. – М.：изд-во МО РФ，2005.

[7] Глобальная экологическая перспектива（ГЕО-3）. Издание ЕНЕП ООН，Москва，2002.

[8] Гридэл Т.Е.，Алленби Б.Р. Промышленная экология. – М.：ЮНИТИ，2004.

[9] Гринин А.С.，Новиков В.Н. Экологическая безопасность. Защита территории и населения при чрезвычайных ситуациях：Учебное пособие. – М.：ФАИР – ПРЕСС，2000.

[10] Государственные доклады о состоянии защиты населения и территорий Российской Федерации от чрезвычайных ситуаций природного и техногенного характера в 2002，2003，2004 годах. – М.：ВНИИ ГОЧС，2002，2003，2004，2005 гг.

[11] Журналы «Военная мысль»（1992 – 1996），«Основы безопасной жизнедеятельности»（1997 – 2002）и др.

[12] Зайцев В.А. Промышленная экология：Учебное пособие. – М.：Дели，1999.

[13] Инженерная экология и экологический менеджмент/М.В. Буторина，П.В. Воробьев，А.П. Дмитриева и др.：Под ред. Н.И. Иванова，И.М. Фадина. – М.：Изд-во “Логос”，2002.

[14] Инженерная защита поверхностных вод от промышленных стоков：Учебное пособие/Кривошеин Д.А.，Кукин П.П. и др. – М.：Высш. шк.，2003.

[15] Инженерная защита окружающей среды в примерах и задачах：Учебное пособие/Под ред. О.Г. Воробьева. – С.-Петербург，изд-во “Лань”，2002.

[16] Касимов Н.С.，Курбатова А.С.，Башкин В.Н. Экология города. – М.：Изд-во “Научный мир”，2004.

[17] Коробкин В.И.，Передельский Л.В. Экология. – Ростов н/Д：Изд-во «Феникс»，2000.

[18] Кочуров Б.И.，Антипова А.В.，Костовска С.К. Современная экологическая обстановка в России и возможности ее прогнозирования. – М.：Ин-т эконом. стратегий，2005.

[19] Крассов О.И. Экологическое право：Учебник. – М.：Дело，2001. – 768 с.

[20] Лосев К.С.，Горшков В.Г.，Кондратьев К.Я. и др. Проблемы экологии России. – М.：Федеральный экологический фонд，1993.

[21] Мазур И.И.，Молдаванов О.И.，Шишов В.Н. Инженерная экология. Том 1. Теоретические основы инженерной экологии：Учебное пособие. – М.：Высш. шк.，1999.

[22] Максименко Ю.П.，Шаприцкий В.Н.，Горкина И.Н. Оценка воздействия на окружающую среду и разработка нормативов ПДВ. – М.：СП интермет инджниринг，1999.

[23] Методика расчета концентраций в атмосферном воздухе вредных веществ，содержащихся в выбросах предприятий（ОНД-86）. – Л.：Гидрометеоиздат，1987.

[24] Матвеев Ю.А.，Позин А.А.，Юнак А.И. Прогнозирование и управление экологической безопасностью при реализации сложных технических проектов. – М.：Из-во МАИ，2005.

[25] Моисеев Н.Н. Собрание сочинений в трех томах/Под ред. В.И. Данилова-Данильяна. – М.：Изд-во МНЭПУ，1997.

[26] Небел Б. Наука об окружающей среде. Как устроен мир/Пер. с англ. Т. 1 – 2. – М.：Мир，1993.

[27] Никаноров А.М.，Хоружая Т.А. Экология. – М.：изд-во ПРИОР，1999.

[28] Никитин Д.П.，Новиков Ю.В. Окружающая среда и человек：Учеб. пособие для студ. вузов. – 2-е изд.，перераб. и доп. – М.：Высш. шк.，1986.

[29] Новиков Ю.В. Экология：окружающая среда и человек：Учебное пособие. – М.：Агенство «ФАИР»，1998.

[30] Обращение с опасными отходами：Учеб. пособие/В.М. Гарин [и др.]；под ред. В.М. Гарина и Г.Н. Соколовой. – М.：ТК Велби，Изд-во Проспект，2005.

[31] Охрана природной среды. Пособие для инженера-эколога. Отв. ред. В.И. Седлецкий，А.Д. Хованский. – Ростов-на-Дону：СКНЦ ВШ，1992.

[32] Оценка и регулирование качества окружающей природной среды. Учебное пособие для инженера-эколога. Под ред. А.Ф. Порядина и А.Д. Хованского. – М.：НУМЦ Минприроды России，Издат. Дом “Прибой”，1996.

[33] Предупреждение и ликвидация чрезвычайных ситуаций（Учебное пособие для органов управления РС ЧС）. Под общ. ред. Ю.Л. Воробьева. – М.：Издат. фирма “Крук”，2002.

[34] Ревзон А.Л.，А.П. Камышев. Природа и сооружения в критических ситуациях. Дистанционный анализ. – М.：Изд-во “Триада”，ЛТД，2001.

[35] Реймерс Н.Ф. Природопользование. – М.：Мысль，1990.

[36] Родзевич Н.Н. Геоэкология и природопользование. Учеб. для вузов. – М.：Изд-во “Дрофа”，2003.

[37] Россия в окружающем мире：Аналитический ежегодник/Под общ. ред. Н.Н. Моисеева，С.А. Степанова. – М.：изд-во МНЭПУ，1998.

[38] Степановских А.С. Прикладная экология. Охрана окружающей среды：Учебник. – М.：ЮНИТИ，2003.

[39] Сытник К.М.，Брайон А.В.，Городецкий А.В. Биосфера. Экология. Охрана природы. Справочное пособие. – Киев：Наукова Думка，1987.

[40] Хван Г.А. Промышленная экология：Учебное пособие. – Ростов-на-Дону：Изд-во “Феникс”，2003.

[41] Экология：Учебное пособие/Под ред. проф. В.В. Денисова. – 3-е изд.，испр. и доп. – Москва：ИКЦ “МарТ”，Ростов-на-Дону，2006.

[42] Яковлев С.В.，Стрелков，А.А. Мазо. Охрана окружающей среды：Учебник. – М.：Изд-во АСВ，1998.

[43] Инженерная экология и экологический менеджмент：Учебник/М.В.Буторина，Л.Ф.Дроздова，Н.И.Иванов м др./Под.ред. Н.И.Иванова，И.М.Фадина.- М.Логос，2004-520 с.

[44] Желтобрюхов В.Ф.，Мензелинцева Н.В.，Беломутенко Д.В. Основы экологии и охраны окружающей среды.- ВолгГАСА，Волгоград，2000-279 с.

[45] Белов П.С.，Голубева И.А.，Низова С.А. Экология производства химических продуктов из углеводородов нефти и газа.-М.：Химия，1991，256 с.

[46] Белов П.Г. Системный анализ и моделирование опасных процессов в техносфере.-М.：Издательский центр « Академия»，2003-512 с.

[47] Природопользоваие. Под. ред.Арустамова Э.А..-М.：Издательский дом «Дашка и $\overline{C}$ »，2000-284с.

[48] Экология/Л.И.Цветкова，М.И.Алексеев；под.ред. Цветковой Л.И.- М. Изд-во АСВ，СПб：Химиздат，2001-552с.

[49] Калыгин В.Г. Промышленная экология，М.：Издательский центр « Академия»，2004- 432 с.